# 工業機器人
# 系統設計(下冊)

吳偉國 著

崧燁文化

智慧製造

# 604 第 5 章 工業機器人操作臂機械本體參數 識別原理與實驗設計

# 615 第 6 章 工業機器人操作臂伺服驅動與控制 系統設計及控制方法

# 653　第 7 章　工業機器人用移動平臺設計

# 804 第8章 工業機器人末端操作器及其換接裝置設計

## 850 第9章 工業機器人系統設計的模擬設計與方法

# 980 第11章 現代工業機器人系統設計總論與展望

# 1007 附錄

## 第4章

# 工業機器人操作臂系統設計的數學與力學原理

## 4.1 工業機器人操作臂及其運動的數學與力學的抽象描述

　　除哲學外，數學和力學是自然科學研究中占據首要地位的科學，而且數學又先於力學，力學需要以數學為基礎，並且作為力學問題描述和表達方法、手段和問題求解的工具。工業機器人操作臂也不例外，工業機器人操作臂首先起源於人類對自動化機械的夢想和代替人類勞作的實際技術需要。如果工業機器人操作臂僅停留於代替人類進行粗糙的作業、也不需要較高或高精度的位置定位精度等作業的話，則機器人學的發展僅停留於相對簡單的三維空間的解析幾何和矢量分析的數學程度，以及經典力學的程度就夠了！但事實並非如此，隨著科學技術的發展和不斷進步，人類對機器人的需求有更高的要求，末端定位精度有時可能要求達到千分之幾公釐，甚至現在微奈米機器人技術領域的微奈米程度。為更深刻地認識機器人學與機器人技術之間的關係，以及工業機器人的機器人學與機器人技術問題，這裡以現實物理世界中的機器人與機器人學中進行抽象的「機器人」（即機器人學）之間的關係為例，來對此進行說明。狹義上的目的是更深刻地認識和理解工業機器人操作臂系統設計中機構設計、機械設計以及控制系統設計等所需的機構學、數學、力學和控制科學基礎，而其基礎則是數學和力學問題。

　　為使設計製造的工業機器人操作臂代替人來完成各種作業任務，需要運用數學與力學原理，將現實物理世界中的機器人實體、運動以及作業環境與對象，映射成抽象的機器人學中機構、運動方程以及控制律等數學與力學描述，包括機器人機構學、運動學、動力學以及控制理論，並用現代機械工程、控制工程等技術再次回到現實物理世界中機器人及其完成作業任務所需的運動控制，即形成機器人技術。

　　工業機器人操作臂首先是機械本體，也即機器，按照機械原理，機構是由原動機、運動副、構件組成的，其中運動副可以是回轉副、移動副、螺旋副等。對一般的機器人而言，其原動機大都需要連接傳動裝置，而後向主動運動副輸送運

動和動力（有一些機器人具有從動運動副），運動副將各構件相連同時也限製相鄰構件間的相對運動，最末端的構件一般連接操作器，完成機器人的既定任務。如圖 4-1 所示，是將現實物理世界的工業機器人操作臂弧焊系統抽象成三維歐式空間內 6 自由度機器人機構的例子。下面就此例介紹工業機器人設計與製造、運動控制以及末端操作器作業實現問題（從理論到實際）。

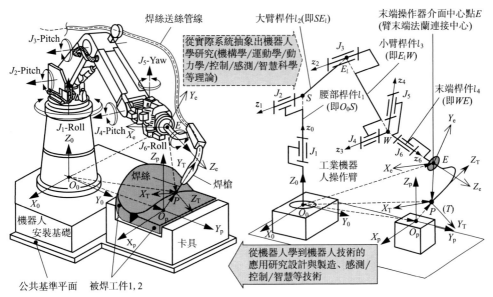

圖 4-1　從現實物理世界中的機器人操作臂到機構學與作業控制理論之間的雙向映射關係

Pitch—俯仰；Yaw—偏擺；Roll—滾動

# 4.1.1　工業機器人操作臂與作業對象構成的首尾相接的「閉鏈」系統

## (1) 安裝基礎

如圖 4-1 所示，現實物理世界中的工業機器人操作臂機械本體與作業對象物分別被固定（或有確定的相對運動關係地固定）在各自的安裝基礎（或基座）上，兩者安裝基礎（或基座）上的安裝面相對於公共基準平面（地面或公共平臺面）在機器人、作業對象物安裝之前即需要經設計製造加工而保持一定的位置姿勢精度並且需要校準或標定給出實際相對於公共基準平面的位置姿勢及精度。之後可以得到機器人機座連接法蘭與末端操作器作業對象物安裝機座（或夾具）之間精確的相對位置與姿勢實際值。這只有兩個途徑：用設計、製造加工、檢測的精度保證位置及姿勢精確；安裝基礎設計製造不精確但精確檢測後能夠得到兩安裝基礎安裝面之間精

確的相對位置及姿勢，兩者必居其一才能供機器人與操作對象物安裝使用。

（2）末端操作器及作業對象物

通常的工業機器人作業有噴漆、焊接、搬運、塗覆、裝配等，作業精度有高有低，但都有位置及姿勢精度要求。如第 2 章所述，末端操作器因作業種類不同而不同，焊接需要焊槍（點焊焊鉗、弧焊焊槍）、噴漆需要噴槍、搬運需要手爪或大型抓手機構、裝配需要裝配用器具以及工具換接器等，無論何種末端操作器，都必須有與工業機器人操作臂末端機械介面法蘭相配合的介面且必須保證有足夠的介面配合軸向與周向定位精度；介面法蘭與末端操作器作業端之間也必須經設計製造檢測而得到精確的位置姿勢及其精度。作業對象物上需作業的點、線、面與其安裝基礎之間也必須有足夠精度的相對位置與姿勢精確值。

（3）工業機器人操作臂

一般較常用的工業機器人操作臂都是開鏈的串聯結構，即為機座桿件-關節-桿件-關節-桿件-……-關節-桿件的串聯連接結構形式。只有並聯機構機器人是末端動平臺與機座之間為並聯結構。現實物理世界的工業機器人操作臂是由諸多零件、部件裝配在一起的，零件、部件的加工製造、連接、裝配等都會產生誤差，而以人類目前的測量手段或工具還不能將這些誤差準確地檢測出來，因此，要求工業機器人操作臂機械本體必須具有足夠的設計、製造加工、裝配、檢測精度。這些精度要求最終集中體現在末端機械介面法蘭相對於其機座介面法蘭之間的位置姿態精度。不僅如此，若想使工業機器人操作臂能夠進行正常作業，必須在控制系統控制和感測系統感知共同作用下使其機械本體輸出末端運動和動力，因此，還要具有足夠的控制系統控制精度和感測器的位置、姿勢檢測精度。

綜上所述，如圖 4-1 所示，工業機器人操作臂安裝基座、工業機器人操作臂機械本體、末端操作器、作業對象物以及作業對象物安裝基座（或夾具）、公共基準平面之間已經形成了一個串聯結構、首尾相連的封閉式「閉鏈」系統。對於「閉鏈」系統而言，其每一個環節都會對其有影響，對於工業機器人操作臂作業系統而言，每一個串聯環節都會對作業精度有影響。這使得機器人操作臂作業系統在設計、製造、檢測、控制以及操作上變得十分複雜，並且集中體現在精度以及作業性能要求與實現上。因此，會出現中低性能的工業機器人操作臂研發容易，而中高性能的則較難的局面。以上只是從理論上論述的「閉鏈」系統。從研究上看機器人學與機器人技術在研究過程中的關係也存在一個「閉環」系統。即，從工業機器人到機器人學與從機器人學再回到機器人技術的「閉環」。

由圖 4-1 可知，設計製造出現實物理世界中的工業機器人操作臂之後，要想使其實現代替人類勞作的運動和操作，必須控制該機器人運動起來進行工作。首先需要將該機器人機械本體進行抽象，研究其關節、桿件之間的連接關係（即操

作臂的機構構型）、各關節運動與臂末端（或末端操作器）之間的運動關係（即運動學）、各關節驅動力（或力矩）與末端（或末端操作器）負載、各構件本身物理參數之間的運動學、力學關係，透過何種方式實現這些運動關係即機器人操作臂如何控制的問題等，這些都屬於基本的機器人學學術問題和理論研究範疇，即由實際的工業機器人操作臂及其作業抽象出來的機器人科學問題。

當機器人學家透過機構學、數學、力學、控制等科學研究找到了機器人學問題解決的理論、方法後，又需要重新回頭面對現實物理世界中實實在在存在的工業機器人操作臂本身，需要針對其各部分物理參數無法誤差為零地精確獲得以及不確定量的存在、精度問題、剛度問題以及位置姿勢回饋量獲得、控制方法實現等諸多技術實現問題，即從機器人學回到機器人技術及其應用的研究範疇。因此，機器人技術是以針對機器人本身以及機器人實際應用問題解決以及實現過程中所包含的一切技術。

## 4.1.2 工業機器人操作臂作業 「閉鏈」 系統的數學與力學描述問題

將工業機器人操作臂作業系統抽象為圖 4-1 所示的「閉鏈」機構系統之後，我們就可以從機構學、數學和力學的角度描述機器人末端操作器運動與各關節運動之間的關係、各關節運動驅動力與末端操作器輸出的力或力矩之間的關係，以及機器人安裝基礎與被操作對象物之間、末端操作器與作業對象物之間的關係，即可以用解析幾何或矢量分析與矩陣變換等數學知識、理論力學或多剛體系統動力學等力學理論去解決機器人機構運動學、動力學的數學與力學問題，為機器人作業的運動控制提供機構學、數學與力學理論基礎。

顯然，用圖 4-1 中機器人安裝基礎、被焊工件夾具、機器人末端介面、被焊接工件上焊縫任意位置（也即末端操作器焊槍焊條末端）上分別建立的三維空間直角座標系即可得到兩兩座標系之間的相對位置和姿勢，並進一步可以得到相對運動的速度、加速度矢量。從而可以描述任意作業位置和姿勢下的機器人操作臂的運動以及驅動力或驅動力矩。

# 4.2 工業機器人操作臂機構運動學

## 4.2.1 機構運動學

如圖 4-2 所示，多關節型構型的 $n$-DOF （degree of freedom） 工業機器人操

作臂中，由 $n$ 個關節變量組成的關節角矢量設為 $\boldsymbol{\theta} = (\theta_1 \quad \theta_2 \quad \theta_3 \quad \cdots \quad \theta_n)^{\mathrm{T}}$，末端操作器的位置和姿勢矢量用 $\boldsymbol{X} = (x \quad y \quad z \quad \alpha \quad \beta \quad \gamma)^{\mathrm{T}}$。則，機構運動學的定義就是在給定工業機器人操作臂機構構型的前提下，研究末端操作器的運動與各關節運動之間關係的學問。機構的構型是指構成工業機器人操作臂的各個關節、各個桿件之間以確定的相互連接關係及相對位置所構成的機構形式，它涉及各個關節類型在機構中的配置以及先後順序。如機器人機構構型確定，則這臺機器人機構構成也就唯一地確定下來〔機構的構形（Configuration）是指當機構構型給定情況下，機構運動所形成的形態。機構「構型」與機構「構形」這兩個詞詞義有著本質區別！〕。

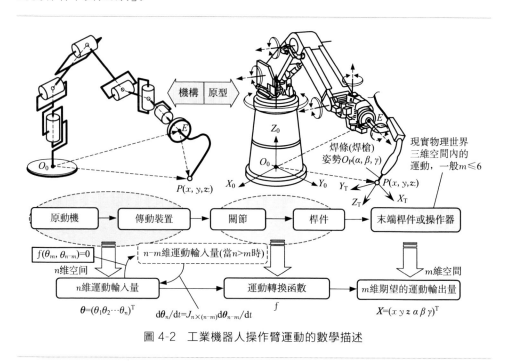

圖 4-2　工業機器人操作臂運動的數學描述

由機械原理、機械設計的知識可知，構成機器人的每一個關節都是由原動機（電動機或汽缸、液壓缸等）驅動的，對於電動機驅動的關節，除力矩電動機等直接驅動以外，都需要傳動裝置進行減速同時增大驅動轉矩，因此，我們可以把原動機與傳動裝置看作機器人各關節的運動輸入量即關節角矢量 $\boldsymbol{\theta} = (\theta_1 \quad \theta_2 \quad \theta_3 \quad \cdots \quad \theta_n)^{\mathrm{T}}$，而把末端操作器（或末端桿件）看作機器人操作臂的運動輸出量即其位置和姿勢矢量 $\boldsymbol{X} = (x \quad y \quad z \quad \alpha \quad \beta \quad \gamma)^{\mathrm{T}}$，進一步，可把由各個關節將各個桿件構件有序連接組成的機器人機構構型看作運動轉換函數 $f$，即機構將運動輸入量轉換成末端操作器的期望的輸出量。如此，機器人運動學也可以表述

為在給定運動轉換函數 $f$ 即機器人機構構型的前提下，研究關節角矢量即各關節運動輸入量 $\boldsymbol{\theta}$ 與末端操作器位置和姿勢即期望運動輸出量 $\boldsymbol{X}$ 之間關係的學問。

我們知道：現實物理世界當中，任何物體所在的位置和保持的姿勢（或稱姿態）都是相對的，任何對物體位置和姿勢的數學描述離開了所參照的對象物體或系統是毫無意義的。而對物體的位置和姿勢的定義和描述是研究機構學、機器人運動控制最為基礎的知識。因此，機器人的理論研究首先是從參照系、參照物體、參考座標系開始的。

## 4.2.2　機構正運動學和逆運動學

顯然，機器人機構的運動轉換功能可以完全用數學上的函數描述出來，即

$$\boldsymbol{X}=f(\boldsymbol{\theta})$$

或

$$f(\boldsymbol{\theta})=\boldsymbol{X} \text{ 或 } \boldsymbol{\theta}=f^{-1}(\boldsymbol{X})$$

上述函數表達形式雖然從函數關係上等價，但物理意義完全不同，前者表示已知機構構型即運動轉換函數 $f$ 和關節角矢量 $\boldsymbol{\theta}$，求末端操作器運動輸出量即其位置和姿勢矢量 $\boldsymbol{X}$，此即為機器人正運動學，也稱機器人運動學正問題或運動學正解；後者則表示已知機構構型即運動轉換函數 $f$ 和末端操作器運動輸出量即其位置和姿勢矢量 $\boldsymbol{X}$，求能夠實現末端操作器位置和姿勢 $\boldsymbol{X}$ 的關節角矢量也即運動輸入量 $\boldsymbol{\theta}$，此即為機器人逆運動學，也稱機器人運動學逆問題或運動學逆解。

機器人的正運動學可以表達成以下形式。

0 階正運動學方程：$\boldsymbol{X}=f(\boldsymbol{\theta})$

1 階微分正運動學方程：$\boldsymbol{\dot{X}}=\dfrac{\mathrm{d}f(\boldsymbol{\theta})}{\mathrm{d}t}=\boldsymbol{J}\boldsymbol{\dot{\theta}}$，其中 $\boldsymbol{J}=\boldsymbol{J}(\boldsymbol{\theta})$

2 階微分正運動學方程：$\boldsymbol{\ddot{X}}=\boldsymbol{\dot{J}}\boldsymbol{\dot{\theta}}+\boldsymbol{J}\boldsymbol{\ddot{\theta}}$，其中 $\boldsymbol{\dot{J}}=\dfrac{\mathrm{d}\boldsymbol{J}(\boldsymbol{\theta})}{\mathrm{d}\boldsymbol{\theta}}\boldsymbol{\dot{\theta}}$

機器人的逆運動學具有以下形式。

逆運動學方程：$\boldsymbol{\theta}=f^{-1}(\boldsymbol{X})$

微分逆運動學方程：當 $n=m$ 時，$\boldsymbol{\dot{\theta}}=\boldsymbol{J}^{-1}\boldsymbol{\dot{X}}$，其中 $m$、$n$ 分別為矢量 $\boldsymbol{X}$、$\boldsymbol{\theta}$ 的維數；

$$當 n>m 時，\boldsymbol{\dot{\theta}}=\boldsymbol{J}^{+1}\boldsymbol{\dot{X}}-k(\boldsymbol{I}-\boldsymbol{J}^{+}\boldsymbol{J})\boldsymbol{Z}$$

且當 $n>m$ 時，$\boldsymbol{\dot{\theta}}_n=\boldsymbol{J}_{n\times(n-m)}\boldsymbol{\dot{\theta}}_{n-m}$，其中 $\boldsymbol{\dot{\theta}}_n=\boldsymbol{\dot{\theta}}$；$\boldsymbol{\dot{\theta}}_{n-m}=[\dot{\theta}_{m+1}\quad\dot{\theta}_{m+2}\quad\cdots\quad\dot{\theta}_n]^{\mathrm{T}}$。

式中 $\boldsymbol{J}$ 為雅克比（Jacbian）矩陣；$\boldsymbol{J}^{+}$ 為雅克比矩陣 $\boldsymbol{J}$ 的偽逆陣；$\boldsymbol{I}$ 為 $n\times n$

的單位陣；$Z$ 為任意 $n \times 1$ 維矢量；$k$ 為一比例係數。

# 4.3 工業機器人操作臂機構運動學問題描述的數學基礎

## 4.3.1 作為工業機器人操作臂構形比較基準的初始構形

　　機器人操作臂機構初始構形一般選擇在各關節軸線間相互平行、重合或垂直的情況下，使得各桿件間位於一條直線或者相互垂直的狀態，如圖 4-3(a)、(b) 所示，給出了三種不同的初始構形：完全伸展開的初始構形 1；肩部伸展開，大臂、小臂在呈垂直，腕部完成 90°的初始構形 2 以及腕部完全伸展開的初始構形 3。這三種構形都可作為該機器人操作臂關節位置與末端位姿相對基準的初始構形。初始構形也即機器人操作臂構形的零位，在工作中機器人操作臂各關節的位置都是相對初始構形下相應各關節角位置而言的。工作中機器人操作臂關節角位置相對於初始構形下相應關節角位置的轉動或移動量即為關節位移量（角位移量或線位移量）。初始構形作為機器人工作過程中構形比較基準，也稱為零構形。零構形的定義不是唯一的，但必須精確，並需要校準。

## 4.3.2 末端操作器姿態的表示

　　機器人工作中，其末端操作器在基座標系 $O_0\text{-}X_0Y_0Z_0$ 中是動態變化的。如圖 4-4(a) 所示，在機器人基座標系 $O_0\text{-}X_0Y_0Z_0$ 中，以末端操作器機械介面法蘭的中心點 $E_c$ 為原點，建立與末端操作器固連的直角座標系 $E_c\text{-}xyz$（簡稱為 $xyz$），其中，$x$、$y$、$z$ 軸分別取為末端操作器橫向、法向、縱向三個方向上的單位矢量（有的書上記為 $o$、$s$、$a$），則末端操作器的姿態可用三個回轉角度表示其姿態。機器人操作臂初始構形下末端操作器上固連的座標系 $xyz$ 在機器人基座標系 $O_0\text{-}X_0Y_0Z_0$ 中的姿態為基準姿態，如圖 4-4(a) 所示，圖 4-4(b) 所示為末端操作器中心點 $E_c$ 處的作業姿勢。後面會講到：末端操作器姿態可以用 9 個元素構成 $3 \times 3$ 的姿態矩陣來表示，這 9 個元素實際上是末端操作器座標系 $xyz$ 的三個座標軸單位矢量分別在基座標系座標軸上投影分量。但三維現實物理世界空間中末端操作器姿態用三個姿態角即可以表達出來，而且，末端操作器姿態一般是由如圖 4-4(c)、(d) 所示的機器人操作臂腕部的三個自由度來實現的。

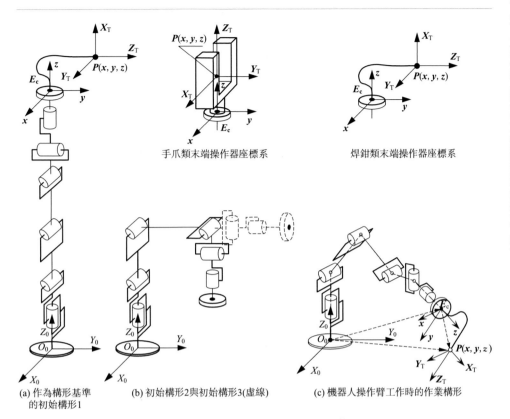

(a) 作為構形基準
　 的初始構形1

(b) 初始構形2與初始構形3(虛線)

(c) 機器人操作臂工作時的作業構形

手爪類末端操作器座標系

焊鉗類末端操作器座標系

圖 4-3　初始構形與末端操作器姿勢

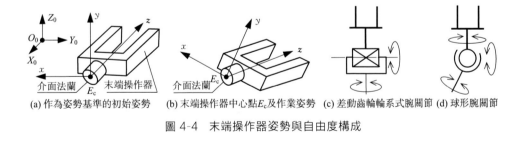

(a) 作為姿勢基準的初始姿勢

(b) 末端操作器中心點$E_c$及作業姿勢

(c) 差動齒輪輪系式腕關節

(d) 球形腕關節

圖 4-4　末端操作器姿勢與自由度構成

　　這裡介紹兩種末端操作器的姿態表示方法。

　　① 歐拉（Euler）角表示法　如圖 4-5(a) 所示，以 Euler（$\varphi$，$\theta$，$\eta$）對末端操作器的姿態進行表示，繞座標系軸線的旋轉順序為 $\mathbf{Rot}(z,\varphi) \rightarrow x'y'z \rightarrow \mathbf{Rot}(y',\theta) \rightarrow x''y'z' \rightarrow \mathbf{Rot}(z',\eta) \rightarrow x'''y''z'$，則末端操作器上固連的座標系 $xyz$ 此時與 $x'''y''z'$ 完全重合。我們可以這樣理解：假設末端操作器上固連的座標系 $xyz$ 在機器人初始構形下末端操作器初始姿態時的座標系完全重合，則將該初始姿態下的座標系 $xyz$

分別按圖 4-5(a) 所示的 $\mathbf{Rot}(z,\varphi) \rightarrow x'y'z \rightarrow \mathbf{Rot}(y',\theta) \rightarrow x''y'z' \rightarrow \mathbf{Rot}(z',\eta) \rightarrow x'''y''z'$ 變換順序得到座標系 $x'''y''z'$，若機器人在工作狀態下，末端操作器上固連的座標系 $xyz$ 與 $x'''y''z'$ 完全重合（即末端操作器座標系的 $x$、$y$、$z$ 軸分別與 $x'''y''z'$ 座標系的 $x'''$、$y''$、$z'$ 座標軸對應重合），則將歐拉角 $\varphi$、$\theta$、$\eta$ 稱為末端操作器的相對於其初始姿態（即零姿態）的姿態角，並以 $\varphi$、$\theta$、$\eta$ 三個姿態角表示末端操作器姿態。

② Roll-Pitch-Yaw 表示法　如圖 4-5(b) 所示，以 $(\theta_r,\theta_p,\theta_y)$ 對末端操作器的姿態進行表示，繞座標系軸線的旋轉順序為 $\mathbf{Rot}(z,\theta_r) \rightarrow \mathbf{Rot}(y,\theta_p) \rightarrow \mathbf{Rot}(x,\theta_y)$。

同樣，我們可以這樣理解：假設末端操作器上固連的座標系 $xyz$ 在機器人初始構形下末端操作器初始姿態時的座標系完全重合，則將該初始姿態下的座標系 $xyz$ 分別按圖 4-5(b) 所示的 $\mathbf{Rot}(z,\theta_r) \rightarrow \mathbf{Rot}(y,\theta_p) \rightarrow \mathbf{Rot}(x,\theta_y)$ 變換順序先後得到座標系 $x'y'z'$、$x''y''z''$、$x'''y''z'''$，若機器人在工作狀態下，末端操作器上固連的座標系 $xyz$ 與 $x'''y''z'''$ 完全重合。則將 $\theta_r$、$\theta_p$、$\theta_y$ 稱為末端操作器的相對於其初始姿態（即零姿態）的姿態角，並以 $\theta_r$、$\theta_p$、$\theta_y$ 三個姿態角表示末端操作器姿態。

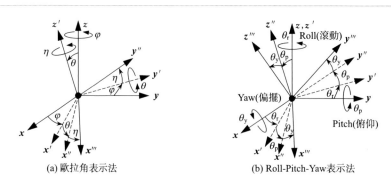

(a) 歐拉角表示法　　　　　　(b) Roll-Pitch-Yaw表示法

圖 4-5　兩種末端操作器的姿態表示方法

# 4.3.3　座標系的表示與座標變換

## （1）物體和座標系

如圖 4-6 所示，座標系（coordinate system）可分為絕對座標系 $O_0$-$X_0Y_0Z_0$（也稱基座標系、參考座標系或參照系）和物體座標系兩種。絕對座標系為該座標系所表達三維空間內所有物體的位置與姿態描述提供基準；物體座標系則是與物體固連、隨物體一起運動的座標系，物體座標系與其所固連的物體之間沒有任何相對運動（或者說兩者相對運動為 0）；座標系的 $x$、$y$、$z$ 三個座標軸的順位遵從右手定則，物體座標系內一點 $P$ 標記為 $^{obj}\boldsymbol{P}$，可用矢量形式表示為：$^{obj}\boldsymbol{P} =$

$\left[{}^{obj}p_x, {}^{obj}p_y, {}^{obj}p_z\right]^{\mathrm{T}}$。

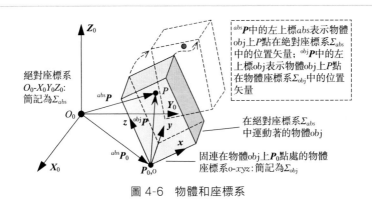

圖 4-6 物體和座標系

### (2) 座標變換

為把物體座標系中的矢量${}^{obj}\boldsymbol{P}$ 在絕對座標系中表示出來，物體座標系$\sum_{obj}$ 的原點在絕對座標系$\sum_{abs}$ 中的矢量表示為${}^{abs}\boldsymbol{P}_0$；物體座標系$\sum_{obj}$ 與絕對座標系 $\sum_{abs}$ 間的座標軸回轉變換關係為矩陣$\boldsymbol{A}$；則物體上點 $P$ 在絕對座標系$\sum_{abs}$ 中的 矢量表示${}^{abs}\boldsymbol{P}$ 為：

$$
{}^{abs}\boldsymbol{P} = \begin{bmatrix} {}^{abs}p_x \\ {}^{abs}p_y \\ {}^{abs}p_z \end{bmatrix} = \begin{bmatrix} \boldsymbol{A} \end{bmatrix} \cdot {}^{obj}\boldsymbol{P} + {}^{abs}\boldsymbol{P}_0 \tag{4-1}
$$

其中矩陣 $\boldsymbol{A}$ 為 $3\times3$ 的矩陣，稱為回轉變換矩陣。顯然由式(4-1) 可以看出：座標系間的變換可用繞座標軸的回轉和座標原點的平移來表示。

① 回轉變換　假設回轉變換之前，參考座標系 $o\text{-}xyz$ 與動座標系 $o'\text{-}x'y'z$ 完全重合，然後開始回轉變換：讓動座標系 $o'\text{-}x'y'z$ 繞參考座標系 $o\text{-}xyz$ 的 $z$ 軸轉$\theta$ 角，得到圖 4-7 所示的座標系 $o'\text{-}x'y'z$ 新的位置和姿態。圖中，$P$ 點為動座標系 $o'\text{-}x'y'z$ 中的任意一點 （$P$ 點可以看作與動座標系固連）。回轉變換前，$P$ 點在參考座標系 $o\text{-}xyz$ 與動座標系 $o'\text{-}x'y'z$ 中的位置座標完全相同，皆為 $P(x_0, y_0, 0)$；經回轉變換，$P$ 點在動座標系 $o'\text{-}x'y'z$ 中

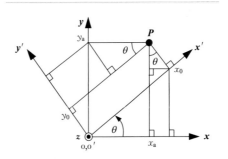

圖 4-7 繞 $z$ 軸回轉的座標變換

的位置座標 $P(x_0, y_0, 0)$ 沒有變，但 $P$ 點與動座標系 $o'-x'y'z$ 一起繞參考座標系 $o-xyz$ 的 $z$ 軸旋轉了 $\theta$ 角，因此，旋轉變換之後，$P$ 點在參考座標系 $o-xyz$ 中的位置座標已經不再是 $P(x_0, y_0, 0)$，而是變為 $P(x_a, y_a, 0)$。則，由平面解析幾何知識很容易推導出 $x_a$、$y_a$ 與 $x_0$、$y_0$ 的關係式並寫成矩陣的形式，過程如下：

設兩座標系間的座標回轉變換矩陣 $A$ 為 $R(z, \theta)$，則可求得：

$$\begin{cases} x_a = x_0\cos\theta - y_0\sin\theta \\ y_a = x_0\sin\theta + y_0\cos\theta \Rightarrow \\ z_a = z_0 \end{cases} \begin{bmatrix} x_a \\ y_a \\ z_a \end{bmatrix} = \begin{bmatrix} \cos\theta & -\sin\theta & 0 \\ \sin\theta & \cos\theta & 0 \\ 0 & 0 & 1 \end{bmatrix} \begin{bmatrix} x_0 \\ y_0 \\ z_0 \end{bmatrix} \Rightarrow$$

$$R(z, \theta) = \begin{bmatrix} \cos\theta & -\sin\theta & 0 \\ \sin\theta & \cos\theta & 0 \\ 0 & 0 & 1 \end{bmatrix} \tag{4-2}$$

同理可得：

$$R(y, \theta) = \begin{bmatrix} \cos\theta & 0 & \sin\theta \\ 0 & 1 & 0 \\ -\sin\theta & 0 & \cos\theta \end{bmatrix} \tag{4-3}$$

$$R(x, \theta) = \begin{bmatrix} 1 & 0 & 0 \\ 0 & \cos\theta & -\sin\theta \\ 0 & \sin\theta & \cos\theta \end{bmatrix} \tag{4-4}$$

上述回轉變換矩陣 $R(z, \theta)$、$R(y, \theta)$，$R(x, \theta)$ 均稱為基本回轉變換矩陣。「$R$」為 Rotate（繞……軸線回轉）首字母，因此，$R(z, \theta)$ 即是繞座標系 $z$ 軸回轉 $\theta$ 角之意，$R(y, \theta)$，$R(x, \theta)$ 也分別是繞 $y$ 軸回轉 $\theta$ 角、繞 $x$ 軸回轉 $\theta$ 角之意。

如圖 4-5(b) 所示，設 Roll 轉角、Pitch 轉角、Yaw 轉角分別為 $\theta_r$、$\theta_p$、$\theta_y$，則經過 $RPY$ 旋轉變換後的座標變換矩陣 $RPY(\theta_r, \theta_p, \theta_y)$ 為：

$$RPY(\theta_r, \theta_p, \theta_y) = R(z, \theta_r)R(y, \theta_p)R(x, \theta_y)$$

$$= \begin{bmatrix} \cos\theta_r\cos\theta_p & \cos\theta_r\sin\theta_p\sin\theta_y - \sin\theta_r\cos\theta_y & \cos\theta_r\sin\theta_p\cos\theta_y + \sin\theta_r\sin\theta_y \\ \sin\theta_r\cos\theta_p & \sin\theta_r\sin\theta_p\sin\theta_y + \cos\theta_r\cos\theta_y & \sin\theta_r\sin\theta_p\cos\theta_y - \cos\theta_r\sin\theta_y \\ -\sin\theta_p & \cos\theta_p\sin\theta_y & \cos\theta_p\cos\theta_y \end{bmatrix}$$

$$\tag{4-5}$$

需要特別注意的是：多次回轉變換後得到的回轉變換結果（即回轉變換之後的座標系）與各基本回轉變換的順序是相關的，改變各基本回轉變換的順序得到的回轉變換結果是不同的，即得到的總的回轉變換矩陣、座標系結果不同。

② 平移變換　設平移變換前，座標系 $o-xyz$ 與 $o'-x'y'z'$ 完全重合，讓座標系 $o'-x'y'z'$ 沿著座標系 $o-xyz$ 的 $x$ 軸平移 $p_x$，然後繼續沿座標系 $o-xyz$ 的 $y$ 軸平移 $p_y$，然後再繼續沿著座標系 $o-xyz$ 的 $z$ 軸平移 $p_z$，最後到達如圖 4-8 所示

中的座標系 $o'\text{-}x'y'z'$ 位置。這三次平移變換的路徑是 $\text{Tans}(\boldsymbol{x}, p_x) \to \text{Tans}(\boldsymbol{y}, p_y) \to \text{Tans}(\boldsymbol{z}, p_z)$，但改變平移變換中基本平移變換的順序並不改變平移變換的結果。平移變換順序 $\text{Tans}(\boldsymbol{y}, p_y) \to \text{Tans}(\boldsymbol{x}, p_x) \to \text{Tans}(\boldsymbol{z}, p_z)$、$\text{Tans}(\boldsymbol{y}, p_y) \to \text{Tans}(\boldsymbol{z}, p_z) \to \text{Tans}(\boldsymbol{x}, p_x)$、$\text{Tans}(\boldsymbol{z}, p_z) \to \text{Tans}(\boldsymbol{x}, p_x) \to \text{Tans}(\boldsymbol{y}, p_y)$、$\text{Tans}(\boldsymbol{z}, p_z) \to \text{Tans}(\boldsymbol{y}, p_y) \to \text{Tans}(\boldsymbol{x}, p_x)$ 的結果得到的平移變換之後的 $o'\text{-}x'y'z'$ 座標系位置與姿態都是完全一樣的。在這一點上，平移變換與回轉變換不同。

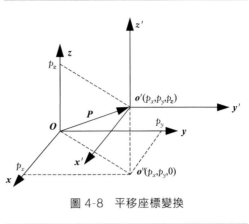

圖 4-8　平移座標變換

設兩座標系間的座標平移變換矢量為 $\boldsymbol{T}$，則有：

$$\boldsymbol{T}(p_x, p_y, p_z) = \begin{bmatrix} p_x \\ p_y \\ p_z \end{bmatrix} \tag{4-6}$$

③ 齊次變換矩陣　通常的座標變換都是回轉和平移複合在一起實現的，為了將旋轉變換和平移變換表達在一起，在 $3 \times 3$ 的回轉變換矩陣增加一行，與平移矩陣一起定義 $4 \times 4$ 的座標變換矩陣，即得齊次變換（homogenious transformation）矩陣 $\boldsymbol{A}$，表示為：

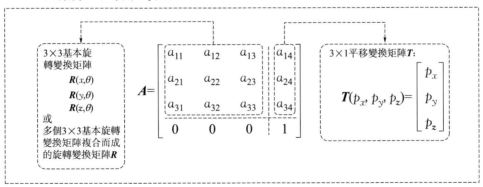

該齊次變換矩陣方法在電腦圖形學中也是被用來讓物體在三維空間內自由移動、回轉的方法。平移和旋轉同時進行時，旋轉後得到的座標系各座標軸矢量分別設為：

$$\boldsymbol{n} = \begin{bmatrix} n_x & n_y & n_z \end{bmatrix}^{\mathrm{T}}, \ \boldsymbol{o} = \begin{bmatrix} o_x & o_y & o_z \end{bmatrix}^{\mathrm{T}}, \ \boldsymbol{a} = \begin{bmatrix} a_x & a_y & a_z \end{bmatrix}^{\mathrm{T}} \tag{4-7}$$

式中，$n$ 為法線「Normal」方向；$o$ 為橫移「Orientation」方向；$a$ 為前後向接近「Approach」方向。原點的移動設為 $p = [p_x, \ p_y, \ p_z]^T$，則動座標系經齊次變換後的位姿矩陣為：

$$\begin{bmatrix} n_x & o_x & a_x & p_x \\ n_y & o_y & a_y & p_y \\ n_z & o_z & a_z & p_z \\ 0 & 0 & 0 & 1 \end{bmatrix} \tag{4-8}$$

當座標系不做旋轉運動時各座標軸矢量分別為：

$$\begin{cases} \boldsymbol{n} = \begin{bmatrix} 1 & 0 & 0 \end{bmatrix}^T \rightarrow x \ 軸 \\ \boldsymbol{o} = \begin{bmatrix} 0 & 1 & 0 \end{bmatrix}^T \rightarrow y \ 軸 \\ \boldsymbol{a} = \begin{bmatrix} 0 & 0 & 1 \end{bmatrix}^T \rightarrow z \ 軸 \end{cases}$$

【例題】動座標系 $\Sigma_b$ 初始時與參考座標系 $\Sigma_a$ 完全重合，讓動座標系 $\Sigma_b$ 相對參考座標系 $\Sigma_a$ 沿 $x$、$y$、$z$ 方向分別平移 1、2、1，然後繞 $z$ 軸旋轉 30°，再繞 $y$ 軸回轉 60°，繞 $x$ 軸回轉 45° 得到新的動座標系 $\Sigma_b$：$o'' - x''y''z''$，如圖 4-9 所示。

（a）求座標系 $\Sigma_b$ 對 $\Sigma_a$ 的齊次變換矩陣 $A$；

（b）已知動座標系 $\Sigma_b$ 中有一點 $P$ 的矢量為 ${}^b\boldsymbol{P} = \begin{bmatrix} 1 & 1 & 1 & 1 \end{bmatrix}^T$，求該點在參考座標系 $\Sigma_a$ 中的座標值或位置矢量 ${}^a\boldsymbol{P}$。

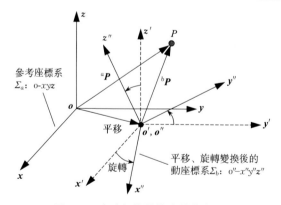

圖 4-9　移動與旋轉複合變換例題圖

答：首先求齊次變換矩陣 $A$：

$$T = \begin{bmatrix} 1 \\ 2 \\ 1 \end{bmatrix}$$

$$R = R(z, 30°) \cdot R(y, 60°) \cdot R(x, 45°) = \begin{bmatrix} 0.43 & 0.18 & 0.88 \\ 0.25 & 0.92 & -0.31 \\ -0.87 & 0.35 & 0.35 \end{bmatrix} \Biggr\} \Rightarrow A$$

$$= \begin{bmatrix} 0.43 & 0.18 & 0.88 & 1 \\ 0.25 & 0.92 & -0.31 & 2 \\ -0.87 & 0.35 & 0.35 & 1 \\ 0 & 0 & 0 & 1 \end{bmatrix}$$

而後求解 $^aP$。

$$^aP = A \cdot {}^bP = \begin{bmatrix} 0.43 & 0.18 & 0.88 & 1 \\ 0.25 & 0.92 & -0.31 & 2 \\ -0.87 & 0.35 & 0.35 & 1 \\ 0 & 0 & 0 & 1 \end{bmatrix} \begin{bmatrix} 1 \\ 1 \\ 1 \\ 1 \end{bmatrix} = \begin{bmatrix} 2.49 \\ 2.86 \\ 0.83 \\ 1 \end{bmatrix}$$

【問題討論】上述例題中計算得到的齊次變換矩陣 $A$ 各行、各列及各元素的物理意義是什麼？

齊次座標變換矩陣 $A$ 的第 1 列表示動座標系 $\sum_b$：$o''$-$x''y''z''$ 的 $x''$ 座標軸在參考座標系 $\sum_a$：$o$-$xyz$ 中的矢量（單位矢量）；則第一列各元素分別表示 $x''$ 座標軸在參考座標系 $\sum_a$：$o$-$xyz$ 中的 $x$、$y$、$z$ 軸上的投影分量。類似地，$A$ 的第 2 列表示動座標系 $\sum_b$：$o''$-$x''y''z''$ 的 $y''$ 座標軸在參考座標系 $\sum_a$：$o$-$xyz$ 中的矢量（單位矢量）；則第 2 列各元素分別表示 $y''$ 座標軸在參考座標系 $\sum_a$：$o$-$xyz$ 中的 $x$、$y$、$z$ 軸上的投影分量；$A$ 的第 3 列表示動座標系 $\sum_b$：$o''$-$x''y''z''$ 的 $z''$ 座標軸在參考座標系 $\sum_a$：$o$-$xyz$ 中的矢量（單位矢量），則第 3 列各元素分別表示 $z''$ 座標軸在參考座標系 $\sum_a$：$o$-$xyz$ 中的 $x$、$y$、$z$ 軸上的投影分量。

# 4.3.4 正運動學

正運動學（forward kinematics）：已知機器人機構構型、各關節位置（移動關節為移動量，回轉關節為關節角），求末端操作器位置和姿態的問題。

（1）機器人的座標系建立

如圖 4-10 所示，將機器人的基座標系記為 $\sum_0$，關節座標系從離基座最近的關節開始對各關節座標系編號 $i(i=1,2,\cdots,n)$ 並將其固定在連桿 $i$ 上。

設第 $i$ 座標系相對於第 $i-1$ 座標系的座標變換矩陣為 $^{i-1}A_i$；機器人操作臂末端座標系矢量變換成第 $i-1$ 座標系矢量的變換矩陣為 $^iT_n$，則有：

$$^{i}\boldsymbol{T}_{n} = {^{i}\boldsymbol{A}_{i+1}} \cdot {^{i+1}\boldsymbol{A}_{i+2}} \cdot \cdots \cdot {^{n-1}\boldsymbol{A}_{n}}$$

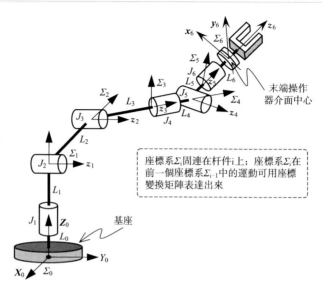

座標系 $\Sigma_i$ 固連在杆件 $i$ 上；座標系 $\Sigma_i$ 在前一個座標系 $\Sigma_{i-1}$ 中的運動可用座標變換矩陣表達出來

圖 4-10　操作臂的關節座標系

將第 6 軸-機器人末端即末端操作器的座標在基座標系中表示出來的座標變換為 $^{0}\boldsymbol{T}_{6}$：

$$^{0}\boldsymbol{T}_{n} = \boldsymbol{A}_{1} \cdot \boldsymbol{A}_{2} \cdot \cdots \cdot \boldsymbol{A}_{6} \tag{4-9}$$

這裡省略左肩上的上標數位，將 $^{i-1}\boldsymbol{A}_{i}$ 簡寫為 $\boldsymbol{A}_{i}$。

### (2) 機器人的桿件及關節的 D-H 參數表示法

到目前為止，由關節連在一起的兩桿件間的運動學關係可由座標變換矩陣 $\boldsymbol{A}$ 來求得。要具體地求出座標變換矩陣 $\boldsymbol{A}$，桿件及關節在三維空間中的參數如何表示呢？

對於一個自由度的關節，兩桿件間相對運動（轉動或移動）的變量只有一個，即相對回轉的關節角或相對移動時的位移量。最常用的方法是 1955 年由 Denavir 和 Hartenbeg 提出的為關節鏈中的每一個桿件建立附體座標系的矩陣方法，即 D-H 參數法（Denavir-Hartenbeg 定義法，也稱 DH 模型）。

① 建立基座標系　把機器人原點設定基座或第一關節軸上任意一點，並建立基座標系 $\Sigma_{0}$，該基座標系的 $z_{0}$ 軸作為關節 1 的回轉軸。

② 考慮第 $i-1$ 桿件與第 $i$ 桿件間的關係

a. 如圖 4-11 所示，連接第 $i$ 關節 $J_{i}$ 的桿件 $L_{i-1}$ 和 $L_{i}$。按照前一桿件 $L_{i-1}$ 設為 $x$ 方向、關節軸設為 $z$ 方向，按照 $x$、$z$ 方向和右手定則確定 $y$ 軸方

向建立第 $i-1$ 座標系。

　b. 作關節 $J_i$ 和 $J_{i+1}$ 的回轉軸的公垂線，將兩垂足間的距離設為桿件 $L_i$ 的長度 $a_i$，將兩回轉軸線間的角度設為桿件 $L_i$ 的撓角 $\alpha_i$。

　c. 關節 $J_{i-1}$ 和關節 $J_i$ 的回轉軸線公垂線與關節 $J_i$ 和關節 $J_{i+1}$ 的回轉軸線公垂線間在 $z_{i-1}$ 軸上的距離設為桿件 $L_{i-1}$ 與桿件 $L_i$ 的偏移量 $d_i$。在垂直於 $z_{i-1}$ 軸線平面內逆時針回轉測得的這兩條公垂線間的夾角 $\theta_i$ 設為桿件 $i$ 的回轉角度。在回轉關節的情況

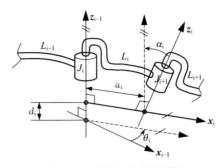

圖 4-11　關節和連桿的連接
關係及 D-H 參數定義

下，該角度 $\theta_i$ 即為關節 $J_i$ 的關節角變量。

　③ 考慮關節 $J$ 為圖 4-12 所示的移動關節的情況：

　a. 第 $i$ 關節的下一個關節即第 $i+1$ 關節軸線公垂線是軸 $i-1$ 與軸 $i+1$ 兩軸之間的公垂線。此時，關節變量為 $d_i$，並且座標系設立在第 $i-1$ 回轉關節處。

　b. 移動關節的情況下，桿件長度參數 $a_i$ 沒有意義，應設為 0。

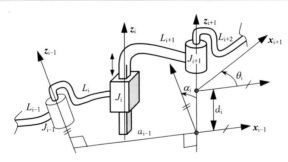

圖 4-12　移動關節和連桿的連接關係及 D-H 參數

　④ 桿件參數（link parameters）　$a_i(a_{i-1}), d_i, \alpha_i, \theta_i$ 這四個參數能夠表達以下 4 個運動。

　a. 繞 $z_{i-1}$ 軸回轉 $\theta_i$ 角。

　b. 沿 $z_{i-1}$ 軸移動 $d_i$。

　c. 回轉後的 $x_{i-1}$ 軸，即沿 $x_i$ 軸移動 $a_i$。

　d. 繞 $x_i$ 軸撓轉 $\alpha_i$ 角。

　⑤ 基於 D-H 參數法的座標變換矩陣 $A_i$　根據 4 個 D-H 參數所表達的運動

功能，按照式(4-2)～式(4-6)及齊次變換矩陣的形式依次寫出座標變換矩陣，依次相乘可求得由第 $i-1$ 座標系到第 $i$ 座標系的座標變換矩陣 $A_i$，如下式所示：

$$A_i = R(z, \theta_i) \cdot T(0, 0, d_i) \cdot T(a_i, 0, 0) \cdot R(x, \alpha_i)$$

$$= \begin{bmatrix} \cos\theta_i & -\sin\theta_i & 0 & 0 \\ \sin\theta_i & \cos\theta_i & 0 & 0 \\ 0 & 0 & 1 & 0 \\ 0 & 0 & 0 & 1 \end{bmatrix} \begin{bmatrix} 1 & 0 & 0 & 0 \\ 0 & 1 & 0 & 0 \\ 0 & 0 & 1 & d_i \\ 0 & 0 & 0 & 1 \end{bmatrix} \begin{bmatrix} 1 & 0 & 0 & a_i \\ 0 & 1 & 0 & 0 \\ 0 & 0 & 1 & 0 \\ 0 & 0 & 0 & 1 \end{bmatrix} \begin{bmatrix} 1 & 0 & 0 & 0 \\ 0 & \cos\alpha_i & -\sin\alpha_i & 0 \\ 0 & \sin\alpha_i & \cos\alpha_i & 0 \\ 0 & 0 & 0 & 1 \end{bmatrix}$$

$$= \begin{bmatrix} \cos\theta_i & -\sin\theta_i\cos\alpha_i & \sin\theta_i\sin\alpha_i & a_i\cos\theta_i \\ \sin\theta_i & \cos\theta_i\cos\alpha_i & -\cos\theta_i\sin\alpha_i & a_i\sin\theta_i \\ 0 & \sin\alpha_i & \cos\alpha_i & d_i \\ 0 & 0 & 0 & 1 \end{bmatrix}$$

$$(4-10)$$

(3) 正運動學問題例題

① 運動學正問題　$n$ 關節機器人，當各關節回轉角度或位移量給定時，求解臂前端即末端操作器中心的位置和姿態的問題稱為「運動學正問題」或「正運動學問題」，簡稱「正運動學」。正運動學問題實際上就是求從基座標系到末端操作器中心座標系的齊次變換矩陣的問題。以 $n=6$ 自由度的工業機器人操作臂為例，關於各關節的座標變換矩陣依次相乘下去得到的矩陣 $^0T_6$，則有：

$$^0T_6 = A_1 \cdot A_2 \cdot A_3 \cdot A_4 \cdot A_5 \cdot A_6$$

$$= \left[ \begin{array}{c|c} \boldsymbol{n} \ \ \boldsymbol{o} \ \ \boldsymbol{a} \ \ \boldsymbol{p} \\ \hline 0 \ \ 0 \ \ 0 \ \ 1 \end{array} \right]$$

式中，$\boldsymbol{p}$ 為表示末端操作器中心在基座標系中的位置矢量；$\boldsymbol{n}, \boldsymbol{o}, \boldsymbol{a}$ 分別為表示末端操作器在基座標系中的各方向矢量。

② 水平面內運動的 2-DOF 機器人操作臂　其機構如圖 4-13 所示，為水平面內運動的關節式 2-DOF（degree of Freedom）串聯桿件組成的開鏈連桿機構。

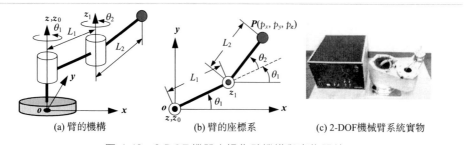

(a) 臂的機構　　　　　(b) 臂的座標系　　　　　(c) 2-DOF機械臂系統實物

圖 4-13　2-DOF 機器人操作臂機構與實物照片

③ **2-DOF 機械臂的正運動學** 如圖 4-13(b) 所示，可直接透過解析法求得：

$$\begin{cases} p_x = L_1 \cos\theta_1 + L_2 \cos(\theta_1 + \theta_2) \\ p_y = L_1 \sin\theta_1 + L_2 \sin(\theta_1 + \theta_2) \\ \qquad p_z = 0 \end{cases} \tag{4-11}$$

若由 D-H 參數法求解，則建立如表 4-1 所示的 D-H 參數表。

表 4-1　2-DOF 機械臂的 D-H 參數

| $L$ | $\theta_i$ | $d_i$ | $a_i$ | $\alpha_i$ |
|---|---|---|---|---|
| 1 | $\theta_1$ | 0 | $L_1$ | 0 |
| 2 | $\theta_2$ | 0 | $L_2$ | 0 |

則由 D-H 參數和各關節的繞 $z$ 軸旋轉的座標變換矩陣求得：

$$\boldsymbol{A}_1 = \boldsymbol{R}(z, \theta_1) \cdot \boldsymbol{T}(L_1, 0, 0) = \begin{bmatrix} \cos\theta_1 & -\sin\theta_1 & 0 & L_1\cos\theta_1 \\ \sin\theta_1 & \cos\theta_1 & 0 & L_1\sin\theta_1 \\ 0 & 0 & 1 & 0 \\ 0 & 0 & 0 & 1 \end{bmatrix}$$

$$\boldsymbol{A}_2 = \boldsymbol{R}(z, \theta_2) \cdot \boldsymbol{T}(L_2, 0, 0) = \begin{bmatrix} \cos\theta_2 & -\sin\theta_2 & 0 & L_2\cos\theta_2 \\ \sin\theta_2 & \cos\theta_2 & 0 & L_2\sin\theta_2 \\ 0 & 0 & 1 & 0 \\ 0 & 0 & 0 & 1 \end{bmatrix} \tag{4-12}$$

$$^0\boldsymbol{T}_2 = \boldsymbol{A}_1 \cdot \boldsymbol{A}_2 = \begin{bmatrix} C_1C_2 - S_1S_2 & -C_1S_2 - S_1C_2 & 0 & L_1C_1 + L_2C_1C_2 - L_2S_1S_2 \\ S_1C_2 - C_1S_2 & -S_1S_2 + C_1C_2 & 0 & L_1S_1 + L_2S_1C_2 + L_2C_1S_2 \\ 0 & 0 & 1 & 0 \\ 0 & 0 & 0 & 1 \end{bmatrix}$$

$$\tag{4-13}$$

式中，$S_i = \sin\theta_i$，$C_i = \cos\theta_i$。

則臂末端即末端操作器中心點的位置 $\boldsymbol{P}(p_x, p_y, p_z)$ 可求得，為：

$$\boldsymbol{P} = {}^0\boldsymbol{T}_2 \begin{bmatrix} 0 & 0 & 0 & 1 \end{bmatrix}^{\mathrm{T}}$$

由式(4-13) 的第 3 列得：

$$p_x = L_1 \cos\theta_1 + L_2 \cos(\theta_1 + \theta_2)$$
$$p_y = L_1 \sin\theta_1 + L_2 \sin(\theta_1 + \theta_2) \tag{4-14}$$
$$p_z = 0$$

如果桿件 2 的伸展方向就是手腕的方向，則式(4-15) 中的 $\begin{bmatrix} \boldsymbol{n} & \boldsymbol{o} & \boldsymbol{a} \end{bmatrix}$ 就是末端操作器的姿態矩陣，$\boldsymbol{n}$、$\boldsymbol{o}$、$\boldsymbol{a}$ 分別為末端操作器介面（或末端操作器）上固連座標系的 $x$、$y$、$z$ 座標軸在基座標系（即參考座標系）中的單位矢量。

$$
{}^{0}T_{2} = A_{1} \cdot A_{2} = \begin{bmatrix} C_1C_2-S_1S_2 & -C_1S_2-S_1C_2 & 0 & L_1C_1+L_2C_1C_2-L_2S_1S_2 \\ S_1C_2-C_1S_2 & -S_1S_2+C_1C_2 & 0 & L_1S_1+L_2S_1C_2+L_2C_1S_2 \\ 0 & 0 & 1 & 0 \\ 0 & 0 & 0 & 1 \end{bmatrix} \quad (4\text{-}15)
$$
$$
\begin{bmatrix} n & o & a \end{bmatrix}
$$

④ PUMA 機器人操作臂的正運動學　PUMA 機器人操作臂的機構如圖 4-14 (a) 所示。

應注意的是：對於 PUMA 機器人的第一關節的軸線，到下一關節的距離是有偏移量的。PUMA 機器人操作臂的 D-H 參數如表 4-2 所示。

表 4-2　PUMA 機器人操作臂的 D-H 參數表

| $L$ | $\theta_i$ | $d_i$ | $a_i$ | $\alpha_i$ |
|---|---|---|---|---|
| 1 | $\theta_1$ | $d_1$ | 0 | 90 |
| 2 | $\theta_2$ | $d_2$ | $a_2$ | 0 |
| 3 | $\theta_3$ | 0 | 0 | 90 |
| 4 | $\theta_4$ | $d_4$ | 0 | $-90$ |
| 5 | $\theta_5$ | 0 | 0 | 90 |
| 6 | $\theta_6$ | $d_6$ | 0 | 0 |

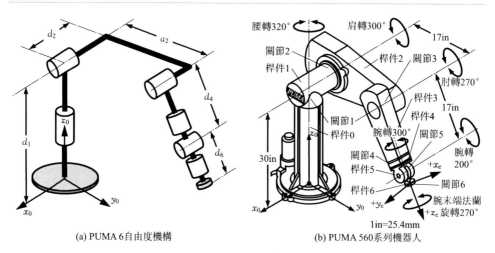

(a) PUMA 6自由度機構　　(b) PUMA 560系列機器人

圖 4-14　6-DOF PUMA 機器人操作臂

由 D-H 參數表有各關節旋轉變換矩陣，如下：

$$A_1 = \begin{bmatrix} C_1 & 0 & S_1 & 0 \\ S_1 & 0 & -C_1 & 0 \\ 0 & 1 & 0 & d_1 \\ 0 & 0 & 0 & 1 \end{bmatrix} \quad A_2 = \begin{bmatrix} C_2 & -S_2 & 0 & a_2 C_2 \\ S_2 & C_2 & 0 & a_2 S_2 \\ 0 & 0 & 1 & d_2 \\ 0 & 0 & 0 & 1 \end{bmatrix} \quad A_3 = \begin{bmatrix} C_3 & 0 & S_3 & 0 \\ S_3 & 0 & -C_3 & 0 \\ 0 & 1 & 0 & 0 \\ 0 & 0 & 0 & 1 \end{bmatrix}$$

$$A_4 = \begin{bmatrix} C_4 & 0 & -S_4 & 0 \\ S_4 & 0 & C_4 & 0 \\ 0 & -1 & 0 & d_4 \\ 0 & 0 & 0 & 1 \end{bmatrix} \quad A_5 = \begin{bmatrix} C_5 & 0 & S_4 & 0 \\ S_5 & 0 & -C_5 & 0 \\ 0 & 1 & 0 & 0 \\ 0 & 0 & 0 & 1 \end{bmatrix} \quad A_6 = \begin{bmatrix} C_6 & -S_6 & 0 & 0 \\ S_6 & C_6 & 0 & 0 \\ 0 & 0 & 1 & d_6 \\ 0 & 0 & 0 & 1 \end{bmatrix}$$

$$(4\text{-}16)$$

則有：

$${}^5T_6 = A_6$$

$${}^4T_6 = A_5 \cdot {}^5T_6 = A_5 \cdot A_6$$

$${}^3T_6 = A_4 \cdot {}^4T_6 = A_4 \cdot A_5 \cdot A_6$$

$${}^2T_6 = A_3 \cdot {}^3T_6 = A_3 \cdot A_4 \cdot A_5 \cdot A_6$$

$${}^1T_6 = A_2 \cdot {}^2T_6 = A_2 \cdot A_3 \cdot A_4 \cdot A_5 \cdot A_6$$

$${}^0T_6 = A_1 \cdot {}^1T_6 = A_1 \cdot A_2 \cdot A_3 \cdot A_4 \cdot A_5 \cdot A_6$$

推得：

$${}^0T_6 = \begin{bmatrix} n & o & a & p \\ 0 & 0 & 0 & 1 \end{bmatrix} = \begin{bmatrix} n_x & o_x & a_x & p_x \\ n_y & o_y & a_y & p_y \\ n_z & o_z & a_z & p_z \\ 0 & 0 & 0 & 1 \end{bmatrix}$$

其中：

$$n_x = C_1 \left[ C_{23}(C_4 C_5 C_6 - S_4 S_6) - S_{23} S_5 C_6 \right] + S_1 (S_4 C_5 C_6 + C_4 S_6)$$

$$n_y = S_1 \left[ C_{23}(C_4 C_5 C_6 - S_4 S_6) - S_{23} S_5 C_6 \right] - C_1 (S_4 C_5 C_6 + C_4 S_6)$$

$$n_z = S_{23}(C_4 C_5 C_6 - S_4 S_6) + C_{23} S_5 C_6$$

$$o_x = -C_1 \left[ C_{23}(C_4 C_5 S_6 + S_4 C_6) - S_{23} S_5 C_6 \right] - S_1 (S_4 C_5 S_6 - C_4 C_6)$$

$$o_y = -S_1 \left[ C_{23}(C_4 C_5 S_6 + S_4 C_6) - S_{23} S_5 S_6 \right] + C_1 (S_4 C_5 C_6 - C_4 C_6)$$

$$o_z = -S_{23}(C_4 C_5 S_6 + S_4 C_6) - C_{23} S_5 S_6$$

$$a_x = C_1 (C_{23} C_4 S_5 + S_{23} C_5) + S_1 S_4 S_5$$

$$a_y = S_1 (C_{23} C_4 S_5 + S_{23} C_5) - C_1 S_4 S_5$$

$$a_z = S_{23} C_4 S_5 - C_{23} C_5$$

$$p_x = d_4 C_1 S_{23} + a_2 C_1 C_2 + d_2 S_1$$

$$p_y = d_4 S_1 S_{23} + a_2 S_1 S_2 - d_2 C_1$$

$$p_z = -d_4 S_{23} + a_2 S_2 + d_1 \quad (d_6 = 0)$$

## 4.3.5 逆運動學

逆運動學（inverse kinematics）：已知機器人機構構型、末端操作器位置和姿態，求各關節位置（移動關節為移動量，回轉關節為關節角）的問題。

逆運動學解求解方法：幾何法、基於齊次矩陣變換的矩陣運算法。本節以2-DOF 平面連桿機器人操作臂和 PUMA 機器人操作臂為例講述逆運動學問題。

（1）逆運動學問題一般解法

根據機器人操作臂的作業需要，將按作業要求給定位置和姿態的位姿矩陣設為機器人操作臂末端介面中心處位姿矩陣 ${}^0\boldsymbol{T}_6$，即有：

$$\begin{bmatrix} \boldsymbol{n} & \boldsymbol{o} & \boldsymbol{a} & \boldsymbol{p} \\ 0 & 0 & 0 & 1 \end{bmatrix} = {}^0\boldsymbol{T}_6 \tag{4-17}$$

$${}^0\boldsymbol{T}_6 = {}^0\boldsymbol{A}_1 \cdot {}^1\boldsymbol{A}_2 \cdot {}^2\boldsymbol{A}_3 \cdot {}^3\boldsymbol{A}_4 \cdot {}^4\boldsymbol{A}_5 \cdot {}^5\boldsymbol{A}_6 \tag{4-18}$$

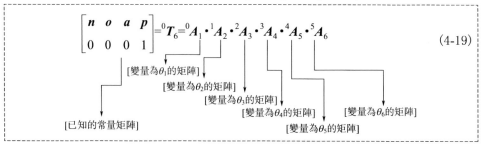

式(4-18) 兩邊同時乘以 ${}^0\boldsymbol{A}_1$ 的逆矩陣 ${}^0\boldsymbol{A}_1^{-1}$：

$${}^0\boldsymbol{A}_1^{-1} \begin{bmatrix} \boldsymbol{n} & \boldsymbol{o} & \boldsymbol{a} & \boldsymbol{p} \\ 0 & 0 & 0 & 1 \end{bmatrix} = {}^0\boldsymbol{T}_6 = {}^1\boldsymbol{A}_2 \cdot {}^2\boldsymbol{A}_3 \cdot {}^3\boldsymbol{A}_4 \cdot {}^4\boldsymbol{A}_5 \cdot {}^5\boldsymbol{A}_6 = {}^1\boldsymbol{T}_6 \tag{4-20}$$

[祇含 $\theta_1$ 的矩陣] ⟶ 對應元素相等可列出祇含 $\theta_1$ 的方程式，得到 $\theta_1$ 的計算公式。 ⟵ [含常數元素和用變量表示元素的矩陣]

從式(4-20) 等號左邊乘得的矩陣中找出與式(4-20) 等號右邊 ${}^1\boldsymbol{T}_6$ 中常數元素對應的含 $\theta_1$ 變量的元素，即可列出只含 $\theta_1$ 變量的方程式，從而推導出 $\theta_1$ 的計算公式。

同理式(4-20) 兩邊同時乘以 ${}^1\boldsymbol{A}_2$ 的逆矩陣 ${}^1\boldsymbol{A}_2^{-1}$ 有：

$${}^1\boldsymbol{A}_2^{-1} \cdot {}^0\boldsymbol{A}_1^{-1} \cdot \begin{bmatrix} \boldsymbol{n} & \boldsymbol{o} & \boldsymbol{a} & \boldsymbol{p} \\ 0 & 0 & 0 & 1 \end{bmatrix} = {}^2\boldsymbol{A}_3 \cdot {}^3\boldsymbol{A}_4 \cdot {}^4\boldsymbol{A}_5 \cdot {}^5\boldsymbol{A}_6 = {}^2\boldsymbol{T}_6$$

從上式等號左邊乘得的矩陣中找出與等號右邊 ${}^2\boldsymbol{T}_6$ 中常數元素對應的含 $\theta_2$ 變量的元素，即可列出只含 $\theta_2$ 變量的方程式，從而推導出 $\theta_2$ 的計算公式。在此

過程中，$\theta_1$ 可當作已知量看待。

類推下去，有：

$$^{i-1}\boldsymbol{A}_i^{-1} \cdot \cdots \cdot {}^{1}\boldsymbol{A}_2^{-1} \cdot {}^{0}\boldsymbol{A}_1^{-1} \begin{bmatrix} \boldsymbol{n} & \boldsymbol{o} & \boldsymbol{a} & \boldsymbol{p} \\ 0 & 0 & 0 & 1 \end{bmatrix} = {}^{i}\boldsymbol{A}_{i+1} \cdot \cdots \cdot {}^{n-1}\boldsymbol{A}_n = {}^{i}\boldsymbol{T}_n$$

$$(4\text{-}21)$$

當 $n = 6$ 時，$^{i-1}\boldsymbol{A}_i^{-1} \cdot \cdots \cdot {}^{1}\boldsymbol{A}_2^{-1} \cdot {}^{0}\boldsymbol{A}_1^{-1} \cdot \begin{bmatrix} \boldsymbol{n} & \boldsymbol{o} & \boldsymbol{a} & \boldsymbol{p} \\ 0 & 0 & 0 & 1 \end{bmatrix} = {}^{i}\boldsymbol{T}_6$。

按與 $\theta_1$ 的計算公式相同的方法依次推導出各關節角的計算公式。

（2）水平面內運動的 2-DOF 機械臂運動學求解方法——解析幾何法

如圖 4-15 所示，設 2-DOF 機械臂的末端 $P$ 點至座標原點的距離為 $L_0$。

則根據餘弦定理有：

$$L_0^2 = L_1^2 + L_2^2 - 2L_1 L_2 \cos(180° - \theta_2)$$
$$= L_1^2 + L_2^2 + 2L_1 L_2 \cos\theta_2$$

設 $P$ 的座標為 $(p_x, p_y, p_z)$，

則 $L_0^2 = x^2 + y^2$，有：

$$\cos\theta_2 = -\frac{p_x^2 + p_y^2 - (L_1^2 + L_2^2)}{2L_1 L_2}$$

$$(4\text{-}22)$$

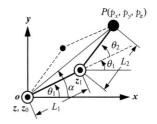

圖 4-15　2-DOF 機械臂逆運動學
的解析幾何解法

雖然可由 arccos 計算出 $\theta_2$，可遺憾的是：由 arccos、arcsin 計算結果在 0°、90°、180° 處的誤差變大，而且 arccos 只能算 0°～180°、arcsin 只能算 $-90°$～$+90°$ 的結果。為此，採用：$\theta = \arctan(\sin\theta/\cos\theta)$，並且在電腦算法語言中使用象限角計算函數「ATAN2 $(a, b)$」，且 $a = \sin\theta$，$b = \cos\theta$。則有：

$$\sin\theta_2 = \pm\frac{\sqrt{(2L_1 L_2)^2 - [p_x^2 + p_y^2 - (L_1^2 + L_2^2)]^2}}{2L_1 L_2}$$

$$(4\text{-}23)$$

則有：

$$\theta_2 = \text{ATAN2}\left\{\pm\frac{\sqrt{(2L_1 L_2)^2 - [p_x^2 + p_y^2 - (L_1^2 + L_2^2)]^2}}{2L_1 L_2}, -\frac{p_x^2 + p_y^2 - (L_1^2 + L_2^2)}{2L_1 L_2}\right\}$$

這裡，$\sin\theta_2$ 有正負值，則 $-\theta_2$ 也是解，對應圖 4-15 中虛線所示的構型。末端有兩種可能的姿態。下面求 $\theta_1$：

$$\begin{cases} p_x = L_1 \cos\theta_1 + L_2 \cos(\theta_1 + \theta_2) = k_c \cos\theta_1 - k_s \sin\theta_1 \\ p_y = L_1 \sin\theta_1 + L_2 \sin(\theta_1 + \theta_2) = k_c \cos\theta_1 + k_s \sin\theta_1 \\ p_z = 0 \end{cases}$$

$$(4\text{-}24)$$

其中：

$$\begin{cases} k_c = L_1 + L_2 \cos\theta_2 \\ k_s = L_2 \sin\theta_2 \end{cases} \tag{4-25}$$

則由式(4-24) 得：

$$\begin{cases} \cos\theta_1 = \dfrac{k_c p_x + k_s p_y}{k_c^2 + k_s^2} \\ \sin\theta_1 = \dfrac{-k_s p_x + k_c p_y}{k_c^2 + k_s^2} \end{cases}$$

綜上所述，可得平面 2-DOF 機器人操作臂逆運動學的解析解為：

$$\theta_1 = \arctan\frac{\sin\theta_1}{\cos\theta_1} = \text{ATAN2}\left\{\frac{-k_s p_x + k_c p_y}{k_c^2 + k_s^2}\quad,\quad \frac{k_c p_x + k_s p_y}{k_c^2 + k_s^2}\right\} \tag{4-26}$$

$$\theta_2 = \text{ATAN2}\left\{\pm\frac{\sqrt{(2L_1 L_2)^2 - [p_x^2 + p_y^2 - (L_1^2 + L_2^2)]^2}}{2L_1 L_2}, -\frac{p_x^2 + p_y^2 - (L_1^2 + L_2^2)}{2L_1 L_2}\right\}$$

$$\tag{4-27}$$

【問題討論】逆解公式中的「±」號如何處理？

公式(4-26)、式(4-27) 中的「±」號對應著圖 4-15 所示機器人操作臂末端在給定位置下的兩個不同構形，即末端操作器介面點到達同一位置有兩種不同的構形，從解方程的角度意味著方程有兩組解。但「±」號下的這兩組解不能同時使用，也不能混用，即用「±」號中的「＋」號公式解算機器人逆運動學解並控制機器人操作臂時自始至終都應用「＋」號下的公式，反之，用「－」號時自始至終也都應該用「－」號下的公式計算逆解。

## 4.3.6  RPP 無偏置型 3 自由度機器人操作臂臂部機構運動學分析的解析幾何法

RPP 無偏置型 3 自由度操作臂臂部機構運動簡圖如圖 4-16 所示。當大臂、小臂完全伸展開呈豎直狀態時，各關節回轉中心、各相鄰關節回轉中心兩兩連線（即臂桿構件）理論上都在一條直線上。各關節角變量、各桿件長度等機構參量及其符號定義如圖 4-16 所示。

在操作臂基座底面中心處建立基座標系 $O\text{-}XYZ$，圖示的整臂豎直伸展成一直線狀態為作為絕對基準構形的「零構形」，即各關節位置為「0」位時的 0°，關節角位移即關節角都是相對「零構形」時的位置而定義的，如圖所示的 $\theta_1$、$\theta_2$、$\theta_3$，且逆時針轉為正、順時針為負。根據圖 4-16 所示的 RPP 三自由度操作臂臂部機構各關節、桿件間的無偏置式關係和機構運動簡圖，當關節 1、關節 2、

關節 3 各自從臂「零構形」開始獨立轉動至圖示的 $\theta_1$、$\theta_2$、$\theta_3$ 角時，不難作立體解析幾何分析：由於關節 1 軸線垂直於基座底面平面，關節 2 軸線、關節 3 軸線互相平行，且皆平行於基座底面基準面，同時又都垂直且相交於關節 1 軸線，所以，各關節由「零構形」位置轉動 $\theta_1$、$\theta_2$、$\theta_3$ 後，臂桿 $A_1B_1$、$B_1P$ 在基座底面即 $O\text{-}XY$ 平面上的垂直投影分別為 $OA_o$、$A_oP_o$，即點 $A$、$B_1$、$P$、$P_{B1}$、$P_A$、$O$、$A_o$、$B_o$、$P_o$ 都在同一平面上，且該平面垂直於 $O\text{-}XY$ 平面且相交於 $OP_o$ 所在的直線 $OX'$。

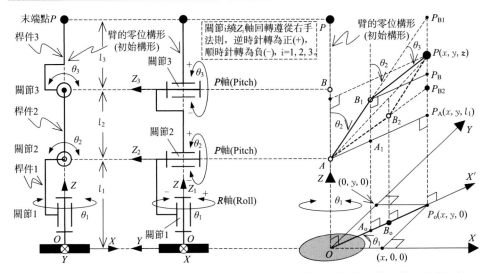

圖 4-16　機器人操作臂 3 自由度 RPP 無偏置型臂部機構運動學分析的立體解析幾何法

【正運動學解】已知如圖 4-16 所示的機構構型和機構參數，求給定各關節的關節角 $\theta_1$、$\theta_2$、$\theta_3$ 的情況下，在基座標系 $O\text{-}XYZ$ 中，求臂末端點 $P$ 的位置座標 $(x，y，z)$ 和末端桿件 3 的姿態。由圖中幾何關係可得：$\overline{AP_A}=\overline{OP_o}=l_2\sin\theta_2+l_3\sin(\theta_2+\theta_3)$；$z=\overline{P_oP}=l_1+l_2\cos\theta_2+l_3\cos(\theta_2+\theta_3)$，則可得末端點 $P$ 在基座標系 $O\text{-}XYZ$ 中的位置座標分量計算公式：

$$\begin{cases} x=\overline{OP_o}\cos\theta_1=[l_2\sin\theta_2+l_3\sin(\theta_2+\theta_3)]\cos\theta_1 \\ y=\overline{OP_o}\sin\theta_1=[l_2\sin\theta_2+l_3\sin(\theta_2+\theta_3)]\sin\theta_1 \\ z=\overline{P_oP}=l_1+l_2\cos\theta_2+l_3\cos(\theta_2+\theta_3) \end{cases} \quad (4\text{-}28)$$

末端桿件 3 在基座標系 $O\text{-}XYZ$ 中的姿態用由 $B$ 點指向 $P$ 點的矢量來表示。$B$ 點、$P$ 點在基座標系中的位置座標分別為 $B(x_B，y_B，z_B)$ 和 $P(x，y，z)$ 表示。其中，$B_1$ 點座標分量分別為：

$$\begin{cases} x_B = l_2 \sin\theta_2 \cos\theta_1 \\ y_B = l_2 \sin\theta_2 \sin\theta_1 \\ z_B = l_2 \cos\theta_2 + l_1 \end{cases} \tag{4-29}$$

則 $BP = \begin{bmatrix} x - x_B & y - y_B & z - z_B \end{bmatrix}^T$，作為臂末端桿件 3 在基座標系中的方向矢量歸一化為單位長度的方向矢量 $e_3$ 為：

$$e_3 = BP / \| BP \| = \begin{bmatrix} x - x_B & y - y_B & z - z_B \end{bmatrix}^T / \sqrt{(x - x_B)^2 + (y - y_B)^2 + (z - z_B)^2} \tag{4-30}$$

末端桿件 3 在基座標系中的姿態可用式(4-30) 計算出的方向矢量 $e_3$ 來表示。將式(4-28)、式(4-29) 代入到式(4-30) 中即可計算出末端桿件 3 的方向矢量 $e_3$。

對操作臂機構作解析幾何分析的逆運動學目的：根據末端點 $P$ 在基座標系 $O\text{-}XYZ$ 中的位置座標 $P(x,y,z)$ 及機構參數，求對應於 $P(x,y,z)$ 位置的各關節角位置，即關節角 $\theta_1$、$\theta_2$、$\theta_3$，也即用操作臂機構的末端桿件的末端點 $P$ 的位置座標 $x$、$y$、$z$ 和桿件長度參數 $l_1$、$l_2$、$l_3$ 來表示 $\theta_1$、$\theta_2$、$\theta_3$ 的解方程。

【逆運動學解】

• 關節角 $\boldsymbol{\theta_1}$ 計算公式推導：根據前述內容和圖 4-16 中右圖所示的幾何關係，可得：$\tan\theta_1 = y/x$，則有：$\theta_1 = \arctan(y/x)$，由於存在多解，因此，用程式設計語言中的象限角函數 ATAN2 的形式計算 $\theta_1$，即：

$$\theta_1 = \arctan(y, x) = \text{ATAN2}(y, x) \tag{4-31}$$

• 關節角 $\boldsymbol{\theta_3}$ 計算公式推導：在 $\triangle AB_1P$ 中，由餘弦定理可得如下關係式：

$$\overline{AP}^2 = x^2 + y^2 + (z - l_1)^2 = l_2^2 + l_3^2 - 2l_2l_3\cos(\pi - \theta_3) = l_2^2 + l_3^2 + 2l_2l_3\cos\theta_3 \tag{4-32}$$

繼而有：$\cos\theta_3 = \dfrac{x^2 + y^2 + (z - l_1)^2 - l_2^2 - l_3^2}{2l_2l_3}$，$\theta_3 = \arccos\left[\dfrac{x^2 + y^2}{2l_2l_3} + \dfrac{(z - l_1)^2 - l_2^2 - l_3^2}{2l_2l_3}\right]$。顯然，由 arccos 函數求解 $\theta_3$，有無窮多解而且呈週期性變化。因此，仍然採用象限角函數來求 $\theta_3$。由 $\cos^2\theta_3 + \sin^2\theta_3 = 1$ 可得：

$$\sin\theta_3 = \pm\sqrt{1 - \cos^2\theta_3}$$

$$= \pm\frac{\sqrt{\{(l_2 + l_3)^2 - [x^2 + y^2 + (z - l_1)^2]\}\{-(l_2 - l_3)^2 + [x^2 + y^2 + (z - l_1)^2]\}}}{2l_2l_3}$$

$$\cos\theta_3 = \frac{x^2 + y^2 + (z - l_1)^2 - l_2^2 - l_3^2}{2l_2l_3} \tag{4-33}$$

$$\theta_3 = \arctan(\sin\theta_3, \cos\theta_3) = \text{ATAN2}(\sin\theta_3, \cos\theta_3) \tag{4-34}$$

　　需要注意的是：顯然由公式(4-34) 利用公式(4-33) 求解出的關節角 $\theta_3$ 有「±」兩組解，這兩組解分別對應圖 4-16 右圖中都能夠實現臂末端點 $P$ 處於同一位置座標下的 $AB_1P$ 和 $AB_2P$ 兩個臂形構形。

　　• 關節角 $\theta_2$ 計算公式推導　令△$AB_1P$ 中∠$B_1AP$＝$\alpha$，在△$AP_AP$ 中有：

$$\angle PAP_A = \arctan(z-l_1, \sqrt{x^2+y^2}) = \text{ATAN2}(z-l_1, \sqrt{x^2+y^2})$$

且 $\alpha = \angle B_1AP = \pi/2 - \theta_2 - \angle PAP_A$，所以有：

$$\alpha = \pi/2 - \theta_2 - \text{ATAN2}(z-l_1, \sqrt{x^2+y^2}) \tag{4-35}$$

則在△$AB_1P$ 中，同樣根據餘弦定理有：

$$l_3^2 = l_2^2 + \overline{AP}^2 - 2l_2\,\overline{AP}\cos\angle B_1AP = l_2^2 + x^2+y^2+(z-l_1)^2 - 2l_2$$
$$\sqrt{x^2+y^2+(z-l_1)^2}\cos\alpha$$

$$\cos\alpha = \frac{l_2^2+x^2+y^2+(z-l_1)^2-l_3^2}{2l_2\sqrt{x^2+y^2+(z-l_1)^2}} \tag{4-36}$$

由 $\sin\alpha = \pm\sqrt{1-\cos^2\alpha}$ 得：

$$\sin\alpha = \pm\frac{\sqrt{4l_2^2\,[x^2+y^2+(z-l_1)^2]-[l_2^2+x^2+y^2+(z-l_1)^2-l_3^2]^2}}{2l_2\sqrt{x^2+y^2+(z-l_1)^2}}$$

$$\tag{4-37}$$

由象限角計算公式得：

$$\alpha = \arctan(\sin\alpha, \cos\alpha) = \text{ATAN2}(\sin\alpha, \cos\alpha) \tag{4-38}$$

則由式(4-35)、式(4-38) 推導出：

$$\theta_2 = \pi/2 - \alpha - \text{ATAN2}(z-l_1, \sqrt{x^2+y^2})$$
$$= \pi/2 - \text{ATAN2}(\sin\alpha, \cos\alpha) - \text{ATAN2}(z-l_1, \sqrt{x^2+y^2})$$
$$\theta_2 = \pi/2 - \text{ATAN2}\left\{\pm\frac{\sqrt{4l_2^2\,[x^2+y^2+(z-l_1)^2]-[l_2^2+x^2+y^2+(z-l_1)^2-l_3^2]^2}}{2l_2\sqrt{x^2+y^2+(z-l_1)^2}}\right.,$$
$$\left.\frac{l_2^2+x^2+y^2+(z-l_1)^2-l_3^2}{2l_2\sqrt{x^2+y^2+(z-l_1)^2}}\right\} - \text{ATAN2}(z-l_1, \sqrt{x^2+y^2})$$

$$\tag{4-39}$$

　　需要注意的是：關節角 $\theta_2$、$\theta_3$ 都是各有「±」兩組解，共有四組不同的組合結果，但實際上由圖 4-16 可知，只有對應圖 4-16 右圖中都能夠實現臂末端點 $P$ 處於同一位置座標下的 $AB_1P$ 和 $AB_2P$ 兩個臂形構形下的兩組組合解有實際意義。因此，定義臂形標誌 $k$，當 $k=1$ 時為高臂形即 $AB_1P$ 臂形，$k=-1$ 時為低臂形即 $AB_2P$ 臂形。

　　$\text{sign}(\theta_2)\text{sign}(\theta_3) = 1$ 時為高臂形，即 $k=1$；

$sign(\theta_2)sign(\theta_3) = -1$ 時為低臂形，即 $k = -1$。

則式(4-31)、式(4-33)、式(4-34)、式(4-39) 分別為用解析幾何方法推導出的關節角 $\theta_1$、$\theta_2$、$\theta_3$ 的解析解計算公式。有了這些計算公式，即可用程式設計語言（如 Mtalab、C、C++、VC、VB）編寫對於該機器人操作臂機構通用的逆運動學求解計算程式。在實際使用時需要根據臂形標誌和保證各關節連續運動條件下分別對公式中的「±」加以組合。除非在大小臂臂形處於一直線上，否則絕對不允許出現由高臂形一下子「突然」跳到低臂形的運動不連續情況發生。

　• 末端點 $P$ 走連續軌跡（路徑）時的逆運動學求解方法　以上求解的只是在末端桿件的末端點 $P$ 到達基座標系內的某一位置座標（$x, y, z$）時對應的各關節角位置，也即操作臂處於某一構形下的逆運動學解。當末端點 $P$ 在基座標系內按作業要求給定的連續軌跡路徑運動時，需要將給定的連續軌跡按照時間間隔和順序離散成 $n$ 個離散位置點 $P_i$（下標 $i = 1, 2, 3, \cdots, n$），$n$ 越大即離散點數越多，求得的關節軌跡越光滑。設連續運動軌跡上的第 $i$ 個位置點 $P_i$ 在基座標系 $O\text{-}XYZ$ 中的位置座標為 $P_i(x_i, y_i, z_i)$，則按照前述的解析幾何方法推導得到的逆運動學解求解式(4-31)、式(4-33)、式(4-34)、式(4-39) 即可分別計算出對應點 $P_i(x_i, y_i, z_i)$ 位置座標的關節角 $\theta_{1i}$、$\theta_{2i}$、$\theta_{3i}$（$i = 1, 2, 3, \cdots, n$），從而計算出各關節角曲線上按時間順序給出的一系列關節角位置值，即求得了關節軌跡數據曲線。將求解得到的這些關節軌跡數據按照模擬軟體對外部數據文件輸入的數據格式要求儲存在數據文件中，然後作為運動輸入數據導入模擬軟體中用於運動模擬。

## 4.3.7 RPP 有偏置型 3 自由度機器人操作臂臂部機構（即 PUMA 臂部機構）運動學分析的解析幾何法

偏置型的 3 自由度 RPP 機器人操作臂機構是指前後相鄰的兩個桿件之間根本不存在共線情況的機構。如圖 4-17 所示。非偏置型的 3 自由度 RPP 機器人操作臂機構由於存在臂桿共線的情況，因此，某些關節因相鄰臂桿之間會有關節的機械極限位置而減小了關節運動範圍，導致工作空間減小。因此，為了擴大關節運動範圍和工作空間，多數工業機器人機構採用了圖 4-17 所示含有臂桿之間相互錯開的偏置型機構。工業機器人中較早的 PUMA 機器人臂部機構就是這種偏置型的 RPP 三自由度機構，大臂與小臂沿著肩、軸關節軸線方向是相互錯開配置的，大臂同時沿肩關節軸線偏置於腰轉軸線一側，使得臂部機構中大、小臂桿件（構件）所構成的平面（為垂直於基座底面水平面的垂直面）與關節 1（腰轉關節）軸線平行且距離為 $h$。根據圖 4-17 所示的操作臂臂部機構原理和各關節

回轉運動，用立體解析幾何分析方法繪出圖 4-17 右側的幾何關係圖。

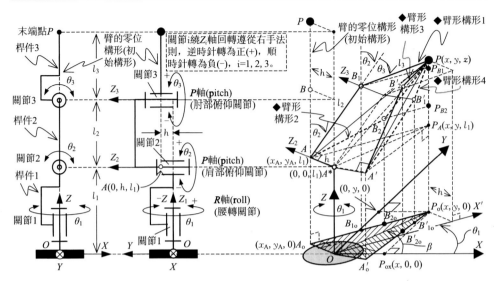

圖 4-17　機器人操作臂 3 自由度 RPP 偏置型臂部機構運動學分析的立體解析幾何法

【正運動學解】已知如圖 4-17 所示的機構構型和機構參數，求給定各關節的關節角 $\theta_1$、$\theta_2$、$\theta_3$ 的情況下，在基座標系 $O\text{-}XYZ$ 中，求臂末端點 $P$ 的位置座標（$x$，$y$，$z$）和末端桿件 3 的姿態。由圖中幾何關係可得：$\overline{AP_A}=\overline{A_oP_o}=l_2\sin\theta_2+l_3\sin(\theta_2+\theta_3)$；$z=\overline{P_oP}=l_1+l_2\cos\theta_2+l_3\cos(\theta_2+\theta_3)$。則在直角 $\triangle P_oA_oO$ 中，有：$\overline{OP_o}=\sqrt{\overline{A_oP_o}^2+\overline{OA_o}^2}=\sqrt{[l_2\sin\theta_2+l_3\sin(\theta_2+\theta_3)]^2+h^2}$。另外，$\angle P_oOX'$可由下式求出：$\angle P_oOX'=\arcsin(h/\overline{OP_o})=\arcsin\left(h/\sqrt{[l_2\sin\theta_2+l_3\sin(\theta_2+\theta_3)]^2+h^2}\right)$，且對於給定的機器人機構，一般在可用共空間內，取 $0\leqslant\angle P_oOX'\leqslant\pi/2$ 值，則 $P_o$ 點的座標分量也即臂桿 3 末端點 $P$ 的座標分量 $x$、$y$ 分別為：$x=\overline{OP_o}\cos(\theta_1+\angle P_oOX')$，$y=\overline{OP_o}\sin(\theta_1+\angle P_oOX')$。則臂桿 3 末端點 $P$ 在基座標系 $O\text{-}XYZ$ 中的位置座標分量 $x$、$y$、$z$ 分別為：

$$\begin{cases} x=\overline{OP_o}\cos(\theta_1+\angle P_oOX') \\ y=\overline{OP_o}\sin(\theta_1+\angle P_oOX') \\ z=l_1+l_2\cos\theta_2+l_3\cos(\theta_2+\theta_3) \end{cases} \tag{4-40}$$

其中，$\overline{OP_o}=\sqrt{[l_2\sin\theta_2+l_3\sin(\theta_2+\theta_3)]^2+h^2}$；$\angle P_oOX'=\arcsin(h/\overline{OP_o})$且 $0\leqslant\angle P_oOX'\leqslant\pi/2$。

　　求臂桿 3 在基座標系中的姿態方法與前述的非偏置型操作臂機構末端桿件 3 的方向矢量方法相同，用解析幾何法求 $B$ 點在基座標系中的座標分量 $x_B$、$y_B$、$z_B$，然後求由 $B$ 點的座標（$x_B$，$y_B$，$z_B$）和式(4-40)求得的 $P$ 點座標（$x$，$y$，$z$）求由 $B$ 指向 $P$ 點的矢量 $BP$，並歸一化求得 $BP$ 的方向矢量 $e_3$ 即可。此處從略。

【逆運動學解】對於在基座標系 $O$-$XYZ$ 中給定的末端點位置座標 $P$（$x$，$y$，$z$），偏置型的 RPP 三自由度臂部機構有四種構形可以使臂末端到達同一點 $P$，這四種構形分別是：

① 大小臂位於腰轉軸線左側肘部高位臂形—$OA^*AB_1P$

② 大小臂位於腰轉軸線左側肘部低位臂形—$OA^*AB_2P$

③ 大小臂位於腰轉軸線右側肘部高位臂形—$OA^*A'B'P$

④ 大小臂位於腰轉軸線右側肘部低位臂形—$OA^*A'B_1'P$

這說明對於給定的臂末端點位置座標，偏置型 RPP 操作臂臂部機構逆運動學解有四組解。

　　• 求關節角 $\theta_1$　圖 4-17 中，$\angle P_oOX = \beta$，則在 $\triangle P_oP_{ox}O$ 中，有：$\beta = $ ATAN2 $(y,x)$。在 $\triangle P_oOA_o$ 中，有：$\angle A_oP_oO = \angle P_oOX'$。且 $\sin\angle P_oOX' = h/\sqrt{x^2+y^2}$；$\cos\angle P_oOX' = \pm\sqrt{(x^2+y^2-h^2)/(x^2+y^2)}$。則有：

$$\angle P_oOX' = \text{ATAN2}\left\{h/\sqrt{x^2+y^2}, \pm\sqrt{(x^2+y^2-h^2)/(x^2+y^2)}\right\}$$

　　對於給定的機器人機構，一般在可用工作空間內，用 $\sin\angle P_oOX' = h/\sqrt{x^2+y^2}$ 即可解出 $\angle P_oOX'$：$\angle P_oOX' = \arcsin(h/\sqrt{x^2+y^2})$ 且取 $0 \leqslant \angle P_oOX' \leqslant \pi/2$ 值，而不需用 ATAN2 函數來求解。

　　由 $\angle P_oOX' + \theta_1 = \beta$ 可得：$\theta_1 = \beta - \angle P_oOX' = \text{ATAN2}(y,x) - \angle P_oOX'$。

$$\theta_1 = \text{ATAN2}(y,x) - \arcsin(h/\sqrt{x^2+y^2}) \tag{4-41}$$

　　• 求關節角 $\theta_2$ 和 $\theta_3$ 的解析幾何法

　　由圖 4-17 可知，$P$ 點在基座標系的位置座標已知為 $P(x$，$y$，$z)$，臂形構形 1 的情況下，$\triangle AB_1P$ 所在的平面永遠垂直於基座底面 $O$-$XY$，$A^*$ 點在基座標系中的位置座標為 $A^*(0,0,l_1)$，設 $A$ 點的位置座標為 $A(x_A,y_A,l_1)$，其中 $x_A$，$y_A$ 待求，如果能求出 $A$ 點的座標分量 $x_A$，$y_A$，則就可以用與前述非零偏置 RPP 三自由度臂部機構中用餘弦定理和象限角函數 ATAN2 求解關節角 $\theta_2$ 和 $\theta_3$ 的方法一樣來求出偏置型 RPP 機構的關節角 $\theta_2$ 和 $\theta_3$。下面用解析法求 $x_A$，$y_A$。兩端線段構成的平面直角折線 $OA_oP_o$ 是大臂、小臂在 $O$-$XY$ 平面上的投影，所以，$A$ 點座標分量 $x_A$，$y_A$ 就是 $A_o$ 點的相應座標分量。因此，可在 $O$-$XY$ 平面內將 $A_o$ 點座標$(x_A,y_A,0)$中的未知分量

$x_A$、$y_A$ 求出來。

在直角 $\triangle OA_oP_o$ 中，有如下方程組：

$$\begin{cases} x_A^2 + y_A^2 = h^2 \\ x^2 + y^2 = h^2 + (x - x_A)^2 + (y - y_A)^2 \end{cases} \tag{4-42}$$

整理得：$h^2 - xx_A - yy_A = 0$。則有：

$$x_A = (h^2 - yy_A)/x \tag{4-43}$$

顯然，當 $x = 0$ 或 $x \approx 0$ 或很小時，$x_A$ 分別為 $x_A = \infty$ 或很大。一般情況下，不可能這樣使用機器人操作臂的。需要注意的是：圖 4-16 中機器人操作臂的零位構形只是用來作為關節轉動位置（角位移）的比較基準。若初始構形為機構奇異構形，在機器人實際作業時為各關節協調連續運動時需要回避的奇異機構構形，但是可以讓各個關節以 Point-T-Point 這種點位控制方式單獨運動到實際作業的起始構形，然後利用逆運動學計算程式計算各關節協調運動的關節軌跡，並用於進行軌跡追蹤的運動控制；或者也可以採用遠離圖 4-16 所示的桿件兩兩相互垂直狀態作為初始構形。

將式(4-43) 代入式(4-42) 中的第 1 個方程中並整理得一元二次方程：

$$y_A^2 - 2yy_A + h^2 - x^2 = 0 \tag{4-44}$$

得

$$y_A = y \pm \sqrt{y^2 + 2y(h^2 - x^2)} \tag{4-45}$$

則 A 點座標分量 $x_A$、$y_A$、$z_A$ 為：

$$\begin{cases} x_A = (h^2 - yy_A)/x \\ y_A = y \pm \sqrt{y^2 + 2y(h^2 - x^2)} \\ z_A = l_1 \end{cases} \tag{4-46}$$

式中，「±」分別對應前述四種臂形構形中的肩關節在腰轉關節軸線左側、右側兩種情況，即圖 4-17 中「＋」對應臂形構形 1、2，「－」對應臂形構形 3、4。這裡所說的左右側是以 $O$-$XYZ$ 座標系的 $X$ 軸正向為前向，或者假設將偏置型機器人操作臂看作人的左臂則按人體定義的前後左右方向。或者換句話說：當機器人臂形處於：大小臂位於腰轉軸線左側肘部高位臂形—$OA^*AB_1P$ 或者大小臂位於腰轉軸線左側肘部低位臂形—$OA^*AB_2P$ 時，式(4-45) 取「＋」；當機器人臂形處於：大小臂位於腰轉軸線右側肘部高位臂形—$OA^*A'B'P$ 或者大小臂位於腰轉軸線右側肘部低位臂形—$OA^*A'B_1'P$ 時，式(4-46) 取「－」。

至此，求解偏置型機器人操作臂關節角 $\theta_2$ 和 $\theta_3$ 的問題歸結為圖 4-18 所示的已知三角形的兩個頂點的座標及兩個邊長，求其內角、外角的問題。

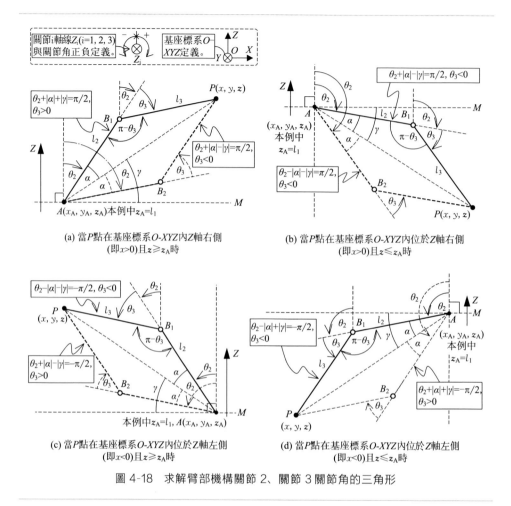

(a) 當P點在基座標系O-XYZ內Z軸右側
（即x>0)且z≥zₐ時

(b) 當P點在基座標系O-XYZ內位於Z軸右側
（即x>0)且z≤zₐ時

(c) 當P點在基座標系O-XYZ內位於Z軸左側
（即x<0)且z≥zₐ時

(d) 當P點在基座標系O-XYZ內位於Z軸左側
（即x<0)且z≤zₐ時

圖 4-18　求解臂部機構關節 2、關節 3 關節角的三角形

根據餘弦定理有：　$\overline{AP}^2 = (x-x_A)^2 + (y-y_A)^2 + (z-z_A)^2 = l_2^2 + l_3^2 - 2l_2 l_3 \cos(\pi - \theta_3)$，則有：

$$\cos\theta_3 = \frac{(x-x_A)^2 + (y-y_A)^2 + (z-z_A)^2 - l_2^2 - l_3^2}{2l_2 l_3} \tag{4-47}$$

由 $\cos^2\theta_3 + \sin^2\theta_3 = 1$ 可得：

$$\begin{cases} \sin\theta_3 = \pm\sqrt{1-\cos^2\theta_3} \\ \cos\theta_3 = \dfrac{(x-x_A)^2 + (y-y_A)^2 + (z-z_A)^2 - l_2^2 - l_3^2}{2l_2 l_3} \end{cases}$$

則 $\theta_3 = \arctan(\sin\theta_3, \cos\theta_3) = \text{ATAN2}(\sin\theta_3, \cos\theta_3)$，得解。公式中正負號「±」分別對應機器人操作臂機構肘部高位肘、低位肘構形。「＋」對應高位肘臂

形；「－」對應低位肘臂形。

關節 3 的關節角計算公式為：

$$\begin{cases} \theta_3 = \arctan(\sin\theta_3, \cos\theta_3) = \text{ATAN2}(\pm\sqrt{1-\cos^2\theta_3}, \cos\theta_3) \\[2mm] \cos\theta_3 = \dfrac{(x-x_A)^2 + (y-y_A)^2 + (z-z_A)^2 - l_2^2 - l_3^2}{2l_2 l_3} \\[2mm] x_A = (h^2 - yy_A)/x \\[2mm] y_A = y \pm \sqrt{y^2 + 2y(h^2 - x^2)} \\[2mm] z_A = l_1 \end{cases} \tag{4-48}$$

下面接著求 $\theta_2$。由圖 4-18 所示的幾何關係可知：$\theta_2 + \angle B_1 AP + \angle PAM = \theta_2 + \alpha + \gamma = 90° = \pi/2$。只有求出 $\alpha$、$\gamma$ 關於 $x$、$y$、$z$ 和 $l_2$、$l_3$ 的表達式，即可解得 $\theta_2$。在 $\triangle B_1 AP$ 中，應用餘弦定理可得：

$$\overline{B_1 P}^2 = l_3^2 = (x-x_A)^2 + (y-y_A)^2 + (z-z_A)^2 + l_2^2 - 2l_2 \sqrt{(x-x_A)^2 + (y-y_A)^2 + (z-z_A)^2} \cos\alpha$$

$$\cos\alpha = \frac{(x-x_A)^2 + (y-y_A)^2 + (z-z_A)^2 + l_2^2 - l_3^2}{2l_2\sqrt{(x-x_A)^2 + (y-y_A)^2 + (z-z_A)^2}} \tag{4-49}$$

由 $\cos^2\alpha + \sin^2\alpha = 1$ 可得：

$$\begin{cases} \sin\alpha = \pm\sqrt{1-\cos^2\alpha} \\[2mm] \cos\alpha = \dfrac{(x-x_A)^2 + (y-y_A)^2 + (z-z_A)^2 + l_2^2 - l_3^2}{2l_2\sqrt{(x-x_A)^2 + (y-y_A)^2 + (z-z_A)^2}} \end{cases}$$

則 $\alpha = \arctan(\sin\alpha, \cos\alpha) = \text{ATAN2}(\sin\alpha, \cos\alpha)$。公式中正負號「$\pm$」分別對應機器人操作臂機構肘部高位肘、低位肘構形。「＋」對應高位肘臂形；「－」對應低位肘臂形。因為由臂桿和 $AP$ 構成三角形，所以實際上只取 $-\pi < \alpha < \pi$。

由圖 4-18 中的幾何關係和 $\cos^2\gamma + \sin^2\gamma = 1$ 可得：

$$\begin{cases} \sin\gamma = (z-z_A)/\sqrt{(x-x_A)^2 + (y-y_A)^2 + (z-z_A)^2} \\[2mm] \cos\gamma = \sqrt{1-\sin^2\gamma} \end{cases}$$

則 $\gamma = \arctan(\sin\gamma, \cos\gamma) = \text{ATAN2}(\sin\gamma, \cos\gamma)$。$\gamma$ 角只取第 1、4 象限角，即 $-\pi/2 < \gamma < \pi/2$，分別對應於 $z$ 與 $z_A$ 的比較情況。「＋」對應於 $z > z_A$；「－」號對應於 $z < z_A$；當 $z = z_A$ 時 $\gamma = 0$。

## 4.3.8　機器人操作臂的雅克比矩陣

機器人操作臂在某一姿態下，關節的微小變化與末端操作器的位置和姿態的微小變化之間的關係可用雅克比矩陣（jacobian matrix）來線性化表示；關節角速度與末端操作器速度及其姿態變化的角速度也可以用雅克比矩陣來表示。

（1）微小位移與雅克比矩陣

一般地，設 $n$ 維矢量 $y$ 與 $m$ 維矢量 $x$ 有如下函數關係：

$$y = f(x) \tag{4-50}$$

則，求矢量 $y$ 對矢量 $x$ 的偏微分得 $n \times m$ 矩陣 $J(x)$：

$$J(x) = \frac{\partial y}{\partial x} \tag{4-51}$$

則，稱矩陣 $J(x)$ 為雅克比矩陣。

設 6 自由度機器人操作臂各關節變量的微小變化量構成的矢量 $\mathrm{d}q$ 為：

$$\mathrm{d}q = \begin{bmatrix} \mathrm{d}q_1 & \mathrm{d}q_2 & \mathrm{d}q_3 & \mathrm{d}q_4 & \mathrm{d}q_5 & \mathrm{d}q_6 \end{bmatrix}^{\mathrm{T}}$$

相應地，末端操作器在絕對座標系中的位置變化量矢量 $\mathrm{d}P$ 為：

$$\mathrm{d}P = \begin{bmatrix} \mathrm{d}p_x & \mathrm{d}p_y & \mathrm{d}p_z \end{bmatrix}^{\mathrm{T}}$$

Jacobian 矩陣 $J$ 用以其各列向量為元素表示為：

$$J = \begin{bmatrix} J_1 & J_2 & J_3 & J_4 & J_5 & J_6 \end{bmatrix}$$

關節為移動關節的情況下，$q$ 表示關節位移矢量 $d$，關節為回轉關節時，$q$ 表示關節角矢量 $\theta$，則有：

$$\mathrm{d}P = J \cdot \mathrm{d}q \tag{4-52}$$

$$\begin{bmatrix} \mathrm{d}p_x \\ \mathrm{d}p_y \\ \mathrm{d}p_z \end{bmatrix} = \begin{bmatrix} J_1 & J_2 & J_3 & J_4 & J_5 & J_6 \end{bmatrix} \begin{bmatrix} \mathrm{d}q_1 \\ \mathrm{d}q_2 \\ \mathrm{d}q_3 \\ \mathrm{d}q_4 \\ \mathrm{d}q_5 \\ \mathrm{d}q_6 \end{bmatrix} \tag{4-53}$$

座標變換用 $^0T_i = \begin{bmatrix} n & o & a & P \end{bmatrix}$ 表示的機器人操作臂第 $i$ 關節變量為 $q_i$ 時，雅克比矩陣各行的 $J_i$ 可用下式表示：

$$J_i = \frac{\partial P}{\partial q_i} \tag{4-54}$$

【問題討論】雅克比矩陣中各行、各列、各元素的物理意義是什麼？

$$J = \begin{bmatrix} J_{11} & J_{12} & J_{13} & J_{14} & J_{15} & J_{16} \\ J_{21} & J_{22} & J_{23} & J_{24} & J_{25} & J_{26} \\ J_{31} & J_{32} & J_{33} & J_{34} & J_{35} & J_{36} \\ J_{41} & J_{42} & J_{43} & J_{44} & J_{45} & J_{46} \\ J_{51} & J_{52} & J_{53} & J_{54} & J_{55} & J_{56} \\ J_{61} & J_{62} & J_{63} & J_{64} & J_{65} & J_{66} \end{bmatrix}$$

（2）水平面內運動的 2-DOF 機械臂的雅克比矩陣

考慮該 2-DOF 機器人操作臂各關節微小轉動時，末端操作器在絕對座標系中如何變化的問題。

設在某一 $\theta_1$、$\theta_2$ 下的微小轉動量分別為 $\mathrm{d}\theta_1$、$\mathrm{d}\theta_2$，相應地機器人臂末端在絕對座標系中的微小位移為 $\mathrm{d}x$、$\mathrm{d}y$，則有：

$$\begin{bmatrix} \mathrm{d}x \\ \mathrm{d}y \end{bmatrix} = \begin{bmatrix} \dfrac{\partial x}{\partial \theta_1} & \dfrac{\partial x}{\partial \theta_2} \\ \dfrac{\partial y}{\partial \theta_1} & \dfrac{\partial y}{\partial \theta_2} \end{bmatrix} \begin{bmatrix} \mathrm{d}\theta_1 \\ \mathrm{d}\theta_2 \end{bmatrix} \tag{4-55}$$

$$\begin{aligned} x = p_x = L_1\cos(\theta_1) + L_2\cos(\theta_1 + \theta_2) \\ y = p_y = L_1\sin(\theta_1) + L_2\sin(\theta_1 + \theta_2) \end{aligned} \tag{4-56}$$

求式（4-56）對 $\theta_1$、$\theta_2$ 的偏微分方程得：

$$\begin{cases} \dfrac{\partial p_x}{\partial \theta_1} = -L_1\sin\theta_1 - L_2\sin(\theta_1 + \theta_2) \\ \dfrac{\partial p_x}{\partial \theta_2} = -L_2\sin(\theta_1 + \theta_2) \end{cases} \tag{4-57}$$

$$\begin{cases} \dfrac{\partial p_y}{\partial \theta_1} = L_1\cos\theta_1 + L_2\cos(\theta_1 + \theta_2) \\ \dfrac{\partial p_y}{\partial \theta_2} = L_2\cos(\theta_1 + \theta_2) \end{cases} \tag{4-58}$$

將式（4-57）和式（4-58）合寫成矩陣的形式有：

$$J_s = \begin{bmatrix} -L_1\sin\theta_1 - L_2\sin(\theta_1 + \theta_2) & -L_2\sin(\theta_1 + \theta_2) \\ L_1\cos\theta_1 + L_2\cos(\theta_1 + \theta_2) & L_2\cos(\theta_1 + \theta_2) \end{bmatrix} \tag{4-59}$$

（3）通用的雅克比矩陣表示

前述是關於機器人操作臂末端位置的 Jacobian 矩陣，那麼關於姿態的那部分呢？

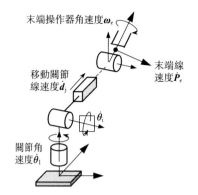

末端操作器角速度 $\boldsymbol{\omega}_e$

移動關節線速度 $\dot{\boldsymbol{d}}_j$

末端線速度 $\dot{\boldsymbol{P}}_e$

$\dot{\theta}_i$

關節角速度 $\dot{\theta}_1$

圖 4-19　關節速度和末端操作器速度的關係

下面討論關於機器人操作臂末端位置及姿態下的 Jacobian 矩陣，即通用的雅克比矩陣。

為表示包括姿態在內的雅克比矩陣表示，定義末端操作器角速度矢量為 $\boldsymbol{\omega}_e$，求關節速度與末端操作器的速度及角速度的關係。矢量 $\boldsymbol{\omega}_e$ 的方向為其回轉軸的方向，矢量長度表示角速度的大小。

將末端操作器的 $6 \times 1$ 維速度矢量 $\boldsymbol{v}_e$，用圖 4-19 所示的移動速度矢量 $\dot{\boldsymbol{P}}_e$ 和角速度矢量 $\boldsymbol{\omega}_e$ 表示如下：

$$\boldsymbol{v}_e = \begin{bmatrix} \dot{\boldsymbol{P}}_e \\ \boldsymbol{\omega}_e \end{bmatrix} \tag{4-60}$$

設關節速度為 $\dot{\boldsymbol{q}}$，$\boldsymbol{J}_v$ 為 $6 \times 6$ 的速度雅克比矩陣，則：

$$\boldsymbol{v}_e = \boldsymbol{J}_v \cdot \dot{\boldsymbol{q}}$$

上式表示了末端操作器中心的位置與姿態的變化速度與關節速度之間的關係。

將雅克比矩陣表示成列向量元素的形式為：$\boldsymbol{J}_v = \begin{bmatrix} \boldsymbol{J}_{v1} & \boldsymbol{J}_{v2} & \boldsymbol{J}_{v3} & \boldsymbol{J}_{v4} & \boldsymbol{J}_{v5} & \boldsymbol{J}_{v6} \end{bmatrix}$ 且：$\dot{\boldsymbol{P}}_e = \dfrac{\mathrm{d}\boldsymbol{P}_e}{\mathrm{d}t}$，$\dot{\boldsymbol{q}} = \dfrac{\mathrm{d}\boldsymbol{q}}{\mathrm{d}t}$。則如圖 4-20 所示，回轉關節 $i$ 到末端操作器中心的矢量 ${}^0\boldsymbol{P}_{ei}$ 為：

$${}^0\boldsymbol{P}_{ei} = {}^0\boldsymbol{P}_e - {}^0\boldsymbol{P}_i$$

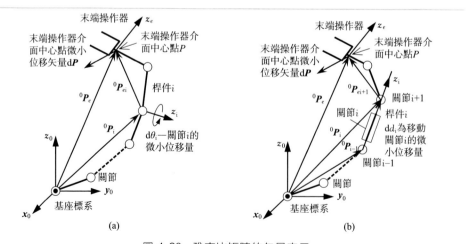

圖 4-20　雅克比矩陣的矢量表示

① 關節 $i$ 的雅克比矩陣　指的是只關節 $i$ 運動其他關節不動時該自由度下的 Jacobian 矩陣（即完整雅克比矩陣的第 $i$ 列向量）。

a. 回轉關節 $i$ 轉動速度對末端操作器速度的貢獻為：

$$\begin{cases} \dot{\boldsymbol{P}}_e = (\boldsymbol{z}_i \times {}^0\boldsymbol{P}_{ei}) \cdot \dot{\boldsymbol{\theta}}_i \\ \boldsymbol{\omega}_e = \boldsymbol{z}_i \cdot \dot{\boldsymbol{\theta}}_i \end{cases} \tag{4-61}$$

b. 直線移動關節 $i$ 移動速度對末端操作器速度的貢獻為：

$$\begin{cases} \dot{\boldsymbol{P}}_e = \boldsymbol{z}_i \cdot \dot{\boldsymbol{d}}_i \\ \boldsymbol{\omega}_e = \boldsymbol{0} \cdot \dot{\boldsymbol{d}}_i \end{cases} \tag{4-62}$$

分別將式(4-61)、式(4-62) 等式寫成矩陣形式得關節 Jacobian 矩陣表示。

② 關節 $i$ 的雅克比矩陣表示

a. 回轉關節 $i$ 的雅克比矩陣：

$$\boldsymbol{J}_{ri} = \begin{bmatrix} \boldsymbol{z}_i \times {}^0\boldsymbol{P}_{ei} \\ \boldsymbol{z}_i \end{bmatrix} \tag{4-63}$$

b. 移動關節 $i$ 的雅克比矩陣：

$$\boldsymbol{J}_{si} = \begin{bmatrix} \boldsymbol{z}_i \\ \boldsymbol{0} \end{bmatrix} \tag{4-64}$$

【例題】基於矢量法求解水平面內運動的 2-DOF 機器人操作臂第 1、2 關節的雅克比矩陣。

解：為使公式寫法簡練，令 $C_1 = \cos\theta_1$、$S_1 = \sin\theta_1$，並依次類推，$\sin\theta_i$、$\cos\theta_i$ 分別表示成 $S_i$、$C_i$，則由正運動學分析得：

$${}^0\boldsymbol{A}_1 = \begin{bmatrix} C_1 & -C_1 & 0 & L_1C_1 \\ S_1 & C_1 & 0 & L_1S_1 \\ 0 & 0 & 1 & 0 \\ 0 & 0 & 0 & 1 \end{bmatrix}, {}^1\boldsymbol{A}_2 = \begin{bmatrix} C_2 & -C_2 & 0 & L_2C_2 \\ S_2 & C_2 & 0 & L_2S_2 \\ 0 & 0 & 1 & 0 \\ 0 & 0 & 0 & 1 \end{bmatrix}$$

則關節 2 中心點在基座標系中的位置矢量 ${}^0\boldsymbol{P}_2$ 為：

$${}^0\boldsymbol{P}_2 = \begin{bmatrix} L_1C_1 \\ L_1S_1 \\ 0 \end{bmatrix}$$

且有正運動學方程：

$${}^0\boldsymbol{T}_2 = {}^0\boldsymbol{A}_1 \cdot {}^1\boldsymbol{A}_2 = \begin{bmatrix} C_1C_2 - S_1S_2 & -C_1S_2 - S_1C_2 & 0 & L_1C_1 + L_2C_1C_2 - L_2S_1S_2 \\ S_1C_2 + C_1S_2 & -S_1S_2 + C_1C_2 & 0 & L_1S_1 + L_2S_1C_2 + L_2C_1S_2 \\ 0 & 0 & 1 & 0 \\ 0 & 0 & 0 & 1 \end{bmatrix}$$

則末端操作器介面中心點即 2-DOF 操作臂桿件 2 的末端點在基座標系中的位置矢量 ${}^0\boldsymbol{P}_e$ 為：

$$
{}^0\boldsymbol{P}_e =
\begin{bmatrix}
L_1C_1 + L_2C_1C_2 - L_2S_1S_2 \\
L_1S_1 + L_2S_1C_2 + L_2C_1S_2 \\
0
\end{bmatrix}
$$

則由 ${}^0\boldsymbol{P}_{ei} = {}^0\boldsymbol{P}_e - {}^0\boldsymbol{P}_i$ 可得：由關節 2 中心點至桿件 2 末端點 $P$ 之間連線在基座標系中的矢量 ${}^0\boldsymbol{P}_{e2}$ 為：

$$
{}^0\boldsymbol{P}_{e2} = {}^0\boldsymbol{P}_e - {}^0\boldsymbol{P}_i =
\begin{bmatrix}
L_2C_1C_2 - L_2S_1S_2 \\
L_2S_1C_2 + L_2C_1S_2 \\
0
\end{bmatrix} =
\begin{bmatrix}
L_2\cos(\theta_1 + \theta_2) \\
L_2\sin(\theta_1 + \theta_2) \\
0
\end{bmatrix} =
\begin{bmatrix}
L_2C_{12} \\
L_2S_{12} \\
0
\end{bmatrix}
$$

又關節 2 回轉軸線的單位矢量為：$\boldsymbol{z}_2 = [0\ \ 0\ \ 1]^T$，則有：

$$
\boldsymbol{z}_2 \times {}^0\boldsymbol{P}_{e2} =
\begin{vmatrix}
\boldsymbol{i} & \boldsymbol{j} & \boldsymbol{k} \\
0 & 0 & 1 \\
L_2C_{12} & L_2S_{12} & 0
\end{vmatrix} =
\begin{bmatrix}
-L_2S_{12} \\
L_2C_{12} \\
0
\end{bmatrix}
$$

$$
\boldsymbol{J}_{v2} =
\begin{bmatrix}
\boldsymbol{z}_2 \times {}^0\boldsymbol{P}_{e2} \\
\boldsymbol{z}_2
\end{bmatrix} =
\begin{bmatrix}
-L_2S_{12} \\
L_2C_{12} \\
0 \\
0 \\
0 \\
1
\end{bmatrix}
$$

又關節 1 回轉軸線的單位矢量為：$\boldsymbol{z}_1 = [0\ \ 0\ \ 1]^T$，則由 ${}^0\boldsymbol{P}_{ei} = {}^0\boldsymbol{P}_e - {}^0\boldsymbol{P}_i$ 可得由關節 1 中心點至桿件 2 末端點 $P$ 之間連線在基座標系中的矢量 ${}^0\boldsymbol{P}_{e1}$ 為：

$$
{}^0\boldsymbol{P}_{e1} = {}^0\boldsymbol{P}_e =
\begin{bmatrix}
L_2C_1 + L_2C_{12} \\
L_1S_1 + L_2S_{12} \\
0
\end{bmatrix}
$$

則有：

$$
\boldsymbol{z}_1 \times {}^0\boldsymbol{P}_{e1} =
\begin{vmatrix}
\boldsymbol{i} & \boldsymbol{j} & \boldsymbol{k} \\
0 & 0 & 1 \\
L_1C_1 + L_2C_{12} & L_1S_1 + L_2S_{12} & 0
\end{vmatrix} =
\begin{bmatrix}
-(L_1S_1 + L_2S_{12}) \\
L_1C_1 + L_2C_{12} \\
0
\end{bmatrix}
$$

$$
\boldsymbol{J}_{v1} =
\begin{bmatrix}
\boldsymbol{z}_1 \times {}^0\boldsymbol{P}_{e1} \\
\boldsymbol{z}_1
\end{bmatrix} =
\begin{bmatrix}
-(L_1S_1 + L_2S_{12}) \\
L_1C_1 + L_2C_{12} \\
0 \\
0 \\
0 \\
1
\end{bmatrix}
$$

而：$J = \begin{bmatrix} J_{v1} & J_{v2} & J_{v3} & J_{v4} & J_{v5} & J_{v6} \end{bmatrix}$；且對於平面 2-DOF 操作臂，$J_{v3} \sim J_{v6}$ 皆為 $6 \times 1$ 的 $\mathbf{0}$ 向量，可得平面 2-DOF 操作臂的雅克比矩陣 $J$ 為：

$$J = \begin{bmatrix} J_{v1} & J_{v2} & \mathbf{0} & \mathbf{0} & \mathbf{0} & \mathbf{0} \end{bmatrix} = \begin{bmatrix} -(L_1 S_1 + L_2 S_{12}) & -L_2 S_{12} & 0 & 0 & 0 & 0 \\ L_1 C_1 + L_2 C_{12} & L_2 C_{12} & 0 & 0 & 0 & 0 \\ 0 & 0 & 0 & 0 & 0 & 0 \\ 0 & 0 & 0 & 0 & 0 & 0 \\ 0 & 0 & 0 & 0 & 0 & 0 \\ 1 & 1 & 0 & 0 & 0 & 0 \end{bmatrix}$$

### (4) 力與關節力矩間的關係

作用在末端操作器上的力與各關節力矩間的關係也可用 Jacobian 矩陣表示。表示末端操作器操作力與關節力矩間關係的雅克比矩陣。

如圖 4-21 所示，設機器人操作臂末端所受的外力矢量 $\mathbf{F}$、微小位移矢量 $\mathrm{d}\mathbf{x}$ 分別為：

$$\mathbf{F} = \begin{bmatrix} f_x & f_y & f_z & M_x & M_y & M_z \end{bmatrix}^{\mathrm{T}}$$

$$\mathrm{d}\mathbf{x} = \begin{bmatrix} \mathrm{d}x & \mathrm{d}y & \mathrm{d}z & \mathrm{d}\alpha & \mathrm{d}\beta & \mathrm{d}\gamma \end{bmatrix}^{\mathrm{T}}$$

則該微小位移 $\mathrm{d}\mathbf{x}$ 下外力 $\mathbf{F}$ 所作的功 $\delta W$ 為：

$$\delta W = \mathbf{F}^{\mathrm{T}} \cdot \mathrm{d}\mathbf{x} \tag{4-65}$$

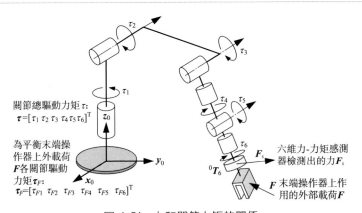

圖 4-21　力和關節力矩的關係

設各關節均為回轉關節，且為平衡掉末端操作器上作用的外載荷 $\mathbf{F}$、並使末端操作器產生微小位移 $\mathrm{d}\mathbf{x}$，各關節需輸出力矩 $\boldsymbol{\tau}_F$ 和各關節的微小轉角 $\mathrm{d}\mathbf{q}$ 分別為：

$$\boldsymbol{\tau}_F = \begin{bmatrix} \tau_{F1} & \tau_{F2} & \tau_{F3} & \tau_{F4} & \tau_{F5} & \tau_{F6} \end{bmatrix}^{\mathrm{T}}$$

$$\mathrm{d}\mathbf{q} = \begin{bmatrix} \mathrm{d}q_1 & \mathrm{d}q_2 & \mathrm{d}q_3 & \mathrm{d}q_4 & \mathrm{d}q_5 & \mathrm{d}q_6 \end{bmatrix}^{\mathrm{T}}$$

為平衡外載荷 $\mathbf{F}$、並產生微小位移 $\mathrm{d}\mathbf{x}$，各關節驅動元件（如電動機＋傳動

裝置）驅動關節所作的功與外力所作的功應相等，即有：$\delta W = \boldsymbol{F}^{\mathrm{T}} \cdot \mathrm{d}\boldsymbol{x}$；$\delta W = \boldsymbol{\tau}_F^{\mathrm{T}} \cdot \mathrm{d}\boldsymbol{q}$，則有：

$$\boldsymbol{F}^{\mathrm{T}} \cdot \mathrm{d}\boldsymbol{x} = \boldsymbol{\tau}_F^{\mathrm{T}} \cdot \mathrm{d}\boldsymbol{q}$$

進一步地，有：$\boldsymbol{\tau}_F^{\mathrm{T}} = \boldsymbol{F}^{\mathrm{T}} \cdot \mathrm{d}\boldsymbol{x}/\mathrm{d}\boldsymbol{q}$，又 $\mathrm{d}\boldsymbol{x}/\mathrm{d}\boldsymbol{q} = \boldsymbol{J}$，則有：$\boldsymbol{\tau}_F^{\mathrm{T}} = \boldsymbol{F}^{\mathrm{T}} \cdot \boldsymbol{J}$，進而得：

$$\boldsymbol{\tau}_F = \boldsymbol{J}^{\mathrm{T}} \cdot \boldsymbol{F} \tag{4-66}$$

【結論】用雅克比 Matrix 可表示末端操作器部分的力與關節力矩間的變換關係。為平衡末端操作器上作用的外載荷 $\boldsymbol{F}$，機器人操作臂各關節需要付出的驅動力矩 $\boldsymbol{\tau}_F$ 為機器人操作臂的雅克比矩陣 $\boldsymbol{J}$ 的轉置乘以末端操作器上作用的外載荷 $\boldsymbol{F}$。

需要說明和注意的是：這裡所說的「為平衡末端操作器上作用的外載荷 $\boldsymbol{F}$，機器人操作臂各關節需要付出的驅動力矩 $\boldsymbol{\tau}_F$」不包括機器人操作臂各關節為平衡機器人操作臂在重力場中所受到的自身質量引起的重力矩以及慣性力、柯氏力、離心力以及摩擦力等機器人自身系統產生的力矩，只是用來平衡外載荷 $\boldsymbol{F}$ 各關節所需要付出的驅動力矩。

【例題】如圖 4-22 所示，水平面內運動的 2-DOF 機器人操作臂機構構形為 $\theta_1 = 30°$、$\theta_2 = 30°$時，為使操作臂在末端操作器處產生 $\boldsymbol{F} = \begin{bmatrix} F_x & F_y \end{bmatrix}^{\mathrm{T}} = \begin{bmatrix} 2 & 1 \end{bmatrix}^{\mathrm{T}}$(N)的力，用 Jacobian 矩陣求電動機的驅動力矩 $\tau_1$、$\tau_2$。

【解】由式(4-66) 可知：

$$\begin{bmatrix} \tau_1 \\ \tau_2 \end{bmatrix} = \boldsymbol{J}^{\mathrm{T}} \cdot \boldsymbol{F} = \boldsymbol{J}^{\mathrm{T}} \cdot \begin{bmatrix} F_x \\ F_y \end{bmatrix}$$

由水平面內運動的 2-DOF 操作臂的雅克比矩陣計算式(4-59) 及代入 $\theta_1 = 30°$、$\theta_2 = 30°$、$L_1 = L_2 = 0.2\mathrm{m}$ 可得：

$$\boldsymbol{J} = \begin{bmatrix} -L_1\sin\theta_1 - L_2\sin(\theta_1 + \theta_2) & -L_2\sin(\theta_1 + \theta_2) \\ L_1\cos\theta_1 + L_2\cos(\theta_1 + \theta_2) & L_2\cos(\theta_1 + \theta_2) \end{bmatrix} = \begin{bmatrix} -0.273 & -0.173 \\ 0.273 & 0.1 \end{bmatrix}$$

$$\begin{bmatrix} \tau_1 \\ \tau_2 \end{bmatrix} = \boldsymbol{J}^{\mathrm{T}} \cdot \boldsymbol{F} = \boldsymbol{J}^{\mathrm{T}} \cdot \begin{bmatrix} F_x \\ F_y \end{bmatrix} = \begin{bmatrix} -0.273 & 0.273 \\ -0.173 & 0.1 \end{bmatrix} \begin{bmatrix} 2 \\ 1 \end{bmatrix} = \begin{bmatrix} -0.273 \\ -0.246 \end{bmatrix} \quad [\mathrm{N} \cdot \mathrm{m}]$$

解得：為使操作臂末端產生 $\boldsymbol{F} = \begin{bmatrix} F_x & F_y \end{bmatrix}^{\mathrm{T}} = \begin{bmatrix} 2 & 1 \end{bmatrix}^{\mathrm{T}}$ [N] 的力，關節 1、關節 2 分別需輸出大小為 $0.273\mathrm{N} \cdot \mathrm{m}$、$0.246\mathrm{N} \cdot \mathrm{m}$ 的驅動力矩，且各力矩的方向為順時針作用方向。各關節驅動力矩數值中的「一」號即表示與圖 4-22 中所示的逆時針為正的力矩方向相反。

(5) 力的座標變換關係

雅克比矩陣可表示在不同座標系間微小移動和微小轉動的情況下力的座標變換關係，也可表示末端操作器操作力與關節力/力矩間的座標變換關係。

基座標系和某一動座標系間的變換關係可由變換矩陣 $\boldsymbol{A}$ 求得。

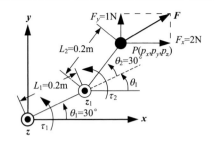

圖 4-22　SICE-DD 臂的力和關節力矩變換

$$A = \begin{bmatrix} n & o & a & p \\ 0 & 0 & 0 & 1 \end{bmatrix} = \begin{bmatrix} n_x & o_x & a_x & p_x \\ n_y & o_y & a_y & p_y \\ n_z & o_z & a_z & p_z \\ 0 & 0 & 0 & 1 \end{bmatrix}$$

在基座標系中，$\boldsymbol{d} = [\mathrm{d}x, \mathrm{d}y, \mathrm{d}z]^T$ 和 $\boldsymbol{\delta} = [\delta x, \delta y, \delta z]^T$ 都是微小變化量；在 $A$ 座標系的變化量 $^A\boldsymbol{d}$ 和 $^A\boldsymbol{\delta}$ 用矢量關係可表示為如下形式：

$$\begin{cases} ^A\mathrm{d}x = \boldsymbol{\delta} \cdot (\boldsymbol{p} \times \boldsymbol{n}) + \boldsymbol{d} \cdot \boldsymbol{n} \\ ^A\mathrm{d}y = \boldsymbol{\delta} \cdot (\boldsymbol{p} \times \boldsymbol{o}) + \boldsymbol{d} \cdot \boldsymbol{o} \\ ^A\mathrm{d}z = \boldsymbol{\delta} \cdot (\boldsymbol{p} \times \boldsymbol{a}) + \boldsymbol{d} \cdot \boldsymbol{a} \\ \qquad ^A\delta x = \boldsymbol{\delta} \cdot \boldsymbol{n} \\ \qquad ^A\delta y = \boldsymbol{\delta} \cdot \boldsymbol{o} \\ \qquad ^A\delta z = \boldsymbol{\delta} \cdot \boldsymbol{a} \end{cases} \tag{4-67}$$

將其用矩陣表示為：

$$^A\boldsymbol{D} = \begin{bmatrix} n_x & n_y & n_z & (\boldsymbol{p}\times\boldsymbol{n})_x & (\boldsymbol{p}\times\boldsymbol{n})_y & (\boldsymbol{p}\times\boldsymbol{n})_z \\ o_x & o_y & o_z & (\boldsymbol{p}\times\boldsymbol{o})_x & (\boldsymbol{p}\times\boldsymbol{o})_y & (\boldsymbol{p}\times\boldsymbol{o})_z \\ a_x & a_y & a_z & (\boldsymbol{p}\times\boldsymbol{a})_x & (\boldsymbol{p}\times\boldsymbol{a})_y & (\boldsymbol{p}\times\boldsymbol{a})_z \\ 0 & 0 & 0 & n_x & n_y & n_z \\ 0 & 0 & 0 & o_x & o_y & o_z \\ 0 & 0 & 0 & a_x & a_y & a_z \end{bmatrix} \cdot \boldsymbol{D} \tag{4-68}$$

其中：$^A\boldsymbol{D} = \begin{bmatrix} ^A\boldsymbol{d} \\ ^A\boldsymbol{\delta} \end{bmatrix}$；$\boldsymbol{D} = \begin{bmatrix} \boldsymbol{d} \\ \boldsymbol{\delta} \end{bmatrix}$。

令：

$$J_W = \begin{bmatrix} n_x & n_y & n_z & (\boldsymbol{p} \times \boldsymbol{n})_x & (\boldsymbol{p} \times \boldsymbol{n})_y & (\boldsymbol{p} \times \boldsymbol{n})_z \\ o_x & o_y & o_z & (\boldsymbol{p} \times \boldsymbol{o})_x & (\boldsymbol{p} \times \boldsymbol{o})_y & (\boldsymbol{p} \times \boldsymbol{o})_z \\ a_x & a_y & a_z & (\boldsymbol{p} \times \boldsymbol{a})_x & (\boldsymbol{p} \times \boldsymbol{a})_y & (\boldsymbol{p} \times \boldsymbol{a})_z \\ 0 & 0 & 0 & n_x & n_y & n_z \\ 0 & 0 & 0 & o_x & o_y & o_z \\ 0 & 0 & 0 & a_x & a_y & a_z \end{bmatrix}$$

則：$^{A}\boldsymbol{D} = J_W \cdot \boldsymbol{D}$；$\boldsymbol{D} = J_W^{-1} \cdot {}^{A}\boldsymbol{D}$；$J_W^{-1} = \begin{bmatrix} n_x & o_x & a_x & (\boldsymbol{p} \times \boldsymbol{n})_x & (\boldsymbol{p} \times \boldsymbol{o})_x & (\boldsymbol{p} \times \boldsymbol{a})_x \\ n_y & o_y & a_y & (\boldsymbol{p} \times \boldsymbol{n})_y & (\boldsymbol{p} \times \boldsymbol{o})_y & (\boldsymbol{p} \times \boldsymbol{a})_y \\ n_z & o_z & a_z & (\boldsymbol{p} \times \boldsymbol{n})_z & (\boldsymbol{p} \times \boldsymbol{o})_z & (\boldsymbol{p} \times \boldsymbol{a})_z \\ 0 & 0 & 0 & n_x & o_x & a_x \\ 0 & 0 & 0 & n_y & o_y & a_y \\ 0 & 0 & 0 & n_z & o_z & a_z \end{bmatrix}$

$$(4\text{-}69)$$

在某一動座標系上施加的力 $^{A}\boldsymbol{F}$ 和基座標系中力的關係可由虛功原理求得：

$$\delta W = {}^{A}\boldsymbol{F}^{T} \cdot {}^{A}\boldsymbol{D} = \boldsymbol{F}^{T} \cdot \boldsymbol{D}$$

$$\boldsymbol{F} = J_W^{T} \cdot {}^{A}\boldsymbol{F} \tag{4-70}$$

$$^{A}\boldsymbol{F} = (J_W^{T})^{-1} \cdot \boldsymbol{F} \tag{4-71}$$

如圖 4-23 所示，如果將 6 維力感測器安裝在第 5 關節與第 6 關節之間，需要根據 6 維力感測器測得的力求作用在該 PUMA 機器人操作臂的手部所施加的力和力矩 $^{E}\boldsymbol{F}$ 時，用第 5 座標系到末端操作器的變換矩陣 $^{5}\boldsymbol{J}_W$，可變換出檢測出的力和力矩值。

$$^{E}\boldsymbol{F} = {}^{5}\boldsymbol{J}_W^{T} \cdot \boldsymbol{F}_s \tag{4-72}$$

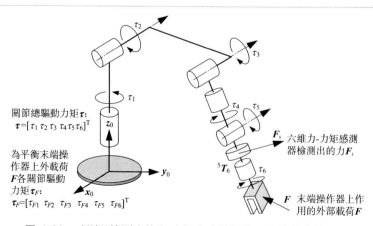

圖 4-23　感測器檢測出的力-力矩與末端操作器上外載荷的關係

# 4.4 工業機器人操作臂機構動力學問題描述的力學基礎

## 4.4.1 工業機器人操作臂運動參數與機械本體物理參數

前述的 4.2 節結合如圖 4-2 給出機器人操作臂機構運動學的數學描述。構成工業機器人操作臂機械本體的各部分都是有質量、質心位置和慣性參數、關節位置、幾何形狀以及結構尺寸等物理參數的實體零部件，此外，各構件本身有剛度、彈性模量以及相互接觸又有相對運動的零部件之間還有摩擦等物理影響因素，構成機構的各關節和構件運動時還有位移（角位移或線位移）、速度（角速度或線速度）、加速度（角加速度或線加速度）等運動參數。與工業機器人操作臂機構動力學有關的物理參數和運動參數、負載與動力參數歸納如下。

① 機器人機構參數：實際機器的 D-H 參數；機器人初始構形參數。

② 機械本體物理參數：實際機器人機械本體各部分長度（幾何結與尺寸）/質量/質心位置、繞質心的慣性矩、摩擦、傳動參數、剛度等物理參數；作業參數。

③ 機構運動參數：各關節位置（位移）、各關節速度、加速度；作業指標等。

④ 機構負載與動力參數：各關節驅動力/驅動力矩，作用在機器人上的外力、外力矩、負載等 。

## 4.4.2 什麼是動力學?

(1) 逆運動學在運動控制中的作用

① 機器人操作臂慢速運動時　機器人操作臂的運動控制，即末端操作器從空間中的一點移動到另一點的情況下，當運動速度非常慢的情況下，用前述的逆運動學即根據末端操作器的位置和姿態即可求得相應的各關節角，然後對各關節進行位置控制即可實現運動控制的目的。

② 機器人操作臂的末端受到來自作業對象的靜力時　透過前述的雅克比矩陣的轉置矩陣同樣也可以求得各關節的力或力矩，從而控制各關節實現力控制。

但是，中高速運動的機器人操作臂如何進行控制呢？也就是如何回答如下問題：

【問題 1】基於前述逆運動學的方法能夠用於機器人操作臂高速運動控制嗎？

【問題 2】當機器人操作臂各桿件質量很大時在末端操作器或指尖上產生的力能控制住嗎？

【答案】實驗表明：高速運動或者桿件質量很大時，基於逆運動學的方法很難實現末端操作器準確的位姿控制或力控制。

【原因】高速運動時，各桿件及各關節部分的質量產生的慣性力、黏性阻力等對於機器人操作臂運動的影響越來越大。

這個問題就像汽車要拐彎時因為速度過快很難完成一樣，生活中還有其他類似例子。學習機器人操作臂高速運動控制理論，也需要從這一點上去理解動力學的必要性。

【結論】為實現機器人操作臂高速、高精度運動控制，需要考慮對機器人操作臂運動有影響的各種力的方法，動力學則成為各種控制方法的基礎，其根本則是牛頓運動方程式。

（2）動力學以及正、逆動力學概念

機器人機構動力學，就是在機器人機構構型給定的前提下，研究各個關節的驅動力（直線移動關節）或驅動力矩（回轉關節）與機器人機構參數以及末端操作器操作力或力矩之間關係的科學。

前述運動學有正運動學、逆運動學之分，而動力學也有正動力學和逆動力學之分。

① 逆動力學是指機器人機構構型給定的前提下，已知機構的物理參數、運動參數、作業對象給末端操作器的作用力或力矩、或者末端操作器上的負載，求實現給定任意運動參數下機構運動時各個關節所需驅動力或驅動力矩的動力學問題。逆動力學也稱動力學逆問題，動力學逆問題的解也稱動力學逆解。

② 正動力學是指機器人機構構型給定的前提下，已知機構的物理參數、運動參數、作業對象給末端操作器的作用力或力矩、或者末端操作器上的負載，求實現給定各個關節驅動力或驅動力矩的動力學情況下各個關節運動參數的動力學問題。正動力學也稱動力學正問題，動力學正問題的解也稱動力學正解。

機器人機構動力學是基於模型的機器人控制所需要的理論基礎，而且機器人機構動力學不僅是單純的力學理論問題，它還涉及從機器人機構模型回到實際存在的機器人機械本體實體的深入理解和研究上來，也即面向實際的機器人物理參數和運動參數的動力學才是更有實際意義的動力學。

## 4.4.3　推導工業機器人操作臂微分運動方程的拉格朗日法

（1）什麼是拉格朗日法（Lagrange formulation）？

機器人操作臂可以看作為各桿件間透過各關節連接起來，一邊相互施加位置

約束一邊運動的多剛體系統。

拉格朗日方程是在適於描述物體運動的一般化的座標系（即廣義座標系）中基於能量法推導出的運動方程式，是從機械系統總體上看待動力學問題，透過對系統總的動能與勢能微分來尋求得到各關節驅動力或驅動力矩與系統物理參數、運動參數以及系統所受的負載力（或力矩）之間關係的方法。

（2）運動方程式的推導和物理意義

設：廣義座標為 $q_i$；對應於廣義座標 $q_i$ 的廣義力為 $Q_i$；廣義座標 $q_i$、廣義力為 $Q_i$ 下的系統運動的能量為 $T$。則，多剛體系統的牛頓運動方程式可表示為下式：

$$\frac{\mathrm{d}}{\mathrm{d}t}\left(\frac{\partial T}{\partial \dot{q}_i}\right) - \frac{\partial T}{\partial q_i} = Q_i \tag{4-73}$$

當 $Q_i$ 由勢場推導的情況下，設勢能為 $U$，則：

$$\frac{\mathrm{d}}{\mathrm{d}t}\left(\frac{\partial T}{\partial \dot{q}_i}\right) = \frac{\partial T}{\partial q_i} - \frac{\partial U}{\partial q_i} \tag{4-74}$$

若引入 $L = T - U$ 表示拉格朗日函數 $L$，則：

$$\frac{\mathrm{d}}{\mathrm{d}t}\left(\frac{\partial L}{\partial \dot{q}_i}\right) - \frac{\partial L}{\partial q_i} = 0 \tag{4-75}$$

即為拉格朗日運動方程式。

當系統存在不能在勢場中表示的力 $Q_i$ 時，可寫為下式：

$$\frac{\mathrm{d}}{\mathrm{d}t}\left(\frac{\partial L}{\partial \dot{q}_i}\right) - \frac{\partial L}{\partial q_i} = Q_i' \tag{4-76}$$

【例題】求圖 4-24 所示 1 自由度剛體擺的運動方程式。已知：均質擺桿的擺長為 $2l$，質心位於擺長中點，質量為 $m$，重力加速度為 $g$，擺角變量為 $\theta$。

【解】① 求擺動動能 $T$ 與勢能 $U$：

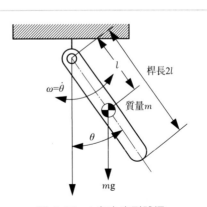

圖 4-24　1 自由度剛體擺

$$T = \frac{1}{2}m(l\dot{\theta})^2 + \frac{1}{2}I\dot{\theta}^2 \tag{4-77}$$

$$U = mgl(1-\cos\theta) \tag{4-78}$$

其中，$I$ 為桿件繞其質心的轉動慣量：$I = \frac{1}{3}ml^2$

② 利用拉格朗日方程求剛體擺運動方程，結果為：

$$l\ddot{\theta} + \frac{3}{4}\frac{g}{l}\sin\theta = 0 \tag{4-79}$$

由拉格朗日法推導機器人操作臂具體的運動方程式：

首先，需要表達出構成機器人操作臂各桿件質心相對於固定在基座上的座標系的平移速度和繞相對於各桿件座標系質心回轉的桿件角速度。

【方法】用本章前述的運動學理論求桿件 $i$ 的質心的移動速度。

$$^{0}\boldsymbol{p}_{gi} = {}^{0}\boldsymbol{A}_1 \cdot {}^{1}\boldsymbol{A}_2 \cdot {}^{2}\boldsymbol{A}_3 \cdot \cdots \cdot {}^{i-2}\boldsymbol{A}_{i-1} \cdot {}^{i-1}\boldsymbol{p}_{gi} = {}^{0}\boldsymbol{T}_{i-1} \cdot {}^{i-1}\boldsymbol{p}_{gi} \tag{4-80}$$

$$\text{則：} \quad {}^{0}\dot{\boldsymbol{p}}_{gi} = \begin{bmatrix} {}^{0}\dot{x}_{pgi} \\ {}^{0}\dot{y}_{pgi} \\ {}^{0}\dot{z}_{pgi} \end{bmatrix} = \left[ \frac{\partial \left( {}^{0}\boldsymbol{A}_1 \cdot {}^{1}\boldsymbol{A}_2 \cdot {}^{2}\boldsymbol{A}_3 \cdot \cdots \cdot {}^{i-2}\boldsymbol{A}_{i-1} \cdot {}^{i-1}\boldsymbol{p}_{gi} \right)}{\partial \boldsymbol{\theta}} \right] \begin{bmatrix} \dot{\theta}_1 \\ \dot{\theta}_2 \\ \cdots \\ \dot{\theta}_6 \end{bmatrix}$$

式中，$^{i-1}\boldsymbol{p}_{gi}$ 為桿件 $i$ 的質心相對於 $i-1$ 座標系的位置矢量；$^{0}\boldsymbol{p}_{gi}$ 為桿件 $i$ 的質心相對於基座標系的位置矢量。

桿件 $i$ 的角速度矢量是桿件 $i$ 在 $0\sim i-1$ 關節轉動情況下產生的回轉運動。由 $i-1$ 座標系看桿件 $i$ 的角速度矢量可表示為：

$$^{i-1}\boldsymbol{\omega}_i = {}^{i-1}\boldsymbol{\omega}_{i-1} + {}^{i}_{i-1}\boldsymbol{R} \cdot \dot{\theta}^{i}_{i} \cdot \hat{\boldsymbol{z}}_i \tag{4-81}$$

式中，$^{i}_{i-1}\boldsymbol{R}$ 為關節 $i-1$ 座標系到關節 $i$ 座標系的回轉變換矩陣；$\hat{\boldsymbol{z}}_i$ 為 $z_i$ 軸的單位矢量。

式(4-81) 兩邊同時左乘 $^{i}_{i-1}\boldsymbol{R}$ 得到

$$^{i}\boldsymbol{\omega}_i = {}^{i}_{i-1}\boldsymbol{R} \cdot {}^{i-1}\boldsymbol{\omega}_{i-1} + \dot{\theta}^{i}_{i} \cdot \hat{\boldsymbol{z}}_i \tag{4-82}$$

依次按照桿件的根端計算 $^{i}\boldsymbol{\omega}_i$ 則可求出 $\boldsymbol{\omega}_i$。

即把 $0\sim i-1$ 各關節的角速度矢量變換到 $i-1$ 座標系後矢量疊加運算。

則桿件 $i$ 的動能為移動運動能量和回轉運動能量的和，如下：

$$k_i = \frac{1}{2}m_i \boldsymbol{v}^{\mathrm{T}}_{gi} \cdot \boldsymbol{v}_{gi} + \frac{1}{2}\boldsymbol{\omega}^{\mathrm{T}}_i \cdot \boldsymbol{I}_i \cdot \boldsymbol{\omega}_i \tag{4-83}$$

式中，$m_i$ 為桿件 $i$ 的質量；$\boldsymbol{v}_{gi}$ 為桿件 $i$ 重心的移動（平動）速度矢量；$\boldsymbol{\omega}_i$ 為桿件 $i$ 繞其重心的回轉角速度矢量；$\boldsymbol{I}_i$ 桿件 $i$ 對其重心的轉動慣量矩陣。

機器人操作臂的總動能 $T$ 為：

$$T = \sum_{i=0}^{n} k_i \tag{4-84}$$

考慮作為外力的重力場，位置勢能 $u_i$ 為：

$$u_i = -m_i \boldsymbol{g}^{\mathrm{T}} \cdot \boldsymbol{p}_{gi} + u_{consti} \tag{4-85}$$

式中，$\boldsymbol{p}_{gi}$ 為桿件 $i$ 在固定座標系中的位置矢量；$\boldsymbol{g}$ 為重力加速度矢量：

$g = \begin{bmatrix} 0 & 0 & -9.8 \end{bmatrix}^{\mathrm{T}} [\mathrm{m/s}^2]$。

機器人操作臂總的位置勢能 $u_i$ 為：

$$U = \sum_{i=0}^{n} u_i \tag{4-86}$$

則拉格朗日函數為 $L = T - U$，帶入拉格朗日方程中有：

$$\frac{\mathrm{d}}{\mathrm{d}t}\left(\frac{\partial L}{\partial \dot{q}_i}\right) - \frac{\partial L}{\partial q_i} = Q'_i \tag{4-87}$$

式中，$Q'_i$ 為關節驅動器產生的驅動力或力矩。

此為機器人操作臂的運動方程式。

（3）由拉格朗日方程推導水平面內運動的 2-DOF 機器人操作臂運動方程式

水平內運動的 2-DOF 機器人操作臂機構為如圖 4-25 所示的兩自由度平面連桿機構，機構參數如圖所示。

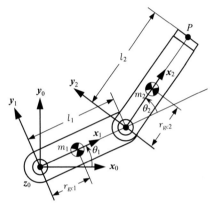

圖 4-25　2-DOF 機器人操作臂機構參數

$$A_1 = \begin{bmatrix} \cos\theta_1 & -\sin\theta_1 & 0 & 0 \\ \sin\theta_1 & \cos\theta_1 & 0 & 0 \\ 0 & 0 & 1 & 0 \\ 0 & 0 & 0 & 1 \end{bmatrix} \tag{4-88}$$

$$A_2 = \begin{bmatrix} \cos\theta_2 & -\sin\theta_2 & 0 & 0 \\ \sin\theta_2 & \cos\theta_2 & 0 & 0 \\ 0 & 0 & 1 & 0 \\ 0 & 0 & 0 & 1 \end{bmatrix} \tag{4-89}$$

桿件 1、2 的質心的位置矢量 $p_{g1}$、$p_{g2}$ 分別為：

$$p_{g1} = A_1 \begin{bmatrix} r_{gc1} \\ 0 \\ 0 \\ 1 \end{bmatrix} \tag{4-90}$$

$$p_{g2} = A_1 A_2 \begin{bmatrix} r_{gc2} \\ 0 \\ 0 \\ 1 \end{bmatrix} \tag{4-91}$$

進而得桿件 1、2 的質心的速度矢量 $v_{g1}$、$v_{g2}$ 分別為：

$$\boldsymbol{v}_{g1} = \frac{\mathrm{d}\boldsymbol{p}_{g1}}{\mathrm{d}t} = \begin{bmatrix} -r_{gc1}\sin\theta_1 \\ r_{gc1}\cos\theta_1 \\ 0 \end{bmatrix} \dot{\theta}_1 \tag{4-92}$$

$$\boldsymbol{v}_{g2} = \frac{\mathrm{d}\boldsymbol{p}_{g2}}{\mathrm{d}t} = \begin{bmatrix} -r_{gc2}(\dot{\theta}_1+\dot{\theta}_2)\sin(\theta_1+\theta_2)-l_1\dot{\theta}_1\sin\theta_1 \\ -r_{gc2}(\dot{\theta}_1+\dot{\theta}_2)\cos(\theta_1+\theta_2)+l_1\dot{\theta}_1\cos\theta_1 \\ 0 \end{bmatrix} \tag{4-93}$$

各桿件在桿件座標系中的角速度矢量分別為 $^1\boldsymbol{\omega}_1$、$^2\boldsymbol{\omega}_2$ 為：

$$^1\boldsymbol{\omega}_1 = \dot{\theta}_1 \cdot {}^1\hat{\boldsymbol{z}}_1 = \begin{bmatrix} 0 \\ 0 \\ \dot{\theta}_1 \end{bmatrix} \tag{4-94}$$

$$^2\boldsymbol{\omega}_2 = {}^2_1\boldsymbol{R} \cdot {}^1\boldsymbol{\omega}_1 + \dot{\theta}_2 \cdot {}^2\hat{\boldsymbol{z}}_2 = \begin{bmatrix} 0 \\ 0 \\ \dot{\theta}_1+\dot{\theta}_2 \end{bmatrix} \tag{4-95}$$

將式(4-90)～式(4-95) 分別代入式(4-83)～式(4-86) 中得到系統總的動能為：

$$T = \frac{1}{2}m_1 r_{gc1}^2 \dot{\theta}_1^2 + \frac{1}{2}r_{gc2}^2(\dot{\theta}_1+\dot{\theta}_2)^2 m_2^2 + m_2 l_1^2 \dot{\theta}_1^2 + 2r_{gc2}l_1\cos\theta_2\dot{\theta}_1(\dot{\theta}_1+\dot{\theta}_2)m_2 +$$
$$\frac{1}{2}I_{gc1}\dot{\theta}_1^2 + \frac{1}{2}I_{gc2}(\dot{\theta}_1+\dot{\theta}_2)^2 \tag{4-96}$$

因為 2-DOF 平面連桿機構的機器人操作臂成水平放置各關節軸線始終垂直於水平面，所以，勢能 $U=0$。

則拉格朗日函數 $L=T-U=T-0=T$，為：

$$L=T = \frac{1}{2}m_1 r_{gc1}^2 \dot{\theta}_1^2 + \frac{1}{2}r_{gc2}^2(\dot{\theta}_1+\dot{\theta}_2)^2 m_2^2 + m_2 l_1^2 \dot{\theta}_1^2 +$$
$$2r_{gc2}l_1\cos\theta_2\dot{\theta}_1(\dot{\theta}_1+\dot{\theta}_2)m_2 + \frac{1}{2}I_{gc1}\dot{\theta}_1^2 + \frac{1}{2}I_{gc2}(\dot{\theta}_1+\dot{\theta}_2)^2$$
$$\tag{4-97}$$

則可由拉格朗日方程式(4-98)：

$$\frac{\mathrm{d}}{\mathrm{d}t}\left(\frac{\partial L}{\partial \dot{q}_i}\right) - \frac{\partial L}{\partial q_i} = Q_i' \tag{4-98}$$

得，水平面內運動的 2-DOF 機器人操作臂運動方程式為：

$$\boldsymbol{M}(\boldsymbol{\theta})\begin{bmatrix} \ddot{\theta}_1 \\ \ddot{\theta}_2 \end{bmatrix} + \begin{bmatrix} -m_2 l_1 r_{gc2}(\dot{\theta}_2^2+2\dot{\theta}_1\dot{\theta}_2)\sin\theta_2 \\ m_2 l_1 r_{gc2}\dot{\theta}_1^2\sin\theta_2 \end{bmatrix} = \begin{bmatrix} \tau_1 \\ \tau_2 \end{bmatrix} \tag{4-99}$$

式中，$\tau_1$、$\tau_2$ 分別為平面兩桿 2-DOF 機器人操作臂的關節 1、2 的驅動力矩。

## 4.4.4 推導工業機器人操作臂微分運動方程的牛頓-歐拉法

### (1) 牛頓-歐拉法 (Newton-Eular formulation)

拉格朗日方程方法是把機器人操作臂作為一個整體從能量的角度利用拉格朗日函數推導出運動方程式，不涉及相鄰的桿件與桿件之間的作用力、力矩關係。

牛頓-歐拉法是採用關於平動的牛頓運動方程式和關於回轉運動的歐拉運動方程式，描述構成機器人操作臂的一個個桿件的運動。這種方法涉及相鄰桿件之間互相作用的力和力矩的關係。

牛頓-歐拉法的具體方法是從基座標系開始向末端操作器，依次由給定的各關節運動計算各桿件的運動，相反，由末端操作器側向基座標系，依次計算為產生關節運動所需要的、作用在各個桿件上的力和力矩。計算過程中需要前一次計算的桿件運動所需的力和力矩。

與拉格朗日法相比，使用牛頓-歐拉法推導出的運動方程式計算逆動力學可以提高計算效率。

### (2) 關於牛頓-歐拉法方法的解釋

牛頓-歐拉法是矩陣變換與矢量分析相結合的方法：矩陣變換獲得位姿矢量，矢量運算獲得桿件運動（位置矢量、速度矢量、加速度矢量），推導獲得各桿件的運動。

牛頓-歐拉法中，由基座標系向末端操作器側依次計算各桿件運動。

牛頓-歐拉法中，由末端操作器向基座標系依次計算各桿件的力和力矩。

牛頓-歐拉法中，對於構成機器人操作臂機構的任何一根桿件，都使用相同的公式進行計算，即建立如圖 4-26 所示的第 $i$ 桿件的力學模型，並列寫第 $i$ 桿件的力、力矩平衡方程式。

桿件 $i$ 的力平衡方程式：

$$f_i - {}^iR_{i+1} \cdot f_{i+1} + m_i g_i = m_i a_i \tag{4-100}$$

桿件 $i$ 的力矩平衡方程式（繞質心回轉）：

$$n_i - {}^iR_{i+1} \cdot n_{i+1} + f_i \times r_{gci} - ({}^iR_{i+1} \cdot f_{i+1}) \times (r_{gci} - p_i) \tag{4-101}$$
$$= I_i \cdot \varepsilon_i + \omega_i (I_i \cdot \omega_i)$$

式中，$m_i$、$I_i$、$r_{gci}$ 分別為桿件 $i$ 的質量、繞其自己質心的慣性參數矩陣、質心位置矢量；$f_i$、$f_{i+1}$ 分別為桿件 $i-1$、桿件 $i+1$ 給桿件 $i$ 的力矢量；$n_i$、$n_{i+1}$ 分別為桿件 $i-1$、桿件 $i+1$ 給桿件 $i$ 的力矩矢量；${}^iR_{i+1}$ 為將第 $i+1$ 關節座標系中表示的力 $f_{i+1}$、力矩 $n_{i+1}$ 分別轉換為第 $i$ 關節座標系中的力和力矩的

變換矩陣；$\boldsymbol{\omega}_i$、$\boldsymbol{a}_i$、$\boldsymbol{\varepsilon}_i$ 分別為桿件 $i$ 的角速度矢量、質心線加速度矢量和角加速度矢量；$\boldsymbol{g}_i$ 為重力加速度矢量。

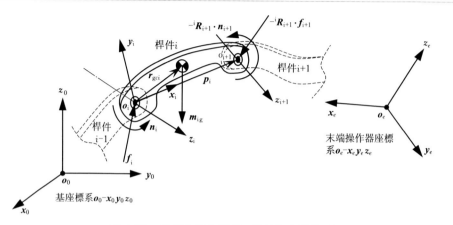

圖 4-26　機器人操作臂第 $i$ 桿件的力學模型

　　顯然，圖 4-26 所示的桿件 $i$ 的力學模型以及式（4-100）、式（4-101）適用於機器人操作臂中的任何一個桿件，只是不同桿件的物理參數值和運動參數值不同而已。利用電腦程式設計只需按照式（4-100）、式（4-101）編寫一個參數化的計算程式，並由末端操作器側向基座標系側重複使用該參數化計算程式依次計算各桿件的力和力矩即可。這就是使用牛頓－歐拉法推導出的運動方程式計算逆動力學可以提高計算效率的原因。

# 4.5 工業機器人操作臂機構誤差分析與精度設計的數學基礎

## 4.5.1 機構誤差分析的數學基礎

### （1）工業機器人操作臂機構的實際誤差與精度

　　工業機器人操作臂的精度指標包括末端操作器位置精度和姿態精度，位置精度是指其末端操作器上實際操作中心點相對於機器人操作臂安裝基座介面法蘭中心點即基座標系座標原點之間實際位置與理論位置之間的偏差；姿態精度是指末端操作器上固連座標系三個座標軸在基座標系中的實際姿態矢量與理論姿態矢量的偏

差。位置精度與姿態精度合在一起稱為位姿精度，由位姿矩陣的偏差矩陣來表示。

需要說明的一點是：工業機器人操作臂的位姿精度應該是實際作業時的精度，即包括末端操作器在內的精度，但作業種類不同，相應的末端操作器工作原理、結構組成以及位姿精度要求等均不同，因此，不好統一衡量一臺機器人操作臂在不同應用條件下的位姿精度。而且，工業機器人操作臂成型產品的製造商多數為了使機器人操作臂能夠適應各種作業，提供給使用者的工業機器人產品是不帶有末端操作器而只提供用來連接末端操作器機械介面法蘭的腕部末端零件的機械介面法蘭。因此，為了便於用精度指標評價機器人產品實際系統誤差程度，工業機器人操作臂產品均以腕部末端機械介面法蘭中心點及其上固連的以該中心點為座標原點的座標系（座標架）相對於基座標系的實際位姿與理論位置之間的偏差作為位姿精度定義的基準。

① 機器人系統的位置精度　機器人操作臂系統組成包括機械系統、驅動系統、控制系統，因此，工業機器人操作臂系統的精度由機械精度、驅動精度、控制精度三部分組成，是機械系統、驅動與控制系統三方面對機器人操作臂末端操作器機械介面位姿精度的綜合影響下的精度。其中，機械系統是需要首要被衡量精度指標的對象，機械精度受機械系統設計者的設計精度、製造精度、裝配與測試精度支配和決定，並集中反映在機器人產品機械系統機構 D-H 參數中。機器人操作臂被製造成形之後，理想的誤差為零的 D-H 參數存在於現實物理世界的實際機器人機械本體之上，但無法誤差為零地被測得。機械精度是機器人系統精度中最為關鍵的精度指標，是其他精度實現的先決條件。

② 機器人系統的硬精度與軟精度　機器人操作臂的精度可分為軟精度、硬精度，機械系統的機械精度為硬精度，是指一旦製造成形之後無法更改（但可小範圍內調整），是由機械本體的設計、製造、裝配和調試、測量得到的精度，從機械系統構成角度來講，機械精度的主要決定因素為：機械系統傳動精度（即減速器或機械傳動裝置的機械傳動精度）、關節和機構構件（基座、肩、大臂、肘、小臂）的剛度、D-H 參數相關構件的設計製造精度、各機械介面連接處的連接剛度與精度、載荷類型、方向與大小等；軟精度是指控制精度，是指透過包括位置、速度感測器在內透過原動機位置、速度回饋控制系統硬體和控制器算法以及控制系統軟體控制下得到位置伺服系統精度。

綜上所述，實際機器人機構的機械精度由自末端介面法蘭中心點至基座標系原點之間串聯在一起的所有環節來決定，單純的機構誤差分析只是機械系統理論上的簡化和近似，並不能完全反映實際機器人機械系統的精密程度。從機械原理上講，機構只是用來反映機械系統最簡運動構成和原理的抽象表示，用機構原理來進行機構誤差分析只是理論上的近似；不僅如此，機構的構件並非實際機器人機械本體上的零件，可能是兩個或兩個以上的機械零部件連接在一起而成為構件，因此，

這樣的構件中相互連接在一起的零件之間連接剛度、連接精度都會影響機器人機械系統的機械精度。機械系統構成越簡單，精度的提升越容易實現；機械系統構成越複雜，精度越難以提高。機械系統功能越多越強，機構與結構就越複雜，影響總體精度指標的因素就越多，精度越難提高，這就越加要求每一個影響因素在其自身的設計、製造、裝配和測量精度要求就越高，保障精度的環節也就越多。專業和精細到位是中高精度工業機器人操作臂產品的唯一技術保障途徑，機構誤差分析只有與實際測量技術相結合起來才使得誤差分析理論更有實際意義。

機構誤差分析的意義如下。

① 為機器人機構設計和結構設計提供精度設計和精度分配所需的參考數據和理論依據。機器人機械系統精度是一個系統化的設計和綜合影響下才成立的總的精度指標，是設計與製造的實際測量結果。而這一實際測量結果是經過對其有影響的各個組成部分的設計、製造來實現的，自然存在著為保證這個總的精度指標，在設計階段如何為串聯在一起的各個組成部分合理分配局部精度設計指標的設計問題。機構誤差的理論分析與數值模擬計算可為解決這個問題提供精度分配與精度設計的數據依據以及可行性模擬驗證。

② 為控制系統與控制器的設計提供不確定量的估計值。機構誤差分析與測量技術結合起來可為機器人運動控制方法與控制器設計（如魯棒控制、自適應控制等）提供不確定量影響分析的相關數據基礎，如不確定量的上下界以及 D-H 參數辨識結果。

③ 可以根據階段性測量數據結果，預測機器人系統機械精度的穩定期，為機器人使用精度的維護有效提供參考依據。

（2）機械系統機構參數表示的幾何模型與修正模型

機器人機構誤差分析是建立在準確表示機構構型和機構參數表示的幾何模型基礎上的，機器人機構參數表示法有 D-H 參數法（在本章 4.3.4 節給出的）、矢量表示法、四元數表示法等。其中，D-H 參數法是常用的機器人機構參數表示法。

① D-H 參數表示法　本章「4.3.4 正運動學」一節給出了如圖 4-11 所示的機器人關節與桿件間的 D-H 參數表示法及其詳細的定義。D-H 參數法作為通用的機構參數表示法的不足之處在於：參考圖 4-11，當 $z_i$ 與 $z_{i-1}$ 軸平行、$x_i$ 與 $x_{i-1}$ 軸平行時，即 $z_{i-1}$ 繞 $x_{i-1}$ 軸轉到 $z_i$ 軸的角度 $\alpha_i = 0$，$d_i$ 為 $\infty$。當矩陣中某一個或某些元素趨近於 $\infty$ 時，會在計算與分析中導致座標變換矩陣「病態」（稱為病態矩陣），這種病態會導致誤差分析失真。為解決或避開 D-H 參數表示法的座標變換矩陣在 $\alpha_i = 0$ 時變成病態矩陣的問題，許多研究者提出了修正的 D-H 模型即 MDH 模型（modified denavit-hartenberg model）。MDH 參數模型主要有 4 個、5 個、6 個或更多個參數的模型。

② 四參數 MDH 模型　Hayati、Judd 和 Knasindki 等人分別於 1983、1987

年提出了圖 4-27 所示的 4 參數 MDH 模型。該模型為：垂直於 $z_{i-1}$ 軸的平面與 $z_i$ 軸的交點是第 $i$ 座標系的原點 $o_i$；繞 $z_{i-1}$ 軸旋轉 $i-1$ 座標系，使 $x_{i-1}$ 軸與 $o_i o_{i-1}$ 平行，得到 $o_{i-1} - x'_{i-1} y'_{i-1} z_{i-1}$；將旋轉後的 $i-1$ 座標系 $o_{i-1} - x'_{i-1} y'_{i-1} z'_{i-1}$ 平移到 $o_i$ 處得到 $o_i - x''_{i-1} y''_{i-1} z''_{i-1}$；再繼續繞 $x''_{i-1}$ 轉 $\alpha$ 角得 $o_i - x''_{i-1} y'''_{i-1} z'''_{i-1}$；再繼續繞 $y'''_{i-1}$ 轉 $\beta$ 角使 $z'''_{i-1}$ 軸與關節 $i+1$ 的 $z_i$ 軸一致。但是 $\{\theta_i, d_i, \alpha_i, \beta_i\}$ 四參數 MDH 模型在兩關節軸線垂直時與 D-H 參數法在兩關節軸線平行時的情況有同樣的缺點。

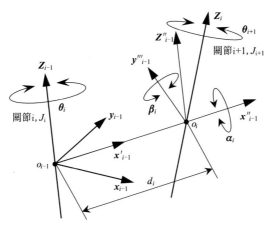

圖 4-27　Hayati 等人的四參數 MDH 模型

③ 五參數 MDH 模型　Okada T. 與 Mohri S. 、Veitschegger 與 Wu 等人分別於 1985、1987 年在 D-H 參數法的幾何模型（圖 4-11）基礎上繼續增加了一項繞 $y$ 軸旋轉 $\beta$ 角的回轉變換。將 $\{\theta_i, a_i, d_i, \alpha_i\}$ 四個 DH 參數的模型擴展為 $\{\theta_i, a_i, d_i, \alpha_i, \beta_i\}$ 五參數 MDH 模型，則關節 $i$ 的齊次變換矩陣 $A_i$ 也就是在原來的 DH 參數模型的齊次變換矩陣之後再乘以繞 $y$ 軸回轉 $\beta$ 角的齊次變換矩陣即可。當相鄰兩關節軸線公稱平行時，由於製造或裝配誤差等原因而偏離平行時，$\beta_i \neq 0$，$d_i = 0$；當相鄰兩關節軸線公稱不平行時，$\beta_i = 0$，$d_i \neq 0$。

顯然，用來表示機構參數的個數越多，誤差分析就越複雜。

④ 六參數的 S 模型　Stone 和 Sanderson 於 1987 年提出的 S 模型（S-Model）是在 DH 參數模型的基礎上允許每個座標系沿 $z$ 軸作任意的平移和繞 $z$ 軸作任意角度旋轉的 6 參數模型。6 個參數中有 3 個平移參數和 3 個旋轉角度參數。

（3）雅克比矩陣偽逆陣法及誤差最小二乘解

如前所述，由於 D-H 參數法在 $z_i$ 與 $z_{i-1}$ 軸平行、$x_i$ 與 $x_{i-1}$ 軸平行時，即 $z_{i-1}$ 繞 $x_{i-1}$ 軸轉到 $z_i$ 軸的角度 $\alpha_i = 0$，$d_i$ 為 $\infty$，會產生病態矩陣的問題。所以

這裡選用$\{\theta_i, a_i, d_i, \alpha_i, \beta_i\}$五參數 MDH 模型進行機構的誤差分析。五參數 MDH 模下，桿件 $i$ 相對於 $i-1$ 的齊次座標變換矩陣 $^{i-1}A_i$ 為在原始 D－H 參數法$\{\theta_i, a_i, d_i, \alpha_i\}$四參數齊次座標變換矩陣 $^{i-1}A_i$ 的基礎上右乘 Rotate$(z, \beta)$（$4 \times 4$ 的回轉齊次左邊變換矩陣），則新的$\{\theta_i, a_i, d_i, \alpha_i, \beta_i\}$五參數 MDH 模型下的齊次座標變換矩陣 $^{i-1}A_i$ 為：

$$^{i-1}A_i = \text{Rotate}(z_{i-1}, \theta_i) \text{Trans}(z_{i-1}, d_i)$$
$$\text{Trans}(x_{i-1}, a_i) \text{Rotate}(x_{i-1}, \alpha_i) \text{Rotate}(y_i, \beta_i) \tag{4-102}$$

式中，$\beta_i$ 為相鄰兩關節軸線 $z_{i-1}$ 與 $z_i$ 在平行於 $x_i$ 和 $z_i$ 所在平面上的夾角，另外四個參數$\{\theta_i, a_i, d_i, \alpha_i\}$的定義與 D-H 參數法定義完全一致，則由式（4-102）可得：

$$^{i-1}A_i = \begin{bmatrix} C\theta_i C\beta_i - S\theta_i S\alpha_i S\beta_i & -S\theta_i C\alpha_i & C\theta_i S\beta_i + S\theta_i S\alpha_i C\beta_i & a_i C\theta_i \\ S\theta_i C\beta_i - C\theta_i S\alpha_i S\beta_i & C\theta_i C\alpha_i & S\theta_i S\beta_i - C\theta_i S\alpha_i C\beta_i & a_i S\theta_i \\ -C\alpha_i S\beta_i & S\alpha_i & C\alpha_i C\beta_i & d_i \\ 0 & 0 & 0 & 1 \end{bmatrix}$$
$$\tag{4-103}$$

由機器人的正運動學可知：$n$ 自由度機器人操作臂腕部末端機械介面中心上固連的座標系在機器人操作臂基座標系中的位置矩陣 $^0T_n$ 為：

$$^0T_n = {}^0A_1 \cdot {}^1A_2 \cdot {}^2A_3 \cdot \cdots \cdot {}^{i-1}A_i \cdot \cdots \cdot {}^{n-1}A_n \tag{4-104}$$

上述方程是機器人操作臂的正運動學方程，可寫成矩陣函數的形式

$$^0T_n(\boldsymbol{\theta}, \boldsymbol{a}, \boldsymbol{d}, \boldsymbol{\alpha}, \boldsymbol{\beta}) = {}^0A_1(\theta_1, a_1, d_1, \alpha_1, \beta_1) \cdot {}^1A_2(\theta_2, a_2, d_2, \alpha_2, \beta_2) \cdot$$
$$^2A_3(\theta_3, a_3, d_3, \alpha_3, \beta_3) \cdot \cdots \cdot {}^{i-1}A_i(\theta_i, a_i, d_i, \alpha_i, \beta_i) \cdot$$
$$\cdots \cdot {}^{n-1}A_n(\theta_n, a_n, d_n, \alpha_n, \beta_n)$$
$$\tag{4-105}$$

式中：$\boldsymbol{\theta} = \begin{bmatrix} \theta_1 & \theta_2 & \theta_3 & \cdots & \theta_i & \cdots & \theta_n \end{bmatrix}^T$；$\boldsymbol{a} = \begin{bmatrix} a_1 & a_2 & a_3 & \cdots & a_i & \cdots & a_n \end{bmatrix}^T$；

$\boldsymbol{d} = \begin{bmatrix} d_1 & d_2 & d_3 & \cdots & d_i & \cdots & d_n \end{bmatrix}^T$；$\boldsymbol{\alpha} = \begin{bmatrix} \alpha_1 & \alpha_2 & \alpha_3 & \cdots & \alpha_i & \cdots & \alpha_n \end{bmatrix}^T$；

$\boldsymbol{\beta} = \begin{bmatrix} \beta_1 & \beta_2 & \beta_3 & \cdots & \beta_i & \cdots & \beta_n \end{bmatrix}^T$。

機器人機構參數的誤差就是各個關節和相鄰桿件之間的參數誤差，也即機器人機構上所有的 5 參數 MDH 模型下的$\{\theta_i, a_i, d_i, \alpha_i, \beta_i\}$五參數誤差（$i = 1, 2, 3, \cdots, n$），一共有 $5 \times n$ 個機構參數誤差，分別為：$\{\delta\theta_i, \delta a_i, \delta d_i, \delta\alpha_i, \delta\beta_i\}$五參數誤差（$i = 1, 2, 3, \cdots, n$）。其中：$\delta\theta_i (i = 1, 2, 3, \cdots, n)$ 一共 $n$ 個，為機構運動參數偏差，為參數變化的偏差；$\{\delta a_i, \delta d_i, \delta\alpha_i, \delta\beta_i\}$四個參數誤差（$i = 1, 2, 3, \cdots, n$）一共有 $4n$ 個，為機構構型恆量參數偏差。這 $5 \times n$ 個機構參數誤差會透過機構構型這一「運動轉換函數」產生腕部末端機械介面上固連的座標系相對

於機器人基座標系的位姿偏差 $\Delta$ 為：$\Delta = \delta^0 T_n$。

在「4.3.8 機器人操作臂的雅克比矩陣」一節交代過雅克比矩陣三個用途之一就是：機器人操作臂雅克比矩陣可以用來表示各個關節微小運動量矢量與末端操作器（或末端桿件，即腕部末端構件）微小運動量矢量之間的比例關係，即：$\delta x = J \delta \theta$。同理，機構參數的微小變化量 $\delta x_{\mathrm{MDH}}$ 與末端操作器（或末端桿件）微小變化量 $\delta y_{\mathrm{MDH}}$ 之間的關係也可以用雅克比矩陣 $J$ 來線性表示，即：

$$\delta y_{\mathrm{MDH}} = J\delta\begin{bmatrix} \theta & a & d & \alpha & \beta \end{bmatrix}^{\mathrm{T}} = J\begin{bmatrix} \delta\theta & \delta a & \delta d & \delta\alpha & \delta\beta \end{bmatrix}^{\mathrm{T}} = J\delta x_{\mathrm{MDH}}。$$

因此，與 4.3.8 節雅克比矩陣推導方法相同，透過對正運動學方程求對時間 $t$ 的一階導數即偏微分的方法可以求得雅克比矩陣 $J$ 作為 MDH 參數下的雅克比矩陣 $J_{\mathrm{MDH}}$。

$$y = y_{\mathrm{MDH}} = {}^0 T_n(\theta, a, d, \alpha, \beta) = {}^0 A_1(\theta_1, a_1, d_1, \alpha_1, \beta_1) \cdot {}^1 A_2(\theta_2, a_2, d_2, \alpha_2, \beta_2) \cdot {}^2 A_3(\theta_3, a_3, d_3, \alpha_3, \beta_3) \cdot \cdots \cdot {}^{i-1} A_i(\theta_i, a_i, d_i, \alpha_i, \beta_i) \cdot \cdots \cdot {}^{n-1} A_n(\theta_n, a_n, d_n, \alpha_n, \beta_n) = f(x_{\mathrm{MDH}})$$

對

$$ {}^{i-1} A_i(\theta_i, a_i, d_i, \alpha_i, \beta_i) = {}^{i-1} A_i = $$

$$\begin{bmatrix} C\theta_i C\beta_i - S\theta_i S\alpha_i S\beta_i & -S\theta_i C\alpha_i & C\theta_i S\beta_i + S\theta_i S\alpha_i C\beta_i & a_i C\theta_i \\ S\theta_i C\beta_i + C\theta_i S\alpha_i S\beta_i & C\theta_i C\alpha_i & S\theta_i S\beta_i - C\theta_i S\alpha_i C\beta_i & a_i S\theta_i \\ -C\alpha_i S\beta_i & S\alpha_i & C\alpha_i C\beta_i & d_i \\ 0 & 0 & 0 & 1 \end{bmatrix}$$

求偏微分有：

$$ \mathrm{d}{}^{i-1} A_i(\theta_i, a_i, d_i, \alpha_i, \beta_i) = \mathrm{d}{}^{i-1} A_i = \frac{\partial {}^{i-1} A_i}{\partial \theta_i}\delta\theta_i + \frac{\partial {}^{i-1} A_i}{\partial a_i}\delta a_i + $$

$$ \frac{\partial {}^{i-1} A_i}{\partial d_i}\delta d_i + \frac{\partial {}^{i-1} A_i}{\partial \alpha_i}\delta\alpha_i + \frac{\partial {}^{i-1} A_i}{\partial \beta_i}\delta\beta_i $$

寫成矩陣的形式為：

$$ \mathrm{d}{}^{i-1} A_i = \mathrm{d}{}^{i-1} A_i(x_{\mathrm{MDH}i}) = \begin{bmatrix} \dfrac{\partial {}^{i-1} A_i}{\partial\theta_i} & \dfrac{\partial {}^{i-1} A_i}{\partial a_i} & \dfrac{\partial {}^{i-1} A_i}{\partial d_i} & \dfrac{\partial {}^{i-1} A_i}{\partial\alpha_i} & \dfrac{\partial {}^{i-1} A_i}{\partial\beta_i} \end{bmatrix} $$

$$ \begin{bmatrix} \delta\theta_i \\ \delta a_i \\ \delta d_i \\ \delta\alpha_i \\ \delta\beta_i \end{bmatrix} = {}^{i-1} J_i\, \mathrm{d}x_{\mathrm{MDH}i} $$

(4-106)

式中：

$$\frac{\partial\,^{i-1}\boldsymbol{A}_i}{\partial\,\theta_i}=\begin{bmatrix} -S\theta_iC\beta_i-C\theta_iS\alpha_iS\beta_i & -C\theta_iC\alpha_i & -S\theta_iS\beta_i+C\theta_iS\alpha_iS\beta_i & -a_iS\theta_i \\ C\theta_iC\beta_i-S\theta_iS\alpha_iS\beta_i & -S\theta_iC\alpha_i & C\theta_iS\beta_i+S\theta_iS\alpha_iC\beta_i & a_iC\theta_i \\ 0 & 0 & 0 & 0 \\ 0 & 0 & 0 & 0 \end{bmatrix}$$

$$\frac{\partial\,^{i-1}\boldsymbol{A}_i}{\partial\,a_i}=\begin{bmatrix} 0 & 0 & 0 & C\theta_i \\ 0 & 0 & 0_i & S\theta_i \\ 0 & 0 & 0 & 0 \\ 0 & 0 & 0 & 0 \end{bmatrix}$$

$$\frac{\partial\,^{i-1}\boldsymbol{A}_i}{\partial\,d_i}=\begin{bmatrix} 0 & 0 & 0 & 0 \\ 0 & 0 & 0 & 0 \\ 0 & 0 & 0 & 1 \\ 0 & 0 & 0 & 0 \end{bmatrix}; \quad \frac{\partial\,^{i-1}\boldsymbol{A}_i}{\partial\,\alpha_i}=\begin{bmatrix} -S\theta_iC\alpha_iS\beta_i & S\theta_iS\alpha_i & C\theta_iC\alpha_iS\beta_i & 0 \\ C\theta_iC\alpha_iS\beta_i & -C\theta_iS\alpha_i & -C\theta_iC\alpha_iC\beta_i & 0 \\ 0 & 0 & 0 & 0 \\ 0 & 0 & 0 & 0 \end{bmatrix};$$

$$\frac{\partial\,^{i-1}\boldsymbol{A}_i}{\partial\,\beta_i}=\begin{bmatrix} -C\theta_iS\beta_i-S\theta_iS\alpha_iC\beta_i & 0 & C\theta_iC\beta_i-S\theta_iS\alpha_iS\beta_i & 0 \\ -S\theta_iS\beta_i+C\theta_iS\alpha_iC\beta_i & 0 & S\theta_iC\beta_i+C\theta_iS\alpha_iS\beta_i & 0 \\ -C\alpha_iC\beta_i & 0 & -C\alpha_iS\beta_i & 0 \\ 0 & 0 & 0 & 0 \end{bmatrix}。$$

$\boldsymbol{y}_{\text{MDH}}=\,^0\boldsymbol{T}_n(\boldsymbol{\theta},\boldsymbol{a},\boldsymbol{d},\boldsymbol{\alpha},\boldsymbol{\beta})=\,^0\boldsymbol{A}_1(\theta_1,a_1,d_1,\alpha_1,\beta_1)\cdot\,^1\boldsymbol{A}_2(\theta_2,a_2,d_2,\alpha_2,\beta_2)\cdot\,^2\boldsymbol{A}_3(\theta_3,a_3,d_3,\alpha_3,\beta_3)\cdot\cdots\cdot\,^{i-1}\boldsymbol{A}_i(\theta_i,a_i,d_i,\alpha_i,\beta_i)\cdot\cdots\cdot\,^{n-1}\boldsymbol{A}_n(\theta_n,a_n,d_n,\alpha_n,\beta_n)=\boldsymbol{f}(\boldsymbol{x}_{\text{MDH}})$

$$\boldsymbol{J}_{\text{MDH}}=\frac{\mathrm{d}\boldsymbol{y}_{\text{MDH}}}{\mathrm{d}\boldsymbol{x}_{\text{MDH}}}=\left[\frac{\partial\,^0\boldsymbol{A}_1}{\partial\,\boldsymbol{x}_{\text{MDH1}}}\cdot\,^1\boldsymbol{A}_n\right.$$

$(\theta_2,a_2,d_2,\alpha_2,\beta_2;\theta_3,a_3,d_3,\alpha_3,\beta_3;\cdots;\theta_n,a_n,d_n,\alpha_n,\beta_n)$

$$^0\boldsymbol{A}_1\cdot\frac{\partial\,^1\boldsymbol{A}_2}{\partial\,\boldsymbol{x}_{\text{MDH2}}}\cdot\,^2\boldsymbol{A}_n$$

$(\theta_3,a_3,d_3,\alpha_3,\beta_3;\theta_4,a_4,d_4,\alpha_4,\beta_4;\cdots;\theta_n,a_n,d_n,\alpha_n,\beta_n)$

$$^0\boldsymbol{A}_1\cdot\,^1\boldsymbol{A}_2\cdot\frac{\partial\,^2\boldsymbol{A}_3}{\partial\,\boldsymbol{x}_{\text{MDH3}}}\cdot\,^3\boldsymbol{A}_n$$

$(\theta_4,a_4,d_4,\alpha_4,\beta_4;\theta_5,a_5,d_5,\alpha_5,\beta_5;\cdots;\theta_n,a_n,d_n,\alpha_n,\beta_n)$

$$\cdots$$

$^0\boldsymbol{A}_{i-1}(\theta_1,a_1,d_1,\alpha_1,\beta_1;\theta_2,a_2,d_2,\alpha_2,\beta_2;\cdots;\theta_{i-1},a_{i-1},d_{i-1},\alpha_{i-1},\beta_{i-1})\cdot$

$\frac{\partial\,^{i-1}\boldsymbol{A}_i}{\partial\,\boldsymbol{x}_{\text{MDH}i}}\cdot\,^i\boldsymbol{A}_n(\theta_{i+1},a_{i+1},d_{i+1},\alpha_{i+1},\beta_{i+1};\theta_{i+2},a_{i+2},d_{i+2},\alpha_{i+2},\beta_{i+2};\cdots;\theta_n,a_n,$

$d_n, \alpha_n, \beta_n)$

...

$$^0\boldsymbol{A}_{n-1}(\theta_1, a_1, d_1, \alpha_1, \beta_1; \theta_2, a_2, d_2, \alpha_2, \beta_2; \cdots;$$

$$\theta_{n-1}, a_{n-1}, d_{n-1}, \alpha_{n-1}, \beta_{n-1}) \cdot \frac{\partial^{n-1}\boldsymbol{A}_n}{\partial \boldsymbol{x}_{\text{MDH}n}}\Bigg]$$

$$\boldsymbol{J}_{\text{MDH}} = \frac{\text{d}\boldsymbol{y}}{\text{d}\boldsymbol{x}_{\text{MDH}}} = \frac{\partial^0\boldsymbol{A}_1}{\partial \boldsymbol{x}_{\text{MDH}1}} \cdot {}^1\boldsymbol{A}_n(\boldsymbol{x}_{\text{MDH}2}, \boldsymbol{x}_{\text{MDH}3}, \cdots, \boldsymbol{x}_{\text{MDH}n})$$

$$^0\boldsymbol{A}_1(\boldsymbol{x}_{\text{MDH}1}) \cdot \frac{\partial^1\boldsymbol{A}_2}{\partial \boldsymbol{x}_{\text{MDH}2}} \cdot {}^2\boldsymbol{A}_n(\boldsymbol{x}_{\text{MDH}3}, \boldsymbol{x}_{\text{MDH}4}, \cdots, \boldsymbol{x}_{\text{MDH}n})$$

$$^0\boldsymbol{A}_2(\boldsymbol{x}_{\text{MDH}1}, \boldsymbol{x}_{\text{MDH}1}) \cdot \frac{\partial^2\boldsymbol{A}_3}{\partial \boldsymbol{x}_{\text{MDH}3}} \cdot {}^3\boldsymbol{A}_n(\boldsymbol{x}_{\text{MDH}4}, \boldsymbol{x}_{\text{MDH}5}, \cdots, \boldsymbol{x}_{\text{MDH}n})$$

...

$$^0\boldsymbol{A}_{i-1}(\boldsymbol{x}_{\text{MDH}1}, \boldsymbol{x}_{\text{MDH}2}, \cdots, \boldsymbol{x}_{\text{MDH}i-1}) \cdot \frac{\partial^{i-1}\boldsymbol{A}_i}{\partial \boldsymbol{x}_{\text{MDH}i}} \cdot {}^i\boldsymbol{A}_n(\boldsymbol{x}_{\text{MDH}(i+1)}, \boldsymbol{x}_{\text{MDH}(i+2)},$$

$$\cdots, \boldsymbol{x}_{\text{MDH}n})$$

...

$$^0\boldsymbol{A}_{n-1}(\boldsymbol{x}_{\text{MDH}1}, \boldsymbol{x}_{\text{MDH}2}, \cdots, \boldsymbol{x}_{\text{MDH}n-1}) \cdot \frac{\partial^{n-1}\boldsymbol{A}_n}{\partial \boldsymbol{x}_{\text{MDH}n}}\Bigg]$$

$$= \begin{bmatrix} \boldsymbol{J}_{\text{MDH}1} & \boldsymbol{J}_{\text{MDH}2} & \cdots & \boldsymbol{J}_{\text{MDH}i} & \cdots & \boldsymbol{J}_{\text{MDH}n} \end{bmatrix}_{6 \times 5n}$$

式中，$\boldsymbol{J}_{\text{MDH}i} = {}^0\boldsymbol{A}_{i-1}(\boldsymbol{x}_{\text{MDH}1}, \boldsymbol{x}_{\text{MDH}2}, \cdots, \boldsymbol{x}_{\text{MDH}i-1}) \cdot \frac{\partial^{i-1}\boldsymbol{A}_i}{\partial \boldsymbol{x}_{\text{MDH}i}} \cdot {}^i\boldsymbol{A}_n$

$(\boldsymbol{x}_{\text{MDH}(i+1)}, \boldsymbol{x}_{\text{MDH}(i+2)}, \cdots, \boldsymbol{x}_{\text{MDH}n}), i = 1, 2, 3, \cdots, n.$

由上述過程即可得五參數 MDH 模型下機構參數微小變化量 $\delta\boldsymbol{x}_{\text{MDH}}$ 與末端操作器微小變化量 $\delta\boldsymbol{y}_{\text{MDH}}$ 之間線性關係 $\delta\boldsymbol{y}_{\text{MDH}} = \boldsymbol{J}_{\text{MDH}} \cdot \delta\boldsymbol{x}_{\text{MDH}}$ 與末端操作器微小變化量的雅克比矩陣 $\boldsymbol{J}_{\text{MDH}}$，即有：

$$\delta\boldsymbol{y}_{\text{MDH}} = \boldsymbol{J}_{\text{MDH}}\delta\boldsymbol{x}_{\text{MDH}}$$

$$= \begin{bmatrix} \boldsymbol{J}_{\text{MDH}1} & \boldsymbol{J}_{\text{MDH}2} & \cdots & \boldsymbol{J}_{\text{MDH}i} & \cdots & \boldsymbol{J}_{\text{MDH}n} \end{bmatrix}_{6 \times 5n} \cdot \begin{bmatrix} \delta\boldsymbol{x}_{\text{MDH}1, (5 \times 1)} \\ \delta\boldsymbol{x}_{\text{MDH}2, (5 \times 1)} \\ \vdots \\ \delta\boldsymbol{x}_{\text{MDH}i, (5 \times 1)} \\ \vdots \\ \delta\boldsymbol{x}_{\text{MDH}n, (5 \times 1)} \end{bmatrix}_{5n \times 1}$$

(4-107)

則由廣義偽逆陣理論可得由末端操作器（或機器人操作臂末端機械介面）位

姿偏差反求機構的 MDH 參數偏差（誤差）的最小二乘解計算公式為：

$$\delta \boldsymbol{x}_{MDH} = \boldsymbol{J}_{MDH}^{+} \delta \boldsymbol{y}_{MDH} \tag{4-108}$$

當給定末端操作器作業位姿精度要求時可由上式計算出允許機器人機構的各 MDH 參數的許用偏差量。

## 4.5.2　機器人機構精度設計及測量

### （1）機構 MDH 參數精度設計準則

根據末端操作器作業位姿精度要求，可由式(4-108) 計算出給定作業位姿精度要求下各個 MDH 參數偏差量。但是，需要注意的是：用於精度與偏差之間換算的雅克比矩陣 $\boldsymbol{J}_{MDH}$ 是作業過程中機器人機構構形參數的函數，也即隨著構形變化，雅克比矩陣中各個元素的值是變化的，按照末端操作器微小變化量 $\delta \boldsymbol{y}_{MDH}$ 求得的 MDH 參數 $\delta \boldsymbol{x}_{MDH}$ 也會是變化的。假設：末端位姿精度上界為：$\| \delta \boldsymbol{y}_{MDH} \| \leqslant \| \delta_{max} \|$，則機器人機構總的位姿精度的大小對機構 MDH 參數總大小的限製條件為：

$$\| \delta \boldsymbol{x}_{MDH} \| = \| \boldsymbol{J}_{MDH}^{+} \delta \boldsymbol{y}_{MDH} \| \leqslant \| \boldsymbol{J}_{MDH}^{+} \| \cdot \| \delta \boldsymbol{y}_{MDH} \| \leqslant \| \boldsymbol{J}_{MDH}^{+} \| \cdot \| \boldsymbol{\delta}_{max} \| \tag{4-109}$$

又 $\delta \boldsymbol{y}_{MDH} = \sum_{i=1}^{n} (\boldsymbol{J}_{MDHi} \delta \boldsymbol{x}_{MDHi})$，令 $\delta \boldsymbol{y}_{MDHi} = \boldsymbol{J}_{MDHi} \delta \boldsymbol{x}_{MDHi}$，則：$\delta \boldsymbol{x}_{MDHi} = \boldsymbol{J}_{MDHi}^{+} \delta \boldsymbol{y}_{MDH}$。

對第 $i$ 個關節機構 MDH 參數誤差限製為：

$$\| \delta \boldsymbol{x}_{MDHi} \| = \| \boldsymbol{J}_{MDHi}^{+} \delta \boldsymbol{y}_{MDH} \| \leqslant \| \boldsymbol{J}_{MDHi}^{+} \| \cdot \| \delta \boldsymbol{y}_{MDH} \| \leqslant \| \boldsymbol{J}_{MDHi}^{+} \| \cdot \| \boldsymbol{\delta}_{max} \| \tag{4-110}$$

以上式中的 $\| \cdot \|$ 表示矩陣或矢量的範數。

顯然，不等式(4-109)、式(4-110) 給出了在末端操作器作業位姿精度給定的情況下機構 MDH 參數精度設計上限的設計準則。由於 $\{\theta_i, a_i, d_i, \alpha_i, \beta_i\}$ 五參數 MDH 模型中已包括關節運動參數 $\theta_i$，所以，對機器人關節運動位置控制精度也提出了精度要求。

### （2）關於機構構型參數與機構運動參數精度設計的均衡性問題

在精度設計上，可以根據機械精度與運動控制精度進行均衡性調節。如果在設計、製造、裝配等機械設計與製造過程中難以保證分擔的機械精度要求（即機構構型參數精度要求），而運動控制精度設計（即機構 MDH 參數中的運動參數精度設計）尚有提升空間，則可以透過提高運動參數精度（即透過更為精確的運動控制的辦法提高精度）來彌補機械精度難以提高的不足。但是，這只適用於精度設計階段，對於機器人機械系統設計製造已經完成的機構，如果設計製造的機

器人機械精度已經不足，想要透過提高運動控制精度的辦法來彌補機械精度不足已經是不可能的事情了。

（3）用於工業機器人性能指標檢測的方法和儀器工具

包括光學攝影系統、超音波感測器、雷射追蹤系統、光學經緯儀、電纜電位計、三座標測量機、機械隨動系統等。測試性能指標的種類有位姿特性、軌跡特性、相對測量、絕對測量、重複性、準確度、解析度、有效載荷、速度特性等。

絕對測量是指利用測量儀系統對被測機器人進行標定，在建立測試座標系與機器人基座標系之間的座標變換矩陣的基礎上對機器人操作臂的精度進行測量和換算的方法，是以測量儀系統本身的高精度為參考的。

（4）機器人末端三維空間軌跡特性評價的最小二乘求解法

在 ISO、ANSI/RIA、GB 標準中，對工業機器人名詞術語、性能規範、測試方法等都有相應的標準，海內外也有一些關於各類標準中諸如對機器人位置重複性特性的對比測試後的評價結果的研究性文獻。機器人位姿特性的規範已經相當完善。而仍處於研究的主要是機器人末端軌跡特性的評價問題。自 1990 年代哈爾濱工業大學機器人所蔡鶴皋教授（工程院院士）研究團隊針對 GB/T 12642—1990 用平均值求實際軌跡的位姿中心不合理的問題，對機器人末端的空間直線軌跡、圓弧軌跡，分別用測量點與最小二乘直線、最小二乘圓弧的最大偏差來表示位置準確度，將圓弧位置重複性分為圓弧平面度偏差、圓度偏差來評價，從而提出了完整評價工業機器人任意空間軌跡特性的最小二乘曲線求解算法，而對於軌跡的姿態特性，即軌跡姿態準確度和軌跡重複性的概念和計算方法均與 GB/T 12642—1990 相同[1,2]。

無論是空間直線軌跡、圓弧軌跡，還是任意曲線軌跡特性的評價，透過測量儀器對測量點集求解最小二乘軌跡曲線即測點軌跡集的中心軌跡曲線，並定義、計算各項偏差指標，都是評測三維空間軌跡特性的有效方法。

# 4.6 工業機器人操作臂控制系統設計的現代數學基礎

## 4.6.1 現代控制理論基礎

用傳遞函數表達被控對象數學模型（即機械、力學、電磁學等物理模型的數學表達）和控制器構成的控制系統並進行控制系統分析與設計，這些內容屬於經

典控制理論基礎。此外，控制理論發展到今天，以狀態空間來表達系統模型為基礎進行控制系統分析與設計的控制理論則稱為現代控制理論。

（1）系統的狀態空間模型與穩定性

① 系統的狀態空間表示法　用傳遞函數來表達被控對象數學模型和控制器的這種數學描述只關注輸入輸出間的關係，而不去考慮系統內部訊號如何變化和起什麼作用、有什麼影響等問題，訊號初始值都是零，所以沒能考慮初值問題。為了解決這些問題，不只考慮系統輸入與輸出之間的關係，系統內部狀態也加以考慮的表達方式即是系統狀態空間表示法。

系統狀態是指表示系統的一組變量，只要知道這組變量的當前值情況、輸入訊號和描述系統動態特性的方程，就能完全確定系統未來的狀態和輸出響應。

系統的狀態空間表示法首先需要明確用來描述系統的狀態變量，即用來表達系統內部狀態訊號的變量，用 $x(t)$ 來表示狀態變量。狀態變量不一定必須是實際物理意義上的變量，但是實際物理意義上的物理量（如位置、速度、電荷、電流、水位、壓力、溫度等物理量）多被用來作為系統的狀態變量。系統的狀態空間表示法就是用含有狀態變量 $x(t)$、系統輸入 $u(t)$ 的一階微分方程式即狀態方程和用代數方程描述的輸出方程來描述系統數學模型的表示方法。圖 4-28 所示的輸入輸出系統的具體狀態方程表達形式如下。

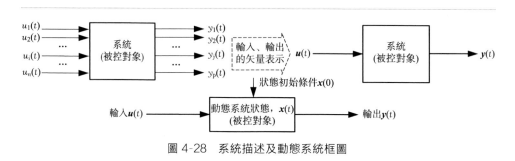

圖 4-28　系統描述及動態系統框圖

設 $x(t)$、$u(t)$、$y(t)$ 分別為系統狀態變量、系統輸入變量和系統輸出變量，則系統的狀態空間表示法如下。

狀態方程：　　　　　　　　　$\dot{x}(t) = Ax(t) + Bu(t)$　　　　　　　　　（4-111）

輸出方程：　　　　　　　　　$y(t) = Cx(t) + Du(t)$　　　　　　　　　（4-112）

式中，$x(t)$ 為 $n$ 階系統的 $n \times 1$ 維狀態矢量，$x(t) = [x_1, x_2, \cdots, x_i, \cdots, x_n]^T$；

$u(t)$ 為系統的 $m \times 1$ 維輸入矢量，$u(t) = [u_1, u_2, \cdots, u_j, \cdots, u_m]^T$；

$y(t)$ 為系統的 $p \times 1$ 維輸出矢量（也稱控制量），$y(t) = [y_1, y_2, \cdots, y_k, \cdots, y_p]^T$；

$A$ 為系統的矩陣（$n \times n$）；$B$ 為系統的輸入矩陣（$n \times m$）；$C$ 為系統的輸出矩陣（$p \times n$）；$D$ 為系統的輸入輸出間直接耦合矩陣（$p \times m$）。

當 $A$ 為 $n \times n$ 矩陣、$B$ 為 $n \times 1$ 矢量、$C$ 為 $1 \times n$ 矢量、$D$ 為 $1 \times 1$ 的比例係數時，$1 \times 1$ 的操作量 $u(t)$〔即一個標量 $u(t)$〕與 $1 \times 1$ 的控制量 $y(t)$〔即一個標量 $y(t)$〕之間成比例關係，這樣的系統稱為 1 輸入 1 輸出系統，也即單輸入單輸出系統。相應地，當操作量 $u(t)$ 和控制量 $y(t)$ 分別有多個操作量標量 $y_i(t)$（即 $1 < i \leqslant n$ 且 $n > 1$，$i = 2, \cdots\cdots, n$）、多個控制量 $y_j(t)$（即 $1 < j \leqslant p$ 且 $p > 1$，$j = 2, \cdots\cdots, p$）的系統稱為多輸入多輸出系統。不管單輸入單輸出系統還是多輸入多輸出系統，其狀態空間表示的處理方法都是相同的。

② 狀態空間與傳遞函數間的關係　設狀態初始條件為 $x(0) = 0$，則分別對狀態方程 $\dot{x}(t) = Ax(t) + Bu(t)$、輸出方程 $y(t) = Cx(t) + Du(t)$ 取拉普拉斯變換得：$X(s)s = AX(s) + BU(s)$；$Y(s) = CX(s) + DU(s)$，按如下整理此兩式：

$$X(s)s = AX(s) + BU(s) \rightarrow X(s)(sI - A) = BU(s) \rightarrow X(s) = (sI - A)^{-1}BU(s)$$

$$Y(s) = CX(s) + DU(s) \rightarrow Y(s) = C(sI - A)^{-1}BU(s) + DU(s) \rightarrow Y(s)$$

$$= \{C(sI - A)^{-1}B + D\}U(s)$$

則，系統傳遞函數 $P(s)$ 為：

$$P(s) = Y(s)/U(s) = \{C(sI - A)^{-1}B + D\}U(s)/U(s) = C(sI - A)^{-1}B + D$$

③ 穩定性　顯然，由 $P(s) = Y(s)/U(s) = C(sI - A)^{-1}B + D$ 可知，$n \times n$ 矩陣 $A$ 的固有值，即特徵方程 $|pI - A| = 0$ 的特徵根 $p_i (i = 1, 2, \cdots, n)$ 等於傳遞函數 $P(s)$ 的極點。由此，可得狀態空間表示法表示的系統的穩定性條件（充分必要條件）為：

若矩陣 $A$ 的固有值 $p_i (i = 1, 2, \cdots, n)$ 的實部全為負，則由狀態方程 $\dot{x}(t) = Ax(t) + Bu(t)$、輸出方程 $y(t) = Cx(t) + Du(t)$ 表示的系統有且只有是穩定的。

（2）狀態方程的解與狀態遷移矩陣

① 狀態方程的解　當 $u(t) = 0$ 即系統為零輸入系統時，狀態方程 $\dot{x}(t) = Ax(t) + Bu(t) = Ax(t)$。設狀態初始條件為 $x(0)$，求系統狀態方程 $\dot{x}(t) = Ax(t)$ 的解。

$$\int [1/x(t)] \, dx(t) = \int A \, dt \rightarrow \ln x(t) = At + C_1 \rightarrow x(t) = e^{At}C_2, \quad 當 \ t = 0 \ 時，x(t) = x(0) = C_2$$。所以，系統狀態方程 $\dot{x}(t) = Ax(t)$ 的通解為：$x(t) = e^{At}x(0)$。

將 $e^{At}$ 稱為遷移矩陣。按照泰勒展開可以將此遷移矩陣展開為無窮級數的形式，由 $d/dt(e^{At}) = Ae^{At}$，得：

$$e^{At} = I + tA + \frac{t^2}{2!}A^2 + \frac{t^3}{3!}A^3 + \cdots + \frac{t^k}{k!}A^k + \cdots$$

狀態方程 $\dot{x}(t)=Ax(t)+Bu(t)$ 的通解為：

$$x(t)=e^{At}x(0)+\int_0^t e^{A(t-\tau)}Bu(\tau)\mathrm{d}\tau。 \tag{4-113}$$

② 狀態遷移矩陣的計算　顯然，狀態方程 $\dot{x}(t)=Ax(t)$ 的通解 $x(t)=e^{At}x(0)$、狀態方程 $\dot{x}(t)=Ax(t)+Bu(t)$ 的通解 $x(t)=e^{At}x(0)+\int_0^t e^{A(t-\tau)}Bu(\tau)\mathrm{d}\tau$ 很大程度上取決於遷移矩陣 $e^{At}$。因為 $e^{At}$ 的泰勒展開為無窮級數，按此展開式來計算遷移矩陣是比較困難的。多數情況下用拉普拉斯變換來計算，對狀態方程 $\dot{x}(t)=Ax(t)$ 考慮其狀態初始值為 $x(0)$ 的情況下，應用拉普拉斯變換有：

$$sX(s)-x(0)=AX(s) \rightarrow X(s)(sI-A)=x(0) \rightarrow X(s)=(sI-A)^{-1}x(0)$$

對 $X(s)=(sI-A)^{-1}x(0)$ 取拉普拉斯逆變換有：$x(t)=\mathcal{L}^{-1}[X(s)]=\mathcal{L}^{-1}[(sI-A)^{-1}]x(0)$，而狀態方程 $\dot{x}(t)=Ax(t)$ 的通解為 $x(t)=e^{At}x(0)$。所以有：$x(t)=\mathcal{L}^{-1}[X(s)]=\mathcal{L}^{-1}[(sI-A)^{-1}]x(0)=e^{At}x(0)$。則得利用拉普拉斯逆變換計算遷移矩陣的計算公式為：

$$e^{At}=\mathcal{L}^{-1}[(sI-A)^{-1}] \tag{4-114}$$

由上述計算出 $A$ 的固有值的實部都為負時，零輸入系統 [即 $u(t)=0$ 的系統] $\dot{x}(t)=Ax(t)$ 對於任意初始狀態 $x(0)$，當 $t\rightarrow\infty$ 時 $x(t)\rightarrow0$，則系統是在振盪中趨於穩定的，即 $t\rightarrow\infty$，$x(t)\rightarrow0$ 時，系統是漸進穩定的。

(3) 控制系統設計

① 可控性（也稱能控性）　控制的目的和過程就是指對於一個被控對象系統，透過不斷調整操作量 $u(t)$，使被控對象的狀態 $x(t)$ 從其初始值 $x(t_0)$ 達到任意目標值 $x^d(t)$ 的狀態不斷遷移的過程。問題歸結到：系統是否存在這樣的操作量 $u(t)$，使得系統由初始狀態 $x(t_0)$ 到達任意目標狀態 $x^d(t)$。因此，也就有了可控性的概念。

可控性（也稱能控性）：是指對於用狀態方程 $\dot{x}(t)=Ax(t)+Bu(t)$、輸出方程 $y(t)=Cx(t)+Du(t)$ 表達的被控對象系統，存在著能夠使系統狀態遷移到任意目標狀態 $x(t)$ 的操作量 $u(t)$，則稱該系統是可控的。

單輸入輸出系統是否可控的檢驗條件：對於用狀態方程 $\dot{x}(t)=Ax(t)+Bu(t)$、輸出方程 $y(t)=Cx(t)+Du(t)$ 表達的被控對象系統，令可控性矩陣 $P_c=[B \quad AB \quad \cdots \quad A^{n-1}B]$，若可控性矩陣 $P_c$ 是正則矩陣（即 $|P_c|\neq0$），也即可控矩陣 $P_c$ 為滿秩陣（即 $\mathrm{rank}P_c=n$），則該系統是可控的。

關於系統可控性的理解和認識的討論：由系統狀態方程的定義 $\dot{x}(t)=Ax(t)+Bu(t)$ 及系統可控性的定義可知，系統可控性是指對於給定的被控系統的

狀態方程關係式，要找出一個可以使狀態變量 $x(t)$ 按照給定的目標值變化的操作量 $u(t)$，該 $u(t)$ 當然必須滿足狀態方程關係式，因此，可控性的問題也就等價於已知狀態方程關係式 $\dot{x}(t)=Ax(t)+Bu(t)$ 和狀態變量 $x(t)$ 目標值，如何求出方程中的操作量 $u(t)$ 的解的問題，即由 $\dot{x}(t)=Ax(t)+Bu(t) \rightarrow u(t)=B^{-1}[\dot{x}(t)-Ax(t)]=B^{-1}\dot{x}(t)-B^{-1}Ax(t)$。這裡，暫且假設 $B$ 為方陣（實際不一定，可能為非方陣，可用偽逆陣表示）。$u(t)=B^{-1}\dot{x}(t)-B^{-1}Ax(t)$ 說明操作量 $u(t)$ 的解由狀態變量 $x(t)$ 目標值、狀態變量隨著時間的變化量 $\dot{x}(t)$ 兩部分影響之和組成。顯然，若想系統狀態方程存在操作量 $u(t)$ 的解，方程必須滿足：$|B| \neq 0$，$|(B^{-1}A)^{-1}| \neq 0$（即 $|A^{-1}B| \neq 0$）。這兩個條件合成在一起就是：可控性矩陣 $P_c$ 的正則性。

② 可觀測性（也稱能觀性）　現代控制理論是以狀態空間來表達系統模型為基礎進行控制系統分析與設計的控制理論。控制器的設計是以被控對象系統的狀態空間描述為基礎的，狀態變量 $x(t)$ 通常被用來作為回饋量來使用。把狀態變量 $x(t)$ 回饋給控制系統通常都是由感測器來實現的，也就是透過感測器來檢測狀態變量 $x(t)$ 的當前值 $x_i(t)(i=1,2,\cdots,n)$。但是，如果無法用感測器直接檢測出狀態變量 $x(t)$ 的所有值，則必須想盡辦法去推測狀態變量的值。顯然，如果被控對象系統的輸出量 $y(t)$ 可以檢測出來，則可以根據被檢測出來的系統輸出量 $y(t)$ 以及系統的操作量 $u(t)$ 來推測系統的狀態量 $x(t)$。

可觀測性（也稱能觀性）：對於用狀態方程 $\dot{x}(t)=Ax(t)+Bu(t)$、輸出方程 $y(t)=Cx(t)+Du(t)$ 表達的被控對象系統，如果能夠根據被檢測出來的系統輸出量 $y(t)$ 以及系統的操作量 $u(t)$ 來正確推測得知系統的狀態量 $x(t)$，則稱為系統是可觀測的。

觀測量：可觀測系統中，被檢測出的系統輸出量 $y(t)$ 就稱為觀測量。

單輸入輸出系統是否可觀測的檢驗條件：對於用狀態方程 $\dot{x}(t)=Ax(t)+Bu(t)$、輸出方程 $y(t)=Cx(t)+Du(t)$ 表達的被控對象系統，令可觀測矩陣 $P_o=[C \quad CA \quad \cdots \quad CA^{n-1}]^T$，若可觀測矩陣 $P_o$ 是正則矩陣（即 $|P_o| \neq 0$），也即可觀測性矩陣 $P_o$ 為滿秩陣（即 $\text{rank}P_o=n$），則該系統是可觀測的。

關於系統可觀測性的理解和認識的討論：由系統狀態方程 $y(t)=Cx(t)+Du(t)$ 的定義及系統可觀測性的定義可知，系統可觀測性是指對於給定的被控系統的狀態方程關係式，要找出一個可以由系統輸出量 $y(t)$ 和操作量 $u(t)$ 可以推測出來的系統狀態變量 $x(t)$，該 $x(t)$ 當然必須滿足系統輸出方程關係式，因此，可觀測性的問題也就等價於已知系統輸出方程關係式 $y(t)=Cx(t)+Du(t)$ 和輸出量 $y(t)$、操作量 $u(t)$，如何求出方程中的狀態變量 $x(t)$ 的解的問題，

即由 $y(t)=Cx(t)+Du(t) \rightarrow x(t)=C^{-1}[y(t)-Du(t)]=C^{-1}y(t)-C^{-1}Du$ $(t)$。這裡，暫且假設 $C$ 為方陣（實際不一定，可能為非方陣，可用偽逆陣表示）。$x(t)=C^{-1}y(t)-C^{-1}Du(t)$ 說明狀態變量 $x(t)$ 的解由系統輸出量 $y(t)$、操作量 $u(t)$ 兩部分影響之和組成。顯然，若想輸出方程存在狀態變量 $x(t)$ 的解，必須有：$|C|\neq0,|(C^{-1}D)^{-1}|\neq0$（即 $|D^{-1}C|\neq0$）。這兩個條件合成在一起就是：可觀測性矩陣 $P_o$ 的正則性。

③ 狀態回饋（也稱狀態變量回饋）　狀態回饋控制也稱狀態變量回饋控制。

設 $x(t)$ 為 $n$ 階系統的 $n\times1$ 維狀態矢量，$x(t)=[x_1,x_2,\cdots,x_i,\cdots,x_n]^T$；$u(t)$ 為系統的 $m\times1$ 維輸入矢量，$u(t)=[u_1,u_2,\cdots,u_j,\cdots,u_m]^T$；$y(t)$ 為系統的 $p\times1$ 維輸出矢量，$y(t)=[y_1,y_2,\cdots,y_k,\cdots,y_p]^T$；$A$ 為系統的矩陣（$n\times n$）；$B$ 為系統的輸入矩陣（$n\times m$）；$C$ 為系統的輸出矩陣（$p\times n$）；$D$ 為系統的輸入輸出間直接耦合矩陣（$p\times m$）。用狀態方程 $\dot{x}(t)=Ax(t)+Bu(t)$、輸出方程 $y(t)=Cx(t)+Du(t)$ 表達的被控對象系統，假設無論是用感測器直接檢測狀態量還是透過系統輸出量 $y(t)$ 和操作量 $u(t)$ 來獲得觀測量等方法，都可以利用狀態變量 $x(t)$ 對控制系統進行回饋控制，則控制器可以設計成如下式所示的形式，也即控制律為：

$$u(t)=Kx(t)+Hr \tag{4-115}$$

式中，$K$ 為 $m\times n$ 狀態回饋增益矩陣，對於非線性系統進行線性化之後，$K$ 通常為主對角線上元素不為零的係數矩陣；$H$ 為 $m\times n$ 的比例係數矩陣（主對角線上元素不為零，其餘元素為零），稱為前饋增益比例係數矩陣；$r$ 為 $n\times1$ 作為目標值的參考輸入矢量。

顯然，控制器 $u(t)=Kx(t)+Hr$ 由前饋控制 $Hr$ 和狀態回饋 $Kx(t)$ 兩部分組成。

對於單輸入單輸出系統 $\dot{x}(t)=Ax(t)+Bu(t)$、$y(t)=Cx(t)$：設 $r$ 為控制器的參考輸入，也即被控對象系統狀態變量的目標值，為給定值標量；$u(t)$ 為被控對象系統的輸入，為 $1\times1$ 的標量變量；狀態量 $x(t)$ 為 $n\times1$ 矢量；$K$ 為 $1\times n$ 的矢量；$H$ 為一比例係數；且 $D=0$），其含有狀態回饋的控制系統框圖如圖 4-29 所示。

關於輸入與輸出的定義：如同電腦軟硬體系統中對輸入輸出的約定一樣，控制系統的輸入輸出的定義也是相對於系統模塊的，即對於被控對象系統模塊而言，系統輸入為 $u(t)$，系統輸出為 $y(t)$；而對於控制器模塊而言，控制器的輸入為參考值，控制器的輸出為操作量 $u(t)$，而控制器的輸出，對於被控對象而言，又是被控對象的輸入 $u(t)$。因此，言輸入輸出之前必言是誰的輸入輸出，以免混淆不清！

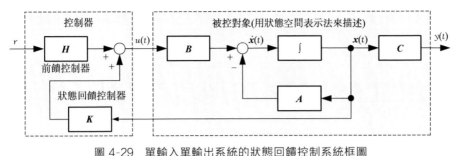

圖 4-29　單輸入單輸出系統的狀態回饋控制系統框圖

④ 極點配置　可用極點配置法設計狀態回饋控制器增益 $K$。極點配置就是將 $A+BK$ 矩陣的固有值 $p_1$，$p_2$，$\cdots$，$p_n$ 根據極點與過渡特性的關係適當地選擇為 $p_1^*$，$p_2^*$，$\cdots$，$p_n^*$。對於單輸入單輸出系統可用 Ackermann 公式來方便地確定狀態回饋控制器的增益矩陣 $K$。Ackermann 公式指出：若回饋訊號為 $u(t) = -Kx(t)$。其中，$K = \mathrm{diag}[k_1 k_2 \cdots k_n]$，則閉環系統的預期特徵方程為：

$$q(s) = s^n + a_1 s^{n-1} + a_2 s^{n-2} + \cdots + a_n \tag{4-116}$$

則，狀態回饋的增益矩陣 $K$ 可以寫成：

$$K = \begin{bmatrix} 0 & 0 & \cdots & 1 \end{bmatrix} P_c^{-1} q(A) \tag{4-117}$$

式中，$q(A) = A^n + a_1 A^{n-1} + a_2 A^{n-2} + \cdots + a_{n-1} A + a_n I$；$P_c$ 為系統的可控性矩陣，為 $P_c = \begin{bmatrix} B & AB & \cdots & A^{n-1} B \end{bmatrix}$。

⑤ 最優控制（最優調節器）　簡單而言，最優控制系統就是以控制系統綜合評價函數的最佳化為控制器設計目標的控制系統。自動控制系統設計的目的是用物理部件來實現具有預期操作性能的系統，通常用時域指標來描述系統的預期性能，如階躍響應的最大超調量和上升時間等都可作為控制系統的時域指標，把系統的設計確定為系統的綜合性能指標最小化設計，經過校正並達到了最小性能指標的系統稱為最優控制系統。這裡僅以由狀態變量描述的最優控制系統設計問題為例，其中，控制訊號 $u(t)$ 由系統狀態變量的測量值構成。設 $x(t)$、$u(t)$、$t_f$ 分別為系統狀態變量矢量、系統輸入矢量、終止時間，則一般情況下，控制系統的綜合性能指標 $J$ 可以定義為：

$$J = \int_0^{t_f} g(x, u, t) \mathrm{d}t \tag{4-118}$$

最優調節器：是指根據使評價函數（criterion function）最小化的狀態回饋來決定最優控制輸入（optimal control input）的設計方法。設可控的線性時不變系統用狀態空間表示法 $\dot{x}(t) = Ax(t) + Bu(t)$、$y(t) = Cx(t) + Du(t)$ 來描述。其中，$x(t) \in R^n$、$u(t) \in R^m$，則可以用線性狀態回饋控制律作為評價函數最小

化的控制律，評價函數定義為如下 2 次形（quadratic form）的形式：

$$J = \int_0^{t_f} \left[ \boldsymbol{x}^{\mathrm{T}}(t)\boldsymbol{Q}\boldsymbol{x}(t) + \boldsymbol{u}^{\mathrm{T}}(t)\boldsymbol{R}\boldsymbol{u}(t) \right]\mathrm{d}t \qquad (4\text{-}119)$$

式中，$\boldsymbol{Q}$、$\boldsymbol{R}$ 分別為 $n \times n$ 非負定且對稱的加權矩陣和 $m \times m$ 正定且對稱的控制輸入加權矩陣。

當終止時間 $t_f \rightarrow \infty$ 時，有：

$$J = \int_0^{\infty} \left[ \boldsymbol{x}^{\mathrm{T}}(t)\boldsymbol{Q}\boldsymbol{x}(t) + \boldsymbol{u}^{\mathrm{T}}(t)\boldsymbol{R}\boldsymbol{u}(t) \right]\mathrm{d}t$$

設使 $J$ 最小的最優控制輸入 $\boldsymbol{u}(t)$ 為：

$$\boldsymbol{u}(t) = -\boldsymbol{K}\boldsymbol{x}(t)$$

式中，$\boldsymbol{K} = \boldsymbol{R}^{-1}\boldsymbol{B}^{\mathrm{T}}\boldsymbol{P}$；$\boldsymbol{P}$ 為滿足 Riccati 代數方程（Riccati Algebraic Equation）的唯一正定對稱矩陣解（即 $\boldsymbol{P} = \boldsymbol{P}^{\mathrm{T}} > 0$），可由如下所示的 Riccati 代數方程求得：

$$\boldsymbol{P}\boldsymbol{A} + \boldsymbol{A}^{\mathrm{T}}\boldsymbol{P} - \boldsymbol{P}\boldsymbol{B}\boldsymbol{R}^{-1}\boldsymbol{B}^{\mathrm{T}}\boldsymbol{P} + \boldsymbol{Q} = \boldsymbol{0} \qquad (4\text{-}120)$$

（4）伺服系統設計

① 軌跡追蹤控制　設被控對象系統的控制量為 $\boldsymbol{y}(t)$，控制器的參考輸入即控制量的目標值為 $\boldsymbol{r}$，則控制系統設計的目的就是讓控制量 $\boldsymbol{y}(t)$ 追從既定的控制目標值 $\boldsymbol{r}$，理想的情況下即理想的控制結果為 $\boldsymbol{y}(t)$ 無偏差地追從目標值 $\boldsymbol{r}$ ［理想情況下 $\boldsymbol{e}(t) = \boldsymbol{r} - \boldsymbol{y}(t) = 0$］。假設為使被控對象的系統輸出 $\boldsymbol{y}(t)$ 無偏差地追從目標值 $\boldsymbol{r}$，採用回饋控制律設計的控制器為：$\boldsymbol{u}(t) = \boldsymbol{K}\boldsymbol{x}(t) + \boldsymbol{H}\boldsymbol{r}$。接下來的問題是如何設計狀態回饋控制增益矩陣 $\boldsymbol{K}$ 和前饋控制增益矩陣 $\boldsymbol{H}$。

設使控制量 $\boldsymbol{y}(t)$ 為目標值 $\boldsymbol{r}$ 的狀態變量 $\boldsymbol{x}(t)$、操作量 $\boldsymbol{u}(t)$ 的定常值 $\boldsymbol{x}_\infty$、$\boldsymbol{u}_\infty$ 在 $\boldsymbol{D} = \boldsymbol{0}$ 時由下式決定：

$$\begin{cases} \dot{\boldsymbol{x}}(t \rightarrow \infty) = \dot{\boldsymbol{x}}_\infty = \boldsymbol{A}\boldsymbol{x}_\infty + \boldsymbol{B}\boldsymbol{u}_\infty = \boldsymbol{0} \\ \boldsymbol{r} = \boldsymbol{C}\boldsymbol{x}_\infty \end{cases} \rightarrow \begin{bmatrix} \boldsymbol{A} & \boldsymbol{B} \\ \boldsymbol{C} & \boldsymbol{0} \end{bmatrix}\begin{bmatrix} \boldsymbol{x}_\infty \\ \boldsymbol{u}_\infty \end{bmatrix} = \begin{bmatrix} \boldsymbol{0} \\ \boldsymbol{r} \end{bmatrix} \rightarrow \begin{bmatrix} \boldsymbol{x}_\infty \\ \boldsymbol{u}_\infty \end{bmatrix} =$$

$$\begin{bmatrix} \boldsymbol{A} & \boldsymbol{B} \\ \boldsymbol{C} & \boldsymbol{0} \end{bmatrix}^{-1}\begin{bmatrix} \boldsymbol{0} \\ \boldsymbol{r} \end{bmatrix}$$

設 $\tilde{\boldsymbol{x}} = \boldsymbol{x}(t) - \boldsymbol{x}_\infty$；$\tilde{\boldsymbol{u}} = \boldsymbol{u}(t) - \boldsymbol{u}_\infty$，則有

$$\dot{\tilde{\boldsymbol{x}}} = \dot{\boldsymbol{x}}(t) - \dot{\boldsymbol{x}}_\infty = \boldsymbol{A}\boldsymbol{x}(t) + \boldsymbol{B}\boldsymbol{u}(t) - \boldsymbol{A}\boldsymbol{x}_\infty - \boldsymbol{B}\boldsymbol{u}_\infty = \boldsymbol{A}\tilde{\boldsymbol{x}}(t) + \boldsymbol{B}\tilde{\boldsymbol{u}}(t)$$

控制目標是當 $t \rightarrow \infty$ 時，$\boldsymbol{e}(t) = \boldsymbol{r} - \boldsymbol{y}(t) = \boldsymbol{C}\boldsymbol{x}_\infty - \boldsymbol{C}\boldsymbol{x}(t) = -\boldsymbol{C}\tilde{\boldsymbol{x}}(t) \rightarrow \boldsymbol{0}$，所以，按照極點配置法和最優調節器控制理論為 $\dot{\tilde{\boldsymbol{x}}} = \boldsymbol{A}\tilde{\boldsymbol{x}}(t) + \boldsymbol{B}\tilde{\boldsymbol{u}}(t)$ 設計狀態回饋控制器 $\tilde{\boldsymbol{u}}(t) = \boldsymbol{K}\tilde{\boldsymbol{x}}(t)$ 使 $t \rightarrow \infty$ 時 $\tilde{\boldsymbol{x}}(t) \rightarrow \boldsymbol{0}$ 即可。由 $\tilde{\boldsymbol{u}}(t) = \boldsymbol{K}\tilde{\boldsymbol{x}}(t)$ 可得：$\tilde{\boldsymbol{u}}(t) = \boldsymbol{u}(t) - \boldsymbol{u}_\infty = \boldsymbol{K}\tilde{\boldsymbol{x}}(t) = \boldsymbol{K}[\boldsymbol{x}(t) - \boldsymbol{x}_\infty] \rightarrow \boldsymbol{u}(t) = \boldsymbol{K}\tilde{\boldsymbol{x}}(t) = \boldsymbol{K}[\boldsymbol{x}(t) - \boldsymbol{x}_\infty] + \boldsymbol{u}_\infty$，因為採用回

饋控制律設計的控制器為：$u(t)=Kx(t)+Hr$，則有：

$$u(t)=Kx(t)-Kx_\infty+u_\infty=Kx(t)+\begin{bmatrix}-K & 1\end{bmatrix}\cdot\begin{bmatrix}x_\infty\\u_\infty\end{bmatrix}$$

$$=Kx(t)+Hr\rightarrow\begin{bmatrix}-K & 1\end{bmatrix}\cdot\begin{bmatrix}x_\infty\\u_\infty\end{bmatrix}=Hr$$

又因為：$\begin{bmatrix}x_\infty\\u_\infty\end{bmatrix}=\begin{bmatrix}A & B\\C & 0\end{bmatrix}^{-1}\begin{bmatrix}0\\r\end{bmatrix}$，則有：$\begin{bmatrix}-K & 1\end{bmatrix}\cdot\begin{bmatrix}x_\infty\\u_\infty\end{bmatrix}=\begin{bmatrix}-K & 1\end{bmatrix}\cdot$

$\begin{bmatrix}A & B\\C & 0\end{bmatrix}^{-1}\begin{bmatrix}0\\1\end{bmatrix}r=Hr$，因此得：

$$H=\begin{bmatrix}-K & 1\end{bmatrix}\cdot\begin{bmatrix}A & B\\C & 0\end{bmatrix}^{-1}\begin{bmatrix}0\\1\end{bmatrix}$$

因此，對於軌跡追從控制，只要按照滿足上式設計狀態回饋增益矩陣 $K$、前饋增益矩陣 $H$ 即可。

② 積分型軌跡追蹤控制　採用控制律中含有積分項的軌跡追蹤控制器：

$$u(t)=Kx(t)+K_I\int_0^t e(\tau)d\tau \tag{4-121}$$

其中，$e(t)=r-y(t)=r-Cx(t)$，並令 $w(t)=\int_0^t e(\tau)d\tau=\int_0^t r d\tau-\int_0^t y(\tau)d\tau$，則：

$$u(t)=Kx(t)+K_I w(t)$$

$$\dot{w}(t)=d\left[\int_0^t r d\tau-\int_0^t y(\tau)d\tau\right]/dt=r-y(t)=r-Cx(t)$$

取 $x(t)$、$w(t)$ 為狀態變量，則得擴大的系統狀態變量 $x_e(t)=\begin{bmatrix}x(t)^T & w(t)^T\end{bmatrix}^T$。狀態變量擴大後系統狀態方程為：

$$\dot{x}_e(t)=\begin{bmatrix}\dot{x}(t)\\\dot{w}(t)\end{bmatrix}=\begin{bmatrix}A & 0\\-C & 0\end{bmatrix}\cdot\begin{bmatrix}x(t)\\w(t)\end{bmatrix}+\begin{bmatrix}B\\0\end{bmatrix}\cdot u(t)+\begin{bmatrix}0\\1\end{bmatrix}\cdot r \tag{4-122}$$

設使控制量 $y(t)$ 為目標值 $r$ 的狀態變量 $x(t)$、操作量 $u(t)$、新增狀態變量 $w(t)$ 的定常值 $x_\infty$、$u_\infty$、$w_\infty$ 在 $D=0$ 時應滿足如下關係式（$w_\infty$ 由控制器的形式決定）：

$$\begin{cases}\dot{x}(t\rightarrow\infty)=\dot{x}_\infty=Ax_\infty+Bu_\infty=0\\\dot{w}(t\rightarrow\infty)=r-y(t)=r-Cx_\infty=0\end{cases}\rightarrow\begin{bmatrix}\dot{x}(t\rightarrow\infty)\\\dot{w}(t\rightarrow\infty)\end{bmatrix}=\begin{bmatrix}0\\0\end{bmatrix}=$$

$$\begin{bmatrix}A & 0\\-C & 0\end{bmatrix}\begin{bmatrix}x_\infty\\w_\infty\end{bmatrix}+\begin{bmatrix}B\\0\end{bmatrix}\cdot u_\infty+\begin{bmatrix}0\\1\end{bmatrix}\cdot r$$

設 $\tilde{x}=x(t)-x_\infty$；$\tilde{u}=u(t)-u_\infty$；$\tilde{w}=w(t)-w_\infty$，則有：

$$\dot{\tilde{x}}_e=\dot{x}_e(t)-\dot{x}_{e\infty}=A_e x(t)+B_e u(t)-A_e x_\infty-B_e u_\infty=A_e\tilde{x}_e(t)+B_e\tilde{u}$$

$(t)$，得：

$$\dot{\tilde{x}}_e = A_e \tilde{x}_e(t) + B_e \tilde{u}(t)$$

其中：$A_e = \begin{bmatrix} A & 0 \\ -C & 0 \end{bmatrix}$；$B_e = \begin{bmatrix} B \\ 0 \end{bmatrix}$；$\tilde{x}_e = \begin{bmatrix} \tilde{x}(t) \\ \tilde{w}(t) \end{bmatrix}$。

控制目標是當 $t \to \infty$ 時，$e(t) = r - y(t) = Cx_\infty - Cx(t) = -C\tilde{x}(t) \to 0$。

所以，按照極點配置法和最優調節器控制理論為 $u(t) = Kx(t) + K_1 w(t)$ 設

計狀態回饋控制器 $\tilde{u}(t) = \tilde{K}x(t) + K_1\tilde{w}(t) = \begin{bmatrix} K & K_1 \end{bmatrix} \cdot \begin{bmatrix} \tilde{x}(t) \\ \tilde{w}(t) \end{bmatrix} = K_e \cdot \tilde{x}_e(t)$ 的

增益矩陣 $K_e = \begin{bmatrix} K & K_1 \end{bmatrix}$，使 $t \to \infty$ 時 $\tilde{x}_e(t) \to 0$ 即可，但應注意：$w_\infty$ 應滿足

$u_\infty = Kx_\infty + K_1 w_\infty$。由 $e(t) \to 0$ 得：

$$e(t) = r - y(t) = r - Cx(t) = Cx_\infty - Cx(t) = -C\tilde{x}(t) =$$

$\begin{bmatrix} -C & 0 \end{bmatrix} \cdot \begin{bmatrix} \tilde{x}(t) \\ \tilde{w}(t) \end{bmatrix} = \begin{bmatrix} -C & 0 \end{bmatrix} \cdot \tilde{x}_e(t)$。

積分型軌跡追蹤控制系統框圖如圖 4-30 所示。

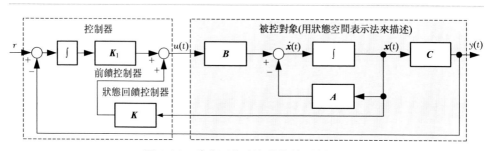

圖 4-30　積分型軌跡追蹤控制系統框圖

## 4.6.2　模糊理論與軟計算

（1）複雜、大規模、時變系統問題資訊處理的軟計算理論

模糊理論（fuzzy systems theory）是以模糊集合論的創始人 L. A. Zadeh 在 1965 年發表在「Information and Control」雜誌上的原始創新性論文「Fuzzy Sets」中提出的模糊集合（fuzzy sets）為中心而發展起來的整套理論體系。在 1980～1990 年代，以追求大規模、廣域、不確定性等系統問題求解的柔軟性的資訊處理與計算技術蓬勃興起，1940 年被提出的遺傳算法（GA）、1943 年提出 1957 年以後中止 1980 年再度興起的神經計算（人工神經網路設計）等非基於系

統本身模型和非解析的問題求解方法、計算技術的研究與應用取得快速發展。這個發展時期，以複雜、大規模的、變化著的問題和對象為目標的資訊處理方法的一個顯著特點是不拘泥於一種方法，而是以其中某一種方法為核心，兼納其他方法的優點，用兩種或兩種以上資訊處理方法的融合來研究、尋求解決複雜、大規模的、變化著的問題和對象系統求解方法。

所有的這類求解方法中，模糊集合論恰好是從根本上為擺脫以 0、1 二值邏輯為代表的經典集合束縛而容納 0～1 之間模糊性、寬容性、柔軟性的計算理論基礎。1990 年前後 L. A. Zadeh 提倡了資訊處理新概念即軟計算（soft compu-ting），並於 1991 年在 California University 的 Berkeley 分校創立了 BISC（berkeley initiative in soft computing，軟計算伯克利研究所）。

軟計算（soft computing）：就是學習人類在思考、判斷方面的柔軟化資訊處理方法，透過模擬並模型化，以活用於複雜、大規模的、變化著的問題和對象為目標的資訊處理方法。從字面上來理解，也可以說是對應於當今以 0、1 的數位邏輯為基礎的數位電腦即硬計算而言的。軟計算則是在某種程度上容許不確切性、不正確性，以得到處理問題的容易性（tractability）、頑健性（robustness）、低成本（low cost）為目的的方法，也就是主觀地、大域的而且柔軟化的問題處理方法。軟計算將目前已發展起來的概率理論（probabilistic reasoning）、模糊理論（fuzzy system theory）、神經網路理論（neural networks theory）、混沌理論（chaos theory）、遺傳算法（genetic algorithm，GA）等理論單獨或聯合使用，來模擬人類資訊處理的方法。

硬計算（hard computing）：是以正確分析作為問題對象，精確地進行問題求解為目的的計算。

很久以前人們已經開始探索性研究人類大腦是如何進行思考、判斷之類的問題，已經利用作為硬體系統來考慮的腦生理學、作為軟體系統來考慮的心理學和行為科學知識。相應地，利用電腦實現人工智慧並將其活用於人類活動的種種用途的新觀點、立場開始發展起來。作為人工智慧，首先是以數位電腦為基礎的，後來，從 1970 年代開始的知識工程、到從 1980 年代開始的軟計算的各種方法開始發展起來了。可以認為，今後面向大腦的種種研究方法將逐漸研究協調、融合起來的腦機理，以及拓展其應用。

軟計算中各種方法、理論的融合：神經網路與模糊（neuron-fuzzy，1974年）；遺傳算法與模糊（GA-fuzzy）；遺傳算法與神經網路（GA-neuron）；混沌與神經網路（chaos-neuron）等。

(2) 模糊集合及其運算

模糊集合定義：設 $U$ 為一可能是離散或者連續的集合，用 $\{u\}$ 表示，$U$ 稱為論域（universe of discourse），$u$ 表示論域 $U$ 的元素。模糊集合是用隸屬函數

表示的。論域 $U$ 中的模糊集 $F$ 用一個在區間 $[0,1]$ 上取值的隸屬函數 $\mu_F$ 來表示，是表示模糊集合的特徵函數，隸屬函數 $\mu_F$ 是一個映射關係，即 $\mu_F: U \rightarrow [0,1]$，隸屬函數的值稱為隸屬度。隸屬函數可以用曲線來表示，隸屬函數也稱隸屬度函數，隸屬函數的曲線表示也稱作隸屬度曲線。

當 $\mu_F(u)=1$（即隸屬度等於 1）時，表示輪域 $U$ 中的元素 $u$ 完全屬於 $U$；

當 $\mu_F(u)=0$（即隸屬度等於 0）時，表示輪域 $U$ 中的元素 $u$ 完全不屬於 $U$；

當 $0<\mu_F(u)<1$ 時，表示輪域 $U$ 中的元素 $u$ 部分屬於 $U$。

顯然，由 $\mu_F(u)=1$、當 $\mu_F(u)=0$ 決定的集合仍為 19 世紀末康托創立的經典集合範疇，而與經典集合不同的部分是由 $0<\mu_F(u)<1$ 所決定的元素構成的那部分集合。總的結論是：模糊集合涵蓋了經典集合，擴展了經典集合討論問題的範疇。僅以簡單的生活中常遇到的「標稱」如冷、熱、紅色、胖等都不是能用唯一的一個確定的數值來表達和判斷的，而是具有一定取值範圍的，而且也不是完全絕對的。描述事物的語言具有模糊性，人恰恰是利用這種模糊性進行判斷和思維，達到了高效、精確處理資訊的目的。

模糊集合的基本運算：設 $A$，$B$ 為 $U$ 中的兩個模糊集合，隸屬函數分別為 $\mu_A$、$\mu_B$，則模糊集合理論中的交（$\bigcap$，取小運算）、並（$\bigcup$，取大運算）、補（1 減運算）等運算可透過它們的隸屬函數來定義，即透過兩個模糊集合的隸屬函數的運算得到新的模糊集。如：

並（取大運算）：$\mu_{A \cup B}(u)=\max\{\mu_A(u), \mu_B(u)\}$；

交（取小運算）：$\mu_{A \cap B}(u)=\min\{\mu_A(u), \mu_B(u)\}$；

補（取 1 減運算）：$\mu_{\overline{A}}(u)=1-\mu_A(u)$；

直積運算：如果 $A_1$，$A_2$，$A_3$，$\cdots$，$A_n$ 分別是 $U_1$，$U_2$，$U_3$，$\cdots$，$U_n$ 中的模糊集，其直積為在積空間 $U_1 \times U_2 \times U_3 \times \cdots \times U_n$，其隸屬函數為：$\mu_{A_1 \times A_2 \times \cdots \times A_n}(u)=\min\{\mu_{A_1}(u_1), \mu_{A_2}(u_2), \cdots, \mu_{A_i}(u_i), \cdots, \mu_{A_n}(u_n)\}$ 或 $\mu_{A_1 \times A_2 \times \cdots \times A_n}(u)=\mu_{A_1}(u_1) \cdot \mu_{A_2}(u_2) \cdots \mu_{A_i}(u_i) \cdots \mu_{A_n}(u_n)$。

模糊關係運算：一個 $n$ 維模糊關係是在 $U_1 \times U_2 \times U_3 \cdots \times U_n$ 中的模糊集，並且表示為：

$$R_{U_1 \times U_2 \times \cdots \times U_n}(u)=\{((u_1, u_2, \cdots, u_n), \mu_R(u_1, u_2, \cdots, u_n)) |$$
$$(u_1, u_2, \cdots, u_n) \in U_1 \times U_2 \times \cdots \times U_n\}$$

確定隸屬函數的原則：

◆表示隸屬函數的模糊集合必須是凸模糊集合，即隸屬函數曲線表示必須呈「單峰滿頭形」，不允許是多峰、波浪形的；

◆變量所取隸屬函數通常是對稱和平衡的；

◆隸屬函數要遵從語義順序和避免不恰當的重疊，相同論域上使用的具有語

義順序關係的若干標稱（模糊詞）的模糊集合應該按照常識和經驗順序（如冷、涼、適中、暖、熱等自然順序排列，不能顛倒順序）；

確定模糊控制系統隸屬函數的原則：論域中每個點應該屬於至少一個隸屬函數區域，但同時不能超過兩個隸屬函數的區域；對於同一個輸入沒有兩個隸屬函數會同時有最大隸屬度；當兩個隸屬函數有重疊區域時，重疊部分對兩個隸屬函數的最大隸屬度不應該有交叉；重疊部分任何點的隸屬函數的和應小於 1。

常用隸屬函數的曲線圖形如表 4-3 所示。

### 表 4-3　常用隸屬函數曲線圖形

| 隸屬函數類型名 | 隸屬函數名稱 | 隸屬函數曲線圖 | 隸屬函數類型名 | 隸屬函數名稱 | 隸屬函數曲線圖 |
|---|---|---|---|---|---|
| Z 函數 | $Z_1$ 函數 $(x, a_z)$：矩形分布 | 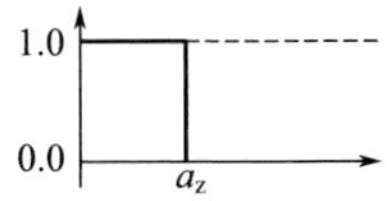 | Π 函數 | $\Pi_1$ 函數 | 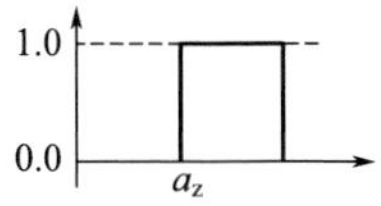 |
| | $Z_2$ 函數 $(x, a_z, b_z)$：梯形分布 | 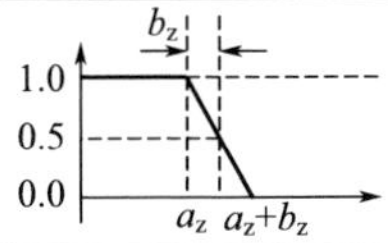 | | $\Pi_2$ 函數 | 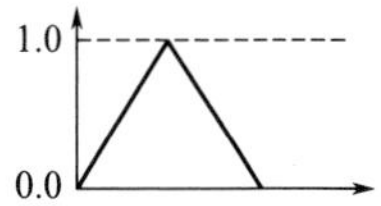 |
| | $Z_3$ 函數：曲線分布 | 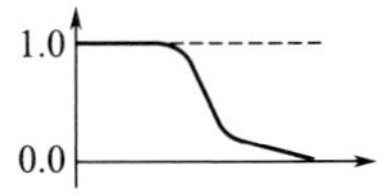 | | $\Pi_3$ 函數 | 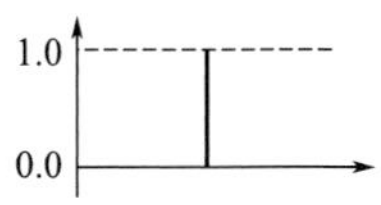 |
| S 函數 | $S_1$ 函數 $(x, a_s)$ | 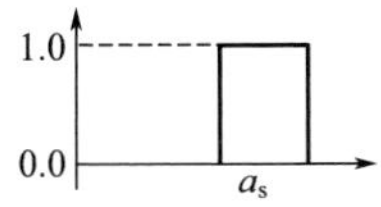 | | $\Pi_4$ 函數 | 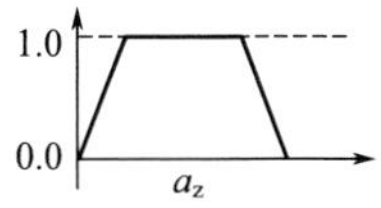 |
| | $S_2$ 函數 $(x, a_s, b_s)$ | 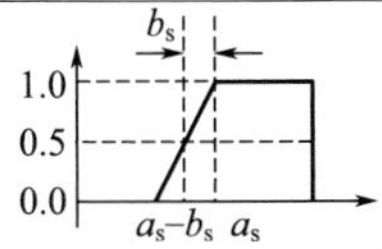 | | $\Pi_5$ 函數 | 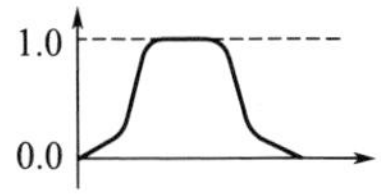 |
| | $S_3$ 函數 | 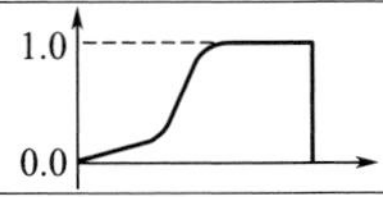 | | | 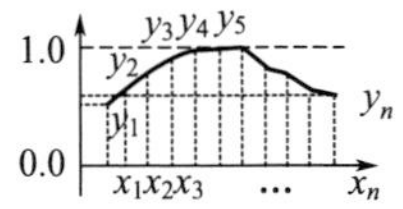 |
| 列舉函數 | 以隸屬度/元素形式的列舉法，表達式：$\mu(x) = \{x: y_1/x_1 + y_2/x_2 + \cdots + y_n/x_n\}$ | 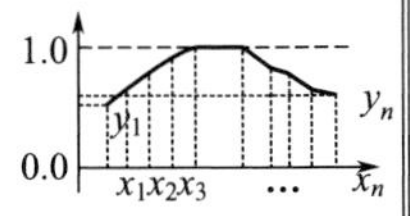 | 等分函數 | 在論域上取 $n$ 個元素，而把論域 $X$（從 $x_1$ 到 $x_n$）作 $n-1$ 等分割分，並用列舉法表示 | |

隸屬函數的確定方法：主要有模糊統計法和神經網路與模糊邏輯結合法。

◆模糊統計法（人工確定隸屬函數的方法）：隸屬函數是模糊集合應用於實際問題的基礎，正確構造隸屬函數是能否用好模糊集合的關鍵。然而，目前為止尚沒有一種成熟有效的方法，仍然停留在依靠經驗確定，然後透過試驗或者電腦模擬得到的回饋資訊進行修正。因此，靠經驗的方法是根植於人的經驗，經過人腦的加工，吸收了人腦的優點，但是這與人確定的心理過程有關，帶有一定盲目性和主觀性。所以從理論上說，即使根據專家的經驗確定的隸屬函數，這種沒有理論化的方法也不能保證其正確性，因為任何人的經驗和知識都是有局限性的。隸屬函數的確定不是唯一的，允許有不同的組合。一種易於為廣大科技工作者理解和接受的確定隸屬函數的方法是模糊統計法，其思想是透過對足夠多人的調查統計，對要確定的模糊概念在討論的論域中逐一寫出定量範圍，在進行統計處理，以確定能被大多數人認可的隸屬函數。這種方法工作量大，在科學研究中可以運用，在實際應用中一般很難採用。

◆神經網路與模糊邏輯結合（自動生成隸屬函數的方法）：隸屬函數的確定是個難題，把神經網路與模糊邏輯結合，透過對神經網路的訓練，由神經網路直接自動生成隸屬函數和規則，是解決這個難題的可行方法。

(3) 模糊關係與模糊推理

模糊關係，也是一種模糊集合，它是將自變量論域從單輸入擴展到多輸入的產物，並且被用來描述多輸入多輸出系統（MIMO system），是將輸入空間從一維空間擴展到多維空間的結果。它是定義在積空間上的模糊集，具有將一維空間擴展到多維空間過程中的方向性以及起到連接、傳遞、合成作用等功能。模糊集合的任何運算都適用於模糊關係的運算。透過已經存在的模糊規則可構成相應的模糊關係。

模糊推理（fuzzy reasoning）：也稱近似推理（approximate reasoning）。它由模糊判斷句、模糊規則、模糊關係和模糊合成法等主要成分（法則）組成。

模糊邏輯推理：是不確定性推理的一種，是在二值邏輯三段論（大前提、小前提、結論）上發展起來的，其基礎是模糊邏輯。模糊邏輯推理是以模糊判斷為前提，運用模糊語言規則，推出一個新的近似的模糊判斷結論的邏輯推理。決定一個推理是否為模糊邏輯推理的根本點是：看推理過程是否具有模糊性，具體表現在推理規則是否具有模糊性，而不是看前提和結論中是否使用模糊概念。例如，間接推理：大前提——健康則長壽；小前提——蔡先生健康，結論為蔡先生長壽。雖然，大前提、小前提中都用了「健康」「長壽」兩個具有模糊性的詞，結論中也用了「長壽」模糊詞，但推理過程並無模糊性，因此，並不是模糊推理。

模糊邏輯推理方式和方法主要有：Zadeh 方法（包括廣義前向推理法、廣義

後向推理法等模糊蘊含規則）、Baldwin 方法、Tsukamoto 方法等。

模糊邏輯推理的過程：就是由輸入的模糊集透過模糊規則庫中的模糊規則或利用已存在的連接輸入與輸出的模糊關係，來推理出（或合成）輸出模糊集的一系列步驟和過程。

模糊合成：是指由模糊集合的交、並、補集等基本運算生成模糊集，以及由已有模糊集派生出來的新的模糊集的過程。

模糊關係的獲取途徑：對於某一個可以用模糊集合來描述的模糊系統而言，通常是由掌握模糊理論和技術的專家或專業技術人員（即擁有用模糊理論和技術知識來處理模糊系統能力的人員），來將需要被模糊化描述的系統對象所述領域專業的專家或熟練技術人員處理專業對象系統輸入與輸出之間關係的專業性很強的知識、技巧性經驗、技能的陳述、對話交流，以模糊集合、模糊規則庫以及模糊推理的形式表達。當然，不排除開發模糊系統技術的人員既屬於模糊技術人員也屬於模糊化對象系統專業人員的情況。

那麼，如何看待模糊計算？從大的範疇上來看，就是以模糊性的輸入透過可用於模糊推理的模糊關係得到模糊性的輸出，再還原成精確值輸出即解模糊的一整套過程。

模糊投影：是與將一維空間擴展到多維空間的增維模糊關係方向相反的過程，模糊投影則是將多維空間降維到低維空間的降維模糊關係。

（4）模糊決策—去模糊化（也稱解模糊）過程

經過模糊關係獲取、模糊邏輯推理以及模糊合成、模糊投影等一系列過程得到的輸出模糊集若不再作為更大的模糊系統的模塊，而作為模糊計算的最後環節，則需要由模糊值確定恰當的精確值作為最後輸出的決策過程，即去模糊化過程（defuzzification），也稱解模糊過程。常用的去模糊化方法有：最大值去模糊化處理算法、中心值平均去模糊化算法等。

（5）關於模糊推理系統的工程實際問題

◆模糊化系統設計過程中受人為主觀性因素影響較大：從隸屬函數的獲取方法、模糊關係獲取途徑、模糊規則庫的建立、獲得的模糊關係的「質量」以及去模糊化過程等實際上都涉及工程實際中「人」的影響因素，而且各個過程中都不存在一個萬能的最佳的唯一方法。模糊推理系統、模糊計算系統設計中，往往容易存在設計者主觀性因素較大問題以及受到「技巧（Skill）」性經驗抽取程度等的影響。模糊規則庫中各規則初始值的設定無客觀根據，則人為因素影響較大。如設計得好的模糊控制器，其性能優於傳統的 PID 控制；若模糊控制器設計不當，會導致控制效果不如傳統 PID，並且預先無從知曉其效果。

◆基於控制器特性的模糊控制器設計與獲得控制量的過程中，被控對象系統

已有的資訊未能加以利用；對於時間常數較大的過程控制問題能夠奏效；對於即時性要求較高的機器人控制而言，除非預先進行離線學習，或者被控對象系統特性複雜難以獲得精確的數學模型，否則盡量少用或不用。

（6）高木-菅野規則模型的模糊系統及模糊推理算例[3]

高木-菅野規則模型的模糊系統是由日本學者高木（Takagi T.）和菅野道夫（Sugeno M.）於 1985 年發表在 IEEE Trans. Sys. Man. and Cybern. 的文章中提出的。其模糊規則表示形式為：

$$R^i : \text{IF } x_1 \text{ is } A_1^i \quad \text{and} \quad x_2 \text{ is } A_2^i \quad \text{and} \cdots \text{and} \quad x_k \text{ is } A_k^i \quad \text{THEN } y^i = p_0^i + p_1^i x_1 + \cdots + p_k^i x_k$$

式中，$R^i$ 表示第 $i$ 條模糊規則，$R$ 是 Rule 的首字母；$A_1^i$、$A_2^i$、…、$A_k^i$ 是模糊集合（是以隸屬函數表示的模糊集合）；$p_0^i$、$p_1^i$、…、$p_k^i$ 是非模糊的實數；$y^i$ 是此第 $i$ 條模糊規則語句 $R^i$ 所產生的控制量輸出，為非模糊的實數值；$x_1$、$x_2$，…，$x_i$；$i = 1, 2, \cdots, k$。

高木-菅野規則模型下模糊系統如下。

$R^1$：IF $x_1$ is $A_1^1$ and $x_2$ is $A_2^1$ and…and $x_k$ is $A_k^1$ THEN $y^1 = p_0^1 + p_1^1 x_1 + \cdots + p_k^1 x_k$

$R^2$：IF $x_1$ is $A_1^2$ and $x_2$ is $A_2^2$ and…and $x_k$ is $A_k^2$ THEN $y^2 = p_0^2 + p_1^2 x_1 + \cdots + p_k^2 x_k$

…

$R^i$：IF $x_1$ is $A_1^i$ and $x_2$ is $A_2^i$ and…and $x_k$ is $A_k^i$ THEN $y^i = p_0^i + p_1^i x_1 + \cdots + p_k^i x_k$

…

$R^n$：IF $x_1$ is $A_1^n$ and $x_2$ is $A_2^n$ and…and $x_k$ is $A_k^n$ THEN $y^n = p_0{}^n + p_1{}^n x_1 + \cdots + p_k^n x_k$

則，模糊系統輸出 $y$ 為：

$$y = \frac{\sum_{i=1}^n \{ [A_1^i(x_1) \cap \cdots \cap A_n^i(x_n)] \cdot (p_0^i + p_1^i x_1 + p_2^i x_2 + \cdots + p_k^i x_k) \}}{\sum_{i=1}^n [A_1^i(x_1) \cap \cdots \cap A_n^i(x_n)]}$$

$$= \frac{\sum_{i=1}^n \left[ (A_1^i(x_1) \cap \cdots \cap A_n^i(x_n))(p_0^i + \sum_{j=1}^k p_j^i x_j) \right]}{\sum_{i=1}^n (A_1^i(x_1) \cap \cdots \cap A_n^i(x_n))}$$

$$(4\text{-}123)$$

取：$\beta_i = \dfrac{A_1^i(x_1) \bigcap \cdots \bigcap A_n^i(x_n)}{\displaystyle\sum_{i=1}^{n}(A_1^i(x_1) \bigcap \cdots \bigcap A_n^i(x_n))}$，則有：

$$y = \sum_{i=1}^{n} \beta_i (p_0^i + p_1^i x_1 + p_2^i x_2 + \cdots + p_k^i x_k) \qquad (4\text{-}124)$$

當一個輸入輸出數據集 $x_{1j}$，$x_{2j}$，$\cdots$，$x_{kj} \rightarrow y_j$（$j=1,2,\cdots,m$）給定時，即可對上式求最小二乘法（lest square method）求解參數 $p_0^i$、$p_1^i$、$\cdots$、$p_k^i$（$i=1,2,\cdots,n$）。說明：上述公式中取小運算符號「$\bigcap$」在高木（Takagi T.）和菅野道夫（Sugeno M.）於 1985 年發表在 IEEE Trans. Sys. Man. and Cybern. 的文章中所用取小運算符號為「$\wedge$」表示❶。

高木（Takagi T.）和菅野道夫（Sugeno M.）於 1985 年發表在 IEEE Trans. Sys. Man. and Cybern. 的文章中給出的模糊推理的原始算例之一如下（這個很簡單的例子能夠充分說明高木-菅野模糊規則模型及模糊推理系統的基本原理，因此，為保持原貌，這裡原樣引用，並未翻譯，稍有英文基礎或藉助英漢詞典即可閱讀明白）：

＝＝＝＝高木-菅野模糊規則模型模糊系統算例（1985 年文獻）＝＝＝＝

Example 2：Suppose that we have the following three implication：

$R^1$：If $x_1$ is small$_1$　and　$x_2$ is small$_2$　then $y = x_1 + x_2$

$R^2$：If $x_1$ is big$_1$　then $y = 2 \times x_1$

$R^3$：If $x_2$ is big$_2$　then $y = 3 \times x_2$

Table I shows the reasoning process by each implication when we are given $x_1 = 12$，$x_2 = 5$. The column「Premiss」in Table I shows the membership functions of fuzzy sets「small」and「big」in the premises. The column「Consequence」shows the value of yi calculated by the function gi of each consequence and「Tv」shows the truth value of ｜y＝yi｜. For example，we have

｜y＝yi｜＝｜x10＝small1｜$\wedge$｜x20＝small2｜＝small1（x10）$\wedge$small2（x20）＝0.25.

The value inferred by implications is obtained by referring to Table Ⅰ

y＝(0.25×17＋0.2×24＋0.375×15)/(0.25＋0.2＋0.375)＝17.8.

❶　Takagi T.，Sugeno M. Fuzzy Identification of System and Its Applications to Modeling and Control. IEEE Trans. Sys. Man. and Cybern. 1985，SMC-15（1）：116-132.

TABLE Ⅰ

| Implication | Premise | | Consequence | Tv |
|---|---|---|---|---|
| g1 | small₁ graph: 1, 0.25, 0, 12, 16 x₁ | small₂ * graph: 1, 0.375, 0, 5, 8 x₂ | $y = x_1 + x_2$ $= 12 + 5 = 17$ | $\mu_{small1}(x_1) = \mu_{small1}(12)$ $= 0.25;$ $\mu_{small1}(x_2) = \mu_{small1}(5)$ $= 0.375;$ $\mu_{small1}(x_1) \cap \mu_{small1}(x_2)$ $= 0.25 \cap 0.375 = 0.25.$ |
| g2 | big₁ graph: 1, 0.2, 0, 12, 20 x₁ | 0, 5, x₂ | $y = 2 \times x_1$ $= 2 \times 12 = 24$ | $\mu_{big1}(x_1) = \mu_{big1}(12)$ $= 0.25.$ |
| g3 | 0, x₁=12 | big₂ graph: 1, 0.375, 0, 2, 5, 10 x₂, x₂=5 | $y = 3 \times x_2$ $= 3 \times 5 = 15$ | $\mu_{big2}(x_2) = \mu_{big2}(5)$ $= 0.375.$ |

　　本書作者為便於模糊理論與模糊推理應用初學讀者解讀高木-菅野模糊規則模型模糊系統的原理所加注解如下（原文獻無此注解）：

　　注解1：＊原文獻中此處 small₁ 打字印刷有誤，應改為 small₂；

　　注解2：原文獻中 Premise 一列中各圖無隸屬函數（隸屬度）縱軸，也無論域橫軸的箭頭的清晰定義。為便於讀者閱讀理解，特稍加更改，實質性內容不變。

　　注解3：該例子是以自然數論域中 0～20 模糊集合中，數值大小模糊集合為例的，數值小、數值兩個標稱下的大兩個模糊集合，0～16 為數值小（Small）模糊集合的論域；2～20 為數值大（big）模糊集合的論域；兩個模糊集合 small、big 論域重疊區為 2～16。原文獻作者並未把這兩個模糊集合隸屬函數曲線畫在一個曲線圖中，而是按照 $R^1$、$R^2$、$R^3$ 三條模糊規則和輸入數據 $x_1 = 12$、$x_1 = 5$ 並以此為例將隸屬函數曲線分解開了表達。

　　注解4：原文獻中該表「Tv」列中只有諸如「0.25∧0.375＝0.25」的算式，無模糊集合基本運算公式。特補加以便讀者易於理解。

＝＝＝＝高木-菅野模糊規則模型模糊系統 1985 年文獻中算例結束＝＝＝＝

　　上面的這個模糊推理和模糊計算的例子能夠很好地說明模糊規則是在模糊推理的過程中含有模糊性，從形式上看與傳統的精確推理規則看似無區別，而推理中含有的模糊性在於推理的過程中。

（7）模糊邏輯控制方式

　　對於難以建立精確數學模型系統可以採用基於狀態估計的模糊控制方式：對

於具有部分模型的複雜系統可以採用預測型模糊控制方式。這兩種模糊控制方法的原理分別如圖 4-31(a)、(b) 所示。

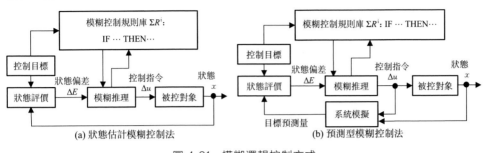

(a) 狀態估計模糊控制法　　　(b) 預測型模糊控制法

圖 4-31　模糊邏輯控制方式

　　狀態估計模糊控制方法是知識工程學與模糊邏輯推理相結合，把測量得到的系統狀態表達為「如果滿足什麼條件，該怎麼做就去怎麼做」的控制法則，其推理是根據用隸屬函數來定義的模糊邏輯在表現不同控制目標中所滿足的程度來決定。

　　預測型模糊控制方法：是在狀態估計控制方法基礎上，再加上透過對被控對象動態特性的模擬而建立的系統模型。

（8）狀態估計模糊控制器的設計

　　狀態估計模糊控制規則的一般描述形式採用 Mamdani 的模糊規則形式，即：

$R^i$：IF $x$ is $A$　and　$y$ is $B$　THEN　$\Delta u = C$，$(i = 1, 2, \cdots, n)$

也可寫為：$R^i$：IF $(x = A$　and　$y = B)$ THEN　$\Delta u = C$，$(i = 1, 2, \cdots, n)$

式中，$A$、$B$ 分別為以模糊標稱和隸屬函數表示的模糊集合。

設計方法與步驟如下。

◆熟練操作工作經驗、技巧的描述和獲取。例如，如果電動機輸出轉矩小（模糊標稱：轉矩大小，可分為大、較大、小、較小、過小等），則加大電流大小（模糊標稱：電流大小，可具體分為電流很大、大、較大、較小、小，相應各個模糊詞給出隸屬度）。電動機溫度值大小可分為很高、高、較高、正常、低，則根據電動機溫升、輸出轉矩大小建立電流大小調節的經驗法則。

◆對建立的經驗法則中的模糊狀態進行模糊量定量化並給出隸屬度函數曲線。

◆把經驗法則轉換成模糊控制規則。如：「如果溫度（T）高（High）而且壓力（P）大（High），那麼閥門開度（C）應減小（Small）」表示成：IF T＝H and P＝H THEN C＝S。

◆透過試驗對原有模糊控制規則以及分擋位的模糊狀態進行合理調整。

（9）狀態模糊控制推理過程（也即模糊推理計算與解算過程）

◆對各個推理規則前件模糊狀態進行計算

$R^i$：IF $x_1$ is $A_1{}^i$　and　$x_2$ is $A_2{}^i$　and…and　$x_k$ is $A_k{}^i$　THEN $\Delta u$ is $B^i$（控制指令是 $B^i$），（$i=1,2,\cdots,n$）

第 $i$ 條模糊規則的第 $j$ 個參量（如第 2 個參量 $x_2$）在連續變化時其模糊集合 $A_{ij}$ 可表示為：

$$A_{ij} = \int_V \mu_{Aij}(x_j)/x_j,(j=1,2,\cdots,k.) \tag{4-125}$$

若在時刻 $t$ 輸入狀態為 $x_j(t)$，其隸屬度為 $a_{ij}=\mu_{Aij}(x_j(t))$。

若有 $k$ 個不同參量（如溫度、壓力等），根據測不同參量的輸入值，求出第 $i$ 號規則所有前件中各個不同參量的隸屬度 $a_{i1}$，$a_{i1}$，…，$a_{ij}$，…，$a_{ik}$ 後，對它們取邏輯交（∩）即取小運算，分別得到各個模糊推理規則前件的隸屬度 $r_i$，則有：

$$r_i = a_{i1} \cap a_{i2} \cap a_{i3} \cap \cdots \cap a_{ij} \cap \cdots \cap a_{ik} = \min_{j=1,k}\{a_{ij}\} \tag{4-126}$$

◆計算每條模糊推理規則後件的模糊輸出：將第 $i$ 條模糊推理規則後件的模糊輸出＝該條規則所有前件的隸屬度 $r_i$×該條規則後件的隸屬函數在 $t$ 時刻各前件輸入分別為 $x_1$、$x_2$、…、$x_k$ 時的值（後件在前件輸入數據下的隸屬度值）。

◆多條模糊推理規則後件的整合以得到總的模糊推理結果。該結果仍然是模糊輸出，並且模糊輸出是不能直接作為控制指令控制執行機構的。在生成控制指令之前必須進行對模糊輸出的解模糊處理，這個過程也稱為去模糊處理，簡稱解模糊或去模糊。

◆對模糊輸出結果進行解模糊處理：可在最大隸屬度法、加權平均法和重心法等模糊決策方法中選擇其一進行解模糊處理。

（10）模糊控制規則表及模糊控制器設計

狀態估計模糊控制方法含有 MIMO（多輸入多輸出）的非線性關係，這裡以 X、Y 兩個模糊集的兩輸入一輸出型模糊控制規則的通用化來加以說明。首先將輸入、輸出區間都歸整化為 −1～＋1，模糊狀態變量取值分為：NB（負大）、NM（負中）、NS（負小）、ZE（零）、PS（正小）、PM（正中）、PB（正大）7 個值；隸屬度函數採用三角形（即 Π2 函數，如圖 4-32 所示），並且有以下模糊規則：

$$\text{IF } x \text{ is NB}\quad\text{and}\quad y \text{ is NB}\quad\text{THEN } u \text{ is NB}$$
$$\text{IF } x \text{ is NM}\quad\text{and}\quad y \text{ is NB}\quad\text{THEN } u \text{ is NB}$$

IF $x$ is NS  and  $y$ is NB  THEN $u$ is NM

···

IF $x$ is PB  and  $y$ is PB  THEN $u$ is PB

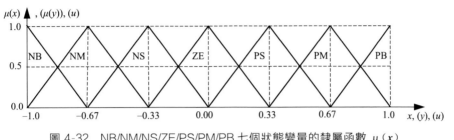

圖 4-32　NB/NM/NS/ZE/PS/PM/PB 七個狀態變量的隸屬函數 $\mu(x)$

　　狀態變量分別為 $x$、$y$，輸出為 $u$，並且都是歸整化（$-1\sim+1$）處理之後的量。通常可以將上述模糊規則以列表的形式表達出來，形成如表 4-4 所示的二維的模糊控制規則表。當然也可形成三維、四維等多維模糊規則表，多維模糊規則表需要用不只一個表的多個多層模糊規則子表、子表的子表才能將其所有的模糊規則完全表達清楚。

表 4-4　模糊控制規則表

| | $X$ | | | | | | |
|---|---|---|---|---|---|---|---|
| | NB | NM | NS | ZE | PS | PM | PB |
| | NB | NB | NB | NM | NM | NS | NS | ZE |
| | NM | NB | NM | NM | NS | NS | ZE | ZE |
| | NS | NM | NM | NS | NS | ZE | ZE | PS |
| $Y$ | ZE | NM | NS | NS | ZE | ZE | PS | PS |
| | PS | NS | NS | ZE | ZE | PS | PS | PM |
| | PM | NS | ZE | ZE | PS | PS | PM | PB |
| | PB | ZE | ZE | PS | PS | PM | PB | PB |

　　掌管輸入與輸出之間關係的規則就是控制規則，因此，模糊控制規則及其應用、模糊推理、根據模糊推理結果的解模糊就構成了模糊控制器，模糊控制器的基本原理也就在於其構成之中。綜上所述，模糊控制器的構成與控制的基本原理完全可以用圖 4-33 表示出來。儘管有各種模糊控制方法，但基本原理和框架大抵如此。

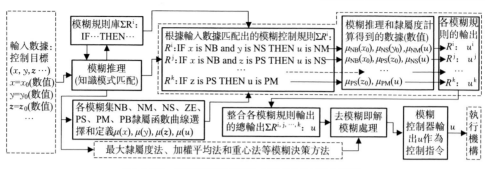

圖 4-33　模糊控制器的構成與控制的基本原理

（11）新型高木-菅野模糊推理系統（new type of Takagi-Sugeno fuzzy inference system）[4,5]

① Mamdani 和 Takagi-Sugeno 模糊推理系統最具代表性的結構　　Mamdani 以及高木-菅野模糊推力系統（fuzzy inference system，FIS）最具代表性的結構如圖 4-34 所示。這種結構構成有以下幾個基本組成部分。

◆模糊化過程器（fuzzificator）：將精確的輸入量轉變成模糊輸入量。

◆知識庫（knowledge base）：是以 IT-THEN 規則形式表達的模糊規則集，每條規則都由帶有模糊性語句的前件（前提）和後件（結論）部分。

◆模糊推理模塊（fuzzy inference block）：為基於模糊推理系統實現模糊推理。

◆解模糊器（defuzzificator）：將模糊輸出轉換成精確的輸出。

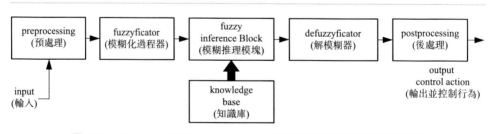

圖 4-34　Mamdani 和 Takagi-Sugeno 模糊控制器最具代表性的結構

Mamdani 的模糊推理系統（FIS）：是以 IF-THEN 的形式定義模糊規則，並且是在後件部分帶有模糊輸出的模糊系統，其模糊規則形式如下。

$R^i$：IF $x_1$ is $A_1^i$　and　$x_2$ is $A_2^i$　and…and　$x_n$ is $^iA_n$　THEN $y_i$ is $B^i$，$(i=1,2,\cdots,n.)$

Takagi-Sugeno 的模糊推力系統：如前所述，也是以 IF-THEN 的形式定義

模糊規則的模糊系統。但其後件部分採用的是精確的線性函數。其模糊規則形式如下。

$R^i$：IF $x_1$ is $A_1^i$　and　$x_2$ is $A_2^i$　and⋯and　$x_k$ is $A_k^i$　THEN $y^i = p_0^i + p_1^i x_1 + \cdots + p_k^i x_k$, $(i = 1, 2, \cdots, n.)$

Mamdani 的 FIS 和 Takagi-Sugeno 的 FIS 的不足之處與解決途徑：Mamdani FIS 和高木-菅野 FIS 都是重要的模糊推理系統並且被廣泛用於設計模糊控制器。但是，Mamdani FIS 的缺點是靈活性不足；Takagi-Sugeno FIS 的缺點是可解讀性不足。顯然，將兩者的優點結合起來混合運用是一個有效途徑，否則，就要想辦法消除存在的缺點。

② 將 Mamdani FIS 和高木-菅野 FIS 的模糊規則結合在一起的模糊規則形式 EFR 及 EFR FIS 將 Mamdani FIS 和高木-菅野 FIS 的模糊規則結合在一起的模糊規則形式為：

$R^i$：IF $x_1$ is $A_1^i$　and　$x_2$ is $A_2^i$　and⋯and　$x_n$ is $A_n^i$　THEN $y_i$ is $B^i$, $(i = 1, 2, \cdots, n.)$

$$B^i = p_0^i + p_1^i x_1 + \cdots + p_k^i x_n$$

不過，Igor V. Anikin 和 Igor P. Zinoviev 在其發表的文章中用的是如下表示：

$$\text{IF } x_1 \text{ is } A_1^i \cdots x_n \text{ is } A_n^i \text{ THEN } y \text{ is } B^i, \quad (i = \overline{1, N})$$
$$B^i = C_1^i x_1 + \cdots + C_n^i x_n + C_0^i$$
(4-127)

上述兩個表達形式沒有本質區別，只是符號和列寫的項數不同而已。

Igor V. Anikin 和 Igor P. Zinoviev 將規則形式式（4-127）稱為 EFR（Enhanced Fuzzy Regression，增強模糊回歸）。將擁有以 EFR 規則形式表示的模糊規則的模糊系統稱作 EFR FIS（增強模糊回歸模糊系統）。EFR FIS 作為一種通用的模糊逼近方法可用於模糊控制器設計，但是需要為其面向知識庫構建一種學習過程機製。

當在作為輸入的輸入點 $x_0$ 時有且僅有 $A^*$，則由式（4-127）所定義的規則的 EFR 過程輸出可由式（4-128）和一個 T 項來定義，如下：

$$\mu_{\overline{B^i}}(y) = I[\mu_{A'}(x^0) \mu_{B'}(y)]$$
(4-128)

式中，$I$ 為由 $I(a,b) = 1 - a + T^*(a,b)$ 定義的模糊意義上處理的函數。

$T^*$ 為最弱三角範數（Weakest Triangular morm），Igor V. Anikin 等人定義了具有以下特徵的特殊函數作為最弱三角範數 $T^*$：

$T^*(0,0) = T^*(0,1) = T^*(1,0) = 0, T^*(1,1) = 1$;

$T^*(a+\delta,0) \leqslant T^*(a,b) + \delta$, 對於任意的 $\delta > 0$;

$T^*(a,b) \leqslant T^*(a,d)$，對於任意的 $b \leqslant d$。

則 EFR 的隸屬函數可由式(4-129)定義：

$$\mu_C(y) = \max_{i=\overline{1,N}} \mu_{\widetilde{B}^i}(y) \tag{4-129}$$

其中：

$$\mu_{\widetilde{B}^i}(y) = T_{bp}(w_i, \mu_{\widetilde{B}^i}(y)) = \max(0, \omega^i + \mu_{\widetilde{B}^i}(y) - 1) \tag{4-130}$$

$$\omega^i = \frac{\alpha^i}{\sum_{j=1}^{N} \alpha^j} - R^i \tag{4-131}$$

$$\alpha^i = \mu_{A^i}(x^0) = \min_{k=\overline{1,n}} \mu_{A_k^i}(x_k^0).$$

令 $\overline{y} = D(C)$ 是模糊集 $C$ 的解模糊操作函數，$\overline{y} = D(C)$ 計算結果就是 EFR FIS 的精確輸出，則可按下述來定義解模糊操作的後件：

$$\forall y \in (-\infty, a) \quad \mu_C(y) = \text{const} \Rightarrow \overline{y} \geqslant a \tag{4-132a}$$

$$\forall y \in (b, +\infty) \quad \mu_C(y) = \text{const} \Rightarrow \overline{y} \leqslant b \tag{4-132b}$$

$$\forall y \in (-\infty, a) \quad \mu_C(y) = \text{const} \Rightarrow \overline{y} > a \tag{4-132c}$$

$$\forall y \in (b, +\infty) \quad \mu_C(y) = \text{const} \Rightarrow \overline{y} < b \tag{4-132d}$$

則，EFR FIS 為由式(4-127)～式(4-132)來描述和表達的 FIS。

FER FIS 有如下優點：

◆IF-THEN 規則的前件、後件中都有模糊性含義；

◆後件（結論部分）的隸屬函數對 EFR FIS 的靈活性產生較大的影響，可以調整這些隸屬函數以獲得最優的輸出。

③ Learning Procedure for EFR FIS（EFR FIS 的學習過程）　設 $(\overline{x}^j, y^j)$，$j = \overline{1,M}$ 是 EFR FIS 的訓練集合（training set）。在學習階段可以用這個訓練集合建立 EFR FIS 的知識庫。該知識庫將含有由前述式(4-127)所定義的規則集，規則集中的規則數目為 $N$，並且有以下兩個基本作業（Task）。

◆規則前件構建（rule antecedents creation）作業：透過將輸入空間分解成模糊子空間（fuzzy subspace），來定義規則前件。

◆規則後件構建（rule consequence creation）作業：該作業透過搜索近似模糊係數 $C^i$ 來構建規則後件。

Igor V. Anikin 和 Igor P. Zinoviev 提出的學習過程是由以上兩個基本作業來完成的。

學習過程如下。

首先定義變量：$N$ 為由領域專家定義知識庫中最大規則數 $N$。

$\boldsymbol{S}^i$ 為對各個規則進行輸入空間的分解由矢量，$\boldsymbol{S}^i = (a_1^i, b_1^i, c_1^i, \cdots, a_n^i, b_n^i, c_n^i)$, $i = 1, 2, \cdots, N$。其中：三元數 $a_k^i$, $b_k^i$, $c_k^i$ 為式(4-133) 表示的隸屬函數的模糊數（Fuzzy Number）。

$$\mu_{A_k^i}(x_k^j) = \frac{1}{1 + \left| \dfrac{x_k^j - c_k^i}{a_k^i} \right|^{2b_k^i}} \tag{4-133}$$

令 $E(\boldsymbol{S})$ 為 EFR FIS 的誤差函數（Error Function）並由式(4-134) 定義 $E(\boldsymbol{S})$ 為：

$$E(\boldsymbol{S}) = \sum_{j=1}^{M} \left[ y^j - Y(\boldsymbol{S}, \overline{x}^j) \right]^2, \boldsymbol{S} = \{ \boldsymbol{S}^1, \cdots, \boldsymbol{S}^N \}. \tag{4-134}$$

式中，$Y(\boldsymbol{S}, \overline{x}^j)$ 為 EFR FIS 對於矢量 $\boldsymbol{S} = \{ \boldsymbol{S}^1, \boldsymbol{S}^2, \cdots, \boldsymbol{S}^N \}$ 的輸出。

式(4-134) 為構建由模糊規則式(4-127) 表達的 EFR FIS 模糊規則集的最小均方差（minimizing mean-square error）誤差函數 $E(\boldsymbol{S})$。

為輸入空間統一定義給定步長的網格，則可用枚舉法列舉網格方格並將矢量 $\boldsymbol{S}^i = (a_1^i, b_1^i, c_1^i, \cdots, a_n^i, b_n^i, c_n^i)$ 映射成為二進製矢量即遺傳算法（genetic algorithm）的種群（population）。為計算出遺傳算法在下一次迭代中適應度函數（fitness function）的值，需要相應於矢量 $\boldsymbol{S}^i$，求出規則 $R^i$ 右側部分的模糊係數（fuzzy coefficient）$C_k^i$。對此，Igor V. Anikin 和 Igor P. Zinoviev 給出了用於搜索模糊係數的方法。

- 從帶有約束 $\mu_{A^i}(\overline{\overline{x}}^j) \geqslant \widetilde{\alpha}$ 的訓練集($\overline{x}^j$, $y^j$)中選擇點。此處的模糊集 $A^i$ 由矢量 $\boldsymbol{S}^i$ 定義；$\widetilde{\alpha}$ 值由領域專家定義，則可得新的點集($\overline{\overline{x}}^j$, $\overline{y}^j$), $i = 1, 2, \cdots, m$。

- 考慮中心為 $d_k^i$、寬度為 $w_k^i$ ($k = 0, 1, \cdots, n$; $i = 1, 2, \cdots, N$) 的模糊三角形（fuzzy triangle）情況下任意係數 $C_k^i$。由 ($\overline{x}_1^j, \cdots, \overline{x}_n^j$) 可得：$Y = C_1^i x_1 + \cdots + C_n^i x_n + C_0^i$。則由所構建的中心為 $d^i = d_0^i + \sum_{k=1}^{n} d_k^i \overline{x}_k^j$、寬度為 $w^i = w_0^i + \sum_{k=1}^{n} w_k^i |\overline{x}_k^j|$, $i = 1, 2, \cdots, N$ 的模糊三角形可得總值 $Y$。

搜索 $d_k^i$ 可透過 $\overline{y}^j$ ($j = 1, \cdots, m$) 值使 $d^i$ 值的標準差（standard deviation）最小化，用最小二乘法求解。搜索 $w_k^i$ 可由帶有下面約束條件的表達式 $w^i = \sum_{j=1}^{m} (w_0^i + \sum_{k=1}^{n} w_k^i |\overline{x}_k^j|)$, $i = 1, 2, \cdots, N$ 的最小化來得到。約束條件為：作為輸出的隸屬函數模糊三角形在 $\overline{y}^j$ 點集的隸屬函數值皆應超過給定的閾值 $H$。使用

線性規劃（linear programming）的方法可以求解完成上述工作。

## 4.6.3　神經網路基礎與強化學習

### （1）神經網路發展簡史

起源：神經網路（neural network），源於 19 世紀末和 20 世紀初的物理學、心理學和神經心理學等跨學科研究。主要代表人物有 Herman Von Helmholts、Eenst Mach 和 Ivan Pavlov 等，他們早期研究著重於有關學習、視覺和條件反射等一般性的基礎理論，並未有涉及神經元工作的數學模型。

現代人工神經網路的研究開端：作為標誌性階段，為 1940 年代 Warren Mc-Culloch 和 Walter Pitts 的工作，他們從原理上證明了人工神經網路可以進行任何算術與邏輯函數運算。因此，通常認為 Warren McCulloch 和 Walter Pitts 的研究工作是人工神經網路研究工作的開端。

人工神經網路（artificial neural network）的第一個實際應用出現在 1950 年代後期，是 Frank Rosenblatt 提出的感知機網路和聯想學習規則，並展示了具有模式識別能力但後來被發現基本的感知機網路僅能解決有限的幾類問題。同時期，Bernard Widrow 和 Ted Hoff 透過引入新的學習算法用於訓練自適應線性神經網路，它們所構建的網路結構和功能類似於 Rosenblatt 的感知機網路。但 Widrow-Hoff 學習規則沿用至今。這一時期的人工神經網路的固有局限性問題始終未得以解決。

神經網路研究基本停滯的 1960～1970 年代：由於神經網路固有局限性問題，同時，其研究受到 Minsky 和 Papert 的影響，而且那時沒有功能強大的數位電腦來支持神經網路計算，使許多該領域研究者失去信心，神經網路研究停滯十餘年之久。但 1970 年代仍有部分科學家在堅持研究，1972 年 Teuvo Kohonen 和 James Anderson 分別獨立提出了能夠完成記憶的新型神經網路；同期，Stephen Grossberg 在自組織神經網路方面的研究十分活躍。

神經網路研究再度復興的 1980 年代及走向應用的 1980 年代後期：隨著個人電腦和工作站電腦的計算能力的急劇增強，以及個人電腦的逐漸普及應用，神經計算領域新概念的不斷涌現，神經網路與神經計算研究熱潮再度興起。訓練多層感知機的反向傳播算法中，由 David Rumelhart 和 James McClelland 提出的最具影響力和說服力的反向傳播算法有力地回答了 1960 年代 Minsky 和 Papert 對神經網路的責難。1988 年 DARPA 的「神經網路研究報告（neural network study）」中列舉了 1984 年自適應頻道均衡器等一系列人工神經網路的應用實例。自 DARPA 報告問世以來，神經網路被廣泛應用於航空、汽車、機器人、國防、電子、交通、商業、銀行、娛樂、醫療、電信等諸多行業和研究領域。

### （2）生物神經元[6]

神經細胞：神經系統包含兩種細胞，即神經元和神經膠質細胞。神經元（neurons）接受資訊並將其傳遞給其他細胞。據統計結果表明：成人大腦中約含有 1000 億個神經元（R. W. Williams 和 Herrup，1988）[6]。

神經元的結構：胞體、樹突、軸突和突觸前終末（微小的神經元沒有軸突且一些沒有明顯的樹突）。

運動神經元（motor neuron）：如圖 4-35(a) 所示，為脊椎動物的運動神經元的結構組成。運動神經元的胞體在脊髓中，它透過樹突來接收其他神經元的興奮，並將這種衝動沿著軸突傳遞到肌肉，控制肌肉群的伸縮和舒張運動。

感覺神經元（sensory neuron）：如圖 4-35(b) 所示，為脊椎動物的感覺神經元的結構組成。感覺神經元的末梢特化成對某一種刺激敏感的結構，如光線、聲音或者觸覺。如圖所示，感覺神經元正在將來自皮膚的觸覺資訊傳遞給脊髓。細小的分支從感受器一直延伸到軸突，胞體位於整個主體的稍靠中間部位的位置。

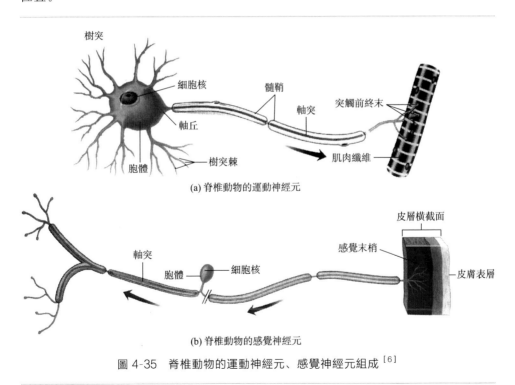

(a) 脊椎動物的運動神經元

(b) 脊椎動物的感覺神經元

圖 4-35　脊椎動物的運動神經元、感覺神經元組成[6]

樹突（dendrites）：是在末端逐漸變小的分支纖維。樹突表面排列著很多突觸受體，使得樹突可以接收來自其他神經元的資訊。而且，樹突的表面積越大，

能夠接收的資訊就越多。一些樹突還包括樹突棘（dendrites spines）。這些纖維增大了樹突的表面積。樹突的形狀因神經元的不同而異，不同時期內，同一神經元的形狀也會有所不同。樹突的形狀決定了它以什麼樣的方式接收不同的資訊（Hausser，Spruston 和 Stuart，2000）。

細胞體（cell body）：或稱為胞體（soma）（希臘語中的身體之意），包括細胞核、核糖體、線粒體以及絕大多數細胞中含有的其他結構。神經元主要的新陳代謝活動發生在細胞體內。神經元的胞體直徑從哺乳動物的 0.005～0.1mm 到某些無脊椎動物的將近 1mm 不等。像樹突一樣，一些神經元的胞體表面覆蓋著突觸。

軸突（axon）：是一個有著固定直徑的微細纖維，通常情況下比樹突長。軸突是將神經元的資訊傳遞者，能夠將衝動傳遞給其他神經元、器官或肌肉組織。許多脊椎動物的軸突表面覆蓋著一層叫做「髓鞘」（myelin sheath）的絕緣物質，兩段髓鞘之間是無髓鞘的部分，稱為郎飛氏結（nodes of ranvier）。無脊椎動物的軸突沒有髓鞘。每一個軸突都有很多分支，這些分支在末端逐漸膨大，形成突觸前末梢（presynaptic terminal），也稱為終球體或終紐，是軸突釋放化學物質的地方，並使得釋放的化學物質從一個神經元傳遞到另一個神經元。一個神經元有很多個樹突，但只有一個軸突。而且，軸突的長度可有 1m 以上，如從脊髓到腳底的軸突。多數情況下，軸突的分支與軸突是分開的，位於距離細胞體比較遠的終端。

其他神經元方面的術語還有傳入神經、傳出神經和中間神經。這些概念主要體現在以下兩個概念中。

傳入軸突（afferent axon）：是將資訊傳遞到神經元結構內部中去的軸突。

傳出軸突（efferent axon）：是將資訊帶出到神經元結構外部的軸突。

中間神經元［interneuron，也稱內在神經元（intrinsic neuron）或介在神經元］：是指一個細胞的樹突和軸突全部包含在一個單獨的結構中，那麼這個細胞就是中間神經元。如丘腦的中間神經元的所有樹突和軸突都在丘腦中。

生物神經元的差異：不同神經元在大小、形狀和功能上存在著巨大的差異。一個神經元的形狀決定了它與其他神經元之間的連接方式，也就決定了它的功能。神經元的分支越多，就越能與更多的神經元建立相互之間的連繫。神經元的功能與其形狀有關。形狀不同功能也不同的神經元各種形狀如圖 4-36 所示，差別巨大。

神經膠質細胞（glia，或者膠質細胞）：是神經系統除神經元細胞以外的另一種重要組成部分。它不能像神經元那樣進行長距離資訊傳遞，但它們可以與鄰近的神經元之間進行化學物質交換。在某些情況下，這種物質交換會引起神經元的同步活動（Nadkarni 和 Jung，2003）。膠質細胞的功能曾被狹隘地認為：就像膠水一樣將

神經元黏合在一起（Somjen，1988）。神經膠質細胞比神經元小，但在數量上比神經元多。總體上來看，神經元和神經膠質細胞各自所占體積基本相同。

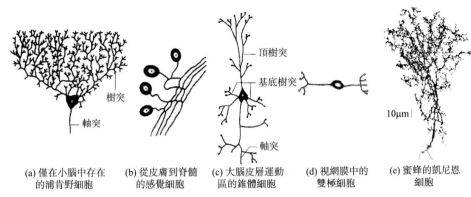

(a) 僅在小腦中存在的浦肯野細胞　(b) 從皮膚到脊髓的感覺細胞　(c) 大腦皮層運動區的錐體細胞　(d) 視網膜中的雙極細胞　(e) 蜜蜂的凱尼恩細胞

圖 4-36　生物神經元的各種形狀 [6]

生物神經元與神經資訊：神經元所有的功能都依賴於它和其他神經元之間的連繫，神經元只需要傳遞一個動作電位，僅僅是「啟動」或「停止」的資訊，傳遞給那些與這個神經元的軸突相連的一定數量的神經元，不同的神經元接收到「啟動」資訊會產生興奮或抑製。生物、動物、人類所有的行為和經驗都是建立在這個有限的神經系統之上的。

• 動作電位傳導的資訊強度不隨距離的增加而減弱，但從接受刺激開始到傳達至大腦需要一段時間；

• 靜息狀態的神經元內部帶負電，外部帶正電；

• 全或無法則：對於任何超過閾限值的刺激，動作電位的變化幅度和速率與激發它的刺激大小無關；

• 一個動作電位產生後，細胞膜進入不應期，在這個期間不會產生新的動作電位；

• 動作電位沿著軸突傳遞過程中保持其強度不變；

• 在有髓軸突中動作電位只能從分離的髓鞘結點部位產生。有髓軸突比無髓軸突傳導資訊要快得多。

（3）人工神經網路（artificial nerual network，ANN）

神經網路在不同的語言環境中代表不同的含義，生物心理學、神經系統科學中，神經網路是指生物（動物）、人類神經系統中由大量的神經元細胞、神經膠質細胞之間相互連接在一起構成的網路；而在人工智慧、電腦科學等學科專業語言環境下的神經網路是指人工神經網路，但是通常也簡稱為神經網路（NN）。

① 人工神經網路的結構　神經網路的結構是由基本的處理單元和各單元間相互連接方式決定的。如圖 4-37 所示的神經網路系統是由權值集、節點集、閾值集和輸出集四部分組成的輸入層、中間層和輸出層三層結構，輸入層為神經網路的數據輸入層，如圖中所示有 $m$ 個輸入變量；輸出層為神經網路的數據輸出層，有 $y^*$ 一個輸入變量，當然也可以在設計上有多個輸出變量；輸入層的節點 $i$ 與中間層（為隱含層）節點 $j$ 之間的連接權重係數為 $w_{ij}$。也可以設計中間層含有兩層或兩層以上隱含層的神經網路，以及按照上下級關係將多個神經網路模塊連接成多級神經網路。

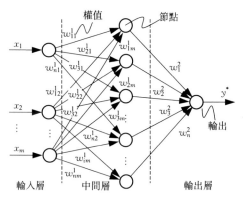

圖 4-37　人工神經網路的結構構成

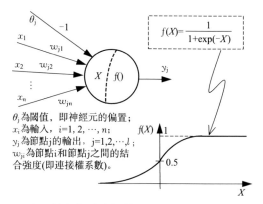

圖 4-38　人工神經網路中的神經元模型及其輸出變換函數例

人工神經網路系統中的神經元模型：如圖 4-38 所示，為一個定義了該神經元（$j$）的 $n$ 個輸入及其與該神經元節點 $j$ 之間連接權係數 $w_{ji}$、輸出變換函數 $f(X)$ 的單個神經元模型。圖中給出的輸出轉換函數實例為「Sigmoid 函數」（即 S 曲線函數）。在進行神經網路設計時，輸出變換函數是可以從常用作神經元輸出變換函

數中選擇或定義的。顯然，人工神經網路系統中的神經元是一個簡單的閾值單元，與複雜的生物神經元有著本質的區別。圖 4-38 所示的神經元 $j$ 的輸出為：

$$y_j = f(X) = f\left(\sum_{i=1}^{n} w_{ji} x_i - \theta_j\right) \tag{4-135}$$

常用的輸出變換函數有：二值函數、S 形函數、雙曲正切形函數等。

② 用於控制的人工神經網路的特性

◆並行分布處理：具有高度的並行結構和並行實現能力，神經網路訓練、學習充分之後可用於即時控制和動態控制。

◆固有的非線性特性，能實現非線性映射關係，使用於非線性控制。

◆具有歸納全部數據能力，能夠解決透過數學建模但又難以建立確定數學模型的問題，並且可以有教師學習和無教師學習兩類人工神經網路應對。

◆適用於複雜、大規模和多變量系統的控制。

◆可由超大規模集成電路設計來實現神經網路硬體計算系統。

◆人工神經網路以其學習、適應、自組織、函數逼近以及大規模並行處理能力，已成為構建智慧控制系統、實現智慧控制的重要技術和方法之一。

③ 人工神經網路的基本類型

人工神經網路基本類型有遞歸（回饋）神經網路和前饋神經網路兩大類，它們的神經網路結構分別如圖 4-39 所示。前者代表性的有：Hopfield 網路、Elmman 網路、Jordan 網路等；後者代表性的有：多層感知機（MLP）、學習矢量化網路（LVQ）、小腦神經網路（CMAC）等。

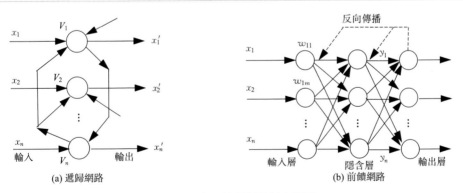

(a) 遞歸網路　　(b) 前饋網路

圖 4-39　人工神經網路基本類型

④ 人工神經網路主要用於學習的算法

人類和靈長類動物等都具有學習能力，學習能力就是根據以往經歷過的實事件中獲得對事物屬性、事物發展規律、解決問題的辦法等的知識，並且能夠利用

這些知識（特別是經驗性的知識）去處理、解決未經歷過的事情和問題的能力。如前所述，神經網路具有歸納全部數據能力，即根據有確定對應關係的輸入與輸出樣本數據集，透過神經網路能夠將這些具體的輸入、輸出樣本數據集泛化成隱式的「非線性的函數」。為便於理解可以這樣來「簡單地」看待神經網路：一維、二維線性插值相信有點兒數學應用基礎的都能理解，還可以進行「三維」、更多維數的 $n$ 維線性插值，還有樣條曲線等。人工神經網路就好比線性插值或樣條曲線一樣，根據自變量數據集對應的輸出的因變量數據集，能夠透過類似於「插值」「樣條曲線」的「神經網路」的方法得到隱式的「非線性函數」。因此，人工神經網路到底是什麼樣的隱式「非線性函數」誰也不知道，無法顯式地表達出來，它是由神經網路結構、各節點與節點之間的連接權值以及輸入數據集及其對應的輸出數據集來決定的。

前面提到一維、二維、多維線性插值、樣條曲線等實際上就是最早的按照已知的線性或非線性關係來對以往的經驗數據進行泛化學習的代表性例子，用線性插值方法來活用實驗數據曲線、數據表的例子在工科教材中比比皆是；而神經網路則是在利用已知樣本數據集訓練人工神經網路各節點間連接權值的訓練、學習過程之後才確定了「非線性插值」隱式函數關係，這種關係在學習、訓練之前是不可能預知的。

用於學習的算法主要有有師學習、無師學習和強化學習三類。

• 有師學習算法。能夠根據期望的輸出與對於給定輸入的網路實際輸出的差來調節神經元間的連接強度（權重），因此，必須給網路期望或目標輸出（樣本）。主要有 $\delta$ 規則、廣義 $\delta$ 規則、反向傳播算法、LVQ 算法等。

• 無師學習算法。不需知道對應於給定輸入的期望輸出即不需樣本，在訓練過程中網路能夠自動地適應連接強度，自行把輸入模式分組聚集。主要算法有 Kohonen 算法、Carpenter-GrossBerg 自適應諧振理論（ART）等。

• 強化學習（reinforcement learning）。不需要預先給出對應於給定輸入的目標輸出，而是採用一個「評價模型」來評價與給定輸入相對應的神經網路輸出的優度（質量因數）。遺傳算法（GA）便屬於強化學習這一類。

• 小腦神經網路（CMAC）[7]　　最初由 Albus 在 1975 年給出一個小腦神經網路（CMAC）的簡易模型。小腦神經網路可以視為一種具有模糊聯想記憶特性監督式（有導師）前饋神經網路。其特點是：操作速度很快，對於即時自適應控制可得到穩定性。其操作特點是「查表」，需要占用較大的儲存空間。

a. CMAC 的基本構成。其基本模塊由三層組成：L1 層、L2 層、L3 層。

L1 層——由關於各輸入 $y_i$ 的「特徵探知」神經元 $Z_{ij}$ 陣列組成。對於在限定範圍內的輸入，每個輸出都是 1，否則是 0。在 L1 層，對於任意輸入 $y_i$，固定數目的神經元（$n_a$ 個）在該層的陣列中都將被啟動。而且該層的神經元將各

輸入進行量化處理。

L2 層——由 $n_v$ 個關聯神經元（association neuron）$a_{ij}$ 組成。這些關聯神經元都是被相關地連接到由層 L1 輸入陣列（$z_{1i}$，$z_{2j}$）所確定的各神經元上。當所有的輸入為非零時，層 L2 的各神經元的輸出都為 1，否則為 0。這些神經元透過計算輸入的邏輯「AND」來精確地啟動 $n_a$ 個神經元。

L3 層——由 $n_x$ 個輸出神經元組成。各輸出 $x_i$ 為層 L2 各輸出與其權重的積之後求和，即：

$$x_i = \sum_{jk} w_{ijk} a_{jk}$$

式中，$w_{ijk}$ 為參數化 CMAC 變換的權重（連接 $a_{jk}$ 至輸出 $i$ 的權重），對於 L2 層的每個關聯神經元存在 $n_x$ 個權重，則總共形成 $n_x n_v$ 個權重。

CMAC 變換算法是基於「查表」的形式給出的，從來沒有使用神經網路的形式。CMAC 網路的結構如圖 4-40 所示。CMAC 網路訓練、學習原理是由使用者為其準備用於訓練 CMAC 網路的「教師」數據集，這些數據集包括已知輸入變量 S 具體數據及相應於這些具體數據的系統實際輸出數據，分別叫做「教師」輸入數據和「教師」輸出數據。教師數據為由實際系統實際運行獲得的規模性試驗數據，這些數據去除「噪音」後用來作為訓練 CMAC 神經網路的輸入和期望的輸出數據來調節網路節點間連接的權值，訓練、學習收斂後的 CMAC 即為泛化和活用這些教師數據之後得到的、用來求解教師數據專業範疇內的系統輸入輸出問題。

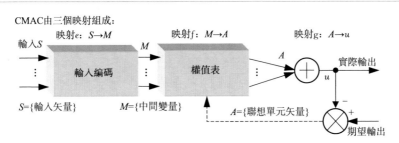

圖 4-40　CMAC 網路的基本模塊圖

b. CMAC 網路的映射變換

• 輸入編碼 $S \to M$ 映射：如圖 4-41 所示。

$$S \to M = \begin{bmatrix} s_1 \to m_1 \\ s_2 \to m_2 \\ \cdots \\ s_n \to m_n \end{bmatrix}$$

$s_i$ 的域可透過量化函數 $q_1$，$q_2$，$\cdots$，$q_k$ 被近似地離散化。每個量化函數把

域分為 $k$ 個間隔。兩個輸入變量 $s_1$ 和 $s_2$ 均由 $0\sim8$ 域內的單位分辨度表示。每個輸入變量的域採用 3 個量化函數來描述。例如 $s_1$ 的域由函數 $q_1$，$q_2$，$q_3$ 描述。$q_1$ 把域分為 $A$，$B$，$C$，$D$ 四個間隔，$q_2$ 給出間隔 $E$，$F$，$G$，$H$，$q_3$ 提供間隔 $I$，$J$，$K$，$L$，即：

$$q_1 = \{A，B，C，D\}$$
$$q_2 = \{E，F，G，H\}$$
$$q_3 = \{I，J，K，L\}$$

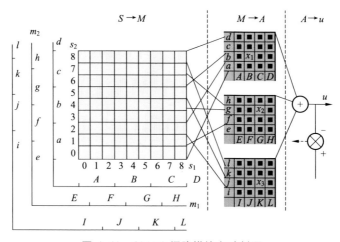

圖 4-41　CMAC 網路模塊內映射圖

對於每個 $s_1$ 的值，存在一元素集合 $m_1$ 為函數 $q_1$，$q_2$ 的交積，使得 $S_1$ 的值唯一地確定 $m_1$ 集合，而且反之亦然。例如，$s_1 = 5$ 映射至集合 $m_1 = \{B, G, K\}$，而且反之亦然。類似地，值 $s_2 = 4$ 映射至集合 $m_2 = \{b, g, j\}$，而且反之亦然。$S{\to}M$ 映射為 CMAC 網路提供了兩個好處。首先，可把單個精確變量 $s_i$ 透過幾個非精確資訊通道傳送，每個通道只傳遞 $s_i$ 的一小部分資訊。這可提高資訊傳送的可靠性。另一個好處是 $s_i$ 值的較小變化不會對 $m_i$ 內的大多數元素產生影響，這導致輸入特性的一般化。對於存在噪音的環境，這一點是很重要的。

- 地址計算 $M{\to}A$ 映射：$A$ 為一與權值表相連繫的地址矢量集合，且由 $m_i$ 的元素組合而成。例如：圖中，集合 $m_1 = \{B, G, K\}$ 和 $m_2 = \{b, g, j\}$ 被組合得到元素集合 $A = \{a_1, a_2, a_3\} = \{Bb, Gg, Kj\}$。對於每個 $s_1$ 的值，存在一元素集合 $m_1$ 為函數 $q_1$，$q_2$ 的交積，使得 $S_1$ 的值唯一地確定 $m_1$ 集合，而且反之亦然。例如 $s_1 = 5$ 映射至集合 $m_1 = \{B, G, K\}$，而且反之亦然。類似地，值 $s_2 = 4$ 映射至集合 $m_2 = \{b, g, j\}$，而且反之亦然。

- 輸出映射 $A{\to}u$ 映射：這一映射包括把查詢權值表和加入地址位置的內

容，以求取網路的輸出值。這就是說，對於那些與 $a$ 內的地址 $a_i$ 有關係的權值求和，例如，這些權值為 $w(Bb)=x_1$，$w(Gg)=x_2$，$w(Kj)=x_3$，於是可得輸出為：

$$u = \sum_i w_i(a_i) \rightarrow u = x_1 + x_2 + x_3 \text{。}$$

綜上所述，CMAC 可以看作圖 4-42 所示的模塊化結構。

圖 4-42　CMAC 模塊

## (4) 強化學習（reinforcement learning）

強化學習的最大特點是完全不需要關於環境與機器人自身的先驗知識資訊的學習方法。機器人一邊感知當前環境的狀態，一邊行動。根據狀態和行動，環境遷移到新的狀態，相應於新的狀態的「獎懲」報酬資訊返還給機器人。機器人根據「報酬」資訊決定下一個行動。強化學習對於為實現自律運動的智慧體來說是非常重要的。其意義在於很大程度上複雜問題求解的可能性將依賴於這種方法。

① 強化學習的構成要素[7]

• 策略。從環境感知到的狀態到該狀態下應該採取的行動映射。為強化學習智慧體的核心，一般具有概率性。

• 報酬函數。它用來定義強化學習問題的目標。粗略地說，該函數把從環境感知到的狀態［即（狀態，行動）對］映射成一個數值化的「報酬」值，該報酬表示了從該狀態所得到的期望程度。強化學習智慧體的唯一目的就是最終使得到的總報酬的最大化。對於智慧體而言，報酬函數定義了所採取行動的結果是好的還是不好的。在生物學的系統裡，常把報酬與「滿足」和「痛苦」連繫在一起。這是智慧體直接面對問題的本質特徵。如此說來，報酬函數一定是智慧體本身所不能變更的，但必須能作為更改策略時的根據來使用。例如，當遵從某一策略採取行動帶來較低的報酬時，就需要改變成能夠採取其他行動的策略。因此，報酬函數一般是概率性的。

• 價值函數。與某一時刻（或狀態）意義上反應行動結果好壞的報酬函數相對應，價值函數則指定了最終什麼是好的。粗略地說，狀態的「價值」是智慧體以該狀態為基點過渡到所期望的將來的過程中，所蓄積的報酬的總量。以「價值

評價」為核心將是今後數十年強化學習研究中重中之重。一些強化學習方法中都是以價值函數的評價為核心而構成的，但是價值函數並不是為解決強化學習問題所絕對必須的。例如，為求解強化學習問題，也可以使用遺傳算法、遺傳程式設計以及其他的函數最佳化方法。

• 環境的模型。這是為模仿環境的舉動而建立的。例如，設狀態和行動被給定，則該模型將預測作為結果生成的下一個狀態和下一個報酬。模型是為了在實際執行行動之前考慮將來可能的狀況而決定動作的方法的意義上所進行的規劃而使用的。

② 強化學習的系統基本模型描述與表達。智慧體與環境構成的強化學習系統基本模型如圖 4-43 所示。為描述該模型，定義如下變量符號：

$S$——可識別的機器人環境狀態集合；

$A$——機器人對環境 $S$ 能夠進行的行動的集合，也稱行為集合；

$s$——環境當前狀態；

$a$——機器人行動，也稱機器人行為；

$s'$——$s$ 的下一狀態，是機器人在 $a$ 行動下得到的狀態；

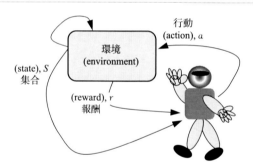

圖 4-43　智慧體（人或機器人）與環境構成的系統基本模型

$T$——此時狀態遷移概率，$T(s,a,s')$；

$(s,a)$——狀態-行動對，也稱狀態-行為對；

$r(s,a)$——報酬函數，一般的強化學習問題是找到對於無限時間的報酬衰減總和最大化的策略；

$f$——策略，是由狀態集合 $S$ 到行動集合 $A$ 的變換。

則「累加報酬」可定義為：

$$\sum_{0}^{\infty}\gamma^{n}r_{t+n}$$

式中，$r_t$ 為在各狀態下，採取策略 $f$ 時的時刻 $t$ 時的報酬；$\gamma$ 為衰減係數，控制將來的報酬對於行動價值給予多大程度的影響，通常為小於 1 的值。

③ 強化學習中的探索性學習方法──Q-學習。設狀態為 $s$，行動為 $a$，把在此之後取最優策略時的累積報酬的期待值或「最優行動價值函數」設為 $Q^*(s,a)$。則，定義 $Q^*(s,a)$ 為：

$$Q^*(s,a) = r(s,a) + \gamma \sum_{s' \in S} T(s,a,s') \max_{a' \in A} Q^*(s',a')$$

最初，遷移概率 $T$ 及報酬 $r$ 是未知的，所以在線逐次更新「行動價值」$Q$。作為初始值從任意值（通常為 0）開始，每採取行動，將 $Q$ 值更新為：

$$Q(s,a) \Leftarrow (1-\alpha)Q(s,a) + \alpha[r(s,a) + \gamma \max_{a' \in A} Q(s',a')]$$

式中，$r$ 為狀態 $s$ 下採取行動為 $a$，時的報酬；$s'$ 為下一狀態；$\alpha$ 為學習率，取為 0～1 間的值。

$Q$ 學習算法的步驟如下。

a. $Q \leftarrow$ 代入行動價值函數的初始值（通常為 0）。

b. 對於當前的狀態 $s$，根據策略 $f$ 選擇並執行行動 $a$（也可以任意選擇）

c. $Q(s,a)$ 的更新

$$Q(s,a) \leftarrow (1-\alpha)Q(s,a) + \alpha[r + \gamma \max_{a' \in A} Q(s',a')]$$

$s'$，$r$ 分別表示下一狀態，即得報酬。

d. 策略 $f$ 的更新找到使 $Q(s,a) = \max_{b \in A} Q(s,b)$ 的行動 $a$，$a \to f(s)$。

e. 行動價值函數及策略判斷出未達到收斂狀態（目標）時，返回到 b。

④ 為用強化學習方法研究機器人行為所作的準備工作

a. 由機器人及其所存在的環境構成系統的模型化：機器人能夠從該環境得到的資訊類型、定義，這些資訊應該是能夠透過現有的各種感測器能夠直接測得的或者是間接地透過相關感測器和數學方法相結合能夠得到的；

合理地定義機器人自身的狀態、環境的狀態及狀態變量 $S = \{s_1, s_2, \cdots, s_n\}$。

b. 明確機器人與環境間相互作用時的各種行為、並且加以定義。

c. 根據機器人行為結果定義報酬函數、策略、價值函數。

d. 根據狀態空間的大小、行為複雜程度選擇合適的強化學習方法。

(5) 軟計算中以模糊理論為基礎的各種方法融合[8,9]

模糊邏輯、神經網路、強化學習以及它們之間算法的相互融合方法是現代機器人智慧控制、參數識別、感測器資訊處理等方面的重要理論基礎與方法。不僅如此，以柔軟化解決問題為目標的軟計算理論中，還有一些更深入的互融研究。

① 模糊系統模型結構的柔軟化：主要的模糊推理方法；柔軟化的模糊關係；模糊規則的合成、適用；帶參數的模糊推理方法等。

② 異質控制規則的合成：不完全知識的定性描述；局部性質的定性綜合；整體控制律的定性解析。

③ 採用模糊相似的有教師學習和無教師學習：基於神經網路的模糊控制系統；二層混合學習算法；模糊相似性測度；在線有教師結構/參數學習算法。

④ 模糊 ARTMAP：在受限製條件下，為進行不斷變化環境下預測的神經網路與模糊理論的融合技術。

⑤ 柔軟製約的傳播和補足。

⑥ 基於知識的模糊控制器。

⑦ 基於階層化模糊模型的異質資訊處理。

⑧ 基於模糊理論和遺傳算法的自適應控制。

⑨ 模糊理論的軟體和硬體應用。

# 4.7　本章小結

這一章主要介紹機器人機構設計、控制系統設計中需要用到的機構學中的數學和力學原理，以及現代數學發展中模糊數學、神經計算、強化學習等的基本原理（用來解決系統設計中複雜、有不確定性影響或者難以精確數學建模等問題）。其中，機器人機構運動學、動力學等理論是用於機器人機構設計、機構最佳化設計以及機器人運動和動力計算模擬的重要數學與力學基礎。模糊集合、模糊運算以及模糊推理、神經網路、強化學習等基本理論與方法、算法是用於進行機器人智慧控制系統設計、控制器設計以及基於行為的運動控制等的智慧控制基礎。

---

# 參考文獻

---

［1］ Zhangchaoqun, Caihegao, Wu Weiguo. Kinematic Model and Identification of Geometric Parameters of Robots. Journal of Haerbin Institute of Technology（English Edition）. 1998: E-5（2）.

［2］ 蔡鶴皋, 張超群, 吳偉國. 機器人實際幾何參數識別與模擬. 中國機械工程.

［3］ Takagi T., Sugeno M. Fuzzy Indentification of System and Its Applications to Modeling and Contiol. IEEE Trans. Sys-Man and Cybern. 1985, SMC-15（1）: 116~132.

［4］ Igor V. Anikin & Igor P. Zinoviev, Kazan National Roseach Technical University named after A. N. Tupolev-KAI, Russia, 2015.

［5］ Igor V. Anikin, Igor P. Zinoviev, Fuzzy Control Based on New Type of Takagi-

Sugeno Fuzzy Inference System. 2015 International Siberian Conference on Control and Communications （SIB-CON）. 2015.

[6] [美]詹姆斯·卡拉特著. 生物心理學. 第10版. 蘇彥捷等譯. 北京: 人民郵電出版社, 2011.

[7] Richard S, Sutton, Andrew G. Barto. Reinforcement Learning: An Introduction[B]

MIT Press in Cambridge, MA. Fourth Printing, 2002: 7~9, 148~149.

[8] Ronald R. Yager, Lofti A. Zadeh. Fuzzy Sets, Neural Networks, and Soft Computing[B]. Van Nostrand Reinhold, A Division of Wadsworth, Inc., 1994.

[9] Russell L. Smith. Intelligent Motion Contiol with an Artificial Cerbellum[D]. New Zealand University[D]. July, 1998.

## 第5章

# 工業機器人操作臂機械本體參數
# 識別原理與實驗設計

## 5.1 平面內運動的 2-DOF 機器人操作臂的運動方程及其應用問題

### 5.1.1 由拉格朗日法得到的 2-DOF 機器人操作臂運動方程

圖 5-1 所示為一實際的水平面內運動的平面連桿開鏈機構的 2-DOF 機器人操作臂模型。該機器人操作臂的參數如下。

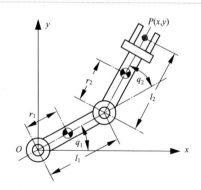

圖 5-1　水平面內運動的 2-DOF 機器人操作臂模型

物理參數：$m_i$，$I_i$ 分別為桿件 $i$ 的質量和繞質心的慣性矩；$l_i$，$r_i$ 分別為桿件 $i$ 的長度和關節 $i$ 到桿件 $i$ 質心的長度；此外，還有關節內相對運動時的靜摩擦、動摩擦等摩擦因數等。

運動參數：$q_i$，$\dot{q_i}$，$\ddot{q_i}$ 分別為關節 $i$ 的角度、角速度及角加速度；$\tau_i$ 為施加在關節 $i$ 上的驅動力矩。

第一關節中心為座標系 $O$-$xy$ 原點，機器人在水平面內運動。

用拉格朗日法可以推導出該機器人操作臂的運動方程式為：

$$M(q)\ddot{q} + C(q,\dot{q}) + B\dot{q} + D(\dot{q}) = \tau \tag{5-1}$$

其中：$q = [q_1, q_2]^T$，$\tau = [\tau_1, \tau_2]^T$；$M(q)\ddot{q}$ 是慣性力項；$C(q,\dot{q})$ 是離心力項；$B\dot{q}$ 是黏性摩擦項；$D(\dot{q})$ 是動摩擦項。

$$M(q) = \begin{bmatrix} M_1 + 2R\cos q_2 & M_2 + R\cos q_2 \\ M_2 + R\cos q_2 & M_2 \end{bmatrix} \tag{5-2a}$$

$$C(q,\dot{q}) = \begin{bmatrix} -2R\dot{q}_1\dot{q}_2\sin q_2 - R\dot{q}_2^2\sin q_2 \\ R\dot{q}_1^2\sin q^2 \end{bmatrix} \tag{5-2b}$$

$$B = \begin{bmatrix} B_1 & 0 \\ 0 & B_2 \end{bmatrix} \tag{5-2c}$$

$$D(\dot{q}) = \begin{bmatrix} D_1\,\mathrm{sgn}(\dot{q}_1) \\ D_2\,\mathrm{sgn}(\dot{q}_2) \end{bmatrix} \tag{5-2d}$$

$$M_1 = I_1 + I_2 + m_1 r_1^2 + m_2(l_1^2 + r_2^2) \tag{5-2e}$$

$$M_2 = I_2 + m_2 r_1^2 \tag{5-2f}$$

$$R = m_2 r^2 l_1 \tag{5-2g}$$

## 5.1.2　機器人操作臂運動方程的用途

式(5-1)是用符號表示的通用的運動方程式，針對一臺實際的工業機器人操作臂，如果不能確定該式其中的物理參數（如慣性力項係數矩陣 M 中的物理參數以及黏性摩擦、動摩擦項係數參數等），則該方程無法在實際應用中有效使用。

如果前述得到的機器人操作臂運動方程式(5-1)能夠完全與現實物理世界中的該機器人操作臂一致，即該方程能夠誤差為零地反映出實際機器人運動或作業時各關節所需要的實際驅動力矩與機器人物理參數、運動參數之間的關係，假設該方程中所有的物理參數都與實際機器人操作臂上存在的真實物理參數誤差為零地一致，則只要按照給定的運動下各關節角、角速度、角加速度等隨時間變化的運動曲線或數據，就能用該方程式計算出為實現上述給定關節運動要求下各關節所需要付出的驅動力矩，也即可以計算出驅動各個關節原動機（如電動機）的驅動力（或驅動力矩）數據（或隨時間變化的驅動力、驅動力矩曲線）。對於電動機驅動而言，進而可以對電動機實施轉矩控制即電流控制，電動機在電腦控制器控制和直流伺服（或交流伺服）驅動器驅動下付出相應於機器人運動所需要的驅動力矩，則機器人能夠誤差為零地實現給定的運動（或給定運動與末端操作力）。

因此，可以用機器人操作臂的運動方程式(5-1) 對機器人操作臂進行基於動力學模型的運動控制器設計。但是，眾所周知，要想誤差為零地得到一個經設計製造、裝配與調試後的實際機械系統的所有物理參數或者其動力學模型是不可能的。製造出的工業機器人操作臂終究會與理論設計結果之間存在誤差，而且一些物理參數還存在不確定性。也就是說完全精確的且可用來進行計算的運動方程是不可能得到的。退而求其次，只能想辦法根據機器人操作臂作業精度（位置精度、操作力的精度等）要求，盡可能尋求獲得與實際機器人機械本體真實物理參數誤差相對小的機器人參數。因此，需要對機器人操作臂進行參數識別以獲得能夠用來對實際機器人操作臂進行計算的運動方程，並用於基於模型的機器人操作臂運動控制方法研究以及運動控制器設計當中。

從運動方程式(5-1) 來看，如果能夠將機器人操作臂的物理參數與運動參數完全分隔開來表達運動方程式中等號左邊的表達式，則可以有下形式：

$$f(P) \cdot \begin{bmatrix} q \\ \dot{q} \\ \ddot{q} \end{bmatrix} = \tau \text{ 或 } f(P) \cdot F(q, \dot{q}, \ddot{q}) = \tau \text{ 或 } F'(q, \dot{q}, \ddot{q}) \cdot f'(P) = \tau$$

式中，$f(P)$、$f'(P)$ 分別為方程式(5-1) 等號左邊機器人機械本體物理參數對關節驅動力矩大小的影響係數矩陣的不同表達形式，這樣的矩陣形式中無運動參數出現；$P$ 是機器人機械本體物理參數矢量。

如果上式能夠被找到，則可以透過對關節施加不同的驅動力矩矢量 $\tau$ 讓機器人運動，經感測器測量或者估計得到所施加的不同驅動力矩矢量下各關節運動參數數據集，則可以得到：

$$f(P) = \tau \cdot G(q, \dot{q}, \ddot{q}) \text{ 或 } f'(P) = F'^{+}(q, \dot{q}, \ddot{q}) \cdot \tau$$

式中，$G(q, \dot{q}, \ddot{q})$、$F'^{+}(q, \dot{q}, \ddot{q})$ 分別為由 $[q\ \dot{q}\ \ddot{q}]^{T}$、$F'(q, \dot{q}, \ddot{q})$ 求得的偽逆陣。

如此，期望透過 $f(P)$ 進一步直接或間接地求解得到獨立的物理參數或物理參數的組合參數。這就是參數識別的基本思想。但是，實際上這樣的運動方程式是很難得到的。

那麼，問題是：假設作為運動數據的關節角矢量 $q(t)$ 和關節輸入力矩 $\tau(t)$ 矢量可以得到，再在構建運動方程式的基礎上識別所需要的參數，能夠誤差為零地得到完全真實地反映實際機器人運動的方程嗎？答案是否定的。

# 5.2 基底參數

為得到運動方程式(5-1) 需要明確必要而且充分的參數。首先，明確屬於各

個桿件的參數集合：
$$P = \{I_1, I_2, m_1, m_2, r_1, r_2, B_1, B_2, D_1, D_2\} \in \boldsymbol{R}^{10} \tag{5-3}$$

若 $\boldsymbol{P}$ 已知，則能確定運動方程式(5-1)；相反，若給出運動方程式(5-1)，能從方程式中確定出 $\boldsymbol{P}$ 麼？答案也是否定的！

$\boldsymbol{P}$ 中不能確定的參數集合為 $\boldsymbol{\rho}$：
$$\boldsymbol{\rho} = \{M_1, M_2, R, B_1, B_2, D_1, D_2\} \in \boldsymbol{R}^7 \tag{5-4}$$

【思考問題】能夠完全確定運動方程式所需要的最低限度的參數集合不只各桿件具有的物理參數（$I_i$，$m_i$ 等），還有各參數之間的耦合參數；相反，即使進行各桿件的物理參數識別實驗，也不能完全確定其他參數，也就不能完全確定運動方程式。為什麼？

【定義】設幾何參數已知，則把為確定給定機器人操作臂的運動方式所需要的而且是足夠的參數的集合定義為基底參數。

# 5.3 參數識別的基本原理

## 5.3.1 逐次識別法

這裡以水平面內運動的 2-DOF 兩桿機器人為例說明其識別原理。

逐次識別法是對多自由度操作臂的 1 自由度（最多 2 個自由度）各軸逐次進行參數識別實驗運動的識別方法。

對於水平面內運動的 2-DOF 兩桿機器人要識別的參數集合為：
$$\boldsymbol{\rho} = \{M_1, M_2, R, B_1, B_2, D_1, D_2\} \in \boldsymbol{R}^7$$

（1）第一步識別：$\boldsymbol{\rho}_1 = \{M_2, B_2, D_2\}^{\mathrm{T}}$

如圖 5-2 所示，先固定（電動機停止、保持力矩狀態）第一軸，讓第二軸單獨運動（盡可能為一般運動），此時運動方程式為：
$$M_2 \ddot{q}_2(t) + B_2 \dot{q}_2(t) + D_2 \mathrm{sgn}(\dot{q}_2(t)) =$$
$$\begin{bmatrix} \ddot{q}_2(t) & \dot{q}_2(t) & \mathrm{sgn}(\dot{q}_2(t)) \end{bmatrix} \cdot \begin{bmatrix} M_2 \\ B_2 \\ D_2 \end{bmatrix} = \tau_2(t) \tag{5-5}$$

數據處理框圖如圖 5-3 所示。

測定在時刻 $t = t_1, t_2, \cdots, t_N$ 時的下述所有值（$N \geqslant 3$）：$\{q_2(t), \dot{q}_2(t), \ddot{q}_2(t), \tau_2(t)\}$，由式(5-5)得下式：
$$A_N \boldsymbol{\rho}_1 = \boldsymbol{y}_N \tag{5-6}$$

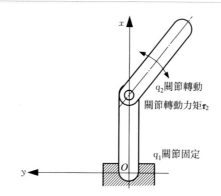

圖 5-2　2-DOF 機器人操作臂第二軸單獨運動

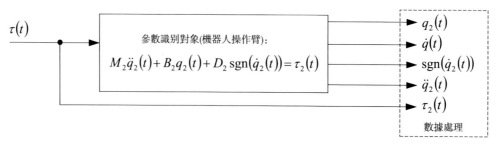

圖 5-3　數據處理框圖

其中:

$$A_N = \begin{bmatrix} \ddot{q}_2(t_1) & \dot{q}_2(t_1) & \text{sgn}(\dot{q}_2(t_1)) \\ \vdots & \vdots & \vdots \\ \ddot{q}_2(t_N) & \dot{q}_2(t_N) & \text{sgn}(\dot{q}_2(t_N)) \end{bmatrix}, \boldsymbol{\rho}_1 = \begin{bmatrix} M_2 \\ B_2 \\ D_2 \end{bmatrix}, \mathbf{y}_N = \begin{bmatrix} \tau_2(t_1) \\ \vdots \\ \tau_2(t_N) \end{bmatrix}$$

(5-7)

由最小二乘法計算 $\boldsymbol{\rho}_1$ 的解 $\hat{\boldsymbol{\rho}}_1$:

$$\boldsymbol{\rho}_1 = (A_N^\mathrm{T} \cdot A_N)^{-1} A_N^\mathrm{T} \cdot \mathbf{y}_N$$

(5-8)

(2) 第二步識別: $\boldsymbol{\rho}_2 = \{M_1, B_1, D_1\}^\mathrm{T}$

固定第二軸在適當的姿勢（有 2 種情況），讓第一軸單獨運動。

① 第一種情況如圖 5-4(a) 所示，讓第二軸固定在 $0°$，讓第一軸運動，其運動方程式為:

$$(M_1 + R)\ddot{q}_{a1}(t) + B_1\dot{q}_{a1}(t) + D_1\text{sgn}(\dot{q}_{a1}(t)) =$$

$$\begin{bmatrix} \ddot{q}_{a1}(t) & \dot{q}_{a1}(t) & \mathrm{sgn}(\dot{q}_{a1}(t)) \end{bmatrix} \begin{bmatrix} M_1+2R \\ B_1 \\ D_1 \end{bmatrix} = \tau_{a1}(t) \tag{5-9}$$

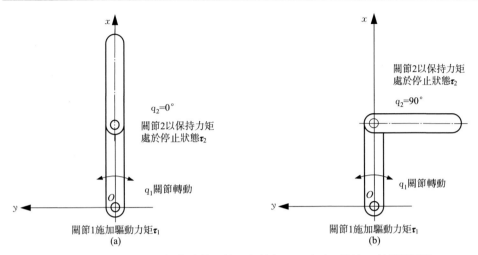

圖 5-4　2-DOF 機器人操作臂第二軸固定並在不同臂形下讓第一軸單獨運動

測定在時刻 $t=t_1,t_2,\cdots,t_N$ 時的下述所有值（$N\geqslant3$）：$\{q_{a1}(t),\dot{q}_{a1}(t),\ddot{q}_{a1}(t),$ $\tau_{a1}(t)\}$，由式(5-5) 得下式：

$$\boldsymbol{A}_{aN} \begin{bmatrix} M_1+2R \\ B_1 \\ D_1 \end{bmatrix} = \boldsymbol{y}_{aN} \tag{5-10}$$

其中：

$$\boldsymbol{A}_{aN} = \begin{bmatrix} \ddot{q}_{a1}(t_1) & \dot{q}_{a1}(t_1) & \mathrm{sgn}(\dot{q}_{a1}(t_1)) \\ \vdots & \vdots & \vdots \\ \ddot{q}_{a1}(t_N) & \dot{q}_{a1}(t_N) & \mathrm{sgn}(\dot{q}_{a1}(t_N)) \end{bmatrix}, \boldsymbol{y}_{aN} = \begin{bmatrix} \tau_{a1}(t_1) \\ \vdots \\ \tau_{a1}(t_N) \end{bmatrix} \tag{5-11}$$

由式(5-10)，$\{M_1+2R,B_1,D_1\}$ 的最小二乘解為：

$$\begin{bmatrix} \hat{M}_1+2\hat{R} \\ \hat{B}_1 \\ \hat{D}_1 \end{bmatrix} = (\boldsymbol{A}_{aN}^{\mathrm{T}} \cdot \boldsymbol{A}_{aN})^{-1} \boldsymbol{A}_{aN}^{\mathrm{T}} \cdot \boldsymbol{y}_{aN} \tag{5-12}$$

② 第二種情況如圖 5-4(b) 所示，讓第二軸固定在 90°（控制驅動該關節的伺服電動機使關節轉動到 90°位置後處於停止、保持力矩狀態），讓第一軸運動

［也是一般性的運動，辦法是可以用隨機生成的限幅隨機電流（與驅動力矩曲線的關係是伺服電動機的力矩常數倒數）作為操作量輸出並施加給電動機，讓其驅動關節作一般性的、非特定的隨機運動］，其運動方程式為：

$$M_1\ddot{q}_{b1}(t) + B_1\dot{q}_{b1}(\mathrm{t}) + D_1\,\mathrm{sgn}(\dot{q}_{b1}(t)) =$$

$$\begin{bmatrix} \ddot{q}_{b1}(\mathrm{t}) & \dot{q}_{b1}(t) & \mathrm{sgn}(\dot{q}_{b1}(t)) \end{bmatrix} \begin{bmatrix} M_{b1} \\ B_{b1} \\ D_{b1} \end{bmatrix} = \tau_{b1}(t) \tag{5-13}$$

測定在時刻 $t = t_1, t_2, \cdots, t_N$ 時的下述所有值（$N \geqslant 3$）：$\{q_{b1}(t), \dot{q}_{b1}(t), \ddot{q}_{b1}(t), \tau_{b1}(t)\}$，由式(5-5) 得下式：

$$\boldsymbol{A}_{bN} \begin{bmatrix} M_1 \\ B_1 \\ D_1 \end{bmatrix} = \boldsymbol{y}_{bN} \tag{5-14}$$

其中：

$$\boldsymbol{A}_{bN} = \begin{bmatrix} \ddot{q}_{b1}(t_1) & \dot{q}_{b1}(t_1) & \mathrm{sgn}(\dot{q}_{b1}(t_1)) \\ \vdots & \vdots & \vdots \\ \ddot{q}_{b1}(t_N) & \dot{q}_{b1}(t_N) & \mathrm{sgn}(\dot{q}_{b1}(t_N)) \end{bmatrix}, \boldsymbol{y}_{bN} = \begin{bmatrix} \tau_{b1}(t_1) \\ \vdots \\ \tau_{b1}(t_N) \end{bmatrix} \tag{5-15}$$

由式(5-14)，$\{M_1, B_1, D_1\}$ 的最小二乘解為：

$$\begin{bmatrix} \hat{M}_1 \\ \hat{B}_1 \\ \hat{D}_1 \end{bmatrix} = (\boldsymbol{A}_{bN}^{\mathrm{T}} \cdot \boldsymbol{A}_{bN})^{-1} \boldsymbol{A}_{bN}^{\mathrm{T}} \cdot \boldsymbol{y}_{bN} \tag{5-16}$$

由第二步的式(5-12)、式(5-14)，$\hat{B}_1$，$\hat{D}_1$ 可直接得到 $\hat{R}_1$：

$$\hat{R} = \frac{(\hat{M}_2 + 2\hat{R}) - \hat{M}_2}{2} \tag{5-17}$$

至此，所有參數識別完畢。

## 5.3.2　同時識別法

同時識別法就是讓機器人操作臂的所有關節同時運動，並識別所有基底參數的參數識別方法。其基本方法是將式(5-1) 給出的機器人操作臂運動方程式 $\boldsymbol{M}(\boldsymbol{q})\ddot{\boldsymbol{q}} + \boldsymbol{C}(\boldsymbol{q}, \dot{\boldsymbol{q}}) + \boldsymbol{B}\dot{\boldsymbol{q}} + \boldsymbol{D}(\dot{\boldsymbol{q}}) = \boldsymbol{\tau}$ 寫成：將機器人操作臂運動參數部分與機器人操作臂機械本體物理參數部分分解開顯現的線性化表示的諸如 $\boldsymbol{F}'(\boldsymbol{q}, \dot{\boldsymbol{q}}, \ddot{\boldsymbol{q}}) \cdot \boldsymbol{f}'(\boldsymbol{P}) = \boldsymbol{\tau}$ 的形式，進而利用偽逆陣及最小二乘法可得到為求解出物理參數的

$f'(\boldsymbol{P}) = \boldsymbol{F'}^{+}(\boldsymbol{q}, \dot{\boldsymbol{q}}, \ddot{\boldsymbol{q}}) \cdot \boldsymbol{\tau}$ 形式，對於 2-DOF 操作臂：

$$\boldsymbol{M}(\boldsymbol{q})\ddot{\boldsymbol{q}} + \boldsymbol{C}(\boldsymbol{q}, \dot{\boldsymbol{q}}) + \boldsymbol{B}\dot{\boldsymbol{q}} + \boldsymbol{D}(\dot{\boldsymbol{q}})$$

$$= \begin{bmatrix} \ddot{q}_1 & \ddot{q}_2 & 2\ddot{q}_1\cos q_2 + \ddot{q}_2\cos q_2 - 2R\dot{q}_1\dot{q}_2 - \dot{q}_2^2\sin q_2 & \dot{q}_1 & 0 & \mathrm{sgn}\dot{q}_1 & 0 \\ 0 & \ddot{q}_1 + \ddot{q}_2 & \ddot{q}_1\cos q_2 + \dot{q}_1^2\sin q_2 & 0 & \dot{q}_2 & 0 & \mathrm{sgn}\dot{q}_2 \end{bmatrix}$$

$$\cdot \begin{bmatrix} M_1 & M_2 & R & B_1 & B_2 & D_1 & D_2 \end{bmatrix}^{\mathrm{T}} = \boldsymbol{\tau} = \begin{bmatrix} \tau_1 & \tau_2 \end{bmatrix}^{\mathrm{T}}$$

$$(5\text{-}18)$$

與前述的逐次識別法同理，如果能夠透過位置/速度感測器甚至於角加速度感測器檢測（或者參數識別精度要求不高的情況下由位置/速度感測器估算角加速度）得到各關節（或各關節驅動電動機）在 $t = t_1, t_2, \cdots, t_N$ 時刻下所有的運動參數數據集合：

$$\{q_i(t), \dot{q}_i(t), \ddot{q}_i(t)\}, \quad (i = 1, 2, \cdots, n)$$

式中，$n$ 為機器人操作臂自由度數或主動驅動關節數，對於 2-DOF 平面運動操作臂，$n = 2$。

對於機器人操作臂參數識別而言，各主驅動關節的驅動力矩由伺服電動機提供，而且一般是透過給電動機繞組施加隨時間變化的限幅隨機電流或指定隨時間變化曲線關係的電流的力矩控制方式，是參數識別實驗前設計好的，因此，參數識別實驗過程中機器人操作臂各關節的驅動力矩 $\tau_i$（或嚴格地說是電動機輸出的驅動力矩 $\tau_{motor\text{-}i}$）可當成已知量。因此，參數識別下已知的機器人操作臂運動和動力參數的集合為：

$$\{q_i(t), \dot{q}_i(t), \ddot{q}_i(t), \tau_i\}, (i = 1, 2, \cdots, n)$$

因此，由式(5-18)可得：

$$\boldsymbol{A}_N \cdot \boldsymbol{\rho} = \boldsymbol{y}_N \qquad (5\text{-}19)$$

其中：

$$\boldsymbol{A}_N = \begin{bmatrix} \ddot{q}_1(t_1) & \ddot{q}_2(t_1) \\ 0 & \ddot{q}_1(t_1) + \ddot{q}_2(t_1) \\ \vdots & \vdots \\ \ddot{q}_1(t_N) & \ddot{q}_2(t_N) \\ 0 & \ddot{q}_1(t_N) + \ddot{q}_2(t_N) \end{bmatrix}$$

$$2\ddot{q}_1(t_1)\cos q_2(t_1) + \ddot{q}_2(t_1)\cos q_2(t_1) - 2R\dot{q}_1(t_1)\dot{q}_2(t_1) - \dot{q}_2^2(t_1)\sin\dot{q}_2(t_1)$$

$$\ddot{q}_1(t_1)\cos q_2(t_1) + \dot{q}_1^2(t_1)\sin\dot{q}_2(t_1)$$

$$\vdots$$

$$2\ddot{q}_1(t_N)\cos q_2(t_N) + \ddot{q}_2(t_N)\cos q_2(t_N) - 2R\dot{q}_1(t_N)\dot{q}_2(t_N) - \dot{q}_2^2(t_N)\sin\dot{q}_2(t_N)$$

$$\ddot{q}_1(t_N)\cos q_2(t_N) + \dot{q}_1^2(t_N)\sin\dot{q}_2(t_N)$$

$$\begin{bmatrix} \dot{q}_1(t_1) & 0 & \mathrm{sgn}\dot{q}_1(t_1) & 0 \\ 0 & \dot{q}_2(t_1) & 0 & \mathrm{sgn}\dot{q}_2(t_1) \\ \vdots & \vdots & \vdots & \vdots \\ \dot{q}_1(t_N) & 0 & \mathrm{sgn}\dot{q}_1(t_N) & 0 \\ 0 & \dot{q}_2(t_N) & 0 & \mathrm{sgn}\dot{q}_2(t_N) \end{bmatrix}_{2N \times 7} \tag{5-20}$$

$$\boldsymbol{y}_N = \begin{bmatrix} \tau_1(t_1) \\ \tau_2(t_1) \\ \vdots \\ \tau_1(t_N) \\ \tau_2(t_N) \end{bmatrix}_{2N \times 1} \tag{5-21}$$

$\boldsymbol{\rho} = \{M_1, M_2, R, B_1, B_2, D_1, D_2\} \in \boldsymbol{R}^7$ 即 $\boldsymbol{\rho} = \begin{bmatrix} M_1 & M_2 & R & B_1 & B_2 & D_1 & D_2 \end{bmatrix}^{\mathrm{T}}$，則利用最小二乘法可解得機器人操作臂基底參數 $\boldsymbol{\rho}$ 的最小二乘解為：

$$\boldsymbol{\rho} \approx \hat{\boldsymbol{\rho}} = (\boldsymbol{A}_N^{\mathrm{T}} \cdot \boldsymbol{A}_N)^{-1} \boldsymbol{A}_N^{\mathrm{T}} \cdot \boldsymbol{y}_N \tag{5-22}$$

## 5.3.3 逐次識別法與同時識別法的優缺點討論

逐次識別法與同時識別法的優缺點對比如下。

① 逐次識別法所用運動數據是在每次僅讓一個關節運動而其他關節不動的情況下得到的，顯然，所得運動數據對各關節同時運動下物理參數對各關節運動耦合影響的反映不如同時識別法充分，參數識別的誤差累積成分相對較大，往往需要多次識別。但是逐次識別法每次僅單一關節運動，每次計算量相對少且簡單。

② 同時識別法是所有關節同時運動下獲得的運動數據，物理參數對所有關節運動耦合的影響體現相對充分，但是，由於參數識別下的運動控制的即時性要求、運動的光滑連續性以及採樣週期所決定，參數識別開始到結束的時間 $t$ 被離散化成 $N$ 份，$N$ 的整數值較大，由公式(5-20) 可以看出，$\boldsymbol{A}_N$ 一般為 $2N \times 7$ 矩陣，而且對於機器人操作臂自由度數為 $n$、基底參數的個數為 $m$ 時，$\boldsymbol{A}_N$ 將為 $(n \times N) \times m$ 大規模矩陣。因此，機器人操作臂自由度數、基底參數個數越多、採樣週期越短，則數據處理中的矩陣運算規模越大。

根據上述分析，實際進行參數識別時，需要綜合考慮機器人操作臂控制精度要求、速度高低以及是否需要進行在線或離線參數識別等因素來選擇逐次識別法還是同時識別法。

# 5.4 參數識別實驗前需考慮的實際問題

由前述可知，機器人操作臂參數識別是在利用理論力學中拉格朗日方程法或者牛頓-歐拉方程法獲得運動方程理論基礎上，結合參數識別實驗獲得運動數據和運用參數識別算法（如最小二乘法）對運動數據進行處理後獲得基底參數的。其中，實驗是不可缺少的，而且要想盡可能準確地獲得實際機器人機械本體的物理參數或基底參數，成功地進行參數識別實驗，就必須考慮機器人的實際情況。

① 參數識別實驗中，逐次識別法、同時識別法一般都需要機器人關節的運動是一般的、帶有隨機性的運動，為的是盡可能避免識別出的物理參數或基底參數解陷入局部最優（次優）解而降低甚至於失去一般性。因此，為得到具有一般性的關節運動，需要對驅動各關節的伺服電動機施加限幅隨機變化的電流訊號即對電動機進行力矩控制，讓電動機驅動關節運動，然後由關節或電動機上的位置/速度感測器甚至角加速度感測器獲得各關節位置、速度、加速度運動參數。

② 由於對於驅動各關節的伺服電動機採用限幅隨機生成的電流指令進行力矩控制，事先並不能預知各關節運動的實際情況，這對於機器人操作臂本身或者參數識別實驗現場機器人操作臂周圍的環境以及人員都是一件危險的事情。因此，為安全起見，對於非整周回轉的關節而言，有必要設置限位行程開關或者根據回轉位置感測器測量是否將接近關節回轉極限位置而對關節執行製動控制，以確保機器人不發生機械碰撞；而且在參數識別實驗進行過程中，周圍環境中的物體以及人員應該處於機器人操作臂工作空間之外。

③ 參數識別實驗之前需要做好參數識別方法的選擇以及充分的實驗設計。

# 5.5 本章小結

為使用機器人系統的動力學方程進行控制系統中所需的逆動力學計算，需要獲得實際機器人的盡可能準確的實際物理參數或者多參數複合型的參數值（實際只能獲得近似值），本章講述了機器人參數識別的最基本的方法，即參數識別實驗與參數識別最小二乘法算法相結合的逐次識別法和同時識別法。結合 2-DOF 的操作臂給出了詳細的參數識別方法和過程，同時給出了這兩種方法的優缺點以及參數識別實驗需要注意的安全事項。這一章的方法雖然是以 2-DOF 操作臂為例講述的，但是，對於 $n$ 自由度機器人操作臂或其他類型的機器人參數識別同樣有效。但需在參數識別之前做好參數識別的實驗設計，如 3-DOF 平面操作臂

可以採用類似於 2-DOF 平面操作臂的方法，將 3-DOF 操作臂當作一個 2-DOF 操作臂和一個 1-DOF 臂桿。另外，參數識別過程中，各個固定的關節的角度位置可以採用更細的劃分，如 30°、60°、90°、120°、150°、180°、210°、240°、270°、300°等，當然需要的實驗次數越多，參數識別的結果就越準確。另外，還可以將不同關節位置和構形下的參數識別結果數據儲存成數據表的形式，然後可以在逆動力學計算中透過查表和插值方法來使用最接近參數識別實驗位置和構形下的參數值。顯然，參數識別的實驗設計並不是一成不變的，有多種不同構形組合的實驗設計。參數識別實驗設計者也可以從中找到相對而言更有效的構形設計和構形組合。也可以採用參數識別實驗輸入、輸出數據訓練人工神經網路（ANN）或常用的小腦神經網路（CMAC）等方法獲得泛化的機器人參數識別神經網路模塊，來確定機器人逆動力學計算所需的物理參數或物理參數的組合參數。

## 第6章

# 工業機器人操作臂伺服驅動與控制系統設計及控制方法

## 6.1 工業機器人操作臂驅動與控制硬體系統構建

### 6.1.1 機器人系統體系結構設計需要考慮的問題

工業機器人系統體系結構可以分為單臺機器人系統結構和多臺機器人系統結構兩類。

即便是單臺機器人系統也涉及其系統結構問題，對於機械系統總體結構，由移動、操作功能或者是兩者兼而有之三種類型來決定，除非機器人本身原動機驅動類型不同，否則機械系統總體結構對於驅動與控制系統結構的硬體影響不會有本質上的區別。簡單地說，伺服電動機驅動與控制技術對於所有的電動驅動的各類機器人的驅動與控制系統都是共通的。因此，除系統功能這一最大決定因素之外，影響機器人系統體系結構的另一個重要因素是電腦與通訊系統，當然，這裡所說的電腦包括以 CPU 為核心的所有各類用於機器人控制的電腦，它以硬體和軟體兩種方式影響並決定著機器人控制系統結構、系統即時性和響應時間。

多臺套機器人系統構成的多機器人系統體系結構設計包括：按移動、操作兩大主題功能和多機器人系統總體功能布局的各機器人類型選型設計、系統總體控制方案與控制系統結構設計、通訊系統設計、軟體開發平臺設計。

按移動與操作兩大主題功能，設計工業生產用多機器人系統時，首先需要最佳化設計其系統構成中移動機器人臺數、機器人操作臂臺套數以及最佳總體作業性能下的各機器人作業能力要求。尤其對於以現有工業機器人產品市場中選型選購設計，即以市場已有產品為基礎進行系統總體集成化的方案設計，屬於從模塊化系列化產品選型中進行系統最佳化組合類多目標最佳化設計工作。多目標最佳

化設計是指包括追求系統總體性能最優、成本最低、系統使用壽命最佳等多個最佳化目標下的多產品多目標最佳化組合設計。

多機器人系統按大系統中機器人類型是否相同又可以分為同類多機器人系統和異類多機器人系統。同類多機器人系統中各臺機器人系統之間還涉及控制系統設計方式的不同，如採用 PLC 控制的機器人、採用 PC 機控制的機器人，採用 PC 機控制的機器人還可能所用電腦操作系統軟體平臺的不同等。

多臺機器人系統結構按時間軸和作業是否各自獨立工作又可以分為系統作業過程協調但各自獨立工作的多臺機器人系統和作業協調非獨立工作的多臺機器人系統。前者各機器人系統之間不涉及相互通訊和協調；後者則是在作業過程中涉及各機器人系統之間的相互通訊與協調。

此外，單臺、多臺機器人系統設計時還需要考慮是否涉及人-機器人交互問題。這種人-機器人交互不僅是人-機器人透過電腦螢幕界面交互問題，還涉及人-機器人現場合作、交流的所有問題。

無論單臺機器人系統還是多臺機器人系統都涉及機器人的電腦控制方式的問題。在機器人系統結構層次上討論這一問題的實質性問題實際上是 CPU 與 CPU 之間通訊方式決定下的機器人系統本身所有資源的利用和控制系統結構構成的問題，並且最後終結於機器人系統的即時性和響應時間這一問題上來。即時性和響應時間直接決定了即時性要求高的機器人在現實物理世界作業空間中能否實現控制目標的第一要素。對於來自作業對象或環境的外部「刺激」訊號，如果不能在極其有限的時間內「即時」地響應就是錯過了最佳的控制時間和機會，小則定位誤差累積、失穩振盪和噪音，大則導致機器人不能自我保護或保護作業對象物、環境。對機器人控制系統即時性要求的高低取決於作業要求。

## 6.1.2　集中控制

在第 2 章的 2.6.2.1 節講述了以 PC 機（個人電腦）為主控器的集中控制方式下的控制系統硬體構成與技術，是本節的集中控制系統設計時的硬體系統構成技術基礎。這一節主要講述集中控制系統的設計方式以及什麼情況下設計成集中控制方式的軟硬體問題。

集中控制可以一臺或幾臺電腦作為主控電腦系統，透過 PCI 總線介面板卡（或 PCI 總線擴展箱）、USB 介面等「中介」實現主控電腦與其所需的外部資源設備之間進行的資訊輸入與輸出。它取決於主控電腦本身輸入輸出（I/O）口數以及中斷處理能力、外部設備數據處理與通訊速度、數據維數、地址等，更重要的是主控電腦還擔負著基於模型的控制系統的控制器的計算與控制訊號輸出的任務。因此，集中控制方法好比整個控制系統的總管，它需要在電腦即時操作系統下來完成

整個控制系統的軟、硬體的即時控制工作。因此，集中控制系統設計的關鍵在於電腦即時控制軟體系統（RTOS）、與所有外部設備資源鏈接的電腦介面板卡設計與開發技術以及按控制律設計的控制器算法三個方面。

對於工業機器人操作臂系統，以現在的電腦計算速度，PC 機作為主控器硬體，採用基於模型的控制方法來控制六軸以內（即 6 自由度及以內）的機器人操作臂完成末端操作器在現實物理世界三維自由空間內的作業，實現控制週期為幾毫秒至十幾毫秒的即時運動控制是沒有問題的。但是，如果控制系統需要視覺、力覺等感測器的回饋量來實現力反射控制、視覺位置伺服控制，則感測器資訊處理耗時，即時控制週期會變長，取決於總的控制週期是否能滿足機器人作業即時性運動要求。對於要求控制週期嚴格、時間短（如控制週期幾毫秒）的機器人視覺伺服系統，圖像處理速度可能需要花費大量的時間（具體取決於作業對象物或環境的視覺資訊或圖像的複雜程度），需要採用高速、多層神經網路技術來實現幾毫秒級 1 幀的圖像處理速度，以滿足視覺伺服下的機器人運動控制的即時性要求；如果用一臺 PC 機難以完成幾毫秒的即時控制要求，可以採用兩臺或多臺電腦分別進行多個視覺、力矩等感測器系統的感測器資訊處理系統，PC 機可以透過局域網路連接在一起以通訊的方式來傳遞數據資訊。

對於一般的工廠自動化工廠或生產線上應用的工業機器人操作臂而言，如果是搬運、焊接等簡單作業，由於末端操作器作業運動軌跡都是事先規劃好的簡單軌跡，採用 PC 機作為機器人作業管理器（管理一臺或多臺機器人作業）和 PLC 順序控制器（主控器）即可實現機器人操作臂的作業即時控制。

對於一般的工廠自動化工廠或生產線上應用的自主移動的輪式、履帶式移動機器人而言，可以用一臺 PC 機或者是高性能的單片機作為主控電腦搭載在移動機器人上作為主控電腦，搭載在移動機器人本體上的還有 I/O 介面板卡、視覺、位置/速度感測器等感測系統、無線訊號發送與接收系統等，從而構成自主的移動機器人系統。

對於多自由度的集成化全自立型腿足式移動機器人系統而言，採用集中控制的方式則需要將搭載在機器人本體上的 PC 機系統硬體拆解後重新布置在移動機器人本體上，如果機器人機械本體上的空間充足，則可以選用電腦作為主控器下的 I/O 介面類板卡產品搭建控制系統的軟硬體系統，否則，需要自行設計、開發多軸運動控制介面板卡，如果一臺 PC 機難以滿足視覺等感測器資訊處理與運動控制系統計算的即時性要求，則需要採用兩臺或兩臺以上的 PC 機，其中一臺作為運動控制的主控制器電腦，其餘的 PC 機用來處理視覺、力覺等多感測器以及無線通訊資訊處理與計算系統。顯然，主控電腦與其他 PC 機或單片機之間必須以 CAN 總線等連接進行通訊。

總而言之，集中控制方式是以一個或多個 CPU 為核心集中處理和利用來自

所有外部 I/O 資源（廣義的 I/O，即所有進入電腦和從電腦輸出給外設的資訊，含數據、指令和地址）的資訊並用於機器人運動控制計算的控制方式。採用以 PC 機為主控電腦的集中控制方式的目的除了統籌和控制所有的外部設備之外，最重要的是發揮 PC 電腦的暫存記憶體大、運算速度快、外部儲存器容量大、高級程式設計語言編程、編譯、鏈接控制程式開發資源豐富等優勢，尤其是運用本章講述的基於模型的控制方法設計控制器（相對於主控制器硬體而言的運動控制律、控制算法程式軟體模塊），需要運用經過離線參數識別或在線參數識別下的機器人運動學、動力學方程進行大量計算，而且對於有在線即時運動控制作業要求的機器人而言，一個控制週期內完成一次逆運動學、逆動力學計算等所經歷的時間必須滿足比控制週期更短時間內即時地完成。對於以 PC 機或高級單片微型電腦等作為主控制器的集中控制系統而言，一個控制週期是指從一個輸入給控制器（控制系統）的輸入指令發出後，逆運動學/逆動力學/（正運動學，某些控制方法需要正運動學計算）等計算時間、主控制器（控制算法程式）輸出操作量值的時間、所有感測器數據同期採樣時間最大值、給控制器的回饋控制狀態量計算及其與期望值偏差計算時間、伺服電動器驅動和控制器軟硬體接收操作量值並進行硬體控制和功率放大後產生給被控對象的操作量物理訊號［電壓（速度）或電流（力或力矩）］作用於原動機的時間之和。原動機完成一個控制週期內的動作標誌著一個控制週期的結束。因此，一個控制週期是指一次控制系統控制指令的輸入開始到原動機執行該次控制指令完畢所經歷的時間。以二進製編碼和邏輯運算原理的數位電腦作為主控制器的控制系統是離散的、非連續的數位控制，控制週期越短，原動機運動越光滑，控制精度相對而言就越高。

集中控制方式的優點是所有作業參數、控制指令、外部設備資源的通訊和管控、即時控制、除原動機底層驅動與控制器 PID 控制算法以及嵌入感測器系統 DSP 數據處理以外的所有計算都由作為集中控制的主控器電腦來完成，便於統一協調控制，資源利用率高，相對可以降低成本。外部設備的輸入/輸出介面軟硬體負擔較重，一般宜採取設計、研發集成化的多軸運動控制卡的方式，可以獲得最佳的集成度，適用於對主控系統集成化程度、體積空間緊湊性等集成化小型化要求高的場合，如全自立自主的多自由度移動機器人系統。集中控制方式宜採用 CPU 主板暫存記憶體大、運算速度快、尋址範圍寬、外部設備擴展能力強（尤其是主板上預留的擴展槽或 USB 插口數）、主板布局結構緊湊、散熱能力強或添加外掛散熱部件的電腦。以 PC 機作為主控器的集中控制方式可以充分利用 PC 機的各種軟硬體以及人機互動資源，但擴展能力有限，電源供電容易受到 PC 機電源的限製，需要充分考慮主板上提供和可以利用的電壓、電流驅動能力是否充足。

對於通常的工業機器人操作臂系統不要求也沒有必要要求機器人本體、控制系統、感測系統、電源、液壓源（液壓泵站系統）、氣動動力源（壓縮機、氣泵

泵站系統）等集成在機器人操作臂本體上，因此，其集中控制系統設計與搭建在合理選購市場上工業機器人相關部件產品即可實現，因此，工業機器人操作臂系統構建方案容易實現。例如，若不選用工業機器人系統產品製造商生產的機器人操作臂整套系統，自行設計工業機器人操作臂機械本體的情況下，控制系統可以選配 PC 機作為主控器、選擇現有的機器人用多路運動控制卡及擴展箱 PMAC、UMAC 等搭建機器人集中運動控制系統，也可以自行設計、研發基於 USB、PCI 總線的多軸運動控制卡及擴展箱。但其元器件的產業基礎如高級 DSP、高級單片機以及集成化運動控制卡的電路板卡自主設計與製作技術、嵌入式系統軟硬體設計技術是關鍵技術基礎。

對於工業用移動機器人而言，輪式、履帶式移動機器人的集中控制方式易於實現。由於其自由度數較少，計算量相比機器人操作臂、腿足式機器人小得多，更多的計算量是環境或作業對象物的視覺系統圖像處理算法、導航定位算法的計算量。主控電腦、感測系統、驅動與控制系統、直流電源及電源管理系統搭載在輪式、履帶式移動機器人的機械本體上而成為全自立自主的集成化移動機器人系統，相對於腿足式移動機器人而言，輪式、履帶式以及搭載機器人操作臂的此類移動機器人系統的集成化易於實現，集成化的空間結構限製遠沒有腿足式移動機器人那麼嚴格。因此，選購市面上的 PC 機作為主控制器即可，如果 PC 機 I/O 資源不足，選購市面上販賣的 I/O 擴展板卡及擴展箱即可容易地搭建主控電腦系統。

對於包括雙足以及多足步行機器人在內的工業用腿足式移動機器人而言，自由度數多（少則十幾個多則數十個自由度），基於模型的控制方法計算量較大，即時控制要求嚴格，運動控制週期一般在幾毫秒至十幾毫秒不等，對於運動穩定性（高速動態步行穩定性、爬坡步行穩定性、快速移動運動穩定性等）要求嚴格，則控制週期以及即時運動控制要求更為嚴格，其根源在於處於運動穩定臨界狀態時的快速響應與足夠的額外驅動力矩產生加減速慣性運動平衡恢復能力的要求。如果視覺、力覺等感測器、伺服驅動與控制器不能在臨界狀態下快速響應並且快速動作，在被控對象物理系統作為倒立擺模型產生的固有週期限製內，控制系統以及被控對象的響應時間延遲或額外驅動力或力矩不足則無法恢復平衡，則失穩導致不能正常移動。這些穩定性問題的力學原理早已在 1972 年及其以後的動步行理論研究中解明，但是理論是理論，穩定步行、穩定移動的實際控制問題需要控制技術來解決。

從人類自身的作業、移動方式觸發，儘管目前的工業機器人在工業生產環境及作業中，腿足式移動機器人的應用尚沒有引起工業界普遍的足夠的重視，腿足式機器人在工業生產中的應用極低。但腿足式移動機器人對於工業生產區域內外擁有足夠的移動靈活性和操作作業潛力，其根本的理由就在於人類自身是以頭部感測與交流系統、手臂與手的操作系統、腿足移動系統來應對工業生產互動的。

但未來的工業生產中這種全自立自主的腿足式的移動機器人可能是代替人類工作
人員的主導者。這種機器人的特點是集成化程度要求相當高，其控制方式是集中
控制與分布式控制相結合的混合控制方式，能充分發揮「大腦」集中控制方式的
優點和各個「局部神經系統」的分布式控制方式的優點。目前，採用集中控制方
式的腿足式移動機器人的主控電腦（PC）用來作為上位機處理大量的計算工作，
腿足式機器人自由度數多，其物理系統的運動學、動力學方程複雜、需要處理的
多感測器資訊量大、作業環境不單一而且相對複雜，採用基於模型的控制方法計
算量大、即時性要求嚴格，因此，主控電腦的選擇首要問題是暫存記憶體、主頻
下的計算速度以及外部設備資源的資訊處理能力和即時性問題。因此，可採用上
位機集中控制方式、下位機分布式結構的控制方式。具體的例子是本田技研在
1990 年代末研發的 P 系列全自立人型機器人。它以電腦工作站作為主控電腦，
然後將腿部、臂手部、軀幹等控制分別設計局部控制器，腿部、臂手、軀幹部上
的各個關節驅動-控制器為底層的直流伺服系統控制器。上位機作為主控電腦系
統用來生成運動樣本、在線模擬整個人型機器人系統的步行運動的計算、控制、
各個局部控制器的協調。採用 VME 總線通訊。

## 6.1.3　分布式控制

### 6.1.3.1　單臺套機器人的分布式控制系統

第 2 章的 2.6.2.2 節講述了分布式控制系統的基本原理和控制系統構成。這
裡討論的是分布式控制系統設計的問題。分布式控制與集中控制方式的實質性區
別在於通訊方式所引起的不同，集中控制方式是以電腦系統內部總線的通訊方式
透過介面板卡或串行/並行插口驅動方式進行主控電腦 CPU 與外部設備之間通
訊的，外部設備的尋址占用電腦儲存地址寬度，是用諸如 PCI 總線介面板卡上
分配好的基地址和地址段、尋址方式來對外部設備尋址的，而分布式控制則是主
控電腦 CPU 與外部其他分布式布置的各個設備上的 CPU 之間以網路總線（如
CAN 總線、RS-485 總線或者是 IEEE1394 總線、USB 等）透過導線連接在一起
而成的網路結構形式，各個含 CPU 的外部設備以及主控電腦 CPU 都是網路上
的節點，各個節點之間可以相互通訊和共享公共資源。儘管各個節點在以某種總
線連接的網路上的節點「地位」是相同的。但是，對於機器人而言，除非控制系
統中運動學、動力學計算採用並行計算方式和結構，否則，各個 CPU 上的計算
量大小以及計算任務仍然無法完全按各個 CPU 硬體構成的這種分布式結構劃分
得清清楚楚，仍然需要有一個主節點，而且主節點電腦承擔著主要的控制任務和
大量的計算工作。因此，絕大多數分布式控制系統的構成採用的是以 PC 機作為
主控器節點、其他 CPU 節點作為該節點下的運動控制器節點。也即主控電腦節

點上的 PC 機為主頻高、運算速度快、計算能力強、滿足即時計算和控制的要求、程式設計資源多的電腦，而其他各個節點上的 CPU 設備為只負責該節點下原動機驅動-運動控制的底層伺服驅動-控制系統的計算與操作量的生成和執行。主控節點電腦仍然承擔著集中控制方式下主控電腦的上位機的角色，負責整個機器人系統基於模型控制的運動學、動力學計算或者在線參數識別與控制器參數、控制指令生成與發送工作，以及人機互動介面、全部或部分感測器資訊處理工作，主控節點 PC 機將生成的各個控制參數與指令發送給其他各個節點。因此，從這個意義上講，這種分布式控制方式只是在通訊方式和各個外部 CPU 硬體連接方式上是分布式的，從控制方式的實質性來講，仍然含有集中控制方式的上位機和下位機的特點。

不管主控節點 CPU 還是其他 CPU 節點，如果它們的計算能力以及計算任務的分配具有相當程度，而且相互之間在計算過程中能夠互相通訊、協調共同來完成機器人系統的基於模型控制的運動學、動力學計算或者在線參數識別，或者非基於模型的神經網路控制器的計算等計算工作，方為從硬體連接、通訊以及控制系統計算任務實質上的分布式控制方式。因此，多數情況下，單臺套機器人系統的分布式控制方式實際上仍然屬於集中控制的上位機、下位機控制結構形式。本格上的分布式控制含有並行計算與並行控制的意義，它可以實現多自由度機器人系統的高速即時控制。但是，不管是連接形式與通訊方式意義上的分布式控制系統結構還是並行計算控制意義上的分布式控制系統結構，有效利用各個節點上多 CPU 的計算能力和資源來最大限度來實現機器人即時運動控制的控制週期以及快速響應能力是腿足式移動機器人的關鍵所在。

絕大多數機器人控制系統構成是以主控節點為 PC 機作為主控器、以 CPU 為核心的單片機或 DSP 作為其他各個節點的通用伺服運動控制-驅動器，透過總線連接成網路的這種結構形式。實際上往往存在著各個節點上的資源浪費的問題，存在著如何有效利用各個節點上高級單片機運算能力和資源的設計問題，各個節點之間透過相互通訊傳遞數據資訊來綜合完成機器人系統的逆運動學、逆動力學計算或者包括正運動學計算、環境識別、導航等在內的並行計算工作，可以提高即時性和整體數據處理能力。

## 6.1.3.2 多臺套機器人的分布式網路控制系統

對於多臺套機器人系統分布在一個作業區域或環境當中共同完成作業的情況下，屬於分布式的多臺機器人系統間協調控制問題，與單臺套的機器人系統的分布式控制問題不是一回事，屬於多機器人協調控制技術問題，涉及更為複雜的分布式控制系統設計問題。首先是各臺機器人本身控制系統軟硬體結構構成的差異問題，以及不同種類的多類機器人大系統的分布式控制問題。這類問題首先是透

過網路將這些機器人連接在一起情況下的同種控制系統平臺和異種控制系統平臺之間相互通訊以及機器人之間相互合作的問題。

多臺套機器人呈分布式處於作業環境中協調完成作業情況下，按機器人類型可以將多機器人系統分為同類多機器人系統協調控制與同類、非同類多機器人系統的協調控制；按各機器人控制系統軟體平臺是否相同又可以分為同類控制系統平臺的多機器人協調控制與非同類控制系統平臺的多機器人協調控制兩類控制系統。

毫無疑問，多臺套機器人系統透過網路連接在一起就是將每臺機器人的主控電腦 CPU 透過網路總線（CAN、CAN-Open、USB、Ethernet 等）按協議連接在一起的分布式系統結構。多臺機器人系統之間透過相互通訊和協調控制來完成作業。同類控制系統平臺是指機器人控制系統構建的電腦系統基礎平臺即操作系統以及控制系統軟體設計的軟硬體平臺，如基於 Windows 操作系統（operation system，OS）設計的控制系統及其控制軟體則為 Windows 平臺、基於 RT Linux OS 設計的電腦控制系統及控制軟體則為 RT Linux 平臺等，還有很多其他 OS 系統平臺。顯然，同類系統平臺的多機器人協調相互之間的通訊相比非同類系統平臺的多機器人系統協調控制要簡單，然而非同類的多機器人協調控制需要找到一個公共的平臺來將所有的異類系統平臺的多臺或多類機器人協調、管理起來，相互之間能夠共享公共的資源以及相互通訊交換資訊、數據。作為未來目標之一，機器人研究將是以積極幫助人類進行勞動和生活支援為目標的。目前正在嘗試讓機器人深入人類生活當中的一些基礎性研究。將分散在現實世界中的許多機器人透過網路連繫起來，更好地合作完成複雜個人支援任務是其中研究內容之一。

2000 年，日本東京大學情報系統工學學科稻葉雅幸、井上博允等人研究了基於網路環境的移動智慧體機製以及以多臺足式人型機器人共同支援個人為分布式控制目標的分散機器人統合研究方法。該研究提出了關於多機器人異種電腦控制系統平臺下的分布式多機器人系統共同控制的理論與方法，並且用多臺機器人構成的分布式多機器人系統進行了實驗驗證。以下是其研究的分布式多機器人網路智慧體控制的主要方法、原理和技術實現手段的匯總歸納。

（1）網路環境下的智慧體

作為個人援助的分散機器人系統的設計方針：

① 把機器人行為決定部分從機器人本體上脫開，作為屬於特定使用者的 Soft Agent 軟智慧體；

② 相應於作為支援對象的使用者的移動，Agent 在網路上動態地獲得/控制對使用者有用的機器人群，進行為特定使用者的持續援助；

③ 從減小網路流量和延遲的觀點來看，考慮機器人與 Agent 的「定位性」，利用 Mobile Agent（移動智慧體）技術，將 Agent 置為網路移動型。

作為分散機器人環境下的個人持續援助的方法，首先考慮專屬於使用者的機

器人，這臺機器人持續地支援使用者的方法。在這種情況下，如果不需要對使用者進行援助時，那臺機器人就被擱置起來，從有效地利用機器人群的角度來看這顯然並非是高效的。另外，考慮多臺自立機器人協調地進行個人援助的方法。這種情況下，因為與使用者交互對話的對象是多臺機器人而且相互交替進行，所以存在著如下問題：要求哪臺機器人援助好呢？還是哪臺都行？有模糊性。因此，為了謀求機器人群的有效利用，把機器人作為網路上的分散資源，適當地安排它們的位置，某一時刻節點上的 Agent 只被使用者要求的機器人被動態地選擇/控制。在被判斷為不需要的情況下則釋放成為其他 Agent 可能使用的機器人。

在異種結構混合環境下，需要一個可以明確地定義分散機器人環境要素（Agent 和 Robot 等）之間的通訊介面框架。

作為「介面」（interface）的條件，有如下兩個要求：異種平臺間的統一的通訊方式；可以柔軟地適應環境結構的變化的通訊手段。

作為滿足這樣要求的手段，可以著眼於 OMG（object management group）的先進分散目標技術 CORBA（common object request broker architecture），它能夠適應異種結構環境的通訊要求。作為異種平臺共存的機器人環境下的共通的 Bus 採用 CORBA，作為 CORBA 對象實裝環境下的構成要素（Agent 和 Robot）透過被定義成不依存於平臺的「介面」，環境構成要素間的統一通訊成為可能。這樣，可以讓各種機器人介入環境中。

移動型智慧體：以特定使用者援助為目的，期望在某個時刻，假設 Agent 控制的機器人群體集中在某一局部區域，在網路上也假定是接近的。因此，A-gent 在網路上移動時也需要與機器人接近。為解決該問題，採用的方法有：在使用者需要時，下載 Agent Program 給周圍的機器人；在使用者攜帶的連接在網路上的電腦上，讓 Agent Program 運行起來。

跟隨人的智慧體所要求的機能：為了讓 Agent 能夠知道使用者的要求，有如下兩種方法：Agent 使用所控制的機器人上的感測器資訊觀察使用者；使用者藉助於使用者介面發送指示給 Agent。

為使網路上 Agent 持續援助現實世界中的使用者，主動方法是必不可少的。為此，以下兩點是很重要的：必須識別使用者所在的位置；保存使用者過去的行動履歷，並且據此主動地進行援助。

（2）基於 CORBA 的分散機器人的管理/獲得/控制方法

分布式多機器人環境下的通訊，都是透過對 CORBA 對象的方式調用的形式來實現的，即機器人環境的構成要素無論哪一個在內部都有通訊用的 CORBA 對象（com object），它們各自以對於其他構成要素的 CORBA object 的通訊方式為參量，透過調用方式來實現雙方的通訊。機器人和 Agent 把各自的屬性（是 A-gent 還是 Robot）和在實空間上的絕對位置等資訊登錄給管理器。絕對位置被用

於檢索實空間上使用者身邊的機器人的同時，也作為計算網路間距離來使用。Agen 一檢測到使用者的移動，就將使用者位置與當前控制機器人群的位置進行比較，更新使用者身邊的可用機器人。

Agent 獲得機器人的一般順序如下。

① 機器人生成自身的通訊對象（com object），將相對於它的參照和自身的資訊登錄在管理機構（manager object）上。

② Agent 進入管理機構，檢索被登錄的機器人群（entry object）的資訊，選擇所需要的機器人，獲得面向機器人通訊對象（com object）的參照。

③ Agent 使用已獲得的通訊對象（com object）把控制資訊發送給機器人。Agent 把自身的通訊對象移交給機器人，透過這種方式，實現雙向通訊。

（3）網路上移動智慧體的機製

在描述 Mobile Agent 的語言中，要求如下兩個機能：可移動於不同的機器上；移動後，可以再次從移動前的狀態開始執行。具有代表性的語言中有 Telescript 和 JAVA 等。從開發環境和移植性的角度來看作為 agent 描述語言，使用 JAVA 構築 mobile agent mechanism（移動智慧體機製）。在 Mobile Agent 的實現中，需要在 agent 執行環境之間移動 agent 的「類」（class）資訊和「文本」雙方，移動後再構成 Agent。這裡，用以下兩種方式實現 Mobile Agent。

① RMI（remote method invocation，遠端調用方式）：是一種調用方式，與 CORBA 同樣處於遠端狀態的面向對象（Object）的方式技術。利用這種技術，透過把 agent 的資訊置成參變量調用移動對象的位置對象（place object）的 agent 的接受方式來實現 agent 的移動。

② dynamic class load（動態類加載）：是獲得在 Program 執行中新的 class 定義。由這個 class 定義生成「實例（instance）」，因而可以作成 object。在 Agent 移動時，不只是那個 Agent 的文本，其類（class）也移動，在不知道那個 Agent 的軟體結構的位置上，再次構造出 Agent Object。根據文本的情況可以恢復成移動前的狀態。

Agent 的行動順序如下。

① 由使用者操作生成 agent，在某個位置上開始執行。

② agent 進入管理機構，獲得所需要的機器人群和使用者介面的通訊對象，利用來自機器人和使用者輸入的資訊控制機器人，進行使用者支援。

③ 更換機器人時，用管理機構查找是否存在更接近於更換後的機器人群的位置，若存在，對當前的位置發出指示：移向新的位置。

④ 已接受移動指示的位置讓 Agent 執行停止，發出如下指示：對 Agent 一直保持通訊的通訊對象中斷通訊。此後，連同文本（執行狀態），與 class 定義一起用 RMI 轉送給移動對象位置。轉送後，消去已停止的 Agent。

⑤ 關於移動對象位置，用動態「類加載（class load）」再次構造成被交給的 Agent，在傳送時，對於 Agent 保持的通訊對象，傳送 Agent 自身的新的通訊對象，指示通訊的再次開啓，再次開啓 Agent 的執行。

（4）由網路移動 Agent 控制的對使用者援助作業的實現實驗

Agent 行動決定部分用基於來自外部的輸入讓內部狀態進行遷移的狀態遷移方式來記述。可用被抽象化的指令處理機器人群，用狀態遷移方式透過適於網路移動的、比較簡潔的代碼記述行動的決定部分。但是，這只能實現在有限狀態下被限定的作業。

① 對使用者持續跟隨的援助實驗。這裡進行的實驗是：Agent 更換機器人，在現實世界中對移動著的使用者進行持續追蹤。利用來自當前已獲得的機器人的視覺感測器的輸入圖像作為 Agent 識別使用者的手段。Agent 根據圖像處理的結果檢知使用者的存在，推測使用者在現實世界中的三維座標。利用搭載在機器人上的攝影機經常性地觀察使用者，透過不斷地更換為距離使用者最近的機器人，從而可以持續地對使用者進行援助。在 Agent 更換機器人時，當距離新的機器人更近的 Agent 執行環境存在時，則移向那個位置。實驗概要如下：

a. 在初始狀態下，Agent 獲得單方的 Robot，等待使用者的出現，等待時機。

b. 使用者一進入視野，就透過圖像處理檢測使用者的動作，作為援助的替代，開始交互作用。作為交互式行為，配合使用者手的動作，機器人也同樣揮動自己的手，就像鏡子一樣進行動作。

c. 使用者停止交互式作用，一跳出移動機器人視野，就在現實世空間內透過追隨檢測並判斷使用者移動到哪裡，如果在使用者移動方向上存在可能獲得的機器人，就釋放當前機器人，獲得距離使用者更近的機器人。此時，由新獲得的機器人存在更接近的位置的情況下，Agent 就移向那個位置。位置的情況也同樣被登錄在管理機構上，利用這種方法就可以知道位置和機器人的位置關係。如果在使用者移動方向上不存在機器人的話，則保持當前的狀態，等待時機。

② 利用過去履歷的主動援助。

為利用過去的履歷進行主動援助，以物體搬運、拿走動作為例進行動作實驗。Agent 控制機器人來到使用者身邊搬運物體，使用者用完該物體後，Agent 就控制機器人去返還物體。這時，假設使用者可以選擇返還物體的機器人，則 Agent 就利用來自使用者的輸入資訊和過去的履歷記憶資訊查找當前環境資訊，判斷能夠返還物體的機器人，獲得並控制那臺機器人將物體取走。如在環境中，存在兩臺類人形機器人 A 和 B，帶攝影機的機器人 2 臺（側攝影機，前攝影機），使用茶葉罐作為對象物。實驗順序如下。

a. 使用者對 Agent 發出來搬運罐子的指示。

b. Agent 獲得拿罐子的機器人 A 和搭載側攝影機的機器人，基於側攝影機的資訊讓機器人 A 移動到使用者等待的指定位置。

c. 使用者把接罐子的手勢傳遞給 Agent。由此，Agent 釋放機器人 A，獲得搭載前攝影機的機器人，把當前的環境作為視覺圖像來記憶。

d. 使用者讓機器人 A 或 B 中的任一個去返還罐子，並將「去拿茶葉罐」的指令發送給 Agent。

e. Agent 利用前攝影機的資訊提取已記憶的圖像並與當前圖像差分，來判斷讓哪臺機器人還罐子。

f. Agent 獲得去返還罐子的機器人，把罐子帶走。

# 6.2　位置/軌跡追蹤控制

## 6.2.1　機器人操作臂位置軌跡追蹤控制總論

根據第 4 章整理作為基於模型的機器人控制基礎所需的機器人運動學、動力學之間的關係如圖 6-1 所示。

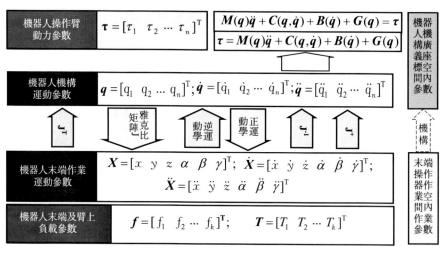

圖 6-1　機器人操作臂的運動學、動力學之間的關係圖

在機器人的搬運、噴漆等常規作業中軌跡追蹤控制是最常用的控制功能，按是否在控制時對機器人自身的慣性力、阻尼等動力學方程中的非線性項進行補償可分為靜態控制和動態控制兩類，靜態控制器是一個將原本是以機械系統運動

學、動力學方程來描述的動態系統用一個有位置、速度回饋的線性方程去平衡非線性系統的簡單線性控制器；與靜態控制不同，動態控制在控制律中將機器人動力學方程內的非線性項進行補償，而不是將其當成擾動來處理，對於高速、重載或關節傳動系統的減速比較小的機器人，靜態控制難以得到良好的軌跡追蹤控制結果，必須使用動態控制進行補償。

後面的內容將分別介紹 PD 回饋控制器即靜態控制器以及包括前饋＋PD 回饋控制器、計算力矩法控制器、加速度分解控制器等在內的軌跡追蹤動態控制器。將這些基於模型的控制方法與涉及的實際機器人機構、運動學、動力學、感測器、伺服驅動和控制系統等歸納在一起，為反映它們之間的相互關係、資訊流程以及控制原理，歸納總結出圖 6-2 所示的總論圖，以幫助讀者縱覽機器人位置軌跡追蹤控制理論與方法、技術的全貌。這張圖將機器人機構、運動學、動力學、回饋控制、參數識別等用於機器人軌跡追蹤控制的基礎知識「串在」一起，給讀者提供一個清晰的知識應用路線。

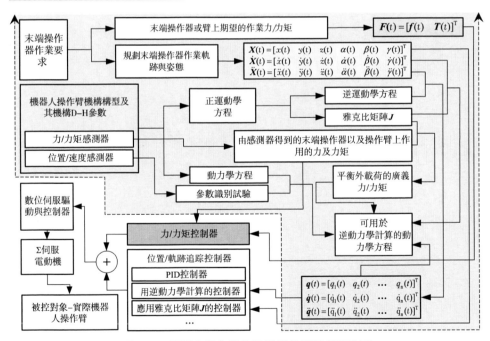

圖 6-2 機器人操作臂位置/軌跡追蹤控制總論圖

## 6.2.2 PD 回饋控制（即軌跡追蹤的靜態控制）

此類控制器只考慮機器人當前運動與目標運動的誤差進行控制，將機器人本

體在運動過程中產生的慣性力/力矩等當作外界擾動處理。此類控制器中最為經典的是 PD 回饋控制器，其控制系統框圖如圖 6-3 所示。

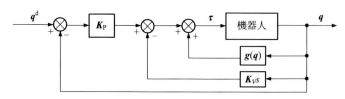

圖 6-3　PD 回饋控制器的控制系統框圖

上圖中 $q = [q_1, q_2, \cdots, q_n]^T$ 為機器人的廣義關節位置矢量，其中，$q_i (i = 1, 2, \cdots, n)$ 是機器人第 $i$ 個關節的廣義位置（對於回轉關節是關節角，對於移動副關節是移動的距離），$n$ 是機器人的關節總數；$q^d$ 是機器人運動的目標位置矢量；$g(q)$ 是機器人的重力補償項；$\tau = [\tau_1, \tau_2, \cdots, \tau_n]^T$ 是機器人的廣義關節力/力矩矢量，若第 $i$ 個關節為回轉關節，$\tau_i (i = 1, 2, \cdots, n)$ 表示其關節力矩，對於移動副關節 $\tau_i$ 表示其推力；$K_P = \mathrm{diag}([K_{P1}, K_{P2}, \cdots, K_{Pn}]^T)$ 是比例係數的對角線矩陣，$K_V = \mathrm{diag}([K_{V1}, K_{V2}, \cdots, K_{Vn}]^T)$ 是微分係數的對角線矩陣，$\mathrm{diag}()$ 是將矢量擴展為對角線矩陣（主對角線之外的元素為 0）的函數。

按圖 6-3 中的控制系統框圖計算，PD 回饋控制器的控制律如下：

$$\tau = K_P (q^d - q) - K_V \dot{q} + g(q) \tag{6-1}$$

由式(6-1) 可知，PD 回饋控制器輸出的關節力/力矩中包含 3 項，分別是用於平衡關節位置誤差、關節速度誤差和機械臂本體的重力的力或力矩項。由李雅普諾夫穩定性定理和 LaSalle 定理均可證明：上述 PD 回饋控制律對於任意初始狀態 $(q, \dot{q})$ 和任意目標位置 $q^d$，在選取合適的 $K_P$ 和 $K_V$ 後，均可實現漸進穩定。

## 6.2.3　動態控制

一般地，$n$ 自由度機器人臂的運動方程式為：

$$M(q)\ddot{q} + C(q, \dot{q}) + B\dot{q} + D(\dot{q}) + G(q) = Q \tag{6-2}$$

式中，$q$、$Q$ 分別為作為廣義座標的關節位移矢量、作為廣義力的關節驅動力/驅動力矩矢量，分別表示為：$q = [q_1 \quad q_2 \quad \cdots \quad q_i \quad \cdots \quad q_n]^T$；$Q = [Q_1 \quad Q_2 \quad \cdots \quad Q_i \quad \cdots \quad Q_n]^T$；

$M()$ 為慣性係數矩陣，即是由機器人構件加減速運動時有質量構件的慣性引起的力或力矩項係數矩陣；

$C()$ 為離心力、科氏力等力或力矩項；

$B()$ 為關節相對運動時內部摩擦項中的黏性摩擦項，即是由關節構件間相

對運動產生的黏性摩擦引起的摩擦力或力矩項；

$D(\ )$ 為關節相對運動時內部摩擦項中的動摩擦項（摩擦力或摩擦力矩）；

$G(\ )$ 為重力、重力矩項。

而對於控制機器人運動達到控制目標而言，其理想的運動控制方程應為：

$$Q = M(q)\ddot{q} + C(q,\dot{q}) + B\dot{q} + D(\dot{q}) + G(q) \tag{6-3}$$

即相應於期望的機器人運動，驅動機器人各個關節運動的廣義力 $Q$ 應該是多少！理論上，在額定功率範圍內，只要各個關節驅動力為實現該關節運動所需的驅動力，即可達到運動控制目的。因此，只要計算出期望運動參數下機器人運動所需驅動力，然後由驅動部件的驅動系統完全產生這樣大的力來驅動各關節即可，而且軌跡誤差為零。需要注意的是：上述兩個方程從形式上看只是等號左右顛倒了一下，但意義不同！

實際上，由於現實物理世界中的實際機器人本體物理參數以及運動參數都很難誤差為零地得到，所以很難透過計算得到完全精確的、誤差為零的驅動力，因而也就很難得到理想運動及作業。而只能退而求其次，將運動及作業誤差透過控制方法限製在一定範圍之內，在該誤差範圍即作業精度要求之下完成機器人操作臂的作業。按機器人作業精度要求的高低不同，可以不同程度地用近似於上式的方法計算各關節驅動力，因而也就出現了不同的軌跡追蹤控制方法。

任何函數函數 $f(x)$ 在其變量 $x$ 取任意一點的附近都可以線性化近似，因此，對關節廣義驅動力 $Q$ 也可以在 $q_d$ 附近作線性化近似為：

$$Q \approx G(q) + k_p(q_d - q) + k_d(\dot{q}_d - \dot{q}) + \sum_{j=2}^{N}\left[ k_j\left( \frac{\mathrm{d}^{(j)}q_d}{\mathrm{d}t^{(j)}} - \frac{\mathrm{d}^{(j)}q}{\mathrm{d}t^{(j)}} \right) \right] \tag{6-4}$$

式中，$q_d$ 為期望的位置矢量，$q_d = \begin{bmatrix} q_{d1} & q_{d2} & \cdots & q_{di} & \cdots & q_{dn} \end{bmatrix}^{\mathrm{T}}$。

上述線性化之後的方程仍然有 2 階及以上的導數，計算起來還是相當麻煩！因此，可以進一步透過對誤差累積進行近似計算加以補償。通常用積分項去以近似，則有：

$$Q \approx G(q) + k_p(q_d - q) + k_d(\dot{q}_d - \dot{q}) + k_i\int_{0}^{t}(\ddot{q}_d - \ddot{q})\mathrm{d}t \tag{6-5}$$

可以這樣理解上式：除重力補償以及線性化以外的所有誤差全部由重力補償項和線性化部分補償掉！

對於關節類型皆為回轉關節的機器人操作臂，$\theta$、$\tau_d$ 分別表示關節角矢量和關節驅動力矩矢量，還可以進一步簡化為：

$$\tau_d \approx G(\theta) + k_p(\theta_d - \theta) + k_d(\dot{\theta}_d - \dot{\theta}) \tag{6-6}$$

上式中，由於期望的關節角 $\theta_d$ 可以作為已知常數看待，而且，$\tau_d$ 是理論上的關節驅動力矩，實際上，$\tau_d$ 很難精確地得到。所以，只能求其近似值 $\tau$ 用作操作量，也即控制器的輸出，對於電腦控制而言，也就是操作量的數位量值。經

過上述分析和近似，最後得到的最簡單的 **PD** 控制律為：

$$\tau = -k_p(\theta - \theta_d) - k_d \dot{\theta} + G(\theta) \tag{6-7}$$

顯然，由上述線性化分析過程可知：靜態控制是把一個原本非線性的動態系統簡化成一個近似的線性的靜態系統來看待，然後用一個線性的 PD 或 PID 控制器來進行控制的方法。

仍然從機器人操作臂的運動方程來看待控制問題。該方程等號左邊含有離心力、柯氏力等非線性項。當機器人動作速度較慢時，這些非線性項為速度的平方項，與其他力學要素相比非常小。因此，僅在動力學模型被線性化的系統上添加重力補償項，即可以控制被控對象。也即對於運動速度較慢的機器人臂而言，其控制系統設計即使忽略離心力和科氏力也不會產生多大的問題。但是，當機器人臂速度較快或高速運動，其離心力、柯氏力大到不能忽視的程度時，僅用一個將非線性系統線性化後設計的 PID 控制器產生的操作量數值是不足以平衡掉（也即補償不掉）模型線性化後產生的誤差的。模型線性化後產生的誤差可以全部看作為未知的擾動，而且必須由回饋控制來平衡掉。當快速、高速運動時，此未知擾動難以由一個 PID 回饋控制器平衡掉，從而產生較大的軌跡誤差。若系統驅動能力足夠，可以採用提高伺服系統增益的辦法來減小軌跡追蹤誤差，但是，被作為擾動看待的模型化誤差也被作為非白噪音放大，同樣得不到好的軌跡追蹤效果。採用動態控制方法會更有效。

動態控制：不是把這些非線性項作為擾動看待，而是透過對運動方程式進行數值計算直接推定它們的值。然後，把為消去成為問題的非線性項而得到的計算值作為前饋或回饋。透過這種方法期待得到與沒有非線性項的、理想情況相同的效果和良好的控制結果。

顯然，動態控制方法的實際運用離不開機器人的動力學方程（即運動方程式），而且還要對其進行參數識別，獲得能夠用於運動參數給定情況下操作量值計算的運動方程。如此，引出「逆動力學問題」。

為進行機器人操作臂的動態控制而採用的力學方程式的計算稱為「逆動力學問題」，即為某機器人被給定運動時，求解實現該運動所需要的驅動力矩的問題。其輸入為瞬間各關節的轉角、角速度、角加速度。

因此，應盡可能採用將實際機器人正確模型化的運動方程式，知道準確的參數是最重要的。此外，要求採樣時間盡可能短以接近連續性系統。依靠控制算法，尋求即時地計算運動方程式的數值解，快速求解逆動力學的方法。

## 6.2.4　前饋動態控制

前饋動態控制是以如前所述的逆動力學問題為理論依據，基於參數推定值推

定並施加給定運動所需的驅動力或驅動力矩給機器人操作臂的控制方法。

驅動機器人運動的各關節驅動力矩矢量 $Q$ 為：$Q = M(q)\ddot{q} + C(q,\dot{q}) + B\dot{q} + D(\dot{q}) + G(q)$。逆動力學問題是基於參數推定值推定實現給定運動所需的力矩 $\tau_{ID}$。其解可以表示為：

$$\tau_{ID}(q,\dot{q},\ddot{q}) = \hat{M}(q)\ddot{q} + \hat{C}(q,\dot{q}) + \hat{B}\dot{q} + \hat{D}(\dot{q}) + \hat{g}(q) \tag{6-8}$$

其中，包含「Λ」的參數分別為實際機器人經參數識別試驗確定的慣性力、離心力和柯氏力、黏性摩擦項、動摩擦項等項或係數的推定值；$\tau_{ID}$ 的下標 ID 表示參數識別之意，為「識別」的英文詞縮寫。

方程式(6-8) 為可以用來進行逆動力學計算的實際機器人操作臂關節驅動力矩方程。

當操作臂軌跡追蹤控制的所有軌跡用關節變量 $q_d(t)$ 即期望的關節軌跡給定時，透過求解逆動力學問題可以計算出各關節的驅動力矩 $\tau$，即有：

前饋動態控制的控制律：$\tau = \tau_{ID}(q_d,\dot{q}_d,\ddot{q}_d)$ (6-9)

其中：$\tau_{ID}(q,\dot{q},\ddot{q}) = \hat{M}(q)\ddot{q} + \hat{C}(q,\dot{q}) + \hat{B}\dot{q} + \hat{D}(\dot{q}) + \hat{g}(q)$。

把計算得到的期望關節軌跡 $q_d(t)$ 情況下的各關節驅動力矩 $\tau$ 施加給實際的機器人操作臂，期望實現無誤差的理想狀態下的各關節軌跡。僅有前饋的動態控制系統框圖如圖 6-4 所示，這是一個開環控制系統。

圖 6-4　僅有前饋的動態控制系統框圖

顯然，實際機器人操作臂一旦製造出來之後，其實際的物理參數即誤差為零地存在於其機械本體之上，但是我們無論是透過測量還是參數識別實驗都無法誤差為零地將其得到。但實際上，由於模型誤差、擾動的存在，用這樣的控制器是得不到好結果的。機器人對外界進行作業時會受到不希望的擾動，會因把持物體質量的不同導致力學特性的變化，會因與外界接觸時受到擾動，而且，一旦軌跡稍有偏差，就會導致計算力矩與實際需要的力矩間產生偏差，從而產生更大的軌跡誤差。

因此，除非機器人動力學模型足夠精確，或者能夠滿足於實際控制目標要求，否則，僅有前饋的動態控制方法一般是得不到良好的控制結果的！

## 6.2.5　前饋＋PD 回饋動態控制

此種控制器中的前饋部分是指對如式(6-10) 所示的機器人動力學方程進行

計算，期望得到當機器人按參考運動軌跡進行運動時關節處應施加的驅動力/力矩。

$$\boldsymbol{\tau} = \boldsymbol{M}(\boldsymbol{q})\ddot{\boldsymbol{q}} + \boldsymbol{C}(\boldsymbol{q},\dot{\boldsymbol{q}}) + \boldsymbol{B}\dot{\boldsymbol{q}} + \boldsymbol{D}(\dot{\boldsymbol{q}}) + \boldsymbol{g}(\boldsymbol{q}) \tag{6-10}$$

式中，$\boldsymbol{M}$ 為機器人的廣義慣性陣，是機器人關節位置 $\boldsymbol{q}$ 的函數；$\boldsymbol{C}$ 為科氏力和離心力項，是關節位置 $\boldsymbol{q}$ 和關節速度 $\dot{\boldsymbol{q}}$ 的函數；$\boldsymbol{B}$ 為機器人關節的阻尼係數矩陣；$\boldsymbol{D}$ 為機器人關節的庫倫摩擦項，是關節速度 $\dot{\boldsymbol{q}}$ 的函數。

這裡將實際機器人動力學方程中參數的準確取值稱為參數的真值，以式(6-10)中原本的符號表示；將應用式(6-10) 進行動力學計算時使用的參數值稱為參數的標稱值，以變量符號 $\hat{\boldsymbol{M}}$、$\hat{\boldsymbol{C}}$、$\hat{\boldsymbol{B}}$、$\hat{\boldsymbol{D}}$、$\hat{\boldsymbol{g}}$ 表示。參數的標稱值一般由設計建模、實際測量、參數識別等方式獲得，但上述過程中存在的誤差將使參數的標稱值始終與其真值存在一定的誤差。前饋＋PD 回饋控制器計算關節的驅動力/力矩 $\boldsymbol{\tau}$ 時，需將機器人參考運動軌跡中的關節位置 $\boldsymbol{q}^{\mathrm{d}}$、速度 $\dot{\boldsymbol{q}}^{\mathrm{d}}$、加速度 $\ddot{\boldsymbol{q}}^{\mathrm{d}}$ 代入式(6-10) 中，考慮上述參數誤差，則關節驅動力/力矩的計算值 $\boldsymbol{\tau}_{\mathrm{ID}}$ 為：

$$\boldsymbol{\tau}_{\mathrm{ID}} = \hat{\boldsymbol{M}}(\boldsymbol{q}^{\mathrm{d}})\ddot{\boldsymbol{q}}^{\mathrm{d}} + \hat{\boldsymbol{C}}(\boldsymbol{q}^{\mathrm{d}},\dot{\boldsymbol{q}}^{\mathrm{d}}) + \hat{\boldsymbol{B}}\dot{\boldsymbol{q}}^{\mathrm{d}} + \hat{\boldsymbol{D}}(\dot{\boldsymbol{q}}^{\mathrm{d}}) + \hat{\boldsymbol{g}}(\boldsymbol{q}^{\mathrm{d}}) \tag{6-11}$$

為消除式(6-10)、式(6-11) 之間由機器人參數引入的驅動力矩計算誤差，前饋＋PD 回饋控制器在動力學的前饋計算基礎上還添加了軌跡追蹤的 PD 回饋控制，其控制系統框圖如圖 6-5 所示。

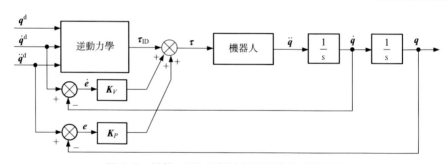

圖 6-5　前饋＋PD 回饋控制器的控制系統框圖

按圖 6-5 中的控制系統框圖對應的控制律如式(6-12) 所示，其中 $\boldsymbol{\tau}_{\mathrm{ID}}$ 按式(6-11) 計算，$\boldsymbol{e}$ 是機器人的位置誤差矢量，按 $\boldsymbol{e} = \boldsymbol{q}^{\mathrm{d}} - \boldsymbol{q}$ 計算，$\dot{\boldsymbol{e}}$ 是機器人的速度誤差（$\boldsymbol{e}$ 的時間導數）。

$$\boldsymbol{\tau} = \boldsymbol{\tau}_{\mathrm{ID}} + \boldsymbol{K}_P \boldsymbol{e} + \boldsymbol{K}_V \dot{\boldsymbol{e}} \tag{6-12}$$

由式(6-11)、式(6-12) 可知，前饋＋PD 回饋控制器輸出的關節驅動力/力矩 $\boldsymbol{\tau}$ 由根據機器人參考運動和參數標稱值計算的驅動力/力矩和補償軌跡跟隨誤差的補償力/力矩構成。

## 6.2.6 計算力矩控制法

這裡將介紹另一種動態控制的軌跡追蹤控制器，即計算力矩法控制器，其控制系統框圖如圖 6-6 所示。

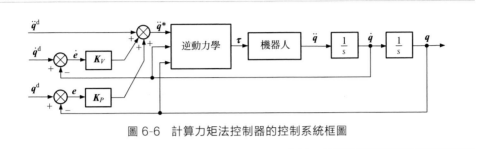

圖 6-6 計算力矩法控制器的控制系統框圖

圖中 $\ddot{q}^*$ 是經過 PD 回饋控制調整後的機器人關節廣義加速度矢量，按式(6-13) 計算。

$$\ddot{q}^* = \ddot{q}^d + K_P e + K_V \dot{e} \tag{6-13}$$

將 $\ddot{q}^*$、$\dot{q}$、$q$ 代入機器人的動力學方程計算關節驅動力/力矩的值，即可得到計算力矩法控制器的控制律，此控制律公式如下式所示。

$$\tau = \hat{M}(q)(\ddot{q}^d + K_P e + K_V \dot{e}) + \hat{C}(q, \dot{q}) + \hat{B}\dot{q} + \hat{D}(\dot{q}) + \hat{g}(q) \tag{6-14}$$

應注意到，與前面介紹的前饋＋PD 回饋控制律式(6-11) 中使用機器人的參考軌跡計算驅動力/力矩不同，在計算力矩法的控制律式(6-14) 中，機器人的運動所需驅動力矩計算方程中代入的是調整後的關節加速度和實際的關節位置與速度。

這實際上說明了兩種控制器的不同控制思想，前饋＋PD 回饋控制器中，動力學的前饋計算與 PD 回饋控制並行進行、相互補充，二者地位相同，因此動力學前饋按理想的參考軌跡計算，軌跡追蹤回饋按實際誤差計算，並在最終的控制律［式(6-14)］中將前饋與回饋的控制輸出相加；計算力矩法控制器中，機器人動力學計算的目的是去除系統的非線性影響，這使得計算力矩法控制器本質上是一種去除了系統非線性的 PD 回饋控制器，所以計算力矩法控制器的 PD 回饋與動力學計算分層進行，具有最優 PD 增益不隨機器人末端位姿發生變化的優點。

## 6.2.7 加速度分解控制

前面介紹的兩種軌跡追蹤動態控制器均是在機器人的關節空間內對機器人進行控制，這裡將介紹一種直接在機器人的工作空間內進行軌跡追蹤控制的動態控制器，即加速度分解控制器，其控制系統框圖如圖 6-7 所示。

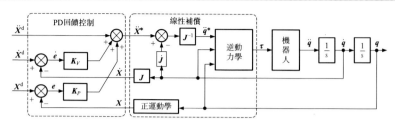

圖 6-7　加速度分解控制器的控制系統框圖

圖中 $X$ 為機器人末端的位姿矢量，$\dot{X}$ 是 $X$ 的速度矢量，$X^d$、$\dot{X}^d$、$\ddot{X}^d$ 分別是機器人末端的參考位姿、參考速度和參考加速度矢量；$J$ 是 $X$ 關於 $q$ 的雅可比矩陣，$\dot{J}$ 和 $J^{-1}$ 分別是雅可比矩陣的時間導數矩陣和逆矩陣；$\ddot{X}^*$ 是 PD 回饋調整後的機器人末端位姿加速度矢量，按式(6-15) 計算；$\ddot{q}^*$ 是由 $\ddot{X}^*$ 算得的機器人廣義關節加速度矢量，按式(6-16) 計算。

$$\ddot{X}^* = \ddot{X}^d + K_P(X^d - X) + K_V(\dot{X}^d - \dot{X}) \tag{6-15}$$

$$\ddot{q}^* = J^{-1}(\ddot{X}^* - \dot{J}\dot{q}) \tag{6-16}$$

綜合式(6-15) 和式(6-16)，可得加速度分解控制器的總體控制律如式(6-17) 所示。

$$\tau = \hat{M}(q)\{J^{-1}[\ddot{X}^d + K_P(X^d - X) + K_V(\dot{X}^d - \dot{X}) - \dot{J}\dot{q}]\} + \hat{C}(q, \dot{q}) + \hat{B}\dot{q} + \hat{D}(\dot{q}) + \hat{g}(q) \tag{6-17}$$

由圖 6-7 可以看到，加速度分解控制器也是先進行 PD 回饋控制補償軌跡追蹤誤差，再以系統的動力學方程進行線性化，與計算力矩法控制器相似，因此可認為加速度分解控制器是機器人工作空間內的計算力矩法控制器。這種控制方法的優點是：按此控制律給機器人系統組入控制器後，不需要使用者懂得機器人機構以及運動學，只要規劃末端操作器作業空間內位姿軌跡即可。

# 6.3　魯棒控制

對於前面介紹的軌跡追蹤控制器和後面 6.5 節的力控制器，其中都有一些控制參數，這些控制參數的取值對於控制效果有很大影響，當機器人的參數發生變化時（例如負載變化、工作介質變化導致與環境間的阻抗模型變化等情況），已調整好本來可用的控制參數將有可能使控制誤差超出限製，甚至使原本穩定的系統變得不穩定。

　　對於上述問題，有兩種解決思路，其一是構建一種對於系統或環境的變化不敏感的控制器，其控制參數一旦整定完成後就能將參數變化對控制效果的影響限定在一定範圍內，從而對時變的系統或環境始終能得到可用的控制效果；另一種思路是即時識別系統或環境的變化，根據識別結果對控制器中的參數進行動態修正，來達到使控制器主動適應變化的效果。這兩種思路中，對變化的影響進行消減的控制器稱為魯棒控制器，主動適應變化的控制器稱為自適應控制器。下面將結合 6.2.5 中給出的計算力矩法軌跡追蹤控制器，分別介紹將其改造為魯棒控制器和自適應控制器的方法，應注意的是魯棒控制和自適應控制均可認為是對其他控制器的一種加強（使其具備魯棒或自適應的性質），所加強的控制器不局限於這裡的計算力矩法軌跡追蹤控制器，理論上任何控制器都可增加魯棒控制或自適應控制的部分。以計算力矩法的軌跡追蹤控制器為基礎，下面將分別介紹基於李亞普諾夫方法的魯棒控制器和基於被動特性的魯棒控制器。

（1）基於李亞普諾夫方法的魯棒控制器

　　基於李亞普諾夫方法的魯棒控制器控制系統框圖如圖 6-8 所示，其中 $P$ 是李雅普諾夫方程的正定對稱唯一解，$\tilde{u}$ 是由李亞普諾夫方法給出的非線性調整量，其計算式如式(6-18) 所示。

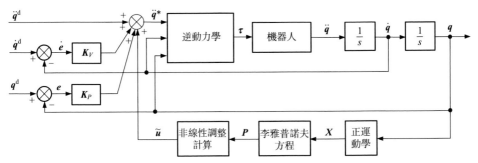

圖 6-8　基於李亞普諾夫方法的魯棒控制器系統框圖

$$\tilde{u} = \begin{cases} -\rho(\boldsymbol{X},t) \dfrac{\boldsymbol{B}^{\mathrm{T}}\boldsymbol{P}\boldsymbol{X}}{\parallel \boldsymbol{B}^{\mathrm{T}}\boldsymbol{P}\boldsymbol{X} \parallel}, & \parallel \boldsymbol{B}^{\mathrm{T}}\boldsymbol{P}\boldsymbol{X} \parallel > \varepsilon \\[4mm] -\rho(\boldsymbol{X},t) \dfrac{\boldsymbol{B}^{\mathrm{T}}\boldsymbol{P}\boldsymbol{X}}{\varepsilon}, & \parallel \boldsymbol{B}^{\mathrm{T}}\boldsymbol{P}\boldsymbol{X} \parallel \leqslant \varepsilon \end{cases} \qquad (6\text{-}18)$$

　　式(6-18) 中 $\rho(\boldsymbol{X},t)$ 是機器人和環境的不確定變化的上界估計，$\boldsymbol{B}$ 為矩陣 $[0,\boldsymbol{I}]^{\mathrm{T}}$，$\varepsilon$ 為充分小的正數。上述控制器的魯棒控制透過將非線性控制量 $\tilde{u}$ 疊加到逆動力學計算的關節角加速度內，形成如式(6-19) 所示的控制律。

$$\boldsymbol{\tau} = \hat{\boldsymbol{M}}(\boldsymbol{q})(\ddot{\boldsymbol{q}}^{\,d} + \boldsymbol{K}_P \boldsymbol{e} + \boldsymbol{K}_V \dot{\boldsymbol{e}} + \tilde{\boldsymbol{u}}) + \hat{\boldsymbol{C}}(\boldsymbol{q}, \dot{\boldsymbol{q}}) + \hat{\boldsymbol{B}}\dot{\boldsymbol{q}} + \hat{\boldsymbol{D}}(\dot{\boldsymbol{q}}) + \hat{\boldsymbol{g}}(\boldsymbol{q}) \quad (6\text{-}19)$$

（2）基於被動特性的魯棒控制器

基於被動特性的魯棒控制器控制系統框圖如圖 6-9 所示，其中 $\boldsymbol{\Lambda} = \mathrm{diag}$ $([\lambda_1, \lambda_2, \cdots, \lambda_n]^\mathrm{T})$ 和 $\boldsymbol{K} = \mathrm{diag}([k_1, k_2, \cdots, k_n]^\mathrm{T})$ 均是對角正定矩陣（$\lambda_i, k_i > 0$，$i = 1, 2, \cdots, n$），$\boldsymbol{a}$、$\boldsymbol{v}$、$\boldsymbol{r}$ 均是輔助變量。

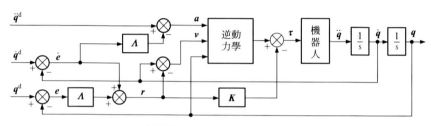

圖 6-9　基於被動特性的魯棒控制器系統框圖

圖 6-9 中的控制器和計算力矩法控制器的不同之處在於，用輔助變量 $\boldsymbol{a}$ 和 $\boldsymbol{v}$ 替換了機器人動力學計算中的 $\dot{\boldsymbol{q}}$ 和 $\ddot{\boldsymbol{q}}$，並在逆動力學計算得到的關節驅動力/力矩的基礎上減去了 $\boldsymbol{Kr}$。三個輔助變量按下列公式計算：

$$\boldsymbol{a} = \ddot{\boldsymbol{q}}^{\,d} - \boldsymbol{\Lambda}\dot{\boldsymbol{e}} \quad (6\text{-}20)$$

$$\boldsymbol{v} = \dot{\boldsymbol{q}}^{\,d} - \boldsymbol{\Lambda}\boldsymbol{e} \quad (6\text{-}21)$$

$$\boldsymbol{r} = \dot{\boldsymbol{e}} + \boldsymbol{\Lambda}\boldsymbol{e} \quad (6\text{-}22)$$

基於被動特性的魯棒控制器的控制律如式（6-23）所示。

$$\boldsymbol{\tau} = \hat{\boldsymbol{M}}(\boldsymbol{q})\boldsymbol{a} + \hat{\boldsymbol{C}}(\boldsymbol{q}, \boldsymbol{v}) + \hat{\boldsymbol{B}}\boldsymbol{v} + \hat{\boldsymbol{D}}(\dot{\boldsymbol{q}}) + \hat{\boldsymbol{g}}(\boldsymbol{q}) - \boldsymbol{Kr} \quad (6\text{-}23)$$

式（6-23）中最右側一項 $\boldsymbol{Kr}$ 可按式（6-22）變換為 $\boldsymbol{Kr} = \boldsymbol{K\Lambda} \cdot \boldsymbol{e} + \boldsymbol{Ke}$，相當於 PD 控制律，因此矩陣 $\boldsymbol{K}$ 和 $\boldsymbol{\Lambda}$ 可看做是 PD 控制中的係數陣。

# 6.4　自適應控制

自適應控制可分為兩類，即自調整控制器（亦稱自校正控制器）和模型參照型自適應控制器，其區別在於：自調整控制器中，控制對象的參數識別和控制系統的參數修正各自獨立進行；而在模型參照型自適應控制器中，控制系統的參數修正將根據參考模型與實際控制對象的響應偏差進行。上述兩種自適應控制器通用的控制系統框圖分別如圖 6-10、圖 6-11 所示。結合參數識別算法，上述兩種自適應控制器均可應用於之前介紹的軌跡追蹤控制器和力控制器中，這裡不進行

詳細展開。

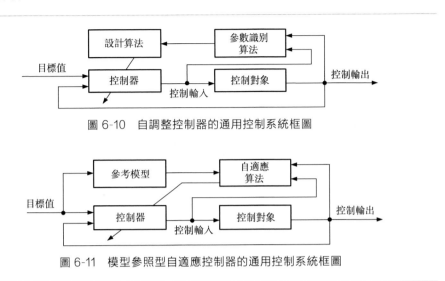

圖 6-10　自調整控制器的通用控制系統框圖

圖 6-11　模型參照型自適應控制器的通用控制系統框圖

# 6.5　力控制

## 6.5.1　機器人操作臂與環境構成的系統模型

對機器人操作臂作業時既進行末端操作器的位置控制，同時還要進行末端操作器操作力的控制，這種控制即為力/位混合控制。

例如，利用機器人操作臂進行零件去毛刺、裝配、打磨、往軸上裝配軸承、往車輪軸上裝配車輪輪轂或車輪、往伺服閥上裝閥芯、往減速器軸承座孔裡裝軸承、焊縫打磨、卸擰螺絲等的一些作業中，需要同時控制機器人末端的位姿和機器人末端與被作業物之間的作用力，這些作業中進行的控制稱作力位混合控制，對於其中的力控制的實現方式，這裡按基於位置控制和基於力控制分為兩類，後面將分別對這兩類中的經典力控制器進行介紹。與通常的噴漆、焊接、搬運等用途的機器人不同的是，裝配、零件打磨等作業用途不僅需要位置/速度控制還需要力控制的機器人與作業環境構成一個有位置約束和力學約束的系統。

（1）機器人操作臂與作業環境的數學與力學模型

這裡，首先以平面 2-DOF 機械臂與作業環境之間的相對位移、相互作用力模型為例，討論系統數學與力學建模問題。為簡化問題，通常將臂末端與作業環

境之間相互作用的力學模型簡化為簡單的彈簧模型，也即假設臂末端與作業環境之間的作用力是由兩者之間假想存在的彈簧產生的。對於圖 6-12(a) 所示的 2-DOF 機器人操作臂末端與作業環境中作業對象物之間，在兩個正交方向上的作用力分別為 $K_{ey}y_e$，$K_{ex}x_e$。臂末端所受到來自環境的反作用力分別為 $F_{ey} = -K_{ey}y_e$；$F_{ex} = -K_{ex}x_e$，這是簡化成彈簧力的最簡力學模型。

如果考慮接觸面之間的黏性摩擦或動摩擦的力學作用效果，還需引入圖 6-12 (b)、(c) 所示的阻尼力或阻尼力矩模型，即機器人末端與作業對象物或環境之間的彈簧-阻尼力模型或扭簧-阻尼力矩模型。圖 6-12(b)、(c) 是常用於建立機械零部件或系統之間、機械系統與環境之間相互作用力學模型的簡化模型，也即線性化模型。

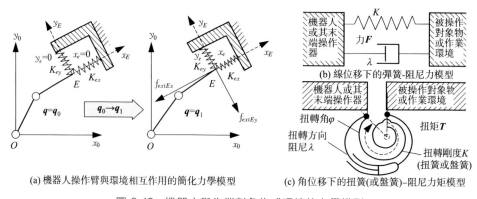

(a) 機器人操作臂與環境相互作用的簡化力學模型

(b) 線位移下的彈簧-阻尼模型

(c) 角位移下的扭簧(或盤簧)-阻尼力矩模型

圖 6-12　機器人與作業對象物或環境的力學模型

有了這些簡化的力學模型和第 4 章的機器人機構運動學、動力學方程，對於 $n$-DOF 機器人操作臂末端與作業環境中作業對象物所構成系統就可用機器人操作臂運動學、動力學以及作業環境力學模型來描述，即多剛體桿件構成的 $n$ 自由度機器人操作臂與環境構成的系統的建模問題可用如下數學模型即矢量方程式(6-24)～式(6-26) 描述出來。

●機器人操作臂運動學方程（Arm Kinematics）：

$$\begin{cases} \boldsymbol{X} = DK(\boldsymbol{q}) \\ \boldsymbol{q} = IK(\boldsymbol{X}) \\ \dot{\boldsymbol{X}} = \boldsymbol{J}\dot{\boldsymbol{q}} \\ \ddot{\boldsymbol{X}} = \dot{\boldsymbol{J}}\dot{\boldsymbol{q}} + \boldsymbol{J}\ddot{\boldsymbol{q}} \end{cases} \tag{6-24}$$

●機器人操作臂動力學方程（Arm Dynamics）：

$$\boldsymbol{\tau} = \boldsymbol{M}(\boldsymbol{q})\ddot{\boldsymbol{q}} + \boldsymbol{h}(\boldsymbol{q}, \dot{\boldsymbol{q}}) + \boldsymbol{g}(\boldsymbol{q}) - \boldsymbol{J}^{\mathrm{T}}\boldsymbol{f}_{\mathrm{ext}} \tag{6-25}$$

●環境動力學方程（*Environment Dynamics*）：

$$\boldsymbol{K_e X} = -\boldsymbol{f}_{\text{ext}} \tag{6-26}$$

式中，$\boldsymbol{X} \in \boldsymbol{R}^{n \times 1}$ 為臂末端的位置和姿態；$\boldsymbol{q} \in \boldsymbol{R}^{n \times 1}$ 為關節角矢量；$\boldsymbol{\tau} \in \boldsymbol{R}^{n \times 1}$ 為關節驅動力或驅動力矩矢量；$\boldsymbol{h} \in \boldsymbol{R}^{n \times 1}$ 為柯氏力、離心力、摩擦力或力矩矢量；$\boldsymbol{M} \in \boldsymbol{R}^{n \times n}$ 為慣性矩陣，為正定對稱陣；$\boldsymbol{f}_{\text{ext}} \in \boldsymbol{R}^{n \times 1}$ 為環境反作用給臂的外力或力矩矢量；$DK$ 為機器人操作臂正運動學函數；$IK$ 為機器人操作臂逆運動學函數；$\boldsymbol{K}_e \in \boldsymbol{R}^{n \times n}$ 為環境的剛度矩陣，為正定對稱陣。

（2）關於機器人與環境力學模型的應用

前述給出了機器人末端與作業對象物或環境之間線位移下的彈簧-阻尼力的力學模型和角位移下的扭簧-阻尼力矩的力學模型。這些力學模型有其實際意義和虛擬意義兩層意義上的應用。

① 彈簧-阻尼模型在實際意義上的應用。對於實際的力控制，彈簧-阻尼模型實際上對應於實際的物理作用效果，即機器人、機器人末端操作器與作業對象或環境之間相互作用的力學效果取決於它們自身的剛度、綜合剛度以及它們之間存在的黏性摩擦、動摩擦等力學作用隨著運動速度的變化情況。這種實際物理意義上的力學模型在應用時，需要透過試驗來識別、整定彈簧-阻尼力學模型的物理參數，即剛度係數和阻尼係數。

② 彈簧-阻尼模型在虛擬意義上的應用。對於不存在實際物理作用的情況，即自由空間內的機器人作業中，雖然機器人末端或機器人操作臂臂部沒有受到來自作業環境的力學作用，但是可以假想與環境（如作業環境周圍的障礙物等）之間有虛擬的、假想的「彈簧」和「阻尼」，也即假設機器人受到假想彈簧和阻尼力的作用，利用這種假想的力學作用可以進行迴避障礙的運動控制，當機器人接近障礙物時，隨著假想彈簧被接近的機器人「壓縮」而產生反作用於機器人的「排斥力」，在這種假想的「排斥力」的控制下，機器人會產生遠離障礙物的避障運動。當然，如果是需要「吸引」而非排斥的情況下，假想彈簧設為「拉簧」即可。

（3）關於機器人受到來自於環境作用的外力的處理方法與力回饋方式

在介紹具體的力控制器之前，這裡首先說明力控制中的力回饋問題，直接獲得力回饋的方法是在末端機械介面與機器人使用的工具（角磨機、手爪等）之間安裝六維力/力矩感測器，能獲得感測器座標系內的 3 個力分量和 3 個力矩分量，透過座標變換可以得到機器人與被作業物之間的作用力。對於直接由力/力矩感測器測量實際作用力的情況，力回饋迴路如圖 6-13(a) 所示，其中 $\boldsymbol{f}^d$ 表示機器人末端作用力的參考輸入矢量，$\boldsymbol{f}_{\text{ext}}$ 表示由力/力矩感測器測量、計算得到的實際作用力矢量，$\boldsymbol{e}_f$ 是 $\boldsymbol{f}^d$ 與 $\boldsymbol{f}_{\text{ext}}$ 的差值，即機器人末端作用力的控制誤差矢量。

對於不安裝力/力矩感測器的機器人，也可透過建立機械臂末端與環境（被

作業物）之間的作用力模型來估計實際作用力，建模方法有很多種，其中最為常用的是假設機器人末端與環境之間存在一定的彈性，即機器人末端運動時會受到大小與運動距離呈正比，方向與運動方向相反的外力作用，應用此種假設時，機器人末端的作用力可按式(6-27) 計算。

$$\hat{\boldsymbol{f}}_{\text{ext}} = -\boldsymbol{K}_e (\boldsymbol{X} - \boldsymbol{X}_0) \tag{6-27}$$

式中，$\hat{\boldsymbol{f}}_{\text{ext}}$ 為由機器人末端作用力的估計矢量；$\boldsymbol{K}_e$ 為機器人末端與環境間的剛度係數陣；$\boldsymbol{X}_0$ 為剛度模型的作用力 0 點。對於透過環境模型估計作用力的情況，力回饋迴路如圖 6-13(b) 所示。

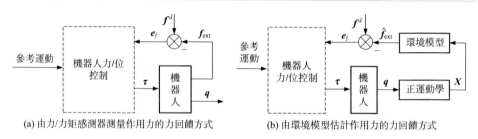

(a) 由力/力矩感測器測量作用力的力回饋方式　　(b) 由環境模型估計作用力的力回饋方式

圖 6-13　力/位控制系統的兩種力回饋方式

由上圖可以看出，無論使用哪種力回饋方式，在機器人的力控制器看來力回饋迴路得到的均是作用力的誤差矢量 $\boldsymbol{e}_f$，因此在後面將要介紹的具體控制器中，將不對具體的力回饋獲得方式進行區分，統一將機器人末端作用力的測量值或估計值記作 $\boldsymbol{f}_{\text{ext}}$，控制系統框圖中的力回饋迴路畫法也將統一採用圖 6-13(a) 中感測器直接測量的方式。

在本書中，機器人末端作用力 $\boldsymbol{f}_{\text{ext}}$ 和作用力參考輸入 $\boldsymbol{f}^d$ 均被定義為機器人末端受到的力，按此定義 $\boldsymbol{f}_{\text{ext}}$ 與 $\boldsymbol{f}^d$ 的方向與機器人末端的運動方向相反，因此圖 6-13 中的作用力偏差 $\boldsymbol{e}_f = \boldsymbol{f}^d - \boldsymbol{f}_{\text{ext}}$，這樣偏差 $\boldsymbol{e}_f$ 的方向將與之後機器人需要進行的調整運動相同。在實際的控制器中，上述這些變量的方向均可視情況任意定義，但當與這裡的定義不同時，使用後續介紹的控制律需改變相應變量的符號。

## 6.5.2　基於位置控制的力/位控制器

基於位置控制的力控制是指透過調整機器人末端位置來間接調節其作用力的控制方式，其控制過程是根據末端作用力偏差由力控制器電腦器人末端的位置調整量，之後將此調整量疊加到機器人參考運動上，並將疊加後的結果作為機器人位置控制的輸入，由機器人的位置控制器計算並輸出各關節的驅動力/力矩。

下面將對基於位置控制的力控制器中進行分類介紹，對於用來實現力控制功能的位置控制器部分，就不再詳細展開。位置控制器可採用前述的位置軌跡追蹤控制器、魯棒控制器、自適應控制器等之一即可。

（1）剛度控制的力控制器

剛度控制的控制思想認為機器人末端與環境間存在假想的彈簧，因此使機器人末端位置的調整量與作用力偏差成正比，其控制系統框圖如圖 6-14 所示。

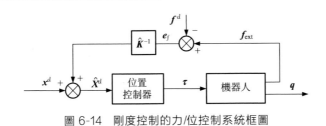

圖 6-14　剛度控制的力/位控制系統框圖

圖中 $\hat{\boldsymbol{K}}$ 為機器人與環境的標稱剛度矩陣，$\hat{\boldsymbol{X}}^d$ 為經過力控制部分調整後的機器人位置參考輸入，按式(6-28) 計算。

$$\hat{\boldsymbol{X}}^d = \boldsymbol{X}^d + \hat{\boldsymbol{K}}^{-1} \boldsymbol{e}_f \tag{6-28}$$

若將位置控制部分的控制律寫作 $\boldsymbol{\tau} = \boldsymbol{G}_P(\hat{\boldsymbol{X}}^d，\boldsymbol{X})$，其中，$\boldsymbol{G}_P$( ) 是位置控制律關於給定位置和當前位置的函數，則將式(6-28)代入其中就得到了上述力控制器的總體控制律，後面為了簡化表示，對涉及修正機器人的參考運動輸入並最終以位置控制來實現整體控制目標的控制器，就將式(6-28) 這樣的參考輸入修正作為其控制律。

（2）阻尼控制的力控制器

阻尼控制的控制思想認為機器人末端與環境間存在假想的阻尼，因此按與作用力偏差成正比的方式調整機器人末端的速度，其控制系統框圖如圖 6-15 所示。

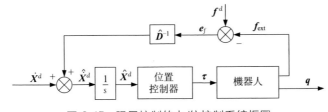

圖 6-15　阻尼控制的力/位控制系統框圖

圖中 $\hat{\boldsymbol{D}}$ 為機器人與環境的標稱阻尼矩陣，$\dot{\hat{\boldsymbol{X}}}^d$ 為經過力控制部分調整後的機器人速度參考輸入，積分後得到機器人位置的參考輸入，控制律如式(6-29) 計算。

$$\hat{\boldsymbol{X}}^d = \int (\dot{\hat{\boldsymbol{X}}}^d + \hat{\boldsymbol{D}}^{-1} \boldsymbol{e}_f)\, \mathrm{d}t \tag{6-29}$$

（3）阻抗控制的力控制器

阻抗控制的控制思想認為機器人末端與環境間存在假想的彈簧-阻尼系統，認為作用力偏差 $\boldsymbol{e}_f$ 與參考位置的調整量 $\Delta \boldsymbol{X}^d$ 之間應有如下關係：

$$\hat{\boldsymbol{K}} \Delta \boldsymbol{X}^d + \hat{\boldsymbol{D}} \frac{\mathrm{d}}{\mathrm{d}t} \Delta \boldsymbol{X}^d + \hat{\boldsymbol{M}} \frac{\mathrm{d}^2}{\mathrm{d}t^2} \Delta \boldsymbol{X}^d = \boldsymbol{e}_f \tag{6-30}$$

式中，$\hat{\boldsymbol{M}}$ 為假想的彈簧-阻尼系統的慣性矩陣。計算參考位置調整量 $\Delta \boldsymbol{X}^d$ 時需求解式(6-30) 中的微分方程，這裡對式(6-30) 進行拉普拉斯變換，整理後可得傳遞函數形式的控制律方程。

$$\hat{\boldsymbol{X}}^d = \boldsymbol{X}^d + (\hat{M} s^2 + \hat{D} s + \hat{K})^{-1} \boldsymbol{e}_f \tag{6-31}$$

按式中的控制律，阻抗控制的力/位控制系統框圖如圖 6-16 所示。

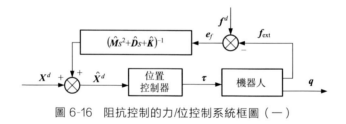

圖 6-16　阻抗控制的力/位控制系統框圖（一）

## 6.5.3　基於力控制的力/位控制器

在基於力控制的力/位控制過程中，力控制部分將直接計算關節驅動力/力矩的調整量，並將此調整量疊加到由位置控制部分輸出的關節驅動力/力矩上，來實現對機器人的力位混合控制。

相對於基於位置控制的力/位控制器，基於力控制的力/位控制器的力控制部分與位置控制部分相互獨立，因此性能不會相互影響，比較容易獲得穩定的控制結果，但相對來說控制系統更加複雜。

這裡將介紹採用 $\boldsymbol{J}^{\mathrm{T}}$ 的直角座標系力/位控制器和力位混合控制器兩種基於力控制的力/位控制器。

（1）採用 $\boldsymbol{J}^{\mathrm{T}}$ 的直角座標系力/位控制器

根據機器人的微分運動學，當機器人末端受到外力 $\boldsymbol{f}_{\mathrm{ext}}$ 作用時，機器人的

動力學方程式(6-2) 將變為式(6-32) 的形式。

$$\tau + J^{\mathrm{T}} f_{\mathrm{ext}} = M(q)\dot{q}^{\cdot} + C(q, \dot{q}) + B\dot{q} + D(\dot{q}) + g(q) \tag{6-32}$$

因此對於機器人末端的作用力偏差為 $e_f$ 的情況，為使 $e_f$ 減小到 0，應在當前關節驅動力/力矩的基礎上增加 $J^{\mathrm{T}} e_f$。按以上分析的結果，力/位控制器的控制系統框圖可按圖 6-17 所示形式畫出，應注意圖中省略了位置控制部分的位置回饋迴路。

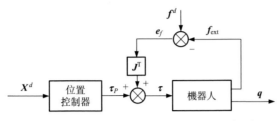

圖 6-17　阻抗控制的力/位控制系統框圖（二）

圖 6-17 中 $\tau_P$ 為機器人位置控制器輸出的關節驅動力/力矩，上述採用 $J^{\mathrm{T}}$ 的直角座標系力/位控制器的控制律如式(6-33) 所示。

$$\tau = \tau_P + J^{\mathrm{T}} e_f \tag{6-33}$$

（2）力位混合控制器

混合控制是用作業座標（工作空間座標系）把控制力的方向和控制位置的方向分離開來，分別實施各自控制環路的方法，其控制系統框圖如圖 6-18 所示。

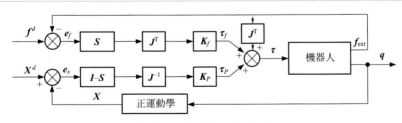

圖 6-18　力位混合控制系統框圖

圖 6-18 中 $S$ 為控制模式選擇用的對角線矩陣，其主對角線元素的取值在 $[0, 1]$ 的閉區間範圍內，取 0 表示只使用位置控制，取 1 表示只使用力控制；$I$ 為單位陣；$K_P$ 和 $K_f$ 分別為位置控制和力控制的增益矩陣。根據上述控制系統框圖，力位混合控制器的控制律如式(6-34) 所示。

$$\tau = K_P J^{-1}(I - S)(X^d - X) + K_f J^{\mathrm{T}} S(f^d - f_{\mathrm{ext}}) \tag{6-34}$$

# 6.6 最優控制

在第4.6節作為機器人控制基礎中講述了最優控制的基本理論和方法。這裡給出的是機器人操作臂作業時間最短的最優控制方法。

設關節位置矢量 $\boldsymbol{q}$ 為 $n \times 1$ 矢量，$\boldsymbol{q} = [q_1 q_2 \cdots q_n]^{\mathrm{T}}$；關節驅動力矩矢量 $\boldsymbol{\tau}$ 為 $n \times 1$ 矢量，$\boldsymbol{\tau} = [\tau_1 \tau_2 \cdots \tau_n]^{\mathrm{T}}$；控制輸入量 $\boldsymbol{u}$ 同為 $n \times 1$ 維矢量，$\boldsymbol{u} = [u_1 u_2 \cdots u_n]^{\mathrm{T}} = \boldsymbol{\tau}$；機器人系統狀態變量分別為 $\boldsymbol{x} = [\boldsymbol{x}_1 \quad \boldsymbol{x}_2]^{\mathrm{T}}$，則：$\boldsymbol{x}_2 = \dot{\boldsymbol{x}}_1$；$\boldsymbol{x}_1 = \boldsymbol{q}$；$\boldsymbol{x} = [\boldsymbol{x}_1 \quad \boldsymbol{x}_2]^{\mathrm{T}}$。$n$ 自由度機器人操作臂的狀態方程為：$\dot{\boldsymbol{x}} = \boldsymbol{A}\boldsymbol{x} + \boldsymbol{B}\boldsymbol{u}$。對於給定的機器人操作臂透過其運動方程可寫出具體狀態方程：

$$\dot{\boldsymbol{x}}(t) = \boldsymbol{A}\boldsymbol{x}(t) + \boldsymbol{B}\boldsymbol{u}(t) \tag{6-35}$$

設關節位置矢量 $\boldsymbol{q}$ 的目標值為 $\boldsymbol{q}^* = [q_1^* q_2^* \cdots q_n^*]^{\mathrm{T}}$，最優控制作業終了時間為 $t_f$，則通用的 $n$ 自由度機器人操作臂最短時間控制問題的評價函數（即最優控制評價函數）$J$ 為：

$$J = N(\boldsymbol{x}(t_f)) + \int_0^{t_f} L(\boldsymbol{x}, \boldsymbol{u}) \mathrm{d}t \tag{6-36}$$

對機器人操作臂最短時間控制，分別定義 $N(\boldsymbol{x}(t_f))$ 和 $L(\boldsymbol{x}, \boldsymbol{u})$：

終了狀態約束評價函數 $N(\boldsymbol{x}(t_f))$ 為：

$$N(\boldsymbol{x}(t_f)) = [\boldsymbol{x}_1(t_f) - \boldsymbol{q}^*]^{\mathrm{T}} \boldsymbol{\gamma}_1 [\boldsymbol{x}_1(t_f) - \boldsymbol{q}^*] + [\boldsymbol{x}_2(t_f)]^{\mathrm{T}} \boldsymbol{\gamma}_2 [\boldsymbol{x}_2(t_f)] \tag{6-37}$$

式中，$\boldsymbol{\gamma}_1$、$\boldsymbol{\gamma}_2$ 分別為對角矩陣，且主對角線上元素皆為適當且為正的常數。

對機器人操作臂最短時間控制定義最短時間評價函數項中 $L(\boldsymbol{x}, \boldsymbol{u})$ 為常數 1，即有 $L(\boldsymbol{x}, \boldsymbol{u}) = 1$，則：

$$\int_0^{t_f} L(\boldsymbol{x}, \boldsymbol{u}) \mathrm{d}t = \int_0^{t_f} 1 \mathrm{d}t = t_f \tag{6-38}$$

之所以將 $L(\boldsymbol{x}, \boldsymbol{u})$ 定義為常數 1，是因為其對時間積分恰好如式（6-38）所示，積分結果為 $t_f$。這正好意味著總的評價函數 $J$ 中含有：$\min J = \min(N + t_f) \rightarrow \min t_f$。

$n$ 自由度機器人操作臂最短時間控制問題的評價函數為：

$$J = N(\boldsymbol{x}(t_f)) + \int_0^{t_f} 1 \mathrm{d}t \tag{6-39}$$

至此，$n$ 自由度機器人操作臂最短時間控制形式化：

求解最佳化問題：Find $\boldsymbol{u}(t) \in \Omega s. t. \min J(\boldsymbol{u}(t))$ \tag{6-40}

系統方程與狀態方程：$\dot{\boldsymbol{x}}(t) = \boldsymbol{f}(\boldsymbol{x}(t), \boldsymbol{u}(t)) = \boldsymbol{A}\boldsymbol{x}(t) + \boldsymbol{B}\boldsymbol{u}(t)$ \tag{6-41}

評價函數：$J = N(\boldsymbol{x}(t_f)) + \int_0^{t_f} 1 \mathrm{d}t$

$$N(\boldsymbol{x}(t_f)) = [\boldsymbol{x}_1(t_f) - \boldsymbol{q}^*]^{\mathrm{T}} \boldsymbol{\gamma}_1 [\boldsymbol{x}_1(t_f) - \boldsymbol{q}^*] + [\boldsymbol{x}_2(t_f)]^{\mathrm{T}} \boldsymbol{\gamma}_2 [\boldsymbol{x}_2(t_f)]$$

$$\boldsymbol{x}(0) = x_0 ; \ t \in [0, t_f^d]$$

到此，完成了機器人操作臂的最短時間控制形式化建模問題。剩下的工作可用梯度法數值解法算法去求解作業時間最短情況下的最優控制輸入 $\boldsymbol{u}(t)$ 的解的數值計算問題了。此處不加展開。

# 6.7 主從控制

在人類無法接近的惡劣工作環境（高溫、低溫、高汙染、深海等情況）中，若需執行非定型的作業任務，由於不能預先確定作業內容，因此必須由人在安全的環境內遠端操縱實際工作環境內的機器人進行作業，常用的實現方法是操縱人員直接以手動牽引一個機器人操作臂（可以是穿戴機器人的形式）進行運動，實際工作環境內的作業機器人復現此運動完成作業。上述作業中由操縱人員直接操縱或自動控制的機器人操作臂稱為主臂，工作環境內的機器人操作臂稱為從臂，此種作業方式的控制器稱為主從操作臂控制器。

在進行主從操作臂控制時，不僅要求從臂追從主臂的運動，往往還要求主臂能將從臂作業中受到的作用力回饋給操縱者，使操縱者能夠獲得實際作業中的力覺資訊從而實現更精細的作業效果。這種帶有作用力回饋機製的主從操作臂控制稱作雙向控制，後面將介紹 3 種經典的雙向主從操作臂控制器。

與雙向控制相對的是無作用力回饋的單向控制方式，單向控制中主臂將自身末端或關節的位置傳遞給從臂作為參考運動輸入，其控制方式與 6.2 中介紹的軌跡追蹤控制完全一致，這裡不再贅述。

## 6.7.1 對稱型主從控制系統與控制器

對稱型主從控制器的控制系統框圖如圖 6-19 所示，其中，$\boldsymbol{IK}_m$、$\boldsymbol{IK}_s$ 分別是主臂和從臂的逆運動學簡寫，$\boldsymbol{DK}_m$、$\boldsymbol{DK}_s$ 分別主臂和從臂的正運動學簡寫；$\boldsymbol{q}_m$、$\boldsymbol{q}_s$ 分別是主臂和從臂的關節廣義位置矢量，$\Delta\boldsymbol{q}_m$、$\Delta\boldsymbol{q}_s$ 分別為 $\boldsymbol{q}_m$、$\boldsymbol{q}_s$ 的調整量；$\boldsymbol{X}_m$ 為由主臂構形在從臂工作空間內的假想末端位姿矢量；$\boldsymbol{X}_s$ 為從臂末端在工作空間內的位姿矢量；$\Delta\boldsymbol{X}$ 為從臂末端的位姿調整量。

上述控制系統框圖中，主臂和從臂均使用位置控制方式，其中從臂的運動是為彌補主從臂間的位置偏差，主臂的運動是透過反向運動向操作者傳遞從臂作業

時受到的作用力資訊，當主從臂間的位置偏差越大時，說明從臂受到的阻礙越強，主臂進行的反向運動也越大。按上述過程，主臂對操作者的力覺回饋按式(6-42)進行。

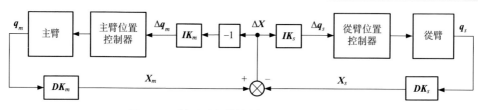

圖 6-19　對稱型主從控制器的控制系統框圖

$$f_m = f_s + M_s(q_s)\ddot{q}_s + B_s\dot{q}_s + M_m(q_m)\ddot{q}_m + B_m\dot{q}_m \qquad (6\text{-}42)$$

式中，$f_m$ 為主臂回饋給操縱者的作用力；$f_s$ 為從臂的實際作用力；$M_m$、$M_s$ 分別為主臂和從臂的廣義慣性矩陣；$B_m$、$B_s$ 分別為主臂和從臂的阻尼係數陣。從上式可以看出，主臂的力覺回饋不但含有從臂的實際作業力，還受主、從臂的動態慣性力、阻尼力影響，因此對稱型主從控制器雖然結構較簡單，但降低了力覺回饋的精度，主要適用於主、從臂質量都較輕，且低摩擦或液壓驅動的情況。

## 6.7.2　力反射型主從控制系統與控制器

力反射型主從控制器的控制系統框圖如圖 6-20 所示，其中 $K_f$ 是力覺回饋增益，$J_m$ 是主臂的雅可比矩陣，$\tau_m^d$ 是主臂關節驅動力/力矩的目標矢量。

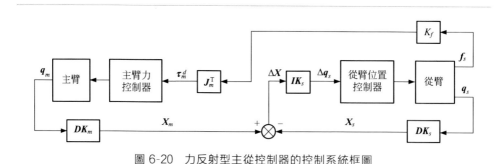

圖 6-20　力反射型主從控制器的控制系統框圖

上述控制器中，主臂使用力控制方式向操縱者返回從臂的作用力資訊，從臂使用位置控制方式彌補主從臂間的位置偏差。主臂對操作者的力覺回饋將按式(6-43)進行。

$$f_m = K_f f_s + M_m(q_m)\dot{q}^{\cdot}_m + B_m \dot{q}_m \qquad (6\text{-}43)$$

由式(6-43) 可知，力反射型主從控制器能消除從臂動態慣性力、阻尼力在力覺回饋中的影響，但仍受主臂的動態效應影響，當主從臂系統處於穩態時，力覺回饋按增益 $K_f$ 規定的比例進行。基於上述特點，力反射型主從控制器適用於主臂質量輕且摩擦小的情況。

### 6.7.3 力歸還型主從控制系統與控制器

力歸還型主從控制器是力反射型主從控制器的一種補充，其控制系統框圖如圖 6-21 所示。

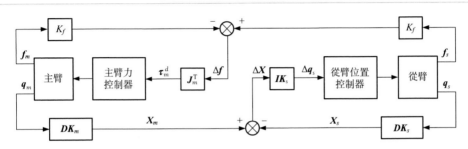

圖 6-21 力歸還型主從控制器的控制系統框圖

力歸還型主從控制器在對從臂的作用力進行回饋的基礎上，還對主臂的操作力進行了補償，其力覺回饋按式(6-44) 進行。

$$f_m = \frac{K_f}{1+K_f}f_s + \frac{M_m(q_m)\dot{q}^{\cdot}_m + B_m \dot{q}_m}{1+K_f} \qquad (6\text{-}44)$$

由式(6-44) 可以看出，當力回饋增益 $K_f$ 趨近正無窮時，主臂對操作者的作用力 $f_m$ 將趨近於從臂的實際操作力 $f_s$，但考慮到過大的 $K_f$ 容易引起震盪，一般也需對其進行限製，即使這樣也能將主臂慣性力、阻尼力的影響降至原先的 $1/(K_f+1)$，因此力歸還型主從控制器的操作性好於對稱型和力反射型主從控制器，是最常用的雙向主從控制器。

### 6.7.4 對稱型/力反射型/力歸還型三種雙向主從控制系統的統一表示

（1）主臂與從臂異構和位移傳遞比與力傳遞比均不為 1 的主從臂系統

前面所講的都是主從臂的運動傳遞比、力傳遞比都是按 1：1 比例考慮並給出的。但是，主臂通常由人來操縱，從便於操作的適應性角度來看，主臂大小應

大致與人類相稱；而從臂大小與構型則因作業不同而異。顯然，從主臂應便於人類操縱的角度出發，適用於各種不同作業的主從機器人系統及主從控制問題還應進一步考量實際作業情況。例如，重載作業情況下，通常多使用尺寸大、質量大、驅動能力與操作能力大的機器人操作臂，而人類幾乎不可能去直接操縱一臺與重載作業用的從臂機器人一樣大的主臂。這種情況下，顯然需要想辦法用人類便於直接操縱的相對小型化的操作臂作為主臂更現實，如此，主從機器人操作臂系統需要設計成主從臂之間運動傳遞比、力傳遞比不為1的主從系統，而且其主從控制理論與方法需要在之前所講的那些知識點基礎上進一步考量：「改變運動傳動比、力傳遞比，使主從機器人系統更易於操作」這一問題。實現主從機器人操作臂系統的運動傳遞比、力傳遞比不為1且更易於操作的目標，顯然涉及主從臂兩者機械系統在設計上的差別，除機構尺寸、質量等不同之外，還存在主從臂機構構型是否相同的差異問題，即主從臂為主從同構還是異構的問題。主從臂同構是指不管主從臂機構參數是否相同，只要它們的機構構型相同即視為主從同構。機構構型相同是指構成機構的運動副的種類、運動副的配置、運動副與構件之間的連接關係、相對位置關係完全相同，當然，自由度也完全相同。總之，機構構型相同就是指兩個機構構成完全相同，但機構參數可以不同。若機構構型相同，同時機構參數也相同，則這兩個機構即為線束完全相等的同一機構，此時主從臂運動傳遞比、力傳遞比才皆為1。主從異構則指的是主從臂機構構型不同。

　　機構同構是指機構構型完全相同，只機構參數大小可以相同也可以不同的機構；機構異構是指機構構型不同的機構。可用圖 6-22 所示的例子來說明機構同構與異構。機構同構的兩臺機器人運動學方程、動力學方程表示完全相同，只是機構參數、運動參數大小不同。

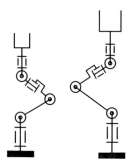
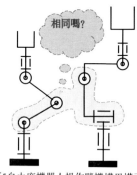

(a) 兩臺6自由度機器人操作臂機構同構示意圖　　(b) 兩臺5自由度機器人操作臂機構異構示意圖

圖 6-22　兩臺機器人操作臂機構同構與異構示例圖

　　主從臂的大小及運動、力的傳遞比：當主從臂的大小不同時，設：

●主臂與從臂的運動傳遞比為 $s_p$，力傳遞比為 $s_f$；

●從臂反射回的從臂操作力為 $F_s$，主臂的操作力為 $F_m$；

●主臂的位移為 $X_m$，從臂的位移為 $X_s$。

則前述所給出的三種主從控制系統公式中的 $F_s$、$X_m$ 均需要用下述兩式來替換：

$$\begin{cases} F_s \Leftarrow s_f F_s \\ X_m \Leftarrow s_p X_m \end{cases} \tag{6-45}$$

式中，$s_f$ 為力傳遞比（或力反射率、力反射比、力歸還率、力回饋增益等）；$s_p$ 為運動傳遞比（或位移放大縮小比等）；$s_f$、$s_p$ 為對角矩陣（多自由度系統）或常數（1自由度系統）。

（2）雙向控制系統的統一表示

雙向控制系統的統一即是將對稱型、力反射型、力歸還型主從控制的三位一體化表示。統一模型中包含對稱型、力反射型、力歸還型三種主從控制系統模型，如圖 6-23 所示。該圖是以主從臂末端操作器作業空間內位姿表示的系統，也可以運用正運動學將其在主從臂關節空間內的關節角矢量形式來表示。

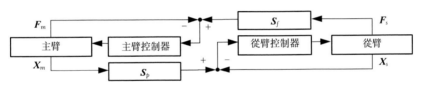

圖 6-23　三種基本雙向主從控制系統的統一表示（含力反射、運動傳遞比的主從控制系統）

雙向控制系統統一表示下主從臂驅動力/力矩的一般形式：

$$\tau_m = \begin{bmatrix} k_{m1} & k_{m2} \end{bmatrix} \begin{bmatrix} s_p X_m \\ F_m \end{bmatrix} - \begin{bmatrix} k_{s1} & k_{s2} \end{bmatrix} \begin{bmatrix} X_s \\ s_f F_s \end{bmatrix} \tag{6-46}$$

$$\tau_s = \begin{bmatrix} k_{m3} & k_{m4} \end{bmatrix} \begin{bmatrix} s_p X_m \\ F_m \end{bmatrix} - \begin{bmatrix} k_{s3} & k_{s4} \end{bmatrix} \begin{bmatrix} X_s \\ s_f F_s \end{bmatrix} \tag{6-47}$$

式中，對稱型：$k_{m2} = k_{s2} = k_{m4} = k_{s4} = 0$；力反射型：$k_{m1} = k_{m2} = k_{s1} = k_{m4} = k_{s4} = 0$；力歸還型：$k_{m1} = k_{s1} = k_{m4} = k_{s4} = 0$。

# 6.8 非基於模型的智慧控制方法

從是否利用被控對象系統模型、作業對象物或作業環境系統的模型來設計控制系統的角度，可將控制分為基於系統模型的控制和非基於系統模型的控制兩大

類。這裡所說的被控對象系統模型是指按照機構學、力學、電磁學等基本原理對被控對象系統的數學描述。對於機器人系統而言，就是基於機構原理、機構運動學、動力學、電磁學等方程所表示的數學模型設計控制系統、控制律，進而研究被控對象系統控制的控制理論與方法。

非基於模型的控制理論與方法則是指不需要對被控對象自身的物理資訊，不需要對被控對象系統建立機構、運動學、動力學等方程所表達的數學模型，即非基於模型的控制理論與方法。這兩種方法分別適用於不同性質的被控對象系統。基於模型的控制適用於被控對象所處的環境或作業要求相對固定、已知的確定條件下；而非基於模型的控制則適用於被控對象及其所處的環境或作業要求處於變化的、未知的、不確定的條件下。

如工業機器人操作臂往往應用於工廠、生產線等作業環境已知且相對固定的場合下，因此，可以按幾何學、運動學、動力學等基於理論建立系統的數學模型，可以比較準確或精確地用數學方程或不等式去確切描述被控對象實際物理系統或作業對象物，並且按基於模型的控制理論去設計穩定的控制系統，達到控制目的；對於那些用於野外、未知環境或作業條件未知情況下，但又想得到控制目標的機器人而言，存在被控對象作業或環境不確定、未知，難以建立系統數學模型、或者數學模型十分複雜難以求解等問題的情況下，往往採用非基於模型的控制理論和方法。這種非基於系統數學模型的理論和方法，通常稱為基於學習的控制理論與方法。

基於模型的機器人控制理論、方法與技術已經奠定了機器人控制系統設計與實際應用的基礎和大的總體框架，並於 1990 年代前後已處於成熟和實用化。但是，從理論、方法上很難有突破，目前的基於模型的機器人控制處於大同小異的應用狀態！從 1990 年代蓬勃興起的智慧控制理論與方法從算法上給機器人控制帶來了新的活力。而且基於模型的控制與智慧控制相結合的控制方法會更有效！

基於模型的控制方法是強烈依賴被控對象系統模型的方法，這裡所說的模型是指機器人運動學、動力學以及環境或作業對象數學、力學模型。在精確得到系統模型的情況下，基於模型的控制方法能夠得到很好的控制效果。然而，由於在實際應用中實際機器人的參數不可能完全精確地得到，或存在一些在建模過程中未考慮到的特性，或機器人在作業過程中受到一些不可預知的擾動等情況下，需要考慮魯棒控制、自適應控制、非線性補償控制等。此外，還可以應用智慧控制方法。

智慧控制理論與方法是以模糊數學、神經網路、遺傳算法、演化計算等為理論基礎應用於控制工程而發展起來的，從而形成模糊控制、神經網路控制、智慧學習控制等控制方法。智慧控制的概念是由美國著名機器人學學者付京遜於 1971 年提出的，由 Sardis 等在其基礎上於 1977 年進一步提出智慧控制系統結構

框架，該框架包括組織級、協調級、執行級或控制級。此後，對於智慧控制的研究主要體現在對基於知識系統、模糊邏輯和人工神經網路的研究。模糊數學、模糊邏輯是由伊朗裔美國籍數學家札德於 1965 年發表的原創性論文「模糊集合」發展起來的，其基本概念為模糊集、隸屬函數、隸屬度以及模糊集合運算等，使得原本二值邏輯的經典集合發展成為涵蓋經典集合和隸屬關係為多值邏輯的模糊集合。模糊控制系統是一種具有魯棒性的控制系統，模糊控制控制器設計首先需要抽取控制上的「技巧」作為控制規則，形成規則庫，並且根據輸入按照模糊推理給出控制器的輸出；在機器人的神經網路控制方面，小腦神經網路是應用得較早且相當成功的控制方法之一，小腦神經網路簡稱 CMAC，其最大的特點是即時性好，具有全局泛化特性，尤其對於多自由度機器人操作臂的現場學習控制，可用可編程邏輯陣列（PLA）製成專門芯片，從硬體上實現 CMAC 控制。更多採用 CMAC 實現學習控制的是 CMAC 算法軟體。在機器人的模糊控制方面，模糊系統在機器人建模、控制、柔性臂控制、力位混合控制、模糊補償控制以及移動機器人路徑規劃與控制等多方面已被研究或取得應用；不僅如此，模糊控制、神經網路等現代智慧計算方法以及相互結合的智慧控制方法已經被廣泛應用於機器人控制。在運動樣本生成以及全局最佳化方面，遺傳算法、演化計算等可以用來生成全局性能最優的運動樣本作為機器人學習控制的訓練樣本。

現代控制系統分析與綜合的最為基礎的工具：矩陣理論、微分幾何、模糊數學、現代控制理論、最優控制理論、自適應控制理論等作為標準工具，標準工具可提供一個基礎的、穩定的控制系統整體框架。還有一類工具是包括模糊控制、神經網路控制、變結構控制、遺傳算法、混沌控制、H∞控制、逆系統控制、預測控制等在內的，統稱為工程工具，它們只是其中的一個或幾個環節的具體實現過程或方法。

基於 CMAC 的機器人智慧學習控制：其控制系統框圖如圖 6-24 所示。控制原理為：參考輸入生成模塊在每個控制週期產生一個期望輸出。該期望輸出被送至 CMAC 模塊，提供一個訊號作為對固定增益常規回饋控制器控制訊號。在每個控制週期之末，執行一步訓練。在前一個控制週期觀測到的裝置輸出用作 CMAC 模塊的輸入。用計算的被控對象輸入 $u^*$ 與實際輸入 $u$ 之間的差來計算權值並作出判斷。當 CMAC 跟隨連續控制週期不斷訓練時，CMAC 在特定的輸入空間域內形成一個近似的被控對象逆傳遞函數。如果未來的期望輸出在域內相似於前面的預測輸出，那麼，CMAC 的輸出也會與所需的被控對象裝置實際輸入相近。由於上述結果，輸出誤差將很小，而且 CMAC 將接替固定增益常規控制器。

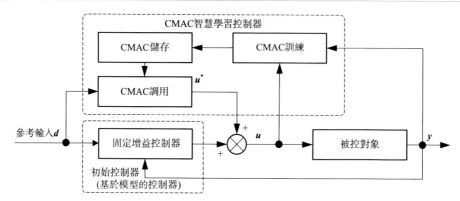

圖 6-24　基於 CMAC（小腦神經網路）的機器人智慧學習控制系統框圖

# 6.9　本章小結

　　本章首先講述了機器人控制系統的集中控制和分布式控制兩種不同的控制方式，以及異種電腦控制系統軟體平臺下不同機器人系統在網路環境下移動智慧體的設計機製，旨在給讀者提供多類不同機器人系統共同作業控制系統構築的方法和解決異種平臺通訊問題的軟體途徑，明確透過多目標管理技術中的 CORBA 程式設計和遠端啟動與調用方式可以實現不同電腦 OS 下各類機器人共同機製。對於基於模型的機器人的控制系統以及控制器設計問題，具體給出了通用的位置軌跡控制法（包括 PID 回饋控制法、前饋控制法、前饋＋PD 回饋控制法、逆動力學計算控制法、動態控制法、加速度分解法）、魯棒控制、自適應控制、力控制、力/位混合控制、協調控制、主從控制、最優控制等控制方法、控制律以及控制系統原理框圖。這些基於模型的控制理論與方法已經是在工業機器人操作臂的實際應用作業中驗證有效的，可以作為機器人控制的實際應用的具體方法和控制器設計的理論依據。除非作業環境或作業對象物有不確定性主要影響因素，使得系統模型難以建立或模型無效，否則，本章給出的基於模型的控制理論、方法以及控制器設計適用於作業環境或作業要求確定的機器人控制系統與控制器的設計，它是基於模型的機器人控制的最基礎的控制理論與方法。本章最後還介紹了非基於模型控制的方法以及基於 CMAC 的機器人智慧學習控制方法與控制系統構成。

## 第7章

# 工業機器人用移動平臺設計

## 7.1 工業機器人操作臂移動平臺的形式與要求

搭載機器人操作臂的移動平臺可以分為導軌式、輪式、履帶式、腿足式、輪-腿式、輪履式、飛行式、水面、水下式、空間飛行推進式以及操作臂本身兼有移動功能等各種移動平臺。

傳統的工業機器人是在工業生產的結構化環境下使用的機器人，工業機器人操作臂或者安裝在固定的基礎上，或者安裝在導軌式、輪式或履帶式移動機器人平臺上。

① 導軌式移動平臺。將機器人操作臂懸掛或者坐立安裝在一維、二維或 $X$、$Y$、$Z$ 三維方向上可以在導軌上直線移動的平臺上。一般以龍門式架設或臥式敷設導軌為主，導軌式移動平臺結構和控制都簡單，即使快速移動也不必考慮移動平臺和機器人操作臂的運動穩定性問題。這種方式下機器人操作臂只能按照預先設計安裝好的軌道路徑移動，移動範圍有限，移動路徑固定。

② 輪式移動平臺。搭載機器人操作臂的輪式移動機器人可以在工廠的結構化環境內的平地、臺階、樓梯、坡道等自主移動、操作，也可以按給定的路徑導航移動、操作。但是，在系統設計時必須考慮到搭載操作臂的輪式機器人移動的穩定性問題。實際應用時，尤其在加減速、急停或者受到來自環境的擾動力、負載變化、移動路面狀態的變化等情況下的運動或者作業平衡穩定能力。輪式移動平臺移動靈活，移動作業範圍較大，機動性強。輪式移動平臺可以透過輪式移動機構設計實現爬臺階、爬樓梯、爬坡等功能。

③ 履帶式移動平臺。履帶式移動機構因其履帶與地面接觸面積大，抓地能力強，運動平衡穩定能力較輪式移動平臺好。但轉彎不如輪式靈活。履帶式移動平臺可以在設計上實現爬坡、爬臺階以及越障等功能。

輪式移動平臺和履帶式移動平臺，都需要在搭載操作臂、帶載移動、作業情況下滿足動態、靜態運動穩定性的要求。

④ 腿足式移動平臺。自 2000 年，日本川田工業用自律步行的人型雙足機器人進行管線巡檢、開挖掘機等應用研究以來，腿足式機器人開始進入工廠生產作

業中。2017 年波士頓動力研發出在工廠、辦公區可以識別門、門把手和利用所搭載的操作臂開門、自由出入的四足機器人，並且多臺四足機器人可以相互合作完成任務，自主的腿足式移動機器人開始充當工業機器人移動平臺，搭載操作臂的四足機器人在爬樓梯、上臺階、室外路面和道路環境比輪式、履帶式移動平臺具有更優越的移動靈活性和環境適應性。穩定性準則是雙足步行機器人、四足步行機器人以及多足機器人持續行走、帶載作業或受到外界擾動時必須滿足的條件，是其控制系統和控制器設計需要遵守的準則。

# 7.2 移動平臺小車的機構與結構設計

## 7.2.1 輪式移動機構與結構

（1）按輪式移動機器人本體機構與結構的分類方法與匯總

輪式移動機器人本體的主要構成可以分為兩大部分：車輪配置部分和車體平臺部分。車輪配置部分主要實現輪式移動功能；而車體平臺部分用於搭載輪式移動操控部分和除與輪式移動有關之外的其他作業功能設備部分。車體平臺又可分為單車體平臺和兩個以上單體之間由運動副連接而成可相對運動的多車體平臺。根據第 1 章給出的現已研究和實用化的各種車輪的結構和原理，本書針對用於輪式移動機器人的各種代表性車輪、輪式移動機器人機構構型分別進行歸納整理，匯總成表 7-1、表 7-2，表中分別給出了車輪、輪式移動機構的類型、機構原理和特點，供輪式移動機器人機構選型設計或者創新設計時參考。

**表 7-1　常用於輪式移動機器人的車輪類型、原理及特點**

| 序號 | 車輪類型 | 機構原理構型 | 機構原理、特點說明 |
|------|----------|--------------|---------------------|
| 1 | 盤形輪 | 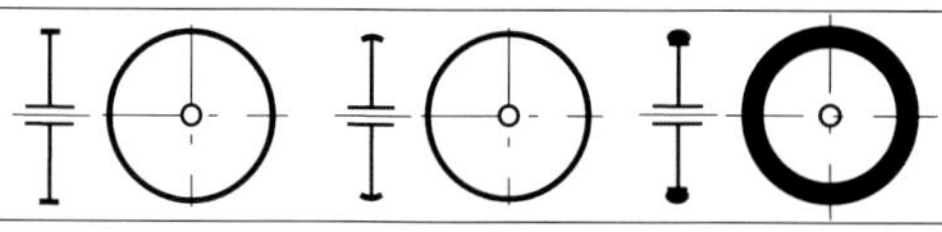 | 盤形輪呈簡單的扁平結構。包括：扁平輪、輪胎車輪 |
| 2 | 全方位輪 | 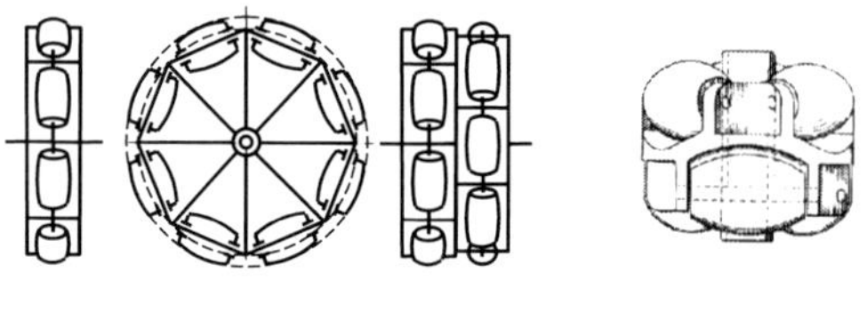 | （1）圓周方向被等分成正 $n$ 邊形，每條邊為該邊上鼓形輥子的回轉軸線，因此，輥子能夠沿著與整輪轉動方向垂直的側向滾動，從而形成全方位滾動<br>（2）可將同樣的兩個或多個單列輥子全方位輪沿周向相互等間角錯開並聯在一起而成雙列或多列全方位輪 |

| 序號 | 車輪類型 | 機構原理構型 | 機構原理、特點說明 |
|---|---|---|---|
| 2 | 全方位輪 | 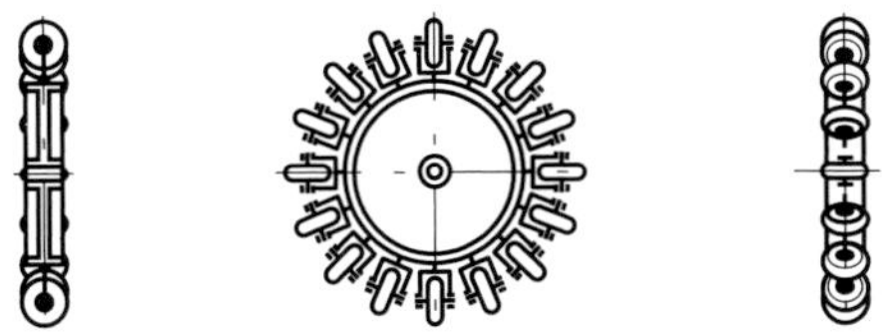 | (1)輪轂外圓周上均勻分布著 $n$ 個幾何形狀、尺寸皆相同的小輪,每個小輪徑向固定安裝在輪轂上,且小輪軸線與輪轂軸線呈空間相錯且垂直<br>(2)所有的小輪最外側點皆位於以全方位輪中心為圓心的同一個圓周上 |
| 3 | 麥克納姆輪 | 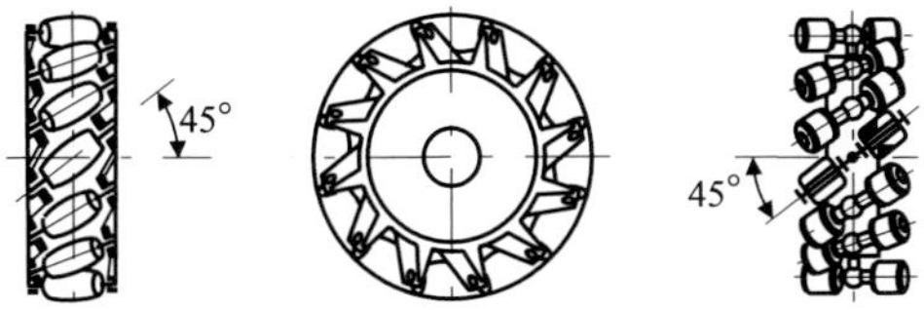 | (1)每個輥子為形狀、尺寸皆相同的軸對稱鼓形結構;每個輥子的軸線與平行於麥克納姆輪軸線的直線成 45°<br>(2)所有的鼓形輥子沿圓周方向均勻分布,且輥子最外側輪廓皆位於以麥克納姆輪軸線為中心線的鼓形曲面上<br>(3)鼓形輥子可用同軸雙圓柱輥子替代;也可將一個鼓形輥子從中間一分為二而成兩個同軸且相對的半鼓形輥子 |
| 4 | 球形輪 | 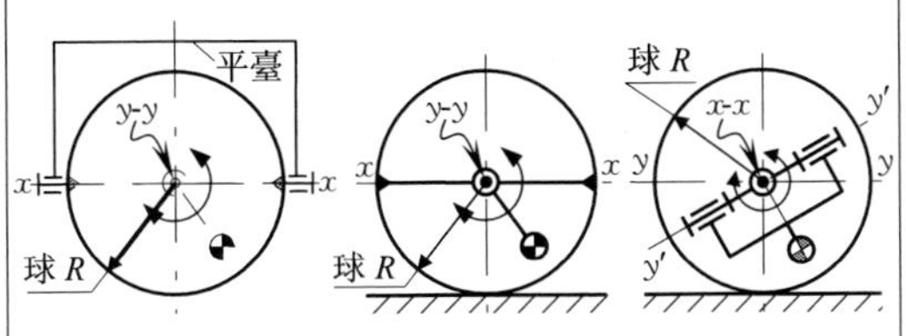 | (1)1991 年國際上第 1 檯球形機器人即是球外設置平臺,球內置有單萬向節機構,透過調整質心位置來驅動此球形機器人移動。平臺上可搭載感測器、操作手等<br>(2)若球外表面無任何其他構件,則只為球形光滑表面的球形輪 |
| | | 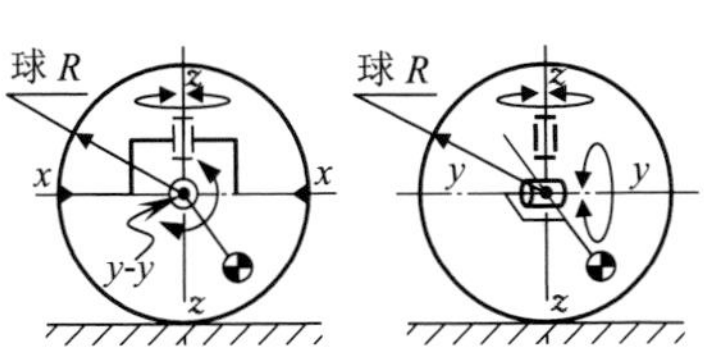 | (1)如左圖所示,球內的擺透過繞 $y$-$y$ 軸回轉實現整球直線滾動移動;球內的擺透過繞垂直方向軸線 $z$-$z$ 軸轉動實現球的側向回轉,可以改變直行方向<br>(2)如不考慮球內機構方位和奇異構形,該球形輪與上述球形輪無本質區別 |

| 序號 | 車輪類型 | 機構原理構型 | 機構原理、特點說明 |
|---|---|---|---|
| 4 | 球形輪 | 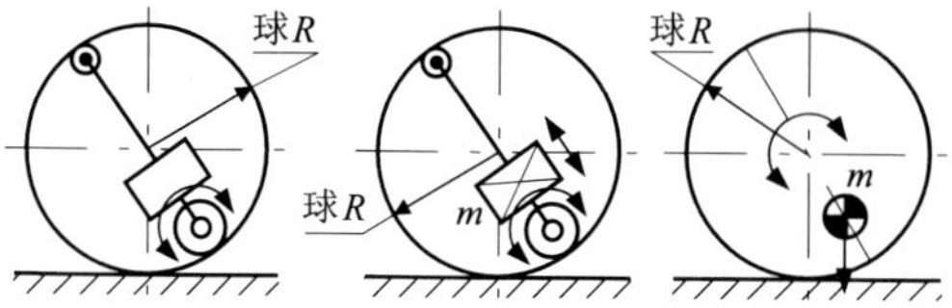 | （1）球內沿直徑方向上桿兩端分別有一無主驅動的平衡輪和有主驅動的驅動輪，驅動輪驅動此直徑桿在球內繞球心轉動，從而驅動球殼滾動移動<br>（2）直徑桿上可設置位置固定的質量塊 $m$，也可設置由另一主驅動器沿直徑桿方向驅動的可移動質量塊 $m$ |
| | | 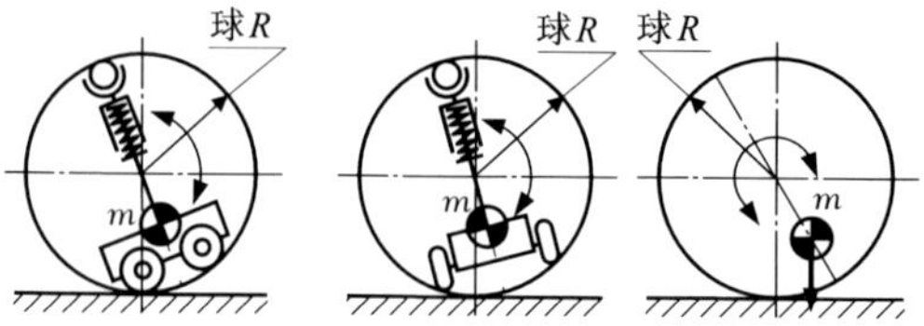 | （1）球殼內沿直徑置一直徑桿，一端為平衡用非主驅動的球形萬向輪，另一端為主驅動的四輪小車。直徑桿上設置浮動的圓柱螺旋彈簧，使小車車輪始終與球殼內表面保持一定的接觸力<br>（2）這種結構與球內只有四輪小車而無平衡輪和浮動彈簧的球形輪相比，可以抵抗外界對球形輪的衝擊擾動，免使小車車輪脫離球內表面而成為不確定狀態 |
| | | 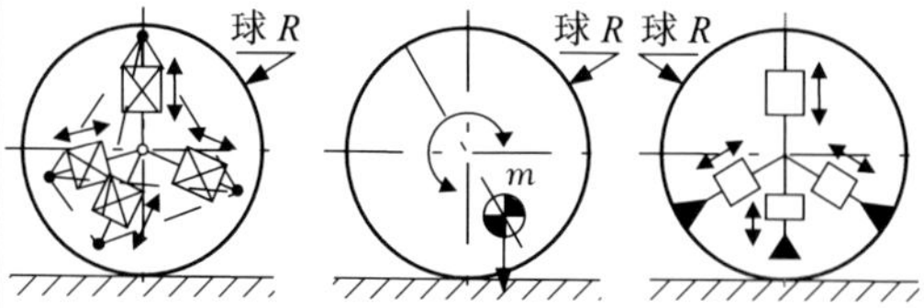 | 以球面內接的正四面體、正六面體或正 $n$ 面體的幾何形心點與各頂點之間的連線為半徑桿，各半徑桿上設置沿該半徑桿長方向有主驅動的往復移動質量塊，透過質量塊沿徑向移動來調整球殼內總質心的位置，從而驅動整球滾動移動 |

續表

| 序號 | 車輪類型 | 機構原理構型 | 機構原理、特點說明 |
|---|---|---|---|
| 4 | 球形輪 | 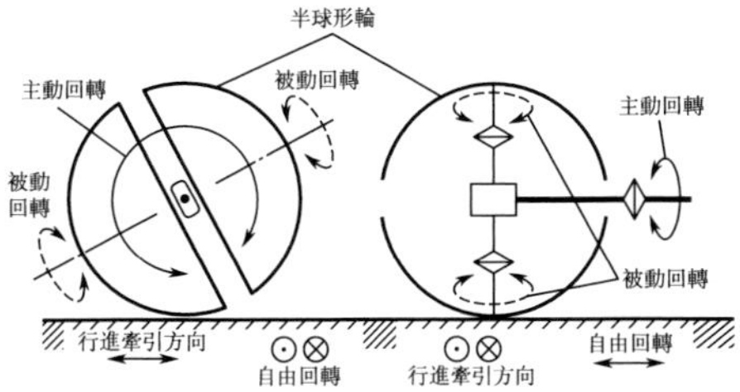 <br>(a) 前向視圖　　(b) 側向視圖 | 全方位球（Omni-Ball）：2007 年美國 MIT、哈佛大學聯合研製。十字軸線上的一根軸線作為主驅動軸；另一根軸線的兩側各有一個大小相同的半球繞此軸線自由回轉。兩個半球構成一個完整的球但兩個半球之間必須留有間隙，因為兩個半球繞垂直於主動軸線的軸線轉動時相對主動軸運動。實際上其原理與已有的工業機器人操作臂腕部 Roll-Pitch-Roll 機構中的 Roll-Pitch 機構完全相同。只是 Pitch 為從動，且殼體為兩半球面 |
| | | 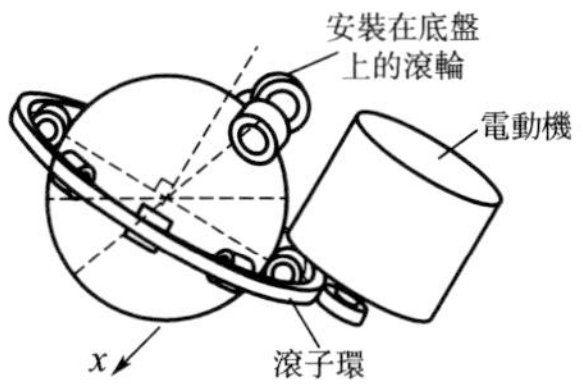 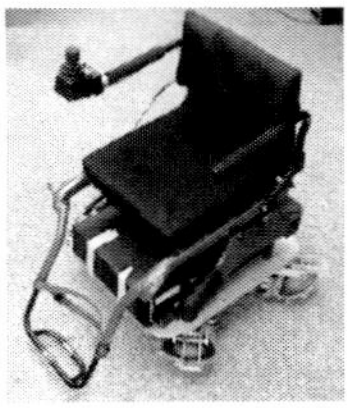 | 1995 年 MIT 的資訊驅動機械系統中心的 Mark West、Haruhiko Asada 設計的一種球形輪機構並研製了球形輪全方位車[1]<br>　該球形輪由滾動軸承、滾柱和球以及電動機組成球形輪單元輪 |
| 5 | 鼓形輪 | 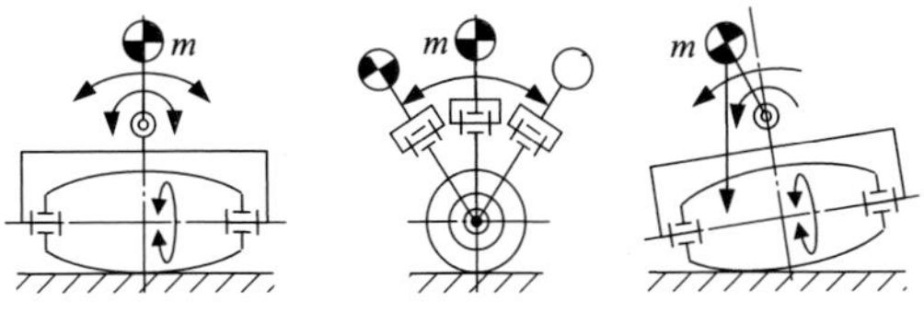 <br> | （1）鼓形輪為軸向尺寸寬、輪面為鼓形曲面的輪子。它可以根據輪子上方載荷位置的變化，透過傾斜運動來改變鼓形曲面與地面的接觸點位置或接觸區域<br>　（2）鼓形輪與倒立擺配合使用可以在一定範圍內實現自平衡<br>　（3）鼓形輪可以從兩端部取支撐負載的平臺構件，也可以設計成從中間一分為二的兩個相對的半鼓形輪，從垂直於鼓形輪軸線的中間平面上取負載支撐平臺。但這種結構的鼓形輪不適用於沙土和碎石路面 |

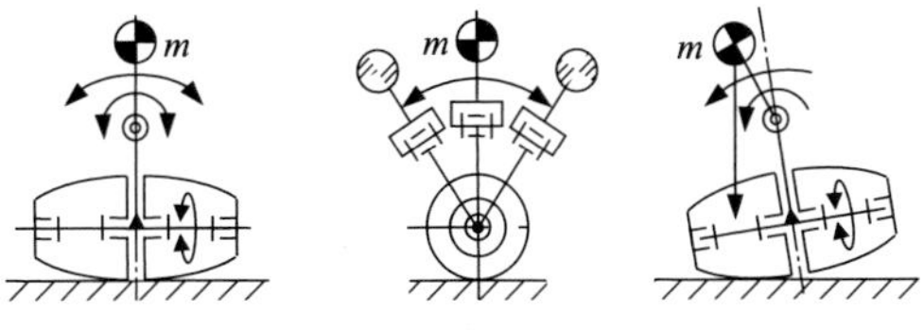

| 序號 | 車輪類型 | 機構原理構型 | 機構原理、特點說明 |
|---|---|---|---|
| 6 | 圓錐臺形車輪，圓柱-圓錐輪 | 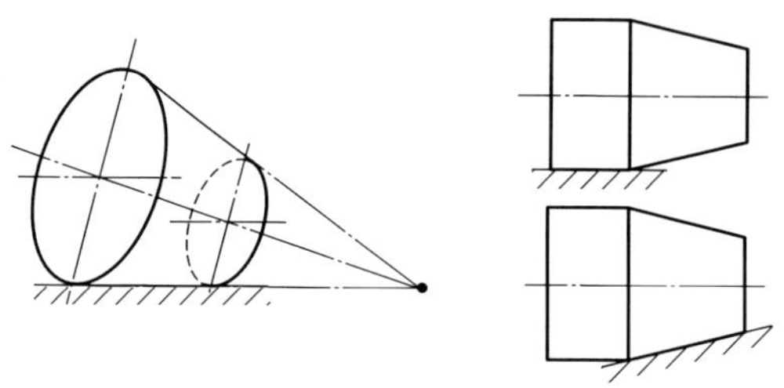 | (1)圓錐臺形車輪沿軸向可設計成兩段；圓柱段和圓錐臺段同軸連接在一起的寬車輪形式<br>(2)單輪特點：平整路面時由圓柱段支撐，圓錐臺段不著地；當行駛在坡道或脊背形道路時，圓錐段著地，同時減小車車體平臺相對於水平面的傾斜角度<br>(3)利用圓錐臺形車輪可幫助轉向。直行則圓錐臺段因各接地點周向速度不同有滑動 |
| 7 | 星形輪 | 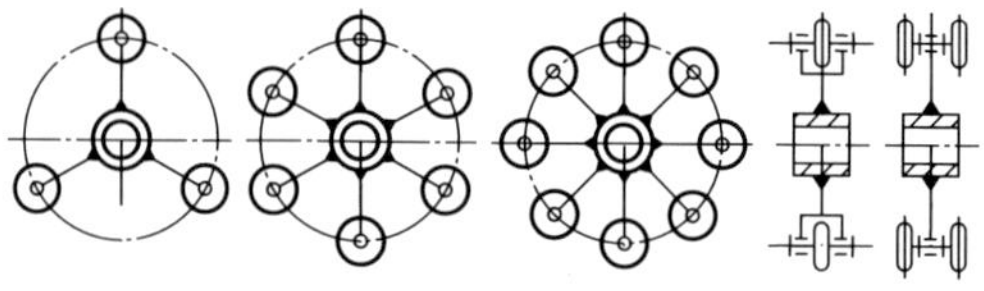 | (1)在圓周方向均布著3、6、8等多個形狀、大小完全相同的小輪，這些小輪均勻環抱著安裝在輪轂上，分別稱為三星輪、6星輪、8星輪等<br>(2)星形輪可用於爬樓梯、上臺階、有段差等地面環境 |
| 8 | 可摺疊可變輪徑的翅形輪（diameter-variable & foldable wheels） | 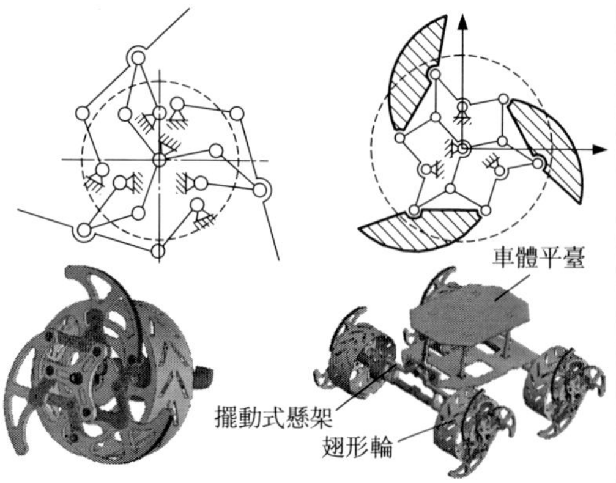 | (1)通常的圓周形輪的端側面上均布著3個以上的翅形機構，這些翅形機構由同一個傳動系統驅動成可同步摺疊的形式。左圖所示的是透過連桿機構實現的可摺疊可變輪徑的翅形輪<br>(2)翅形機構收放運動可實現輪徑大小的變化，以及收縮至最小尺寸時即為圓周形輪，而擴展至超過圓周形輪直徑時即變為翅形輪<br>(3)可爬臺階、越障，面向野外環境<br>(4)由 Lan Zheng 等人提出並設計[2] |

續表

| 序號 | 車輪類型 | 機構原理構型 | 機構原理、特點說明 |
|---|---|---|---|
| 9 | 輻條輪<br>（spoke wheel） | 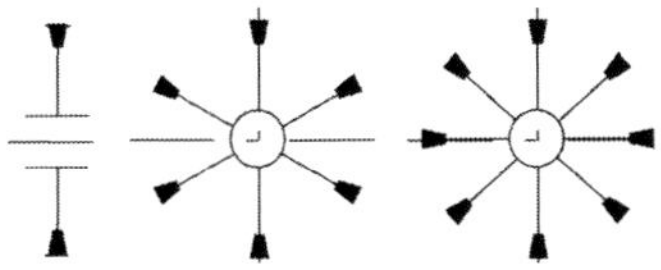  | （1）輻條輪沒有整周的輪緣，而是整周均布長度相等的 $n$ 個徑向輻條，也即 $n$ 個輻條均布在輪轂上<br>（2）這種輪可以用來爬樓梯、上臺階<br>（3）採用輻條輪作為主驅動輪的兩輪或多輪移動機器人可以透過調整各輪接地輻條間相位關係來得到車體不同的姿態<br>（4）缺點是行走速度不均勻，輪心在前進時呈週期性上下起伏運動 |
| 10 | 星球探測車專用車輪 | 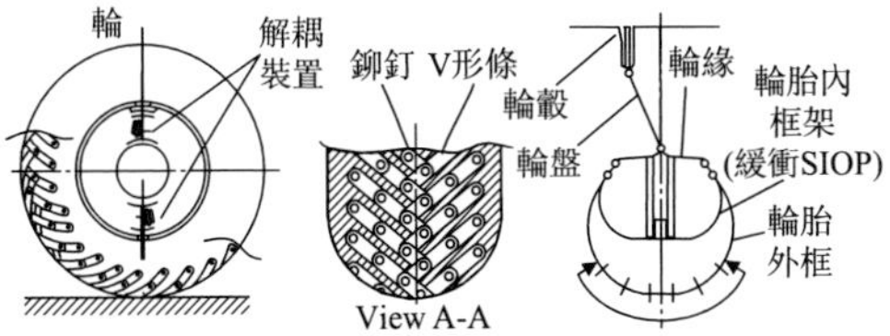 | （1）Applo5 號的充氣輪胎分內外兩層；外層輪胎的外表面分布著正反兩個方向呈「V」字形的金屬條，如左圖所示<br>（2）外層輪胎靠與月球表面接觸產生變形增大輪胎與月面的接觸面積，並且正反兩個方向上等間隔布置的金屬條相當於橡膠輪胎的紋理，用以增大摩擦力<br>（3）當與月面接觸的外層輪胎變形達到內外兩層輪胎相接觸時，內層輪胎開始產生變形，從而增大了與月面的接觸剛度 |
| | | 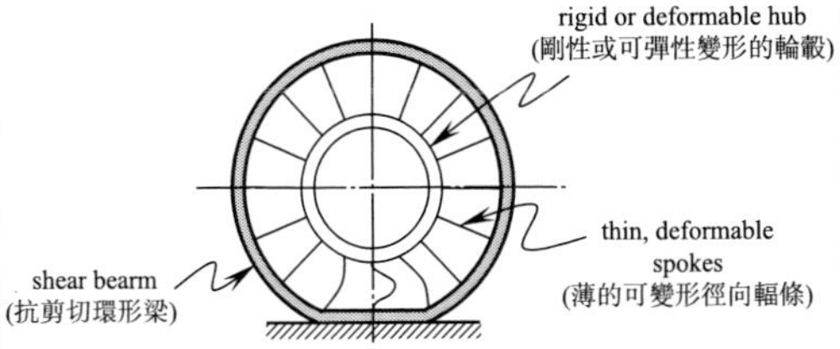 | 左圖為非充氣輪胎的基本幾何模型。該圖僅是一個概念性的示意圖。其中，薄的可變形徑向輻條可有多種不同的結構形式；抗剪切環形梁也有多種不同的結構形式。所有這些結構形式的核心都是為了輪與星球表面接觸時透過接觸部位產生足夠的變形（並且在回轉到非接觸位置時恢復變形）而獲得更大的接觸面積和「抓住」星球表面的能力 |

續表

| 序號 | 車輪類型 | 機構原理構型 | 機構原理、特點說明 |
|---|---|---|---|
| 11 | ASOC 輪（active split offset caster） | 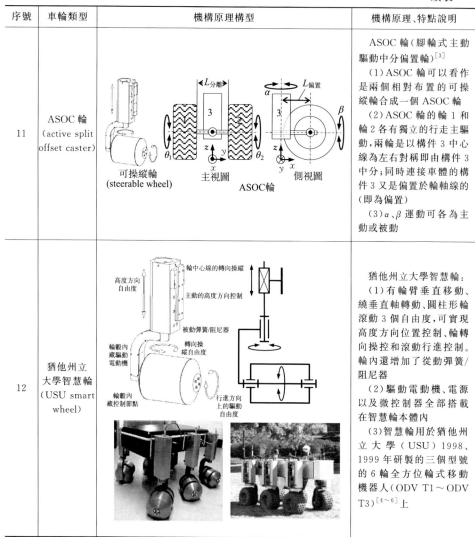 | ASOC 輪（腳輪式主動驅動中分偏置輪）[3]<br>（1）ASOC 輪可以看作是兩個相對布置的可操縱輪合成一個 ASOC 輪<br>（2）ASOC 輪的輪 1 和輪 2 各有獨立的行走主驅動，兩輪是以構件 3 中心線為左右對稱且由構件 3 中分；同時連接車體的構件 3 又是偏置於輪軸線的（即為偏置）<br>（3）$\alpha$、$\beta$ 運動可各為主動或被動 |
| 12 | 猶他州立大學智慧輪（USU smart wheel） | | 猶他州立大學智慧輪：<br>（1）有輪臂垂直移動、繞垂直軸轉動、圓柱形輪滾動 3 個自由度，可實現高度方向位置控制、輪轉向操控和滾動行進控制。輪內還增加了從動彈簧/阻尼器<br>（2）驅動電動機、電源以及微控制器全部搭載在智慧輪本體內<br>（3）智慧輪用於猶他州立大學（USU）1998、1999 年研製的三個型號的 6 輪全方位輪式移動機器人（ODV T1～ODV T3）[4~6] 上 |

## （2）車輪機構類型與結構

車輪在輪式移動機器人的應用上按功能分為主驅動車輪和從動車輪。表 7-1 中較全面地歸納出了各類輪式移動機器人機構中研究出來的有代表性的新型車輪和常用的車輪。部分車輪還結合其所用的輪式移動機器人機構進行了較為詳細的解說。其中，球形輪本身就是輪式移動機器人。這些車輪種類不僅限於工業機器人範疇，還包括了星球探測車用的特種車輪、專用車輪，屬於太空產業的空間機器人技術領域。

（3）輪式移動機器人機構構型

表 7-2 中給出具有代表性的各類輪式移動機器人的詳細機構原理和結構。這些輪式移動機器人機構的運動簡圖（機構原理圖、機構構型圖）部分是根據相關文獻中的原型樣機照片或虛擬樣機繪製的，部分是筆者根據輪式機器人原理給出並繪製的。

表 7-2　現有輪式移動機器人機構構型分類、原理及特點

| 序號 | 輪式機器人類型名稱 | 機構原理構型 | 機構原理、特點說明 |
|---|---|---|---|
| 1 | 單輪移動機器人 | 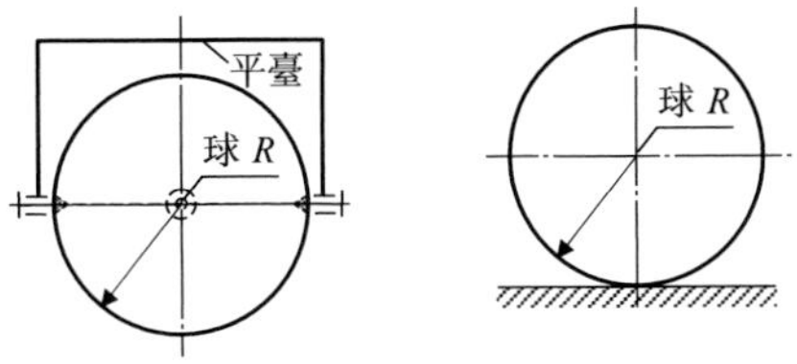 | （1）單輪即是機器人本體，有球形機器人、盤形機器人。左圖分別為外部有平臺的球形機器人（左）和外部為光滑球面的球形機器人（右）<br>（2）單輪移動機器人為輪內藏或輪外平臺搭載驅動、控制、感測、導航系統的集成化設計與製作 |
| | | 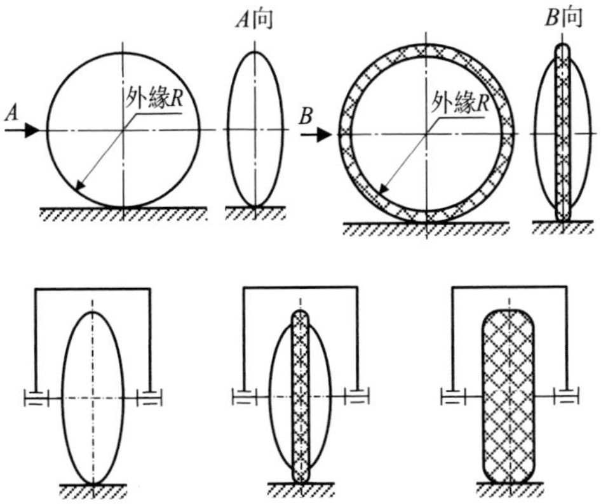 | （1）左圖皆為盤形單輪移動機器人。即外表面為非球的盤形；分別為外緣無輪胎和外緣有輪胎的單輪盤形移動機器人<br>（2）單盤移動機器人可設計成輪內藏或輪外平臺搭載驅動、控制、感測、導航的集成化系統。左上圖為輪內內藏驅動、控制、感測、導航的集成化系統（圖中省略）；左下圖為輪外搭載驅動、控制、感測、導航的集成化系統（圖中省略） |
| | | 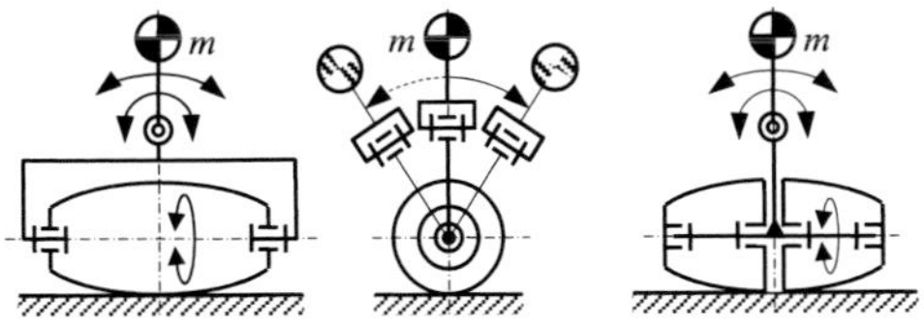 | （1）左圖皆為鼓形輪單輪移動機器人。即單輪外表面為鼓形曲面<br>（2）移動的倒立擺原理：倒立擺做往復週期性振動，可透過俯仰、側偏運動調整質心在地面投影點相對鼓形輪接地點位置實現動態平衡和穩定滾動移動<br>（3）鼓形輪單輪移動機器人可設計成輪內藏或輪外平臺搭載驅動、控制、感測、導航的集成化系統 |

續表

| 序號 | 輪式機器人類型名稱 | 機構原理構型 | 機構原理、特點說明 |
|---|---|---|---|
| 2 | 雙輪移動機器人（亦稱兩輪移動機器人） | 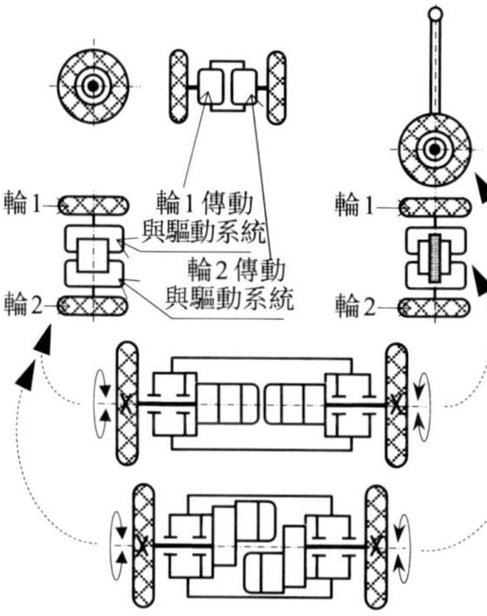 輪1<br>輪1傳動與驅動系統<br>輪2傳動與驅動系統<br>輪2<br>輪1<br>輪2<br>雙輪獨立驅動式機構原理 | 雙輪各有獨自傳動與驅動系統的輪式移動機器人<br>(1)由兩個原動機驅動的輪子轉動的角位移或角速度差實現轉向運動，兩輪速度同步則為行進運動<br>(2)有低車體式和倒立擺式兩種，如左圖所示<br>(3)還可分成同軸式（電動機、減速器軸線與輪軸線同軸）和偏置式（電動機、減速器軸線與輪軸線不同軸）兩種，如下兩圖所示<br>(4)如果將車體的質心、慣性軸線恰好設計或控制在車輪軸線上，則理論上可實現雙輪機器人直立而不發生傾倒<br>(5)需要由雙輪各自速度感測器和驅動、控制系統來實現雙輪的差速與同步，其性能取決於感測、電控操控及驅動系統 |
| | | 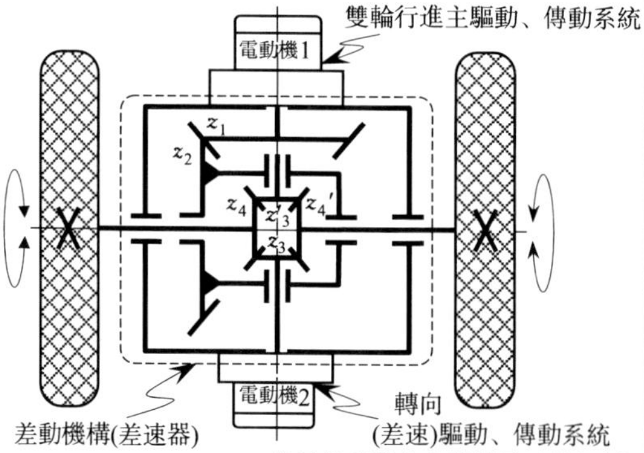 雙輪行進主驅動、傳動系統<br>電動機1<br>$z_1$<br>$z_2$<br>$z_4$　$z_4'$<br>$z_3$<br>$z_3'$<br>電動機2<br>差動機構(差速器)<br>轉向(差速)驅動、傳動系統<br>雙輪差動驅動式機構原理(俯視圖) | 由轉向操控機構操控與差動輪系驅動雙輪的輪式移動機器人<br>(1)由一臺原動機直接驅動或經由機械傳動系統（減速器）將運動和動力傳遞給兩個輪子，直行時兩個輪子轉速相同，轉彎時由轉向操縱機構（類似於汽車方向盤之類的操縱機構）操縱差速器使兩個輪子產生轉速差從而實現轉向<br>(2)與雙輪獨立驅動式相比，機械系統因增加了差動機構而變得複雜，但兩輪同步或差速是由機械系統中的機構來實現和保證的，差速性能可靠，穩定性好 |

續表

| 序號 | 輪式機器人<br>類型名稱 | 機構原理構型 | 機構原理、特點說明 |
|---|---|---|---|
| 3 | 三輪移動<br>機器人 | 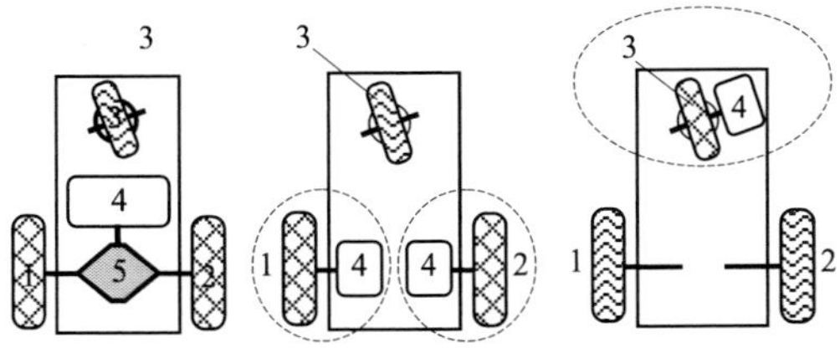 (a)<br>1,2—主動輪;<br>3—轉向操縱輪;<br>4—原動機-傳動<br>系統;<br>5—差動機構<br><br>(b)<br>1,2—主動輪<br>驅動-傳動系統;<br>3—從動輪(腳輪);<br>4—驅動及傳動系統<br><br>(c)<br>1,2—從動輪;<br>3—主動輪驅動-<br>轉向操縱輪;<br>4—驅動及<br>傳動系統 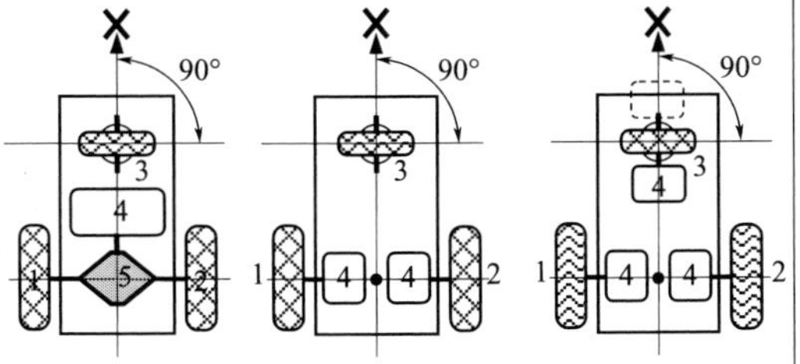<br><br>90° 90° 90°<br>前輪軸線與後輪軸線垂直時車體<br>不能正常前行的奇異構形<br>(d) | 差動驅動、操縱式三輪移動機器人<br>(1)雙輪差動驅動式[圖(a)]:雙輪由一個原動機驅動-傳動系統＋差動機構實現行走與轉向,第3為非主動驅動的從動輪(腳輪)<br>(2)雙輪獨立驅動式[圖(b)]:雙輪各由一個原動機驅動-傳動系統驅動,轉向由兩者驅動系統的速度差實現。第3個輪為非主動驅動的從動輪(腳輪),只起穩定支撐作用<br>(3)前輪轉向操縱＋單前輪驅動式,如圖(c)所示<br>這三類三輪移動機器人的缺點:<br>如圖(d)所示,當前輪軸線與後輪軸線垂直時,車體皆不能前行或正常前行,即發生理論上的奇異現象 |
| | | 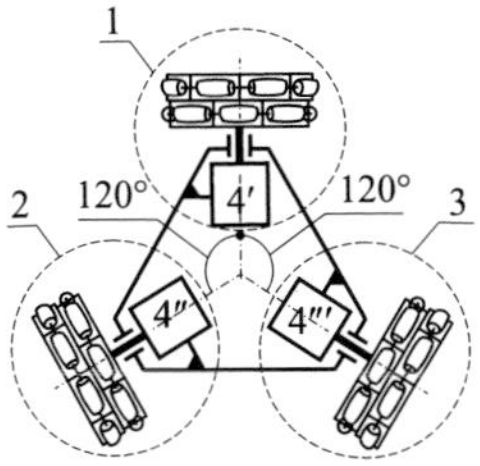 1<br>120° 120°<br>2 3<br>被動回轉輪<br>主動回轉輪<br>摩擦力<br>1,2,3-全方位輪(或麥克納姆輪)<br>及其主動驅動-傳動系統;<br>4′,4″,4‴-主動驅動-傳動系統 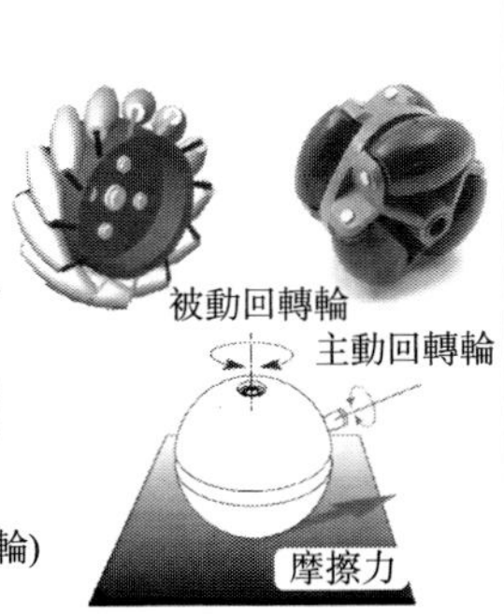 | 全方位三輪移動機器人<br>(1)三輪呈間隔120°均布結構形式。角分線為輪軸線<br>(2)車輪有全方位輪、麥克納姆輪、球形輪<br>(3)可實現原地360°回轉,可實現任意方位行進 |

續表

| 序號 | 輪式機器人類型名稱 | 機構原理構型 | 機構原理、特點說明 |
|---|---|---|---|
| 4 | 四輪移動機器人 | 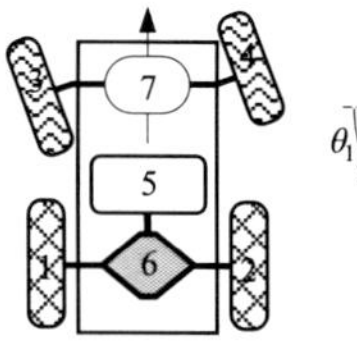 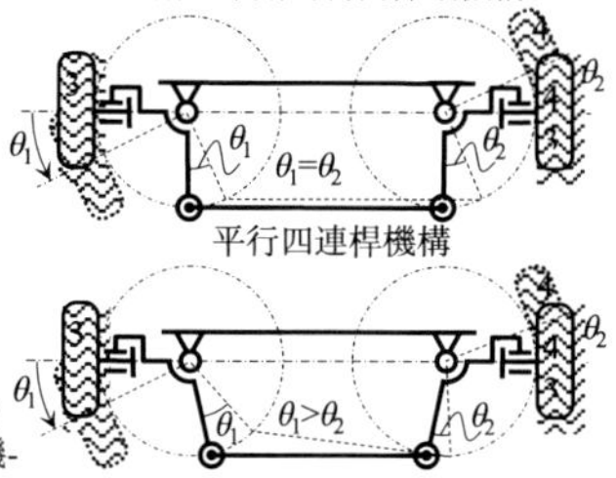 <br>1,2-主動輪；3,4-從動輪(受轉向操縱機構7操縱)；5-原動機-傳動系統；6-差動機構(差速器)；7-轉向操縱機 | 四輪移動機器人按輪類型、主從動輪、轉向操縱等的布置形式不同可分為很多種<br>後輪差速驅動式四輪移動機器人：<br>(1)兩前輪為從動輪，在轉向操縱機構操縱下轉向<br>(2)常用的轉向操縱機構有兩種：平行四連桿機構；魯道夫·阿克曼(Rudolph Ackrman)連桿機構，即通常在汽車行業俗稱的「阿克曼」轉向機構<br>(3)兩後輪為主動輪，由原動機驅動經傳動系統再經差速器實現行走 |
| | | 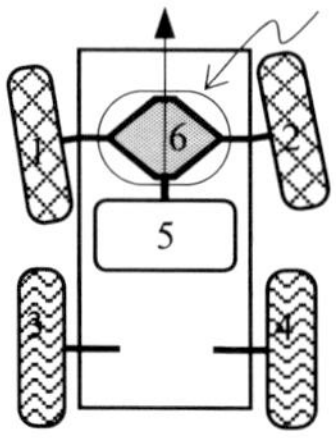 <br>兩種常用的轉向操縱機構<br>(1) 平行四連桿機構；<br>(2) rudolph ackman連桿機構<br><br>1,2—主動輪(受轉向操縱機構7操縱)；3,4—從動輪；5—原動機-傳動系統；6—差動機構(差速器)；7—轉向操縱機構 | 前輪轉向操縱-差速驅動式四輪移動機器人：<br>(1)兩前輪為主動輪且為轉向操縱輪，由一臺原動機驅動<br>(2)兩前輪由原動機經傳動裝置再經差速器驅動<br>(3)轉向操縱機構可採用平行四連桿機構或魯道夫·阿克曼連桿機構<br>(4)後兩輪為從動輪 |
| | | 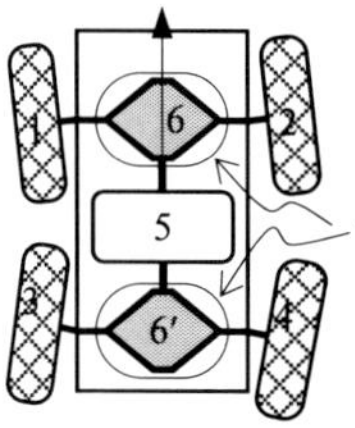 <br>兩種常用的轉向操縱機構<br>(1) 平行四連桿機構；<br>(2) rudolph ackman連桿機構<br><br>1~4—主動輪(受轉向操縱機構7,7'操縱)；5—原動機-傳動系統；6,6'-差動機構(差速器)；7,7'—轉向操縱機構 | 四輪聯合驅動式輪式移動機器人：<br>(1)一臺原動機驅動四個車輪的聯合驅動式輪式機器人<br>(2)前輪、後輪皆為驅動輪；且同時分別為轉向操縱輪<br>(3)前後輪皆由原動機經前後向傳動系統和前後差速器分別驅動 |

續表

| 序號 | 輪式機器人類型名稱 | 機構原理構型 | 機構原理、特點說明 |
|---|---|---|---|
| 4 | 四輪移動機器人 | 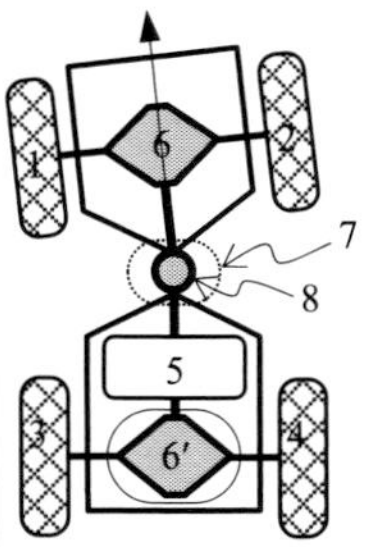 ◆平面上行走的四輪移動機器人前後兩節車體連接機構 <br>◆三維曲面上行走的四輪移動機器人中連接前後兩節車體的萬向鉸鏈機構 <br>1~4—主動輪；5—原動機-傳動系統；6,6′—差動機構(差速器)；7—轉向操縱機構；8—萬向聯軸節機構 | 四輪聯合驅動-前後兩節車體輪式移動機器人：<br>(1)前後四輪皆由一臺原動機驅動<br>(2)前後兩節車體透過萬向鉸鏈機構連接，且原動機經傳動系統分別再經前後差速器將動力分別傳遞給前後輪。其中，驅動前輪的傳動系統需經過萬向鉸鏈和轉向操縱機構，將動力傳遞給前輪<br>(3)轉向操縱機構位於兩節車體連接處<br>(4)可看作兩臺有差速器的雙輪車連成 |
| | | 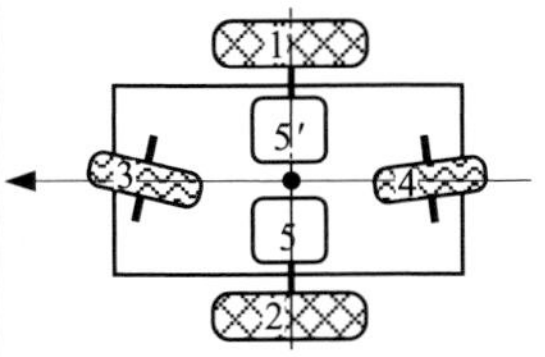 1,2—主動輪；5,5′—原動機-傳動系統；3,4—從動輪 | 兩輪獨立驅動式四輪移動機器人：<br>(1)四輪中兩個輪皆為主動輪，分別由各自的原動機-傳動系統獨立驅動；另外兩個輪為從動輪，即被動運動的浮動輪<br>(2)轉向由控制系統控制兩個原動機的速度差來實現 |
| | | 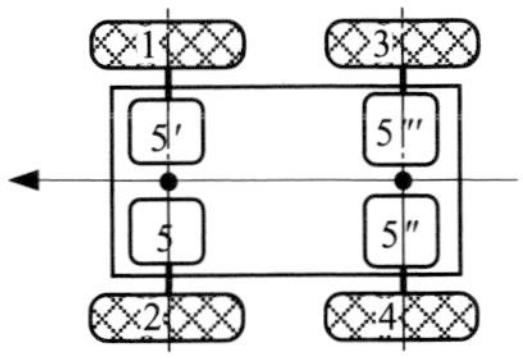 1~4—主動輪；5,5′,5″,5‴—原動機-傳動系統. | 全四輪驅動式輪式移動機器人：<br>(1)四個輪皆由各自獨立的原動機和傳動系統驅動；轉向由前輪、後輪以及前後輪的速度差來實現<br>(2)四輪行進、轉向自動控制系統 |

續表

| 序號 | 輪式機器人類型名稱 | 機構原理構型 | 機構原理、特點說明 |
|---|---|---|---|
| 4 | 四輪移動機器人 | 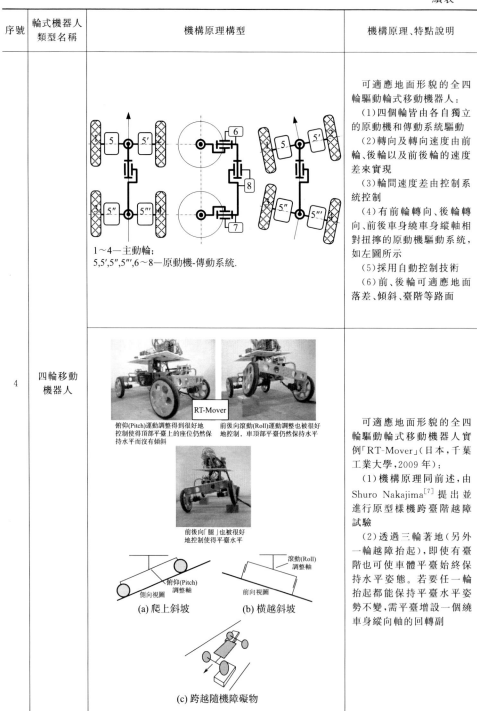 | 可適應地面形貌的全四輪驅動輪式移動機器人：<br>（1）四個輪皆由各自獨立的原動機和傳動系統驅動<br>（2）轉向及轉向速度由前輪、後輪以及前後輪的速度差來實現<br>（3）輪間速度差由控制系統控制<br>（4）有前輪轉向、後輪轉向、前後車身繞車身縱軸相對扭撐的原動機驅動系統，如左圖所示<br>（5）採用自動控制技術<br>（6）前、後輪可適應地面落差、傾斜、臺階等路面<br><br>可適應地面形貌的全四輪驅動輪式移動機器人實例「RT-Mover」（日本，千葉工業大學，2009 年）：<br>（1）機構原理同前述，由 Shuro Nakajima[7] 提出並進行原型樣機跨臺階越障試驗<br>（2）透過三輪著地（另外一輪越障抬起），即使有臺階也可使車體平臺始終保持水平姿態。若要任一輪抬起都能保持平臺水平姿勢不變，需平臺增設一個繞車身縱向軸的迴轉副 |

1～4—主動輪；
5,5′,5″,5‴,6～8—原動機-傳動系統.

RT-Mover

俯仰(Pitch)運動調整得到很好地控制使得頂部平臺上的座位仍然保持水平而沒有傾斜

前後向滾動(Roll)運動調整也被很好地控制，車頂部平臺仍然保持水平

前後向「腿」也被很好地控制使得平臺水平

滾動(Roll)調整軸

俯仰(Pitch)調整軸

側向視圖

前向視圖

(a) 爬上斜坡　　　(b) 橫越斜坡

(c) 跨越隨機障礙物

續表

| 序號 | 輪式機器人類型名稱 | 機構原理構型 | 機構原理、特點說明 |
|---|---|---|---|
| 4 | 四輪移動機器人 | 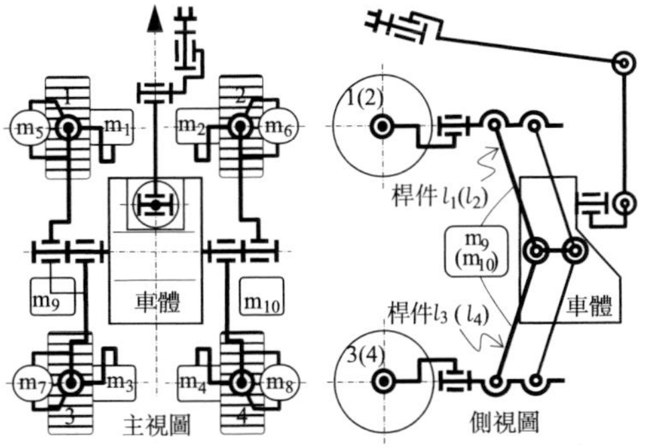 <br>1~4—主動輪,星球探測車輪;m₁~m₄—各主動輪行走原動機驅動-傳動系統;m₅~m₈—各主動輪轉向原動機驅動-傳動系統;m₉,m₁₀—車身兩側前後輪輪臂臂桿$l_1(l_2)$、$l_3(l_4)$間相對轉動原動機驅動-傳動系統. <br><br>美國JPL於1999年研制的SRR月面採樣四輪探測車 | 雙側搖臂四驅輪式移動機器人(MIT,1999):<br>美國 MIT 與噴氣推進實驗室(JPL, Jet Propulsuon Laboratory)於 1999 年為在崎嶇地形實現輪式移動而提出的一種雙側搖臂四驅輪式移動機構,並研製了SRR 月面採樣探測車[8,9]。其特點是:<br>(1)車身兩側的搖臂可產生不同的前後輪臂臂桿夾角以適應崎嶇路面或岩石、段差路面<br>(2)前後輪臂皆採用平行四連桿機構,以保持前後輪臂臂桿竪直且互相平行<br>(3)車體上搭載機械臂,用於星球表面土壤採樣操作<br>(4)車輪可用星球探測車輪 |
| | | 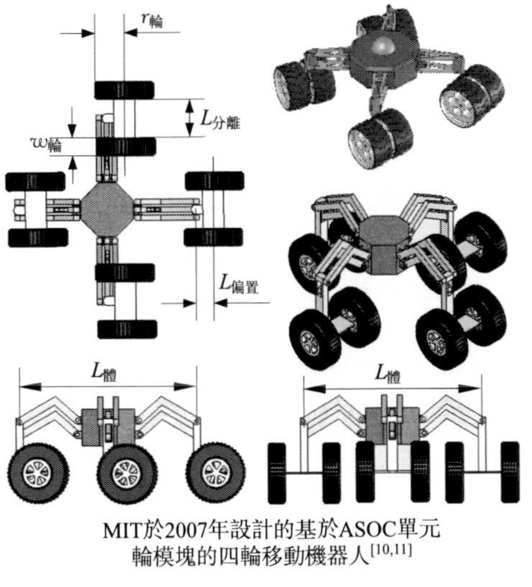 <br>MIT於2007年設計的基於ASOC單元輪模塊的四輪移動機器人[10,11] | 基於 ASOC 單元輪(主動驅動偏置中分輪)驅動的全方位四輪移動機器人(MIT,2007 年)[10,11]:<br>(1)以 ASOC 單元輪模塊為核心,進行模塊化組合式設計高性能全方位輪式移動機器人<br>(2)輪臂採用了平行四連桿機構<br>(3)面向崎嶇不平整野外路面<br>(4)當 $L_{分離}/L_{偏置}=2.0$ 時,在平面崎嶇路徑上全方位方向移動能力相同,具有各向同性;當在凸凹不平的崎嶇路面上移動時,期望較大的比值,並且該比值越大,各向同性退化程度越小。這表明:設計上增大 $L_{分離}/L_{偏置}$ 的比值可以獲得更好的各向同性,且各向同性與輪半徑無關 |

| 序號 | 輪式機器人類型名稱 | 機構原理構型 | 機構原理、特點說明 |
|---|---|---|---|
| 4 | 四輪移動機器人 | 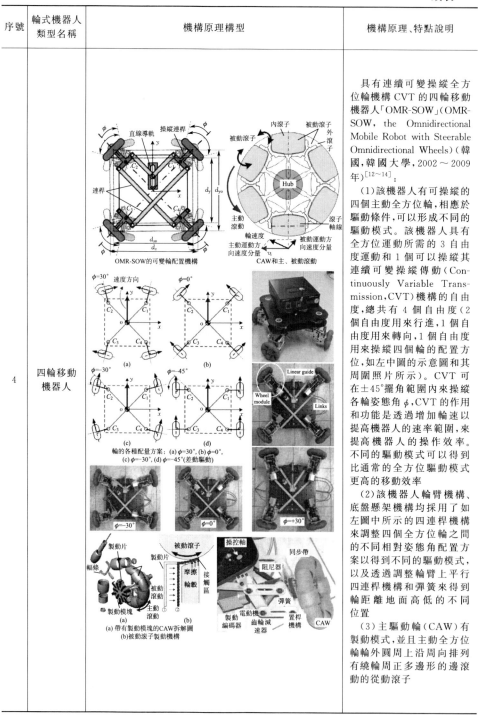 | 　具有連續可變操縱全方位輪機構 CVT 的四輪移動機器人「OMR-SOW」（OMR-SOW, the Omnidirectional Mobile Robot with Steerable Omnidirectional Wheels）（韓國，韓國大學，2002～2009年）[12~14]：<br>　(1)該機器人有可操縱的四個主動全方位輪，相應於驅動條件，可以形成不同的驅動模式。該機器人具有全方位運動所需的 3 自由度運動和 1 個可以操縱其連續可變操縱傳動（Continuously Variable Transmission, CVT）機構的自由度，總共有 4 個自由度（2個自由度用來行進，1 個自由度用來轉向，1 個自由度用來操縱四個輪的配置方位，如左中圖的示意圖和其周圍照片所示）。CVT 可在±45°擺角範圍內來操縱各輪姿態角 φ，CVT 的作用和功能是透過增加輪速以提高機器人的速率範圍，來提高機器人的操作效率。不同的驅動模式可以得到比通常的全方位驅動模式更高的移動效率<br>　(2)該機器人輪臂機構、底盤懸架機構均採用了如左圖中所示的四連桿機構來調整四個全方位輪之間的不同相對姿態角配置方案以得到不同的驅動模式，以及透過調整輪臂上平行四連桿機構和彈簧來得到輪距離地面高低的不同位置<br>　(3)主驅動輪（CAW）有製動模式，並且主動全方位輪輪外圓周上沿周向排列有繞輪周正多邊形的邊滾動的從動滾子 |

OMR-SOW的可變輪配置機構

CAW和主、被動滾動

輪的各種配量方案: (a) φ=30°, (b) φ=0°,
(c) φ=-30°, (d) φ=-45°(差動驅動)

(a) 帶有製動模塊的CAW拆解圖
(b)被動滾子製動機構

續表

| 序號 | 輪式機器人類型名稱 | 機構原理構型 | 機構原理、特點說明 |
|---|---|---|---|
| 4 | 四輪移動機器人 | 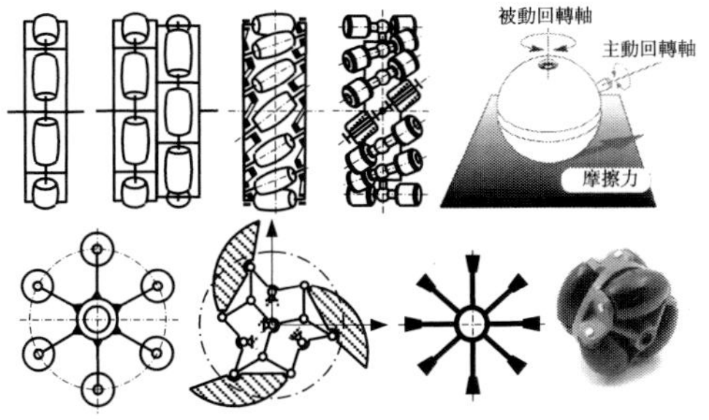 被動回轉軸　主動回轉軸　摩擦力 | 四輪移動機器人常用的車輪：<br>(1)盤形輪，腳輪，柱形輪，鼓形輪<br>(2)各種萬向輪<br>(3)各種全方位輪<br>(4)麥克納姆輪<br>(5)球形輪<br>(6)星形輪<br>(7)輻條輪<br>(8)可摺疊可變輪徑的翅形輪<br>(9)可變剛度的星球探測車輪<br>(10)ASOC 輪等 |
| 5 | 五輪移動機器人 | 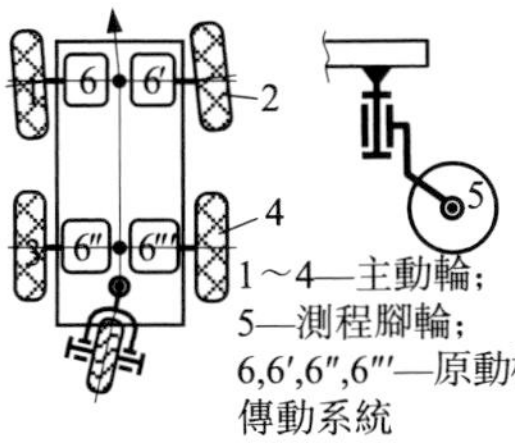 1~4—主動輪；<br>5—測程腳輪；<br>$6,6',6'',6'''$—原動機-傳動系統 <br>The monitored mobile robot, MORCS-1 | 四主動輪一腳輪的五輪移動機器人：<br>(1)四個主動輪皆各由一套原動機(帶位置/速度感測器電動機)和傳動系統驅動<br>(2)透過一個帶有位置感測器的從動輪(腳輪)來測行程<br>(3)五輪移動機器人實例：中南大學蔡自興院士等人研製的用於周圍環境狀態檢測用的機器人 MORCS-1[15]，如左圖的實物照片所示 |
| | | 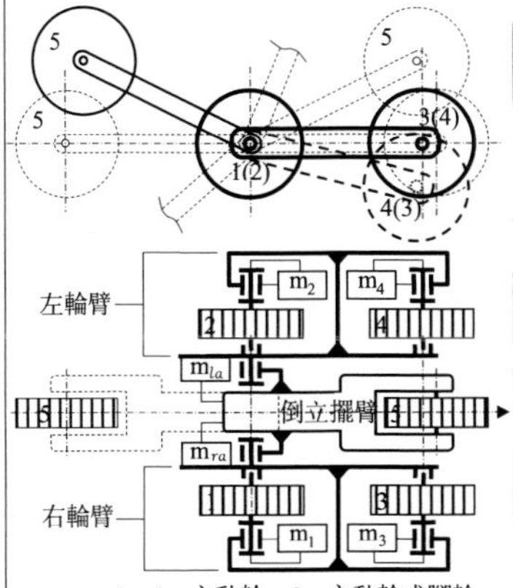 左輪臂　$m_2$ $m_4$ $m_{la}$ 倒立擺臂 $m_{ra}$　右輪臂 $m_1$ $m_3$<br>1~4—主動輪；5—主動輪或腳輪；<br>$m_1$~$m_4,m_{la},m_{ra}$—原動機-傳動系統  | 可變結構的五輪移動機器人(日本)：<br>(1)有四個主驅動輪和一個腳輪<br>(2)機構由倒立擺臂、左輪臂、右輪臂、四個主動輪、一個腳輪組成。四個主驅動用電動機及其傳動系統分別為右輪、右輪臂、左輪、左輪臂提供主動驅動<br>(3)可變結構形式：四輪著地、五輪著地車、兩輪倒立擺三種結構形態。可爬臺階、越障以及在凸凹不平路面行走<br>(4)2006 年由日本 Ibaraki University 與電氣通訊大學提出並研製出「HANZO」可變結構五輪車(如左圖照片所示)[16] |

續表

| 序號 | 輪式機器人類型名稱 | 機構原理構型 | 機構原理、特點說明 |
|---|---|---|---|
| 5 | 五輪移動機器人 | 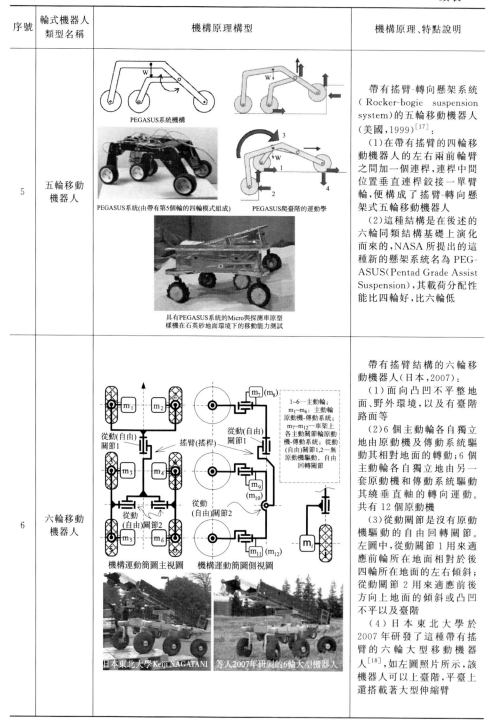 | 帶有搖臂-轉向懸架系統（Rocker-bogie suspension system）的五輪移動機器人（美國，1999）[17]：<br>（1）在帶有搖臂的四輪移動機器人的左右兩前輪臂之間加一個連桿，連桿中間位置垂直連桿鉸接一單臂輪，便構成了搖臂-轉向懸架式五輪移動機器人<br>（2）這種結構是在後述的六輪同類結構基礎上演化而來的，NASA所提出的這種新的懸架系統名為PEGASUS(Pentad Grade Assist Suspension)，其載荷分配性能比四輪好，比六輪低 |
| 6 | 六輪移動機器人 | | 帶有搖臂結構的六輪移動機器人（日本，2007）：<br>（1）面向凸凹不平整地面、野外環境，以及有臺階路面等<br>（2）6個主動輪各自獨立由原動機及傳動系統驅動其相對地面的轉動；6個主動輪各自獨立地由另一套原動機和傳動系統驅動其繞垂直軸的轉向運動。共有12個原動機<br>（3）從動關節是沒有原動機驅動的自由回轉關節。左圖中，從動關節1用來適應前輪所在地面相對於後四輪所在地面的左右傾斜；從動關節2用來適應前後方向上地面的傾斜或凸凹不平以及臺階<br>（4）日本東北大學於2007年研發了這種帶有搖臂的六輪大型移動機器人[18]，如左圖照片所示，該機器人可以上臺階，平臺上還搭載著大型伸縮臂 |

圖中標註文字（五輪移動機器人）：
PEGASUS系統機構
PEGASUS系統(由帶有第5個輪的四輪模式組成)
PEGASUS爬臺階的運動學
具有PEGASUS系統的Micro與探測車原型樣機在石英砂地面環境下的移動能力測試

圖中標註文字（六輪移動機器人）：
$m_1$　$m_2$
$m_3$　$m_4$
$m_3$　$m_6$
$m_7(m_8)$
$m_9(m_{10})$
$m_{11}(m_{12})$
$m_i$
從動(自由)關節1　搖臂(搖桿)　從動(自由)關節1
從動(自由)關節2　從動(自由)關節2
1~6—主動輪；$m_1$-$m_6$：主動輪原動機-傳動系統；$m_7$-$m_{12}$：車架上各主動關節輪原動機-傳動系統；從動(自由)關節1,2—無原動機驅動，自由回轉關節
機構運動簡圖主視圖　機構運動簡圖側視圖
日本東北大學Keiji NAGATANI 等人2007年研製的6輪大型機器人

| 序號 | 輪式機器人類型名稱 | 機構原理構型 | 機構原理、特點說明 |
|---|---|---|---|
| 6 | 六輪移動機器人 |  <br> Sojourner(索潔娜)：手用搖臂－轉向架懸架的火星探測車  <br><br> 搖臂－轉向架式懸架系統 | 帶有搖臂-轉向懸架系統(Rocker-bogie suspension system)的五輪移動機器人(美國，1995～1997)： <br>(1)在帶有搖臂的四輪移動機器人的左右兩側前輪，各用一個帶有兩輪且類似搖臂的小搖臂替代，便構成了搖臂－轉向懸架式六輪移動機器人 <br>(2)這種結構是由1995～1997年NASA開發的[19]。目的是提高載荷分配性能，並因此而得到前述所言的五輪搖臂－轉向懸架機構 <br>(3)美國1996年12月發送的探路者號搭載六輪火星探測車(Mars Pathfinder Rover)上所用六輪移動機構構型[20,21] |
| | | <br> 瀋陽自動化研究所6輪移動機器人機構構型與原型樣機[22] | 中國科學院瀋陽自動化研究所的六輪移動機器人(2008年)： <br>(1)其六輪移動機構構型如左圖，屬於前述的NASA搖臂－轉向懸架機構類型。面向星球探測，屬於星球探測車一類 <br>(2)六輪獨立驅動，透過從動柔順機構連接車體，四個獨立驅動的轉向操縱輪分別位於前後。機器人上搭載輪編碼器和低成本慣性測量單元IMU(Inertial Measurement Unit)[22] |

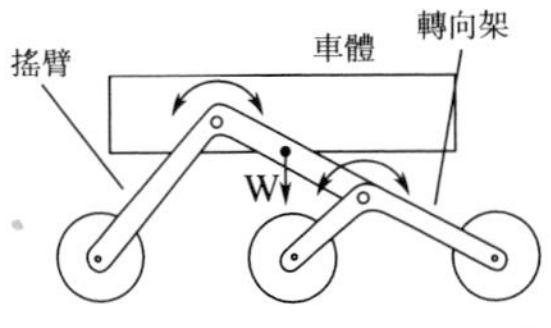

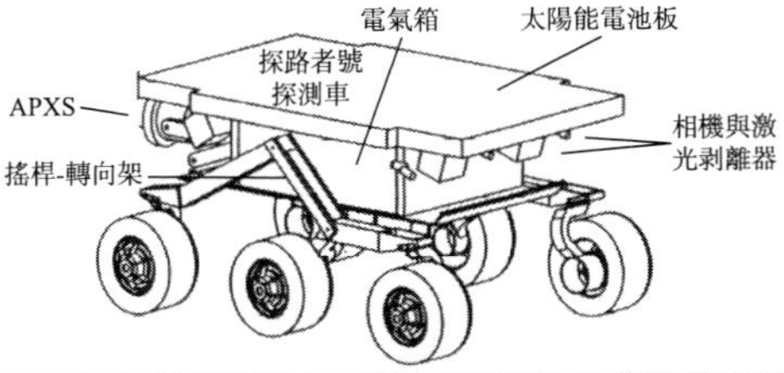

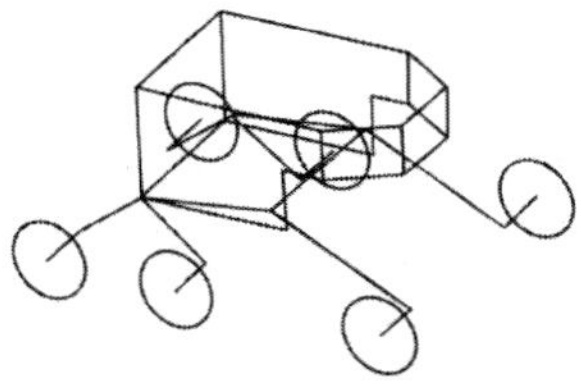

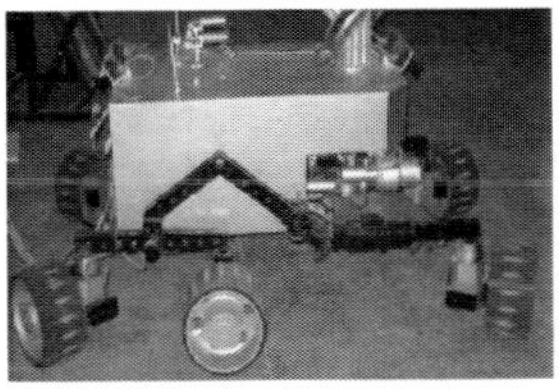

續表

| 序號 | 輪式機器人類型名稱 | 機構原理構型 | 機構原理、特點說明 |
|---|---|---|---|

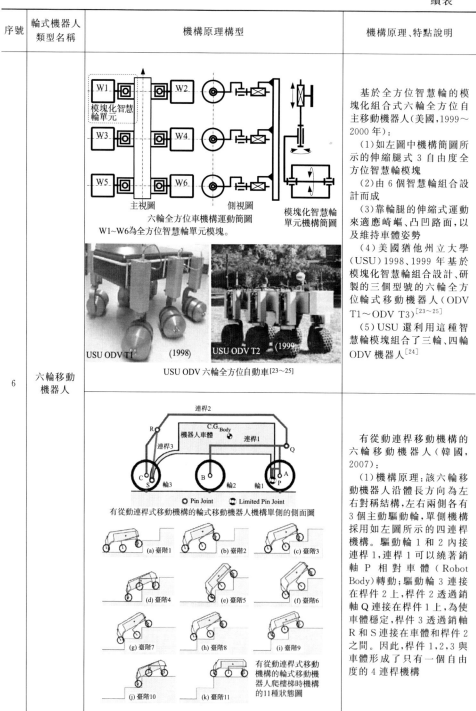

六輪全方位車機構運動簡圖
W1~W6為全方位智慧輪單元模塊。

模塊化智慧輪單元機構簡圖

USU ODV T1　（1998）　USU ODV T2　（1999）

USU ODV 六輪全方位自動車[23~25]

連桿2

R　C.G.Body
機器人車體　連桿1
連桿3　Q
C　S　輪3　B　輪2　輪1　A　P

● Pin Joint　■ Limited Pin Joint

有從動連桿式移動機構的輪式移動機器人機構單側的側面圖

(a) 臺階1　(b) 臺階2　(c) 臺階3
(d) 臺階4　(e) 臺階5　(f) 臺階6
(g) 臺階7　(h) 臺階8　(i) 臺階9
(j) 臺階10　(k) 臺階11

有從動連桿式移動機構的輪式移動機器人爬樓梯時機構的11種狀態圖

6　六輪移動機器人

基於全方位智慧輪的模塊化組合式六輪全方位自主移動機器人（美國，1999～2000 年）：

(1)如左圖中機構簡圖所示的伸縮腿式 3 自由度全方位智慧輪模塊

(2)由 6 個智慧輪組合設計而成

(3)靠輪腿的伸縮式運動來適應崎嶇、凸凹路面，以及維持車體姿勢

(4)美國猶他州立大學（USU）1998、1999 年基於模塊化智慧輪組合設計、研製的三個型號的六輪全方位式移動機器人（ODV T1～ODV T3)[23~25]

(5)USU 還利用這種智慧輪模塊組合了三輪、四輪 ODV 機器人[24]

有從動連桿移動機構的六輪移動機器人（韓國，2007）：

(1)機構原理：該六輪移動機器人沿體長方向為左右兩側對稱結構，左右兩側各有 3 個主動驅動輪，單側機構採用如左圖所示的四連桿機構。驅動輪 1 和 2 內接連桿1，連桿 1 可以繞著銷軸 P 相對車體（Robot Body)轉動；驅動輪 3 連接在桿件 2 上，桿件 2 透過銷軸 Q 連接在桿件 1 上，為使車體穩定，桿件 3 透過銷軸 R 和 S 連接在車體和桿件 2 之間。因此，桿件 1,2,3 與車體形成了只有一個自由度的 4 連桿機構

續表

| 序號 | 輪式機器人類型名稱 | 機構原理構型 | 機構原理、特點說明 |
|---|---|---|---|
| | |  有從動連桿式移動機構的輪式移動機器人原型樣機及其爬樓梯照片[26] | （2）各個驅動輪內置扁平電動機和諧波齒輪減速器<br>（3）可越障、爬樓梯、臺階。爬樓梯時可以有如左圖所示的 11 種薦用的機構構形[26]<br>（4）左圖為韓國尖端科學技術研究院（KAIST，Korea Advanced Institute of Science and Technology）於 2007 年提出並研發的一種新型六輪移動機器人機構，可以爬最高可達輪半徑 3 倍高度的臺階或樓梯 |
| 6 | 六輪移動機器人 | 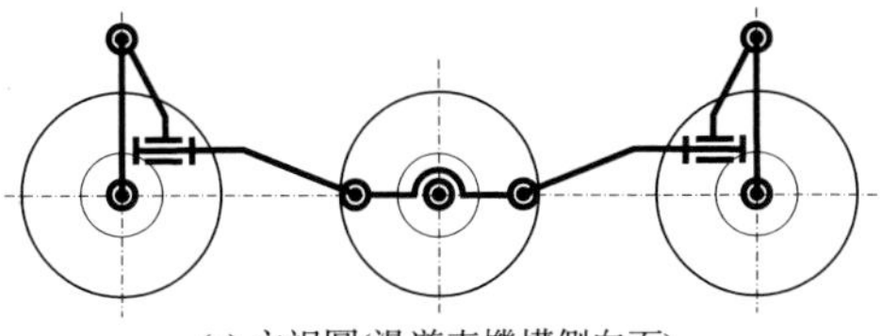 (a) 主視圖(漫遊車機構側向面) 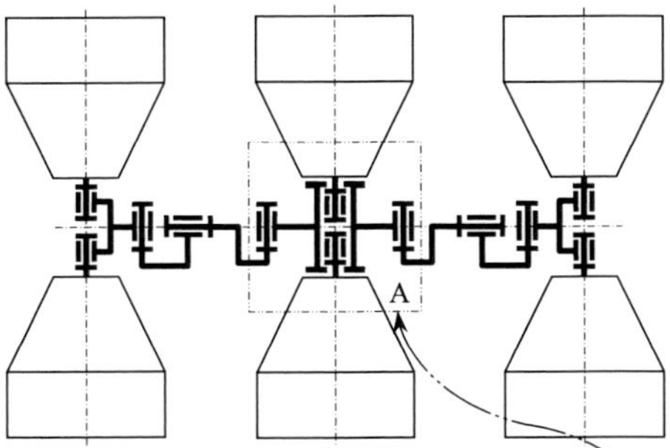<br>(b) 俯視圖<br>六圓柱-圓錐輪式漫遊車機構原理圖  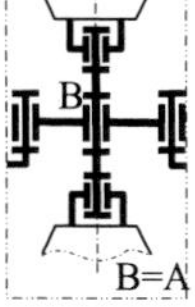<br>六圓柱-圓錐輪式漫遊車原型樣機(哈工大，2006年)[27] | 六圓柱-圓錐輪漫遊車（哈工大，2006）[27]：<br>機構原理：採用三節串聯式懸架機構，每節具有一對獨立的圓柱-圓錐輪。相鄰兩節之間由具有俯仰、扭轉、前後擺動三個自由度的空間懸架結構連接，其中俯仰關節設有驅動電動機、減速器和離合器；前後擺動關節設有驅動電動機、減速器和製動器；扭轉關節設有離合器。當俯仰關節和扭轉關節離合器處於釋放狀態時，俯仰、扭轉關節均為自由狀態，懸架形態能夠產生被動變化適應地形；離合器處於接合狀態時，三節可以鎖定為一體，也可在電動機驅動下實現主動俯仰運動；前後擺動關節則在製動器或電動機驅動下實現鎖定或擺動運動 |

續表

| 序號 | 輪式機器人類型名稱 | 機構原理構型 | 機構原理、特點說明 |
|---|---|---|---|
| 6 | 六輪移動機器人 | 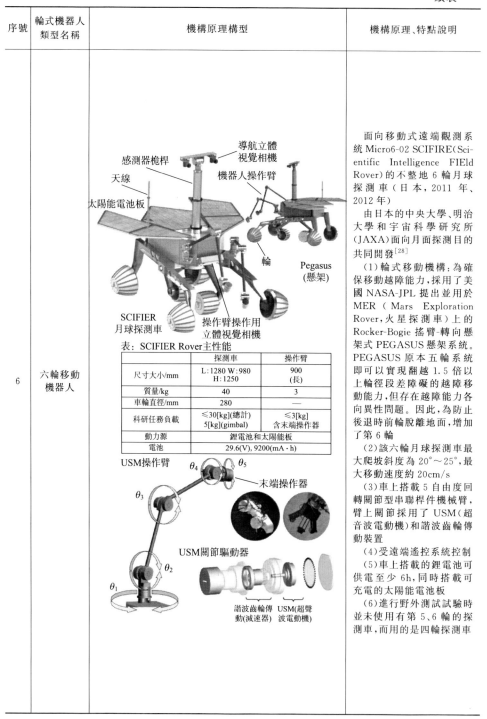 | 面向移動式遠端觀測系統 Micro6-02 SCIFIRE(Scientific Intelligence FIEld Rover) 的不整地 6 輪月球探測車（日本，2011 年、2012 年）<br><br>由日本的中央大學、明治大學和宇宙科學研究所 (JAXA)面向月面探測目的共同開發[28]<br>(1)輪式移動機構：為確保移動越障能力，採用了美國 NASA-JPL 提出並用於 MER（Mars Exploration Rover,火星探測車）上的 Rocker-Bogie 搖臂-轉向懸架式 PEGASUS 懸架系統。PEGASUS 原本五輪系統即可以實現翻越 1.5 倍以上輪徑段差障礙的越障移動能力,但存在越障能力各向異性問題。因此,為防止後退時前輪脫離地面,增加了第 6 輪<br>(2)該六輪月球探測車最大爬坡斜度為 20°～25°,最大移動速度約 20cm/s<br>(3)車上搭載 5 自由度回轉關節型串聯桿件機械臂,臂上關節採用了 USM（超音波電動機）和諧波齒輪傳動裝置<br>(4)受遠端遙控系統控制<br>(5)車上搭載的鋰電池可供電至少 6h,同時搭載可充電的太陽能電池板<br>(6)進行野外測試試驗時並未使用有第 5、6 輪的探測車,而用的是四輪探測車 |

圖中標註：

導航立體視覺相機<br>感測器桅桿<br>天線<br>太陽能電池板<br>機器人操作臂<br>輪<br>Pegasus（懸架）<br>SCIFIER 月球探測車<br>操作臂操作用立體視覺相機<br>USM操作臂<br>末端操作器<br>USM關節驅動器<br>諧波齒輪傳動(減速器)　USM(超聲波電動機)<br>$\theta_1$　$\theta_2$　$\theta_3$　$\theta_4$　$\theta_5$

表：SCIFIER Rover主性能

| | 探測車 | 操作臂 |
|---|---|---|
| 尺寸大小/mm | L:1280 W:980 H:1250 | 900（長） |
| 質量/kg | 40 | 3 |
| 車輪直徑/mm | 280 | |
| 科研任務負載 | ≤30[kg](總計) 5[kg](gimbal) | ≤3[kg] 含末端操作器 |
| 動力源 | 鋰電池和太陽能板 | |
| 電池 | 29.6(V), 9200(mA·h) | |

續表

| 序號 | 輪式機器人<br>類型名稱 | 機構原理構型 | 機構原理、特點說明 |
|---|---|---|---|
| 6 | 六輪移動<br>機器人 | 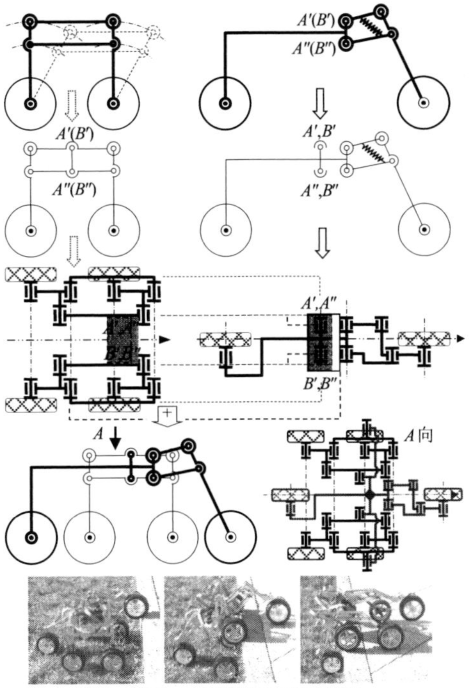 <br>爬一個22cm高臺階的過程的影片<br>截圖(臺階高為輪直徑的2倍) | 一種兩輪懸架機構與四輪懸架機構並聯且可擴展爬行能力的六輪空間探測車新機構(瑞士,2000年):<br>(1)6輪移動機器人機構原理:瑞士 EPFL(Swiss Federal Institute of Technology Lausann,Switzerland)機器人系統研究所(Institute of Robotics System)的 T. Estier 等人於2000年提出的一種新機構。其機構原理是由左右輪臂皆為平行四連桿機的四輪機器人與一個四連桿機構的兩輪移動機器人並行連接在一起構成六輪機器人,如左圖所示<br>(2)當輪與地面有大間隙時,裝有彈簧的前輪懸架可以為6個主動輪提供一個非超靜定(Non-hyperstatic Configration)的構形。如此,可保證整車具有最大穩定性、自適應能力以及優良的行走能力<br>(3)機器人原型樣機及實驗結果:整車長 60cm,前後高度分別為 23cm、15cm。能夠爬越2倍車輪直徑高度(22cm)的階梯。該機構可以保證6個主動輪始終能夠與最小半徑為30cm的凹曲面和最小半徑為35cm的凸曲面接觸[29] |

續表

| 序號 | 輪式機器人<br>類型名稱 | 機構原理構型 | 機構原理、特點說明 |
|------|------|------|------|
| 7 | 七輪移動<br>機器人 | 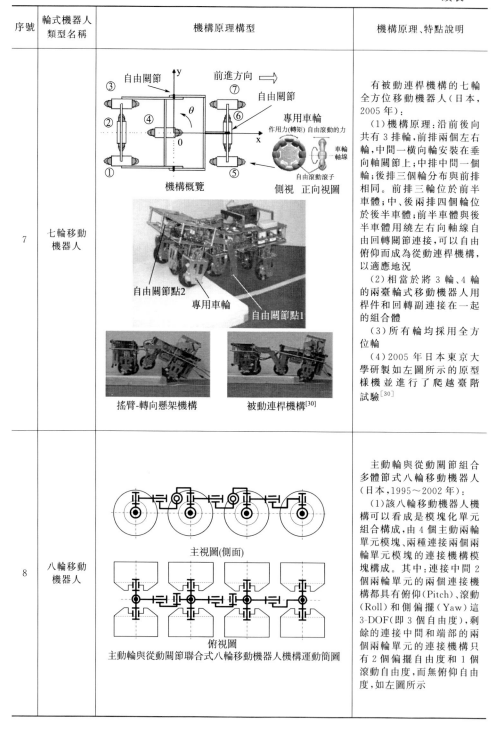 | 有被動連桿機構的七輪全方位移動機器人（日本，2005 年）：<br>（1）機構原理：沿前後向共有 3 排輪，前排兩個左右輪，中間一橫向輪安裝在垂向軸關節上；中排中間一個輪；後排三個輪分布與前排相同。前排三輪位於前半車體；中、後兩排四個輪位於後半車體；前半車體與後半車體用繞左右向軸線自由回轉關節連接，可以自由俯仰而成為從動連桿機構，以適應地況<br>（2）相當於將 3 輪、4 輪的兩臺輪式移動機器人用桿件和回轉副連接在一起的組合體<br>（3）所有輪均採用全方位輪<br>（4）2005 年日本東京大學研製如左圖所示的原型樣機並進行了爬越臺階試驗[30] |
| 8 | 八輪移動<br>機器人 | | 主動輪與從動關節組合多體節式八輪移動機器人（日本，1995～2002 年）：<br>（1）該八輪移動機器人機構可以看成是模塊化單元組合構成，由 4 個主動兩輪單元模塊、兩種連接兩個兩輪單元模塊的連接機構模塊構成。其中：連接中間 2 個兩輪單元的兩個連接機構都具有俯仰（Pitch）、滾動（Roll）和側偏擺（Yaw）這 3-DOF（即 3 個自由度），剩餘的連接中間和端部的兩個兩輪單元的連接機構只有 2 個偏擺自由度和 1 個滾動自由度，而無俯仰自由度，如左圖所示 |

續表

| 序號 | 輪式機器人<br>類型名稱 | 機構原理構型 | 機構原理、特點說明 |
|---|---|---|---|
| 8 | 八輪移動<br>機器人 | <br>日本TIT廣賴茂男教授研製的Genbu3型<br>八輪移動機器人及其試驗照片[31]<br> | （2）所有連接機構的自由度都是被動的，用來適應崎嶇、凸凹不平的路面<br>（3）日本東京工業大學（TIT）的廣賴茂男教授於1995年、1997年、2002年先後設計、研發了 Genbu1，2，3型八輪移動機器人[31]<br><br><br>Lunokhod：八輪月球漫遊車（俄羅斯）[32] |
| 9 | 蛇形輪式移動機器人及管內輪式移動機器人 |  ACM-Ⅲ(1972)<br>ACM-R3 21節單元模型(2001) | 多節兩輪車首尾相連的輪式自主移動機器人（日本，1972～1993年）[33]：<br>（1）最早的輪式移動蛇形機器人是1972年日本東京工業大學廣賴茂男研製的ACM（Active Cord Mechanism）蛇形機器人，它像一列多節車廂的列車一樣，不同的是每節車廂都有獨立的電動機驅動主動輪。有ACM-Ⅰ，Ⅱ，Ⅲ，R3，R5等多個型號，如左圖所示<br>（2）每節2輪車上都搭載電源（DC電池），作為主控器的單片機、伺服電動機驅動器等電控迴路<br>（3）廣賴茂男等人研製的輪式移動蛇形機器人實現了像蛇一樣蜿蜒爬行、滾動、翻轉、過臺階等移動功能 |

| 序號 | 輪式機器人類型名稱 | 機構原理構型 | 機構原理、特點說明 |
|---|---|---|---|
| 9 | 蛇形輪式移動機器人及管內輪式移動機器人 | 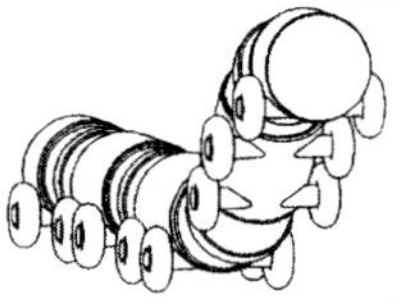 <br>德國多體節輪式移動機器人概念(1997)[34] 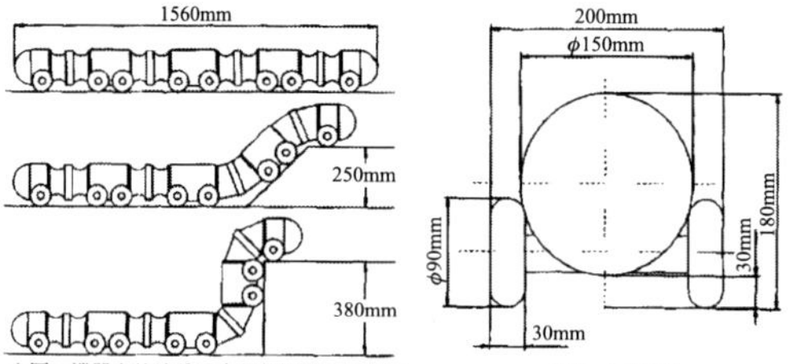<br><br>左圖：機器人的總體尺寸和爬越臺階的能力　　右圖：正視圖 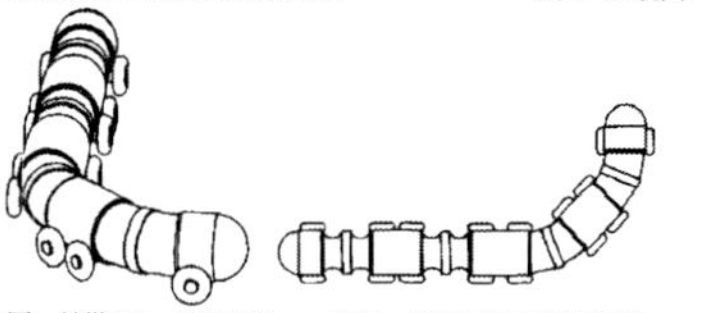<br><br>左圖：轉彎90°，兩個關節相對彎曲成45°　　右圖：轉90°彎時的頂視圖 <br><br>左圖：轉180°彎，兩個關節相對轉彎90°；右圖：轉180°彎時的頂視圖 | 多體節輪式自主移動機器人（德國，1997）：<br>（1）德國 Stefan Cordes 等人於 1997 年「提出」了與 1972 日本廣瀨茂男提出的相同的多體節輪式移動機器人概念。所不同的是所提出的「概念」和所研製的機器人是面向管道內自主移動作業<br>（2）如左圖所示[34]，這種多體節的蛇形輪式移動機器人可以爬臺階、管內拐90°、180°的彎道。而且，其單元體節分為端頭用單節兩輪單元和兩端頭之間用單節四輪單元<br>（3）機器人本體上搭載動力源、驅動與控制系統、感測系統 |
| | | 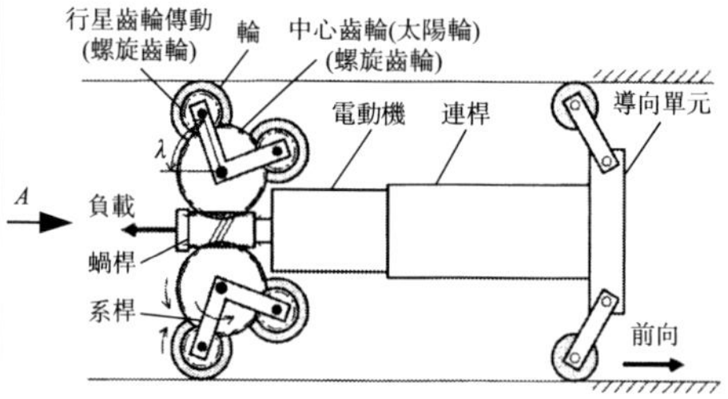 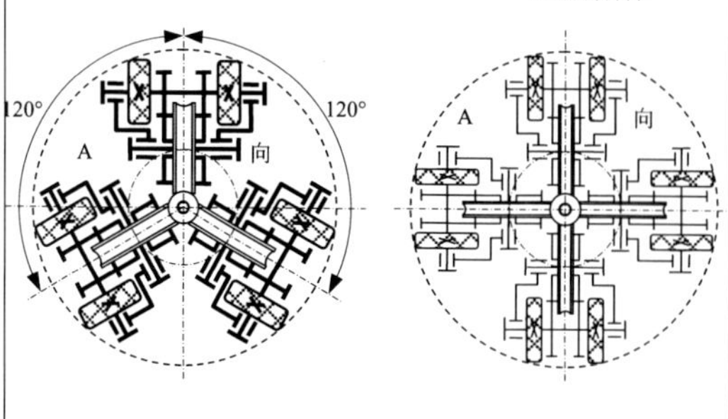 | 可適應管徑變化的行星齒輪式車輪行走機構驅動原理的小口徑管內輪式移動機器人（日本，2006 年）：<br>（1）行走機構原理：由小型伺服電動機驅動蝸桿，蝸桿轉動驅動在其圓周方向均匀分布的 2～4 個蝸輪（如 A 向局部視圖所示），每個蝸輪單側或兩側面分別同軸固連著一個中心齒輪即行星輪系的太陽輪，每個蝸輪的輪軸上都鉸接一個 L 形行星輪架（即係桿），L 形行星輪架的末端各安裝一個或兩個同軸車輪，車輪上同軸固連行星齒輪。蝸輪轉動即中心齒輪轉動，同時行星輪架繞著蝸輪即中心齒輪（太陽輪）軸線轉動，行星輪架上的兩個（或兩對） |

續表

| 序號 | 輪式機器人類型名稱 | 機構原理構型 | 機構原理、特點說明 |
|---|---|---|---|
| 9 | 蛇形輪式移動機器人及管內輪式移動機器人 | 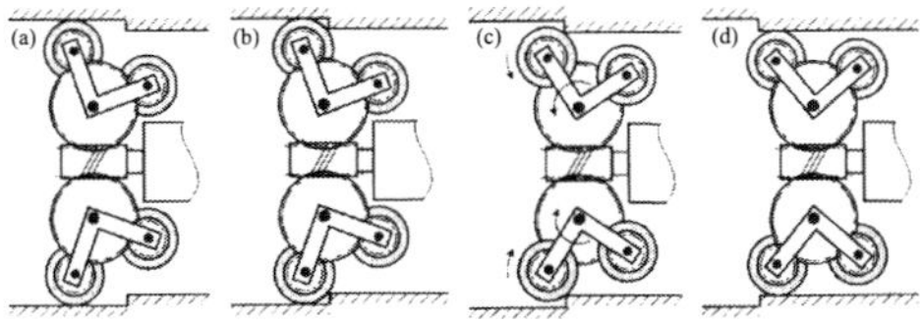 輪式驅動機構步進爬行過程的分解步驟 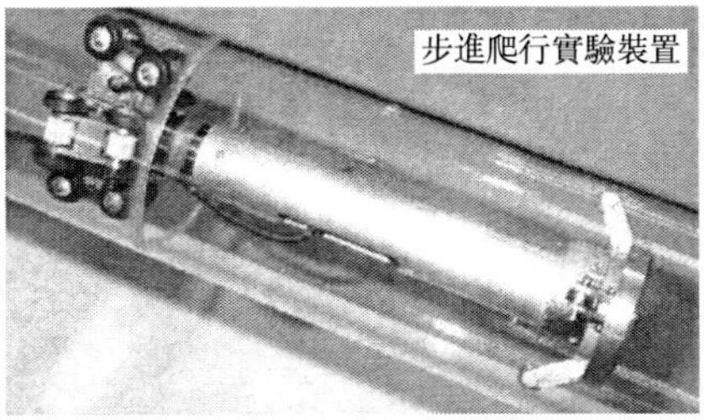 步進爬行實驗裝置 | 車輪隨著行星輪架公轉同時,車輪自轉,緊貼著管壁的腳輪自轉,驅動機器人在管內行走。各個蝸輪也即對應的行星輪系中心輪的輪軸應鉸接在行走機構的殼體上(左圖中沒有畫出),與蝸桿構成定中心距傳動。一個蝸輪及與之同軸固連的中心齒輪、L形係桿、車輪及各自與之同軸固連的行星齒輪構成1個行星輪組 <br>(2)透過車輪公轉角度大小適應管道內徑的變化且能夠與管壁常時接觸 <br>(3)宮川豐美等人研製的適應管徑變化的行星齒輪式行走機構驅動的小口徑管內輪式移動機器人如左圖照片所示[35,36],在周向均布了四個行星齒輪式行走機構 |
|  |  | 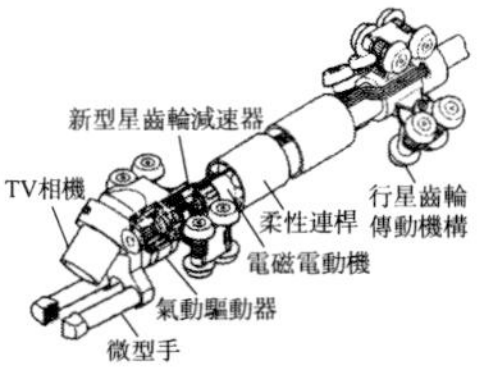 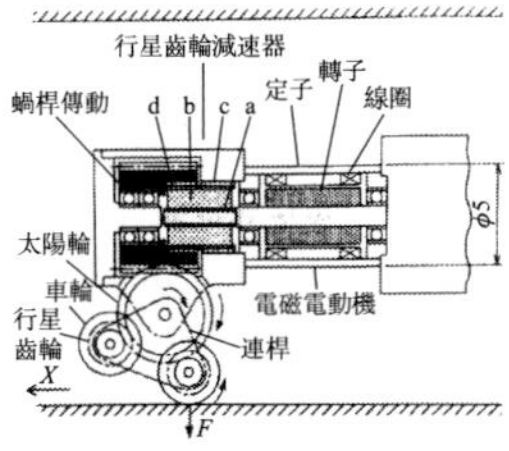   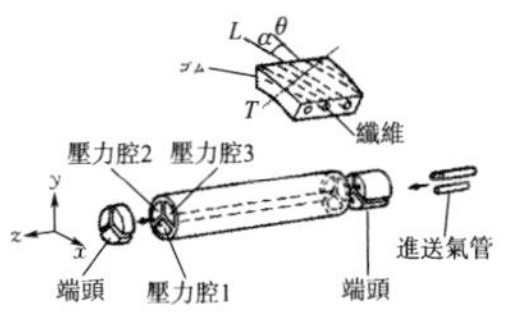 | 氣動人工肌肉 FMA(Flexible microactuator)驅動的管內作業微小型輪式移動機器人(日本,鈴森康一等人,1990～1992年,1997年)[37,38]: <br>(1)2in管內檢測作業輪式移動機器人:外徑44mm,長175mm,125g。移動機構由位於車身FMA兩端的、由行星齒輪機構與車輪組構成的行星車輪機構與車輪行走單元構成。車輪組是以管道中心軸線為對稱且呈放射狀配置。前後各有4組由4個輪子組成的車輪組。這些車輪組一邊被向管壁推壓,車輪一邊滾動,在管內行走。機器人本體上搭載驅動其行走單元的小型直流電動機、FMA、相機、照明設備等。如左上圖所示 <br>(2)1in管內檢測作業機器人:外徑 23mm,長110mm,重16g。移動機構原理基本與(1)相同 |

續表

| 序號 | 輪式機器人類型名稱 | 機構原理構型 | 機構原理、特點說明 |
|---|---|---|---|
| 10 | 模塊化組合分布式輪式移動機器人（MWMRs，即 $n$ 輪移動機器人） | <br>作為模塊化單元的單輪機器人[39]　3個模塊化單元組合體即3輪機器人[39]<br><br>分布式模塊化單元群的可重構形態示例[39]<br><br>模塊2　模塊3　　$OD_2$　模塊2<br>在$i_g$上的點3對接　模塊1　模塊3<br>模塊1=$i_g$　模塊4<br>（MWMRs）<br>靜態穩定　　非靜態穩定<br>模塊化輪式移動機器人的模塊化組合示例<br><br><br>USU ODV T1　(1998)<br><br>USU ODV T2　(1999)<br>基於智慧輪模塊的USU ODV六輪組合式全方位自動車 | 模塊化分布式輪式移動機器人（澳洲，2012 年）：<br>（1）2012 年澳洲 UMIT 的 Christoph Gruber 與 Michael Hofbaur 提出了可以任意數目個作為模塊化單元的輪式移動機器人之間相互連接和分開的模塊化分布式輪式移動機器人概念並研究了分布式構型[39]<br>（2）作為模塊化單元的是正六稜柱體車身底面安裝主動車輪的單輪機器人，正六稜柱體車身的 6 個側面都有機械介面，用於與其他模塊化單元相接<br>（3）模塊化單元聚合體具有可重構性。可重構、自重構的概念是 1994 年日本東京工業大學村田智提出來並研究的<br>（4）理論上可以由 $n$ 個單元排列組合出許多不同構形的多輪移動機器人<br><br><br>美國 USU 研發的基於全方位智慧輪的模塊化組合式三～六輪全方位自主移動機器人（1998 ～ 2000 年）[23,24] |

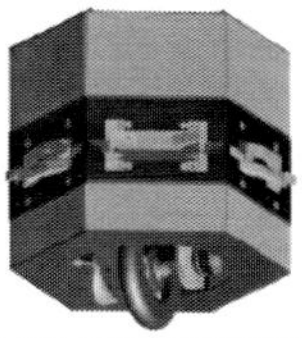

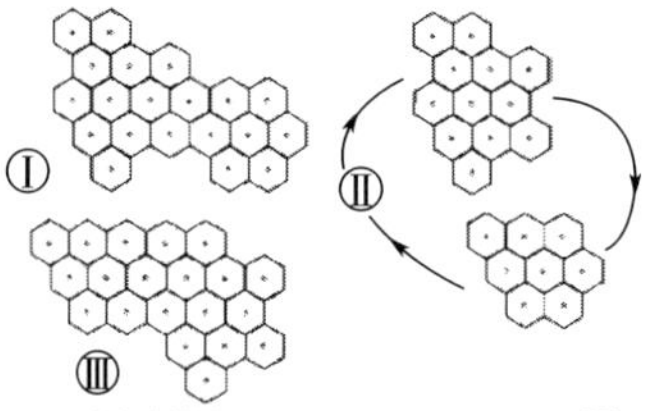

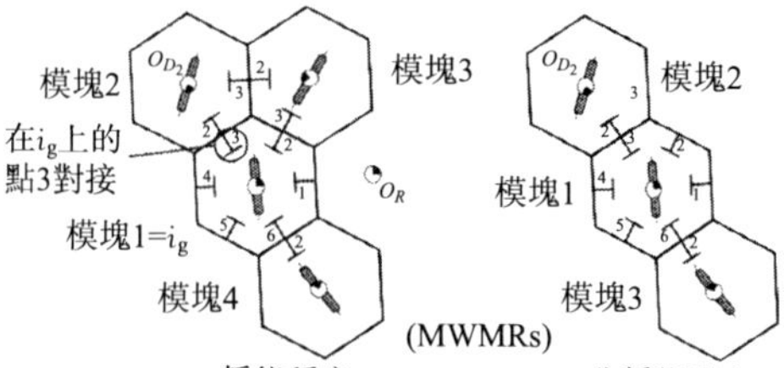

續表

| 序號 | 輪式機器人<br>類型名稱 | 機構原理構型 | 機構原理、特點說明 |
|---|---|---|---|
| 10 | 模塊化組合<br>分布式輪式<br>移動機器人<br>（MWMRs，<br>即 *n* 輪移動<br>機器人） | 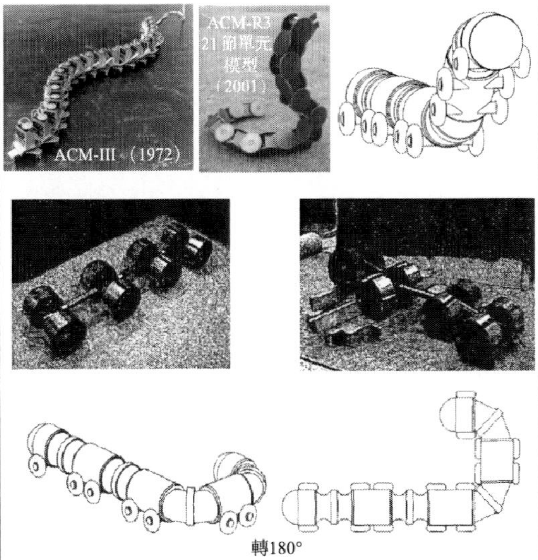 <br>轉180° | 多體節輪式模塊化組合<br>式自主移動機器人：<br>　德國 Stefan Cordes 等人<br>於 1997 年「提出」並研製<br>的、1972 年日本廣瀨茂男<br>提出的多體節輪式移動機<br>器人皆屬於模塊化組合式<br>輪式移動機器人 |

## 7.2.2　履帶式移動機構與結構

### （1）履帶式移動機構的基本知識

　　自人類發明並使用輪子之後，輪式移動車輛成為人類生活、生產中不可缺少的交通工具，但也會經常發生行駛在鬆軟路面上車輪陷入地面而難以前行的不利狀況。1904 年美國的班傑明·霍爾特首次在車輪與車輪之間鋪設履帶用於解決當時輪式農機和工程機械常常陷入鬆軟地面裡的問題，履帶接觸地面面積比車輪大得多，從而減小了與地面間的壓強，而且履帶橫跨前後車輪較長，可以逾越臺階、溝壕，使得其在鬆軟地面、障礙環境有獨特的移動能力優勢。

　　① 履帶式移動機構的基本結構及特點。履帶式移動方式是以一種沿著車輪滾動行進方向，在路面上周而復始地由主驅動履帶輪邊鋪設履帶邊移送履帶的循環行進方式。由於履帶與地面的接觸面積較汽車、曳引機等農機、工程機械的車輪大得多，單位面積上的接觸壓力相對小，因此，一般不會像車輪那樣容易陷入鬆軟地面而難於行進。如圖 7-1 所示，履帶（Track 或 Crawler）式移動機構是一種由主驅動履帶輪（主動鏈輪）、從動履帶輪（從動鏈輪）、誘導輪（輔助支撐輪、滾輪）、履帶以及安裝這些零部件並承載的行駛框架構成的循環式移動機構。其中，行駛框架與車體相連，一般車體左右各有一個履帶移動機構，左右對稱布

置；上部滾輪個數、下部滾輪個數、布置形式等因履帶周長、鏈輪半徑以及履帶周環幾何形狀等情況來具體確定。除行駛框架在履帶的側面之外，支撐履帶的鏈輪、滾輪都被行駛框架安置在緊貼履帶的內側，為整周環形履帶所封閉包圍。鏈輪又包括主驅動鏈輪（又稱驅動鏈輪、驅動輪或主動輪）、誘導鏈輪（也稱調節鏈輪或誘導輪），它們除了主動驅動、誘導履帶與鏈輪之間正常等節距嚙合和保持等距離的作用之外，還都有支撐履帶的作用。此外，誘導輪透過彈簧安裝在行駛框架上，避免在行駛過程中履帶受較大衝擊或者異物進入履帶與輪之間使履帶張力過大，透過彈簧可以起到調節履帶張力的作用；上部滾輪起到限製履帶下垂、支撐上部履帶的作用；下部滾輪是為了保證將履帶壓向路面，並盡可能最大限度地獲得履帶與地面間接觸面積，這樣可以降低履帶與地面之間的壓強，同時抓緊地面，減小履帶對地面壓力分布不均勻程度，從而可以發揮在鬆軟地面上正常行駛、硬路面上也不至於損壞路面的優勢。

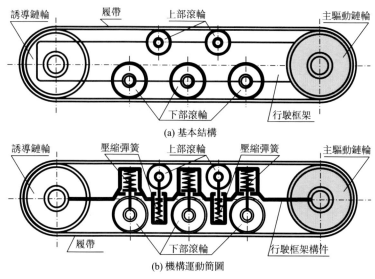

圖 7-1　履帶式移動機構的基本結構與機構運動簡圖
履帶式可以摩擦、嚙合兩種方式傳遞運動

履帶式移動機構的特點如下。

•最大的特點就是與地面的接觸面積大，對地面的抓緊力強，相對地面滑移小。

•接地壓強小，在各種路面上都能行走，尤其是鬆軟路面上行走能力強。

•一般履帶式行駛機構都有懸掛系統，可以適應凸凹不平路面；如果兩個以上的履帶式形式機構同側安裝在行駛框架上，可以使履帶式移動機器人具有爬

坡、爬樓梯、臺階以及越障能力。此時，履帶式移動機器人可以演變成履帶-腿複合式移動機器人。

　　• 履帶跨越車輪的距離較長，可以越過臺階、溝壑，爬坡、越障能力強。

　　② 履帶的種類及其在履帶式移動機構中的幾何形態（圖7-2、圖7-3）。履帶式移動機構所處的地面應用環境為鬆軟土地、砂石、水泥路面等，為了適應不同強度和性質的路面，人們設計了不同材質和形狀的履帶。履帶有金屬材質的鏈軌履帶和橡膠等非金屬履帶。在野外和砂石路面的農機、工程機械使用由鏈節、履帶板組成的金屬履帶，履帶板凸起在履帶外緣，可以壓入地面，提高抓地和移動能力；對於不希望履帶駛過後留有壓痕、割傷或被破壞，可選用橡膠履帶；要求更嚴，不希望橡膠履帶駛過後留下黑色行駛軌跡，可選用白橡膠履帶。履帶是一種撓性傳動元件或部件，可以改變其自然形態而設計成期望的幾何形態，其撓性來自於橡膠等履帶材質自身柔性，或者由許多節剛性材質鏈節透過回轉副鉸接在一起相對轉動來獲得撓性。因此，履帶式移動機構在設計上，可以透過改變主動輪、從動輪（誘導輪）以及滾輪、張力調節裝置等構件的布局和數量來獲得我們所需要的履帶幾何形態和性能。另外，履帶的寬窄直接影響到與地面接觸應力的大小以及對路面擠壓、剪切變形的程度，為了降低履帶給軟地面的壓強，可用較寬的履帶；為了在提高越過凸凹不平、斜坡甚至於坡度較大的路面，可選用外緣有履帶板凸起的履帶，靠履帶板與地面產生的剪切力來提高抓地移動能力。

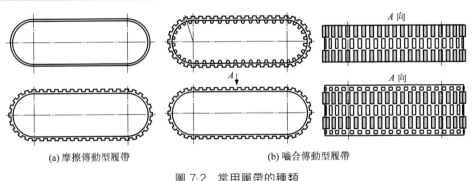

(a) 摩擦傳動型履帶　　　　　　　　　　(b) 嚙合傳動型履帶

圖 7-2　常用履帶的種類

（2）履帶式移動機器人機構構型

　　履帶式移動機器人一般是由2個或2個以上的圖7-3所示的基本履帶式移動機構組合而成的，這種履帶式組合行駛系統即為履帶式移動機器人。

　　多數由小型履帶式移動機構組合成的履帶式移動機器人車體與左右履帶的關係是固定的，這種車體與左右兩側履帶式移動機構固連的方式對不平整地面適應性不好，容易導致單側履帶著地或小面積著地，甚至地形惡劣時整體穩定性降

低；而大型履帶式移動機器人則車體與左右履帶一般都採用由平衡梁和支撐軸組成的懸掛機構將左右履帶兩端支撐並組合在一起。採用懸掛機構的好處是可以使左右兩側的履帶式移動機構相對搖動，以避免行駛在不平整地面上時單側履帶呈一點或小面著地導致所受外力過大或者整體姿態處於不穩定狀態。常見的履帶式組合行駛系統如圖 7-4 所示。圖 7-4(a) 為最常見、最基本的雙履帶式行駛機構，雙履帶行駛驅動可各自獨立，也可採用左右側履帶差動驅動機構；圖 7-4(b)～(d) 中的履帶式移動機構如同搖臂一樣可以改變履帶著地或抬離地面的狀態以及車身的高低和姿態。因此，可以適應不平整地面、臺階或樓梯等移動環境。為此，一個可以搖擺的履帶式移動機構至少要有兩個原動機（及機械傳動系統）作為主驅動，分別用於履帶式移動機構的行駛驅動和「搖臂」擺動驅動。

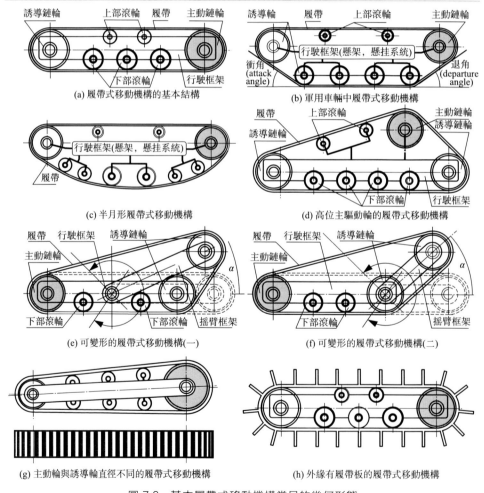

(a) 履帶式移動機構的基本結構

(b) 軍用車輛中履帶式移動機構

(c) 半月形履帶式移動機構

(d) 高位主驅動輪的履帶式移動機構

(e) 可變形的履帶式移動機構(一)

(f) 可變形的履帶式移動機構(二)

(g) 主動輪與誘導輪直徑不同的履帶式移動機構

(h) 外緣有履帶板的履帶式移動機構

圖 7-3　基本履帶式移動機構常見的幾何形態

(a) 車體與基本的履帶式移動機構
固連的兩履帶式移動機器人

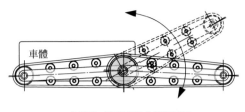

(b) 主履帶+輔助履帶式行駛系統

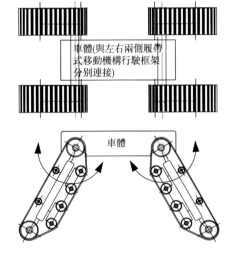

(c) 四履帶式行駛系統

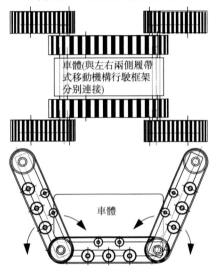

(d) 六履帶式行駛系統

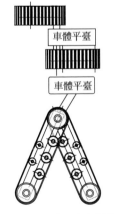

(e) 折疊方式的履帶式行駛系統

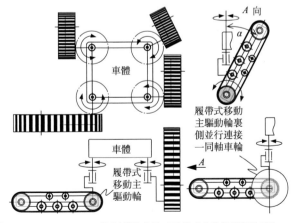

(f) 可調履帶姿勢的四履帶式移動機構行駛系統

圖 7-4

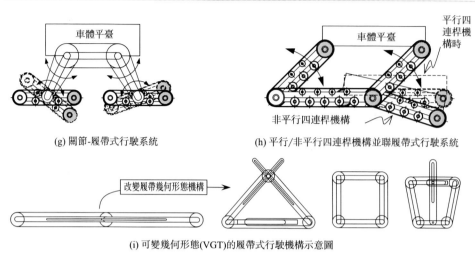

(g) 關節-履帶式行駛系統　　　　(h) 平行/非平行四連桿機構並聯履帶式行駛系統

(i) 可變幾何形態(VGT)的履帶式行駛機構示意圖

圖 7-4　基本履帶式移動機構組合出的履帶組合行駛系統構型（履帶式移動機器人構型）

　　圖 7-4(e) 是兩個履帶式移動機構組合成具有公共回轉軸線的摺疊式履帶行駛系統，透過控制兩個履帶式移動機構相對張開的角度可以調整車體平臺的重心高度和姿態。圖 7-4(f) 給出的是四個履帶式移動機構各自分別透過具有 Roll（繞垂直軸橫向滾動）和 Pitch（繞平行於車體平面軸線回轉的俯仰運動）兩自由度串聯桿件機構與車體連接的 4 履帶方式的組合行駛系統，即可調履帶姿勢的 4 履帶式移動機器人。每個履帶式移動機構的 Roll 自由度負責實現機器人的轉向；其上的 Pitch 自由度可用來適應平整地面、臺階、樓梯等障礙環境。如圖 7-4(f) 中右下圖所示，如果在履帶式移動主驅動輪的內側同軸固連直徑較履帶式移動主驅動輪大的車輪，則還可實現輪式移動。如此，可轉向的四履帶式移動機器人就成為兼有履帶式、輪式兩種複合移動方式的移動機器人。有關足腿式、輪式、履帶式等兩種以上複合移動方式的移動機器人將在本書後面章節詳細論述。圖 7-4(g) 所示的關節-履帶式行駛機構是與車體平臺連接的每條可擺動的履帶腿末端都連著一個另一個可以擺動的履帶式「腳」，因此，可以透過履帶「腿」、履帶「腳」的擺動可適應地面的凸凹不平；圖 7-5(h) 所示的四連桿機構並聯履帶式行駛機構可以將車體、單側的三個履帶設計成平行四連桿機構的並聯履帶式，也可以設計成非平行四連桿機構的並聯履帶式。前者始終能夠保證車體平臺與其相對也即不直接相連的履帶式機構平行；而非平行四連桿機構的並聯履帶式則可以透過單側的三條履帶來適應地面的凸凹不平程度，但車體不再保持與其相對的履帶平行。這兩種四連桿式並聯履帶式機構都能夠調整車體的高度，而且都可以收攏成最小體積，便於運輸攜帶；後者還能調整車體平臺姿態角。四連桿機構的構

型只需要一個擺角驅動原動機即可。圖 7-4 中所示的各種行駛方式下的履帶式移動機器人於 1956～2000 年間相繼被設計、研發出來，可查閱日本、美國一些專家學者的文獻。此處不再一一列舉詳述。

關於履帶式組合行駛移動系統的方案設計創新的思考要點如下。

① 履帶與地面之間構成非完整約束系統。如同輪式移動機器人的車輪與地面構成非完整約束一樣，履帶式移動機構的履帶與地面也同樣構成非完整約束系統。因此，履帶與地面的土壤、砂石等之間的摩擦、剪切與擠壓力學作用都有不確定性的一面，會對移動控制效果有影響，難以精確位置控制。

② 履帶式行駛系統的模塊化組合式設計特點明顯，在設計上具有可重構、自重構的潛力。各種基本形式的履帶式移動機構可以看作模塊化組合式設計的單元模塊，$n$ 個這樣的模塊化單元可以透過不同約束形式的運動副和構件相互串聯、並聯，從而構成複雜的履帶式行駛系統，以適應複雜地勢環境。

③ 可變幾何形態的履帶式移動機構。可以透過設計和控制可以改變主動輪、從動輪以及輔助支撐輪所在位置的行駛框架機構，來得到所期望的不同的履帶幾何形態，從而適應不同的地面環境，達到越障、有效移動的目的。

④ 履帶式移動機構可有臂、腿、模塊化單元節等多種用途。可作為臂或腿使用，從而成為履帶式腿、履帶式臂或履帶式腳。如前述圖 7-4(c) 所示的四履帶式或者兩履帶式、三履帶式的每個履帶式移動機構一端只要用俯仰運動關節與車體相連接，而另一端呈可著地的無連接狀態，則各履帶式移動機構自然相當於腿式移動機器人中支撐機器人本體的腿，也即可以看作是腿式移動機器人；如果 $n$ 個履帶式移動機構相互之間用萬向鉸鏈機構兩兩相鄰串聯在一起，則組合成了如同蛇形機器人一樣的 $n$ 節履帶式移動機器人，而且單履帶式單節、雙履帶式單節、三履帶式單節，四履帶式單節等都可作為多節履帶式機器人的單節模塊。

⑤ 履帶式移動機構的可重構式設計。以基本的履帶式移動機構為單元，可以透過將 $n$ 個這樣的基本單元連接在一起並可以改變履帶式行駛系統整體結構形態的框架機構或與車體連接的懸架機構設計，實現 $n$ 個履帶式移動機構單元聚合體的可重構乃至自重構，如同變形金剛一樣。注意：第③條「可變幾何形態的履帶式移動機構」是與自重構、可重構不同的概念，可變幾何形態只是指履帶式移動機構中的履帶圍成的幾何形狀的變化，如基本的幾何形態、三角形、四邊形、六邊形等幾何形態上的變化，雖然履帶圍成的幾何形狀發生變化，但履帶式移動機構構成（或者說機構原理）本身不發生任何變化；而可重構、自重構是指得到不同的機構構型，是機構構型發生本質的改變。但可重構、自重構的難點在於一個履帶式移動機構模塊單元需要能夠負擔起其他與之相連接的多個履帶式移動機構模塊單元的重力和重力矩，而且相連接的模塊單元數越多，自重構、可重構的有效性難度越大，乃至負擔不起載荷，難以重構。

⑥ 輪式-履帶式複合移動方式。履帶式機器人中驅動履帶運行的主動輪側可以同軸固連直徑比其大的車輪，當履帶式移動機構抬離地面時，其上的車輪可以著地而成為輪式移動機器人；還可以在車體上連接搖臂，搖臂的末端安裝車輪，而構成輪式-履帶式移動機器人；還可以將輪式移動機構與履帶式移動機構組合在一起，設計具有切換功能的切換機構，在輪式、履帶式兩種移動方式之間進行切換。

⑦ 腿-履帶式複合移動方式。履帶式移動機器人可以與腿式移動機器人複合在一起，而構成腿式-履帶式複合移動機器人，履帶式移動機構模塊單元本身就可以作為最簡單的腿，也可以兩個或三個模塊單元用回轉副連接在一起而成為兩桿腿、三桿腿。而且末端的模塊單元可以看作履帶式腳。當然，也可以有類似於腿式機器人的腿和腳。

⑧ 輪式-腿式-履帶式三種移動方式的複合移動方式。這種複合方式是⑥和⑦兩種方式的複合。

⑨ 搭載機器人操作臂的履帶式移動機器人。搭載在履帶式移動機器人上的操作臂不僅可以用來完成移動下的操作任務，還可以移動機器人身體為平臺，平臺上搭載各種作業工具和輔助裝置，透過機器人操作臂自行換接其末端操作器為平臺上搭載的各種工具或輔助裝置，來幫助搭載它的移動機器人完成輔助平衡、輔助行走等作業。這種情況下，需要有快速換接器。

⑩ 履帶式移動機器人的移動方式及其與地面接觸狀態的感知。移動方式包括常規的履帶式行走；以履帶式移動機構為腿或臂的腿式行走或臂式移動；蠕動爬行；輪式移動；爬臺階上樓梯；越障。履帶式移動機器人相對而言，較容易實現，從作為自主移動機器人創新研究的角度，實質性學術研究主要集中在履帶式移動機構原理上的創新設計，而作為實用化技術研究目標，主要是適應各種地面環境以及不同環境的變化，仍能可靠移動的設計製造與履帶式移動自動控制技術，性能可靠是要解決的關鍵問題。其中，履帶與地面接觸狀態的感知是需要進一步研究的關鍵技術。除可在行駛框架上設置傾斜計等感測器外，研發履帶工具有檢測履帶與地面間接觸力能力的分布式力感測器的力感知技術的履帶具有重要的實際意義。

## 7.2.3　腿式移動機構與結構

（1）有雙足雙臂手的人型機器人［由世界首臺人型機器人（1973 年早稻田大學）到液壓驅動的人型機器人 Petman、Atlas（2011 年，2013 年，美國波士頓動力公司）］

日本本田自動車株式會社的本田技研於 1996 年、1997 年相繼公開發布了帶有雙臂手和雙足的 P2、P3 型集成化人型機器人，實現了穩定動步行、帶有預測控制的自在步行以及上下樓梯、雙臂手推車腿式行走等移動作業，1999 年發布的小型

集成化全自立的人型機器人 ASIMO,快速跑步移動平均速度可達 6km/h,2000 年實現足式移動速度 9km/h。ASIMO 機器人及其自律步行控制技術如圖 7-5 所示。對於高度集成化的全自立機器人系統設計而言,結構空間十分受限的情況下,控制系統、驅動系統、感測系統的硬體系統均受到機械本體結構空間十分有限的限製,必須選擇結構尺寸小、集成化程度高和高性能的 CPU 為核心來設計驅動各關節運動伺服電動機的底層電腦控制硬體系統,通常高級單片機或DSP 成為首選。

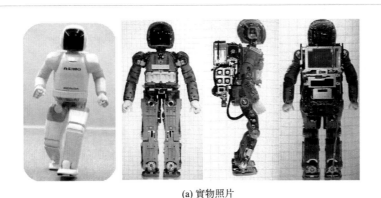

(a) 實物照片

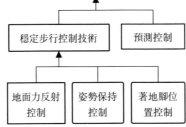

(b) 步行運動控制技術構成

圖 7-5　日本本田技研 2000 年研發出的全自立型人型機器人
ASIMO 實物照片及其步行運動控制技術構成

　　ASIMO 的伺服電動機驅動系統:ASIMO 採用直流伺服電動機＋Harmonic Driver 的短筒柔輪諧波齒輪減速器驅動各關節,身體內搭載加速度計、陀螺儀以及雙目視覺系統。

　　ASIMO 的控制系統硬體緊湊化集成化設計:ASIMO 控制系統採用了以日立(HITACH) 製作所生產的 SH (SuperH) 系列微處理器為基礎的高級單片機作為各伺服驅動單元的底層控制器,SH 微處理器家族系列從最初的 32 位單片機但以

16 位固定字長代碼為特徵的高效微處理器 SH-1 為開端，經歷 SH-2～SH-4 直至 SH-5 形成了高級單片機微處理器系列，SH 歷代產品特徵為：程式為採用編譯器、目標文件連接式的程式設計語言；CPU 的處理能力是按單位時間內處理的命令數來計測的，可提高時鐘週期的電子迴路設計方式有利於提高處理能力；命令的處理是採用管道運輸（pipe-line）的並行處理模式；伴隨著運算器高速運算同時命令及數據的總線頻寬（bus bandwidth）不足的問題，透過搭載緩存（cache）來得以緩和矛盾。SH 系列簡化了 CPU 命令，只以必需的基本命令為核心，基本命令可以組合生成其他命令，使得 CPU 命令總體上得以簡化，相當於對通常 CPU 命令集的裁剪，從而更適合於作為高速運動控制的底層控制器。

　　進入 21 世紀之後的 10 年裡，受本田技研 P2、P3 型以及 ASIMO 研發成功的鼓舞，雙足以及全自立的人型機器人技術得到了快速發展，受到全世界許多研究機構的重視，一些著名的人型機器人如日本 HRP 系列人型機器人、韓國的 HUBO、美國波士頓動力公司的 Atlas 等取得了穩定快速步行以及雙足移動雙臂作業試驗的成功。2005 年研發的電動機＋減速器驅動原理的 HRP-3P 人型機器人雙手也只有 10kgf 的最大負載能力。目前，以伺服電動機＋高精密減速器為驅動原理的人型機器人作為工業機器人移動操作平臺已經將要達到驅動能力的極限！儘管諸如日本通產省工業技術研究院與東京大學、川田工業等產學研聯合研發的 HRP 人型機器人已經進行了管路系統閥門檢測、開挖掘機等應用試驗研究，但由於目前伺服電動機功率密度、轉矩密度以及高精密減速器額定驅動能力與承受過載能力所限，目前只能達到快速行走、跑步移動能力，而滿足行進能力的前提下額外的帶載以及操作作業能力遠遠不足，只能操作完成一些負載相對小的作業任務。電動機驅動的人型機器人處於需要大幅提高伺服電動機功率密度、轉矩密度以及所用減速器的額定轉矩和亟待解決承受數倍過載能力的電動機與減速器技術瓶頸問題階段。

　　與目前伺服電動機＋高精密減速器驅動技術發展的瓶頸問題相比，微小型泵及液壓驅動原理的足式機器人經過 30 餘年長期的技術研發與積累，微小型泵、微小型伺服控制閥以及液壓驅動與控制技術取得了突破性的進展。美國 Boston Dynamic（波士頓動力）公司研發的液壓驅動原理的 BigDog 四足機器人、人型雙足機器人 Petman、Atlas 的驅動能力、帶載能力等較電動機驅動的足式機器人[40] 具有絕對的優勢！如圖 7-6 所示，Atlas 機器人總質量 150kg，由 28 個液壓缸驅動所有關節，其自由度數分配為：臂、腿各 6，軀幹 3，脖子 1。各關節運動範圍：肩俯仰－90°～45°、側偏－90°～90°；肘俯仰 0°～180°、側偏 0°～135°；腕部俯仰 0°～180°、側偏－67.5°～67.5°；總高 1.88m；手及腳上裝有力感測器；在骨盆部位裝有光纖慣性測量單元（IMU）用來測算機器人姿態；臂上的每個驅動器裝都有線性電位計、兩個壓力感測器（基於差分壓力測量值），分別用來測量位置、關節力；機器人感測器套件還包括 3 個以 IP（Ethernet）布

置在機器人周圍以支持 360°視野的相機和一個提供視覺輸入給操作器（CRL，2014）的 Carnegie Robotics MultiSense SL 感測器頭。MultiSense SL 包括一套立體視覺相機和一個轉動的 LIDAR 雷射雷達定位器，並且可以用來處理再現機器人視野的點雲。該部分供給機器人 480V 電源，1 個 10Gbit/s 網路通訊的光纖連接器和水冷風扇。感測器直接與控制站覆蓋的光纖網路通訊；控制站可以無線遙控機器人，由領域電腦、主操控單元（OCU）、3 個輔助操控單元（auxiliary OCUs）組成。領域電腦管理所有與機器人有關的通訊，限製、壓縮來自機器人的高解析度數據並發送給各 OCU 操控單元；主操控單元完成解壓縮並將響應資訊發送到通訊管道；各輔助操控單元作為終端負責資訊協調、供應給用和處理來自使用者的資訊。領域電腦直接以光纖連接到 Atlas 網路，並且它以由 DARPA 指定的有限頻寬連接到 OCU 1；Atlas 的末端可換接 iRobot、Sandia、Robotiq 三種多指手，它們分別為 3 指 5 自由度、4 指 12 自由度、3 指 4 自由度多指手；質量分別為 1.53kg、2.95kg、2.3kg；驅動形式分別為蝸桿、齒輪、蝸桿傳動；MIT 為 Atlas 設計、研製了基於視覺化、感知和全身運動規劃的控制模擬軟體系統，該系統有高效運動規劃的人機互動機能。

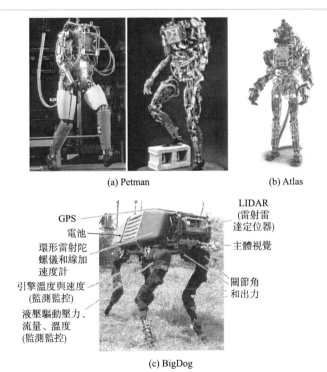

(a) Petman　　　　　　　　(b) Atlas

(c) BigDog

圖 7-6　美國波士頓動力公司的液壓驅動 Petman、 Atlas 人型機器人
以及 BigDog 四足機器人[40]

液壓驅動的人型機器人 Atlas 完成了打開工業管路閥門、雙足爬梯子、跨越三段臺階、橫穿碎石堆、上坡道、切割牆壁、駕車運載、野外山地步行、草地奔跑、跳躍不連續臺面、跳起後 360°回轉的後空翻等移動作業、快速穩定行走和運動技能試驗；四足機器人 BigDog 已驗證具有抵抗外部作用力的自平衡能力和野外奔跑、帶載行走等運動能力；2018 年波士頓動力公開了人型機器人室外草地上奔跑以及跳躍地面上橫臥一根木頭的影片，體現了液壓驅動下的快速移動、快速平衡、帶載操作等高超的驅動能力與平衡運動能力。

（2）MIT 高功率密度電動驅動腿及獵豹機器人（cheetah robot）（美國，MIT，2012～2014 年）

2012 年 MIT 機械工程系的 Sangok Seok，Albert Wang，David Otten 和 Sangbae Kim 等人在 DARPA M3 Program 的資助下，在對驅動器（actuator）進行最大化轉矩密度（maximizing torque density）和傳動裝置「傳動系統透明度」（transmisson「transparency」）量綱分析（dimensional analysis）基礎上，基於分析結果開發了一個不用力感測器而直接本體感知力控制的前腿原型樣機，並用材料測試設備對垂向剛度控制的原型腿進行了測試，用來校準該原型腿的機械阻抗。透過補償來自指令轉矩的傳動阻抗，該原型腿可以預估衝擊力。試驗結果以感測器滿量程為比例基準，在 3406N/m 剛度試驗和 5038N/m 剛度試驗下的絕對誤差分別為 0.041、0.049。表明所研製的該原型腿在高速運動中力的預測控制是可行的。

MIT 獵豹機器人前腿設計的實體模型如圖 7-7 所示，是面向腿部行走機能的可駕馭性（backdrivability）和透射力（transparent force production）最大化而設計的，所有的驅動元部件都設計在大腿髖關節部位［注：原英文句子為「The rotational inertia of the leg is minimized by locating all drive components at the shoulder.」，意思為所有驅動元部件都設置在「肩部」（Shoulder），本書作者感覺用詞 Shoulder 不妥！既然是腿，所說的 Shoulder 應該是 hip，即大腿的髖關節］，以使腿部轉動慣量最小化。如此，得到了整條腿的質心位於大腿髖關節回轉中心下方 30mm 處的設計結果，使得腿部在高速步行中快速向前邁腿。值得一提的是：早在 1999 年前後，面向快速步行的雙足步行機器人設計原則中，已有專家給出了質量輕、轉動慣量小的腿部機構有利於快速步行的結論，不管雙足、四足還是多足步行機器人，在這一點上都是共通的。對於承受大衝擊的高速腿的設計重要原則之一是腿質量越輕越好、腿的總質心離大腿根部的髖關節越近越好，這樣的腿轉動慣量小，有利於快速向前蹬腿和邁腿。

MIT 獵豹腿研發小組按他們所做的電動機轉矩密度分析為獵豹腿選擇了能夠適應 5in 結構設計空間約束的電動機最大半徑。考慮到電動機輸出轉矩

較大，齒輪傳動最小減速比只需取 1：5.8 即可滿足整個驅動系統的轉矩要求。而多數電動機驅動的腿式機器人關節驅動系統中所用齒輪減速器的減速比往往達到 100 以上，從而導致驅動器不可反向驅動（non-backdrivable）並且降低了效率。圖 7-7 給出的獵豹腿的臀部髖關節機構中，兩個驅動器以及齒輪傳動分別同軸位於臀部髖關節處，膝關節由膝關節電動機輸出軸處連接的剛性連桿驅動。這種設計使得腿部機構轉動慣量最小化，同時也有助於減輕電動機框架的質量。按估計可能產生的最大地面反作用力來考慮，期望該獵豹腿可能輸出的最大峰值力矩為 100N·m。每臺電動機都連接一個用 4 個行星輪來均分載荷的一級行星齒輪減速器。電動機的峰值轉矩可達 21N·m。腿的結構也採用質量和慣量最小化設計，肱骨和橈骨由泡沫-型芯複合塑膠材料（foam-core composite plastic）製作而成，腳部嵌入透過模壓嵌入織網結構、徑向應力最小化且可提供柔順性的帶狀肌腱；分配拉力給肌腱的腿部結構設計使得彎曲應力最小化。這種設計方法即可以顯著降低腿部慣性同時又不影響腿部力量的發揮。該腿臀部（髖關節）模塊包括電動機、齒輪減速器以及框架在內總質量 4.2kg；肱骨質量 160g；包括足部質量在內下肢質量 300g；整個腿筆直伸展成一條直線的狀態下繞髖關節（原文獻英文為 shoulder joint）回轉中心的慣性矩為 0.058kgf·m²[41]。

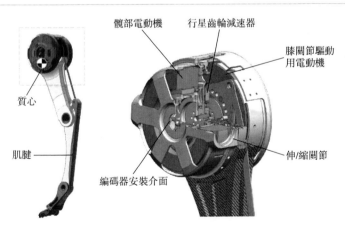

圖 7-7　MIT 獵豹機器人前腿及其電動機驅動器的實體模型[41]

該腿設計目的是最大限度地提高可駕馭性和產生透明度。

透過所有驅動部件設置在「肩（shoulder）」部，使腿轉動

慣量最小化；腿的質心位於「肩」關節回轉中心下方 30mm 處

2015 年 5 月 29 日 MIT 發布研製出世界第 1 臺自主跑步、跳躍障礙物的獵豹四足機器人，跑步平均步速 5mile/h、跳躍障礙物 18in；2015 年 5 月 29 日

MIT 機械工程系的 Sangbae Kim 研發小組在 MIT 校園網站 MIT News 欄目發布了 MIT 獵豹機器人在室外地面以 5mile/h 的平均速度跑步、跳越過其自身高度一半（18in）以上高度障礙物的技術新聞[42]，結束了 MIT 獵豹機器人在室內跑步機上相對跑步機 6m/s 速度跑步和拖帶安全繩纜的歷史。MIT 獵豹機器人在室外修剪過的草地上跑步以及在室內跨欄跑的場景如圖 7-8 所示。

(a) 在室外草坪上跑步　　　　　　　　(b) 在室內跨欄跑

圖 7-8　MIT 獵豹機器人的跑步場景照片[42]

2015 年 5 月 MIT 獵豹機器人研發小組為設計出在一個零週期內使獵豹機器人系統在垂直方向、水平方向上能夠分別產生相應衝量分量的力而提出了一種簡單的衝量規劃算法（impulse planning algorithm），進而，用一種跳跑步態控制算法（boundling gait control algorithm）實現了 MIT 獵豹 2 號機器人的變速跑步（variable-speed running）運動[43]。他們所設計的垂直方向和水平方向上的力在一個完整的步驟可導致線性動量守恆（the conservation of linear momentum），週期性地為機器人提供水平方向、垂直方向的速度。將所設計、規劃的力應用於獵豹機器人系統，可以得到具有改變跑步速度能力的週期性軌跡。水平方向和垂直方向上的虛擬柔順控制器施加到所設計、規劃的力上從而使週期性軌跡穩定化。將這種基於衝量規劃方法的力規劃算法和控制算法用於 MIT 獵豹機器人 2 號機上，機器人分別在跑步機、室外草地上實現了 0～4.5m/s 速度範圍內的變速跑步運動。MIT 獵豹機器人 2 號如圖 7-9 所示，為本體搭載電池和電腦系統的全自立型四足機器人。

MIT 研發的電動驅動獵豹機器人及其移動與越障能力測試結果為電動驅動的腿式移動機器人移動平臺的新設計方法提供了重要參考和研發方向。雖然其機器人上並沒有搭載機器人操作臂，但從移動能力的角度已經為搭載操作臂實現移動兼具操作功能的腿式移動平臺部分奠定了設計方法與技術基礎。

(a) 在室外草坪上跑步

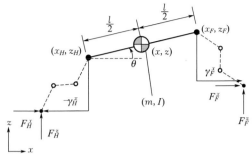
(b) 前後腿所受的水平和垂直方向上的分力

(c) 在室外草坪上的跑步試驗

圖 7-9　MIT 獵豹 2 號機器人及其在草坪上跑步[43]

## 7.2.4　帶有操作臂的輪式移動機器人系統設計實例

（1）採用現有工業機器人操作臂產品和自行設計輪式移動平臺的四輪驅動與操控的移動操作臂（2007，土耳其，伊斯坦布爾技術大學）

① 機械系統設計。土耳其伊斯坦布爾技術大學電氣工程系機器人實驗室的 Bilge GÜROL、Mustafa DAL、S. Murat YEŞİLOĞLU、Hakan TEMELTAŞ 選用日本三菱（MITSUBISHI）株式會社製造的 PA-10 工業機器人操作臂作為其移動機器人平臺上的操作臂，並為其設計、製作了四輪驅動和操控移動平臺，從而研發了四輪驅動與操控的移動操作臂系統[44]。三菱公司生產的 PA-10 工業機器人操作臂為 7-DOF 的冗餘自由度操作臂，Bilge GÜROL 為其設計的四輪驅動（four-wheels-drive，4WD）和四輪操控（four-wheels-steer，4WS）的偏置輪式移動平臺。該 4WD/4WS 移動操作臂總體設計及總體尺寸如圖 7-10 所示。

四個載輪腿的每個腿上都有兩臺無刷伺服電動機（brushless servo motor），四輪每個輪的驅動皆是採用由一臺伺服電動機驅動齒輪減速器再驅動車輪，而另一臺電動機則用來驅動諧波齒輪減速器再驅動車輪架繞立軸軸線回轉從而實現車輪轉向操控。驅動車輪的電動機功率為 200W，而驅動轉向的電動機功率為 100W。每臺電動機都內置 2000 線增量式編碼器（incremental encoder），且內置霍爾感測器用於正常通訊。而光電編碼器為外部運動控制設備提供位置、速度回

饋訊號。

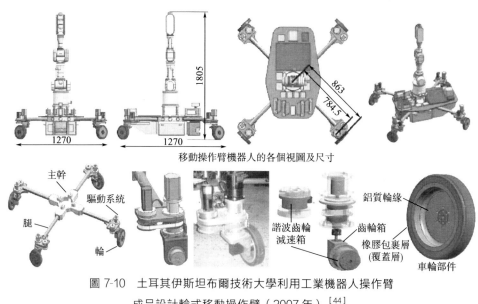

圖 7-10　土耳其伊斯坦布爾技術大學利用工業機器人操作臂
成品設計輪式移動操作臂（2007 年）[44]

每個輪腿上的行走輪驅動電動機及轉向操控驅動電動機的布置如圖 7-11 左圖所示。

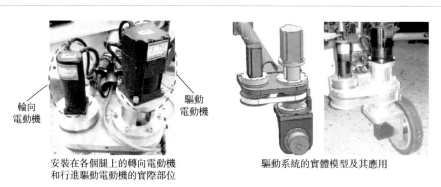

圖 7-11　輪腿上行走輪驅動電動機及轉向操控電動機的布置（2007 年）[44]

② 電氣系統設計。包括電源系統、伺服電動機及其驅動系統、感測器與控制系統的設計。

a. 伺服驅動器設計。伺服驅動器則是基於 DSP 設計的。如圖 7-12 所示，伺服驅動器的輸入訊號（COM、SRVOEN、ALMRST、CWLIM、CCWLIM；高

速數位輸入訊號 STEP/PWM＋、STEEP/PWM－、DIR＋、DIR－）被用 6 個光耦器件經光-電隔離輸入給伺服驅動器，同樣，輸出訊號（BRAKE、ALAMR、INPOSN、CCM）也經三個光耦實現光電隔離之後輸出。伺服驅動器可以透過 RS-232 或 RS-485 介面連接到 PC 機或者一臺主控設備，RS-232 允許主控設備與驅動器最大連接距離是 15m 且只能連接 1 臺。而 RS-485 可以允許 16 個驅動器與單個主控電腦或 PLC 相連。RS-485 處於全雙工或半雙工。驅動器可以根據電動機特性和系統配置用 QuickTuner（快速整定）軟體。

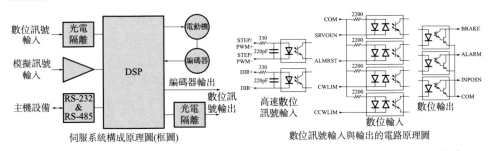

圖 7-12　基於 DSP 的伺服驅動器及其輸入、輸出光電隔離部分電路（2007 年）[44]

驅動器參數整定過程如下。

第一步是設定光電編碼和霍爾感測器的定時參數；設定峰值電流以啟動驅動器過流保護功能。

第二步是設置驅動操作模式，可以從列表中選擇：力矩、速度、位置、力矩/速度/位置三者組合等模式中的一種模式。當採用力矩或速度模式時，驅動器的輸入為模擬輸入量；當選擇位置模式時，輸入為數位輸入量。也可以將力矩、速度、位置三種單獨模式同時指定給驅動器。如果驅動器檢測到有模擬訊號輸入，則訊號的範圍（range）、偏移量（offset）、死區（deadband）可被設置。

第三步是設定將要使用的數位輸入和輸出。

第四步是設定控制參數和測試。

b. 電源系統設計。兩個 12V100A・h 的電池以串接方式為該移動機器人的所有用電系統供電，24V 電源可供伺服電動機及其驅動系統直接供電，但對於感測系統和控制用電腦而言，則需要經直流-直流轉換器（DC-DC converter）轉換後方能為其供電，其電壓水準分別為－15V、－12V、－5V、3.3V、5V、12V、15V、24V。

c. 運動控制卡與伺服驅動控制。運動控制卡是用來按照指定的移動機器人路徑、速度、轉向角度、輪速對移動機器人進行運動控制的板卡硬體。選用的 PMC's DCX-PCI300 運動控制卡是一個模塊化的系統，最多可以用 8 塊這樣的板

卡實現對 16 軸的運動控制。可以同時控制、添加任何一種伺服電動機、步進電動機構成的混合驅動系統，並且同時提供模擬、數位 I/O 模塊。DCX 卡可以透過 PCI 總線與 PC 機通訊，板載 CPU 允許由 PC 機自主地操控板卡。

　　1 個雙路伺服驅動模塊可以同時控制 2 臺伺服電動機，4 個雙路伺服驅動模塊可以控制移動機器人的 8 臺伺服電動機。模塊生成模擬控制訊號為 16 位 ±10V 範圍的模擬量訊號和極性決定的方向訊號。開路式漏極（open drain type）輸出被用於伺服使能。3 個數位輸入中 2 個用於運動的正負極限限位，1 個用於返回原點位置即復位；增量式編碼器的差分或單端輸出訊號可被用來捕捉和解碼，以得到來自系統的回饋。編碼器電源電壓為 5V 或 12V 之一可選。

　　伺服驅動器用連接器連接到運動控制卡上，一塊運動控制卡可以用帶有 VHDCI 連接器的兩根電纜連接兩個伺服驅動器，如圖 7-13 所示。

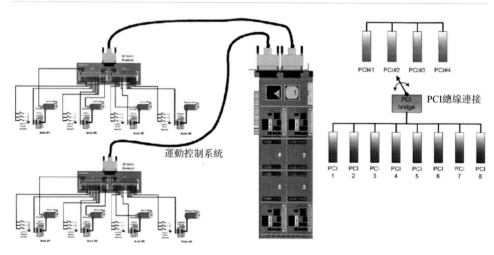

圖 7-13　運動控制系統（2007 年）[44]

　　d. 控制系統專用電腦系統的介面擴展。用來根據預先生成或確定的路徑，處理數據、採集來自各感測器訊號數據、控制驅動部件。電腦機箱底板採用的是帶有 7 個 ISA、8 個 PCI、2 個 PICMG 介面（擴展槽）的工業底板基板。PCI 擴展槽數可由如圖 7-13（右圖）所示的 PCI-bridge（PCI 擴展箱）選擇，以防止發生衝突。

　　e. 單板機（single board computer，SBC）。SBC 透過 PICMG 介面與工業底板連接，SBC 主要性能：Intel P4 2.4 GHz Mobile processor；Intel 845D AGP-set；Max. 2GB DDR SDRAM support；400MHz front side bus frequency；ATI Mobility M6-D chip integrated graphics 16 MB memory controller；Onboard

Ethernet controller；Software programmable watchdog timer；Hardware monitoring。

SBC上還有2個EIDE，1個軟驅，2個串行口，1個並行口，4個USB口，1個PS/2，2個VGA和1個ethernet介面，如圖7-14所示。

圖7-14　單板機（2007年）[44]

f. 感測器。包括雷射掃描儀（laser scanner）、光纖陀螺儀（fiber-optic gyro）、磁羅盤（magnetic compass）、INS感測器（inertial navigation system，慣性導航系統）、超音測距感測器（ultrasonic range sensors）、高速相機（high sample rate camera），為觀測腿和輪的負載，還搭載力感測器。

設計製造的移動操作機器人系統如圖7-15所示。

（2）德國DLR［（Institute of Robotics and Mechatronics, German Aerospace Center, Muenchner Strasse 20）2011年研發的輪式移動操作機器人「Rollin'Justin」（2009，2011年，德國，Alexander Dietrich等人）］

圖7-15　移動操作臂機器人
實物照片（2007年）[44]

Alexamder Dietrich等人面向服務機器人的應用背景以及輪式移動機器人作為非完整約束系統的阻抗控制問題，於2011年研發了圖7-16所示的四輪移動平臺搭載帶有雙臂多指手上半身的輪式移

動人型機器人「Rollin'Justin」[45,46]。該機器人上半身有力矩控制（torque-con-trolled）（頸部兩個自由度除外）的 43 個主驅動自由度；輪式移動部分有採用位置/速度控制（position/velocity-controlled）的 8 個主驅動自由度，四個輪式移動機構分別各有繞垂直軸回轉用來改變輪行進方向的偏擺運動和車輪主驅動行進運動兩個自由度。為解決上半身與輪式移動平臺之間慣性力與柯氏力/離心力耦合（coriolis/centrifugal coupling）對穩定性產生影響的魯棒控制問題，他們於 2016 年提出了整體阻抗控制器（whole-body impedance controller）和形式化穩定性分析（the formal stability analysis）方法，並用 Rollin'Justin 機器人進行了如圖 7-17、圖 7-18 所示的驗證實驗。

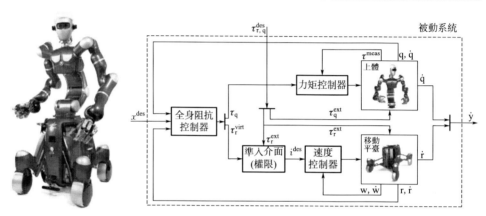

圖 7-16　上體人型雙臂手四輪移動機器人「Rollin'Justin」
及其整體阻抗控制與閉環被動的控制系統框圖[45]

　　圖 7-17 所示為主動補償慣性力、柯氏力與離心力耦合的控制實驗。當使用者用右手牽拉機器人右操作臂的末端操作器（多指手）時，機器人整體控制器（whole-body controller）透過輪式移動平臺後移來補償所引起末端操作器中心點 TCP（tool center point）在笛卡爾座標系內的位移偏差量（deviation）。當末端操作器被釋放時，透過上體運動的冗餘性重新使 TCP 快速達到虛擬平衡（virtual equilibrium），整個過程僅約 1.5s。

　　圖 7-18 所示為僅輕輕觸碰末端操作器，系統瞬時被打破平衡，輪式移動平臺向前［圖（c）］、向後［圖（c）、圖（d）］移動了一大段距離，在 $t = 1.5$s 時，由於系統有較大的動能，實驗人員突然停止。與此同時，軀幹第一個關節水平軸已達該軸最大許用轉矩 230N·m。兩圖照片均為抓拍的快照。

　　(3) 搭載操作臂的雙側搖臂四驅輪式移動機器人（MIT，1999 年）

　　美國 MIT 與噴氣推進實驗室（jet propulsion laboratory，JPL）於 1999 年

為在崎嶇地形實現輪式移動而提出的一種雙側搖臂四驅輪式移動機構，並研製了如圖 7-19 所示機構原理的 SRR 月面採樣四輪探測車，也即搭載用於月面採樣用 4-DOF 操作臂的四輪驅動輪式移動機器人[47,48]。

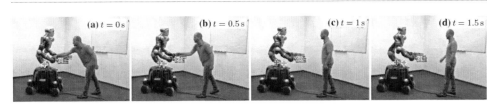

圖 7-17　「Rollin'Justin」主動補償慣性力、柯氏力與離心力耦合的控制實驗[45]

圖 7-18　「Rollin'Justin」無主動補償慣性力、柯氏力與離心力耦合的控制實驗[45]

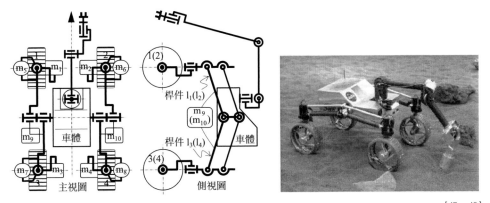

圖 7-19　美國 MIT 與 JPL 於 1999 年研製的搭載 4-DOF 的 SRR 月面採樣四輪探測車[47，48]
1～4—主動輪，星球探測車輪；$m_1$～$m_4$—各主動輪行走原動機驅動-傳動系統；
$m_5$～$m_8$—各主動輪轉向原動機驅動-傳動系統；$m_9$～$m_{10}$—車身兩側前後輪輪臂臂桿 $l_1$（$l_2$）、
$l_3$（$l_4$）間相對轉動原動機驅動-傳動系統

①　車身兩側的平行四連桿機構原理的搖臂可以不同的前後輪臂臂桿相對轉動調整前後輪的相對位置，如此可以適應崎嶇路面或岩石、段差路面。

②　前後輪臂皆採用平行四連桿機構，可以保持前後輪臂臂桿豎直且互相平行。

③ 輪式移動平臺（即車體）上搭載的機械臂有四個自由度，機構構型為 RPPR，其中 R 為滾動（Roll），P 為俯仰（Pitch）。該操作臂用於星球表面土壤採樣操作。由於星球表面土壤鬆散，在某種程度上土壤鬆散顆粒可在安裝在操作臂末端的採樣筒外力作用下適應採樣作業所需的位置與姿態，所以，該操作臂腕部僅用 1 個滾動自由度 R（Roll）關節即可滿足採樣作業姿態需要。

④ 車輪可用星球探測車輪。

（4）離線機器人概念及搭載操作臂輪式移動操作機器人研發（1999～2000 年，日本電氣通訊大學，K. Arita 等人）[49]

離線機器人（off-line robots）相關概念的提出及其定義如下。

a. 1970 年代以來產品需求與生產模式的變革與 FMS 技術興起。1970 年代以來，家用電器（home appliances）、汽車（automobile）、個性化個人物品（personal goods）等等多種類多樣化高品質、高功能性商品市場需求日益增長，這種需求促使商品生產逐漸走向大量種類繁多的商品製造，並且由少量產品生產模式逐步替代少量多樣化生產和大量生產模式。這種大量種類繁多的產品和少量生產模式可以透過傳統手工生產（conventional manual production）或應用機器人的 FMS（柔性製造系統）來實現。因此，1970 年代末，應用機器人的 FMS 技術開始被引入汽車、電力電子產品、機械、精密工業等產業領域。

b. 1980 年代工業機器人技術與 FMS 技術結合的「夜間無人化生產系統」生產模式形成。以日本、德國、美國等發達國家為首，這種應用工業機器人技術的柔性製造生產模式在 1980 年代得以高速發展。僅以日本為例，1980 年代以來，Seiko-Epson、Richo、Citizen Watch Ltd 等以機械、光學、電子產品製造為代表的多家技術產品公司相繼開始了無人化管理的生產模式，這種模式的英文名稱為「Unmanned Production」，並且開發出了「面向夜間無人化生產系統」。初期，這些無人化生產系統也會存在一些簡單低級的錯誤，如當零件從零件給料機脫落，則整個系統都會停止等待直至第二天早晨。因此，不被納入整個無人化生產系統正常生產過程範疇，只有在無人化生產系統發生類似前述簡單低級錯誤時，臨時被用來排除這些簡單低級錯誤使無人化生產系統恢復正常運行狀態的機器人便有了用武之地。夜間無人化生產系統實際上即是每天 24h 自動運轉的生產系統。

c. 離線機器人（off-line robot）的定義。用來矯正無人化生產系統在生產過程中發生的非正常運行狀態和問題，使無人化生產系統恢復正常運轉所使用的機器人。當整個無人化生產系統按照預定的功能正常運轉期間，這種處於「離線」（即處於正常運轉的無人化生產系統運行過程之外）用途的機器人在無人化生產系統正常工作期間處於「閒置」或被用於其他系統。

d.「Seiko-Epson」（日本精工-艾普森公司）的手錶無人化裝配生產線。採

用了 47 臺 SCARA 機器人來搬運手錶，夜晚無人化管理，白天僅有 1～2 名管理人員透過監視器監控生產和矯正錯誤。1999 年，日本電氣通訊大學（University of Electro-Commnications）機械與控制工程系的 H. Z. Yang、K. Yamafuji、K. Arita 和 N. Ohra 等人對此提出了引入離線機器人到無人化機器人生產的概念，並進行了技術研發。為此，他們首先對日本中國傳統自動化生產系統（Conventional Automatic Production System）中的機器人進行了分析。

e. 1999 年日本中國傳統自動化生產系統中機器人使用率分析。傳統自動化生產系統所用機器人具有以下幾個特徵。

• 1 臺主控電腦集中控制整個操作和監測製造資訊，不能掌控和及時排除失誤性故障，沒有適應小規模多種類產品的製造柔性。

• 在不同的工廠之間使用自動導引車（automatic guided vechicles，AGV）運送材料和工件，自動導引車按照預先設定的路徑行走，作業範圍有限；搬運作業僅限於從一個工廠到另一個工廠指定的工作位置，且功能有限，都是事先預定好的，而缺乏應對突發性故障或事件的能力。

• 工作人員的工作被分成間接（in-direct）和直接（direct）製造（manufacturing）兩大類：前者主要包括規劃（planning）、程式（programming）和管理（managing）等智慧、管理作業；後者主要包括工廠工人工件裝載/非裝載（loading/unloading of workpiece）、材料供給（material supply）、監督（supervision）和維護維修（maintenance）等實際製造作業（actual manufacturing tasks）。根據日本精密工程學會調查結果表明：生產線上工人的直接製造作業包括：零部件供給（parts feeding）、裝配（assembly）、檢測（inspection）、維護（maintenance）、監視（monitoring）、記錄（recording）以及其他，這些作業所占比例如圖 7-20 所示。

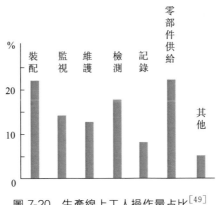

圖 7-20　生產線上工人操作量占比[49]

　　f. 離線機器人系統（off-line robot system）的提出。針對無人化生產系統中暴露出的問題與分析，1999 年日本電氣通訊大學（university of electro-communications）機械與控制工程系的 H. Z. Yang、K. Yamafuji、K. Arita 和 N. Ohra 等人提出了將離線機器人引入無人化機器人生產系統，並提出了離線機器人系統概念。該概念的示意圖如圖 7-21 所示，作為示例，將一種帶有雙臂的智慧移動機器人作為離線機器人在無人化機器人生產系統中使用。

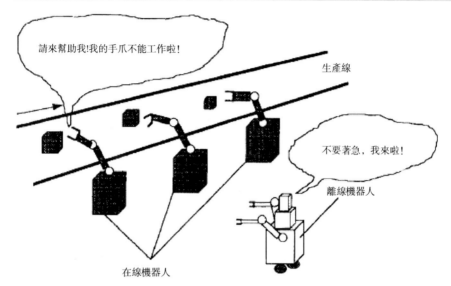

圖 7-21　帶有雙臂的離線機器人概念示意圖[49]

　　g. 引入在線和離線機器人的無人化生產系統概念（conceptual robotic production system）。如圖 7-22 所示，無人化生產系統由直接製造部分（direct manufacturing division）和非直接製造部分（indirect manufacturing division）這兩部分組成。非直接製造部分由諸如智慧設計部（intelligent design department）、規劃管理部（management plan）之類的幾個創造性工作部門（creative departments）組成；而直接製造部分則由諸如機械加工部（machining department）、運輸部（transportation department）、裝配部（assembly department）、質檢部（inspection department）、倉庫保管部（warehouse department）等幾個直接從事製造方面的部門組成。各部門都由一些智慧體（Agent）組成。這裡所說的智慧體包括生產中的人、機器人等實際存在的物理個體「硬體」作為硬智慧體，也包括整個生產過程中所執行的管理系統軟體、電腦程式軟體以及思想意識形態領域等「軟體」作為軟智慧體。例如，裝配部由轉換器（converyors）、固定裝置（fixtures）、工具（tools）、在線機器人（on-line robot）和離線

機器人（off-line robot）智慧體等組成。這樣的製造系統透過各個個體智慧體（individual agents）之間相互作用，具有高度的敏捷性，從而構成完整的製造系統。

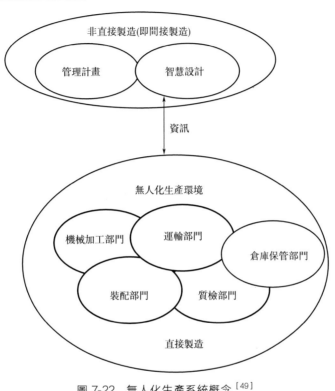

圖 7-22　無人化生產系統概念[49]

（5）研發的離線機器人及離線機器人生產系統概念的實現方法論

① 為離線機器人系統而研製的雙臂離線機器人系統組成

a. 硬體系統組成。H. Z. Yang 等人 1999 年研發的離線機器人實物照片如圖 7-23 所示。該離線機器人組成包括：人型雙臂、帶有力感測器和換接器（interchangeable）的末端操作器、用於停靠修理和故障修復（docking and fault repairing）的視覺感測器（visual sensor）CCD 相機、裝有回轉編碼器（rotary encoders）和超音測距感測器（ultrasonic sensors）以及兩個可操縱的動力驅動輪和一個腳輪（castor）等組成部分的移動平臺（mobile platform）、自動充電電源（self-power supply）、通訊設備（communication device）、智慧控制器（intelligent controller）。其中：自動充電電源（self-power supply）對於離線機器人而言尤為重要。

b. 軟體系統組成

• 新型仿生學目標提取系統（biological object extraction system）：為主動多眼系統（active multi-eye system，AME system），以仿生昆蟲（insects）原理的運動文件模擬方式，用於進行即時圖像處理。

• 利用行為模擬系統（behaviour simulation system）的人-機器人直接通訊（direct human-robot communication）系統：被用來評估機器人即時行為的控制算法，以減少諸如機器人與障礙物碰撞、機器人硬體損傷。如果開發的算法適合於機器人被給定的作業要求，則機器人行為規劃模塊（the modules of robot action planning）、人-機器人直接通訊模塊將在實際的物理環境下被執行。該軟體服務成為智慧設計與人-機器人介面的重要組成部分。

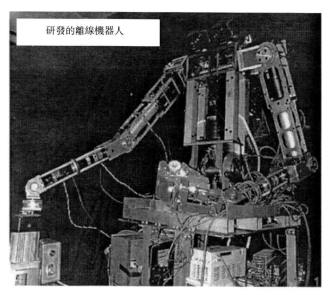

研發的離線機器人

圖 7-23　帶有雙臂的離線機器人系統實物照片[49]

• 管理系統（managing system）：分別控制兩輪輪式移動平臺的移動、機器人操作臂的操作以及圖像處理系統的正常運行。

② 離線機器人生產系統概念的實現方法論。H. Z. Yang、K. Yamafuji、K. Arita 和 N. Ohra 等人透過對當時先進製造技術及其應用結果進行了調查研究，並在他們發表的 1999 年的文章中還論述了實現離線機器人概念的方法論，主要觀點如下。

a. 為設計和驗證機器人系統，他們直接利用行為模擬系統作為模擬測試平臺進行人-機器人通訊，以保證現實物理世界中的機器人系統的安全性與穩定性。

　　b. 透過離線機器人與其他生產設備之間的局域無線通訊，透過 Internet 權限使用全局製造知識，將權力下放給機器人系統。在該機器人系統中，各臺離線機器人只負責指定的區域範圍內的離線作業。當一臺離線機器人要求合作作業，它將發送一個資訊給其他離線機器人，從應標的離線機器人中選擇一臺勝出者並等待這臺機器人的到來。若一臺機器人放棄執行一個作業或失敗，它將透過人-機器人介面報告給控制室的人類工作人員。如此，一臺離線機器人對其他離線機器人影響較小，如此，整個系統安全性與穩定性得以大大加強。

　　c. 使用基於個人電腦（personal computer，PC）的控制結構（PC-based control architecture）。這種控制結構具有根據實際生產條件的可擴展性，可使一個不同智慧體共享公共平臺資源，並且具有標準化的介面。例如，NC 機床、機器人、自動化的專用設備、自動化維修設備、零部件給料機、換接器等，都可由 PC 機控制。它們可以透過使用標準通訊協議（standard communication protocol）的 Internet 來相互通訊。

　　d. 開發一些諸如故障診斷（fault diagnosis）和恢復（recovery）、Internet 網路通訊關鍵技術。

　　e. 將機器人系統實際應用到工廠。H. Z. Yang、K. Yamafuji、K. Arita 和 N. Ohra 等人於 1997 年 4 月開啓了工廠與大學的合作項目，並且規劃出了其後五年實現上述離線機器人、離線機器人生產系統等概念。

　　(6) 離線機器人與在線機器人合作下輔助無人生產系統的機器人系統開發（2000 年，日本電氣通訊大學，H. -Z. Yang，K. Yamafuji and K. Tanaka）[50]

　　為支持無人化生產系統能夠 24h 正常生產，H. Z. Yang、K. Yamafuji、K. Arita 和 N. Ohra 等人提出了離線機器人概念，並將離線機器人引入機械自動化生產系統中。2000 年他們對離線機器人作業進行了理論分析（operational analysis of off-line robots），並提出了單元裝配站點（cellular assembly shop）的概念。

　　① 單元裝配站點（cellular assembly shop）。工人們所做的工作，諸如故障檢修（trouble shooting）、維護（maintenance）、修理（repair）、製造用裝備的整備（back-up of manufacturing equipment），以及包括在線機器人在內，這些工作都可由離線機器人來替代完成。作為由離線機器人來支撐的單元裝配站點的示例之一，如圖 7-24 所示。這個裝配站點由多個裝配單元（assembly cells）組成；每個裝配單元主要由一臺離線機器人、零部件固定裝卡系統（parts-feeding system）組成。離線機器人用來專門協助所屬裝配站點的輔助作業或服務作業，主要包括零部件的固定、自裝配工件運送以及故障維修。此外，還有諸如自動導引車（AGV）等其他類型的離線機器人可以透過自主導航（navigate autonomously）在整個工廠範圍內服務於無人化的自動生產系統。

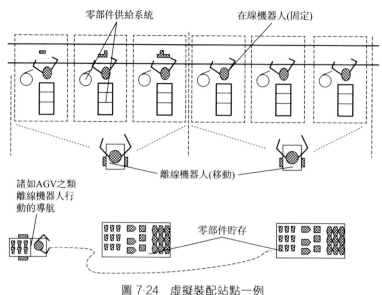

圖 7-24　虛擬裝配站點一例

② 離線機器人作業的理論分析。H. Z. Yang、K. Yamafuji、K. Arita 和 N. Ohra 等人還對一臺離線機器人所能應對的裝配單元數目的最佳化問題以及離線機器人服務順序等進行了理論分析，作為提高作業效率的理論基礎[50]。

（7）離線機器人與在線機器人合作的無人化生產系統中機器人系統的研發、自主導航和工件故障檢測技術[51]

從 1999 年提出離線機器人概念到離線機器人輔助無人化生產系統方法論、作業最佳化以及服務順序等理論分析為面向工廠無人化生產的離線機器人系統技術研發提供了理論基礎。2000 年，H. Z. Yang、K. Yamafuji、K. Arita 和 N. Ohra 等人設計、研發了這樣的無人化生產機器人系統技術。

① 以服務機器人 IS-robot 技術為基礎研發離線機器人

a. 離線機器人的性能要求

·解決故障恢復並輔助作業，在生產環境中代替人工作實現無人化生產目標；

·彌補工件固定系統（parts feeding system）中那些些小但卻可能引起致命性錯誤；

·理解並按照人發出的作業指令，完成作業級（task-level plan）規劃並自主執行；

·利用多感測器融合系統（sensor fusion system）進行故障診斷（diagnose faults）並且保障快速恢復；

• 視覺系統處理，透過視覺系統即時識別環境和生產條件。

b. 離線機器人的設計要求

• 人型臂的雙操作臂；

• 與操作臂一起可協調控制的主驅動輪驅動輪式移動平臺；

• 末端操作器應具有像人類操作那樣靈巧和技巧性的操作能力；

• 利用包括立體視覺（stereovision）、超音感測器（ultrasonic sensors）、雷射感測器（laser sensors）、紅外線感測器（infrared sensors）、觸覺感測器（tactile sensors）和力感測器（force sensors）等多感測系統（multi-sensing system）來識別、診斷對象物、完成作業任務；

• 基於提取和測量得到的環境特徵進行自定位（self-positioning）。

• 以自適應和自學習能力支撐不同種類的在線機器人和裝備。

• 局域網和無線通訊。

c. 1992～1997 年與 7 家日本公司合作研發的、面向辦公樓服務的智慧移動機器人 IS-robot。如圖 7-25 所示，IS-robot 可以在辦公樓裡自主導航移動，可以回避障礙、開關房門、進入房間、按電梯按鈕、利用電梯上下樓，還可以作來訪者向導、投遞郵件或文件，可充當服務人員，打掃、清理樓層、搬運垃圾、夜間巡邏、樓宇監控等。IS-robot 機器人技術及其改善提高是研發離線機器人的重要技術基礎。

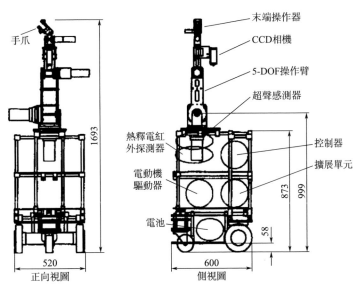

圖 7-25　單操作臂-雙輪驅動三輪移動的 IS-robot 服務機器人 [51]

② 研發的離線機器人 OFF-robot 硬體系統

a. OFF-robot。如圖 7-26 所示，OFF-robot 有雙臂。圖 7-27（左圖）給出了 6-DOF 操作臂人型雙臂的連桿機構組成。雙臂的末端分別設置手爪（pincette hand）、動力夾指手（powered gripper）。

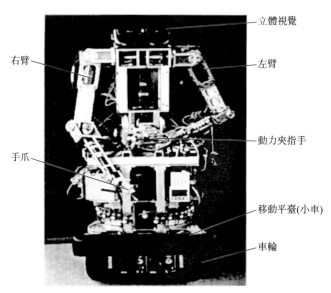

圖 7-26　人型雙臂-雙輪驅動三輪移動離線機器人[51]

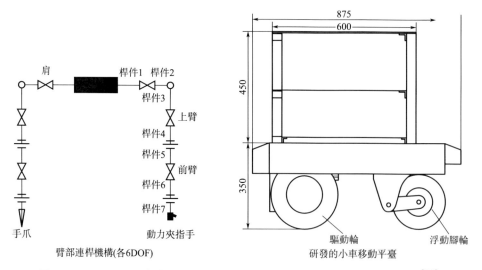

圖 7-27　OFF-robot 離線機器人的人型雙臂-雙輪驅動三輪移動機構示意圖[51]

b. 移動平臺（mobile platform）。如圖 7-27（右圖）所示，移動平臺由兩個主動驅動的車輪（drive wheels）和一個浮動輪即腳輪（castor）與平臺組成。

c. 感知系統（sensing system）。由 11 個設置在移動平臺前面用來測量距離障礙物距離的超音測距感測器（ultrasonic sensors）、設置在 OFF-robot 機器人上的陀螺儀（gyro-sensor）、雷射感測器、紅外感測器、觸覺感測器、力感測器等組成多感測器感知系統。

d. 通訊系統（communication system）。用於在 OFF-robot 和生產線之間進行通訊的要求如下。

• 無線通訊（wireless communication）；
• 單點對多點（single to multi）或多點對多點（multi to multi）通訊；
• 抗噪音（nosie resistance）；
• 可靠的誤差補償（reliable error compensation）；
• 一個生產設備使用時電磁波（electromagnetic waves）產生的電磁輻射對於其周邊的外圍設備（peripheral devices）的影響要盡可能小；
• 乙太網兼容性要求（ethernet compatibility）；
• 市場上的可用性（availabity at market）等。

e. 控制器（controller）。OFF-robot 的控制系統結構如圖 7-28 所示，FA 電

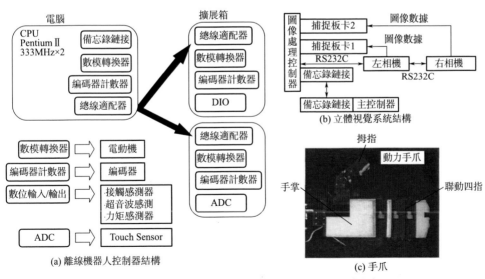

圖 7-28　OFF-robot 離線機器人的控制系統結構（左）、
立體視覺系統結構（右上）及手爪（右下）[51]

腦的 OS（operation system，操作系統）採用 Linux 2.0.35＋RT-Linux 0.9，主暫存記憶體 256MB。

f. 雙目立體視覺（stereovision）。搭載 SONY DVI-D30 雙目 CCD 相機在機器人的頂部，使得機器人能夠識別三維目標物體，其結構如圖 7-28（右上）圖所示。

g. 末端操作器（end-effectors）。OFF-robot 離線機器人上安裝研發的有兩類末端操作器：power gripper（動力夾指）；Pincette-type hand（Pincette 型夾指手）。

• power gripper：為了在製造環境下抓握大到 10kgf 的材料或對象物，power gripper 被設計成像人手一樣的拇指和四指並聯組合成一個寬大的手指，如圖 7-28(c) 所示。拇指有四個關節，可以從外轉向手掌，另外那個四合一的寬大手指則有三個關節。這些關節都是由正齒輪（spur gear）來實現傳動的，在各手指的根部設有電位計（potentiometers）。五個觸覺感測器的分布位置是：每個手指各兩個，手掌上一個。

• pincette-type hand：被設計成在狹小空間內抓握小對象物和完成精細作業的夾指形式。其抓持力和抓持重物的質量、夾指展開寬度最大分別為 300gf、40g、100mm，其機構如圖 7-29 所示。

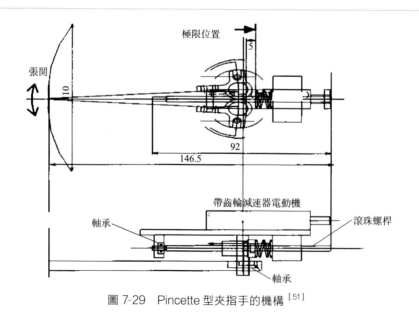

圖 7-29　Pincette 型夾指手的機構[51]

以上各組成部分的相關參數如表 7-3～表 7-7 所示。

表 7-3　OFF-robot 人型雙臂連桿機構參數表[51]

| 桿件編號 | 桿件長度/mm | 質量/kg | 關節編號 | 回轉範圍 |
|---|---|---|---|---|
| 1 | 152 | — | 1 | $-90°\sim90°$ |
| 2 | 125 | 5.5 | 2 | $-90°\sim90°$ |
| 3 | 195 | 4.1 | 3 | $-90°\sim90°$ |
| 4 | 256 | 1.8 | 4 | $0°\sim140°$ |
| 5 | 244 | 1.4 | 5 | $-90°\sim90°$ |
| 6 | 185 | 1.0 | 6 | $-90°\sim90°$ |
| 7 | 235 | 0.85 | | |

表 7-4　OFF-robot 輪式移動平臺的技術參數[51]

| 類別 | | PWS(power wheeled steering) |
|---|---|---|
| 驅動器 | 名稱 | DC 伺服電動機 |
| | 額定電壓-額定功率 | DC 75V,123W×2 |
| | 減速比 | 1:50 |
| 位置檢測感測器<br>（電動機軸回轉位置檢測） | 名稱 | 光電編碼器 |
| | 解析度 | 1000 pulse/rev |
| 驅動輪 | | 空氣輪胎 Φ285mm×82mm |
| 被動輪 | | 帶有緩衝彈簧的空氣輪胎腳輪<br>最大寬度 175mm×總高 345mm |
| 總體尺寸 | 總長×總寬×總高 | 875mm×735mm×800mm |
| 質量 | 鋁合金框架和驅動部 | 71kg |
| | 感測器和控制器 | 37kg |
| | 其他 | 3kg（當搭載電池時＋26kg） |

表 7-5　超音波感測器性能指標[51]

| 傳送器 | 類型 | 發射和接收 |
|---|---|---|
| | 傳送頻率 | 40kHz |
| 訊號、編碼 | 電源 | 9V 電源線和地線 |
| | 訊號 | 發送和接收 |
| 傳送空間範圍 | | 以發射點為中心 30mm 範圍之內 |
| 感測器大小 | 長×寬×高/mm | 50×65×35 |
| 方位 | | Approx. 22° |
| 測量範圍 | | $200\sim2000$mm |
| 精度 | | 滿量程 $FS$ 的 $\pm2.5\%$（$FS=2000$mm） |

續表

| 輸出解析度 | 測距脈衝（1pluse＝1cm） | | |
|---|---|---|---|

PIO 板卡

| 端口（port） | 輸入（I）/輸出（O） | Bit | 訊號類型 |
|---|---|---|---|
| A | Input | 0～7 | 計數器（0～7 位） |
| B | Input | 0～1 | 計數器（8～9 位） |
| | | 2～7 | 未使用 |
| C | Output | 0～3 | 感測器選擇（16） |
| | | 4 | timing pluse 定時/計時脈衝 |
| | | 5 | latch |
| | | 6 | counter reset（計數器復位） |
| | | 7 | 未使用 |

表 7-6　陀螺儀（gyro-sensor）感測器性能參數[51]

| 類別 | | 3-Axis 振動式速度陀螺儀感測器 |
|---|---|---|
| 可檢測的角速度 | Roll | 小於±300°/s |
| | Pitch | 小於±300°/s |
| | Yaw | 小於±300°/s |
| 可檢測的姿態角 | Roll | ±60° |
| | Pitch | ±60° |
| | Yaw | ±60° |
| 輸出 | 數位輸出 | RS-232C 輸出 |
| | 通訊速度 | 9600bits/s |
| | 通訊格式 | 數據：8 位,校驗位：無,停止位：2 位 |
| 電源 | ＋5V DC | ±5％,1.1A |
| | ±12V DC | 12～15V,0.5A |
| 功率 | 12W | |
| 尺寸/mm | 感測器本體尺寸 | 135×135×85 |
| | 訊號處理器尺寸 | 63×35×40 |

表 7-7　無線部件性能參數[51]

| 性能 | 參數 |
|---|---|
| 頻率 | 2484MHz 小功率範圍 |
| 速度類型 | 直接順序 |

續表

| 性能 | 參數 |
| --- | --- |
| 發射功率 | 小於 0.01W/MHz |
| 頻寬 | 小於 26MHz |
| 模塊類型 | DBPSK |
| 天線 | Sleeve 天線 |
| 重試時間 | 1~9999 |
| 包單元(分組單元) | 分隔符(定界符)代碼-時間超時-OR 數據包長度條件 |

H. Z. Yang、K. Yamafuji、K. Arita 和 N. Ohra 等人還構築了一個簡易的虛擬工廠模型用來驗證 oFF-line 離線機器人的概念以及與 on-line robot 合作用於無人化成產系統的可行性。

## 7.2.5 搭載操作臂的履帶式移動機器人系統設計實例

(1) 操作臂可輔助爬行的履帶式自主移動操作機器人 Alacrane(阿萊科萊娜)(2014 年,Spain,Universidad de Ma'laga,Javier Serón 等人)

① 機構組成與驅動。Javier Serón 等人設計研製的移動機器人的履帶移動部分為常見的兩履帶式移動機構,履帶輪直徑為 0.210m,一個慣性測量單元用來高頻讀入機器人相對於水平面的滾動(rolling)角度和俯仰(pitch)角度。兩個帶有用於航位推算(dead-rockoning)編碼器的獨立液壓馬達用來控制、牽引履帶式移動機構行進和轉向。在兩履帶式移動機構平臺上搭載著由 5 個帶有角度測量用絕對編碼器的液壓缸驅動來實現操作臂的 4-DOF 運動,其末端操作器為開合手爪式抓鬥(grapple)。

② 感測系統。透過一個設置在連接操作臂基座關節液壓缸上的壓力感測器來獲得力回饋。當操作臂末端的抓鬥壓向地面時,壓力感測器測得壓力會減小,直接測量此液壓缸的衝擊力比測量關節角會更有效。

Alacrane[52] 上透過加裝一個自由度到一臺 Hokuyo UTM-30LX 2-D 測距儀(rangefinder)上,使該機器人擁有了一套 3-D 雷射掃描儀(3-D laser scanner)系統。這套雷射掃描系統視野範圍為 270°×135°;水平方向掃描解析度(horizontal resolution)為 0.25°,垂直方向掃描解析度(vertical resolution)為 0.067°~4.24°可調整。其上的測距儀沿著機器人前向行進方向可以掃描從地面到距離地面 1.48m 的高度範圍。

③ 控制系統。液壓系統底層控制採用工控用 PXI PC(2.26GHz Intel Core 2 Quad Q9100,配有 Lab VIEW Real-Time 軟體系統),它配有數位、模擬連接器介面,以供透過 CANopen 總線連接各關節絕對編碼器獲得控制狀態量。由此

PC 電腦控制該履帶式移動操作機器人上掃描儀的數據處理和機器人的自主爬行運動。控制系統框圖如圖 7-30(a) 所示。圖 7-30(b) 為自主算法中的狀態搜索和轉態遷移流程框圖。

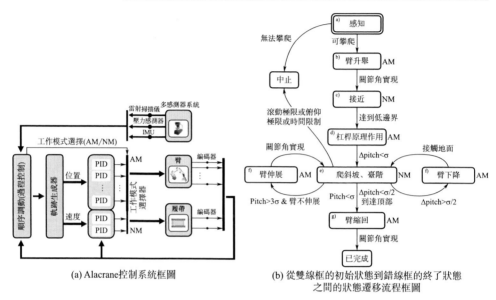

(a) Alacrane控制系統框圖

(b) 從雙線框的初始狀態到錯線框的終了狀態
之間的狀態遷移流程框圖

圖 7-30　帶有操作臂的履帶式移動機器人 Alacrane 控制系統框圖[52]

④ 機器人實物與爬坡、爬臺階實驗。Alacrane 機器人的實物及其自主爬臺階、爬斜坡實驗照片如圖 7-31、圖 7-32 所示。

圖 7-31　帶有操作臂的履帶式移動機器人 Alacrane 爬臺階實驗場景[52]

實驗結果表明：Alacrane 機器人許用的最大俯仰、滾動角度分別為 45°、±20°。當超過這個範圍很有可能發生圖 7-32(c) 所示的突然傾倒。

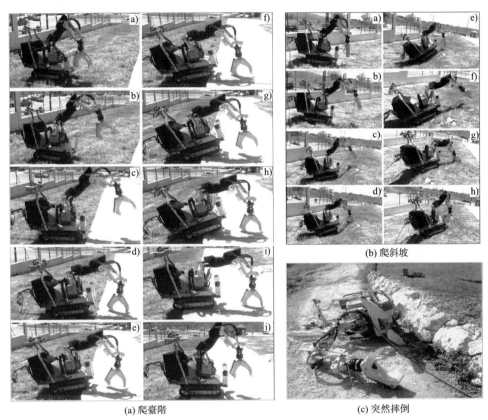

(a) 爬臺階

(b) 爬斜坡

(c) 突然摔倒

圖 7-32　帶有操作臂的履帶式移動機器人 Alacrane 爬斜坡實驗場景[52]

（2）帶有雙臂的履帶式移動操作機器人 [2014，日本，東北工業大學 (Tohoku Institute of Technology)，Toyomi Fujita，Yuichi Tsuchiya]

日本東北工業大學的 Toyomi Fujita（藤田富美）和 Yuichi Tsuchiya（土屋由一）於 2014 年研製了雙履帶並排的履帶式移動機構外側前端角點處左右各帶有單個操作臂的雙臂雙履帶式移動操作機器人[53]，如圖 7-33 所示。該機器人系統由操作臂 1（arm1）和操作臂 2（arm2）、雙履帶式移動機構（tracks）、主控電腦（host PC）、圖像處理系統板卡（image processing board）RENESAS SVP-330 和 CCD 相機（CCD camera）Sony EVI-D70 等硬體組成。該機器人總體尺寸為 590mm×300mm×450mm，總質量 30kg，雙履帶各有一臺 150W 的 Maxon RE40 直流伺服電動機驅動，雙臂單臂為 4-DOF，雙臂驅動總共採用 9 個

KONDO KRS-4034HV 驅動器。該移動操作機器人系統可以用雙臂操作移去行進路上的障礙物、石頭，也可以雙臂手持物體運送行進，最大移動速度為0.47m/s。

① 雙履帶式移動機構。如圖7-33所示，其履帶式移動機構是由直流伺服電動機、同步齒形帶傳動、套筒滾子鏈傳動來驅動履帶式移動機構行走的，左右兩條緊挨著並排布置的履帶各由兩條套筒滾子鏈傳動和鏈條外用螺釘整周連接70塊橡膠條（rubber block）作為履帶板的結構形式組成。兩個DC伺服電動機分別位於移動機構的前部、後部。

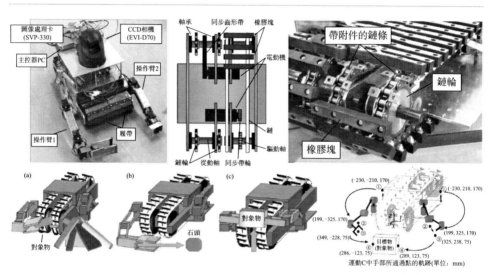

圖7-33 日本東北工業大學研製的雙臂雙履帶式移動操作機器人[53]

② 機器人操作臂機構。操作臂單臂有1個Yaw、2個Pitch、1個Roll自由度總共4個自由度。操作臂Arm1的末端有1自由度手爪作為末端操作器，可以操作物體。Arm1伸展開的總長為531mm。操作臂Arm2機構與Arm1完全相同，總長為446mm。

③ 視覺系統。由SONY EVI-D70型Pan-tilt-zoom CCD相機、視覺伺服（video server）系統AVIOSYS IPVideo RK9100、一塊圖像處理板卡（RENESAS SVP-330）組成。相機為380000 pixed（38萬畫素），且帶有pan-tilt回轉機構。PC電腦透過VISCA Protocol（VISCA協議）可以控制視覺系統中相機方向和角度，視覺系統服務器透過TCP/IP將來自相機的圖像傳送給主控電腦（host PC），用來觀察機器人操作臂操作並遙控機器人，圖像處理板卡也用於目標物的檢測與識別。

④ 控制系統。如圖7-34所示，由履帶式移動機構控制、操作臂控制和

相機控制三個控制單元組成。透過介面系統，操作者可以透過遠端遙控 PC 機來作為主控電腦控制該機器人，操作者可以發送指令給機器人，也可以透過搭載在機器人上的視覺系統（相機）回傳給主控電腦的圖像來觀看機器人及其作業情況。在機器人上嵌入有兩個微型電腦主板 Atmark Techno Armadillo-460 和 Renesas RX621。這兩塊主板透過 TCP/IP 協議接收來自遠端主控電腦的指令，並透過串行通訊將控制履帶式移動機構、操作臂的指令傳送給 RX621，透過 VISCA RS-232 電纜發送 Pan-tilt-zoom 控制訊號給相機。RX621 根據來自主板的指令對履帶式移動機構生成運動規劃並執行 PWM 控制。臂的運動控制則是對一些操作作業預先設定好的多個運動控制。RX621 根據各項作業運動在每一次採樣時間內發送控制脈衝給驅動各臂關節的伺服電動機。利用 AVIOSYS IPVideo RK9100 作為視覺系統服務器主板（streaming server board）透過無線 TCP/IP 通訊將視覺系統捕捉到的圖像傳送給遠端 PC 機。操作人員可以透過遠端 PC 機來查看來自機器人的視覺圖像，並且透過介面系統可以執行機器人的遙控操作（tele-operation）。操作對象物目標的檢測也是透過 RENESAS SVP-330 系統顯示在遠端 PC 上以幫助操作人員發現一個對象物目標。

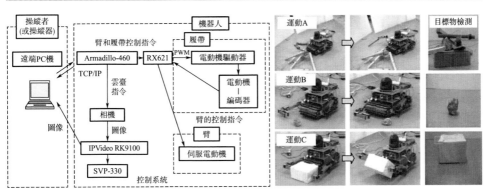

圖 7-34　日本東北工業大學研製的雙臂雙履帶式移動操作機器人
控制系統（左）及控制實驗（右）[53]

⑤ 實驗。包括 A、B、C 三個作業運動試驗。

運動 A 實驗是從料堆中抓住末端拿起一根 290mm 長的橡膠管的實驗；運動 B 實驗是從地板上拾起一個 90mm 大小的石頭；運動 C 實驗是雙臂拿起一個放在地板上尺寸為 265mm×205mm×150mm 的盒子。圖 7-34 中右上、右中、右下的照片分別為視覺系統檢測到的橡膠管、石頭、箱子等目標對象物的圖像。

（3）搭載單操作臂的雙履帶式混合移動操作機器人（2007，加拿大，機器人學與自動化實驗室-振動與計算動力學實驗室，Pinhas Ben-Tzvi，Andrew A. Goldenberg，and Jean W. Zu）

① 問題的提出：受 2001 年 9 月移動機器人被用於 WTC（world trade center，世界貿易中心）善後的城市搜救（urban search and rescue，USAR）活動的深刻影響，移動機器人主要用於災害搜救、透過殘垣瓦礫的路徑搜索，以更快速地進行挖掘、結構檢測、危險品材料檢驗等作業。在這種情況下，小型移動機器人更有使用價值。因為小型移動機器人比起通常的搜救設備可以進入更深、更狹小的空間之內，或者進入有崩塌危險的建築結構。用於搜救的移動機器人存在的主要問題有：在殘磚瓦礫堆積的環境下機器人容易翻倒或瓦礫進入機器人某個部位而導致其不能正常工作甚至無法繼續移動；一些移動救援機器人僅有移動功能而沒有操作能力。為此，加拿大多倫多大學機械與工業工程系的 Pinhas Ben-Tzvi，Andrew A. Goldenberg，以及 Jean W. Zu 等人總結歸納了表 7-8 所列的研究問題和解決方案，並且進一步提出、設計了一種由三桿三自由度操作臂和雙履帶式移動機構的混合多移動方式的移動操作機器人[54]。

表 7-8　加拿大 Pinhas Ben-Tzvi 等人 2007 年歸納總結的移動
機器人研究問題及提出的解決方案[54]

| lssue/議題 | 研究問題 | 提出的解決方法 |
|---|---|---|
| 操作臂與移動平臺為各自獨立模塊 | 各類模塊的模塊化設計將增加系統設計複雜性和品質、成本 | 操作臂和移動平臺作為統一的整體來設計 |
| 操作臂安裝在移動平臺上部 | 臂容易損壞的問題 | 臂與平臺作為一個整體均衡設計消除突出在外的部分 |
| 不搭載操作臂的移動平臺有更好的移動能力 | 功能有限不能提供充足的操作能力 | 臂作為平臺的部件可使其與周圍的部件更為緊密 |
| 發生翻轉：可逆性與自修復性 | 無特殊目的實際意義下的自修復功能的提供問題 | 對稱性均衡性平臺可適應翻轉並可提高移動能力 |
| 障礙回避系統設計（例如：避免墜落或與對象物發生碰撞） | 設計複雜性、可實現性（可行性）和成本增加的問題 | 有時適於讓機器翻倒、滾動、並且繼續執行其任務以致於更早地實現作業目標 |

② 移動機器人機構構型設計

a. 設計思想

• 將移動平臺與操作臂按功能分開作為附屬模塊設計，不如將兩者看成一個整體來設計，對於解決前述進入和深入狹小空間等問題可能會更有效。換句話說，可以將移動平臺用作操作臂的一部分，反之，將操作臂用作移動平臺的一部

分也一樣。這樣一來，同樣多數量的關節（電動機數）既可以全部提供給操作臂自由度，也可以全部提供給移動平臺自由度，因而，相當於增加了移動平臺（或操作臂）的自由度數，當然也就提高了移動能力（或操作能力）。

• 透過「允許」移動機器人翻倒並且連續操作來增強機器人移動能力，而不是試圖預防機器人翻倒或者試圖返回到正常狀態。當機器人處於翻倒狀態時，僅需控制指令使機器人從當前的位置和狀態繼續其作業。

如能將上述設計思想合成在一起來設計移動機器人則可以使移動機器人發揮更大的移動操作能力。Pinhas Ben-Tzvi，Andrew A. Goldenberg，以及 Jean W. Zu 等人就是基於以上兩點的綜合考慮來設計其提出的移動操作機器人的，並期望能夠解決前述的用於殘磚瓦礫環境下狹小空間、縫隙空間等環境下搜救作業問題。

為論證前述的概念，他們用圖 7-35 描述出了前述概念設計的具體實施例。假設平臺可以翻倒，則如圖 7-35(a) 所示那樣即使翻倒過來，在設計上的自然對稱型結構允許平臺仍然可以繼續從其新位置和狀態不需自身恢復便可達到目標位置。因為這種雙履帶機構中間夾著一個操作臂的結構設計形式允許其從翻倒後著地面的對側繼續使用其操作臂來進行操作。這種平臺整體上作為移動平臺時包括：將兩個履帶連桿作為基連桿 1（左右各 1 履帶桿）、連桿 2、連桿 3 和兩個輪履等構件。連桿 2 由關節 1 連接在兩個履帶基連桿之間［圖 7-35(a) ⓑ］；兩個輪履被設置在連桿 2 和連桿 3 之間，透過關節 2 連接［圖 7-35(a) ⓒ］；輪履在移動/牽引模式時可被用來作為支撐連桿 2、連桿 3 的基座；為提高移動能力，輪履可被用來作為從動輪或主動輪來使用。連桿 2 和連桿 3 透過回轉關節連接，並可設計成 360°整周回轉的關節，如此，即使翻倒狀態下也仍可使用操作臂。這種機器人結構形式可以收放操作臂，且可以根據各種應用需要來選擇其形態模式。

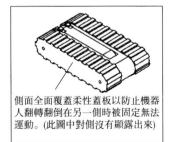

側面全面覆蓋柔性蓋板以防止機器人翻轉翻倒在另一側時被固定無法運動。(此圖中對側沒有顯露出來)

ⓐ封閉式構形

關節2
末端操作器
(圖中未給出)
關節1

ⓑ 展開式構形

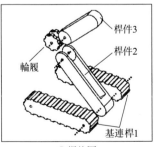

桿件3
桿件2
輪履
基連桿1

ⓒ爆炸圖

(a) 對稱性設計的自然特性使得翻倒後仍可使用操作臂

圖 7-35

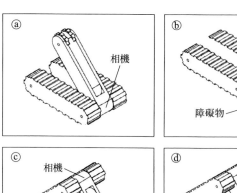

各種移動目的下的移動平臺的構形

(b) 移動平臺的不同移動構形

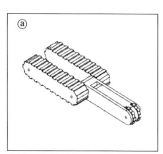
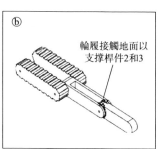
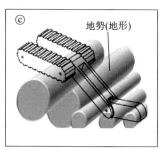

提高適應地勢能力的構形

(c) 增強牽引力的構形

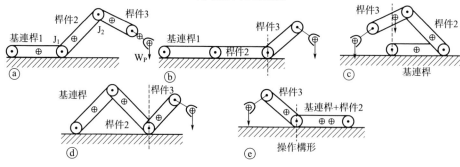

(d) 整體作為操作臂的操作構形

圖 7-35　加拿大多倫多大學 Pinhas Ben-Tzvi 等人提出的概念具體化設計組圖[54]

b. 操作模式（modes of operation）。各連桿可以在以下三種模式下使用。

• 所有的連桿都用於移動，以提供更大的機動性與牽引能力；

• 所有的連桿都用於操作，以冗餘自由度來獲得更大的操作能力、靈活性，執行各種作業；

• 以上移動、操作兩種單獨模式的組合模式。當一些連桿被用於移動模式時，同時也可以重置這些桿件作為操作模式來使用，因而成為一種自然的混合模式。

所有的這三種模式都可以用如圖 7-35(b)～(d) 所示的示意圖來描述。所有的電動機既可以用來驅動移動機構，也可以用來驅動操作臂操作，從而可以執行多種不同的作業。不論移動、操作，還是移動＋操作，都是由這臺機器人來完成。

c. 可操縱性（機動性，manoeuvrability）：如圖 7-35(b) 所示，使用連桿 2 來支撐平臺可以達到增強移動能力的目的，同時也可以達到爬行的目的。連桿 2 可以保證機器人不會因抬高質心而失穩，並且可以爬高越過障礙物 ［圖 7-35(b) ⓑ］，可以透過連續回轉運動幫助機器人向前推進。當以三腿構形移動時，連桿 2 可以用來支撐整個平臺 ［圖 7-35(b) ⓒ］。它可以透過連桿 2 和連桿 1 之間保持一個固定的角度，以履帶式移動方式實現平臺向前推進移動。圖 7-35(b) 中的構形ⓐ和構形ⓒ給出了可以設置視覺系統相機的兩個不同部位，該圖中的構形ⓓ則給出了連桿 2 被用於以三腿構形支撐平臺的情況下，仍可利用連桿 3 來爬越障礙物的移動方式。

d. 牽引（traction）。為增強牽引能力，連桿 2 和連桿 3（假設連桿 3 有必要的話）還可以降落地面，如圖 7-35(c) ⓐ、ⓑ所示。同時，還可以圖 7-35(c) ⓒ所示的關節式移動平臺自然構形來適應不同的地面形貌和條件，並且以連桿式移動機器人的移動方式行進。

e. 操作（manipulation）。圖 7-35(d) 給出了作為操作平臺的不同構形。當一些連桿被用作移動平臺，而其餘的連桿被臨時用作操作時，在操作能力方面，構形ⓓ類似於構形ⓑ；而且，因為構形ⓑ與地面之間的接觸面積最大，因而構形ⓑ是增強牽引力的最佳構形。而構形ⓓ被用來增強操控性也即機動性，因為構形ⓓ與地面之間的接觸面積最小。

③ 機械結構設計（mechanical design architecture）。按前述設計思想和機構構型，Pinhas Ben-Tzvi 等人設計的移動機器人機械結構如圖 7-36 所示。

a. 電動機的數量及布置。他們設計的該機器人總質量 65kg，長寬高總體尺寸分別為長 814mm（臂收攏）、2034mm（臂伸展開），寬 626mm（含側面柔性蓋板），高 179mm。除末端操作器之外，此設計的機器人一共由四臺電動機來驅動，其中，履帶式移動機構共有兩臺電動機，左右履帶各一，分別位於履帶的前端和尾部，用來驅動履帶式移動機構的行進和轉向；右側履帶基連桿的前部有電動機驅動連桿 2；左側履帶基連桿的前端有電動機驅動連桿 3，如圖 7-36(a)、 （c）所示，並且所有的電動機都被安裝在履帶基連桿構件之內，這樣設計的目的是盡可能使機器人結構的質心距離地面最近。

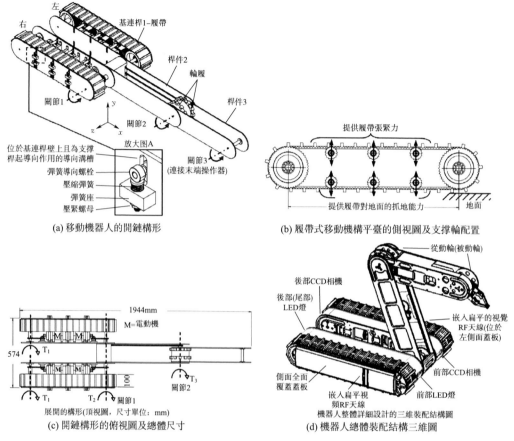

(a) 移動機器人的開鏈構形

(b) 履帶式移動機構平臺的側視圖及支撐輪配置

(c) 開鏈構形的俯視圖及總體尺寸

(d) 機器人總體裝配結構三維圖

圖 7-36　加拿大多倫多大學 Pinhas Ben-Tzvi 等人提出的概念機械結構設計組圖[54]

　　b. 基連桿 1-履帶式移動機構。左右履帶式移動機構設計成左右對稱式結構。兩個縱向並排並透過前端關節軸線連接在一起的履帶之間夾著一個機器人操作臂。履帶支撐框架上側向布置著三組支撐輪，每組支撐輪上垂向設置著上下兩個履帶支撐輪，支撐輪安裝在被固連在履帶式移動機構總體支撐框架上，支撐輪與支撐輪座之間有圓柱螺旋彈簧，支撐輪可以沿著支撐框架上加工出的垂向滑槽導軌移動一定距離，如此設計是為了使履帶支撐輪支撐的履帶可以同支撐輪一起沿滑槽產生一定的位移，以適應不同地貌地面形狀，這樣履帶會與地面產生更大的接觸面積，減小履帶的單位壓力，同時提高行進的牽引力。值得注意的是：如圖 7-36(b) 所示，對於支撐履帶上部的三個支撐輪而言，支撐輪下的彈簧產生

的支撐力是為了使履帶保持一定的張緊力；對於支撐履帶下部的三個支撐輪而言，支撐輪下的彈簧產生的位移是為了保證與地面接觸的履帶能夠更好地適應地面的形貌以獲得更大的與地面的接觸面積，從而提高抓地能力和牽引力。抓地能力越強，則履帶與地面間接觸產生的滑移就越小，履帶式移動機構行進就越穩定。另外，在設計上，如電池、控制器、電動機、驅動器、齒輪頭等機械部件與電氣設備硬體都被安置在左、右履帶基連桿構件之內。操作臂末端手爪等其他電動機和電氣系統硬體都被安置在連桿 3 中。

　　c. 履帶式移動機構內置的張緊與懸架機構（built-in track tension and suspension mechanism）。如圖 7-36(a) 中的「放大圖 A」和圖 7-36(b) 所示。履帶式移動機構支撐框架（即履帶基連桿 1）的中心部位固連著 2×3 個履帶支撐輪機構單元陣列，每個履帶支撐輪機構單元都由彈簧座、導桿、套在導桿上的圓柱螺旋彈簧、履帶支撐輪以及連接在履帶支撐輪軸上的滑塊和履帶式移動機構支撐框架上開的滑道（滑槽）結構組成。上部的三個履帶支撐輪分別沿著各自的滑槽滑移柔順調節上部履帶的張力；下部的三個履帶支撐輪分別沿著各自滑槽滑移調節下部履帶與地面接觸時對地面形狀的適應程度。另外，由於彈簧有減緩振動和衝擊力的作用，因此，這種內置張緊與懸架機構使得履帶式移動機構也具有減緩衝擊和減輕振動的作用。

　　d. 移動機器人三維總體結構設計。如圖 7-36(d) 所示，左右履帶前端、後端分別設有 CCD 相機、LED 燈；左右履帶側面分別設有柔韌性弧形側蓋（pliable Rounded Side Covers）、側蓋內嵌入式扁平數據 RF 天線（embeded flat data RF antenna）、嵌入式扁平視覺 RF 天線［embeded flat video RF antenna（on left side cover），僅左側蓋板］；此外，機器人操作臂的關節 2、關節 3 的軸線上各設有一個被動輪（passive wheels）。用來將操作臂連桿 2、連桿 3 末端著地時將連桿 2、連桿 3 置成輪-腿式移動方式。

　　e. 應用 ADAMS 工具軟體對所設計的單操作臂雙履帶混合式移動機器人進行模擬。包括爬臺階、爬越圓柱面障礙、爬上斜坡稜邊後從斜坡側面翻落後即刻為正常工作狀態等，如圖 7-37 所示。

　　④ 電腦硬體系統結構與控制（control/computer hardware architecture）

　　a. 車載節段間射頻通訊方案設計（on-board inter-segmental RF communication layout）。如前所述的單操作臂雙履帶式混合移動機器人是分節段式結構，由兩個基連桿、連桿 2 和連桿 3 等 4 個節段組成的。組成機器人的各節段沒有採用有線連接進行數據通訊。電氣系統硬體位於機器人的三節段上，即作為兩個基連桿的履帶移動機構和桿件 3 上。末端操作器（手爪機構）的電氣系統硬體位於連桿 3 上，並且與基連桿之間沒有藉助於任何有線連接。各階段涵蓋了各自的電源（可充電電池）和各節段間進行無線通訊的 RF（射頻）模塊。各個節段的控

制系統硬體結構如圖 7-38、圖 7-39 所示。當各個其他節段內含有用於通訊的節段內車載 RF 模塊時，如圖 7-38(a) 所示，右側基連桿履帶式移動機構內設有中央 RF 模塊（central RF module）用於與 OCU（operator control unit，操控單元）間的通訊。這樣一來，各個節段內有獨立的電源供電，而不需考慮各個關節回轉時在回轉節段之間採用物理實體的導線連線和滑環的問題。如此，連桿 2 和連桿 3 以及手爪機構的各個關節可以保證連續、任意地整周回轉，而不需使用滑環和其他機械意義上的連接件，從而在運動範圍內使得各連桿可以沒有任何限製地運動，也不必擔心在桿件回轉時導線的纏繞，以及在狹小、縫隙等搜救作業空間下，移動機器人導線被壓斷或破損引起故障等實際問題。避開三節段之間直接有線通訊的無線設計以及 OCU 可以幫助解決如下問題。

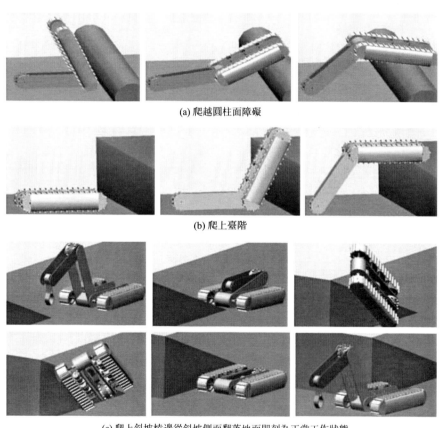

(a) 爬越圓柱面障礙

(b) 爬上臺階

(c) 爬上斜坡棱邊從斜坡側面翻落地面即刻為正常工作狀態

圖 7-37　加拿大多倫多大學 Pinhas Ben-Tzvi 等人設計的帶有單操作臂的
雙履帶式混合移動機器人的 ADAMS 模擬組圖[54]

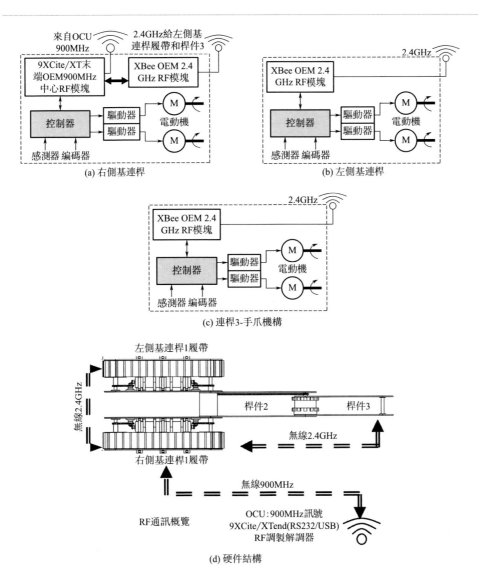

(a) 右側基連桿

(b) 左側基連桿

(c) 連桿3-手爪機構

(d) 硬件結構

圖 7-38　加拿大多倫多大學 Pinhas Ben-Tzvi 等人設計的帶有單操作臂的
雙履帶式混合移動機器人的控制系統硬體組圖 [54]

• 機器人側面柔性蓋板內側採用扁平天線可以解決機器人各個節段需要有一個獨立垂向伸出到外面的天線不可靠的問題。從允許機器人翻落這一點而言，顯然暴露在外面的天線在機器人翻落到地面時可能會損壞或者不能正常接收或發送訊號。這種扁平的柔性天線實物如圖 7-39(b) 所示。這種專用的天線被設計在機器人側面並且嵌入機器人側面的柔性蓋板之內，用於 RF 影片通訊和 RF 數據

通訊，其在機器人上的設置部位如圖 7-36(d) 所示。

圖 7-39　加拿大多倫多大學 Pinhas Ben-Tzvi 等人設計的
帶有單操作臂雙履帶式混合移動機器人 RF 通訊方案和所用通訊模塊[54]

• 假如各基連桿直接接收到來自 OCU（操控單元）的數據訊號，由於發送器和接收器之間的物理障礙（牆、樹、建築物等）可能會導致數據丟失，結果可能使得與由各基連桿得到的數據不一致，進而導致兩個履帶式移動機構之間運動不協調、不同步。從另一方面來看，即便是所有的數據與機器人在某一位置條件下所有各節段接收到的數據都是一致的，然後傳送和分配給其他節段（該節段與其他沒有外部物理障礙的節段是分開的且保持一定距離），則由各個基連桿履帶機構接收來的數據將會與在 OCU 和機器人之間有任何數據丟失的數據幾乎完全相同。

由於機器人的節段/連桿之間距離短且相對固定，所以，上述問題可以透過在左右基連桿 1 履帶機構和連桿 3 之間使用一個低功率車載 RF 通訊（low-power on-board RF communication）的辦法來加以解決。

b. 混合式移動機器人上的 RF 硬體（RF hardware for the hybrid robot）。如圖 7-38(d) 所示，OCU（操控單元）包括 MaxStream、9XCite 或 9XTend 900MHz 的 RF 模塊。由 OCU 上一個單獨的 RF 調製解調器（stand alone RF modem）發送數據，由位於右側履帶機構基連桿上的一個如圖 7-38(a) 所示的 9XCite 或者 9XTend OEM RF 模塊（取決於所要求的範圍）來接收發送來的數據。當同時發送數據給其他節段（左側基連桿履帶機構和連桿 3）的一個以電纜線連接的 MaxStream XBee OEM 2.4GHz RF 模塊時，9XCite 模塊與控制器通訊，控制右側基連桿履帶機構上的電動機伺服驅動器、電動機以及感測器等電氣電子設備。這些數據以無線方式傳送給另外兩個 XBee OEM 2.4 GHz RF 模塊，其中一個位於左側基連桿履帶機構上，而另一個位於連桿 3，如圖 7-38(b)、(c) 所示。

XBee OEM RF 模塊的主要優點如下。

• 可以有效利用圖 7-39(a) 所示的 PCB 芯片天線（PCB chip antenna），可替代在各個連桿上設置外伸豎立的天線，外伸豎立天線對於允許翻倒在地面的機器人來說不安全，容易使天線無法正常工作甚至損壞天線；

• 操作頻率為 2.4GHz，即操作頻率不同於早期 Xtend/9Xcite RF 模塊；

• 250kbps 的快速 RF 數據速率；

• 25mm×30mm 小型化，對於結構空間受限的機器人緊湊性設計而言，可以有效節省板卡空間。芯片天線可以適用於任何其他應用場合，但特別適合嵌入式用途。因為無線電波透過塑膠殼體或外罩時沒有任何發熱散熱問題，所以天線可以完全放在封閉的部位以起到保護天線的作用又不影響使用。在 Pinhas Ben-Tzvi 等人設計的這款單臂雙履帶混合式移動機器人系統設計中，便是將天線放在了左右履帶側面蓋板封閉的履帶式移動機構裡。利用一個室內無線連接的芯片天線的 XBee RF 模塊覆蓋範圍方圓可達 24m。而在混合移動機器人系統設計上，基連桿履帶機構與連桿 3 之間的距離小於 0.5m。

小結：Pinhas Ben-Tzvi 等人提出的用於混合移動機器人上的車載分節段間射頻無線通訊設計方案從概念上避開了有線連接時為了保證線纜不影響關節運動範圍或線纜安全性問題，以及在給定機械系統不同零部件之間滑環機械連接的問題。

⑤電氣系統硬體結構設計

a. 控制器、驅動器、感測器以及視覺感測器相機方案設計。各連桿上的微控制器選用的是「Rabbit」內核模塊。該微處理器模塊內有多路模擬量輸入，可以透過微處理器來接收來自感測器的訊號；各基連桿履帶機構上安裝的電動機各由一個 Logosol（洛索爾）驅動器驅動，該驅動器作為電動機控制器提供位置、速度控制模式，來自各電動機後軸伸上安裝的編碼器的位置、速度訊號被發送給該驅動器作為位置、速度回饋量。一個可插接微處理器的插槽被保留，用來留給將來添加的其他訊號。如圖 7-40 所示，有兩個嵌入式的相機分別被設置在左側基連桿履帶機構的前、後部，用來為 OCU 操作者提供機器人周圍的視覺資訊；一個發送器用於將視覺訊號發送給 OCU；由微處理器透過一個開關控制來決定哪個相機的圖像被發送。

b. 電源（power sources）。電源是小型機器人設計的重要製約因素。為產生包括手抓機構在內各個連桿運動所需的足夠驅動力矩，設計者採用了帶有包括保護電路模塊（protection circuit modules，PCMs）在內的可充電的鋰離子電池單元（rechargeable lithium-ion battery units），並將電池組裝在一個專用容器當中，可以安全地輸出高放電流（high current discharge）以滿足電動機輸出高轉矩需求。綜合考慮電源，選擇合適的無刷 DC 伺服電動機以及諧波齒輪減速器，

設計者根據模擬結果選擇可以產生高轉矩電動機。各左右基連桿履帶機構、手爪機構機械結構設計中為這些電源以及電動機、減速器等部件提供安裝空間，並且連桿 3 內搭載了一個電源。

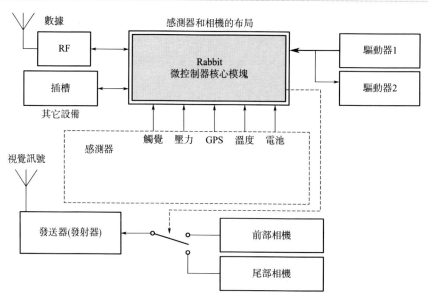

圖 7-40　加拿大多倫多大學 Pinhas Ben-Tzvi 等人設計的帶有單臂雙履帶式混合移動機器人的感測器與相機設計方案[54]

## 7.2.6　輪腿式移動機器人系統設計實例

（1）四輪腿式移動機器人「PAW」（加拿大，2006～2012 年，J. Smith, Inna Sharf and Michael Trentini)[55~57]

四輪腿式移動機器人「PAW」（Platform for Ambulating Wheels，輪式行走平臺）是加拿大 McGill University（麥吉爾大學）機械工程系的 J. Smith，Inna Sharf 和加拿大國防研發中心自主智慧系統部（the autonomous intelligent systems section defence R&D canada）的 Michael Trentini 等人合作於 2006 年研製的一款輪-腿式移動機器人。如圖 7-41(a) 所示，PAW 是一臺具有最小感覺能力和從動彈簧腿（passive springy legs）和在每條腿的末端有輪子的四足式機器人，是一臺動態操控（dynamic maneuvering）的機器人。具有四足爬行、爬樓梯或臺階、跳跑等移動方式。

四輪腿式移動機器人
(PAW)平臺

(a) 輪-彈簧伸縮腿式四足機器人PAW

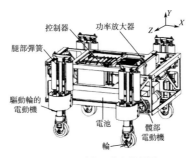

(b) PAW系統組成與外觀圖

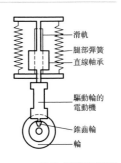

(c) PAW伸縮式彈簧腿機構

(d) PAW的輪-腿部輪
式驅動機構與實物照片

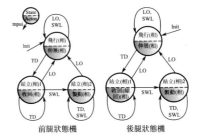

前腿狀態機　　　後腿狀態機

(e) PAW前後伸縮式彈簧腿機
構狀態的有限狀態機描述

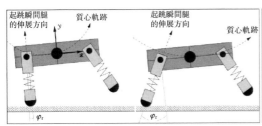

(f) PAW四足機器人腿式爬行運動分析

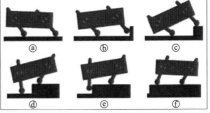

(g) PAW四輪驅動的輪式移動下爬臺階運動分析

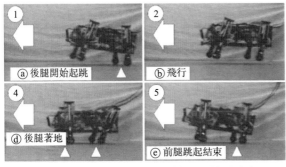

ⓐ 後腿開始起跳　　　ⓑ 飛行

ⓓ 後腿著地　　　ⓔ 前腿跳起結束

(h) PAW四足機器人平臺原地不動輪-腿彈跳運動試驗

ⓒ 前腿著地

臺階高
0.067m　臺階高
0.105m　臺階高
0.143m

(i) PAW輪式移動下爬不同高度臺階運動試驗

圖 7-41　輪-腿式四足機器人 PAW 機構原理、運動分析和試驗 [56, 57]

① PAW 機器人。一個混合的輪-腿系統（hybrid wheeled-leg system）如圖 7-41 (b) 所示，由 T 字形本體框架、四個模塊化的伸縮式彈簧腿輪-腿單元、各腿與本體框架相連接的髖關節驅動機構、電腦、伺服驅動功率放大器、電池等部分組成。總共具有 8 個主動驅動自由度和 4 個從動的彈簧腿伸縮式運動自由度。PAW 機器人類似於其他鉸接式懸架系統（the articulated suspension systems）（endo 和 hirose，2000 年；Estier 等人 2000 年；Grand 等人 2004 年研製的機器人系統），是以輪式移動、腿式移動複合式移動方式期望獲得更高移動能力。在腿式移動模式下，輪可以進行主動控制，允許諸如跳跑（jumping）、彈跳（bounding）等動態行為。總質量 15.7kg，腿長 0.212m，腿質量 1.3kg，髖部保持力矩（stall torque）64N·m，輪空載速度 715r/min，輪保持力矩小於 2.5N·m。PAW 機器人髖部（hips）使用 AMC 25A8 電動機放大器（motor amplifiers）和 90W 有刷 DC Maxon 電動機和齒輪減速箱驅動各腿髖關節。

② PAW 的伸縮式彈簧腿輪-腿部單元機構。如圖 7-41（c）、（d）所示，PAW 的各腿採用了帶有速比為 4.8：1 的 Maxon 233147 行星齒輪減速箱（planetary gearbox）的 20W Maxon 118751 有刷 DC 電動機和一對速比為 3：1 的圓錐齒輪（bevel gear）傳動連接到腿末端的直徑為 0.066m 的輪上。驅動車輪的電動機上都配置與髖關節驅動電機同樣的增量式光電編碼器（quadrature encoder）。驅動輪電動機由四個 Apex SA60 放大器驅動，採用的 RHex 電動機驅動器板卡（motor driver board，MDB）原本是為 RHex 六足機器人（hexapod robot）所用（McMordie 2002）。其他感測器包括：線性電位計（linear potentiometer，用於測量腿的長度）；一個 BAE SilMU-01 慣性測量單元（inertial measurement unit，IMU）（BAE Systems 2003）［透過串行口數據線連接，將 Roll、Pitch、Yaw 資訊發送給隨車搭載（onboard）的 PC/104 中］。

③ PAW 機器人高層控制（high-level control）的有限狀態機（the finite state machines）方法。彈跳運動的高層控制被簡化成在矢狀面（即沿縱向的前後向平面，sagittal plane）內運動的對稱步態（symmetrical gaits），機器人的前後兩對腿被虛擬腿（virtual legs）替代，彈跳步態是由兩個分開的有限狀態機來控制的，分別控制前虛擬腿和後虛擬腿。如圖 7-41（e）所示，其中：輸入集為 $\lambda = \{TD, LO, SWL\}$，狀態集為 $S = \{Flight, Stance1, Stance2\}$。此處，TD 表示「Touch-Down」 （著地）；LO 表示「Liftoff」（抬離地面）；SWL 表示「Sweep Limit」（掃描極限）。相應於髖部驅動器所需採取的行為，輸出集為 $\Lambda = \{Protract, Retract, Brake\}$，即為：{伸長，縮回，製動}。機器人有三種狀態，即 Flight（飛行相）、Stance1（站立相 1）、Stance2（站立相 2）。機器人各關節控制採用比例-積分（proportional-derivative）控制器進行關節軌跡追蹤控制。

④ 運動分析與運動試驗。如圖 7-41(f)～(i) 所示。

（2）四輪-雙腿混合型腿-輪式地面移動機器人（hybrid leg-wheel ground mobile robot）「Mantis」（螳螂）（義大利，2014，University of Genova，Luca Bruzzone 和 Pietro Fanghella）

著眼於室內環境下有爬樓梯能力、繞與地面垂直軸線無波動、無振盪移動下的穩定視覺、非結構化環境下也有移動性、機械和控制複雜性較低的移動機器人的研發目標，義大利熱那亞大學（University of Genova）的 Luca Bruzzone 和 Pietro Fanghella 設計研發出機器人「Mantis」[58]。

① Mantis 移動機器人的機構與結構設計。Mantis 是在一臺四輪小車式移動機器人，車身縱向的一端設有螳螂腿形狀的兩自由度兩連桿腿的左右腿，兩前腿與前車體連接的關節皆為各自主動驅動的回轉關節，而連接最前端的小腿與大腿（與前車體連接的腿部）的回轉關節皆為無原動機驅動、只靠彈簧彈性回復的從動關節。小車兩前輪與兩後輪透過繞垂向軸線回轉的關節和連桿連接在一起。如圖 7-42 所示。Mantis 是一個小型移動機器人平臺，總體尺寸為 350mm × 300mm×200mm。負載能力 1kgf。其上裝備：相機、麥克風、面向作業（task-oriented）的感測器 [如化學物質檢測、放射性物質汙染（radioactive contamination）檢測的感測器]、無線通訊設備等。可爬室內樓梯 160mm 高度臺階；具有平地繞垂直軸線回轉能力；平地上可以無波動、無振盪移動，可以獲得穩定的視覺資訊；爬坡能力高於 65％；可非結構化環境內穩定移動。圖 7-42 中，構成機器人的主要零部件有：前主車體 a、兩個主動驅動的前輪 b、後車架 c、兩個自由回轉浮動的後輪（rear idle）d、兩個像螳螂腿一樣的前後擺動的前腿（rotating front leg with praying mantis leg shape）e。在平整和均勻地形下採用輪式移動模式，當兩個後輪被動穩定機器人時，兩個前輪執行差動操控轉向。後車架透過一個繞垂向軸線回轉的回轉副（圖中的 $vj$）與前面的主車體相連，以獲得前後車體的相對轉動；當路面不平坦時，為了獲得前後車體繞水平軸線的相對轉動，另有一個回轉關節（圖中 $hj$）可以使後車架 c 相對後輪 d 繞與車體縱向平面平行的軸線（圖中 $hj$）滾動一定的角度。主車體掌控所有的驅動、控制和監測設備；該機器人的質心距離前輪軸線非常近，且後輪軸上分擔的載荷非常輕；透過施加轉向相反的角速度給兩個前輪，機器人可以繞垂向軸線回轉。此時後輪軸將會產生橫向滑移；因此，當機器人繞垂向軸線轉動（pivoting）時，在垂向關節 $vj$ 上引入了彈性回復（elastic return）機製以限製其角偏移（angular excursion）。行駛在凸凹不平地面或者是小障礙物，或者是低摩擦表面等情況下，當前輪摩擦力不足時，前腿擺動接觸地面或周圍環境內物體，執行混合腿-輪移動（hybrid legged-wheeled locomotion）模式 [圖 7-43(a)]；腿 e 的外表面為腿繞其回轉關節中心轉動所形成的圓柱面的一部分，也即腿外表面為圓柱面；在腿-輪式移動模式下，可以不同的速度操控兩條前腿回轉擺動；當需要爬臺階時，

兩條前腿一齊擺動，腿前端像鈎子一樣可以搭在或抓住臺階的上表面，順勢將機器人本體抬起並跨上臺階 ［圖 7-43(b)］。類似地，也可以藉助腿部不同的輪廓，執行爬行模式越過高臺階；當行駛在平地時，兩前腿復位收攏回本體內以四輪輪式移動方式行走 ［圖 7-43(c)］；當行駛在斜坡上時，上坡可藉助兩前腿「勾住」地面或者插入地裡以加強向上的推進力或製止下滑的力，下坡可藉助兩前腿觸地減速慢行或摩擦力不夠時阻止失控下滑，如圖 7-43(d) 所示。

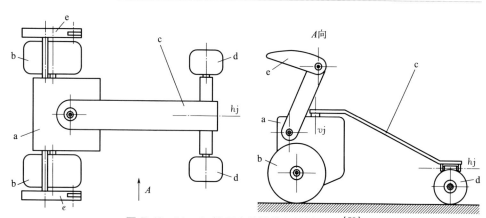

圖 7-42　Mantis 機器人的機構與機械結構[58]
a—前主車體；　b—前輪；　c—後車架；　d—後輪；　e—前腿

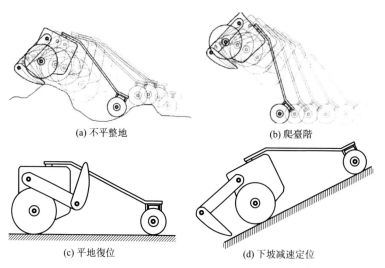

(a) 不平整地　　　　　　　　(b) 爬臺階

(c) 平地復位　　　　　　　　(d) 下坡減速定位

圖 7-43　Mantis 機器人在四種不同環境下的形態[58]

兩前腿上的帶有彈性回復力的被動驅動自由度關節以及傾斜下臺階期間吸收

著地衝擊力的形態如圖 7-44 所示。實際樣機的具體設計如圖 7-45 所示。圖中：$m_1$，$m_2$，$m_3$，$m_4$ 分別為獨立驅動兩個前輪和獨立驅動兩條前腿的帶齒輪減速器的電動機；$p_1$，$p_2$，$p_3$，$p_4$ 分別為組成車主體框架的四塊帶有減重孔的鋁合金豎直板；四臺帶齒輪減速器電動機（gearmotor）分別固定在內板 $p_2$、$p_3$ 上；兩個主動驅動的前輪 $s_1$、$s_2$ 輪軸和兩個前腿 $s_3$、$s_4$ 的支撐軸分別用滾動軸承支撐並連接到內板和外板上，四對齒輪 $g_1$，$g_2$，$g_3$，$g_4$ 分別被安置在內、外板之間的兩個空間裡，分別實現帶齒輪減速器電動機 $m_1$，$m_2$，$m_3$，$m_4$ 的輸出軸與對應的軸 $s_1$、$s_2$、$s_3$、$s_4$ 之間的機械傳動。所有電動機的驅動與控制系統也都搭載在機器人本體之內。當機器人繞著垂直於地面的軸線回轉時，連接在前後車體之間的兩個彈性鋼帶 $f$ 限製了垂向關節 $vj$ 的回轉；兩個前腿上的從動關節上相對運動的小腿和大腿之間設置了類似板彈簧的彈性元件（Flexible Element）$i$ 用來實現從動關節（Passive Joint）從動自由度（Passive Degrees of Freedom）恢復，在駛下斜坡、臺階著地時也起到減緩、吸收衝擊作用。

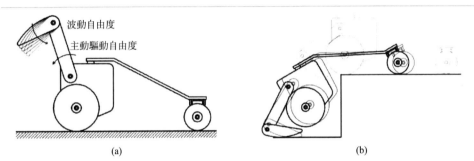

圖 7-44　Mantis 機器人腿部靠彈性回復力的被動驅動關節及

下斜坡下臺階時吸收著地衝擊力的前腿形態[58]

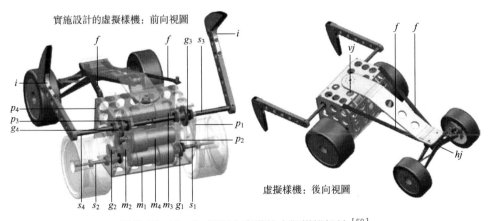

圖 7-45　Mantis 機器人實際的虛擬樣機設計[58]

$m_1$~$m_4$—電動機；　$p_1$~$p_4$—鋁合金豎直板；　$g_1$~$g_4$—齒輪；　$s_1$~$s_4$—軸

② Mantis 移動機器人原型樣機與實驗。Mantis 的原型樣機如圖 7-46(a) 所示。兩前腿復位收回到車體側的機器人所占最小體積空間狀態下，機器人長寬高總體尺寸為 335mm×298mm×160mm，包括本體上所搭載的環境狀態檢測用相機和 2600mA·h 的 LiPo 電池在內機器人總質量 3.2kg。Mantis 的研發人員對該機器人分別進行了爬越高度為 200mm 臺階、下臺階以及野外亂石地面環境下的爬行實驗，實驗場景如圖 7-46(b)～(d) 所示。由圖 7-46(d) 可以看出，Mantis 的兩個前腿像一個鈎子一樣搭在臺階的上表面，然後透過兩個前腿上各自的兩個主驅動關節在控制系統控制下驅動大、小腿連桿協調運動將前後輪和車體拽上臺階，這一過程中，也可以同時驅動主動輪前輪共同爬臺階；而圖 7-46(c) 的下臺階過程中，兩前腿先著地，小腿桿與大腿桿之間的被動關節上的彈簧起到緩衝著地衝擊力的作用；圖 7-46(d) 中，兩前腿像「鈎子」或「鎬頭」一樣可以「扎在」亂石堆或者泥土中（同樣，連接小腿桿與大腿桿的被動關節上的彈簧也

(a) 第一代Mantis機器人原型樣機照片　　　　(b) 爬200mm高臺階實驗

(c) Mantis機器人下200mm臺階實驗　　　　(d) 野外亂石地形下的移動實驗

圖 7-46　Mantis 機器人的初代原型樣機及其爬臺階、下臺階和野外亂石地形移動實驗[58]

起到減緩「刨地」衝擊力的作用），然後前腿兩桿機構在腿部主驅動關節的驅動下與主動驅動的前輪一起將車體向前牽引。從以上分析和實驗可知：Mantis移動機器人在爬臺階、下臺階、野外亂石堆等環境移動作業過程中，兩前腿起著重要作用，另外，兩前腿的連桿機構中，桿件的長短與是否可伸縮都對可爬臺階的高度都有實際意義。正因如此，後面所講的 Mantis2.0 版給出了對兩前腿的改進設計之一就是大腿桿設計成可調節桿件長度的伸縮結構，即可變腿長結構。因此，這種帶有末端像「鈎子」或「鎬頭」一樣的連桿機構前腿是Mantis 移動機器人最大的而且是可實用化的特徵。雖然機構相對簡單，但頗具實際意義。

（3）四輪-雙腿混合型腿-輪式地面移動機器人（hybrid leg-wheel ground mobile robot）「Mantis2.0」版（螳螂 2.0 版）（義大利，2016 年，熱那亞大學，Luca Bruzzone 和 Pietro Fanghella）[59~61]

Mantis 2.0 版本重新設計了兩個前腿，其主要設計考慮有以下三個要點。

① 在連接大小腿的回轉關節處增設了輔助輪（Auxiliary Wheels）以提高在爬臺階時最後狀態的可靠性（reliability）。

② 可變腿的長度：變長度腿對於更詳盡地進行實驗研究活動是非常有用的。

③ 用來產生腿部最後一個從動自由度關節彈性回復力的柔性簧片被用圓柱螺旋彈簧替代，以達到快速改變剛度和預加載的目的。

Mantis 2.0 版實際的總體設計結果如圖 7-47(a) 所示。其車體主體機械設計如圖 7-47(b) 所示。帶有輔助輪的可變長度腿的設計的爆炸圖如圖 7-47(c) 左圖所示。帶有輔助輪的可變長度腿的工作原理如圖 7-47(c) 右圖所示。

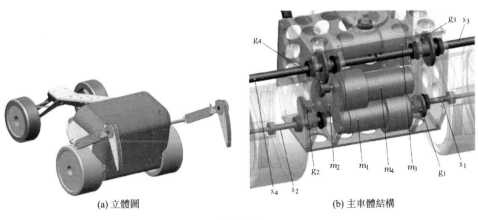

(a) 立體圖　　　　　　　　　　　(b) 主車體結構

圖 7-47

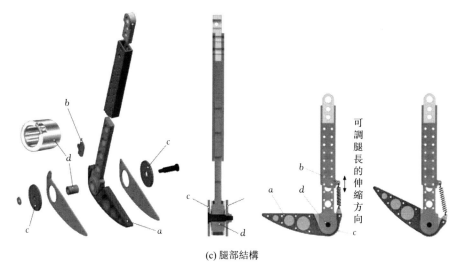

(c) 腿部結構

圖 7-47　Mantis2.0 版機器人[59]

## 7.2.7　輪式-腿式-履帶式複合移動方式的輪-腿-履式移動機器人（wheels-legs-tracks hybrid locomotion robot）系統設計實例

　　不管將輪、履帶、腿式三種移動方式稱為「腿-履帶-輪式」還是稱為「輪式-腿式-履帶式」或「履帶-腿-輪式」等，不同的文獻中叫法中「輪」「履」「腿」哪個寫在前面還是後面並不一致，也沒有統一，因此，作為這三種移動方式的複合式移動機構都沒有誰先誰後加以區別和統一，所以本質上都代表著相同的意義。

　　（1）腿-履帶-輪式多模式移動機器人平臺（leg-track-wheel multi-modal locomotion robotic platform）概念的提出及多模式移動機器人「AZIMUT」（2003 年，加拿大，University of Sherbrooke，Francois Michaud 等人）[62,63]

　　①「AZIMUT」多移動模式移動機器人。面向一臺移動機器人對完整約束（holonomic）和全方位運動（omnidirectional motion）、爬行或者越過障礙物移動、上下樓梯等作業環境以及沙土、亂石、泥土等不同材質路面的移動作業，並且著眼於獲得更大、更寬範圍內的移動作業能力，加拿大謝布克大學（University of Sherbrooke）的 Francois Michaud 等人於 2003 年提出了四個獨立驅動的、集腿式步行/履帶式行駛/輪式移動方式和功能於一臺移動機器人的「腿-履帶-輪複合式移動機構」（leg-track-wheel hybrid style locomotion mechanism），並且具有比通常輪式、履帶式、輪-腿複合式、履-腿複合式移動機構更寬廣的移動環

境適應性。他們將這臺多移動方式的機器人命名為「AZIMUT」，如圖 7-48 所示。AZIMUT 車體方形框架的四角各有一個獨立驅動且繞與 $z$ 軸平行軸線回轉的 Roll 關節部件，該關節部件兼有履帶、輪式移動車輪的 3 自由度模塊化單元腿。總共有 12 臺套電動機驅動該機器人移動。腿部靠近車體側的 Pitch 自由度關節可以繞著與 $y$ 軸平行的關節軸線回轉 360°、Roll 自由度關節可以繞與 $z$ 軸平行的軸線回轉 180°。設計上，一旦各關節轉動到合適的、準確的初始位置，機器人就能夠保持住該位置而不需消耗任何電能。

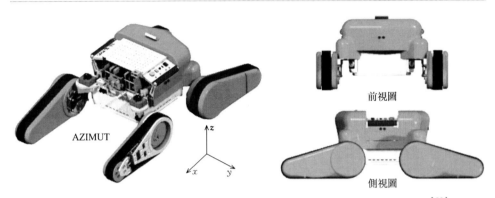

圖 7-48　輪-腿-履帶複合式移動機器人　「AZIMUT」（2003 年，加拿大）[62]

　　當腿部連接車體框架的髖關節伸展開時，該機器人透過履帶繞著腿部四周周而復始地運轉以履帶式移動方式行駛。當腿部髖關節運動將腿放在不同的位置時，AZIMUT 可以如圖 7-49 所示的各種不同移動模式行走或上臺階、跨越障礙。

　　② AZIMUT 的多移動模式。如圖 7-49(a) 所示，a、g 是由繞平行於地面的軸線回轉的各關節驅動向前移動；b～f 是透過髖部 Pitch 運動關節將各腿部向上豎起來而成為四輪輪式移動模式，或者將各腿向下而成為履帶式移動模式［圖 7-49(a)h］。這些移動模式之間可以透過操縱控制實現移動模式之間的相互轉換，而且還可以選擇合適的模式爬樓梯、過臺階。

　　③ AZIMUT 的設計

　　a. 機械系統（mechanical system）。AZIMUT 是一臺集複雜的機械、電氣、電腦等元部件於一體的集成化設計系統，在結構、硬體和嵌入式軟體（embedded software）構成方面都是按照模塊化設計的，從而構成複雜移動機器人平臺。組成機械系統的部件如圖 7-49(b) 所示，四個髖關節型履帶腿機構被連接在底盤 a 上，底盤 a 上還裝備著機器人的電控系統硬體和電池，電池被放置在底盤底部以保證機器人的重心盡可能接近地面，兩個電池組被分別放置在底盤底部的左

右兩側。在兩個電池組之間有一個滑槽用來安裝搭載的 PC104 規格電腦；車身 b（bodywork）用來保護內部元件並且是按照美學設計的外觀；c 為履帶腿的殼體框架；d 為用於改變髖關節型履帶腿方向和鎖定位置的方向子系統（direction subsystem）；e 為行駛推進子系統（propulsion subsystem），它驅動履帶-輪回轉，也容許關節型履帶腿繞著平行於 y 軸的關節軸線回轉。一旦關節型履帶腿回轉到指定的位置，則即被機械式機構鎖定；關節型履帶腿內安裝有由兩個輪和一條履帶構成的履-輪子系統 f（track-wheel subsystem），與履帶腿殼體框架 c 一起將履帶張成履帶腿式移動機構上的形狀，並且支撐整車體重。

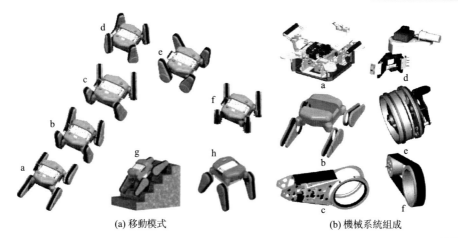

(a) 移動模式　　　　　　　　　　(b) 機械系統組成

圖 7-49 「AZIMUT」機器人的各種移動模式及其機械系統組成（2003 年，加拿大）[62]

　　b. 硬體（hardware）。AZIMUT 機器人的硬體系統組成如圖 7-50 所示，是一種模塊化的結構，不同子系統之間相互通訊交換資訊並且協調各子系統的行為，用 CAN 2.0B 1Mbps 實現各子系統間的通訊。各子系統有其自己的控制器，並將按照過程要求選擇給定的子系統。透過分布式控制（distributing control）或者附加的冗餘性功能覆蓋控制所有的元部件，並且很容易地進行系統擴展，如此以增強系統的魯棒性。各關節型履帶腿有其自己的局部控制系統（local control subsystem），一個關節型履帶腿上的各個電動機的位置、速度、加速度採用常規的 PID 控制器控制；限位開關（limit switches）被用於各轉向子系統（direction subsystem）以回避各關節極限。在硬體、轉向電動機等發生故障的情況下，各個局部控制子系統直接啟動限位開關；各個關節型履帶腿上的局部感知子系統（local perception subsystem）中設有一個大量程超音感測器（long-range ultrasonic sensor）和 2 個小量程超音感測器（short-range ultrasonic sensors）、5 個紅外感測器（infrared range sensors），用來檢測關節型履帶腿周圍附近的目標

物和地面；動力子系統（power subsystem）負責分配並監測電池組（battery packs）或者外部電源（external power source）能量給其他所有的子系統。此外，還有使用者介面子系統（user interface subsystem），該子系統是面向 PDA 以 CAN 總線通訊，用 PIC 微控制器開發了一個 RS-232 到 CAN 總線的子系統；傾斜計測量子系統（inclinometer subsystem）用於測量機器人本體的傾斜角等數據，對於遙控子系統（remote control system），允許透過無線遙控（wireless remote control）方式將指令發送給該機器人；計算子系統（computing subsystem）由搭載在機器人本體內的用於高層決策（high-level decision making，即安裝在機器人上的相機的視覺處理系統）的電腦系統組成。所有的子系統由同步總線（synchronization bus）協調，該同步總線也用來同步關節控制（即機器人以同步方式移動，並且避開一個關節比其他關節過快的情況），總線允許在局部控制子系統（local control subsystem）之間進行資訊即時交換。

c. 軟體（software）。AZIMUT 的軟體系統為兩層結構，一層是子系統軟體；一層是機器人總體控制軟體。

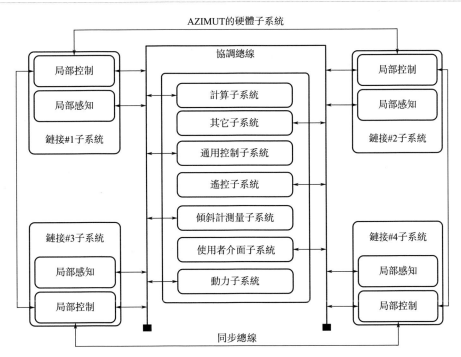

圖 7-50 「AZIMUT」機器人的硬體系統組成（2003 年，加拿大）[62]

④ AZIMUT 的第 1 臺機器人原型樣機（first prototype，2002 年 12 月）。

AZIMUT 的第 1 臺原型樣機完成於 2002 年 12 月，共由至少 2500 餘個零部件組成，如圖 7-51 所示。其主要性能規格參數如下。

總體尺寸（cm）：長寬等尺寸為（L）70.5（Articu. up/down）～119.4（Articu. Stretched）×（W）70.5×38.9（Articu. Strected）～66（Articu. Down）；

本體間隔（body clearance）（cm）：8.4（Articu. Stretched）～40.6（Articu. Down）；

總質量：63.5kg；

額定速度（nominal speed）：1.2m/s（4.3km/h）；

轉向速度（direction speed）：120°/s

回轉速度（rotation speed）：45°/s

關節長度（length articu.）：46.9cm。

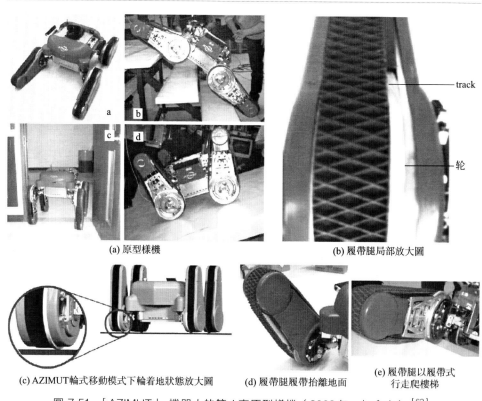

(a) 原型樣機　　　　　　　　　　(b) 履帶腿局部放大圖

(c) AZIMUT輪式移動模式下輪着地狀態放大圖　(d) 履帶腿履帶抬離地面　(e) 履帶腿以履帶式行走爬樓梯

圖 7-51　「AZIMUT」機器人的第 1 臺原型樣機（2002 年，加拿大）[62]

AZIMUT 擁有與其他地面無人駕駛車輛（unmanned ground vehicles）所不同的許多特點，例如，它可以改變各個關節型履帶腿的方位、類似四輪驅動可操控的車輛。如同類的機器人「WorkPartner」不同於 AZIMUT，它的四個腿的末端也都有輪，機器人也共有 12 個自由度。各個腿都有類似於 AZIMUT 配置

的 Siemens 167 微控制器，電腦系統也是以 CAN 總線協議為核心的分布式通訊結構。WorkPartner 比 AZIMUT 更重，而且它不能像 AZIMUT 那樣透過關節改變腿的方位。AZIMUT 擁有更加柔性、靈活的移動方式。同機器人「Urban」相比，也提供了更加多樣化的移動方式。從概念上接近於 AZIMUT 的機器人有「High Utiliy Robotics（HUR）」「Badger」。HUR-Badger 是一臺四腿-履帶式關節型獨立推進的移動機器人，但它沒有像 AZIMUT 那樣的關節型履帶腿方位調節系統。

（2）輪-履帶-腿式移動機器人（wheel-track-leg hybrid locomotion robot）（2018 年，中國，上海交通大學機器人所，Yuhang Zhu，Yanqiong Fei 等人）

2018 年，上海交通大學同樣地在前述「AZIMUT」機器人研究中提出的輪式-腿式-履帶式複合移動方式的輪-履-腿式移動機器人概念下，設計了一種四履帶腿式移動機器人，車體縱向中軸線前後兩端各設有一輪腿的四履帶腿＋兩輪腿＋純輪式混合式移動機器人機構（圖 7-52），並研製出了原型樣機（圖 7-53），進行了室內爬臺階實驗[64]。

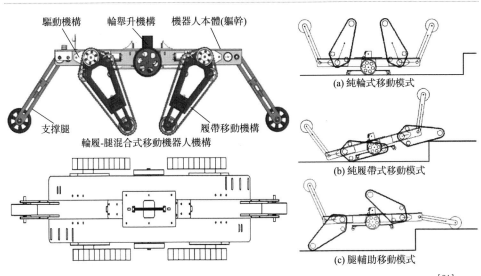

圖 7-52　輪-履-腿混合式移動機器人機構原理與結構（2018 年，上海交通大學）[64]

① 四履帶腿＋兩輪腿＋純輪式的輪－履－腿混合式移動機構原理。如圖 7-52 所示。移動機器人本體平臺上縱向兩側面中部各設有一車輪和一連桿連接的兩輪輔助支撐輪構成的兩輪移動機構；同時，在車體的兩側靠近兩端部位各設有一個關節型履帶式移動機構即履帶腿，構成左右對稱的四履帶腿式移動機構；此外，在車體縱向中軸線上前後兩端各設有 1 個連桿末端帶有輪的支撐腿即輪腿，構成車體前後

部的雙輪腿移動機構。整個機器人本體上的機械結構呈左右對稱布置形式。四個獨立的履帶式移動機構每個都有兩個自由度，左右對應的每個自由度共用一個 DC 電動機提供動力來驅動，各由兩臺電動機來分別實現左右對應履帶腿上履帶腿繞其關節軸線的擺動運動，所以四個獨立的履帶腿的俯仰擺動共有兩個電動機來驅動，而四個獨立的履帶腿的履帶各由一臺電動機來驅動實現履帶式行駛，總共有四個電動機驅動履帶，四個履帶腿的擺動和履帶式行駛總共有 6 臺電動機驅動，也即共有 6 個自由度；兩個前後支撐腿輪腿各有 1 個自由度，分別用 DC 電動機來驅動支撐腿繞與連接車體的關節軸線作俯仰擺動，支撐腿末端安裝的滾輪是自由回轉的從動輪，兩個支撐腿輪腿總共有 2 個自由度，支撐腿在平衡整個機器人和跨越障礙時起著重要的作用；純輪式移動機構又被設計者們稱為輪式舉升機構 (wheeled lifting mechanism) 作為一個完整的模塊被安裝在車體中間，該機構中 1 個自由度用於舉升機構，2 個自由度用於輪式驅動機構。整個機器人總共具有 11 個自由度，如圖 7-52(a)～(c) 所示，共三種移動模式：單純的輪式移動模式；單純的履帶式移動模式；腿式輔助移動模式。

圖 7-53　輪-履-腿混合式移動機器人爬臺階障礙實驗場景照片組圖
(2018 年，上海交通大學)[64]

　　② 原型樣機系統與實驗。該機器人系統主要包括機器人本體和作為主控器的上位 PC 電腦。操控者透過 PC 機上的人機互動界面發送指令，決策與執行。控制訊號透過通訊模塊被發送給機器人的控制模塊，進一步控制與驅動輪式移動機構、履帶式移動機構、腿式移動機構；同時，通訊模塊將接受來自感測器的訊號，及時建立環境模型並加以矯正，並將資訊發送給人機界面和操控者；控制系統底層採用了 MC9S12XS128 飛思卡爾微控制器 (freescale's microcontroller)，透過其 I/O 口、PWM 口發送控制指令來控制電動機。限位開關用來檢測關節位置，一旦履帶式移動機構到達指定位置點或者接觸到地面，微控制器將給出停止指令到 DC 電動機，如此控制該機器人。該機器人爬臺階實驗的場景照片如圖 7-53 所示。

# 7.3 搭載機器人操作臂的移動平臺穩定性設計理論

## 7.3.1 運動物體或系統的移動穩定性定義

### (1) 物體、系統的穩定性

任何物體能夠在地球上現實物理世界三維空間中保持確定的位置和姿態，必須有其他物體為其提供接觸式的支點或支撐面；也可以是非接觸式的物體為其提供使其能夠平衡重力或干擾力的力（或力矩），如電磁力、磁懸浮、流體浮力等。物體能夠持續地保持其正常形態的性質即是物體的穩定性。物體的穩定性包括靜態穩定性和動態穩定性。一個高的長方體重物箱子豎直放在靜止或勻速行駛的貨車車廂內水平面上，箱子始終不倒即是靜態穩定，其靜態穩定性的靜力學原理是箱子的總質心在車廂「地面」上的投影點始終落在箱子底面與車廂地面的接觸區域內；但若貨車加減速行駛時，車內的箱子受到水平方向慣性力的作用時，箱子底面受到車廂「地面」給它的摩擦力小於慣性力時，箱子在車廂內便產生移動，不再保持原姿勢和位置，便不再穩定，此外，若箱子受到的慣性力與車廂「地面」給箱子的支撐反力兩力的合力的作用線的反向延長線與車廂「地面」的交點若不在箱子底面與車廂「地面」接觸的支撐區範圍之內，則箱子一定處於不穩定狀態或者是開始傾倒，此時如果貨車司機沒有相應地在一定時間內（由箱子總質心與支撐面中的邊界點構成的倒立擺的固有週期決定）採取減加速的措施，使開始向前後某一方向傾倒的箱子受到反向的慣性力作用，則箱子一定是傾倒到底無疑。站在懸崖邊緣的人也是一樣，當其感覺到身體開始倒向深淵一側時立即下意識地開始擺動雙臂或搖晃身體努力使身體總質心產生慣性力，從力學上就是在努力使該慣性力與地面給身體總質心的支反力兩力合力反向延長線與地面平面的「交點」返回到著地腳底之內，如此才不至於身體繼續向深淵一側傾倒而是靠自身的慣性力把身體「拉」回到懸崖地面一側。以上從物體、人體行為和力學的原理闡明了物體、人體的穩定性問題。人們通常把物體、人體運動穩定性的問題簡單地歸結為「平衡」的問題，但是這個「平衡」需要從力學上去加以研究和解釋！平衡有靜平衡和動平衡，穩定性有靜態穩定性和動態穩定性。物體或系統的移動穩定性可用穩定性的方向性和穩定程度量化來衡量。

① 靜態穩定。靜平衡從靜力學上很容易理解，物體的質心在地面上的投影點只要處於箱子底面的支撐區內即是靜態穩定的；當物體處於傾斜的支撐面上

時，則是箱子質心在垂直方向上的投影點位於傾斜的箱子底面在水平面上投影面內時，便是靜態穩定的。顯然，當箱子放在傾斜的支撐面上時，傾斜的箱子底面在水平面上的投影面的面積要比箱子放在水平面上時的底面支撐面面積要小，面積是箱子底面與支撐面接觸面積乘以傾斜角度的餘弦，也就是說箱子放在斜面上的單向穩定性程度要小於放在水平面時的穩定程度。

② 動態穩定。前述舉例說明中貨車車廂內箱子的穩定性問題中，貨車加減速行駛過程中車廂內箱子所受慣性力與支反力、摩擦力等力的合力作用線的反向延長線與支撐平面的交點是隨著貨車行駛加減速運動的變化而變化的，該交點在箱子底面與支撐面接觸面區域內動態變化，不管怎樣變化，只要是該點位於該接觸面區域內，箱子在車廂內便是動態穩定的，即便是箱子在車廂內相對於車廂「地面」來回晃動、滑動但仍然保持箱子不倒。物體運動的穩定性問題的研究包括無外界擾動情況下物體運動的穩定和有外界（或稱外部）擾動情況下物體運動的穩定。對於機器人而言不僅僅是物體運動穩定的相對簡單的問題，而是機械系統運動的穩定以及控制問題。可以從物體或機械系統總質心來看待運動穩定的系統力學問題，這一點上不管是單個物體還是機械系統，理論上的力學原理都是相同的，不同的是從系統構成的角度來看待機械系統內部如何進行運動的調節（即控制）來實現整個機械系統移動運動或其他形式運動穩定。動態穩定性需要從運動學、動力學理論上去闡明。而動力學是研究物體或系統的本身物理參數、運動參數與系統主驅動力或驅動力矩之間關係的力學學問。物體或系統運動穩定性問題的研究不只「平衡」兩個字這樣簡單，其複雜性在於物體、系統運動的非線性問題，即便是拉格朗日法、牛頓-歐拉法、動量守恆等方法通常也僅限定於運動參數對時間的二階導數項即通常所說的二階項（速度、加速度、牽連運動項），但是，在瞬間爆發運動、高速運動或者前後速度差變化較大的運動情況下，不僅二階項，三階及以上的高階項的影響無法透過狀態回饋的方法來準確、即時（快速響應）補償高階項產生的動力學影響效果，雖可估計但誤差可能很大，理論上的研究在實際的技術實現上是個大問題。

（2）物體、系統的移動

物體或系統的移動是指物體或系統的總質心在重力場中的重力相對於支撐該物體或系統的支撐點或支撐面不平衡引起物體或系統的運動（即靠重力驅動產生的運動），或者是以足式、腿式、輪式、履帶式、抓桿擺盪渡越、水力學遊動方式、藉助於翼翅拍打流體飛行方式、彈射飛行等運動方式產生的物體運動。按移動介質的不同，可將物體移動分為連續介質表面支撐面上的移動、連續介質內的移動、非連續介質間的移動三大類。其中，支撐面上移動或者非連續支撐面上物體的移動，以及連續介質內物體的移動都涉及物體移動穩定性的理論與技術問題。如地面上的人、足腿式(或稱腿足式)步行移動機器人、地面上行駛的車輛、

軌道上行駛的列車、海水連續介質中航行的輪船等都存在移動穩定性的力學問題，值得分析和研究。物體移動首先講究的是移動方式，移動方式實際上包含著移動的機構原理和移動運動的力學原理。

(3) 移動穩定性

移動穩定性是指在正常移動目的下，物體或系統以某種或某幾種移動方式能夠持續地使移動運動正常進行下去的性質。簡單舉例說明，如人或機器人在地面上行走的穩定性就是指能夠使人或機器人在地面上以正常的形態持續地行走下去的性質，即不摔倒或者摔倒過程中有能力回復正常狀態繼續正常行走下去。這樣給出的移動穩定性定義只是字面意義上對移動穩定性的膚淺的解釋。從研究的角度上看，談移動穩定性的目的和意義在於其背後隱藏著的運動物體或系統在力學意義上的穩定性理論問題。目前，學術界對於運動物體、系統的移動穩定性的定義比較籠統，如日本學者給出的步行穩定性是指使步行能夠持續地進行下去而不出現無法步行的狀態的性質等；而被用作步行穩定性判定準則的是 1972 年國際著名機器人學者 Vukobratovic M 等提出的 ZMP (zero moment point，ZMP，零力矩點) 的概念，評價步行穩定性的準則是步行時步行機器人系統的 ZMP 點始終位於著地腳支撐區內，則系統步行就是穩定的，因此成為普遍適用於步行機器人、移動機器人的動步行、移動的穩定性準則。但是，需要注意的是 ZMP 是從最高階為二階項的系統力、力矩平衡方程中推導得出的概念和 ZMP 位置計算公式，並沒有考慮非線性系統中運動參數對時間的二階以上導數的高階項引起的力、力矩對非線性系統的運動穩定性的影響。因此，從理論上，本書著者吳偉國與其研究生侯月陽等於 2010 年提出了含有加加速度即舒適度成分的 ZMP 概念及 ZMP 點的位置計算公式[65,66]。儘管考慮到了運動參數的三階項，可以透過加速度計去估計加加速度項，但仍然無法具有將三階以上的高階項考慮進去的實際意義。但從運動力學的角度可以從理論上給出移動穩定性的確切定義。

從運動力學的角度，關於運動物體或系統的移動穩定性定義：移動的物體或機械系統總的質心所受到各類力、力矩在合力矩為零的情況下合力作用線的反向延長線與環境提供給物體或系統支撐面的交點在移動運動各方向上距離支撐面邊界距離的度量上所反映出的物體或系統的穩定性、穩定程度以及臨界穩定能力的性質。

## 7.3.2 物體或系統運動穩定性的力學基礎與穩定移動的控制原理

(1) 1972 年機器人學者 Vukobratovic M 等提出的 ZMP 概念及其穩定步行的控制方法

如圖 7-54 所示，以人或雙足步行機器人為例，人或機器人以一般步行步態

行走過程中有單腳支撐期和雙腳支撐期，行走過程就是單腳支撐期、雙腳支撐期的不斷交替重複步行週期的步行過程。單腳支撐期整個系統的 ZMP 就是支撐腳受到的來自地面支撐面的分布的支撐力的合力作用點，此點處繞支撐面上的 $x$ 軸、$y$ 軸的合力矩分量分別為零，繞 $xy$ 平面內任意軸線回轉的合力矩（即分別繞支撐面上 $x$ 軸、$y$ 軸的兩個力矩分量的合力矩）也為零；同理，雙腳支撐期時雙腳受到來自地面支撐面的分布的力的合力的作用點是雙腳支撐期的 ZMP 點，此點上饒支撐面上 $x$、$y$ 軸的分力矩也分別為零，兩個分力矩的合力矩也為零。

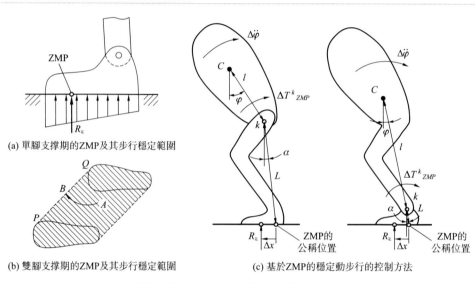

(a) 單腳支撐期的ZMP及其步行穩定範圍

(b) 雙腳支撐期的ZMP及其步行穩定範圍

(c) 基於ZMP的穩定動步行的控制方法

圖 7-54　Vukobratovic 等提出的 ZMP 概念及基於 ZMP 穩定步行的控制方法（1972 年）

　　單腳支撐期、雙腳支撐期的步行穩定性判別準則就是 ZMP 點分別位於單腳支撐期、雙腳支撐期著地腳與地面支撐面形成的凸多邊形之內，則步行就是穩定的，人、運動的物體或系統、機器人系統在行走過程中就不會陷入摔倒而不能正常行走的狀態。Vukobratovic M 等按照他們所提出的這一 ZMP 的概念於 1972 年給出了動態步行穩定控制方法與原理。

　　這裡僅考慮在 Sagittal 平面即前後向平面內的控制問題，在 Lateral 平面即左右側向平面內的控制問題與 Sagittal 平面內道理相同。

　　如圖 7-54(c) 所示，考慮垂直方向地面反力 $R_z$ 作用點偏離公稱地面反力中心（$x=0$）$\Delta x$ 的情況。該公稱反力中心也是目標 ZMP。力矩 $M_{xZMP}=R_z\Delta x$ 給出了步行系統整體行為的一個評價指標。

　　考慮用任意選定的關節 $k$ 來修正 $R_z$ 的作用點。

圖 7-54(c) 為分別選擇腰關節、踝關節的情況。假設其他關節的伺服系統的伺服剛度足夠高。關節 $k$ 上所有連桿的質量為 $m$，繞關節 $k$ 轉動慣量為 $J_k$。其質心用 $C$ 表示。第 $k$ 關節力矩的公稱值的變化量設為 $\Delta T^k_{ZMP}$。此時，為使實際地面反力中心移回到地面的公稱反力中心（目標 ZMP），第 $k$ 關節上力矩的變化量可由下式算出：

$$\Delta T^k_{ZMP} = \frac{M^k_{ZMP}}{1 + \dfrac{mlL\cos\varphi\cos\alpha}{J_k} + \dfrac{mlL\sin\varphi\sin\alpha}{J_k}} \tag{7-1}$$

式中，$l$，$L$，$\varphi$，$\alpha$ 分別如圖 7-54(c) 所示。

進行實際機器人 ZMP 控制時，為了降低減速器的摩擦等不確定因素的影響採取如下方法：考慮把支撐腳踝關節作為第 $k$ 關節的情況。進行踝關節的局部位置控制。由力感測器測得地面反力中心位置，用該位置和地面公稱反力中心（目標 ZMP）的偏差作為回饋控制量，進行踝關節目標軌跡的修正。其控制結果是：地面實際反力中心追從地面的公稱反力中心。圖 7-54(c) 給出的是 $xz$ 平面上即前後向立面內運動的基於 ZMP 的穩定運動控制方法，對於 $yz$ 平面即左右向側立面內的穩定運動的控制方法和原理完全相同。

雖然 Vukobratovic M 提出的 ZMP 概念是在解決雙足動步行機器人的穩定步行控制問題上提出的，但是，由於是從質點系統運動的力學原理上給出的力平衡、力矩平衡意義上衡量物體或系統運動穩定性的概念，因此，ZMP 的概念及基於 ZMP 的穩定步行控制方法的適用範圍不局限於雙足步行機器人領域，對於輪式、腿足式、履帶式等其他各類地面移動機器人也適用，原理相同。

在理論上，由於 ZMP 的概念基於運動參數最高二階項的動力學微分運動方程中推導出的 ZMP 位置計算公式，在高速運動情況下，並不能從非線性系統方程整體上保證運動的動態穩定性，因此，繼 ZMP 之後又有專家學者提出了 CP 點的概念，算作對 ZMP 點的修正。

（2）多剛體系統的簡化倒立擺力學模型下的 ZMP 及其使用

① 移動運動的多剛體系統的理論 ZMP 計算公式。無論是人、人型雙足機器人還是多腿（足）式步行機器人、輪式移動機器人、履帶式移動機器人等機械本體系統都可以看成多質點系統，並且可以簡化成一個總質心的倒立擺模型，不同的是倒立擺模型的實際支撐區域大小不同而已，並且將支撐機械系統整體的穩定支撐區可以看成假想的著地腳。假想線著地腳的概念是 1991 年由日本東京工業大學的廣瀨茂男教授和米田完博士在沒有像動物那樣可以藉助於頭部、臂部、尾部等搖擺動作來實現動態平衡效果的四足步行機研究中，透過軀幹搖動和虛擬假想線著地腳規劃步態來實現四足快速動步行方法中所提出的概念，並且用 TITAN-VI 四足步行機實現了間歇步態 1 步最短週期為 0.25s、平地直行最高速

度 1m/s 的動步行實驗，幾乎與人的步行速度匹敵。將運動物體或多質點系統簡化成總的質點 $M$ 的倒立擺力學模型如圖 7-55 所示，對於前後向即 $xz$ 平面內的倒立擺力學模型與左右向平面內的倒立擺力學模型沒有本質的區別。

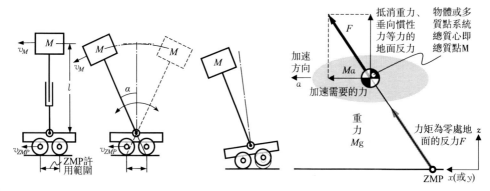

圖 7-55　運動物體或多質點系統的簡化倒立擺模型及其力學模型

設 $n$ 質點構成的多體系統的質點 $i$ 的質量為 $m_i$，質點 $i$ 在基座標系中的位置矢量為 $r_i = \begin{bmatrix} r_{ix} & r_{iy} & r_{iz} \end{bmatrix}^T$，則此多體系統的 ZMP 在基座標系 $o\text{-}xyz$ 中的 ZMP 點位置矢量 $\begin{bmatrix} ZMP_x & ZMP_y & 0（或常數）\end{bmatrix}^T$ 的計算公式為：

$$ZMP_x = -\frac{\overline{M}_y}{\overline{F}_z} = \frac{\displaystyle\sum_{i=1}^{n} m_i(\ddot{r}_{iz} + g)r_{ix} - \sum_{i=1}^{n} m_i\ddot{r}_{ix}r_{iz}}{\displaystyle\sum_{i=1}^{n} m_i(\ddot{r}_{iz} + g)} \tag{7-2}$$

$$ZMP_y = -\frac{\overline{M}_x}{\overline{F}_z} = \frac{\displaystyle\sum_{i=1}^{n} m_i(\ddot{r}_{iz} + g)r_{iy} - \sum_{i=1}^{n} m_i\ddot{r}_{iy}r_{iz}}{\displaystyle\sum_{i=1}^{n} m_i(\ddot{r}_{iz} + g)} \tag{7-3}$$

式中，$\overline{M}_x$、$\overline{M}_y$、$\overline{F}_z$ 分別為步行機器人運動所需的 $x$、$y$ 向地面反力矩分量和 $z$ 方向力分量；$g$ 為重力加速度。

② 移動機器人系統本體上用於地面反射力檢測的實際 ZMP 的獲得。無論是單足、雙足或多足步行機器人系統，一般用來檢測足或腿部與地面接觸的支反力或力矩的感測器設置在足底（接觸力感測器）或踝關節處（六維力/力矩感測器）。採用接觸力感測器只能檢測地面支撐面法向力；採用踝關節處設置的六維力/力矩感測器能夠間接檢測到來自地面的三個分力、三個分力矩。可由各個著地腳或著地腿末端上安裝的力/力矩感測器檢測部到接觸地面的底面之間部分取作分離體列寫力、力矩平衡方程，透過力/力矩感測器檢測部檢測到的分力、分

力矩來計算來自地面的合力、合力矩，然後將合力、合力矩合成等效轉化成只有合力而合力矩為零的力，求出合力矩為零處合力的作用點位置即是該腳或該腿的實際 ZMP 位置；將所有腳或腿上檢測到的地面反力合力、合力矩再次合成，求所有腳或腿的總的合力和合力矩並進行等效轉化，求出的總的合力矩為零時其作用點位置便是實際的 ZMP 位置。

③ 使用期望的 ZMP 軌跡來求系統總質心的軌跡和期望的關節軌跡。期望的 ZMP 是可以定義或規劃的，以著地腳的大小和著地區域形成的凸多邊形為 ZMP 的邊界規劃或定義 ZMP 在該邊界內的軌跡曲線（即 $ZMP_x$、$ZMP_y$ 隨時間變化的軌跡曲線），然後，按照式(7-2)、式(7-3) 給出的微分運動方程式對時間 $t$ 進行積分，可以推導得出質心的位置矢量中各個位置分量的方程，即可得質心軌跡方程。為了使式(7-2)、式(7-3) 可積，一般需要對質心在 $z$ 方向上的運動進行適當的簡化。期望的 ZMP 的定義可按線性 ZMP 或正弦（餘弦）規律可變 ZMP 來定義。得到總的質心的軌跡曲線方程後，可以按照總的質心位置等於所有各剛體構件質量與其質心位置座標的乘積求和後除以總質量列寫方程，其中各個剛體構件的質心位置矢量可以按機器人機構運動學來求得用相關關節角矢量表示的質心位置矢量方程，進而謀求為實現總質心軌跡的關節角矢量，從而得到期望的關節參考軌跡，用作關節位置軌跡追蹤控制的參考輸入。

④ 穩定裕度。按照 ZMP 衡量的移動運動穩定性準則是只要在移動過程中 ZMP 不超出單腳著地支撐區或兩個以上著地腳支撐區形成凸多邊形，移動運動的系統就是穩定運動的。但是，由於 ZMP 位於著地支撐區的邊界時系統處於臨界穩定狀態，因此，為了安全起見，一般將可用的 ZMP 範圍取在支撐區邊界以裡一定距離的區域，則所取得距離支撐區邊界的這個一定的距離便成為穩定裕度。穩定裕度的概念是 1990 年代由雙足步行機器人研究者提出的實用化概念。

(3) 基於 ZMP 的穩定移動的力反射控制原理

不管是物體或機器人系統還是其他機械系統，從質點、多質點系統的理論力學的角度，它們的運動穩定性的力學原理都是相同的，都可從理論上將多質點系統看成一個總的質點來看待，該總的質點相對於支撐物體或系統的支撐點或支撐面的運動可以簡化成移動運動的倒立擺模型，再從該移動運動的倒立擺的力學模型去推導 ZMP 以及含有加加速度的 ZMP 的計算公式，然後按實際的 ZMP〔可由安裝在物體或系統上測量著地力的力/力矩感測器測得的力、力矩來計算實際的 ZMP，其原理是取含有力/力矩感測器本體與機械系統和支撐點（線）或支撐面接觸部分的物理實體之間的部分作為分離體，透過該分離體的力學模型來推導力、力矩平衡方程，進一步推導得到實際 ZMP 的計算公式並計算實際 ZMP 的位置，實際 ZMP 位置是支撐面上作用的合力矩為零的那一點的位置〕位置與預先確定的期望 ZMP 軌跡上的位置之間的位置偏差作為 ZMP 的補償量，由該補

償量計算由物理系統上選擇某一個或某幾個主動驅動運動副（關節）在原有運動的基礎上進一步實施加減速運動以使系統總的質心產生額外的慣性力、慣性力矩使實際的 ZMP 追從期望的 ZMP，以保證系統持續穩定的運動。基於 ZMP 的穩定移動力反射控制原理框圖如圖 7-56 所示。

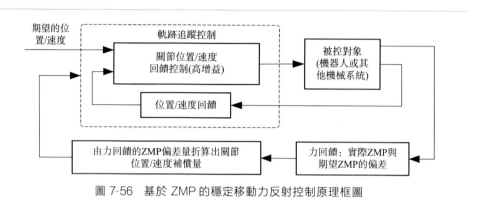

圖 7-56　基於 ZMP 的穩定移動力反射控制原理框圖

## 7.3.3　腿足式移動機器人的移動穩定性設計

（1）雙足步行機器人穩定步行的 ZMP 的規劃或定義

① 固定不變的 ZMP 位置。這種選取 ZMP 的方法是在步行過程中將期望的 ZMP 選取在固定不變的位置處，如單腳支撐期時，將 ZMP 選取在單腳著地接觸區內的某一確定的位置，如踝關節中心的正下方、腳長的中間位置處、側向位於腳寬中間位置。這種選取方法過於保守，實際步行時力反射控制總是要使實際的 ZMP 返回到期望的固定的 ZMP 位置處，如此可能導致需要機器人質心獲得更大的額外慣性力矩，對於關節驅動力要求過於嚴格。

腿的著地端無腳掌的單腿、雙腿或多腿機器人的單腿著地時的 ZMP 便只能是這種固定不變的 ZMP。

② 線性可變 ZMP。線性可變 ZMP 是 2004 年由日本前橋工科大學（Mae-bashi Institute of Technology）的朱赤（ZHU CHI）等人提出的 ZMP 設計方法。這種方法是將期望的 ZMP 設計成：單腳支撐期時按照腳長（或腳寬）方向從腳跟到腳尖（或腳寬裡側到外側、外側到裡側）ZMP 的位移按照線性規律變化；雙腳支撐期的 ZMP 則按照後腳尖到前腳跟斜向線性位移規律變化。

③ 按餘弦規律的可變 ZMP。按餘弦規律的可變 ZMP 是 2005 年本書著者吳偉國等根據倒立擺在爬升和下襬兩個階段的主動驅動和被動驅動特性，同時為了避免前述固定不變 ZMP 對於主驅動要求過於嚴格、線性可變 ZMP 仍然對於主驅動要求過於嚴格且沒有利用擺的被動特性而提出的一種 ZMP 設計方法。該方

法是將期望的 ZMP 設計成：單腳支撐期時按照腳長（或腳寬）方向從腳跟到腳尖（或腳寬裡側到外側、外側到裡側）ZMP 的位移按照餘弦曲線規律變化；雙腳支撐期的 ZMP 則按照後腳尖到前腳跟斜向餘弦曲線位移規律變化。按照餘弦規律變化的 ZMP 也可用正弦規律變化 ZMP 來表示，兩者可以互相轉換，兩者有 90°相差。

（2）雙足穩定步行控制系統的設計

① 常規的基於 ZMP 的力反射控制。常規的基於 ZMP 的力反射控制原理是圖 7-56 所示的通用的基於 ZMP 的穩定移動力反射控制原理在雙足步行機器人上的具體應用，如圖 7-57 所示。其力反射控制的控制律可以用 $M_{xZMP} = R_z \Delta x$ 公式，用力/力矩感測器檢測出的實際 ZMP 位置與期望 ZMP 位置的偏差 $\Delta x$ 和地面反力 $R_z$ 來計算出 $M_{ZMP}^k = M_{xZMP}$，作為使實際 ZMP 追從期望 ZMP 的力矩，再根據式(7-1) 計算出利用第 $k$ 關節加速運動使多剛體系統獲得使實際 ZMP 返回到期望 ZMP 的慣性力矩所需要付出的額外的驅動力矩 $\Delta T_{ZMP}^k$。如果關節位置軌跡追蹤控制採用計算力矩法可將此力矩值直接與第 $k$ 關節控制器輸出疊加在一起；若採用關節位置速度回饋 PD 控制，則可根據 $\Delta T_{ZMP}^k$ 值和第 $k$ 關節上的轉動慣量求出第 $k$ 關節需要獲得的額外的角加速度值和控制週期求出需獲得的額外的角速度、角度增量，然後對第 $k$ 關節位置、速度進行補償控制。採用兩個或多個關節進行 ZMP 力反射控制的這些關節補償控制原理與上述相同，但需要按總的補償量對這些關節進行補償量分配。

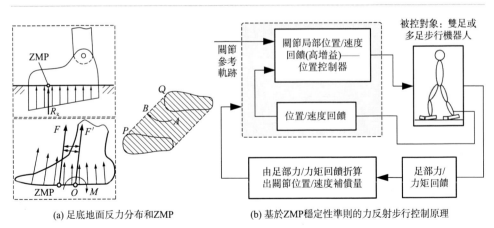

(a) 足底地面反力分布和ZMP  (b) 基於ZMP穩定性準則的力反射步行控制原理

圖 7-57　足底 ZMP 點及基於 ZMP 的雙足步行力反射控制原理

需要清楚的是：機器人的力回饋也稱力反射控制並不是直接用力或力矩偏差作為操作量，而是透過關節位置/速度補償量來間接實現的。

② 基於模糊 ZMP 的雙足步行力反射控制。考慮被作為步行穩定性指標的 ZMP，把目標軌跡偏差作為補償 ZMP 的目標。根據 ZMP 的目標偏差量決定各關節角的補償量，把該補償量加到各關節目標軌跡上生成新的目標軌跡。用這一方法來實現有模型偏差和外部干擾情況下的步行穩定控制。可是，雙足步行機器人是多桿系統，對於 ZMP 的變化，機器人的姿勢的變化不一定是唯一的。因此，補償量的確定採用 Fuzzy 推理的方法設計補償器。該 Fuzzy 補償器是把目標的 ZMP* 與實際的 ZMP 的誤差與實際的 ZMP 作為輸入，輸出是各關節的補償量。雙足步行機器人的模糊控制系統框圖如圖 7-58 所示。

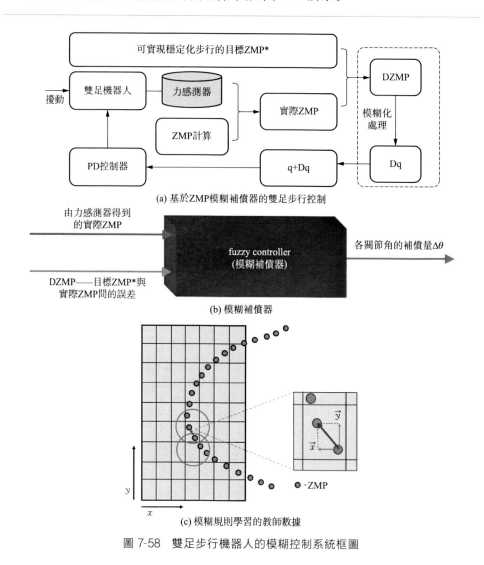

(a) 基於ZMP模糊補償器的雙足步行控制

(b) 模糊補償器

(c) 模糊規則學習的教師數據

圖 7-58 雙足步行機器人的模糊控制系統框圖

　　可以透過 GA、EP 等相結合的方法生成機器人步行的最佳化關節軌跡，並且進行步行實驗。在取得步行成功後用該樣本（關節軌跡和 ZMP 曲線）進行規則訓練。首先，將支撐腳著地區劃分為如圖 7-58(c) 所示的前後向（$y$ 方向）9 個區域、側向（$x$ 方向）7 個區域，則相鄰區域的 ZMP 差值為：

$$\Delta ZMP = a_1 \vec{x} + a_2 \vec{y}$$

則有：

$$\Delta \theta = a_1 \theta_x + a_2 \theta_y$$

　　教師數據是把 ZMP（$x$，$y$）作為輸入，把 $\theta_x$、$\theta_y$ 作為期望輸出進行訓練。隸屬度函數使用三角型函數。而且，在 Fuzzy Rule 中，使用簡化的後件部分：if $x = A$，$y = B$ then $\Delta \theta_i = p_i$。規則的學習中，把 $w_i$ 作為對應於輸入時的各規則的隸屬度值。模糊輸出為：

$$\Delta \theta_f = \frac{\sum_{i=1}^{r} w_i p_i}{\sum_{i=1}^{r} w_i}$$

把後件部分（結論部分）學習定義為：$p_i \Leftarrow p_i + \alpha w_i (\Delta \theta_i - \Delta \theta_f)$，其中：$\alpha$ 為學習常數。

　　模糊規則學習的流程如圖 7-59 所示。首先，時間 $t$ 被輸入 Spline，從此機器人各關節角的軌跡 $\theta_x$，$\theta_y$ 在作為機器人控制輸入的同時，它也被作為模糊規則學習時的期望輸出與模糊補償器的輸出進行比較，以調節模糊補償器學習時的權值 $w_i$（學習後作為隸屬度的值）。

　　由機器人的狀態，透過 GA 和 EP，Spline 不斷被更新，不斷重複地將關節軌跡生成下去。同時，也進行了規則的學習。如圖 7-59 所示，使用 ZMP 透過

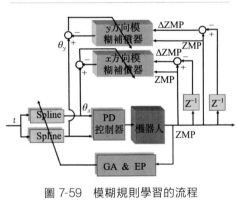

圖 7-59　模糊規則學習的流程

模糊補償器的輸出和由 Spline 的輸出的比較，規則被不斷地更新下去。圖 7-60 為採用模糊補償器的步行穩定化控制系統原理圖。基本的思想是首先需要一個固定增益的 PD 控制器作為初始控制器進行關節位置軌跡追蹤控制，隨著模糊規則學習的不斷充分，模糊補償控制器逐漸起主導控制器的作用，而初始控制器的作用被逐漸弱化。

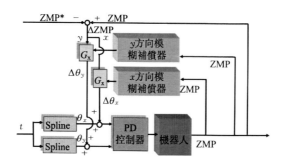

圖 7-60　採用模糊補償器的穩定步行控制系統

（3）四足步行機器人的假想線著地腳與基於 ZMP 的穩定動步行樣本設計

四足步行機器人的步態有爬行步態、對角小跑步態、間歇小跑步態、溜蹄步態、跳跑步態等多種。通常的做法是按照步態規劃生成步行樣本（即各個關節隨時間變化的關節軌跡），然後進行關節軌跡追蹤控制，對於快速步行，一般按照足部安裝的力/力矩感測器回饋的力資訊進行基於 ZMP 的力反射控制，其基本原理與圖 7-56 所示大體相同。這裡不做展開，僅就本體上沒有諸如可擺動的頭、操作臂、尾等其他可供用來獲得動態平衡效果的部分，只對僅有四條腿和軀幹平臺的四足步行機器人的穩定動步行的設計方法進行講述。這裡介紹的是 1991 年由日本東京工業大學的廣瀬茂男和米田完提出的一種假想線著地腳的概念和在此概念下如何進行基於 ZMP 的穩定步行樣本生成的步行設計主要方法。這種方法不失為快速小跑步態步行樣本生成的好方法，而且同樣適合於其他多足步行機器人穩定動步行樣本設計。

① 四足步行的靜態穩定性、動態穩定性及穩定支撐區域。將四足步行機器人常用步態步行下的穩定支撐區域歸納在圖 7-61 中，當 ZMP 位於圖中陰影區域內時，四足步行處於動態穩步行狀態，即使機器人總質心在地面投影點位於陰影區之外，機器人也不摔倒，即機器人具有動態穩定性。通常所說的質心位於著地腳構成的凸多邊形之內則機器人不倒是指靜態穩定性。動態穩定性則是指即使機器人質心在地面投影點落於著地腳構成的凸多邊形之外但 ZMP 仍位於該凸多邊形之內則機器人不倒的穩定性。

② 四足步行機器人的步態線圖。步態是指像步行動物那樣以一定的抬腳、邁腳、落腳的時間和空間順序運行所有腳的步行規律和步行形態。用無量綱時間週期為 1 的步行週期、支撐腳在 1 個無量綱步行週期中所佔無量綱時間即佔空比和邁腳先後順序繪製出步態線圖，如圖 7-62 所示。圖中陰影表示各腳在步行週期 1 中的著地時間即佔空比。

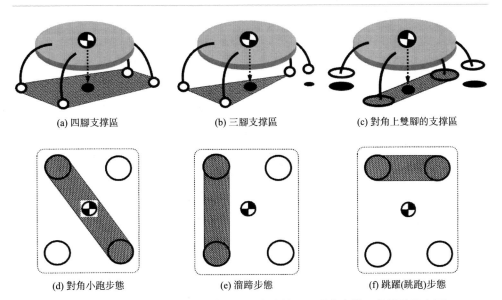

(a) 四腳支撐區　　　　(b) 三腳支撐區　　　　(c) 對角上雙腳的支撐區

(d) 對角小跑步態　　　　(e) 溜蹄步態　　　　(f) 跳躍(跳跑)步態

圖 7-61　四足步行常見步態的支撐腳穩定支撐區及質心在地面投影點示意圖

　　步態線圖和各腳之間的相位關係反映了各步態下各腳的邁腳順序以及步行週期為無量綱 1 下的著地時間。其中，擴展小跑步態［圖 7-62(d)］的占空比可以在一定範圍內調整以適合變速步行；溜蹄步態為馬拉車時的步態，為同側兩腳同步邁腳同步著地，這種步態反映出了馬在拉車時同側兩只腳位於與行進方向成最小角度的一條直線上可以獲得最大的前行力的力學原理，即有效的前進力可以達到最大化的自然原理。

　　步態線圖是用來規劃步行樣本生成步行機器人關節軌跡的理論依據。四足步行機器人腳或腿的末端向前或向後（倒退步行）推進以及抬腳高度、落腳高度等的軌跡規劃將依賴於步態類型和步態線圖，歸一化的無量綱步行週期適用於任何有量綱步行週期時間 $T$ 下各個腳的抬腳邁腳、落腳著地的時間（占空比乘以步行週期時間 $T$ 為具體的著地期間時間）。步態線圖按時間順序將各個腳或腿部末端統一在一起進行協調運動，從而產生能夠實現相應步態的步行。

　　③ 假想線著地腳[67,68]。1991 年由日本東京工業大學的廣瀨茂男和米田完提出的一種假想線著地腳的概念把四足步行機器人簡化成了假想的雙足機器人，並且進一步可以按類似於雙足機器人的倒立擺簡化模型和 ZMP 穩定性準則來解析兼規劃地生成假想線著地腳中心點的軌跡，進而得到實際機器人腳的軌跡，從而生成四足步行機器人的間歇小跑步態、小跑步態的步行樣本。

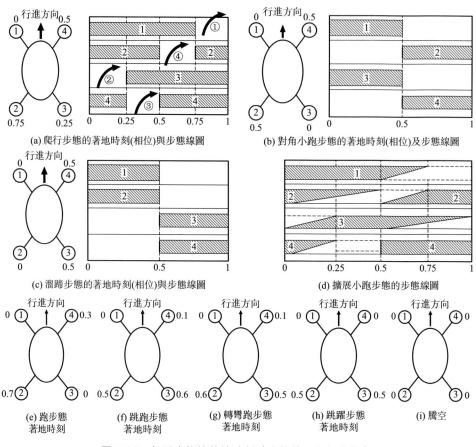

(a) 爬行步態的著地時刻(相位)與步態線圖

(b) 對角小跑步態的著地時刻(相位)及步態線圖

(c) 溜蹄步態的著地時刻(相位)與步態線圖

(d) 擴展小跑步態的步態線圖

(e) 跑步態
著地時刻

(f) 跳跑步態
著地時刻

(g) 轉彎跑步態
著地時刻

(h) 跳躍步態
著地時刻

(i) 騰空

圖 7-62　各種步態的著地時刻（步態線圖與相位差）

　　假想線著地腳就是四足機器人對角線上的兩只腳連線成一條直線，把這條直線段當作一隻「線腳」。由於對角小跑步態是對角線上的兩隻腳同時成為著地腳同時成為游腳，所以，有了假想線腳的概念後，可以把對角小跑步態或者間歇小跑步態看成雙足步行機器人，按照倒立擺模型和 ZMP 軌跡來生成假想線著地腳「線」中點的軌跡。假想線著地腳如圖 7-63 所示，對角線上的兩隻腳連線得到的線段的中點稱為假想線著地腳。

　　圖 7-63 右圖中的 $G(T_0)-P_1-G(T_1)-P_2-G(T_2)$ 曲線即為假想線著地腳在四足步行時的軌跡在地面上的投影曲線。顯然，兩只假想線著地腳如同雙足步行機器人的兩只腳一樣交替邁腳、落腳。另外，取假想線著地腳處與假想線腳的線段一致的方向矢量作為 $G(T_0)-P_1-G(T_1)-P_2-G(T_2)$ 曲線的切線方向，光滑規劃假想線著地腳的軌跡。

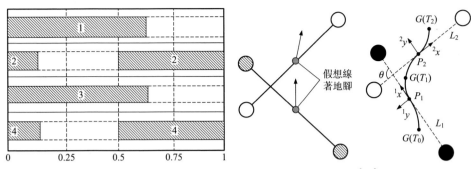

圖 7-63　四足步行的間歇小跑步態（左圖）、假想線著地腳（中圖[67]）及其軌跡規劃
中軀幹搖動方向（y）和收斂的調節方向（x）（右圖[67]）

④ 四足間歇小跑步態或小跑步態動步行的雙腳支撐期假想線著地腳的軌跡
規劃

a. 四足穩定動步行的雙腳支撐軌跡規劃[68]。四足機器人的雙腳支撐期按照假
想線著地腳就「假想」成了雙假想線腳構成的雙足步行機器人的單個假想線著地腳
著地的單腳支撐期，這期間，透過 $y$ 方向上的加減速運動進行使 ZMP 位於支撐腳
連線上的運動規劃。軀體重心位置用時間的函數 $G_y(t)$ 來表示，則 ZMP 的 $y$ 座標
$ZMP_y(t)$ 的計算可按圖 7-64 所示的倒立擺力學模型僅由質心與質心在地面上投影
點間的距離（即質心高度）×加速所需的力/重力得到，即可得下式：

$$ZMP_y(t) = G_y(t) - \frac{H}{g}\ddot{G}_y(t) \tag{7-4}$$

式中，$g$ 為重力加速度；$H$ 為質心高度。

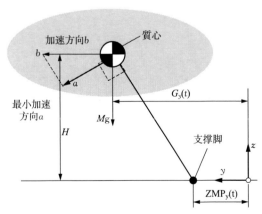

圖 7-64　四足步行機器人的倒立擺力學模型及其最小加速方向（a）與水平加速方向（b）

為使 ZMP 位於支撐腳連線上，必須滿足條件：$ZMP_y(t)=0$。滿足該條件的 $G_y(t)$ 可透過求解式(7-4)得到。把作為預想的解形式的 $G_y(t)=e^{A(t-T_0)}$ 代入上述方程式中，可以求得 $A$ 的兩個值，若將其兩個解進行線性結合可得如下形式的通解：

$$ {}^1G_y(t)=C_1 e^{\frac{t-T_0}{\sqrt{H/g}}}+C_2 e^{-\frac{t-T_0}{\sqrt{H/g}}} \tag{7-5}$$

其中：由作為初始條件 $t=T_0$ 時的位置 ${}^1G_y(T_0)$、速度 ${}^1\dot{G}_y(T_0)$ 可以求得常量 $C_1$，$C_2$，則完整的通解形式為：

$$ {}^1G_y(t)={}^1G_y(T_0)\cosh\left[\sqrt{\frac{g}{H}}(t-T_0)\right]+\sqrt{\frac{H}{g}}\,{}^1\dot{G}_y(T_0)\sinh\left[\sqrt{\frac{g}{H}}(t-T_0)\right] \tag{7-6}$$

$x$ 方向運動的確定應保證即使在步行期間改變步行方向和速度的情況下，生成的質心軌跡也不發散，能收斂於基準運動。例如，決定以 $L_2$ 為支撐腳連線的下一步運動收斂性的是第 1 步初始狀態的質心位置 $[G_x(T_1),G_y(T_1)]$ 和速度 $[\dot{G}_x(T_1),\dot{G}_y(T_1)]$，它們可以透過當前的（以 $L_1$ 為支撐腳連線）1 步向 $x$ 方向運動的設定來確定。此處，下一步的開始點在占空比為 0.5 時，就成了當前的兩腳支撐期間的終了點，所以，關於雙腳支撐期間終了時的位置和速度應具有這樣的收斂性。

但是，當考慮占空比大於 0.5 時的情況下，如圖 7-65 所示作為假想的下一步的支撐腳連線，考慮平移實際的支撐腳連線到前面以使其到達透過 $P_s$ 的 $L_s$。占空比為 0.5 時 $P_s$ 和 $P_2$ 一致，假想的支撐腳連線與實際的支撐腳連線是一致的。對於該假想的支撐腳連線規劃有收斂性的運動，可以使其對應 0.5 以上所有的占空比。具體地，首先盡可能減小 $x$ 方向的速度變化，為使恆速步行的情況下 $x$ 方向的速度為零，在 $T_s$ 時的 $x$ 方向的速度 $dG_x(T_s)/dt$ 為：

$$ {}^1\dot{G}_x(T_s)=\frac{{}^1G_x(T_s)-{}^1G_x(T_0)}{T_s-T_0} \tag{7-7}$$

另外，為使生成的軌跡具有收斂性，暫且當前的速度指令也持續到下一步的情況下，下一步的初始位置和終了位置將成為以支撐腳連線 $L_s$ 為對稱的位置，即

$$ {}^sG_y(T_s)=-{}^sG_y(T_2) \tag{7-8}$$

由這些條件，當前的雙腳支撐期間終了時的位置為：

$$ {}^1G_x(T_s)\frac{\sin\theta[{}^1P_{sx}-{}^1G_x(T_0)]+\cos\theta[{}^1G_y(T_s)-{}^1P_{sy}-K\,{}^1\dot{G}_y(T_s)]}{\sin\theta(-K+T_s-T_0)} $$

$$ \tag{7-9}$$

其中：

$$K = -\frac{\sinh\left[\sqrt{\dfrac{g}{H}}\ (T_s - T_0)\right]}{\sqrt{\dfrac{g}{H}}\left\{1 + \cosh\left[\sqrt{\dfrac{g}{H}}\ (T_s - T_0)\right]\right\}} \tag{7-10}$$

$\theta$ 如圖 7-65 所示，為兩支撐腳連線所成的夾角。

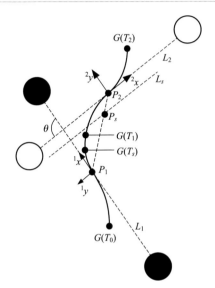

圖 7-65　四腳支撐期間情況下的假想兩支撐腳連線[68]

為實現式（7-7）表示的終了速度和式（7-8）表示的終了位置的光滑運動，有：

$$^1\dot{G}_x(t) = \begin{cases} ^1\dot{G}_x(T_0) + 3\dfrac{^1\dot{G}_x(T_s) - {}^1\dot{G}_x(T_0)}{T_s - T_0}(t - T_0)\,, T_0 < t < \dfrac{T_0 + T_s}{2} \\[3mm] ^1\dot{G}_x(T_s) - \dfrac{^1\dot{G}_x(T_s) - {}^1\dot{G}_x(T_0)}{T_s - T_0}(t - T_s)\,, \quad \dfrac{T_0 + T_s}{2} < t < T_s \end{cases}$$

$$\tag{7-11}$$

雙腳支撐期的軌跡規劃完畢。

b. 四足穩定動步行的四腳支撐期軌跡規劃。關於 $x$ 方向的運動與雙腳支撐期相同，盡可能減小速度的變化，恆速步行的情況下應使 $x$ 方向的加減速度為零，而且，為保證下一步的連續性，讓四腳支撐終了時刻的速度方向與 $G(T_s)$ 和 $P_2$ 的連線一致，即

$$\frac{{}^1\dot{G}_x(T_1)}{{}^1\dot{G}_y(T_1)}=\frac{P_{2x}-{}^1G_x(T_s)}{P_{2y}-{}^1G_y(T_s)} \tag{7-12}$$

將由式(7-7)、式(7-9)求得的雙腳支撐期終了時的位置 ${}^1G_x$（$T_s$）、${}^1G_y$（$T_s$）代入式(7-12)中得四腳支撐期終了時的位置和速度方程式為：

$${}^1G_x(T_1)-{}^1G_x(T_s)={}^1\dot{G}_x(T_1)(T_1-T_s) \tag{7-13}$$

$${}^1G_y(T_1)-{}^1G_y(T_s)={}^1\dot{G}_y(T_1)(T_1-T_s) \tag{7-14}$$

為實現上述終了速度和終了位置下的光滑運動，有：

$${}^1\dot{G}_x(t)=\begin{cases}{}^1\dot{G}_x(T_s)+3\dfrac{{}^1\dot{G}_x(T_1)-{}^1\dot{G}_x(T_s)}{T_1-T_s}(t-T_s)\,,&T_s<t<\dfrac{T_1+T_s}{2}\\[4mm]{}^1\dot{G}_x(T_1)-\dfrac{{}^1\dot{G}_x(T_1)-{}^1\dot{G}_x(T_s)}{T_1-T_s}(t-T_1)\,,&\dfrac{T_1+T_s}{2}<t<T_1\end{cases} \tag{7-15}$$

$${}^1\dot{G}_y(t)=\begin{cases}{}^1\dot{G}_y(T_s)+3\dfrac{{}^1\dot{G}_y(T_1)-{}^1\dot{G}_y(T_s)}{T_1-T_s}(t-T_s)\,,&T_s<t<\dfrac{T_1+T_s}{2}\\[4mm]{}^1\dot{G}_y(T_1)-\dfrac{{}^1\dot{G}_y(T_1)-{}^1\dot{G}_y(T_s)}{T_1-T_s}(t-T_1)\,,&\dfrac{T_1+T_s}{2}<t<T_1\end{cases} \tag{7-16}$$

按上述方法和公式生成的、對應於行進方向和轉彎時回轉運動的軀幹搖動軌跡生成實例如圖 7-66 所示。

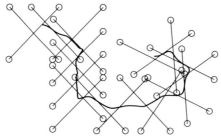

圖 7-66　全方位移動軀幹的假想線著地腳動態穩定軌跡生成實例[68]

用上述規劃方法設計的即時指令下全方位動步行控制算法進行的實際步行實驗情況：TITAN-6（圖 7-67）是為進行能夠爬樓梯、高速動步行實驗而設計的四足步行機器人。其運動規劃算法可以處理任意步行週期和占空比。這裡介紹的

是步行週期和占空比固定情況下透過步幅的變化調整移動速度的實驗。由操作者操縱操縱桿發出指令控制任意方向的平移和回轉運動。圖 7-67 右圖是用長時間曝光連續拍攝給出了讓行進方向變化的情景。步態為間歇步態，1 步最短週期為 0.25s，不存在因為指令延遲導致操縱性惡化的問題。此外，平地直進實現了最高速度 1m/s 的步行實驗。這幾乎與人的步行速度匹敵。

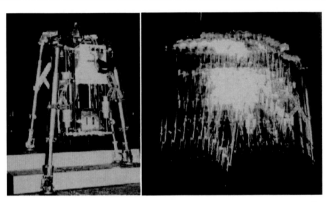

圖 7-67　TITAN-6 四足步行機器人原型樣機及其高速動步行實驗[67, 68]

## 7.3.4　輪式移動機構移動穩定性設計

（1）輪式移動機構的靜態穩定性判據

整個輪式移動機器人總質心在地面的投影點若在所有著地輪與地面接觸區所形成的凸多邊形之內則是靜態穩定的，即勻速或低速的正常行駛下為靜態穩定。

（2）與腿、足式機器人一樣，輪式移動機構移動穩定性同樣可以用 ZMP 作為穩定性判據

輪式移動機器人總質心所受到的各種力的合力的作用線（或其正向、反向延長線）與地面的交點若位於所有著地輪與地面接觸區所形成的凸多邊形之內則是動態穩定的。但輪式移動機器人穩定性不同於腿、足式機器人穩定性，腿足式機器人步行運動控制中必須滿足靜態、動態穩定性條件才能正常地、持續地行走下去，而輪式移動機器人移動過程中，除單輪、兩輪、單個球型輪、雙球形輪移動機器人外，三輪及以上的輪式移動機器人一般著地凸多邊形穩定區較大，移動穩定性只是其在輪式行走過程中適時需要檢測是否翻倒的問題，而不是在輪式移動控制過程中都需要保證的必要移動條件，而且一般的三輪及三輪以上的輪式移動機器人體長方向輪距較橫向輪距寬，縱向穩定性較橫向穩定性好，因此，通常是

在轉彎時防止側向失穩導致側翻的問題，因此，需要限製最小轉彎半徑 $r$、轉彎時行駛速度 $v$ 以及即時在線檢測彎道的坡度 $\gamma$ 以及輪式移動機器人的質心的高度 $H$，並需考慮地面摩擦狀態（摩擦因數 $f$），透過力學平衡方程給出由這些參數表達的移動穩定性條件式作為穩定性判據。在進行穩定性運動力學分析時，仍然將輪式移動機器人看成倒立擺模型進行力學分析。

（3）單輪、雙輪、球形輪輪式移動機器人的二級倒立擺力學模型及其移動穩定性

單輪、雙輪、球形輪輪式移動機器人的平面二級倒立擺的力學模型如圖 7-68 所示，對於單扁平輪、同軸線雙扁平輪型輪式移動機器人在行進立面（Sagittal 平面）內的力學模型即可用此圖表達其力學模型，同理若有側偏自由度則側向立面（Literal 平面）內也可給出其平面二級倒立擺模型，原理相同，此處不再重複。對於球形輪式移動機器人則是三維二級倒立擺力學模型。本書只就圖 7-68 給出力學方程和移動穩定性分析。

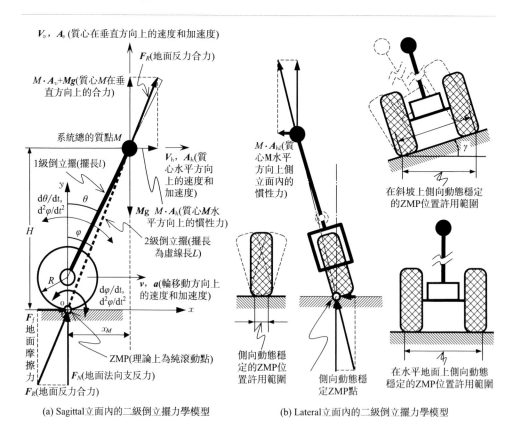

(a) Sagittal立面內的二級倒立擺力學模型 　　(b) Lateral立面內的二級倒立擺力學模型

圖 7-68　單輪、雙輪或球形輪移動機器人的平面二級倒立擺力學模型

設 1 級倒立擺的擺長、繞輪軸回轉的轉動慣量分別為 $l$、$I_l$；2 級倒立擺的擺長、繞輪與地面的接觸點回轉的轉動慣量分別為 $L$、$I_L$；輪的質量為 $m$、輪半徑為 $R$、輪繞自己質心的轉動慣量為 $I_w$，輪轉動的角速度為 $\omega$。圖 7-68(a) 純滾動點 $o$（即座標系 $o\text{-}xyz$ 的座標原點）就是 ZMP 點，因此，輪式移動機器人的簡化倒立擺模型穩定移動下的 ZMP 點是位於輪與地面接觸的純滾動點，可得：

$$\begin{cases} Mgx_M + M(A_h - a)(H - R) - MA_v x_M + I_l\, \mathrm{d}^2\theta/\mathrm{d}t^2 = \tau \\ F_N + MA_v - Mg = 0 \\ Mgx_M + MA_h H - MA_v x_M + I_L\, \mathrm{d}^2\varphi/\mathrm{d}t^2 + maR + (mR^2/2 + mR^2)\mathrm{d}^2\varphi/\mathrm{d}t^2 = \tau \\ MA_h + ma = F_f \end{cases}$$

$$(7\text{-}17)$$

其中，$x_M = L\sin\varphi = l\sin\theta$。當 $\varphi$，$\theta$ 很小時，即輪式機器人的質心控制在支撐點上方附近時，可以近似地取 $\sin\varphi \approx \varphi$；$\sin\theta \approx \theta$。

整理得：

$$\begin{cases} [(H - R)M + Rm]a + MRA_h - I_l\, \mathrm{d}^2\theta/\mathrm{d}t^2 + (I_L + I_w + mR^2)\mathrm{d}^2\varphi/\mathrm{d}t^2 = 0 \\ F_N + MA_v - Mg = 0 \\ MA_h + ma = F_f \end{cases}$$

又因為：$a = \mathrm{d}\omega/\mathrm{d}t = \dot\omega$；$A_h = L\cos\varphi\, \mathrm{d}^2\varphi/\mathrm{d}t^2 = H\mathrm{d}^2\varphi/\mathrm{d}t^2 = H\ddot\varphi$，所以有：

$$\begin{cases} [(H - R)M + Rm]\dot\omega - I_l\ddot\theta + (I_L + I_w + mR^2 + MRH)\ddot\varphi = \\ [(H - R)M + Rm]\dot\omega - I_l\ddot\theta + (I_L + I_w + mR^2 + MRH)(F_f - m\dot\omega)/MH = 0 \\ F_N + MA_v - Mg = 0 \\ MH\ddot\varphi + m\dot\omega = F_f \Rightarrow \ddot\varphi = (F_f - m\dot\omega)/MH \end{cases}$$

最後得到：

$$\{[(H - R)M + Rm] - (I_L + I_w + mR^2 + MRH)m/MH\}\dot\omega -$$
$$I_l\ddot\theta + (I_L + I_w + mR^2 + MRH)F_f/MH = 0 \qquad (7\text{-}18)$$

則，單輪、雙輪或球形輪輪式移動機器人在前後向的穩定移動條件為：

$$\ddot\theta = \frac{\{[(H - R)M + Rm] - (I_L + I_w + mR^2 + MRH)m/MH\}\dot\omega}{I_l} +$$
$$\frac{(I_L + I_w + mR^2 + MRH)F_f/MH}{I_l} \qquad (7\text{-}19)$$

上式說明：輪式移動平臺上帶有 1 級倒立擺的移動機器人要實現動態穩定移動，輪上 1 級倒立擺擺動的角加速度與輪轉動角速度需滿足式(7-19) 的關係。

但是，式(7-19)中含有輪與地面滾動摩擦力 $F_f$，這說明：輪式移動機器人的移動穩定性受地面與輪之間的摩擦力的影響。受摩擦力影響的非線性系統都是非完整約束系統。

（4）三輪及以上的輪式移動機器人移動的穩定性

三輪及以上的輪式移動機器人具有較大的著地支撐區，如果能夠保證機器人的 ZMP 位於著地輪形成的凸多邊形之內，則機器人可保持動態穩定移動。正常行駛時，假設車輪相對地面作無滑移純滾動，或者忽略車輪相對地面的滑移。輪式移動機器人車輪輪軸的加速度與車體質心處的加速度是相同的，所以，一般不會發生 ZMP 超出支撐區的現象，只有在高速轉彎、突然減速急停或由靜止狀態突然加速的狀態下，可能會出現失穩狀態，如圖 7-69 所示。

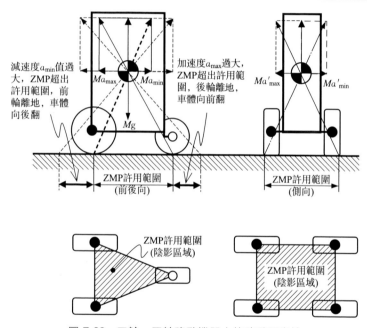

圖 7-69　三輪、四輪移動機器人的移動穩定性

說「當 ZMP 超出輪著地形成的凸多邊形支撐區可能失穩」，就意味著未必一定會失穩而傾覆，當某著地輪因 ZMP 超出穩定支撐區而抬離地面，機器人本體開始傾倒翻轉，但如果此時機器人靠某些關節快速加減速運動可以在一定時間內獲得額外的慣性力矩使 ZMP 及時返回到著地支撐區內，則機器人不會繼續傾倒而返回到穩定狀態。但是如果按倒立擺固有週期時間內，ZMP 不能及時返回著地支撐區，則無論如何透過關節加減速運動獲得多大的額外的慣性恢復力矩都不能使機器人返回到穩定狀態，即完全徹底失穩而傾倒下去。因此，保持運動穩

定的根本條件取決於恢復穩定運動的快速響應時間和機器人各個關節主驅動的最大驅動力或驅動力矩（即最大驅動能力）。

（5）輪式移動機器人的爬坡能力與條件

首先分析一個電動機產生轉矩 $\tau$ 透過減速器傳遞給驅動輪時驅動輪蹭地面力 $F$ 的求法。假設驅動輪為各自獨立的兩輪驅動，驅動輪的半徑為 $R_w$，一個均一密度的圓盤式車輪的慣性矩為 $I = mR_w^2/2$（設車輪質量為 $m$）。減速器速比為 $\gamma$，減速器傳動效率為 $\eta$，且驅動輪作無滑移的純滾動。驅動輪蹭地面的力大小 $F$ 乘以驅動輪半徑 $R_w$ 即為驅動轉矩的大小 $\eta\gamma\tau$，其與驅動輪軸上轉矩大小相等，即 $R_w F = \eta\gamma\tau$。

如圖 7-70 所示，機器人行走在斜坡環境的情況下，需要研究爬坡時所需要的轉矩是否足夠。設斜面傾斜角為 $\theta_{slp}$。機器人處於斜坡途中時，平行於斜坡向下的重力分量為 $Mg\sin\theta_{slp}$，設：機器人行走時空氣阻力大小 $f_{air}(v)$、路面與車輪滾動摩擦力為 $f_w(v)$，車軸軸承、減速器的摩擦力為 $f_g(v)$，它們都與移動機器人速度 $v$ 有關，是 $v$ 的函數。當機器人速度較慢時，$f_{air}(v)$ 可以忽略。所以，機器人行走時的力平衡方程可以寫成：

$$\frac{2\eta\gamma\tau}{R_w} - [f_w(v) + f_g(v)] - Mg\sin\theta_{slp} = (M + 2m)a \qquad (7\text{-}20)$$

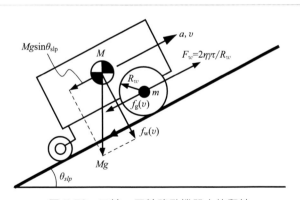

圖 7-70　三輪、四輪移動機器人的爬坡

則用式(7-20) 可以驗算在斜面上走行所需要的最高速度及電動機應該輸出的轉矩；用所期望的 $\theta_{slp}$ 最大值可以計算在斜面上走行時所需要的轉矩。若在斜坡上驅動力矩不足以獲得加速度 $a$ 或者在 $a = 0$ 的情況下式(7-20) 等號左側值小於零，則輪式移動機器人在斜坡上因驅動能力不足向下滑動而處於運動不穩定狀態。

## 7.3.5 搭載機器人操作臂的移動平臺的穩定性設計

（1）移動平臺的穩定支撐區與操作臂對移動穩定性的調節作用

搭載機器人操作臂的移動平臺的穩定性是指移動平臺（包含操作臂在內）移動時 ZMP 在著地支撐區內外變化時系統的穩定性。當 ZMP 位於著地支撐區或在斜坡上移動時著地支撐區在水平面的投影區之內時，移動機器人系統是穩定的；當 ZMP 超出著地支撐區時，如果按照系統質心與支撐區形成的倒立擺固有週期時間內能及時將 ZMP 返回到支撐區內，則系統仍能繼續穩定移動，否則，將陷入傾覆而不能繼續正常移動狀態。搭載機器人操作臂的移動平臺除了透過移動平臺自身調節獲得穩定能力之外，還可以透過所搭載的機器人操作臂來輔助調節穩定性。因此，搭載在移動平臺上的機器人操作臂兼有操作和移動穩定性調節兩項功能。

移動操作的機器人操作臂的運動控制與工廠內固定作業環境下的機器人操作臂運動控制沒有本質區別，可將移動平臺擁有的自由度數及其運動看成機器人操作臂基座下連接的同樣自由度數的移動副和回轉副的「操作臂」來建立等效的機構運動學模型，進而簡化成更多自由度的機器人操作臂處理。如同機器人操作臂基座串聯一臺兼有移動副和回轉副的三座標機構一樣。但這只是理論上的簡化模型，實際上不管是輪式移動方式，還是腿足式移動方式的移動平臺都是與地面構成的非完整約束系統，都有移動量的不確定性和不可預知性，尤其在中高速運動時，非完整約束系統（非線性系統）是難以控制的，需要藉助於系統內部或外部的多感測器系統獲得機器人系統與環境的狀態來實現高可靠性的控制。

前述的足式移動機器人動態穩定性獲得中，講述的四足機器人上沒有操作臂，有的只是四條腿和軀幹平臺，無法像狗搖尾巴、雞點頭、恐龍擺尾等那樣透過這些平衡行為來獲得行走的動態穩定效果，只好透過搖動軀幹平臺的搖動步態來獲得動態效果。而搭載機器人操作臂的四足步行機器人或輪式移動機器人則可以透過控制所搭載的機器人操作臂的運動來獲得動態穩定的平衡效果。

（2）腿足式移動平臺的穩定步行控制

關於雙足步行機器人的穩定性以及穩定步行控制在 7.3.3 節已經做了講解。四腿/足式步行機器人及三輪、四輪的輪式移動機器人的各種著地狀態及其著地支撐區如圖 7-71 所示。一般腿/足式機器人各腿末端或腳踝關節處都會安裝六維力/力矩感測器或在腳底安裝接觸力感測器，用來檢測各腿或腳著地狀態下的地面反力，由所有的著地腿或腳上的力感測器測得的地面反力可計算出實際的 ZMP 位置，同時由各腿或腳著地得到的地面反力以及機器人的機構參數、驅動

各腿關節的電動機上的位置/速度感測器或者關節位置/速度感測器資訊可以計算出實際著地接觸區域，進而可以透過判別 ZMP 是否位於著地支撐區凸多邊形內以及 ZMP 點距離著地邊界的遠近，來進一步判別步行穩定性和進行穩定步行的預測控制。當四腿/足或更多腿/足的步行機器人的 ZMP 已經接近或超出著地凸多邊形邊界時，可以採用類似於 7.3.2 節和圖 7-56 所述的方法，透過計算實際 ZMP 的位置與期望的 ZMP 位置的偏差以及此偏差與各腿/足上的力感測器檢測到的地面反力的合力的乘積，將此乘積作為使 ZMP 返回期望 ZMP 位置所需的額外力矩，並透過選擇步行移動平臺上搭載的機器人操作臂上的各個關節進行加速運動來獲得使實際 ZMP 返回到期望 ZMP 的慣性力矩，從而實現動態穩定的控制效果。

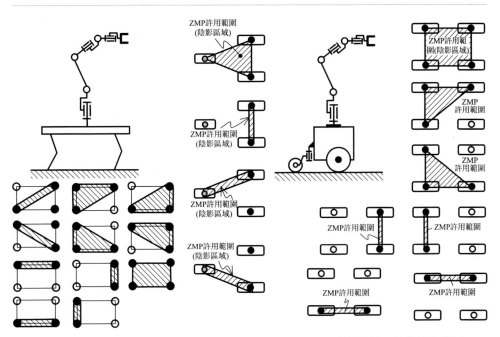

圖 7-71　四腿/足式機器人及三輪、四輪移動機器人的各種著地狀態下的著地支撐區

　　期望的 ZMP 可在著地支撐區域內的幾何參數按線性或餘弦規律可變 ZMP 規劃。

（3）輪式移動平臺的穩定移動控制

　　輪式移動機器人穩定移動的動態控制同樣需要力反射控制才能實現動態穩定效果。由於車輪多為輪胎式車輪，無法在車輪輪胎上安裝力感測器，因此，需要在靠近輪軸的附近安裝力感測器以間接檢測各著地輪所受地面的反力，進而求得

各著地輪所受地面反力合力和合力矩，計算出實際 ZMP 位置，然後計算出實際 ZMP 位置與按照地支撐區規劃期望的 ZMP 軌跡上相應 ZMP 位置的偏差。可以採用類似於 7.3.2 節和圖 7-56 所述的方法，透過計算 ZMP 位置的偏差與各輪軸附近上力感測器間接檢測到地面反力的合力的乘積，將此乘積作為使 ZMP 返回期望 ZMP 位置所需的額外力矩，並透過選擇輪式移動平臺上搭載的機器人操作臂上的各個關節進行加速運動來獲得使實際 ZMP 返回到期望 ZMP 的慣性力矩，從而實現動態穩定的控制效果。期望的 ZMP 可在著地支撐區域內的幾何參數按線性或餘弦規律可變 ZMP 規劃。

## 7.3.6　關於移動機器人的穩定性問題的延伸討論

### （1）ZMP 只涉及機械系統機構運動參數對時間 $t$ 的二階導數項

絕大多數移動機器人的動態穩定性都是基於 1972 年機器人學者 Vukobratovic M 等所提出的 ZMP 概念及其穩定步行控制方法的。但是：多自由度複雜機器人機械系統的運動是強運動耦合的高度非線性動力學系統，涉及運動參數對時間 $t$ 的從 1 階直至 $n$ 階導數項產生的力、力矩。從多剛體質點系統的 ZMP 計算公式可知，ZMP 理論計算公式只包含運動參數的二階項，即加減速、牽連運動等二階項和速度項。2010 年吳偉國等利用三階泰勒公式和機器人動量矩方程推導給出了計及加加速度（即舒適度）的 ZMP 計算公式。當機器人高速運動、急停和突然加速等運動情況下，高階項的影響不容忽略。但是，在考慮加加速度及更高階項影響下的穩定移動實際控制需要加速度感測器乃至加加速度感測器等回饋資訊，進行加速度回饋控制。

### （2）移動機器人與地面或支撐面間接觸狀態的檢測與識別技術

移動機器人與地面接觸的腿/足或車輪、履帶之間形成的摩擦副由摩擦表面的材質、表面形貌、接觸力大小等多因素決定，為非完整約束的不確定性問題。因此，實際上不存在對於任何地面或支撐表面下都適用的絕對穩定條件。在移動過程中，支撐腿/腳、輪、履帶與地面或支撐面間產生滑移、滑轉是不可避免的。通常追求一種既不排斥滑移、滑轉又不會讓滑移、滑轉過大地影響穩定步行。因此，移動機器人的腿/腳、輪、履帶等與地面接觸狀態的檢測與識別技術成為穩定移動關鍵技術之一。現有移動機器人技術中，力/力矩感測器、接觸力感測器等已經分別在腿/足式、輪式、履帶式移動機器人中的腿部末端、腳踝關節、足底採用、履帶、輪、輪腿式的腳等部位使用，用來直接或間接測量地面反力或識別法向接觸狀態。但是，有關接觸時產生的滑移、滑轉等滑覺感測器的使用和滑動狀態的檢測、識別技術研究遠不夠充分和有效。

（3）關於移動機器人動態穩定移動的力反射控制共通技術

無論是腿足式步行移動機器人，還是輪式、輪腿式移動機器人、履帶式移動機器人，由其移動方式決定的移動機構部分的位置速度控制原理各有不同，但是在動態穩定移動的力反射控制上具有共通的力學原理和控制技術，歸納匯總如圖 7-72 所示。

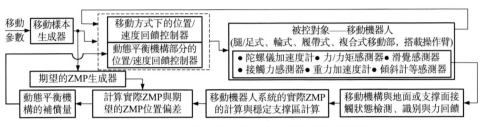

圖 7-72　移動機器人動態穩定移動控制原理框圖

# 7.4　多移動方式機器人系統設計

## 7.4.1　具有多移動方式的類人及類人猿型機器人系統設計、模擬與實驗

（1）具有多移動方式的類人及類人猿型機器人概念的更新與 GOROBOT-Ⅱ型（2003～2005 年，哈爾濱工業大學，吳偉國）

2003 年本書作者在 1999 年提出的具有多移動方式類人猿機器人概念基礎上，在國家自然科學基金資助下研製出模塊化組合式類人猿機器人 GOROBOT-Ⅱ[69]，於 2005 年 IEEE IROS 國際會議上提出了圖 7-73 所示的具有腿式、輪式及特殊移動方式類人及類人猿型自主移動機器人的概念，並且為 GOROBOT-Ⅱ設計裝備了腳用輪式移動機構，在 2004 年實現的雙足步行、四足步行及步行方式轉換基礎上進一步實現了輪式移動及腿式與輪式轉換等功能，圖 7-74 為其原型樣機及其雙足步行、四足步行、輪式移動等實驗影片截圖、腳用輪式移動機構與原理、關節單元的模塊化組合式設計[70,71]。

①　有雙足步行、四足步行、輪式移動以及特殊移動方式的類人及類人猿型自主移動機器人新概念。如圖 7-73 所示，是指一臺類人及類人猿機器人具有雙足步行、四足步行、腳用輪式移動機構下的輪式移動以及能像猴子一樣擺盪渡

越、翻越障礙物、跳躍障礙物、攀爬建築物或樹幹等特殊移動方式的多移動方式機器人。這種機器人系統主要由多移動方式機構本體系統、由多種類多感測器構成的多感知系統、自主評價與決策系統、作業任務級總體規劃系統、運動控制系統組成。其中，運動控制系統包括步行控制模塊、輪式移動控制模塊、特殊移動方式控制模塊和多移動方式之間相互轉換控制模塊。這種機器人各種移動方式之間可以透過移動方式轉換控制模塊進行相互轉換。透過其本體上搭載的視覺、嗅覺、雷射掃描、姿勢、加速度、力/力矩等多種類的多感測器系統獲得地面、周圍環境的狀態量，並結合作業任務進行包括移動在內的作業行為自主決策，選擇合適的移動方式。此外，這種自主移動機器人系統還可以根據當前的外部環境、作業任務要求對機器人當前內部狀態和移動能力、作業能力進行評價。

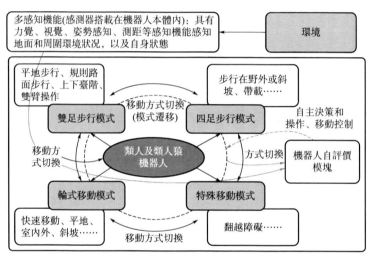

圖 7-73 具有雙足步行、四足步行、輪式移動以及特殊移動方式的類人及類人猿型自主移動機器人新概念（吳偉國， IEEE IROS'2005）[70]

這種多移動方式自主移動機器人仿生於人、類人猿、猴子等靈長類動物，機器人本體由頭部、雙臂手/雙腿足四肢和軀幹組成，其中，雙臂手、雙腿足可以兼作對方功能使用，因此，手、足分別為帶手指的手爪、帶腳趾並且可以有抓握功能的腳爪。手爪、腳爪均為大負載能力的可強力抓握、抓牢附著物的手/腳爪。

這種多移動方式的機器人，在平整路面上可優先採用輪式移動方式，其次是雙足步行、四足步行；在有臺階、障礙物的環境下，採用雙足上臺階或四足爬臺階移動方式，或者跳起越過障礙；在非連續介質的環境下，採用雙臂交替抓桿攀爬或四足攀爬、雙臂手擺盪渡越等特殊移動方式。

② 有雙足步行、四足步行、輪式移動等移動方式的類人猿型機器人 GORO-

BOT-Ⅱ型。如圖 7-74 所示，該機器人雙足直立狀態總高約 0.89m，總質量約 35kg，總共有 25 個自由度，其中，下肢雙足部分有 2×6 個自由度，可以實現全方位步行；腰部 1 個俯仰自由度，上肢雙臂部分有 2×6 個自由度。該機器人可以從雙足直立狀態趴下成四足著地狀態，進行四足步行，也可以由四足著地或步行狀態爬起來成雙足直立狀態，進行雙足步行。腳部安有六維力/力矩感測器，腳的側面連接著腳用輪式移動機構。腳用輪式移動機構由足式步行與輪式移動切換驅動機構（伺服電動機 1＋諧波齒輪減速器＋兩級同步齒形帶傳動 2＋滑動螺旋傳動 3）和輪式移動主驅動機構（伺服電動機 10＋同步齒形帶傳動＋諧波齒輪傳動＋行走輪 9）兩部分組成。

(a) 25-DOF GOROBOT-Ⅱ原型樣機

(b) 雙足步行(左)/四足步行(中)/輪式移動(右)

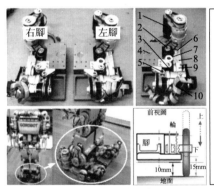

(c) 帶有腳用輪式移動機構的腳

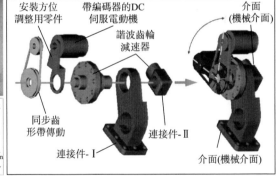

(d) GOROBOT-Ⅱ的關節單元的模塊化設計

圖 7-74　具有雙足、四足步行、腳用輪式移動等多移動方式的類人及
類人猿機器人「GOROBOT-Ⅱ」（2004 年，吳偉國）[69~71]

GOROBOT-Ⅱ型臂、腿、腰及其上各個關節驅動機構皆採用模塊化組合式設計方法，各個關節單元的模塊化構成如圖 7-74(d) 所示，包括：伺服電動機、同步齒形帶傳動、電動機安裝板、諧波齒輪減速器單元、連接件Ⅰ、連接件Ⅱ。其中，連接件Ⅰ、Ⅱ分別為關節驅動單元與前後構件的連接介面件；伺服電動機

及同步齒形帶安裝板方位可選可調節，在機器人不同部位上的關節單元可根據各關節運動範圍和構件間的相對位置情況選擇電動機安裝角度。減速器與連接件、介面件結構都是採用模塊化設計，以滿足不同安裝方位的需要。即便是大腿、小腿等構件也是模塊化介面，可更換不同長度的大、小腿構件以獲得不同總體尺寸和不同機構參數的機器人。GOROBOT-Ⅱ 的關節、機構構成的模塊化設計的實際意義在於，可用同一機構構型和模塊化系列化驅動單元構成不同機構參數的機器人，研究同一控制系統不斷進化的科學與技術問題。

GOROBOT-Ⅱ 型雙足、四足步行以及腳用輪式移動等多移動方式的類人猿機器人是一臺概念性的集成化設計的原型樣機，其雙足步行、四足步行、輪式移動分別如圖 7-74(b) 所示。

（2）面向地面移動及攀爬桁架結構的多移動方式仿猿雙/多臂手機器人概念設計與發明（2007～2018 年，哈爾濱工業大學，吳偉國）

① 足式步行/輪式移動/攀爬桁架多移動方式的雙臂手移動機器人概念。本書作者吳偉國在 2008 年提出了一種地面和空間桁架用雙臂手多移動方式機器人並獲得了發明專利權[72]。作為以空間桁架類建築結構為作業對象的雙臂手移動機器人，我們期望它自身能夠從地面上距離空間桁架的某一位置自動地移動至桁架近前，然後抓握桁架桿攀爬而上完成諸如桁架檢測、維護等操作任務。考慮到雙臂手（足）移動機器人對地面環境的適應能力，以步行或者輪式移動等方式分別對應平整及不平整地面。因此，雙手應設計成既可作為抓握桁架桿的手爪和步行時的足，又可在平整地面時轉換為輪式移動以獲得快速移動和節省能量的效果。當步行或手爪抓握桁架桿時，輪式移動機構收回。因此，手爪應帶有手足和輪式移動方式間的轉換機構。綜上所述，具有抓握桁架桿、腿式步行及輪式移動等多移動方式的雙臂手（足）移動機器人的總體概念和構想如圖 7-75(a) 所示。空間桁架用雙臂手移動機器人在空間桁架內外部移動時是兩個臂手交替地抓握桁架桿移動的過程。其中移動期間緊緊抓牢桁架桿的手爪稱為支撐手爪，而隨臂移動的手爪稱為遊動手爪。此發明中還包括將仿猿雙臂手作為單元臂手構成三、四、六等多個雙臂手聯合組合而成的移動機器人概念設計方案。

② 帶有腳用輪式移動機構的「手爪」設計。該手爪可當足式步行的腳使用，手爪的側面有輪式移動機構用來實現輪式移動方式，當攀爬桁架抓桿移動時可以適應不同的幾何形狀和尺寸的目標桿。因此，該手爪的設計需要適應這些作業要求。通常的桁架結構是由標準的角鋼或圓形截面鋼管作為桁架桿構成的。雙臂手的開合手爪結構應盡可能適應抓取不同形狀桁架桿結構，比較而言，抓取角鋼結構的桁架要比抓取圓形截面的桁架桿容易些。因為抓緊圓形截面桁架桿時，由摩擦力形成的摩擦力矩決定手爪是否能抓牢。為此，將手爪設計成結構對稱的半爪，一半為靜爪，另一半為動爪。由螺桿螺母機構實現手爪的開合動作。手爪合

攏後恰好以角鋼的斷面形狀抓緊角鋼，並可透過將不同厚度的墊鐵用螺栓固定在兩個半爪的內表面來調節合攏後的尺寸，用以抓取不同斷面尺寸的角鋼。為利於抓取角鋼類桁架桿，在手爪上開有一定角度的坡口。對於桁架桿為圓形截面的情況，在抓角鋼用手爪結構基礎上，設計成圖 7-75(b)～(d) 所示的組合式結構：將兩個帶有半圓孔、結構對稱的半爪分別嵌在抓角鋼用的半爪中後用螺栓固定，並在半圓孔表面覆以橡膠或石棉材料以增大摩擦力。

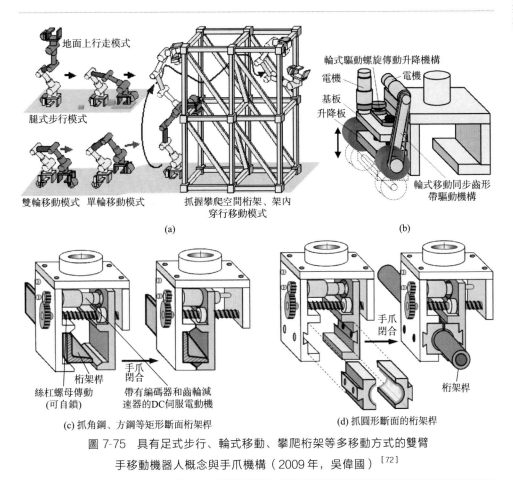

圖 7-75　具有足式步行、輪式移動、攀爬桁架等多移動方式的雙臂
　　　　手移動機器人概念與手爪機構（2009 年，吳偉國）[72]

③ 雙臂手多移動方式機器人機構、地面行走方式與系統（2007 年，吳偉國）。在空間桁架內外部移動的機器人由於受到桁架內部結構空間的限製，因此，同一般的工業機器人操作臂相比具有如下特點。

a. 在設計上應滿足結構緊湊、體積小、質量輕的要求。

b. 冗餘自由度的必要性：由於桁架內部有交錯布置的桁架桿，在保證機器

人在三維空間內完成抓握目標桿件主作業的同時，在機構設計及軌跡規劃方面還必須在移動過程中保證完成臂手系統能夠避開途徑桿件的避障附加作業。因此，在自由度配置上應具有一定的冗餘性。

　　c. 機構與關節驅動能力的對稱性：與工業機器人操作臂不同，雙臂手步行及桁架內外抓取架桿的攀爬移動方式要求距離手爪越近的關節其驅動力矩越大，而且由於是雙臂手交替抓握桁架桿實現移動，左右臂手在結構設計上和對應關節驅動能力設計上都是左右完全對稱的。

　　根據上述特點及作業要求，適於用作該類機器人的機構形式及自由度配置如圖 7-76 所示。其中圖 7-76(a) 為左右臂全部採用回轉關節的 8 自由度機構；圖 7-76(b) 在左右臂之間增加了單自由度伸縮機構，為 9 自由度機構。兩者的手爪都採用開合手爪形式。

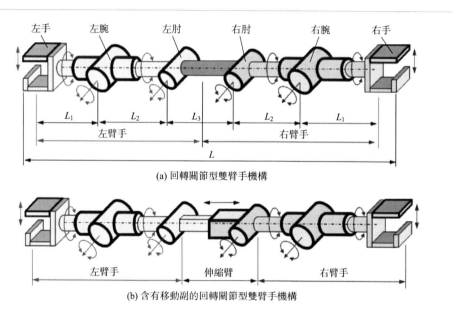

(a) 回轉關節型雙臂手機構

(b) 含有移動副的回轉關節型雙臂手機構

圖 7-76　具有足式步行、輪式移動、攀爬桁架等多移動方式的雙臂手移動機器人機構

　　圖 7-76 所示機構的一個步行週期的移動過程如圖 7-77 所示。其中，圖 7-77(a) 表示的是當左右臂肘關節為正、反向關節極限相同時一個步行週期內的臂手形態（即步態）；圖 7-77(b) 為肘關節反向轉動極限不能滿足步行要求時，透過著地手（即作足用）腕關節的 Roll 自由度的回轉進行臂形態調整情況下實現的一個步行週期內臂手形態。圖 7-77(c) 給出的是利用腕部的 Roll 自由度改變步行方向的步行臂手形態。圖 7-77(d) 為蠕動式小步長步態，這種情況因雙臂手受對稱結構和移動過程中重心平衡所限，其蠕動步長小甚至無法移動。

　　為進行地面步行和空間桁架內穿行、攀爬運動控制的研究，根據上述步態與機構設計分析，筆者於 2007 年設計、研製了一臺 6 自由度雙臂手移動機器人系統（不含手爪自由度）。G&STrobot-I 雙臂手系統的樣機與控制系統硬體部分如圖 7-78 所示，表 7-9 給出了其主要技術指標及性能參數。兩個開合手爪各有一個開合自由度。

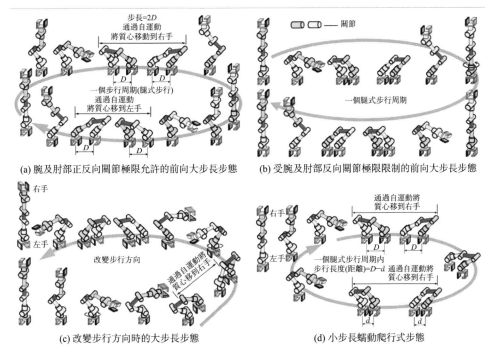

(a) 腕及肘部正反向關節極限允許的前向大步長步態　　(b) 受腕及肘部反向關節極限限制的前向大步長步態

(c) 改變步行方向時的大步長步態　　(d) 小步長蠕動爬行式步態

圖 7-77　具有足式步行、輪式移動、攀爬桁架等多移動方式的
雙臂手移動機器人概念與手爪機構

圖 7-78　具有足式步行、攀爬桁架等多移動方式的雙臂
手移動機器人原型樣機實物照片（2007 年，吳偉國）

表 7-9　雙臂手移動機器人系統主要技術指標及性能參數表

| 機構形式 | 自由度數 | 驅動系統 | 桿件參數/mm | | | | 控制系統 | 總質量/kg |
|---|---|---|---|---|---|---|---|---|
| | | | $L_1$ | $L_2$ | $L_3$ | $L$ | | |
| 左開合手爪＋PRPPRP串聯機構＋右開合手爪 | 8（雙臂6，雙手爪2） | 各關節：DC伺服電機＋同步齒形帶傳動＋諧波傳動　手爪：DC伺服電動機＋行星齒輪減速器＋單級齒輪傳動＋精密滾珠螺桿傳動 | 160（設計值）（實測值：160.7和160.4） | 230 | 150 | 894 | 主控PC＋RS485＋底層微控制器（位置/速度/電流閉環控制）＋即時內核 | 11.5 |

| 參數 | 手腕關節 | | 肘關節 | 開合手爪 | | | |
|---|---|---|---|---|---|---|---|
| | Roll | Pitch | Pitch | 抓角鋼斷面尺寸/mm | 抓圓柱直徑尺寸/mm | 開合行程/mm | 開合時間/s |
| 關節角範圍 | $-360°\sim+360°$ | $-60°\sim+110°$ | $-60°\sim+140°$ | 最大 $40\times30$ | 30 | 最大45 | 最小3 |
| 關節速度 | 160°/s | 96°/s | 90°/s | | | | |
| 關節最大許用輸出力矩/N·mm | 28 | 65 | 43 | | | | |

④ 地面行走與桁架攀爬移動模擬

a. 桁架內攀爬移動模擬。利用 ADAMS 機構設計與運動模擬軟體設計的空間桁架用 6-DOF 雙臂手移動機器人 3D 虛擬樣機如圖 7-79 所示，該虛擬設計與模擬只是為獲得可行實際樣機設計參數和移動能力的預設計，供分析使用。

作者在 2007 年提出並設計的這種能在空間桁架內外攀爬、穿行移動的雙手抓握雙臂移動機器人具有結構緊湊、輕質的特點；根據實際設計的該機器人零部件結構和尺寸進行了三維虛擬樣機設計，在 Adams 軟體環境下進行了動力分析和運動模擬，由後處理所得到的關節驅動力矩曲線等虛擬實驗結果驗證了所設計的雙臂手移動機器人的各關節驅動能力是足夠的，可在桁架桿長 0.7～1.0m 的空間桁架內外部攀爬、穿行移動。吳偉國、徐峰琳、吳鵬等於 2007～2012 年研究了帶有斜架桿桁架結構單元組成的複雜多節桁架結構內雙臂移動機器人回避桁架內結構障礙的路徑軌跡規劃的理論研究與攀爬移動運動模擬驗證[73~75]，見圖 7-80。

b. 雙臂手地面行走模擬。根據攀爬桁架結構的虛擬樣機設計與模擬結果所設計的地面與攀爬桁架兩用移動機器人原型樣機如圖 7-78 所示。按照圖 7-64 中機器人的倒立擺力學模型生成雙臂手移動機器人足式步行運動樣本，用所設計的圖 7-64 模糊控制器進行的上下臺階、步行運動控制模擬如圖 7-81 所示。

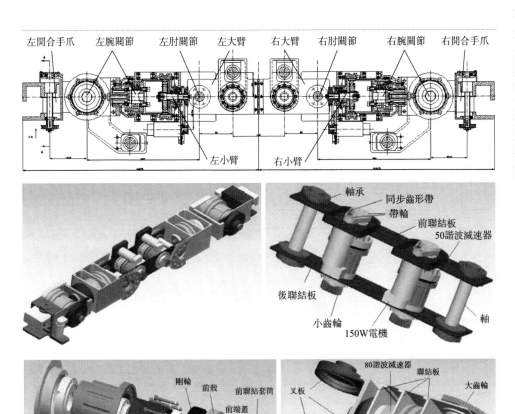

圖 7-79　攀爬桁架多移的雙臂手移動機器人機構與機械結構設計（2007 年，吳偉國，徐峰琳）[73]

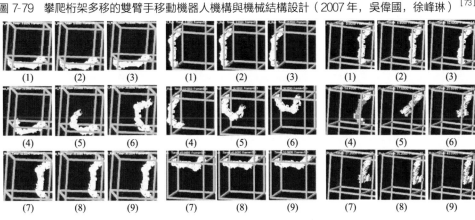

圖 7-80　6-DOF 雙臂手移動機器人攀爬桁架結構內部的移動模擬（2007 年，吳偉國，徐峰琳）[73]

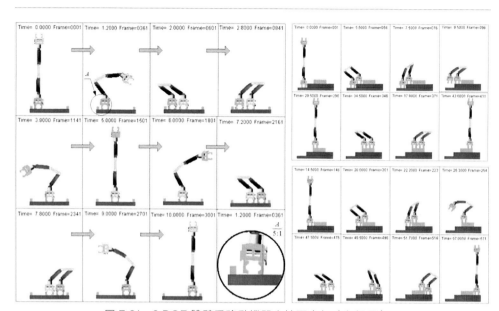

圖 7-81　6-DOF 雙臂手移動機器人地面步行（左組圖）、

上下臺階的移動模擬（2010 年，吳偉國，姚世斌）[75]

## 7.4.2　非連續介質的擺盪渡越移動機構與大阻尼欠驅動控制系統設計和移動實驗

（1）仿猿雙臂手機器人手爪的新設計以及擺盪抓桿運動控制（2013～2018 年，哈爾濱工業大學，吳偉國）

有關擺盪抓桿運動控制的研究始於前名古屋大學教授/現任 IEEE 總主席福田敏男教授於 1991 年的仿猴子擺盪抓桿運動的 BMR（brachiator locomotion robot）機器人欠驅動抓桿移動研究。國際上有關 BMR 的機器人的研究集中在能量控制法、參數勵振法、智慧控制法、軌跡追蹤控制法等擺盪抓桿運動控制方法，但這些方法都沒有涉及如何保證可靠抓桿的問題和實驗研究。而且這些研究都過於理論化和抓桿對象物的簡化，沒有考慮到諸如抓桿對象的幾何形狀和參數的變化以及側向偏擺等不確定性的影響，很有可能導致抓桿經常性失敗不可靠、難以實用化的技術問題。為此，在仿猿雙臂手移動機器人抓握建築結構桁架中的方鋼、工字鋼、槽鋼、角鋼等斷面形狀桁架桿並在桁架結構內外移動的理論與模擬、實驗研究基礎上，進一步考慮如何保證抓握圓柱形桁架桿並可靠移動的創新機構設計與擺盪渡越連續移動控制問題。

2013 年本書著者吳偉國等人提出了大阻尼欠驅動的概念和大阻尼退轉回饋

控制策略，研究了仿猿雙臂手機器人擺盪抓桿的欠驅動控制問題[76~78]。

① BARDAH-Ⅰ型仿猿雙臂手機器人系統（the bio-ape brachiation robot system with dual-arm-hands）

a. 機器人機構及其物理參數。如圖 7-82(a) 所示的是 BARDAH-Ⅰ型仿猿雙臂手機器人原型樣機本體實物照片和機構運動簡圖，該機器人包含兩個在肘關節處相連的手臂，每個手臂有一個單自由度回轉腕關節和一個直線移動夾持手爪機構。其中 $\Sigma O$-$xy$ 是原點為手爪 1（支撐手爪）中心點 $O$ 且與支撐桿固連的基座標系，手爪 2（遊動手爪）的中心點 $A$ 在基座標系 $\Sigma O$-$xy$ 內的座標是（$x_A$, $y_A$），手爪 2 的姿態角為 $\theta_A$，由此定義遊動手爪的位姿矢量為 $\boldsymbol{x} = [x_A, y_A, \theta_A]^T$。手爪 1 和手爪 2 的開合距離分別以 $x_1$、$x_2$ 表示，$\theta_2$、$\theta_3$、$\theta_4$ 分別是雙臂手機器人三個主動關節的關節角，$\theta_1$ 是手爪 1 與支撐桿形成的欠驅動關節的轉角。定義 $\boldsymbol{s} = [\theta_1, \theta_2, \theta_3, \theta_4, x_1, x_2]^T$，則系統狀態可由二元對（$\boldsymbol{s}, \dot{\boldsymbol{s}}$）確定。BARDAH-Ⅰ型雙臂手機器人機構參數、物理參數的定義如圖 7-82(b) 所示，參數值如表 7-10 所示；雙臂手機器人關節的運動極限參數如表 7-11 所示。該仿猿雙臂手機器人機構伸展開的總長約為 1.444m，總質量約為 10kg，主動關節和手爪開合直線移動副均由 DC 伺服電動機驅動，其中肘關節和兩個腕關節的傳動系統均由同步齒形帶傳動和諧波齒輪減速器組成。

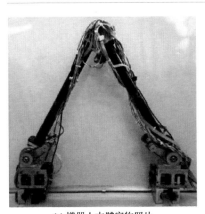

(a) 機器人本體實物照片

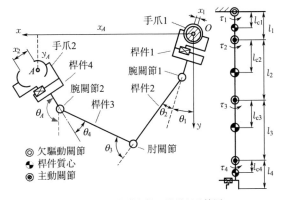

(b) 機器人機構參數及機構運動簡圖

圖 7-82　BARDAH-Ⅰ型仿猿雙臂手機器人原型樣機本體實物照片和機構運動簡圖

表 7-10　雙臂手機器人機構參數與物理參數表

| 桿件序號 $i$ | 桿件長度 $l_i$/mm | 質心位置 $l_{ci}$/mm | 桿件質量 $m_i$/kg | 轉動慣量 $J_i$/kgf·m² |
|---|---|---|---|---|
| 1 | 163.49 | 90 | 2.44 | 0.09 |
| 2 | 558.5 | 290 | 3.06 | 0.52 |

續表

| 桿件序號 $i$ | 桿件長度 $l_i$/mm | 質心位置 $l_{ci}$/mm | 桿件質量 $m_i$/kg | 轉動慣量 $J_i$/kgf·m$^2$ |
|---|---|---|---|---|
| 3 | 558.5 | 300 | 2.08 | 0.46 |
| 4 | 163.49 | 80 | 2.42 | 0.09 |

表 7-11　雙臂手機器人關節的運動極限參數

| 關節名稱 | 運動範圍 | 電動機功率/W | 最大速度 | 最大力矩/N·m | 最大合緊力/kN |
|---|---|---|---|---|---|
| 手爪 1 開合 | 0～40mm | 60 | 5.55mm/s | — | 1.80 |
| 腕關節 1 | −70°～70° | 90 | ±71.1°/s | 35.0 | — |
| 肘關節 | −135°～135° | 150 | ±227.4°/s | 47.2 | — |
| 腕關節 2 | −70°～70° | 90 | ±71.1°/s | 35.0 | — |
| 手爪 2 開合 | 0～40mm | 60 | 5.55mm/s | — | 1.80 |

　　b. 具有大阻尼退轉回饋測量機構的手爪新設計（2011～2013 年）。如圖 7-83(a) 所示，BARDAH-Ⅰ型雙臂手機器人兩個手爪的傳動機構皆由一級齒輪傳動和螺桿螺母傳動組成。透過控制機器人手爪的位置和合緊力，可控制由機器人手爪和支撐桿形成的欠驅動關節的阻尼力大小，使其分別處於小摩擦的自由回轉與大阻尼的緩慢退轉兩種運動狀態。

　　為準確測量欠驅動關節轉角 $\theta_1$，在機器人手爪上設計了帶有摩擦輪的退轉回饋機構，其機構簡圖與虛擬模型分別在圖 7-83(a)(b) 中給出，實物照片如圖 7-83(c)(d) 所示。摩擦輪與支撐圓桿間的正壓力由圓柱螺旋壓簧提供，使其被壓緊在支撐桿表面並保持足夠的摩擦力，因此摩擦輪將始終在支撐桿表面進行純滾動而不產生相對滑動。當支撐手與支撐圓柱桿形成的欠驅動關節發生轉動時，摩擦輪將驅動二級齒輪傳動並使光電編碼器的軸轉動，從而產生測量角位移用的脈衝訊號，透過傳動機構的減速比 $I = I_f d_s / d_f$（其中 $I_f$ 為退轉回饋機構 2 級齒輪傳動的減速比，$d_f$、$d_s$ 分別為摩擦輪和支撐桿的直徑），即可換算為欠驅動關節的轉角 $\theta_1$。雖然摩擦輪退轉回饋機構的傳動系統為增速傳動，但當欠驅動關節轉速較慢時（例如勵振過程的初期及大阻尼狀態下緩慢退轉的過程），透過差分計算的角速度 $\dot{\theta}_1$ 仍會具有較大的誤差，因此在手爪上安裝了測量角速度用的微機電陀螺儀。如此機器人欠驅動關節的轉角及角速度都能被即時測量，這些回饋量將被用於勵振的相位估計和大阻尼階段的退轉補償。

　　如圖 7-83(a) 所示，機器人手爪的兩個半爪內表面為矩形槽，可用於抓握矩形斷面、L 形斷面的桿（如方鋼、角鋼等）。矩形槽內嵌入安裝不同直徑系列的圓弧槽墊塊，可用於抓握圓柱形桿件，圓弧槽的內表面黏貼不同的摩擦材料可使機器人的欠驅動關節具有不同的摩擦因數，下文中的實驗數據表明：自由回轉狀態下，欠驅動關節的阻尼大小受手爪的摩擦材料影響之外還具有一定的不確定

性，但平均值小於大阻尼退轉狀態的阻尼力矩，該阻尼力矩對機器人的擺盪運動
有著不能忽略的影響。

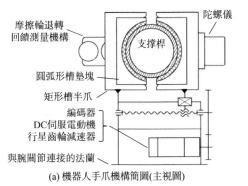

(a) 機器人手爪機構簡圖(主視圖)

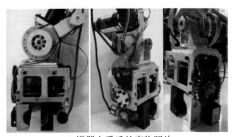

(b) 摩擦輪退轉回饋機構的3維模型圖

(c) 摩擦輪退轉回饋測量機構的實物照片

(d) 機器人手爪的實物照片

圖 7-83　BARDAH-Ⅰ型仿猿雙臂手機器人整體及手爪局部的機構簡圖及實物照片

　　c. 機器人驅動與控制系統。BARDAH-Ⅰ型仿猿雙臂手機器人各關節 DC 伺
服電動機所用驅動器為 Maxon 公司生產的 EPOS2-50/5 型直流伺服驅動器，兼
具有位置伺服控制器的功能，該機器人的控制系統硬體組成框圖如圖 7-84 所示。
PC 電腦作為上位機主控器，根據主動關節和欠驅動關節的位置、速度回饋電腦
器人系統的當前狀態 $(s，\dot{s})$，而後判斷當前所處的運動階段並啟動該階段的關
節運動在線規劃器（運動階段的劃分、切換條件、各階段的運動規劃算法參見文
獻［77］和［79］），將規劃得到的下一控制週期內各主動關節的運動透過 USB
傳輸給主節點驅動器，主節點驅動器透過 CAN 總線與其他驅動器通訊，各驅動
器根據收到的運動指令進行插補，完成各主動關節伺服電動機的位置伺服控制。
其中 USB 與 CAN 總線的波特率均為 1Mbps，上位機的控制週期為 40ms，驅動
器的位置伺服控制週期為 1ms。

　　d. 機器人擺盪抓桿運動控制。BARDAH-Ⅰ型仿猿雙臂手機器人的抓桿運
動從豎直懸垂狀態開始，經過勵振階段獲得桿間移動所需的勢能和動能，進入大
阻尼階段後控制遊動手爪的位置對目標桿進行抓握。為使上述 Brachiation 運動

過程平滑連續，除了勵振階段和大阻尼階段這兩個主要的階段外，還需在勵振階段前添加使機器人獲得初始運動的自啓動階段，並添加從勵振結束過渡到抓握構型的調整階段。由此，本文中機器人的 Brachiation 運動按順序分為如圖 7-85 所示的 4 個階段。各個階段的控制器設計以及光滑運動切換條件此處從略。詳見本書作者發表的文獻［78］。

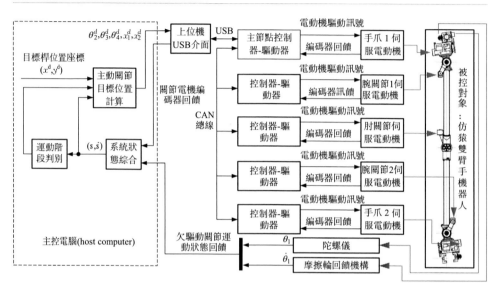

圖 7-84　BARDAH-Ⅰ型仿猿雙臂手機器人控制系統硬體組成框圖

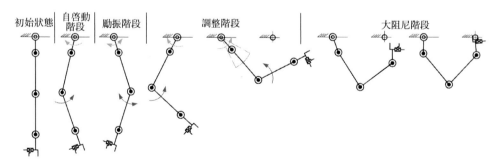

圖 7-85　仿猿雙臂手機器人抓桿運動的階段劃分示意圖

② 不同摩擦副材料的自由擺盪和大阻尼實驗及抓握目標桿運動控制實驗（2017～2018 年）

首先對鋁-不銹鋼和橡膠-不銹鋼兩種支撐手爪摩擦副材料進行了自由擺盪和大阻尼實驗，分析了欠驅動關節摩擦對勵振階段和大阻尼階段的影響，並計算得

到了不同摩擦副在勵振階段的平均阻尼係數和在大阻尼階段的平均摩擦因數。而後對不同距離的目標桿進行了重複抓握實驗，測試了所提出的基於大阻尼欠驅動控制的抓桿控制方法的成功率。所使用的仿猿雙臂手機器人原型樣機及實驗場景如圖7-86所示，其中目標桿為直徑27mm的圓桿，鋁-不銹鋼和橡膠-不銹鋼兩種摩擦副材料對應的支撐桿直徑分別為34mm和27mm。

圖7-86 BARDAH-Ⅰ型仿猿雙臂手機器人原型樣機及實驗場景照片

a. 不同摩擦副材料的自由擺盪和大阻尼實驗及結果分析。對鋁合金-不銹鋼和橡膠-不銹鋼兩種摩擦副材料分別進行了13組實驗，每組實驗中機器人按照自啓動階段、勵振階段、調整階段運動，切換到大阻尼階段後沒有抓握目標桿，且每組實驗的切換時機不同分別對應不同的欠驅動關節角速度 $\dot{\theta}_1$。鋁合金-不銹鋼摩擦副在勵振階段的肘關節擺幅為 $-36°\sim36°$，橡膠-不銹鋼摩擦副的肘關節擺幅為 $-40°\sim40°$，除此之外各組實驗的其他控制參數均相同，取值如表7-12所示。

表 7-12　自由回轉與大阻尼實驗中使用的控制參數

| 參數名 | 參數符號 | 參數取值 | 參數名 | 參數符號 | 參數取值 |
|---|---|---|---|---|---|
| 支撐手合緊力 | $N_S$ | 1500N | 欠驅動關節目標角度 | $\theta_1{}^f$ | 25° |
| 自啓動運動時間 | $T_1$ | 0.6s | 肘關節目標角度 | $\theta_3{}^f$ | 120° |
| 調整運動時間 | $T_2$ | 1.2s | 游手腕關節目標角度 | $\theta_4{}^f$ | 30° |
| 勵振安全係數 | $a$ | 1.1 | 支撐手合緊的運動時間 | $T_S$ | 0.88s |

對應兩種摩擦副材料，如圖7-87(a)、(b)分別給出了13組實驗中自啓動階段和勵振階段的欠驅動關節角 $\theta_1$ 的曲線，不同的曲線顏色用於區分不同組次的實驗。由圖7-87可以看出，鋁合金-不銹鋼摩擦副條件下的13條關節角 $\theta_1$ 曲線

比較一致，而橡膠-不銹鋼摩擦副條件下的 $\theta_1$ 曲線分布較離散，這說明橡膠-不銹鋼摩擦副的關節摩擦更加不穩定，因此在相同的勵振控制方法和控制參數作用下得到了不同的響應。對每組實驗的關節角曲線進行兩次差分，並將得到的角速度和角加速度序列代入機器人動力學模型，得到了圖 7-88 所示的欠驅動關節摩擦力矩曲線。由圖 7-88 對比可知橡膠-不銹鋼摩擦副的摩擦力矩大於鋁合金-不銹鋼摩擦副，將 $\tau_1$ 除以關節速度 $\dot{\theta}_1$，得到鋁合金-不銹鋼和橡膠-不銹鋼兩種摩擦副在自由回轉條件下的平均阻尼係數及其標準差分別為 $(51.5\pm3.3)[\mathrm{N}\cdot\mathrm{ms}/(°)]$ 和 $(83.1\pm13.1)[\mathrm{N}\cdot\mathrm{ms}/(°)]$。由此可見實驗過程中兩種摩擦副的阻尼均不能忽略，且其中橡膠-不銹鋼摩擦副的阻尼係數接近 $87\mathrm{N}\cdot\mathrm{ms}/(°)$，按模擬中得到的結論，若使用能量泵入法其欠驅動關節的振幅將衰減到無摩擦條件下的 20.3%。

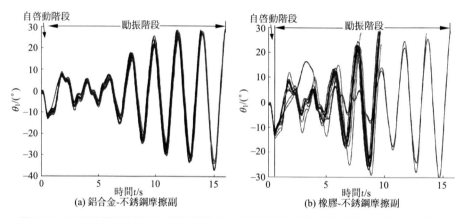

(a) 鋁合金-不銹鋼摩擦副　　(b) 橡膠-不銹鋼摩擦副

圖 7-87　兩種摩擦副材料的 13 組實驗中自啓動階段和勵振階段的欠驅動關節角曲線

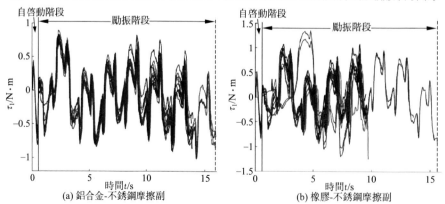

(a) 鋁合金-不銹鋼摩擦副　　(b) 橡膠-不銹鋼摩擦副

圖 7-88　兩種摩擦副材料的 13 組實驗中自啓動階段和勵振階段的欠驅動關節摩擦力矩曲線

對共 26 組實驗中調整階段的實驗數據進行類似處理，得到的欠驅動 $\theta_1$ 和 $\tau_1$ 曲線如圖 7-89 所示，其中麴線顏色用於區分不同組次的實驗，圓形標記點對應開始合緊支撐手爪的時刻，三角形標記點對應手爪合緊運動完成的時刻。

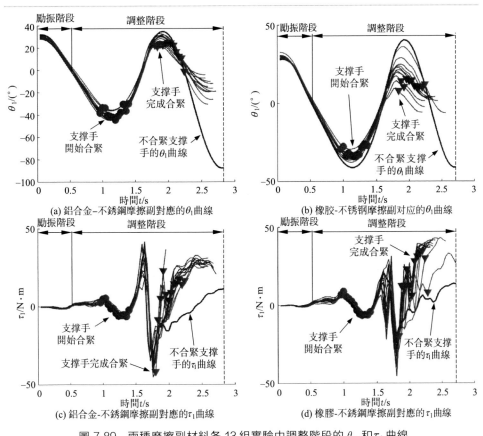

圖 7-89　兩種摩擦副材料各 13 組實驗中調整階段的 $\theta_1$ 和 $\tau_1$ 曲線

由於實際機器人手爪的合緊需要時間，不可能瞬間在 $\dot{\theta}_1 = 0$ 時刻從自由回轉切換到大阻尼狀態，這將導致手爪內表面與支撐桿表面不斷壓緊的同時還在進行相對滑動，此過程將耗散掉機器人的一部分擺動動能並產生衝擊和振盪，所以可在圖 7-89(c)、(d) 中觀察到切換大阻尼後 $\theta_1$ 的擺幅縮小，並在圖 7-89(c)、(d) 所示的圓形標記和三角形標記之間觀察到阻尼力矩 $\tau_1$ 的振盪尖峰。大阻尼條件完全建立之後，$\theta_1$ 開始緩慢退轉且 $\tau_1$ 快速增加到較高水平。根據上述實驗結果的分析，在抓桿實驗內將在欠驅動關節角速度 $\dot{\theta}_1$ 為 0 之前開始合緊手爪，以使合緊手爪後欠驅動關節能保持在較高的位置。

對手爪運動合緊完成後的阻尼力矩進行統計，求得鋁合金-不銹鋼和橡膠-不銹

鋼兩種摩擦副材料的大阻尼狀態平均阻尼力矩及其標準差為 (23.3±4.2)N‧m 和 (28.2±6.5)N‧m，對應的材料摩擦因數分別為 0.46±0.08 和 0.70±0.16。因此為盡量減小機器人在大阻尼階段抓握目標桿時的退轉速度，在抓桿實驗中將把機器人欠驅動關節的摩擦副材料選為橡膠-不銹鋼材料。

b. 大阻尼欠驅動控制的抓桿實驗及結果分析。本節對不同距離的目標桿進行了基於大阻尼欠驅動控制的抓桿實驗，支撐桿與目標桿距離的範圍是 0.4～1m（機器人機構伸展長度的 28.5%～69.4%），在此範圍內每隔 0.1m 選定一個目標桿距離（共 7 個不同目標桿距離）各進行 5 次重複試驗。所有抓桿實驗中，鬆握狀態的手爪摩擦副間隙和切換至大阻尼時的手爪合緊力分別為 1.3mm 和 2250N（由手爪開合電動機的位置給定、電流給定和傳動系統減速比計算得到）；勵振階段的安全係數 $a$ 取 1.1，目標角度由逆運動學方程和約束條件確定。圖 7-90 所示的是分別對距離為 0.4m 和 1m 的目標桿各一組抓握實驗的機器人關節運動曲線，當目標桿距離較近時，機器人欠驅動關節角 $\theta_1$ 在切換為大阻尼狀態後基本不退轉，圖 7-90(a) 中 $\theta_1$ 曲線在三角形標記後的波動是由切換過程導致固定支撐桿的桁架振動所引起的；而當目標桿距離較遠時，欠驅動關節角 $\theta_1$ 在大阻尼狀態也能保持較小的退轉速度，但當其他主驅動關節開始運動時仍然會產生較大的退轉速度。圖 7-91、圖 7-92 給出了分別對應於圖 7-90 中兩次實驗的錄影截圖。

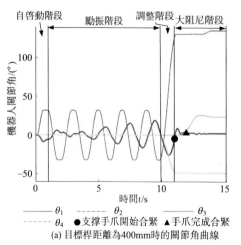

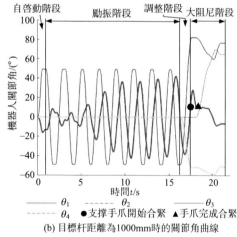

(a) 目標桿距離為400mm時的關節角曲線　　　(b) 目標桿距離為1000mm時的關節角曲線

圖 7-90　不同目標桿位置條件下兩組成功抓桿實驗的機器人關節角曲線

對機器人擺盪抓握 7 種不同目標桿距離的總共 35 組實驗數據進行統計，得到的各目標桿距離條件下大阻尼階段 $\theta_1$ 的最高擺角和平均退轉角度，以及每種

目標桿距離對應的抓桿成功率（以能在第一次抓握運動中成功握住目標桿為標準進行統計），統計結果如表 7-13 所示。

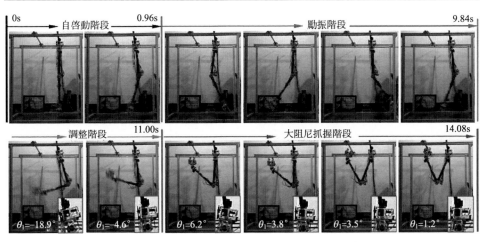

圖 7-91　目標桿距離為 400mm 時的實驗錄影截圖

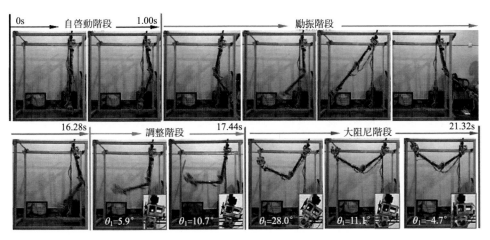

圖 7-92　目標桿距離為 1000mm 時的實驗錄影截圖

表 7-13　七種不同目標桿距離的抓桿實驗結果統計

| 桿間距/mm | 重複次數 | 大阻尼階段 $\theta_1$ 達到的最高擺角/(°) | 退轉角均值/(°) | 退轉角方差/(°) | 成功率 |
|---|---|---|---|---|---|
| 400 | 5 | 7.60 | 2.30 | 0.52 | 100% |
| 500 | 5 | 11.20 | 8.81 | 2.86 | 100% |
| 600 | 5 | 20.57 | 3.24 | 1.15 | 100% |
| 700 | 5 | 12.25 | 4.76 | 1.49 | 100% |

續表

| 桿間距/mm | 重複次數 | 大阻尼階段 $\theta_1$ 達到的最高擺角/(°) | 退轉角均值/(°) | 退轉角方差/(°) | 成功率 |
|---|---|---|---|---|---|
| 800 | 5 | 18.42 | 10.75 | 3.01 | 100% |
| 900 | 5 | 19.92 | 11.10 | 3.57 | 100% |
| 1000 | 5 | 25.16 | 11.88 | 3.42 | 100% |

由表 7-13 可知，隨著目標桿距離的增加，欠驅動關節角 $\theta_1$ 在大阻尼階段的退轉也呈增加趨勢，但依靠雙臂手機器人的三個主驅動關節進行補償，能在 0.4～1m 的距離範圍內使僅靠一次抓握運動握住目標桿的成功率達到 100%。由此證明由作者提出的基於大阻尼欠驅動控制的 Brachiation 運動抓桿控制方法能夠實現對目標桿的穩定抓握。

③ 結論

a. 研製了 BARDAH-I 型仿猿雙臂手機器人系統，其開合手爪能使系統的欠驅動關節在自由回轉狀態和大阻尼狀態之間切換，該手爪上的陀螺儀和摩擦輪退轉回饋機構能對欠驅動關節的運動狀態進行即時回饋。

b. 提出了一種基於相位差調節的勵振控制方法，透過不同欠驅動關節條件下的勵振控制模擬與 Acrobot 中應用的能量泵入法進行了對比，結果表明：在 Brachiation 運動需要的勵振範圍內（-90°～90°），所提出的勵振控制方法具有勵振速度快、易於控制勵振幅度和受摩擦影響小的優點，更適於 Brachiation 運動的勵振控制。

c. 將雙臂手機器人的 Brachiation 運動分解為了 4 個階段，即自啓動階段、勵振階段、調整階段和大阻尼階段，並提出了基於大阻尼欠驅動控制的抓桿控制方法。

d. 對鋁合金-不銹鋼和橡膠-不銹鋼兩種摩擦副材料進行了共 26 組自由回轉與大阻尼實驗，結果表明：透過在手抓內側黏貼橡膠材料，其合緊手爪後的摩擦因數可達 0.7±0.16，能夠滿足抓桿時對手爪阻尼大小的要求；其在自由回轉狀態的平均阻尼係數為（1.45±0.23）N·ms/rad，該摩擦對機器人增加了勵振過程中的能量耗散，但應用本文提出的基於相位差的勵振控制方法，仍能使機器人在 5～8 個勵振週期內達到目標角度。

e. 對距離在 0.4～1m 範圍內（機器人機構伸展長度的 28.5%～69.4%）的目標桿進行了 35 組抓握實驗，結果表明：作者提出的基於大阻尼欠驅動控制的抓桿方法可使僅靠一次抓握運動握住目標桿的成功率達到 100%。

仿猿雙臂手機器人可靠抓握目標桿實驗的成功為 Brachiation 機器人走向實用化在理論與技術方面向前推進了一大步。作為後續的進一步研究，進行基於大阻尼欠驅動控制方法的非連續介質下抓握目標桿連續移動控制與實驗研究。

（2）仿猿雙臂手機器人擺盪抓桿連續移動運動控制（2018～2019 年，哈爾濱工業大學，吳偉國）[79,80]

仿猿雙臂手機器人擺盪抓桿前向連續移動週期如圖 7-93 所示，仿猿雙臂手控制目標為實現機器人在非連續介質（如桁架）上的連續移動。連續移動的一個週期為前後兩臂交替移動各完成 1 次抓桿後，兩臂的前後位置順序得以恢復的過程，如圖 7-93 所示。將仿猿雙臂手機器人的一次抓桿運動分為以下幾個階段：調整階段（$a{\rightarrow}b$），鬆桿階段（$b{\rightarrow}c$），擺盪階段（$c{\rightarrow}d{\rightarrow}e$），切換大阻尼（$e$），大阻尼抓桿階段（$e{\rightarrow}f$）。當機器人游爪成功抓握目標桿後，雙臂手兩手爪都呈抓在桿上狀態，完成一次完整的抓桿運動。若連續移動抓桿，則進入調整階段，繼續向前移動（$f{\rightarrow}g{\rightarrow}h$）。圖 7-93 中右側的上下兩圖分別為抓握距離中間桿0.5、0.8m 時的目標桿的運動控制模擬結果運動軌跡圖。

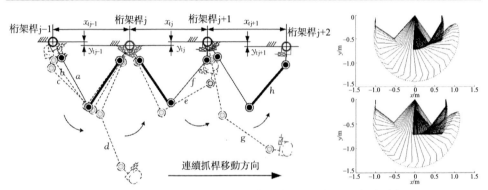

圖 7-93　擺盪抓桿週期性連續移動示意圖及目標桿距離分別為
0.5m、　0.8m 時的運動控制模擬結果運動軌跡圖 [80]

中間桿與目標桿間距分別為 0.5m 和 0.8m 兩種情況實驗的影片截圖如圖 7-94所示。圖 7-94(a) 中，擺盪階段內欠驅動關節能夠達到的最大角度為 44°左右，由於摩擦力矩不足以完全抵消重力矩及慣性力矩，機器人向後退轉了 35°左右。由於手爪與支撐桿之間有一定的距離，機器人從開始切換大阻尼到完全切換到大阻尼需要一定的時間，為使欠驅動關節在退轉後能夠穩定到一個較大上擺角度下較高的遊動手爪位置，需要提前切換大阻尼。

對初始桿與中間桿間距 1m，中間桿與目標桿間距為 0.5m、0.6m、0.7m、0.8m 參數下的全部 12 次實驗的統計結果如表 7-14 所示。

從表 7-14 中可以看出，機器人在擺盪階段能夠擺盪較高的角度，當抓較遠距離的目標桿時，由於重力矩較大，機器人的退轉角度較大。在實驗中發現，以靠近支撐手爪的腕關節進行退轉補償，當腕關節到達關節極限時會導致抓桿失

敗，但透過調整階段的構形重力勢能最佳化，機器人在切換大阻尼時其欠驅動關節能達到較高的擺角，此問題得以解決。透過實驗證明，大阻尼方法能夠在可抓握範圍內 100％ 成功抓桿。結論如下。

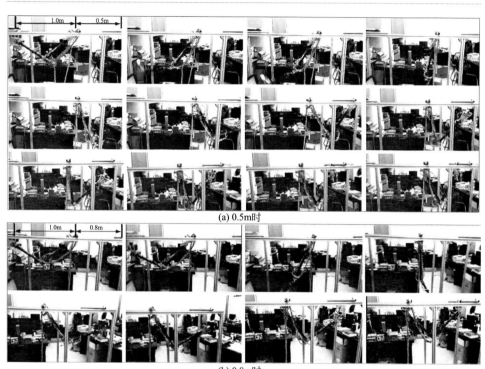

(a) 0.5m时

(b) 0.8m时

圖 7-94　擺盪抓握目標桿距離分別為 0.5m、　0.8m 時的連續移動運動控制實驗影片截圖[80]

表 7-14　中間桿與目標桿間距為 0.5～0.8m 時連續移動控制實驗結果統計表[80]

（每個參數下做 3 次實驗）

| 目標桿間距 /m | $\theta_1$ 最大角度 /(°) | 退轉角度 /(°) | 成功率 /% | 目標桿間距 /m | $\theta_1$ 最大角度 /(°) | 退轉角度 /(°) | 成功率 /% |
|---|---|---|---|---|---|---|---|
| 0.5 | 44.32 | 35.28 | 100 | 0.7 | 39.70 | 41.72 | 100 |
| | 47.23 | 35.91 | | | 40.73 | 43.07 | |
| | 43.07 | 39.18 | | | 39.15 | 43.42 | |
| 0.6 | 16.13 | 41.21 | 100 | 0.8 | 40.21 | 54.7 | 100 |
| | 17.85 | 30.48 | | | 33.81 | 51.3 | |
| | 17.25 | 30.81 | | | 39.09 | 53.75 | |

注解:表中的 $\theta_1$ 為抓握支撐桿懸掛整個機器人的手爪與支撐桿之間構成的欠驅動關節的關節角。

① 提出了為獲得重力勢能最大化構形的調整階段機構自運動最佳化、擺盪階段肘關節軌跡最佳化、抓桿階段採用大阻尼退回饋方法等的關節運動軌跡生成方法，並進行了各階段控制器設計。

② 利用所提出的方法、所設計的分階段控制器和 ADAMS-Simulink 軟體進行聯合模擬，模擬實現了在不同高度的多根目標桿環境下，仿猿雙臂手機器人連續抓桿移動，表明控制方法能夠實現交替抓握不同高度目標桿的連續移動。

③ 使用臂展長度為 1.44m 的仿猿雙臂手機器人，在起始桿與中間桿間距為 1m，中間桿與目標桿間距分別為 0.5m、0.6m、0.7m、0.8m 的 3 根桿環境下，進行了 12 組連續交替抓桿移動運動控制實驗。實驗表明，提出的運動最佳化與大阻尼欠驅動控制方法能夠實現成功率為 100％的可靠連續抓桿移動。

## 7.4.3　多移動方式移動機器人設計與研究的總結

① 關於移動作業所能實現的條件參數的「魯棒性」和移動方式與功能的「魯棒性」的問題。多移動方式移動機器人是以一臺移動機器人本體應對複雜多變的不確定和未知環境下的移動作業目標的完成為目的而提出並設計、研究的。其中所包含的科學問題是複雜多變環境下移動作業系統設計與控制的魯棒性問題。目前，對於結構化地形（structured terrain）環境下的移動機器人作業，現已研發出的各種移動原理的移動機器人已經在不同程度上能夠滿足移動作業自動化需求，例如，輪式、履帶式、腿式、無人飛行移動等移動機器人均能夠在大規模地圖構建系統、移動定位導航系統、網路遠端遙控遙操作系統、即時操作系統等的輔助下由移動機器人本體完成移動作業。然而，這些單獨移動方式或者兼有幾種混合移動方式的移動機器人實用化仍然有一個極大的問題就是機器人自身移動作業參數和能力是否能夠適應各種結構化地形及其幾何參數的問題。也就是說單從移動功能本身的角度皆可實現一種或者多種移動方式下的功能，但是，是否能夠滿足不同作業環境下的不同作業參數要求這一條件，恐怕還不能給出一個滿意的答案。因此，本書作者提出了結構化地形或環境下移動機器人對作業條件參數滿足的「魯棒性」問題，而不只是移動方式和單純功能性的「魯棒性」。因此，未來相當長的一段時間內關於移動作業「魯棒性」科學問題的解決將更多地集中在移動作業參數「魯棒性」以及移動作業參數「魯棒性」和移動方式與功能「魯棒性」兩者兼顧的研究是重點。

以多移動方式來適應不同作業環境對移動作業的要求，是充分發揮各種移動方式各自特點的移動定性的滿足移動作業自動化目標，來解決不同環境移動作業「魯棒性」問題和工程實際的目標。而從作業條件和作業參數要求上來講，是以何種設計理論、方法來從功能和作業參數兩方面來達到一臺或多臺移動機器人對

各種結構化乃至非結構化環境下移動作業自動化的「魯棒性」問題。

以上討論可以得出：具有改變自身結構形態和機構與結構參數的多移動方式自主移動機器人系統的設計和研發是今後的重點所在。

② 關於多移動方式移動機器人系統的設計理論與方法的研究。單一移動方式的機器人已有很多很多的設計與研發實例，並且原型樣機從設計原理、方法、功能、關鍵技術等諸多方面都得到實驗或試驗驗證，兩種或兩種以上的移動方式複合在一起必定不是簡單地將它們組合在一起而成之事。必定在某方面或性能參數指標上有所犧牲，這需要系統設計者去藉助於計算與分析型輔助設計軟體加以綜合考慮與平衡。即便如此能夠在系統設計時所考慮的環境條件和要求，也很難適應各種不同結構化地勢或環境的所有條件和要求。理想的魯棒性是不可能的，如同任何人、物都有能力極限，即控制理論中所言的「上下界」的「有界性」。在工程實際上，「有界性」有著兩層含義，一是自動化的作業機器或智慧體的功能與性能指標、技術參數的有界性；二是作業環境物理形態與參數的「有界性」。在系統設計中解決和利用好這兩個「有界性」，也就在自動化的系統研發和使用上最大限度地達到了工程實際問題中的「魯棒性」。因此，多移動方式的自主移動機器人系統設計方法和理論研究更為首要。目前的設計理論與方法局限性還很大。從機器、人與環境三者構成的大系統的角度來看待現有移動機器人系統設計方法與理論方面的研究與挖掘，還遠遠不夠，還不能滿足工程實際的技術產品需求，尤其是接下來要談的可靠性設計問題。

③ 關於多移動方式移動機器人系統可靠性設計的研究問題。由可靠性理論可知，系統可靠度隨著構成系統的模塊、部件、零件數目的增多，如果構成系統的每一個環節可靠度不夠高則系統整體的可靠度大幅下降。從可靠性設計角度看問題，處於研發階段的機器人主要著重於關鍵零部件或子系統設計的可靠性問題的解決，而從系統的角度看問題，系統的可靠性取決於每一個零部件或子系統。設計在先，研發在設計之後，因此，處於原型樣機設計與研發、實驗或試驗階段的多移動方式機器人系統的可靠性設計需要先行。另外，針對多移動方式自主移動機器人系統的無人化使用、現場維護等特殊狀況，這種系統的可靠性設計問題的研究具有特殊性，可靠型設計要求更高。

④ 多移動方式移動機器人的機構與驅動系統創新要求。多移動方式的移動機器人系統是面向結構化、非結構化環境而設計的一種通用性質的自動化移動平臺。它的實用化需要面對：大的衝擊載荷、變化的不確定的環境、各種移動與操作的多種作業要求、無人化自動控制與決策、系統自我維護和自救等，僅從關節傳動系統、原動機驅動系統來考慮現有的工業基礎件支持條件便可知其與通常的機器人不同之處。以下基本問題供系統設計著重考慮。

a. 軸承、減速器等機械傳動系統的現實問題。通常我們認為軸承摩擦可以

忽略或計入傳動效率考慮，但實際上考慮不夠！軸承摩擦阻力並非小到可以忽略的程度，不能忽略！標準軸承出廠時是有軸向、徑向游隙的，安裝時需要預緊才能得到較高的回轉精度，否則軸係會有微小振幅的高頻振動，從而產生附加動載荷使得回轉關節上的軸承徑向負載增大，摩擦阻力或阻力矩增大，可達 $1/9\sim1/3$ 或更大！短時間影響不明顯，但長時間工作或壽命期限內摩擦磨損加劇，注意：不僅是軸承，還有隨著軸承摩擦磨損加劇一起加劇的是其他有相對運動的運動副，從而使得整體性能和壽命下降，甚至導致不能正常工作。因此，我們不能將這種多移動方式的自主移動機器人當作通常的機械系統去看待，如果來自環境的負載或衝擊力瞬間作用在軸承上、齒輪傳動原理的減速器上，這些基礎元部件的瞬間過載能力還難以抵抗 $2\sim3$ 倍以上的衝擊力。因此，像人類、猛獸等動物那樣或性能相當程度的骨骼、關節、肌肉等構成的機構、驅動系統的創新設計與研發是需要受到足夠重視的。在技術上，高功率密度/高轉矩密度、能夠承受大衝擊載荷且具有快速響應特性、緩衝後還能實現精確定位等兼顧的機構、驅動系統創新設計與研發勢在必行！

　　b. 手腳爪部機構與驅動的創新設計問題。這部分是個難題！手腳爪作為肢體末端的執行器，它集中了體積小、結構緊湊、質量小、高剛度高柔性之間瞬間可變的剛柔混合、高驅動能力和快速響應特性等高要求的諸多機構與結構設計要素難點。需要從機構、感知、驅動、仿生形態、材料四個主要方面去解決以上難點。目前及相當一段時期內需要從以下幾個方面去解決並努力找到突破口。

　　•仿生分布式驅動系統設計。以目前電磁學、電磁材料以及電動機設計與技術指標來看，所有驅動器放在手腳爪部的電動驅動系統設計不現實，可採用人型仿生的分布式肌肉群驅動系統設計方式。

　　•仿生分布式感知系統設計。在感知機構設計上不難解決，但需要考慮解決分布式感測系統數據獲取與處理的耗時問題如何不影響控制週期和快速響應特性，以保證整個系統的快速響應特性。

　　•仿生骨骼力學特性與自適應機製的構件設計。生物學家研究得出：人類、老虎等動物的骨骼內外部結構構成是一種能夠根據力學環境的變化，自適應地調整骨密度從而呈現局部力回饋機製與力學特性的骨組織結構。從材料、機構設計、感知上仿生骨骼這種生物組織結構和力學原理具有現實意義。

　　•手腳爪指/趾及指（趾）尖的仿生設計。仿生人、靈長類以及猛獸猛禽類動物手腳/爪指（趾）以及指（趾）尖進行機構、材料和形態設計，以爪尖、爪趾抓牢著地或著物點，對於實現攀爬、攀援等移動方式具有現實意義。

　　c. 仿生肢體、軀幹及其關節機構與關鍵構件設計。按照力傳遞的力學原理，如何在實現自身預期運動與帶載作業的同時，將來自肢體末端、肢體或軀

幹上非作業有效載荷的外部載荷「化解」掉而不影響剛柔混合的肢體機構與關節的運動和承載能力是在材料、結構、機構、驅動和控制上需要綜合解決的關鍵問題。

　　d. 多移動方式自主移動機器人系統集成化設計問題要解決的主要矛盾

　　• 整體形態與各關節和肢體運動範圍的矛盾：生物界的動物本體系統是經過自然界力學、氣候、自然物等共存環境下長期適應和進化的過程中天然合理設計而成的有機整體。作為人工製造物的機器人需要仿生這種天然合理的系統設計，如何仿生設計使得系統有效？

　　• 驅動系統分布與本體質量分布的矛盾。

　　• 整體質量與運動驅動能力、帶載能力的矛盾。

　　• 本體內結構空間有限與本體搭載物有增無減的矛盾。

　　e. 自我維護/自我救援的功能設計與技術實現的問題。

# 7.5　本章小結

　　本章首先歸納總結了目前輪式移動機器人的輪構型、輪式移動機器人機構構型、履帶式移動機器人機構構型和機構原理以及特點，為輪式、履帶式等移動方式機器人設計提供機構構型選型設計參考。在此基礎上，本章以最具代表性的輪式、履帶式、腿/足式機器人為例具體講述了機器人系統設計，供機器人技術人員以及機器人研究者們參考。移動平臺的穩定性設計是移動平臺正常運行的關鍵理論與技術問題，為此，結合腿/足式機器人、輪式機器人給出了基於 ZMP 的穩定性設計理論與穩定移動力反射控制方法。本章所選的實例都是在同類機器人中具有代表性的新思想、新概念、新機構和新理論與新方法方面的創新設計結果。同時也側面說明創新首先從概念設計、設計思想開始，然後是解決問題的方法和技術實現，最後是技術指標的高低。對於那些重複性的、沒有概念、方法、理論和技術創新的絕不列入其內。本章也包含了作者的大阻尼欠驅動控制、多移動方式移動機器人等原創性研究成果的介紹。本章透過原創性的創新設計實例論述了面向移動和操作的機器人系統設計的方法以及如何創新的問題，創新必先找到當時研究所存在的尚未解決的實質性問題。這些創新設計也並非是解決了各種複雜環境下移動靈活性和環境適應性的問題，都有一定的局限性。但是在概念上和技術上是先進的，為此，本章最後一節給出了有關移動機器人的移動穩定性問題討論以及多移動方式機器人設計與研究的問題分析與總結，供同行專家、研究者們參考。

# 參考文獻

[1] West, A. M. , Asada, H. , 「Design Of Ball Wheel Mechanisms For Omnidirectional Vehicles With Full Mobility And Invariant Kinematics, 」ASME Journal Of Mechanical Design, 117, 1995.

[2] Lan Zheng, Peng Zhang, Ying Hu, Gang Yu, Zhangjun Song, Jianwei Zhang. A Novel High Adaptability Out-Door Mobile Robot With Diameter-Variable Wheels. Proceeding Of IEEE International Conference On Information And Automation. Shenzhen, China June, 2011: 169-174.

[3] Yu H. , Dubowsky S. , Skwersky, A. , 「Omni-Directional Mobility Using Active Split Offset Castors. 」Proc Of The 26th Biennial Mechanisms And Robotics Conf Of The 2000 ASME Design Engineering Technical Conferences, 2000.

[4] Kevin L. Moore, Nicholas S. Flann. A Six-Wheeled Omnidirectional Autonomous Mobile Robot. IEEE Control Systems Magazine, 2000: 53-66.

[5] E. Poulson, J. Jacob, B. Gunderson, And B. Abbot, 「Design Of A Robotic Vehi -Cle With Self-Contained Intelligent Wheels, 」In Proc. SPIE Conf. Robotic And Semi-Robotic Ground Vehicle Technology, Vol. 3366, Orlando, FL, 1998: 68-73.

[6] C. Wood, M. Davidson, S. Rich, J. Keller, And R. Maxfield, 「T2 Omnidirectional Vehicle Mechanical Design, 」In Proc. SPIE Conf. Mobile Robots XIV, Boston, MA, 1999: 69-76.

[7] Shuro Nakajima. Concept Of A Novel Four-Wheel-Type Mobile Robot For Rough Terrain, RT-Mover. The 2009 IEEE/RSJ International Conference On. Intelligent Robots And Systems. St. Louis, 2009: 3257-3264.

[8] Karl D. Iagnemma, Adam Rzepniewski, Steven Dubowsky, Paolo Pirjanian, Terrance L. Huntsberger, Paul S. Schenker, 「Mobile Robot Kinematic Reconfigurability For Rough Terrain, 」Proc. SPIE 4196, Sensor Fusion And Decentralized Control In Robotic Systems III, (16 October 2000); Doi: 10. 1117/12. 403739.

[9] T. Huntsberger, E. Baumgartner, H. Aghazarian, Y. Cheng, P. Schenker, P. Leger, K. Iagnemma, And S. Dubowsky, 「Sensor Fused Autonomous Guidance Of A Mobile Robot And Applications To Mars Sample Return Operations, 」Proceedings Of The SPIE Symposium On Sensor Fusion And Decentralized Control In Robotic Systems II, 3839, 1999.

[10] Martin Udengaard, Karl Iagnemma, 「Design Of A Highly Maneuverable Wheeled Mobile Robot, 」Proc. SPIE 6962, Unmanned Systems Technology X, 696219 (16 April 2008); Doi: 10. 1117/12. 782201.

[11] Martin Udengaard, Karl Iagnemma. Kinematic Analysis And Control Of An Omnidirectional Mobile. Robot In Rough Terrain. Proceedings Of The 2007

IEEE/RSJ International Conference On Intelligent Robots And Systems, San Diego, CA, 2007: 795-800.

[12] J. -B. Song And K. -S. Byun. Design And Control of An Omnidirectional Mobile Robot With Steerable Omnidirectional Wheels, J. Of Robotic Systems, 2004: 193-208.

[13] Jae-Bok Song, Kyung-Seok Byun. Steering Control Algorithm For Efficient Drive Of A Mobile Robot With Steerable Omni-Directional Wheels. Journal Of Mechanical Science And Technology, 2009: 2747-2756.

[14] Kyung-Seok Byun, Sung-Jae Kim, Jae-Bok Song. Design of A Four-Wheeled Omnidirectional Mobile Robot With Variable Wheel Arrangement Mechanism. Proceedings Of The 2002 IEEE International Conference On Robotics & Automation Washington, DC, 2002: 720-725.

[15] Zhuo-Hua Duan, Zi-Xing Cai, Fault Diagnosis for Wheeled Mobile Robots Based on Adaptive Particle Filter [C]. Proceedings of the Fifth International Conference On Machine Learning and Cybernetics, Dalian, 13-16 August, 2016: 370-374.

[16] Naoji SHIROMA, Yu-Huan CHIU, Zi MIN, Ichiro KAWABUCHI And Fumitoshi MATSUNO. Development And Control of A High Maneuverability Wheeled Robot With Variable-Structure Functionality. Proceedings Of The 2006 IEEE/RSJ International Conference On Intelligent Robots And Systems October 9-15, 2006, Beijing, China: 4000-4005.

[17] Yoji KURODA, Koji KONDO, Kazuaki NAKAMURA, Yasuharu KUNII, And Takashi KUBOTA. Low Power Mobility System For Micro Planetary Rover 「Micro5」. I-SAIRAS'99, ESTEC, Noordwijk, The Netherlands, June 1-3 1999.

[18] Keiji NAGATANI, Ayato YAMASAKI, Kazuya YOSHIDA, Tadashi ADACHI. Development And Control Method Of Six-Wheel Robot With Rocker Structure. Proceedings Of The 2007 IEEE International Workshop On Safety, Security And Rescue Robotics. Rome, Italy, Setember 2007.

[19] Larry Matthies, Erann Gat, Reid Harrison, Brian Wilcox, Richard Volpe, And Todd Litwin. Mars Microrover Navigation: Performance Evaluation And Enhancement. Autonomous Robots · June 1995: DOI: 10. 1007/BF00710796.

[20] Yoji KURODA, Koji KONDO, Kazuaki NAKAMURA, Yasuharu KUNII * * , And Takashi KUBOTA. Low Power Mobility System For Micro Planetary Rover 「Micro5」. I-SAIRAS'99, ESTEC, Noordwijk, The Netherlands, June 1-3 1999.

[21] Henry W. Stone: 「Mars Pathfinder Microrover-A Small, Low-Cost, Low-Power Spacecraft」, Proc. Of AIAA Forum On Advanced Developments In Space Robotics, 1996.

[22] Xiaokang Song, Yuechao Wang, Zhenwei Wu. Kinematical Model-Based Yaw Calculation For An All-Terrain Mobile Robot. Proceedings Of The 2008 IEEE/ASME International Conference On Advanced Intelligent Mechatronics July 2 - 5, 2008, Xi'an, China: 274-279.

[23] Kevin L. Moore, Nicholas S. Flann. A Six-Wheeled Omnidirectional Autonomous Mobile Robot. IEEE Control Sys-

tems Magazine, 2000: 53-66.

[ 24 ] H. Mcgowen, 「Navy Omnidirectional Vehicle (ODV) Development And Technology Transfer Opportunities,」 Coastal Systems Station, Dahlgren Divi- Sion, Naval Surface Warfare Division, Unpublished Report.

[ 25 ] A. Mutambaraand H. Durrant-Whyte, 「Estimationandcontrolforamodu-Lar Wheeled Mobile Robot,」 IEEE Trans. Contr. Syst. Technol. , Vol. 8, 2000: 35-46.

[ 26 ] Chun-Kyu Woo, Hyun Do Choi, Sukjune Yoon, Soo Hyun Kim, Yoon Ke-un Kwak. Optimal Design Of A New Wheeled Mobile Robot Based On A Kinetic Analysis Of The Stair Climbing States. J Intell Robot Syst (2007) 49: 325-354. DOI 10. 1007/S10846-007-9139-8.

[ 27 ] Jianguo Tao, Zongquan Deng, Haitao Fang, Haibo Gao, Xinyi Yu. Development Of A Wheeled Robotic Rover In Rough Terrains. Proceedings Of The 6th World Congress On Intelligent Control And Automation, June 21-23, 2006, Dalian, China: 9272-9276.

[ 28 ] 國井康晴. 月惑星表面探査 Roverの火山観測への応用—移動型遠隔無人観測システム:「SCIFIER」の開発-. 日本惑星科學會志 Vol. 21, No. 2, 2012: 138-147.

[ 29 ] T. Estier, Y. Crausaz, B. Merminod, M. Lauria, R. Piguet, R. Siegwart. An Innovative Space Rover With Extended Climbing Abilities. 2000: DOI: 10. 1061/40476 (299) 44 · Source: OAI. https: //www. researchgate.net/publication/37441142.

[ 30 ] Daisuke Chugo, Kuniaki Kawabata, Hayoto Kaetsu, Hajime Asama, Taketoshi Mishima. Step Climbing Omnidi-rectional Mobile Robot With Passive Linkages. Optomechatronic Systems Control, Edited By Farrokh Janabi-Sharifi, Proc. Of SPIE Vol. 6052, 60520K, (2005) · 0277-786X/05/ $ 15 · Doi: 10. 1117/12. 648372.

[ 31 ] Hitoshi KIMURA, Shigeo HIROSE. Development Of Genbu: Active Wheel Passive Joint Articulated Mobile Robot. Proceedings Of The 2002 IEE/RSJ Intl. Conference On Intelligent Robots And Systems. EPFL, Lausanne, Switzerland, October 2002: 823-828.

[ 32 ] 「Lunokhod-1」, FTD-MT-24-1022-71:66-77.

[ 33 ] Shigw Hirose: Biologically Inspired Robots (Snake-Like Locomotor And Manipulator). Oxford University Press, (1993).

[ 34 ] Stefan Cordes, KarstenBerns, Martin Eberl, Winfried Ilg, Robert Suna. Autonomous Sewer Inspection With A Wheeled, Multiarticulated Robot. Robotics And Autonomous System. 21 (1997): 123-135.

[ 35 ] 宮川豊美, 岩附信行. 游星歯車式管徑追従車輪走行機構による小口徑管内移動ロボットの走行特性. [日本] 精密工學會志, Vol. 72, No. 12, 2006: 137.

[ 36 ] 宮川豊美, 岩附信行. 遊星歯車式管徑追従車輪走行機構による 小口徑管内移動ロボットの 段差走行. [日本] 精密工學會志 , Vol. 73, No. 7, 2007: 828-833.

[ 37 ] 鈴森康一, 阿部朗, 島村光明. 2インチ 配管用管内點検ロボットの開発. 第8回日本ロボット學術講演, 1990: 203-204.

[ 38 ] 鈴森康一, 堀光平, 宮川豊美, 古賀章浩. マイクロロボットのためのアクチュエータ技術. コロナ社, 1998. 8. 21: 158-173.

[ 39 ] Christoph Gruber, Michael Hofbaur.

Distributed Configuration Discovery For Modular Wheeled Mobile Robots. 10th IFAC Symposium On Robot Control International Federation Of Automatic Control September 5-7, 2012. Dubrovnik, Croatia: 690-697.

[ 40 ]　Dedonato M, Dimitrov V, Du Ruixiang, Et Al. Human-In-The-Loop Control Of A Humanoid Robot For Disaster Response: A Report From The DARPA Robotics Challenge Trials [ J ]. Journal Of Field Robotics, 2015, 32 (2): 275-292.

[ 41 ]　Sangok Seok, Albert Wang, David Otten And Sangbae Kim. Actuator Design For High Force Proprioceptive Control In Fast Legged Locomotion. 2012 IEEE/ RSJ International Conference On Intelligent Robots And Systems October 7-12, 2012. Vilamoura, Algarve, Portugal: 1970-1975.

[ 42 ]　Jennifer Chu. 「MIT Cheetah Robot Lands The Running Jump: Robot See, Clears Hurdles White Bounding At 5mph」. MIT News Office. May 29, 2015. https: //news. mit. edu/2015/cheetah-robot-lands-running-jump-0529.

[ 43 ]　Hae-Won Park, Sangin Park, Sangbae Kim. 「Variable-Speed Quadrupedal Bounding Using Impulse Planning: Untethered High-Speed 3D Running Of MIT Cheetah 2」. 2015 IEEE International Conference On Robotics And Automation（ICRA）, Washington, May 26-30, 2015: 5163-5170.

[ 44 ]　Bilge GÜROL、Mustafa DAL、S. Murat YE+ŞİLOĞLU、Hakan TEMELTAŞ. Mechanical And Electrical Design Of A Four-Wheel-Drive, Four-Wheel-Steer Mobile Manipulator With PA-10 Arm. 1-4244-0743-5/07/$ 20. 00 © 2007 IEEE:

1777-1782.

[ 45 ]　Alexander Dietrich, Kristin Bussmann, Florian Petit, Paul Kotyczka, Christian Ott, Boris Lohmann, Alin Albu-Schäffer. Whole-Body Impedance Control Of Wheeled Mobile Manipulators: Stability Analysis And Experiments On The Humanoid Robot Rollin' Justin. Auton Robot （2016）40: 505-517. DOI 10. 1007/ S10514-015-9438-Z.

[ 46 ]　C. Borst, T. Wimbock, F. Schmidt, M. Fuchs, B. Brunner, F. Zacharias, P. R. Giordano, R. Konietschke, W. Sepp, S. Fuchs, C. Rink, A. Albus-chaffer, And G. Hirzinger, 「Rollin' Justin-Mobile Platform With Variable Base,」In Robotics And Automation, 2009. ICRA '09. IEEE International Conference On, May 2009, Pp. 1597-1598.

[ 47 ]　Karld. Iagnemma, Adam Rzepniewski, Steven Dubowsky, Paolo Pirjanian, Terrance L. Huntsberger, Paul S. Schenker. Mobile robot Kinematic reconfigurability for rough terrian, Proc. SPIE 4196, Sensor Fusion and Decentralized Control in Robotie Systems Ⅲ, October 16, 2000. doi: 10. 1117/12. 403739.

[ 48 ]　T. Huntsberger, E. Baumgartner, H. Aghazarian, Y. Cheng, P. Schenker, P. Leger, K. Iagnemnia, and S. Dubowsky. sensor Fused Autonomous Guidance of a Mobile Robot and Applications to Mars Sample Return Operations. Proceedings of the SPIE symposium. on Sensor Fusion and Decentralized Control in Robotic Systems Ⅱ, 3839, 1999.

[ 49 ]　H. Z. Yang, K. Yamafuji, K. Arita And N. Ohara. Development Of A Robotic System Which Assists Unmanned Pro-

duction Based On Cooperation Between Off-Line Robots And On-Line Robots: Concept, Analysis And Related Technology. International Journal Advanced Manufacturing Technology, (1999) 15: 432-437.

[50] H. Z. Yang, K. Yamafuji, K. Arita, N. Ohra. Development Of A Robotic System Which Assists Unmanned Production Based On Cooperation Between Off-Line Robots And On-Line Robots. Part 2. Operational Analysis Of Off-Line Robots In A Cellular Assembly Shop. International Journal Advanced Manufacturing Technology, (2000) 16: 65-70.

[51] H. Z. Yang, K. Yamafuji, T. Tanaka And S. Moromugi. Development Of A Robotic System Which Assists Unmanned Production Based On Cooperation Between Off-Line Robots And On-Line Robots. Part 3. Development Of An Off-Line Robot, Autonomous Navigation, And Detection Of Faulty Workpieces In A Vibrating Parts Feeder. International Journal Advanced Manufacturing Technology, (2000) 16: 582-590.

[52] Javier Serón, Jorge L. Martí Nez, Anthony Mandow, Antonio J. Reina, Jesú S Morales, And Alfonso J. Garc í A-Cerezo. Automation Of The Arm-Aided Climbing Maneuver For Tracked Mobile Manipulators. IEEE TRANSACTIONS ON INDUSTRIAL E-LECTRONICS, VOL. 61, NO. 7, JULY 2014: 3638-3647.

[53] Toyomi Fujita, Yuichi Tsuchiya. Development Of A Tracked Mobile Robot E-quipped With Two Arms. 978-1-4799-4032-5/14/$ 31. 00 © 2014 IEEE: 2738-

2743.

[54] Pinhas Ben-Tzvi, Andrew A. Goldenberg, And Jean W. Zu. A Novel Control Architecture And Design Of Hybrid Locomotion And Manipulation Tracked Mobile Robot. Proceedings Of The 2007 IEEE International Conference On Mechatronics And Automation, August 5 - 8, 2007, Harbin, China: 1374-1381.

[55] Korhan Turker, Inna Sharf And Michael Trentini. Step Negotiation With Wheel Traction: A Strategy For A Wheel-Legged Robot. 2012 IEEE International Conference On Robotics And Automation Rivercentre, Saint Paul, Minnesota, USA, May 14-18, 2012: 1168-1174.

[56] J. Smith, I. Sharf, And M. Trentini, 「PAW: A Hybrid Wheeled-Leg Robot,」Proceedings- IEEE International Conference On Robotics And Automation, Pp. 4043-4048, 2006.

[57] J. Smith, I. Sharf, And M. Trentini, 「Bounding Gait In A Hybrid Wheeled-Leg Robot,」IEEE International Conference On Intelligent Robots And Systems, 2006: 5750-5755.

[58] Luca Bruzzone, Pietro Fanghella. Mantis: Hybrid Leg-Wheel Ground Mobile Robot. Industrial Robot: An International Journal. Volume 41 · Number 1, 2014: 26-36.

[59] Luca Bruzzone And Pietro Fanghella. Functional Redesign Of Mantis 2. 0, A Hybrid Leg-Wheel Robot For Surveillance And Inspection. J Intell Robot Syst (2016) 81: 215-230. DOI 10. 1007/S10846-015-0240-0.

[60] Luca Bruzzone, Pietro Fanghella, And Giuseppe Quaglia. Experimental Per-

formance Assessment Of Mantis 2, Hybrid Leg-Wheel Mobile Robot. Int. J. Ofautomationtechnology. Vol. 11No. 3, 2017: 396-397.

[61] Luca Bruzzone And Pietro Fanghella. Mantis Hybrid Leg-Wheel Robot: Stability Analysis And Motion Law Synthesis For Step Climbing. 978-1-4799-2280-2/14/$ 31. 00 © 2014 IEEE.

[62] Francois Michaud, Dominic Letourneau, Martin Arsenault, Yann Bergeron, Richard Cadrin, Frederic Gagnon, Marc-Antoine Legault, Mathieu Millette, Jean-Francois Pare, Marie-Christine Tremblay, Pierre Lepage, Yan Morin, Serge Caron, 「AZIMUT: A Multimodal Locomotion Robotic Platform, 」Proc. SPIE 5083, Unmanned Ground Vehicle Technology V, (30 September 2003); Doi: 10. 1117/12. 497283: 101-112.

[63] Francois Michaud, Dominic L' Etourneau, Martin Arsenault, Yann Bergeron, Richard Cadrin, Fr' Ed' Eric Gagnon, Marc-Antoine Legault, Mathieu Millette, Jean-Franc Ois Paг E, Marie-Christine Tremblay, Pierre Lepage, Yan Morin, Jonathan Bisson And Serge Caron. Multi-Modal Locomotion Robotic Platform Using Leg-Track-Wheel Articulations. Autonomous Robots 18, 137-156, 2005, 2005 Springer Science + Business Media, Inc. Manufactured In The Netherlands.

[64] Yuhang Zhu, Yanqiong Fei, Hongwei Xu. Stability Analysis Of A Wheel-Track-Leg Hybrid Mobile Robot. J Intell Robot Syst (2018) 91: 515-528.

[65] 吳偉國，侯月陽，姚世斌. 基於彈簧小車模型和預觀控制的雙足快速步行研究. 機械設計. 2010，(4): 84-90.

[66] 侯月陽. 撓性驅動單元及其在人型雙足

步行機器人應用研究[D]. 哈爾濱工業大學博士學位論文，2014.

[67] 廣瀨茂男，米田完. 日本ロボット學會志, 9. 3 (1991) P267.

[68] 日本機械學會編. 生物型システムのダイナミックスヒ製御. 東京: 株式會社養賢堂発行. 2002 年 4 月 10 日: 78-92.

[69] 吳偉國等. 用於人型機器人、多足步行機上的腳用輪式移動機構. 發明專利: ZL200810209738. 3.

[70] Wu Weiguo, Wang Yu, Liang Feng, Ren BingYin. Development of Modular Combinational Gorilla Robot System, Proceeding of the 2004 IEEE ROBIO: 718-723.

[71] Wu Weiguo, Lang Yuedong, Zhang Fuhai, Ren Bingyin. Design, Simulation and Walking Experiments for a Humanoid and Gorilla Robot with Muttiple Locomotion Most 2005 IEEE/RSJ IROS 2005: 44-49.

[72] 吳偉國，梁風. 地面移動及空間桁架攀爬兩用雙臂手移動機器人. [P] 發明專利，黑龍江: ZL101434268，2009-05-20.

[73] 吳偉國，徐峰琳. 一種空間桁架用雙臂手移動機器人設計與模擬分析. 機械設計與製造，2007，(3): 110-112.

[74] 吳偉國，吳鵬. 基於避障準則的雙臂手移動機器人桁架內運動規劃. 機械工程學報，Vol. 48, No. 13, 2012: 1-7.

[75] 吳偉國，姚世斌. 雙臂手移動機器人地面行走的研究. 機械設計與製造，2010 (1): 159-161.

[76] 吳偉國，席寶時. 三自由度欠驅動機器人抓握目標桿運動控制 [J]. 哈爾濱工業大學學報，2013，45 (11): 26-31.

[77] 吳偉國等. 三自由度大阻尼欠驅動攀爬桁架機器人及其控制方法 [P]. 黑龍江: ZL201310288965. 0.

[78] Wu WG, Huang MC, Gu XD. Under-

actuated Control Of A Bionic-Ape Robot Based On The Energy Pumping Method And Big Damping Condition Turn-Back Angle Feedback［J］. Robotics And Autonomous Systems，2018，100： 119-131.

[ 79 ]　吳偉國等. 能擺盪抓握遠距離桁架桿的攀爬桁架機器人及其控制方法. 發明專利申請號： 201811098860. 8.

[ 80 ]　吳偉國，李海偉. 仿猿雙臂手機器人連續擺盪移動最佳化與實驗. 哈爾濱工業大學學報（自然科學版），2018. 03. 04.

[ 81 ]　Vukobratovic M，Branislav Borovac，Veljko Potkonjak. ZMP： A Review of some basicmisunderstangding[J]. International Journal of Humanoid Robotics，2006，3（2）： 153-175.

第8章

# 工業機器人末端操作器及其換接裝置設計

## 8.1 工業機器人操作臂末端操作器的種類與作業要求

由機器人末端操作器在作業時是否受到被操作對象物或者作業環境的物理約束（幾何約束和力約束），機器人末端操作器作業可分為自由空間內作業和約束空間內作業兩大類。

自由空間內作業：諸如焊接、噴漆、搬運等作業，末端操作器沒有受到來自作業對象物或作業環境的外力作用，就屬於自由空間內的作業。

約束空間內作業：諸如裝配、拆卸、推車、操縱機器、接觸式測量、加工、回避障礙之類的機器人作業，在作業過程中受到來自作業對象物或作業環境的外力作用，則屬於約束空間內作業。作業類型的不同便直接導致機器人末端操作器結構、原理上的不同。

### 8.1.1 焊接作業

① 電弧焊（arc welding）與電弧焊機（arc welding machines）。電弧是由焊接電源供給的，在工件與焊條構成的兩極之間產生強烈而持久的氣體放電現象。電弧焊是以電弧為熱源，將電能轉換為焊接所需的熱能和機械能，將金屬件連接在一起的焊接工藝。電弧焊主要有焊條電弧焊、埋弧焊、氣體保護焊等焊接方法，是焊接生產總量中占據 60％以上的重要焊接方式。電弧焊一般由空載電壓為 50～90V 的電弧焊焊接設備（電弧焊機）實現。焊條電弧焊中，允許的空載電壓是從對人體安全出發加以限製，電壓波動率小於等於 10％的直流電源最高電壓為 100V，波動率更大的如焊接變壓器則為 70～80V，鍋爐、狹小容器內所用焊接變壓器，空載電壓只允許到 42V，只有在全機械化、自動化的焊接設備上使用的焊接變壓器的許用空載電壓可到 100V。機器人操作臂可以代替傳統焊條

電弧焊中的焊工，在機器人末端操作器上把持電弧焊的焊條。

電弧焊機需要有連接在三相交流電網的兩個相線上的焊接變壓器（小功率變壓器也有連接一根相線和中性線的）、使用半導體整流器組整流的焊接整流器或電子焊接電源（如脈衝點焊）等電力變換裝置。

② 電阻焊（resistance welding）與電阻焊機（resistance welding machines）。電阻焊是利用電流透過焊件及接觸處產生的電阻熱作為熱源將被焊接件局部加熱，同時對被焊接件焊接部位施加壓力以實現焊接連接的一種方法。因為是透過局部加熱並施加壓力使被焊件快速熔融（即電阻熱效應原理）或至塑性狀態然後壓接實現連接，所以不需填充金屬，生產效率高，焊件變形小，容易實現自動化。實現電阻焊焊接功能的設備便是電阻焊焊接裝置。電阻焊焊接裝置包括位置固定的焊機、多點焊接裝置、便攜式焊鉗和電焊器等。

電阻焊的種類：點焊、縫焊、滾焊、凸焊、對頭焊（也稱對焊）等，並由相應的焊機實現電阻焊功能。

點焊焊機結構組成與功能：點焊焊機（可簡稱為點焊機）一般由變壓器、導電板、導電彈簧、下支臂、上支臂、壓氣缸和導軌、電極及其夾持器等部分組成。點焊用工業機器人的末端操作器即為點焊焊機。點焊焊機的功能要求主要包括：機械功能、電功能。

點焊焊機的機械功能要求：機械功能是指電極壓力要能在較大範圍內變動，以適應各種焊接條件（如被焊件材質、板厚、連接強度要求等）。焊機本身應有高剛度，在材料軟化階段點焊機機架等在電極壓力作用下彎曲，使兩電極向相反方向偏移。結構剛性對點焊機特別重要，以便保證各同時焊接的焊點上電流均勻分布。另外，為提高焊接生產效率，電極的閉合運動要快（閉合速度高），且兩電極還不能發生衝擊，以便把工作噪音和電極損耗限製在最低限度。運動的電極質量應盡可能小，使電極在較小慣性下隨著被焊接件軟化狀態的材料下沉，以免在電極和材料的短時間接觸中存在著不希望有的過熱效應。

點焊機的電功能要求：焊接機需在短時間內輸出一個盡可能高的次級電流。在互相接近的兩個電極之間的短路電流最大值是特別重要的特性值。同時要力求次級電壓低，以便使接觸功率盡可能小，且變壓器、次級迴路和焊接電流控制系統的能量損耗必須限製在最低值。此外，批量生產的焊接機要保證高耐用度。

機器人焊接作業的製定（程式）：需要根據焊接機的焊接作業性能參數來製定機器人及其末端操作器動作位置軌跡、動作時間以及間歇時間等。另外，焊接機與機器人操作臂末端機械介面法蘭的連接需要校準和標定位姿（矩陣）。機器人焊接作業規程的製定必須由焊接專業的工程師來指導。電弧焊作業是末端操作器連續運動路徑下的焊接作業，因此，一條焊縫在焊接過程中一般不允許末端操

作器停留，這就要求在焊縫形成過程中，帶動末端操作器光滑、連續運動的機器人操作臂不允許出現因機構奇異構形、機構逆運動學求解過程中（或者離線生成）出現算法奇異、關節達到或超過關節極限位置等情況發生。

## 8.1.2　噴漆作業

噴漆機器人的末端操作器是噴漆槍，簡稱噴槍。手工用噴漆槍是人工把持噴漆槍手柄的噴槍，不能直接用作噴漆機器人的噴槍。噴漆機器人用的噴槍上需要有能夠與機器人操作臂末端機械介面法蘭保證位姿精度（尤其是周向連接）連接的機械介面法蘭。但噴槍的工作原理基本相同：透過壓縮空氣將塗料霧化成細小的液滴，並在其內部壓力作用下以一定的速度噴向被噴塗的表面。噴槍主要由噴帽、噴嘴、針閥和槍體組成，同時需要外部連接有氣壓裝置（如壓力罐、壓力桶、泵等）。

噴漆作業參數計算及噴漆速度與噴槍運動速度的協調控制：噴漆作業之前需要根據噴槍的噴射距離、噴塗的面積、噴射速度等參數以及漆本身的種類和特性，設計、標定好噴槍噴漆作業參數，然後根據被噴漆表面的幾何形狀、材質等，設計、規劃噴漆路徑也即機器人末端操作器作業軌跡。需要根據被噴漆表面單次噴塗塗層厚度、面積以及噴漆流量、機器人操作臂末端操作器運動的速度進行匹配性的計算，以協調控制噴漆速度與噴槍運動速度。

噴漆作業軌跡連續光滑性要求和回避奇異：同電弧焊作業用途的機器人操作臂一樣，噴漆作業過程中一般不允許末端操作器停留，這就要求機器人操作臂在噴漆過程中不允許出現因機構奇異構形、機構逆運動學求解過程中（或者離線生成）出現算法奇異、關節達到或超過關節極限位置等情況發生。

## 8.1.3　搬運作業

搬運作業用末端操作器：常用的有吸盤、開合手爪、多指手爪等末端操作器。這類工業機器人作業往往是點位（point to point，PTP）控制的作業，即機器人操作臂的末端操作器運動到某一位置抓持起工件，然後移動到另一個目標位置放下工件，如此循環往復。

搬運作業為最簡單的點位控制：搬運作業的位置控制一般僅是搬運的起點位置控制與放置的目標點位置控制。兩點之間的位置與軌跡除了回避奇異、關節極限之外沒有其他要求。因此，通常情況下在這兩點之間以直線或者簡單曲線規劃末端操作器軌跡即可，甚至只給定起點、終點兩個點，以增量運動控制的最簡單形式即可。

## 8.1.4　裝配作業

### （1）裝配作業的概念

日本精密學會 1989 年機器人裝配技術文獻中記載，將裝配作業定義為「將兩個或兩個以上的零件製作成一個半成品或成品的作業，即依靠插入等動作，使兩件發生相互作用而實現的一體化」。

零部件的自動化裝配過程可以分解為如下幾個步驟：自動識別、獲得某個零部件即裝配件或被裝配件；自動進行零部件的位姿操作；自動定位；自動裝配。

### （2）約束空間内的裝配作業

傳統的人工裝配作業是工業生產過程中的重要作業，這類作業耗費了大量的人力和時間。現代工業生產中，裝配作業（從微奈米級尺度的微小零部件裝配到航天飛機、航空母艦、艦船等的裝配作業）占整個生產過程的比例日益增大，對自動化裝配技術與作業的需求越來越強烈。機器人裝配技術的發展適應了這一技術需求。然而，比起前述的噴漆、焊接、搬運等自由空間内作業，約束空間内機器人裝配作業技術的難度更大。它是在末端操作器運動（或關節運動）位置軌跡控制基礎上進一步實現在實際物理環境的力約束下的操作力控制的複合作業。

同樣是軸孔裝配，裝配技術含量和難易程度是不同的。公差與互換性測量技術中將精度規定為 12 個等級，包括尺寸精度和配合精度在内。配合尺寸、配合精度以及裝配與被裝配件材質等都決定了自動裝配技術的難易程度。這裡的「孔」不是僅指斷面形狀為圓形、方形、矩形、三角形以及多邊形等規則形狀的孔，而是廣義上的各種形狀、各種基本形狀複合而成的「孔」；軸也不是僅指斷面為圓形、方形、矩形、三角形以及多邊形等規則形狀的軸，而是廣義上的各種形狀、各種基本形狀複合而成的「軸」。

① 名義上為裝配技術實則為自由空間内的大間隙裝配作業：如果給定軸孔的間隙配合和配合尺寸以及軸孔加工後實際配合尺寸所確定的軸孔間隙或間隙範圍大於機器人操作臂系統末端重複定位精度（機械系統、感測器系統、控制系統綜合決定的精度，其中以機械精度為主），則這種用機器人來實現的裝配技術已經沒有什麼實質性的自動裝配技術而言，換句話說，靠機器人系統自身的位姿精度就能夠滿足裝配作業位置精度要求，這與自由空間内機器人作業沒有本質區別。因此，大間隙的廣義軸孔類零部件間隙配合裝配技術就是靠末端操作器作業精度來保證的自由空間内作業。

② 配合精度要求與機器人操作臂系統精度相當甚至更高的配合性質下自動裝配技術：是真正能夠體現在自動裝配過程中需要且能夠解決裝配過程中關鍵問題、難題的技術，是有自動裝配技術含量的技術。通常為小間隙配合、H/h 配

合、過渡配合或過盈配合性質下裝配作業的機器人技術實現。

(3) 工業機器人裝配技術發展概況

工業機器人裝配技術的研究和發展始於 1970 年代，1977 年美國 Unimation 公司研製出世界上第一臺由電腦控制的、可編程的通用裝配操作機器人，即工業機器人發展史上著名的 PUMA 機器人，這裡的 PUMA 是「programmable universal manipulator for assembly」的英文縮寫詞，意為「面向裝配作業的可編程通用操作臂」。

1977 年，西屋電氣公司建成了包含多臺機器人並具有力覺、觸覺、視覺和 RCC 柔性手腕的可適應可編程機器人裝配系統。

1981 年日本山梨大學開發出平面雙關節型機器人 SCARA（selective compliance assembly robot arm），且有十多種類型。SCARA 機器人作為用於裝配作業的工業機器人操作臂獲得了大量的工業應用。它的設計雖然相對而言機構簡單，但它是最符合快速、高效裝配作業的設計。SCARA 機器人的水平關節設計擺脫了重力場中繞水平軸線回轉運動的俯仰類關節帶動各臂俯仰運動時機器人臂自重和自重引起的重力矩以及慣性力等引起的有效驅動力矩的消耗，使得驅動系統能夠輸出更大的驅動力或力矩以平衡裝配作業的外部作用力或力矩，而且機構簡單對於提升機器人整體的剛度是有利的。

1980 年代裝配機器人技術獲得大發展：日本日立、松下、東芝、三菱、日本電氣、富士通、豐田工機、小松製作所等紛紛開發並生產裝配機器人和 APAS；歐洲許多國家也開始研製、生產裝配機器人；1980 年代中期，日本、瑞典、聯邦德國等紛紛投放裝配機器人產品進入工業自動化裝配設備市場。

中國「七五」計劃機器人攻關中，增列了第一代示教再現式裝配機器人，陸續從海外引進 PUMA、SKILAM、INTELLEDEX、Adept 等裝配機器人，開始從事裝配機器人研究和開發；「八五」計劃期間選擇 SCARA 型機器人類型來研製智慧精密裝配機器人；國家「863 計劃」將「具有多種感知的微驅動手及其控制系統」列入「七五」期間智慧機器人基礎研究重點課題之一；「國家自然科學基金」也將「銷孔零件柔順裝配機理及裝配策略研究」作為高技術探索重點資助方向之一。

1980～1990 年代銷孔類零件裝配作業的機器人裝配技術的基礎理論與裝配策略已經奠定。此後，由於高精度的機器人及其末端操作器產品性能的不斷提高，用於機器人控制的電腦計算能力的大幅提升，視覺、力覺等感測器感知能力的不斷提升以及智慧控制算法在工業機器人裝配技術中的應用，幾何形狀規則、簡單的軸孔類零部件的裝配機器人技術研發之路已經完成。遺憾的是中國的工業機器人裝配技術在產業領域的應用沒有得到足夠的重視，研發成果與技術產業化應用脫節，直到 2010 年以後，產業界受「人口紅利消退」「機器人換人」的困境

所迫才開始躍進。在 1980～1990 年代，中國機器人界著名專家、工程院院士蔡鶴皋教授及其課題組團隊在宏-微驅動精密裝配機器人技術、銷孔零件柔順裝配機器人技術研究中獲得的成果奠定了中國工業機器人裝配技術以及零件打磨等約束空間內作業的機器人力/位混合控制技術的基礎。

（4）工業機器人操作臂的裝配作業技術難點

① 目前，軸孔裝配作業的機器人裝配技術都是針對銷孔類零部件裝配和簡單複合孔類零件裝配的。本書作者帶領研究生從 2016 年起開始研究圓-長方孔複合孔類零件的機器人裝配問題，內容包括此類複合孔類零件裝配的接觸狀態分析與識別、裝配策略與裝配力/位混合控制技術。

② 需要注意受機器人及其末端操作器的重複定位精度範圍所限的裝配作業位姿精度與用於裝配力調節的位置軌跡精度兩者的協調與均衡性。

③ 一般用於裝配中測量裝配操作力的力/力矩感測器很難直接安裝在裝配操作受力部位，而是安裝在工業機器人操作臂的腕部末端機械介面與末端操作器機械介面之間進行間接測量，如此，不可避免地會受到末端操作器本身機械性能的影響。

④ 在零件的裝配過程中，即使被裝配的零部件之間存在微小的位姿偏差，都會產生相當大的作用力反作用在裝配件以及力/力矩感測器上，這種由於裝配時零部件間相互作用而產生的力就是裝配力。從力學的角度來講，裝配力與裝配力方向上的微小位移量之間的比值就是被裝配件與裝配件之間相互作用的剛度。

# 8.2　工業機器人用快速換接器（快換裝置）

隨著柔性製造、柔性生產線等概念的發展和應用，現代工業機器人作業過程中越來越多地需要使用多把工具對物料進行複合工序的加工、裝卸操作，對應於作業中工具的快速更換需求，機器人快換裝置應運而生，其定義為能在數秒至十數秒內完成機器人與末端工具的機械、電路、液壓、氣壓一次性連接或斷開的機器人輔助機械裝置。

如圖 8-1 所示，機器人快換裝置一般包括機器人適配器和工具適配器兩個部件，其中機器人適配器安裝於機器人末端的機械介面上，工具適配器安裝於工具原本與機器人連接的機械介面上，透過內部的換接機構，機器人和工具能夠快速夾緊或脫開，從而提高複合工序中機器人的工作效率。

機器人快換裝置在很多作業中都有應用，如圖 8-2 所示，在關節型機器人、並聯機器人、人型雙臂系統等機器人系統的螺栓緊固、裝配、打磨、搬運等作業中均可使用快換裝置。

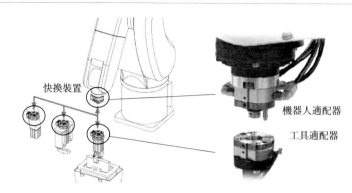

快換裝置

機器人適配器

工具適配器

圖 8-1　工業機器人的快換裝置[1]

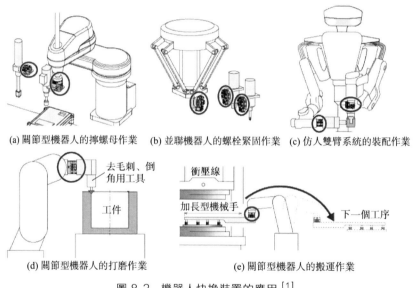

(a) 關節型機器人的擰螺母作業　(b) 並聯機器人的螺栓緊固作業　(c) 仿人雙臂系統的裝配作業

去毛刺、倒角用工具

工件

衝壓線

加長型機械手

下一個工序

(d) 關節型機器人的打磨作業　　(e) 關節型機器人的搬運作業

圖 8-2　機器人快換裝置的應用[1]

## 8.2.1　機器人快換裝置的功能和技術指標

機器人快速換接裝置的主要功能如下。

① 機器人與工具的定位。指透過快換裝置的定位面使工具相對於機器人的末端介面具有確定的位置，從而使機器人在後續的運動中能夠準確控制工具的運動軌跡。

② 工具的固定。透過快換裝置的夾緊機構使機器人與工具形成穩固的機械連接，當工具受到的負載力或力矩在額定範圍內時，快換裝置的定位面不脫離接觸

狀態。

③ 機器人與工具的電氣連接。對於大多數機器人使用的工具，一般在完成定位與固定後還需要進行電路和氣路連接，以使工具獲得必要運轉能源並使機器人從工具處獲得回饋訊號。

為完成上述功能，機器人快換裝置一般由機器人適配器和工具適配器兩個部件組成，每個部件均有定位結構、夾緊機構、電氣連接裝置等組成部分，如圖 8-3 所示。

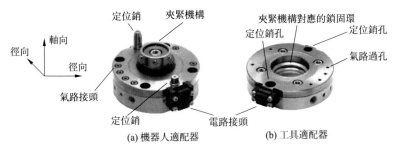

(a) 機器人適配器          (b) 工具適配器

圖 8-3　機器人快換裝置的基本組成 [2]

表 8-1 中給出了機器人快換裝置的技術指標。

**表 8-1　機器人快換裝置的技術指標**

| 序號 | 名稱 | 單位 | 含義 |
|------|------|------|------|
| 1 | 重複定位精度 | mm | 多次連接、分離過程中工具適配器相對於機器人適配器的徑向位置誤差,公差帶形狀為圓形,重複定位精度為此圓形公差帶的直徑 |
| 2 | 可搬運質量 | kg | 可以穩固連接的工具及工具所承載物料的最大質量 |
| 3 | 連接保持力 | N | 在機器人適配器和工具適配器的軸向定位面保持接觸的情況下,能抵抗的最大軸向扯離力 |
| 4 | 容許軸向扭矩 | N・m | 在機器人適配器和工具適配器不發生繞軸向的扭轉滑移條件下,能抵抗的最大繞軸向的扭矩 |
| 5 | 容許徑向彎矩 | N・m | 在機器人適配器和工具適配器的軸向定位面保持接觸的情況下,能抵抗的最大繞徑向的彎矩 |
| 6 | 電極數量 | 個 | 機器人適配器與工具適配器在連接狀態下能傳遞的電路訊號數量 |
| 7 | 電極電流 | A | 各路電極的額定電流 |
| 8 | 氣路數量 | 個 | 機器人適配器與工具適配器在連接狀態下能傳遞的氣路數量 |
| 9 | 氣路氣壓 | MPa | 各氣路能傳遞的額定氣壓 |
| 10 | 驅動氣壓 | MPa | 驅動快換裝置的夾緊機構驅動氣壓,一般是一個範圍,下限表示產生足夠的夾緊力所需的最小氣壓,上限表示耐壓極限 |
| 11 | 裝置自重 | kg | 機器人適配器和工具適配器的質量(一般分開給出) |

　　表 8-1 中第 2 項和第 3 項技術指標可以相互換算，因此在一般情況下這兩個技術指標只會給出一個，其換算公式如下：

$$連接保持力＝9.8×（可搬運質量＋裝置自重）×安全係數 \qquad (8-1)$$

　　式(8-1) 中安全係數是在考慮由機器人運動產生慣性力後，由快換裝置的靜載荷對其動載荷的一種估計，安全係數根據機器人運動的加減速快慢和工具運轉時的衝擊大小，一般取為 1.5～3。

　　上述技術指標中，第 1 項反映快換裝置的定位精度，第 2～5 項反映快換裝置的負載能力，第 6～9 項反映快換裝置的電氣連接功能，第 10 項反映快換裝置與機器人或生產線氣動系統的兼容性，氣泵的供氣壓力應在此項技術指標給出的範圍內；第 11 項反映快換裝置對機器人有效負載的削弱程度，選型時要求機器人的有效載荷在正常工作下的富餘量必須大於此項指標給出的裝置自重。

　　為了進一步提高工具換接的可靠性，現有的主流產品一般還有強製分離和機械自鎖兩項輔助功能。

　　強製分離功能是指當所換接的工具質量較小或機器人工作於粉塵、黏性液體飛濺等高汙染環境時，工具適配器不易靠自重實現可靠分離，需要在夾緊機構鬆開後將機器人適配器與工具適配器強製頂開，以實現工具適配器的可靠分離。

　　機械自鎖功能是指在發生故障的情況下，若停止對快換裝置的夾緊機構供氣或供氣壓力不足時，夾緊機構仍能提供足夠的夾緊力，而不使機器人和工具發生意外分離。

## 8.2.2　機器人快換裝置的定位原理

　　機器人進行工具換接時往往要求工具相對於機器人末端機械介面的位置和姿態都被確定，因此快換裝置機器人適配器與工具適配器之間的定位需限定全部六個自由度，按定位面的選擇方式不同，可分為以下兩類。

　　（1）兩面一銷定位

　　如圖 8-4 所示，機器人適配器與工具適配器之間可以採用兩面一銷的方式進行定位，其中定位面 1 為 $x$ 向、$z$ 向尺寸均較大的平面，限定沿 $y$ 軸移動、繞 $x$ 軸轉動和繞 $z$ 軸轉動三個自由度；定位面 2 為 $z$ 向尺寸較大但 $y$ 向尺寸較小的平面，限定沿 $x$ 軸移動和繞 $y$ 軸轉動兩個自由度；定位銷為短銷，限定沿 $z$ 軸移動一個自由度。

　　從結構設計的角度，定位銷端面應有倒角，以方便裝入銷孔。必須保證的尺寸公差是定位銷軸線到定位面 1 的距離，必須保證的形狀公差是定位面 1 和定位面 2 的平面度。為防止定位面 1 和定位面 2 之間出現過定位問題，還需在加工、裝配過程中保證二者的垂直度。

## （2）一面兩銷定位

如圖 8-5 所示，是機器人適配器與工具適配器之間的一面兩銷定位方式。

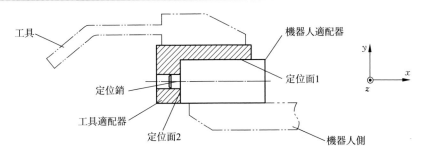

圖 8-4　機器人快換裝置的兩面一銷定位方式

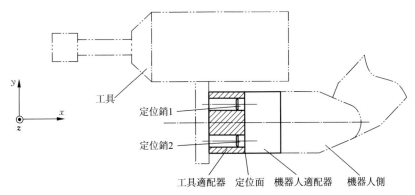

圖 8-5　機器人快換裝置的一面兩銷定位方式示意圖

定位面是 $y$ 向、$z$ 向尺寸均較大的平面，限定沿 $x$ 軸移動、繞 $y$ 軸轉動和繞 $z$ 軸轉動三個自由度；定位銷 1 和定位銷 2 均是短銷，共同限定繞 $x$ 軸轉動、沿 $y$ 軸移動和沿 $z$ 軸移動。

從結構設計的角度，定位銷 1 和定位銷 2 端面均應設有倒角，以方便裝入銷孔。對於使用一面兩銷定位方式的手動快換裝置，定位銷 1 和定位銷 2 的長度應不同，以防止同時裝入兩個定位銷出現難以對正的情況。必須保證的尺寸公差是定位銷 1 軸線到定位銷 2 軸線的距離，必須保證的形狀公差是定位面的平面度，一面兩銷的定位方式不存在過定位問題。

上述定位方式中，為使頻繁拆裝的定位銷與銷孔能較容易地對正、裝入和拆出，其配合應是間隙配合，如圖 8-6(a) 所示，加之拆裝過程中的不斷磨損，此間隙會不斷擴大，最終使定位銷與銷孔之間的定位精度超差。在對工具位置精度要求較高的作業中，需要對此間隙進行補償，可採用圖 8-6(b) 所示的方式達到

0 間隙配合的效果。

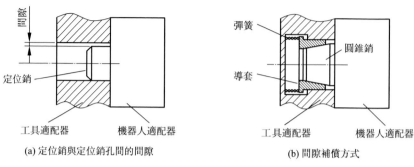

(a) 定位銷與定位銷孔間的間隙　　　　　(b) 間隙補償方式

圖 8-6　定位銷與定位銷孔間的間隙與補償方式

　　圖 8-6(b) 中使用圓錐銷代替了圓柱銷，圓錐銷的外錐面與導套的內錐面能實現無間隙配合。由於導套與工具適配器只需裝配一次，因此導套外圓柱面與工具適配器銷孔的配合可選為過渡配合，透過加工精度和專用的裝配工具保證二者的位置精度。在快換裝置使用過程中當圓錐銷或導套發生磨損時，導套後的彈簧能自動補償磨損產生的誤差，使導套與圓錐銷始終保持零間隙。

　　由於迄今為止，機器人和工具之間的機械介面不存在統一的標準，因此不同廠商的機器人和工具都具有不同尺寸的連接介面，快換裝置也無法用一個統一的介面連接所有的機器人和工具。對此問題的解決方法是：透過機器人轉接盤和工具轉接盤進行轉接，相同廠商的快換裝置和轉接盤之間的介面能保證相互適配，使用者可自由訂製轉接盤與所要連接的機器人或工具的介面，快換裝置的廠商將按圖紙對轉接盤進行加工。圖 8-7 所示的是使用轉接盤的機器人適配器的安裝方式。

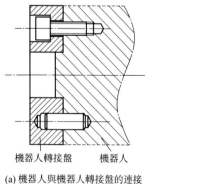

(a) 機器人與機器人轉接盤的連接　　　　(b) 機器人轉接盤與機器人適配器的連接

圖 8-7　使用轉接盤的機器人適配器的安裝方式

將快換裝置的機器人適配器安裝於機器人上時，應先將機器人轉接盤與機器人末端的機械介面連接，二者的定位方式由機器人的末端機械介面確定（圖 8-7中採用止口和圓柱銷定位），定位後以螺栓組緊固；機器人轉接盤安裝完成後可將機器人適配器裝於機器人轉接盤上，定位方式由快換裝置對外連接的機械介面確定，定位後同樣以螺栓組緊固。需注意的是機器人轉接盤設計時需將與機器人連接的介面和與快換裝置連接的介面相互錯開，因此圖 8-7(a)、圖 8-7(b) 給出的是不同的徑向截面。工具適配器在工具上的安裝方式與圖 8-7 相似，同樣是先將工具轉接盤安裝於工具上，再將工具適配器安裝於工具轉接盤上。

## 8.2.3　機器人快換裝置的夾緊原理

在機器人快換裝置的工具適配器和機器人適配器之間完成定位後，需要進行夾緊，以使二者在作業過程中始終保持確定的位置關係。快換裝置中使用的夾緊、鎖固機構有以下幾種。

（1）半圓銷機構

如圖 8-8 所示，半圓銷是將一根圓柱銷的一部分削去一半後得到的特殊鎖緊銷，其未被削去的部分與機器人適配器的銷孔配合。工具適配器加工有帶豁口的半圓銷孔，半圓銷可沿豁口滑入或滑出工具適配器，半圓銷滑入後旋轉 180°完成鎖緊。

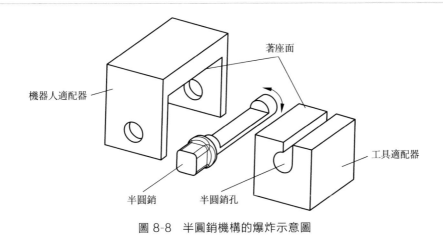

圖 8-8　半圓銷機構的爆炸示意圖

此種鎖固機構的優點是鎖固、放鬆時只需將半圓銷旋轉半圈，操作簡便、快速。其缺點是對半圓銷孔自身的加工精度和其到著座面的位置精度要求高，鎖固後提供的鎖緊力較小。根據上述優缺點，半圓銷機構一般用於輕型手動快換裝置

之中。

（2）螺桿螺母夾緊機構

如圖 8-9 所示，當工具適配器和機器人適配器完成定位後，將螺桿旋入螺紋鋼套內並施加擰緊力矩完成夾緊。工具適配器和機器人適配器的主體均由鋁合金等輕質材料製成，螺紋鋼套使用鋼質材料，其作用是在保證螺紋強度的前提下盡量減輕快換裝置的本體質量，以減少對使用快換裝置的機器人有效負載的占用。另外在使用過程中若發生螺紋磨損，可對螺紋鋼套進行更換，以降低維修成本。

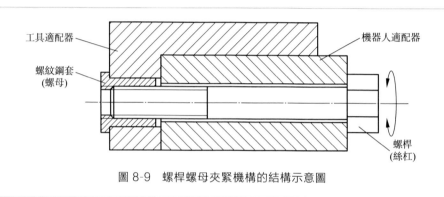

圖 8-9　螺桿螺母夾緊機構的結構示意圖

螺桿螺母夾緊機構的優點是加工製造成本低，施加的夾緊力大，使用測力扳手能夠方便地控制夾緊力；缺點是夾緊時需要多周旋動螺桿，夾緊、放鬆操作不如半圓銷機構簡便。此機構一般應用於中型手動快換裝置。

（3）鋼球夾緊機構

如圖 8-10 所示，鋼球夾緊機構的原理是當推桿向左推出時，鋼球在保持架的約束下沿徑向向外移動，扣緊夾緊鋼套的內側曲面，產生夾緊力。

此種夾緊機構的優點是夾緊、放鬆動作簡單，產生的夾緊力較大；缺點是推桿、夾緊鋼套上均存在曲面，加工成本較大。鋼球夾緊機構一般應用於輕、中型的自動快換裝置。

（4）凸輪夾緊機構

如圖 8-11 所示，凸輪夾緊機構的原理與鋼球夾緊機構相似，當推桿向左推出時，推動凸輪轉動，扣緊夾緊鋼套的內側曲面，產生夾緊力。

此種夾緊機構的優點是夾緊、放鬆動作簡單，能產生很大的夾緊力；缺點是凸輪、夾緊鋼套上均存在複雜曲面，加工成本較大。凸輪夾緊機構一般應用於重型自動快換裝置。

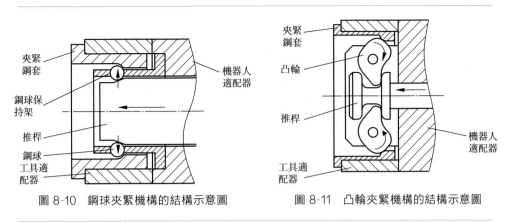

圖 8-10 鋼球夾緊機構的結構示意圖　　　圖 8-11 凸輪夾緊機構的結構示意圖

## 8.2.4 現有的機器人快換裝置

現有的機器人快換裝置有以下幾種。

（1）MGW 系列手動快換裝置

這裡介紹的是由德國 GRIP 公司生產的 MGW 系列手動快換裝置[2]，其結構爆炸圖如圖 8-12 所示。

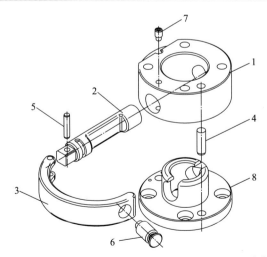

圖 8-12　MGW 系列手動快換裝置的結構爆炸圖[2]

1—機器人適配器主體；2—半圓銷；3—操作手柄；4—定位銷；5—手柄銷軸；

6—手柄鎖緊器；7—手柄限位器；8—工具適配器

此種快換裝置的定位原理是一面兩銷定位，夾緊機構為半圓銷機構，手柄用

於夾緊、分離操作。

（2）EINS 140 系列手動快換裝置

如圖 8-13 所示，日本 EINS 公司生產的 140 系列手動快換裝置[3]，使用兩面一銷定位方式和螺桿螺母夾緊機構，螺桿兩側對稱分布的兩個定位銷是相互冗餘的關係，輔助夾緊螺栓用於防止上方的定位面脫離接觸。

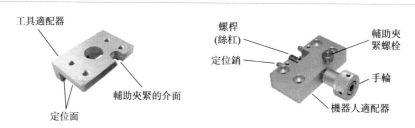

圖 8-13　140 系列手動快換裝置照片[3]

（3）SWA 系列手動快換裝置

如圖 8-14 所示的是德國 GRIP 公司生產的 SWA 系列手動快換裝置[4] 的結構爆炸圖。

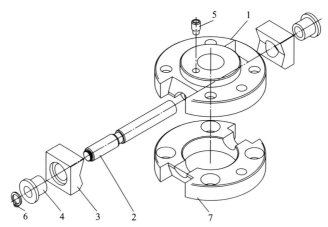

圖 8-14　SWA 系列手動快換裝置的結構爆炸圖[4]

1—機器人適配器；2—螺桿（螺桿）；3—楔塊；4—螺紋鋼套（螺母）；
5—緊定螺釘；6—卡簧；7—工具適配器

此快換裝置採用一面兩銷定位和螺桿螺母夾緊機構，但其夾緊用的螺桿沿徑向布置，使用楔塊將螺桿的徑向壓緊力轉換為軸向壓緊力。

#### （4）無夾緊機構的快換裝置

2017 年崔航等人設計了一種自身無夾緊機構的快換裝置[5]，其結構示意圖如圖 8-15 所示。這種快換裝置完全依靠機器人的運動進行夾緊，其機器人適配器的下面有對稱布置的 4 個卡緊凸臺，連接時首先令機器人沿軸向移動，使卡緊凸臺由工具適配器的豁口處進入其內部的空腔中，之後機器人末端繞軸線旋轉 45°使卡緊凸臺對準工具適配器的卡槽，之後機器人末端上抬使卡緊凸臺進入卡槽內完成夾緊。

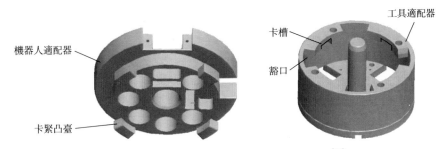

圖 8-15 無夾緊機構的快換裝置結構示意圖[5]

為防止機器人運動過程中卡緊凸臺從卡槽中意外脫出，工具適配器內還裝有彈簧（未畫出）將機器人適配器頂向上方。應注意的是此快換裝置的夾緊力來自彈簧彈力和工具重力，因此對於作業時有軸向向上載荷力的情況或工具需翻轉至機器人末端上方的情況並不適用。

#### （5）SWR 系列自動快換裝置

圖 8-16 所示的是日本考世美（KOSMEK）公司生產的 SWR 系列自動快換裝置[1] 的結構原理，該快換裝置採用一面兩銷定位方式，其中一個定位銷與卡緊機構合一，另一個定位銷單獨安裝，兩個定位銷均為圓錐銷，用於補償定位銷與銷孔之間的間隙，整體重複定位精度可達到 0.003mm。夾緊機構採用鋼球夾緊機構，採用氣動驅動，連接時以氣缸推動活塞桿，活塞桿推出鋼球卡緊工具適配器中的曲面卡槽。

為防止氣缸供氣消失時工具發生意外掉落（即實現機械自鎖功能），機器人適配器氣缸內裝有彈簧，在供氣消失或壓力不足時將活塞桿向上頂起，阻止鋼球回縮。

由於 SWR 系列自動快換裝置使用了圓錐銷定位，因此易發生錐面楔緊，需要在分離時進行強製脫出，其實現方式為分離時活塞桿向下移動，頂在工具適配器內腔的底部（圖 8-16 中 A 部），產生 0.5mm 的頂升量強製脫開。

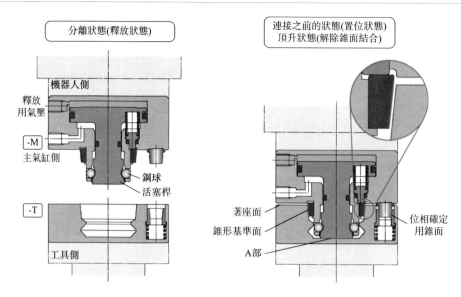

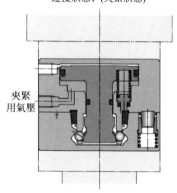

圖 8-16　SWR 系列自動快換裝置的結構原理

　　對於 SWR 系列自動快換裝置使用的鋼球夾緊機構，EINS 公司的 OX 系列自動快換裝置使用了另外一種強製脫開的方法，如圖 8-17 所示，在工具適配器的鎖緊環上加工了方向相反的曲面，並使用鎖緊鋼球和鬆開鋼球兩組相互錯開的鋼球分別進行鎖緊和鬆開操作。當進行鎖緊時，活塞桿向左運動，鎖緊用鋼球推出，鬆開用鋼球縮入，工具適配器被壓向機器人適配器；進行鬆開操作時，活塞桿向右運動，鎖緊用鋼球縮入，鬆開用鋼球推出，工具適配器被推離機器人適配器。

　　此外 SWR 系列自動快換裝置還有自清潔功能，該功能是為防止高汙染環境內的液體、固體進入快換裝置的定位面影響定位精度和夾緊效果，其實現方式如

圖 8-18 所示，依靠清潔用氣孔的高速氣流對所有定位面進行清潔。

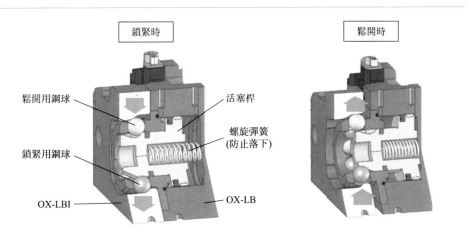

圖 8-17　OX 系列自動快換裝置的強製脫開原理

（6）OMEGA 系列自動快換裝置

如圖 8-19 所示，日本 NITTA 公司生產的 OMEGA 系列自動快換裝置[6]，其定位方式為一面兩銷定位，夾緊機構採用凸輪夾緊機構，此快換裝置專為重載工況設計，三個凸輪保證工具適配器與機器人適配器的可靠夾緊，承載可達 1000kgf，容許徑向彎矩可達 5500N・m，容許軸向扭矩達 3500N・m。

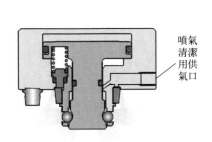

圖 8-18　SWR 系列自動快換裝置的
自清潔原理

圖 8-19　OMEGA 系列自動快
換裝置照片[6]

（7）電動機驅動的自動快換裝置

之前介紹的是手動或氣動驅動的機器人快換裝置，2018 年廖堃宇等人設計

了一種電動機驅動的自動快換裝置[7]，如圖 8-20 所示，定位方式採用一面兩銷定位，夾緊機構採用鋼球夾緊機構。

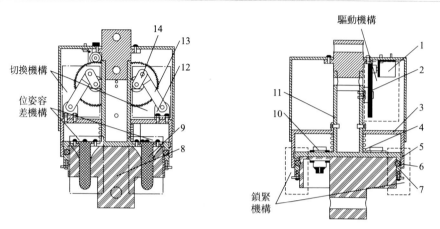

圖 8-20　電動機驅動的自動快換裝置機構原理

1—電動機；2—齒輪；3—鎖緊殼；4—壓簧；5—錐形槽；6—鋼球；7—鎖緊槽；

8—工具適配器；9—定位銷；10—電極；11—機器人適配器；

12—鉸支座；13—連桿；14—曲柄

　　此自動快換裝置進行夾緊、分離操作時，由電動機轉動透過齒輪傳動帶動曲柄擺動，經曲柄連桿機構使鎖緊殼 3 上下移動，最終完成鋼球的推出和縮回運動。

# 8.3　工業機器人操作臂末端操作器設計

　　工業機器人操作臂末端操作器，是指安裝在機器人操作臂末端機械介面法蘭上的用於操作物料的執行器（或稱執行機構、操作裝置）。

　　① 通用末端操作器和專用末端操作器。由於機器人操作臂作業種類、用途等實際應用情況不同，末端操作器機構、結構和功能也各不相同，按是否通用，可將其分為通用末端操作器和專用末端操作器兩類。人手作為手臂的末端操作器，可以說是一種通用的末端操作器，可以直接或操持、使用各種工具間接實現各種操作。因此，人型多指靈巧手、單自由度手爪、多自由度多指手爪等都屬於通用末端操作器，而噴槍、弧焊焊槍、點焊焊槍等均屬於單一用途的專用末端操作器。

　　這類由傳統工業行業中專用工具經過面向自動化作業需求而改造成的專用末

端操作器均由專門的生產廠商（或製造商）供應，均為選型設計。專用末端操作器（即自動化作業用工具或部件裝置）選型設計時需要考慮的有動力源、質量、質心位置、慣性參數、機械介面、工具直接作業端端點相對於其機械介面法蘭（即工具座標系）的準確位置和姿態參數（如點焊焊鉗與焊點接觸的點的準確位置參數與焊鉗姿態參數）等。

　　② 單自由度末端操作器和多自由度末端操作器。按末端操作器機構自由度數不同可分為單自由度末端操作器和多自由度末端操作器。自由度為1的操作手多為夾持操作手，按機構類型不同，可分為連桿式、齒輪齒條式、齒輪-連桿式、凸輪-連桿式等多種機構形式；多於2個夾指的多自由度操作手稱為多指手爪；人型手的多指手爪稱為多指靈巧手。機器人手爪的機構從原理上講未必都需要重新設計，如機床上用的三爪卡盤，從機構原理上將手動手柄改成電動機＋減速器驅動-自動控制系統就可以成為單自由度三指手爪。

　　③ 電動、液動、氣動等末端操作器。按原動機類型不同，可分為電動機、電磁鐵、液壓缸、氣缸等驅動的末端操作器。

## 8.3.1 單自由度開合手爪機構原理

### （1）連桿式操作手

　　① 連桿式機構原理1。如圖8-21(a)所示，原動機可以採用氣缸、液壓缸、直線電動機或者電磁鐵等直線運動驅動的元部件。電磁鐵驅動直線推桿（或氣缸、液壓缸的活塞桿）推動夾指連桿，從而使兩側夾指連桿分別繞操作手基座上的銷軸做定軸回轉，實現兩個對開的夾指相向轉動張開，將操作對象物包圍之後，當電磁鐵推桿（或活塞桿）回撤，夾指連桿靠連接在兩個夾指連桿之間的彈簧拉緊力夾持住操作對象物。圖8-21(b)為其機構運動簡圖。

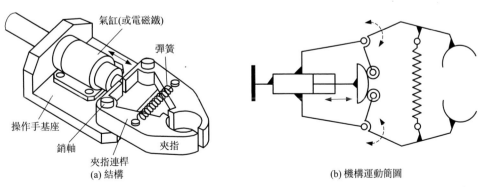

(a) 結構　　　　　　　　　　　　　　　　　(b) 機構運動簡圖

圖 8-21　連桿式操作手結構示意圖及其機構運動簡圖（一）

　　夾持力大小取決於彈簧和彈簧相對於夾指連桿回轉軸的安裝位置，夾持操作對象物質量的大小取決於操作對象物與夾指之間的摩擦力和夾持力。

　　延伸設計、應用及特點：這種電磁鐵或氣缸、液壓缸驅動的連桿式操作手結構簡單、易於製作，常常用於所需夾持力不大的小型物體；可設計成透過更換不同彈簧以及彈簧不同安裝位置使具有多種夾持力的形式；夾指連桿可以設計成適應不同操作對象物表面形狀的、可以從操作手基座回轉軸上快速拆卸和安裝的系列夾指結構，以適應不同的操作對象物的幾何形狀。

　　② 連桿式機構原理 2。如圖 8-22(a) 所示，電磁鐵驅動頂桿（或液壓缸、氣缸驅動活塞桿）及其上的滑銷直線移動。當電磁鐵驅動時，電磁鐵通電線圈內有電流透過，電磁鐵產生電磁力將鐵質頂桿及其上的滑銷拉向電磁鐵，即位於夾指連桿滑槽內的滑銷（或滾輪）驅動夾指連桿繞夾指連桿銷軸回轉，夾指閉合實現抓握對象物動作；當電磁鐵斷電，電磁力消失，則夾指連桿靠兩夾指連桿間連接彈簧的拉力使兩夾指張開。該操作手的機構運動簡圖如圖 8-22(b) 所示。

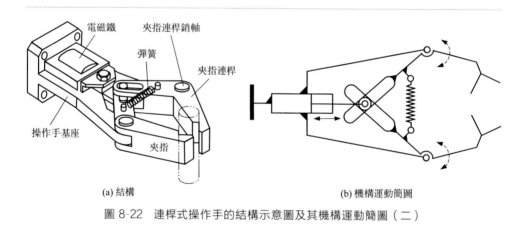

(a) 結構　　　　　　　　　　　　　　(b) 機構運動簡圖

圖 8-22　連桿式操作手的結構示意圖及其機構運動簡圖（二）

　　電磁鐵驅動連桿式操作手的優點是控制簡單，僅透過電磁鐵的開/關（ON/OFF）控制即可實現抓握和張開動作。缺點是當電磁鐵意外斷電時，電磁力消失，彈簧力使得夾指張開，抓握住的零件會掉落。

　　③ 連桿式自動調心機構原理。如圖 8-23(a) 所示，氣缸活塞桿拉動傾斜面向右直線移動，斜面上兩個帶滾輪的夾指連桿各自繞其銷軸轉動從而張開夾指，當物體被包圍在三個夾指上的滾輪 A、B、C 之間氣缸活塞桿向左移動，三個夾指夾緊物體。當氣缸縮回時，三個夾指靠彈簧的恢復力由滾輪 A、B、C 緊緊包圍抓取狀態開始張開夾指鬆開物體從而實現自動放下物體。圖 8-23(b) 為其機構運動簡圖。

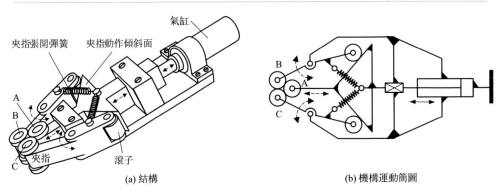

(a) 結構　　　　　　　　　　　　　　(b) 機構運動簡圖

圖 8-23　連桿式自動調心操作手的結構示意圖及其機構運動簡圖

（2）齒輪-齒條式操作手

如圖 8-24(a) 所示，氣缸（或液壓缸）活塞桿固連一齒條，齒條同時驅動兩側的夾指連桿上的齒輪轉動實現夾指的開合。圖 8-24(b) 為其機構運動簡圖。

由齒輪齒條驅動夾指，操作力（抓握力）強，運動傳遞準確。但是，如工作中氣缸失去壓力，抓握的工件可能會掉落。採用電動機＋蝸輪蝸桿傳動可以解決工作中失去動力導致工件掉落的問題，因為蝸輪蝸桿傳動時的傳動比大且可以實現自鎖。

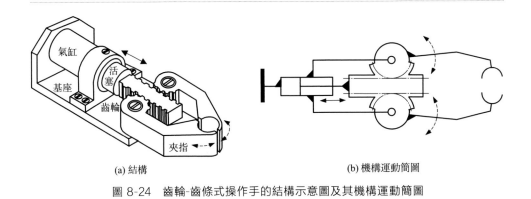

(a) 結構　　　　　　　　　　　　　　(b) 機構運動簡圖

圖 8-24　齒輪-齒條式操作手的結構示意圖及其機構運動簡圖

（3）其他連桿式以及組合式機構原理的操作手

除前述的連桿式、齒輪-齒條式等操作手外，如圖 8-25 所示，連桿式機構〔圖 8-25(a)、(b)〕、齒輪-齒條連桿式〔圖 8-25(c)〕、電磁鐵兩側對稱驅動式〔圖 8-25(d)〕、氣缸（或液壓缸、電動機＋螺桿螺母機構）驅動的齒輪-連桿機構〔圖 8-25(e)〕、凸輪-連桿機構〔圖 8-25(f)〕都能實現零件的抓持操作。設計時

需要進行多方案對比分析、論證，從中選擇最優方案。

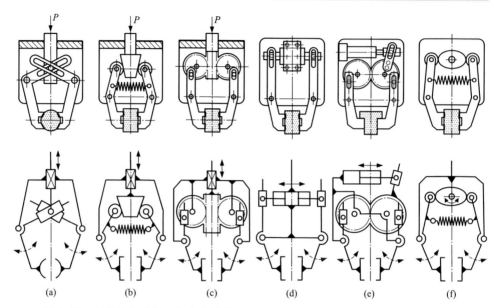

　　(a)　　　　　(b)　　　　　(c)　　　　　(d)　　　　　(e)　　　　　(f)

圖 8-25　其他連桿式以及組合式機構原理的操作手結構示意圖及其機構運動簡圖

（4）吸盤

　　執行機構的方案設計首先要考慮被操作對象物的狀態、材質，如搬運玻璃的執行機構在對玻璃拾取、放置的過程中，需要保證玻璃不受尖利、堅硬物體的擠壓、振動和衝擊，因此，需採用柔性抓取的執行機構。常用的吸盤按吸附被操作物的吸力產生原理可以分為真空負壓吸盤和電磁原理產生吸力的電磁鐵吸盤。

　　① 真空負壓吸盤。如圖 8-26 所示，真空負壓吸盤是依據文氏原理，透過細管小孔中噴出的空氣氣流將橡膠吸盤與工件之間氣腔中的空氣抽出形成負壓，從而將工件吸附在吸盤上。改變空氣噴出的速度可以調節氣腔內真空度。二重文氏管可使吸入壓達到動壓的十數倍。

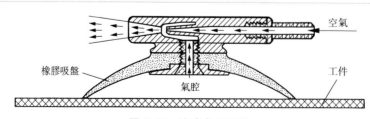

　　　　　　　　　　　　　　　　　　　　　　　空氣

橡膠吸盤　　　　　　　　　　　　　　　　　　　工件

　　　　　　　　氣腔

圖 8-26　真空負壓吸盤

真空負壓吸盤主要用於吸著板、紙、玻璃等薄板狀物。

② 電磁鐵吸盤。電磁鐵上纏繞的導電線圈通電後產生電磁場，當被吸附的對象物為鋼鐵材質時產生磁吸附力吸住鐵磁材料物。主要用於吸附鐵質、鈑金、衝壓類工件。

一般用於工業機器人操作臂的真空負壓吸盤、電磁吸盤有專門的製造商生產，多為根據被拾取物的材質、品質以及吸盤吸附性能指標來進行選型與組合設計。

# 8.3.2 多指手爪

## （1）單自由度多指手爪

單自由度多指手爪是指有兩個以上夾指由共用的一個原動機驅動系統驅動的多指手爪，也即多個夾指由同一個原動機聯動驅動。其機構原理如圖 8-27 所示，可由單自由度二指卡爪（開合手爪）機構按照圓周方向等間隔 120°（或 90°）角布置三個（或四個）夾指，透過指間聯動機構的再設計即可得到三指（或四指）等多指手爪機構。

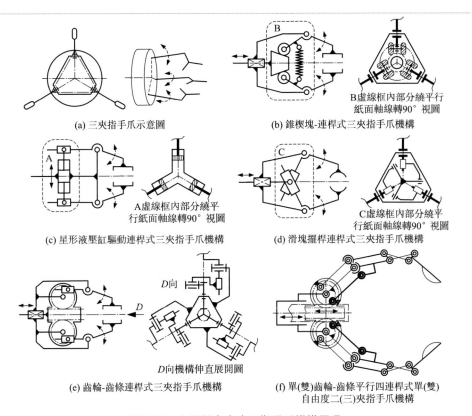

(a) 三夾指手爪示意圖

(b) 錐楔塊-連桿式三夾指手爪機構

B虛線框內部分繞平行紙面軸線轉90°視圖

A虛線框內部分繞平行紙面軸線轉90°視圖

(c) 星形液壓缸驅動連桿式三夾指手爪機構

C虛線框內部分繞平行紙面軸線轉90°視圖

(d) 滑塊擺桿連桿式三夾指手爪機構

D向

D向機構伸直展開圖

(e) 齒輪-齒條連桿式三夾指手爪機構

(f) 單(雙)齒輪-齒條平行四連桿式單(雙)自由度二(三)夾指手爪機構

圖 8-27 六種單自由度三指手爪機構原理

（2）多自由度多指手爪

前述各種操作手機構都是只能完成開合抓握一個自由度的簡單動作，且只能適應圓柱形、長方形、梯形、三角形等外形簡單且規則的幾何表面物體。從作為執行機構直接操作作業對象物的角度，為使操作手能夠適應不同形狀、複雜不規則幾何形狀的對象物，可以設計兩自由度以上的多自由度聯動多指手爪。

① 單元指組合式多指手爪。多指手爪可以設計成由幾個完全相同的單元指組合而成的形式。單元指又可分為各個指關節聯動驅動的單自由度單元指、各個關節獨立驅動的多自由度單元指和獨立驅動與聯動驅動混合式的多自由度單元指。前述的單自由度多指手爪也可以去除單自由度驅動的運動耦合機構，改為各指獨立驅動的機構形式而成為多自由度多指手爪。

② 共用多自由度驅動部的多指手爪。這類多指手爪的各指機構均共用一套多自由度驅動系統。該類多指手爪在設計上，清楚地分為多自由度驅動部與多指手爪機構部兩個組成部分。

## 8.3.3　柔順操作與裝配作業的末端操作器

在 8.1.4 節介紹了機器人裝配作業的一些基本概念、零部件自動裝配過程以及機器人裝配技術的難點。其中難點之一就是只要裝配件、被裝配件、末端操作器三者之間有微小的位姿偏差就會產生相當大的作用力即裝配力。裝配力的大小不僅取決於驅動機器人操作臂及其末端操作器運動與操作的動力源，還主要取決於零件之間的相對位姿誤差、零件的幾何形狀、零件的機械加工誤差、接觸表面的摩擦狀況、裝配方式、材質等諸多因素。這些主要因素決定了裝配時由末端操作器、被裝配件之間所構成的力學狀態。裝配件與被裝配件之間接觸狀態的正確分析與準確識別是非常重要的。如果裝配期間所處的力學狀態不能被準確地分析和判別出來，或者零件位姿誤差偏大，可能會導致裝配失敗，甚至造成裝配零件、末端操作器、力/力矩感測器的損壞。因此，力控制不能只是為得到目標操作力而實施的，而是在不使力感測器、機器人或機器人末端操作器以及被操作對象物發生失效、損傷和破壞性行為的力控制。通俗地講，就是不能以驅動系統的出力強行硬加平衡外力。最好的辦法就是柔順操作。

裝配力控制的目的就是在盡可能減小零件幾何形狀誤差、獲得裝配件與被裝配件之間相互作用表面幾何參數與物理參數的前提下，透過減小零件之間相對位姿誤差以最大限度地減小裝配力，同時仍能使零件之間完成裝配任務。因此，裝配力控制的過程就是在力/力矩感測器測量裝配力的前提下，用實際裝配力與期望裝配力之間的偏差來不斷調節、校正機器人末端操作器把持的裝配件相對被裝配件位姿偏差的過程。如同移動機器人力反射控制一樣，都是透過位姿補償控制

來實現力控制，而不是直接用力偏差來作為力控制的。

這種靠位姿校正調整裝配力的方法可分為被動適應法、主動適應法和主被動適應法。此外，還有一種不靠位姿校正調整裝配力，而是為實現機器人裝配專門設計的專用裝配機器人。

① 被動適應法。裝配零件相對位姿偏差的校正調整是透過被動方式實現的，這種方法又分為被動柔順法和外力輔助法。

a. 被動柔順法是藉助於所設計的一種能夠隨著外力作用而變形的柔順機構來實現柔順的。裝配時，外力作用於柔順機構，柔順機構產生彈性變形，使零件位姿偏差得到被動的順應性調整，從而實現裝配。

b. 外力輔助法是指預先設定的，以氣壓力、磁力或振動力等形式存在的外力或外力矩，並以一定的方式作用於錯位的零件上使之消除錯位，並繼續完成裝配的方法。主要有柔順手腕法、工作檯法、氣力輔助法、磁力輔助法、振動法等外力輔助方法。

被動適應法的特點是裝配速度快，裝配結構簡單，但對工況適應性差，因此，僅適用於專用工況下，專門設計專用裝配的末端操作器結構與裝配工藝。

② 主動適應法。這是利用可編程控制的末端操作器或工作檯，透過裝配過程中感測器採集並回饋給裝配決策與控制系統的資訊，來控制裝配機構進行精密運動操作以校正零件位姿，從而完成裝配的方法。通常所用的感測器有力/力矩感測器、視覺感測器和接近覺感測器。

主動適應法的特點是對工況的適應性強，但裝配速度較慢，裝配結構較複雜。

③ 主被動適應法。這是集被動適應法裝配速度快、順應性高和主動適應法對工況適應能力強兩者優點於一體的裝配方法。

④ 專用裝配機器人。通常的裝配作業都是選用通用的或適用於裝配作業的工業機器人製造商提供的機器人操作臂產品，然後為其設計或選購裝配用的末端操作器。而專用裝配機器人則是設計的適合於某種或某些特定精密裝配作業用的專用機器人。

綜上所述，機器人裝配作業需要根據實際裝配作業的工況、裝配與被裝配零件的幾何形狀特徵、零件的機械加工公差、材質、力學特性、表面粗糙度或表面形貌等決定和影響因素，選擇合理的裝配方法，進行裝配過程的接觸狀態與受力分析，製定裝配策略和裝配路線，設計裝配系統的力/位混合柔順控制器並實施於控制系統，從而進行有效裝配控制。

(1) 被動適應法中的被動柔順法與 RCC 手腕原理（1977 年）

被動柔順法是一種被動適應裝配位姿的方法，不需要對機器人控制器做任何改動，靠柔順手腕或工作檯自身的柔性適應裝配位姿。自 1977 年起國際上已有

多種柔順裝置及相應的柔順裝配系統被開發並應用。其中，最為著名的是圖 8-28 所示的 RCC（remote compliance center）手腕裝置。RCC 柔順機構也稱遠中心柔順機構或遠心柔順機構。

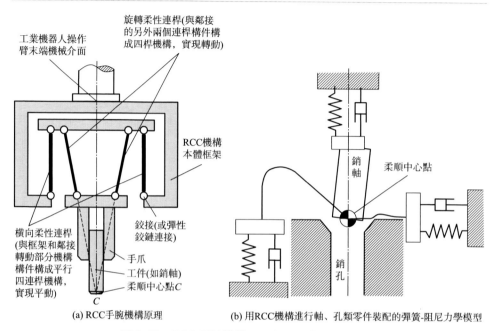

(a) RCC手腕機構原理

(b) 用RCC機構進行軸、孔類零件裝配的彈簧-阻尼力學模型

圖 8-28　RCC 手腕機構原理與柔順裝配力學模型

柔順中心（RCC）（也稱遠心點、順應中心）就是對於施加的裝配力可以使手爪和工件繞該中心進行轉動和平動的中心點，用來被動適應、自動補償裝配過程中工件插入銷孔的位姿誤差。其目的是透過 RCC 機構的柔性解決裝配工作中裝配件（銷軸）與被裝配件（銷孔）之間由於微小的位姿偏差而導致裝配力激增的問題，通俗地講就是「別勁」（「卡阻」）導致的過大作用力可能會造成工件、被裝配件、力感測器、機器人的損傷。

① RCC 柔順手腕機構工作原理。當只有位移偏差時，裝配零件（圖 8-28 中工件）與孔接觸產生的裝配力將透過 RCC 柔順機構使零件向著對中位置平移；當還存在角度偏差時，裝配零件與孔接觸所產生的裝配力矩將透過 RCC 柔順機構使零件向著消除角度偏差的方向偏轉；對同時存在位移偏差和角度偏差的裝配零件，在裝配作業時，其位移偏差的校正和角度偏差的校正是相互獨立的，即在校正平動位移偏差時不產生附加的角度偏差，同樣，在校正角度偏差時也不產生附加的平動位移偏差。

為滿足上述三個條件，要求 RCC 柔順機構產生的裝配力和力矩應透過柔順

中心點 $C$。

② RCC 柔順手腕的不足之處。RCC 柔順手腕要求裝配力和力矩透過柔順中心點，但實際裝配過程中，由於零件位姿偏差引起的不確定性、摩擦力以及其他干擾力的存在，使得裝配力和力矩難以保證透過柔順中心，難免會出現校正一個移動方向上的誤差反而會在另外一個移動方向上產生附加誤差的情況。RCC 柔順機構本身也有一定的平動和轉動剛度，在柔順的同時也會產生一個使零件恢復到校正前位姿的恢復力、力矩。另外，裝配過程中，機器人操作臂快速動作時還會引起 RCC 機構的振動。因此，RCC 柔順機構適用於裝配與被裝配零件間相對位姿誤差較小（即位置偏差、轉角偏差較小）、裝配速度相對較慢的情況。一些專家學者在不斷改進研發 RCC 手腕機構的同時，還致力於機器人裝配用微驅動工作檯的研究，並且研發了宏-微操作的機器人裝配系統。

(2) 主被動柔順手腕（也稱主動適應性柔順手腕，AACW，active adaptive compliance wrist）機構（1981 年，比利時，Van Brussel）

主被動柔順手腕不同於被動柔順的 RCC 手腕，它不依賴於機械裝置，而是從控制技術上解決裝配作業中由於位姿偏差而可能發生的卡阻和楔緊問題。AACW 能在柔性可控的自由度上採用主動控制方式，在需要快速響應的自由度上採用被動方式，而 RCC 手腕柔順機構完全依賴於鉸鏈連桿機構的位移或彈性鉸鏈連桿機構的彈性變形，即完全依賴於機械系統。

① 主動適應性柔順手腕（AACW）的工作原理。透過力感測器檢測機器人腕部所受的外力和外力矩大小與方向，然後根據回饋回來的力、力矩計算並設置主動適應性柔順手腕（AACW）的剛度矩陣，將回饋回來的力資訊轉變成相應的機構位置偏移量，透過控制柔順手腕機構繞柔順中心做適當的平移（平動）或轉動來調整工件的位姿，使末端操作器和所夾持的工件處於最佳插入位置和姿態，以保證裝配順利進行。

② 主動適應性柔順手腕（AACW）的機構原理。如圖 8-29 所示，AACW 機構有 5 個自由度（無繞主軸線的轉動），手腕的各個軸都由一臺直流電動機進行閉環驅動，其工具側安裝有六維力/力矩感測器，可以檢測末端作業空間直角座標系內 $X$、$Y$、$Z$ 三個方向上的力訊號 $F_X$、$F_Y$、$F_Z$ 分量和分別繞 $X$、$Y$、$Z$ 三個座標軸的力矩 $M_X$、$M_Y$、$M_Z$ 三個力矩分量。

③ AACW 手腕的特點。該手腕不僅具有力感知功能，還可進行直接的位置控制。這種可編程力控制手腕的優點是系統柔性大，可用於初始誤差較大的零件的柔順裝配；在零件或孔無倒角情況下也能正常進行裝配工作。缺點是機械結構、控制算法都比較複雜，且柔性大，所以裝配速度不夠理想。

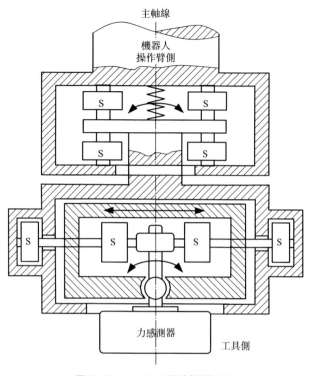

圖 8-29　AACW 手腕機構原理

（3）彈性鉸鏈機構

① 彈性鉸鏈（elastic joint）機構（也稱柔性鉸鏈機構）原理。圓弧形彈性鉸鏈如圖 8-30（a）所示，是在寬度為 $b$ 的矩形斷面兩側相對位置上切割出半徑為 $\rho$ 的兩個圓弧，兩個圓弧的最近點間的距離 $t$ 為最小鉸鏈厚度。當圓弧形彈性鉸鏈受到轉矩 $M$ 作用時，產生的柔性變形角為 $\theta$，彈性鉸鏈材料的彈性模量為 $E$，則該彈性鉸鏈的剛度 $K$ 可用 1965 年由 Paros J. M. 和 Weisboro L. 提出的 PW 完整模型的 PW 簡化模型計算公式計算出：

$$M = K\theta$$
$$K = 2Ebt^{5/2} / (9\pi\rho^{1/2})$$

由四個彈性鉸鏈構成的彈性鉸鏈平行四連桿機構如圖 8-30（b）所示，設左上端受到的平行於長邊的力為 $F$，在 $F$ 作用下長邊產生的橫向位移為 $d$，短邊兩彈性鉸鏈中心的距離為 $l$，彈性鉸鏈的剛度為 $K$，則力 $F$ 與其作用下彈性鉸鏈平行四連桿機構產生的橫向位移 $d$ 之間的關係為：

$$F = 4Kd / l^2$$

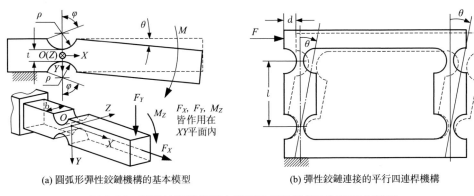

(a) 圓弧形彈性鉸鏈機構的基本模型　　(b) 彈性鉸鏈連接的平行四連桿機構

圖 8-30　彈性鉸鏈機構基本模型及彈性鉸鏈平行四連桿機構

② 彈性鉸鏈剛度與柔度計算模型

a. PW 完整計算模型。Paros J. M. 和 Weisboro L. 於 1965 年在發表於 Machine Design 雜誌上的文章「How to Design Flexure Hinges」中提出了 PW 完整計算模型。根據圖 8-30(a) 所示的圓弧形彈性鉸鏈幾何模型，假設彈性鉸鏈中心（即圖中座標系原點位置）點處固定不動，彈性鉸鏈機構向 $XY$ 平面兩側的側向彎曲剛度、繞 $X$ 軸的扭轉剛度為無窮大，在這兩個方向上為絕對剛體，則圓弧形彈性鉸鏈機構在繞 $Z$ 軸的力矩 $M_Z$ 的作用下的彎曲剛度計算公式為：

$$K = \frac{M_Z}{\theta} = \frac{2Eb\rho^2}{3f_{PW}}$$

$$f_{PW} = \frac{1}{2\beta+\beta^2}\left\{\frac{1}{1+\beta} + \frac{3+2\beta+\beta^2}{\beta(1+\beta)(2+\beta)} + \frac{6(1+\beta)}{[\beta(2+\beta)]^{3/2}}\arctan\sqrt{\frac{2+\beta}{\beta}}\right\}$$

式中，$\beta = t/\rho$。

在力 $F_Y$ 作用下，假設由於彎矩導致彈性鉸鏈機構產生的線性變形沿 $Y$ 軸方向的變形分量為 $\Delta y$，則彈性鉸鏈機構在力 $F_Y$ 作用下 $Y$ 方向的柔度計算公式為：

$$\frac{\Delta y}{F_Y} = \rho^2\frac{1}{K} - \frac{3}{2Eb}\left\{\frac{1}{1+\beta} - \frac{2+\beta(1+\beta)/(2+\beta)}{1+\beta} + 2(1+\beta)\left[\frac{2}{\sqrt{\beta(2+\beta)}} - \frac{1}{(2\beta+\beta^2)^{3/2}}\right]\right.$$

$$\left.\arctan\sqrt{(2+\beta)/\beta} - \pi\right\}$$

在力 $F_X$ 作用下，假設由於拉伸或壓縮導致彈性鉸鏈機構產生的線性變形沿 $X$ 軸方向的變形分量為 $\Delta x$，則彈性鉸鏈機構在 $X$ 方向的柔度計算公式為：

$$\frac{\Delta x}{F_X} = \frac{1}{Eb}\left[\frac{2(1+\beta)}{\sqrt{\beta(2+\beta)}}\arctan\sqrt{\frac{2+\beta}{\beta}} - \frac{\pi}{2}\right]$$

b. PW 簡化計算模型。圓弧形彈性鉸鏈機構在繞 $Z$ 軸的力矩 $M_Z$ 的作用下的彎曲剛度簡化計算公式為：

$$K = \frac{M_Z}{\theta} = \frac{2Ebt^{5/2}}{9\pi\rho^{1/2}}$$

彈性鉸鏈機構在力 $F_Y$ 作用下 $Y$ 方向的柔度簡化計算公式為：

$$\frac{\Delta y}{F_Y} = \frac{9\pi\rho^{5/2}}{2Ebt^{5/2}}$$

彈性鉸鏈機構在力 $F_X$ 作用下 $X$ 方向的柔度簡化計算公式為：

$$\frac{\Delta x}{F_X} = \frac{1}{Eb}(\pi/\sqrt{\beta} - 2.57)$$

柔度與剛度是倒數關係，用上述公式可以互相轉換。

③ 彈性鉸鏈機構與精密微驅動機構工作檯

a. 彈性鉸鏈與通常的回轉副機構相比的特點。結構簡單、緊湊，不必採用由軸承、軸以及其他零部件構成的軸係部件實現相對轉動；質量輕；相對運動無摩擦、無間隙和回差；採用壓電陶瓷驅動器（PZT）等驅動部件可以獲得高位移解析度和微米、亞微米、奈米級精度；鉸鏈結構的材料一體化連接方式和相對運動不產生摩擦熱和噪音。因此，彈性鉸鏈機構廣泛應用於精密陀螺儀、加速度計、微動工作檯、雷射焊接系統、機器人精密裝配、光學自動對焦系統等精密驅動技術領域。

b. 用彈性鉸鏈設計二維、三維以及多維精密微驅動工作檯機構。由回轉副、稜柱移動副、圓柱移動副等基本運動副連接的剛性構件構成的機構構型設計已有較多成熟且取得應用的，如 6 自由度以內、多於 6 自由度的串聯桿件的機器人操作臂機構、並聯機器人機構、串並聯混合式機構等。這些成熟的機構構型中多為含有回轉副、移動副的剛性機構，而由基本彈性鉸鏈機構構成的多彈性鉸鏈機構中的每個運動副都是透過一塊材料切削加工出來的圓弧形鉸鏈，也即單獨的基本鉸鏈只能形成轉動副，而不能形成移動副，若形成移動副必然是分體零件間相對滑動（形成相對滑動摩擦副），此時這種互動摩擦副與剛性機構的移動副無異。因此，可以透過「高副低代」的方法將剛性鉸鏈機構中的高副用低副（1 自由度回轉副或 2、3 自由度的回轉副）以及增加構件（桿件）來轉換成可用彈性鉸鏈連接並實現的機構。

c. 彈性鉸鏈機構的分類。按自由度（即不同的獨立運動方向數）不同劃分，可將基本的彈性鉸鏈機構分成 1-DOF、2-DOF、3-DOF 彈性鉸鏈；按是否是由基本彈性鉸鏈複合而成，可分為 2-DOF 複合彈性鉸鏈和多自由度複合彈性鉸鏈（「複合」是指在一塊材料上加工出多個基本彈性鉸鏈結構而構成的運動複合彈性鉸鏈，而不是分體後的複合）；按是否分體複合可以分為獨體複合彈性鉸鏈和分

體複合彈性鉸鏈；按彈性鉸鏈結構形狀可以分為圓弧形彈性鉸鏈、橢圓弧形彈性鉸鏈和自定義曲線形彈性鉸鏈三類，常用的是圓弧形彈性鉸鏈，也有少數採用橢圓弧形彈性鉸鏈。

基本彈性鉸鏈結構如圖 8-31 所示，其中，圖 8-31(b) 所示的 2-DOF 獨體複合彈性鉸鏈還可以繼續擴展設計製作成 3-DOF、4-DOF 等更多自由度的微小位移彈性鉸鏈機構，以實現更大的位移。實際上多自由度彈性鉸鏈機構已經相當於多自由度機器人操作臂機構，而用於末端操作器的多自由度鉸鏈平臺機構則往往設計成由單自由度彈性鉸鏈機構與工作檯構成並聯機構的形式。

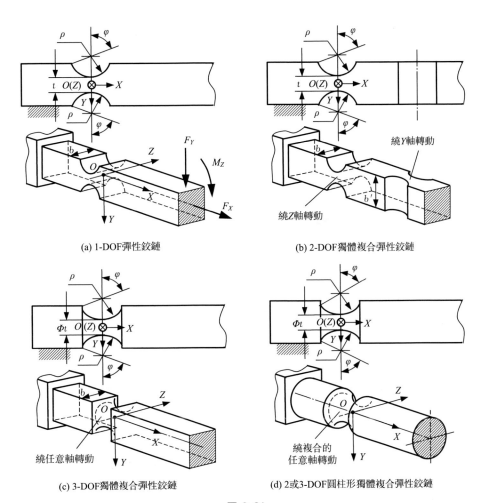

(a) 1-DOF彈性鉸鏈

(b) 2-DOF獨體複合彈性鉸鏈

(c) 3-DOF獨體複合彈性鉸鏈

(d) 2或3-DOF圓柱形獨體複合彈性鉸鏈

圖 8-31

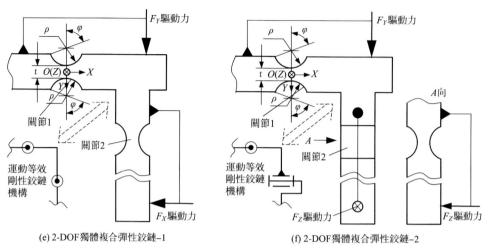

(e) 2-DOF獨體複合彈性鉸鏈-1　　　　(f) 2-DOF獨體複合彈性鉸鏈-2

圖 8-31　基本彈性鉸鏈結構

　　為了簡化減少驅動部件（如伺服電動機與傳動部件、壓電陶瓷驅動器等）幾何形狀、質量分布以及慣性負載等不均勻性或特定方向不均一性對彈性鉸鏈機構中運動構件運動的動態影響，一般不將驅動部件放在柔性鉸鏈可動構件之上。這樣做的目的還有：盡可能減少或避免了為了安裝驅動部件於柔性鉸鏈連帶部分之中進行結構設計，使得柔性鉸鏈其餘部分結構幾何形狀變得複雜或影響柔性鉸鏈的整體剛度。再者，彈性鉸鏈機構不像剛性鉸鏈機構那樣，可以透過軸係將與回轉軸線垂直方向的載荷、剛度對回轉運動、回轉剛度的影響卸載到支撐軸係的軸承座或機架構件上，除非專門設計用來減少對鉸鏈回轉機構剛度影響的輔助支撐滑軌，否則，彈性鉸鏈連帶的同體構件的重力、慣性負載會對彈性鉸鏈回轉剛度及回轉運動產生附加的垂向剛度和運動影響。這是為了提高彈性鉸鏈機構定位與運動精度必須首先在機構設計上要考慮的重要因素。除非與彈性鉸鏈回轉運動方向相垂直的方向上即側向剛度足夠高以至於對於彈性鉸鏈剛度及其運動精度的影響，小到可以忽略的程度。

　　④多維（多自由度）精密超精密微驅動工作檯機構

　　a.3自由度平面（二維）並聯機構工作檯。剛性鉸鏈3自由度平面並聯機構工作檯的機構原理如圖 8-32(a) 所示，基架與動平臺之間並聯著三個在同一平面或平行平面內由回轉副連接的平面兩桿串聯機構。相應於其剛性機構，以彈性鉸鏈替代其剛性鉸鏈的平面3自由度彈性鉸鏈並聯機構如圖 8-32(b) 所示。靜平臺為機架，基座標系為 $O$-$XYZ$，動平臺中心點 $O_p$ 上固連動平臺座標系 $O_p$-$X_pY_pZ_p$，動平臺可沿 $X$、$Y$ 方向移動和繞 $Z$ 軸轉動。由於彈性鉸鏈

機構是靠彈性產生微小轉角，雖經桿長將角位移放大成線位移，但線位移相對圖 8-32(a) 所示的剛性鉸鏈機構也小得多，因此也屬微小位移。所以，動平臺獲得的平面內線位移、繞 $Z$ 軸轉動的角位移都屬於微小位移，只能用作 3-DOF 微操作工作臺。顯然，這種微驅動的彈性鉸鏈機構除了驅動部件之外，動平臺與彈性鉸鏈和機構桿件均為一體結構，可由一整塊彈性材料經慢走絲切割加工（加工精度可達 $5\mu m$）而成，並由雙向驅動的直線驅動器驅動，結構簡單，可獲得高的位姿精度。採用 PZT（壓電陶瓷）驅動方式的電致伸縮元件的位移量一般只有幾十微米，儘管可以透過放大機構將位移量放大，但輸出力和解析度將隨之降低。

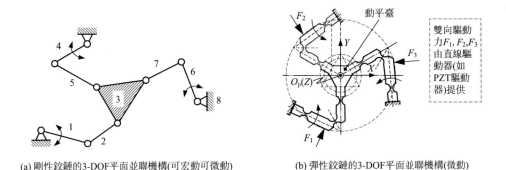

(a) 剛性鉸鏈的3-DOF平面並聯機構(可宏動可微動)    (b) 彈性鉸鏈的3-DOF平面並聯機構(微動)

圖 8-32　3-DOF 平面並聯機構

1~8—構件

b. 二維大行程超精密工作臺。前述的是採用彈性鉸鏈機構的 3 自由度二維精密微驅動工作臺的並聯機構設計方案，此類精密微驅動工作臺通常用於為精密超精密機械裝配、機械加工提供精細的進給量，如機械加工時徑向的微小、精密進給，裝配過程中搜孔階段橫向小位移、插入階段位姿的微奈米級精密調整量等。在不同的工作階段需要提供的進給量量級不同，需要工作臺提供的可能行程範圍為幾微米到幾公釐，幾微米到幾十微米的位移範圍為微動範圍，一百或幾百微米到幾公釐的位移範圍為宏動範圍。因此，對於通用的微動工作臺，需要具有大行程的宏動和微小精密行程的微動兩類行程的驅動和解析度匹配功能。二維大行程超精密工作臺彈性鉸鏈機構移動原理如圖 8-33 所示。根據平行四連桿機構的原理，如果不將四桿機構的任何一個桿件固定則其有 2 個自由度，分別由兩個電致伸縮微位移器件來推動彈性鉸鏈連接而成的平行四連桿機構，則可使其輸出端連接的工作臺在二維平面內任意方向做微位移運動。

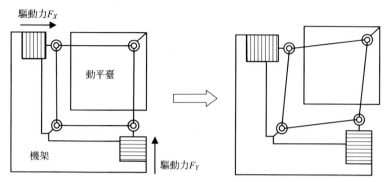

圖 8-33　二維大行程超精密工作檯彈性鉸鏈機構
移動原理示意圖（以等效運動剛性鉸鏈連接表示）

# 8.4　人型多指靈巧手的設計

## 8.4.1　人型多指靈巧手的研究現狀及抓持能力

### (1) 人型多指靈巧手現狀

以人手為原型參照的多指靈巧手的研究最初源於人失去手後對人工假手的強烈需求。自 1962 年至今的 50 餘年間，研究人員研究出了電動機驅動、氣動驅動、形狀記憶合金驅動等多種驅動原理的多指靈巧手。1962 年 Boni 與 Tomovic 為南斯拉夫傷殘士兵研製的 Belgrade Hand 被認為是世界上最早的靈巧手。隨著工業機器人操作臂、人型手臂被廣泛研究及對靈巧操作的技術需求，學者們根據人手的結構研究了人型多指靈巧手。

1974 年，日本的 Okada Hand[8]〔圖 8-34(a)〕，是當時全世界著名的人型三指靈巧手。Okada Hand 的拇指、食指和中指為模塊化設計，結構相同，指節長度不一，手指自由度人型手設計，拇指有 1 個側偏自由度和 2 個俯仰自由度，食指和中指有 1 個側偏自由度和 3 個俯仰自由度。整體採用鋼絲-滑輪傳動，靈活性較差，只能進行如擰螺栓的簡單操作。靈巧手約 240g，能抓取約 500g 的物體。

1980 年 MIT 人工智慧實驗室與猶他大學聯合研製了由氣缸與繩索驅動的四指靈巧手 Utah/MIT Hand。嚴格來說它沒有手掌，有 4 個 4 自由度手指，從前臂透過軟繩-滑輪傳動到手指，裝配有觸覺感測器檢測力的大小；採用氣動驅動，柔順性好、噪音小。如圖 8-34 所示，分別為日本 Okada hand、美國猶他大學以及猶他大學與 MIT 聯合研製的人型多指靈巧手 Utah-Ⅲ 和 Utah/MIT-Ⅱ。

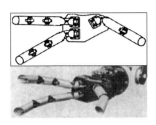 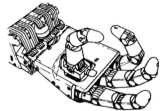 

(a) Okada三指靈巧手(1974)　　(b) Utah-Ⅲ四指靈巧手(1980)　　(c) Utah/MIT-Ⅱ四指靈巧手

圖 8-34　日本 Okada 三指靈巧手和 Utah 大學繩驅動多指靈巧手
Utah-Ⅲ 和 Utah/MIT-Ⅱ四指令巧手

1982 年，美國斯坦福大學研製的 Stanford/JPL Hand，3 個手指一模一樣，各有 3 個自由度，並沒有進行擬人化設計，故沒有設計手掌，採用腱傳動方式，關節安有位置感測器，還有測量鋼絲繩力的感測器。Stanford/JPL Hand 與 Okada Hand 相比，靈活性好、抓取能力更強，抓取適應性也比較強。

1984 年 Nakano 等人研製了由形狀記憶合金驅動的 Hitachi 四指手。記憶合金性能與生物肌肉相似，在未來很有可能是靈巧手的主流驅動。Hitachi 四指手共 12 個自由度，不過壽命比較短。

1999 年 NASA 約翰遜航天中心研製機器人太空人 Robonaut R1 版本，其上有 Robonaut 五指手，目的是在太空代替人手進行操作，具有 5 個手指和 1 個擬人的手掌總計 14 個自由度；仿照人手肌肉分布，所有電動機設置在前臂上；指尖可抓取 20lbf 的力（約為 88.9N），關節可承載力矩為 30lbf・in（約為 3.39N・m）。

1999 年德國宇航中心 Hirzinger 教授等人研製了 DLR-Ⅰ四指靈巧手；2000 年，DLR 設計的 DLR-Ⅱ Hand，手掌安裝有 4 個模塊化的手指，拇指具有俯仰/側偏自由度，採用齒形帶傳動，與 DLR-Ⅰ Hand 相比，指尖承受力從 10N 增加到 30N。

2002 年日本 Gifu 大學研製出了 Gifu Hand，透過連桿耦合實現中端指節和末端指節的 1：1 耦合運動，整手共有 16 個自由度，有 5 個手指，集成了六維力/力矩感測器和分布式位置感測器。

2001 年，德國卡爾斯魯厄研究中心研製了超輕型靈巧手。該五指靈巧手指具有 10 個自由度，加上腕部 3 個自由度共 13 個自由度。

2002 年，英國倫敦 Shadow 公司研製出 Shadow Hand，驅動集成在前臂，由繩索傳動，整手有 20 個自由度，尺寸和人手近似 1：1 比例，可以進行強力抓取。

2004 年，德國柏林大學研製出五指 ZAR5 Hand。北京理工大學研製出 BITH3 Hand，該靈巧手有 5 個手指共 17 個自由度。與 Shadow Hand 一樣將驅動置於前臂，採用人工肌肉-柔索混合傳動。

2006 年，日本慶應義塾大學的微型五指機器人手，與人手比例為 1：3。共有 5 個手指，每個手指有 4 個自由度，驅動置於前臂。2006 年，美國 MIT 設計由 SMA 驅動的五指 MIT Hand。2008 年，都柏林理工學院研製出 12 個自由度的四指假肢手。

1993 年，北京航空航天大學研製出第一隻三指靈巧手 BUAA-Ⅰ，然後是第二代靈巧手 BUAA-Ⅱ Hand 和第三代靈巧手 BUAA-Ⅲ Hand。BUAA-Ⅲ Hand 有 3 個手指 9 個自由度，無手掌；2001 年研製的 BUAA 四指靈巧手採用齒輪傳動，有 4 個相同的手指共 16 個自由度。哈爾濱工業大學機器人研究所研製出了代表性靈巧手 HIT/DLR-Ⅰ Hand，採用圓錐齒輪-連桿傳動，有 4 個相同手指，每個手指有 4 個關節 3 個自由度。HIT/DLR-Ⅱ Hand 手指採取模塊化設計，外形更像人手。

以上人型多指靈巧手的手指數、自由度數、驅動與傳動方式、抓取能力匯總如表 8-2 所示。

**表 8-2　海內外靈巧手參數與抓持能力**

| 分類 | 靈巧手名稱 | 年分 | 手指數 | 自由度數 | 傳動方式 | 總質量/kg | 抓取能力/kgf |
|------|-----------|------|--------|----------|----------|-----------|--------------|
| 電動機驅動 | Okada Hand | 1974 | 3 | 11 | 腱-滑輪 | 0.24 | 0.5 |
| | Stanford/JPL Hand | 1982 | 3 | 9 | 腱-滑輪 | | 1.5 |
| | Gifu Hand | 2002 | 5 | 16 | 齒輪、連桿 | | 1 |
| | Robonaut Hand | 1999 | 5 | 14 | 腱-滑輪 | | 力 20lbf、力矩 30lbf・in |
| | BUAA 四指靈巧手 | 2001 | 4 | 16 | 齒輪 | | 2 |
| | HIT/DLR-Ⅱ Hand | 2009 | 5 | 15 | 齒輪、連桿 | | 指尖 30N |
| | DLR-Ⅱ Hand | 2000 | 4 | 13 | 腱-滑輪 | | 指尖 30N |
| 氣動驅動 | Utah/MIT Hand | 1980 | 4 | 16 | 腱-滑輪 | | 2.5 |
| | Shadow Hand | 2001 | 5 | 20 | 腱-滑輪 | | 指尖 15N |
| | ZAR5 Hand | 2004 | 5 | 20 | 腱-滑輪 | | 1 |
| SMA驅動 | Hitachi Hand | 1984 | 4 | 12 | SMA | | 1 |
| | MIT Hand | 2006 | 5 | 12 | SMA | | 2 |

（2）人手與人型多指靈巧手的對比分析以及仿生設計意義

人手的功能除通常的做手勢、抓握、扶持、操持物體、使用工具等之外，還有許多特殊的用途，如攀援時支撐部分乃至整個身體、在低矮洞穴中四肢爬行時當腳用、爬懸垂繩索時抓握繩索懸吊支撐整個身體等。另外，人手的承載能力透過力量訓練可以提高，從幼兒到成年再到老年，整個過程中，人手的力量與靈巧性從弱小成長至最強再變弱。中國青年男性手的展開尺寸：平均長寬 220mm，厚 50mm，平均質量 0.377kg，平均體積 244.36cm$^3$[9]，但能夠單手抓桿懸吊自己五六十公斤的整個身體甚至更大的載荷。

現已研發出來的人型三指、四指、五指靈巧手的承載能力、靈巧性等性能與正常人手比較起來相差甚遠。這些人型靈巧手絕大多數還只局限於模人型手的一般性能，自由度數從幾個到 20 個，抓持物體的能力多數不足 3kg，總的質量、

大小都超過了人手而帶載能力遠不及人手。以人手大小和負載能力為參照，大負載能力的1：1人型多指靈巧手是人型仿生機器人研究領域任重而道遠的關鍵研究方向之一。從渾然天成「設計」的人手骨骼、關節、韌帶以及驅動人手各關節運動的肌肉分布的解剖學成果分析中，可以給予仿生設計多指靈巧手的啓發和設計思想如下。

① 人手是以分布在小臂上的肌肉驅動手部各關節為主的「在臂驅動」方式獲得大負載強力操作能力，驅動人手各關節運動的大部分肌肉是從小臂延伸到手部的，小臂長而且有足夠的空間來分布這些肌肉，相當於增強了手部關節的驅動能力，承擔了更大的外部載荷。目前的人型多指靈巧手從所有驅動元部件設置位置來看，可以分為在手驅動式、部分在手驅動部分在臂驅動式和完全在臂驅動式三種類型。「在手驅動式」人型多指手體積大、負載能力小，難以實現1：1比例於人手，腕部力感知系統容易設計和實現；「部分在手部分在臂驅動式」則兼顧了臂部空間、手部空間的有效利用和形體大小的均衡性；「完全在臂驅動式」從根本上提高了1：1比例於人手的帶載能力，但驅動系統與傳動路徑比較長，效率損失相對大，腕部力感知系統較難設計和實施。

② 人類在狹窄、低矮空間或非連續介質空間等特殊環境中通行、移動情況下，可以用來支撐部分甚至整個身體，具有大負載能力，可以抓桿、攀援、手變足等方式實現單手支撐懸吊身體擺盪、單雙手交替抓桿移動、手腳並用四足爬行等多種移動方式。1999年本書作者在國際上提出的具有雙足步行、四足步行、Brachation移動、步行方式轉換等多種移動方式的類人及類人猿型機器人新概念之中，人型仿猿手的概念已經超越了當時人型多指靈巧手僅面向於人型手操作的範疇，並於2004年給出了設計以及2005年的多移動方式自主移動機器人系統新概念。

③ 人手驅動的效率、欠驅動性、小摩擦甚至無摩擦、變剛度、運動隨機性與精確性兼顧等特性是值得研究的一件事情。目前人型多指靈巧手傳動系統的效率相比於人手很低，儘管也有一些欠驅動、變剛度特性的多指手被研究出來，但根本問題沒有解決。目前，人型多指靈巧手的關鍵技術問題在於沒有驅動能力/體積比大且可變剛度等性能指標與人類肌肉匹敵的「人型肌腱」新型驅動系統和技術。

(3) 現有人型機器人負載及多指手操作的能力

前述海內外人型機器人上的1：1比例人型手多指靈巧手自由度數不多，抓持重物能力遠不及人手，一般僅1～3kg物體，現有人型機器人除了DARPA的Atlas外，其餘人型機器人負載和多指手操作能力都較小。而人手一般可持20～30kg重物。因此，本文作者研製的GoRoBoT-Ⅲ型人型全身機器人並沒有採用將所有動力源元件放在多指靈巧手內的方案，而是仿生人手與小臂的解剖學提出

一種將小臂與多指靈巧手合在一起設計單元臂的形式，所有伺服電動機、傳動裝置均設置在小臂上的設計方法設計了 1：1 比例人型四指靈巧手。早在 2004 年 IEEE ROBIO 國際會議上，本書作者為面向四足步行及雙足行走雙臂操作而提出了兼作足式步行腳用的多指手，並進行了設計，這一概念和設計（圖 8-35）在 2007 年設計、2012 年研製出的 GOROBOT-Ⅲ型人型全身機器人上得以實現。

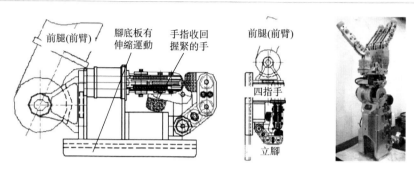

圖 8-35　用作步行腳的多指手概念設計及其單元臂四指手實物照片

## 8.4.2　面向靈長類機器人的 1：1 比例多指靈巧手設計

### (1) 人手數據與承載能力

現已研究出來的人型多指靈巧手從結構、驅動原理、靈巧性以及帶載操作能力等方面與人類手還有很大的區別，人型手的研究很大程度還只是把人手簡化為「機構」看待後對人手「機構」運動形態上的最淺層次仿生模仿性設計。但是，人手是在人類長期進化過程中形成的天然合理的「設計」結果，是以最少「材料」和最小「體積」而獲得最大操作能力的絕無僅有的典範，其中仍然蘊含著仿生設計的巨大潛力，從解剖學角度分析和認識人手對於設計高性能人型多指靈巧手具有十分重要的理論與實際價值。

參照南華大學基礎醫學院解剖教研室用人體測量儀對 254 例大學生的各手指寬度、各指的近端指節、中端指節和指尖的測量結果[10]，選擇、整理出可供人型多指靈巧手仿生設計參考的成人手指寬度（指寬）及各指節長、指總長重新成表，如表 8-3 所示。

表 8-3　成人手指寬度（指寬）、指節長和指總長測量數據統計值　　單位：mm

| 男性數據 | | 指寬① | 第 1 指節長② | 第 2 指節長③ | 第 3 指節長③ | 指總長 |
|---|---|---|---|---|---|---|
| 拇指 | 均值 | 20.0364±1.3211 | 32.8741±5.3658 | 32.0796±2.5187 | | 64.9739±6.0573 |
| | 最大值 | 24.20 | 46.80 | 39.30 | | 82.20 |
| | 最小值 | 16.70 | 19.70 | 24.50 | | 48.60 |

續表

| 男性數據 | | 指寬① | 第1指節長② | 第2指節長③ | 第3指節長③ | 指總長 |
|---|---|---|---|---|---|---|
| 食指 | 均值 | 18.3966±1.0362 | 46.6269±4.8537 | 22.2043±2.4369 | 24.7461±2.1679 | 93.5718±6.3091 |
| | 最大值 | 21.80 | 58.10 | 33.70 | 34.30 | 110.90 |
| | 最小值 | 15.90 | 30.30 | 16.50 | 15.80 | 79.30 |
| 中指 | 均值 | 18.2789±1.2228 | 50.5747±4.7237 | 25.6137±2.3639 | 26.4340±2.0425 | 102.648±6.3395 |
| | 最大值 | 21.20 | 60.20 | 34.00 | 32.10 | 115.60 |
| | 最小值 | 13.80 | 30.30 | 19.90 | 14.50 | 82.80 |
| 環指 | 均值 | 17.3092±1.1332 | 48.0198±4.7158 | 24.0787±2.1234 | 26.3071±1.8435 | 98.2478±5.9485 |
| | 最大值 | 20.20 | 62.50 | 29.70 | 30.60 | 113.10 |
| | 最小值 | 14.10 | 34.00 | 17.70 | 20.60 | 79.10 |
| 小指 | 均值 | 15.3254±1.1061 | 38.1978±3.9710 | 16.7512±2.0397 | 23.6627±1.9418 | 78.4607±5.9763 |
| | 最大值 | 18.60 | 47.20 | 24.10 | 28.40 | 92.20 |
| | 最小值 | 12.70 | 30.60 | 11.10 | 16.30 | 59.20 |

| 女性數據 | | 指寬① | 第1指節長② | 第2指節長③ | 第3指節長④ | 指總長 |
|---|---|---|---|---|---|---|
| 拇指 | 均值 | 17.3030±1.5464 | 30.7660±3.2727 | 28.1539±2.0729 | | 58.9120±3.7147 |
| | 最大值 | 27.20 | 38.60 | 32.70 | | 67.30 |
| | 最小值 | 12.40 | 21.40 | 21.60 | | 50.10 |
| 食指 | 均值 | 16.4634±1.3771 | 40.6911±3.6208 | 21.1762±3.0862 | 22.7475±1.5265 | 84.6149±5.7934 |
| | 最大值 | 26.70 | 47.20 | 39.10 | 27.10 | 100.30 |
| | 最小值 | 14.00 | 26.30 | 13.10 | 19.20 | 68.70 |
| 中指 | 均值 | 16.5465±1.3611 | 44.7188±3.3913 | 24.5455±1.8878 | 24.2653±1.5385 | 93.5297±5.0443 |
| | 最大值 | 26.50 | 53.70 | 28.90 | 28.40 | 105.20 |
| | 最小值 | 14.20 | 36.10 | 20.90 | 21.00 | 82.20 |
| 環指 | 均值 | 15.6911±1.3437 | 42.4857±2.9970 | 22.8515±1.9366 | 24.0871±1.5631 | 89.4244±5.0490 |
| | 最大值 | 25.90 | 49.30 | 27.10 | 29.10 | 102.00 |
| | 最小值 | 13.30 | 35.00 | 18.50 | 20.00 | 75.60 |
| 小指 | 均值 | 14.0495±1.4742 | 34.4733±3.2108 | 15.5287±1.9382 | 21.8020±1.9375 | 71.8206±4.8916 |
| | 最大值 | 24.70 | 42.80 | 20.20 | 26.90 | 84.20 |
| | 最小值 | 11.40 | 28.30 | 11.10 | 12.00 | 58.70 |

① 指寬：手指近節橈尺側的直線距離；
② 第1指節長：手指掌指關節和指間關節均彎曲，背側掌指關節和近側指間關節之間的直線距離；
③ 第2指節長：背側近側指間關節和遠側指間關節之間的直線距離；
④ 第3指節長：背側遠側指間關節與指尖之間的直線距離。
注：按人體解剖學和人體測量手冊中定義的人手關節和骨骼，拇指只有第1、第2節指骨，拇指根部骨歸結到掌骨中。

成人男子單手握力約 40kgf[11]，可以抓取 40kg 的物體，單個手指可以承載近 7kgf 的力。由 Imrhan S. N. 和 Ohtsuki T. 對各個手指單獨工作時產生力的大小的實驗測量結果如表 8-4 所示，手指在單獨工作時承載的力很明顯大於與其餘手指協調工作時的承載的力，並且合作的手指數目越多，各個手指的力量被削弱得越多，當食指與中指合作，中指和無名指合作，中指、無名指、小指合作時相對於獨立工作時力量分別減少了 15.4%、24.7%、27.8%[12,13]。

表 8-4　成人男子手指單獨工作時產生力的大小

| 項目 | 拇指 | 食指 | 中指 | 無名指 | 小指 |
|---|---|---|---|---|---|
| 右手力/N | 234.3±60.1 | 149.0±19.6 | 192.0±44.1 | 152.9±33.3 | 95.1±16.7 |
| 左手力/N | 203.5±53.7 | 132.3±24.5 | 156.8±38.2 | 129.4±33.3 | 92.1±28.4 |
| 均值/N | 217.8 | 140.7 | 174.4 | 141.2 | 93.6 |

從表 8-4 中數據可以得出，手指單獨工作時力量最大的是拇指，其次是中指，再次是食指和無名指，力量最小的是小指。拇指力量最大是因為拇指由前臂屈肌和手掌大魚際肌共同驅動。對手指張開和彎曲進行力學分析可知手指張開的力量小於手指彎曲的力量，手指抓取物體時，人手除小指輔助抓取外，其餘手指出力均較大。綜上所述，抓取物體時小指力量最小，合作的手指越多手指力量削弱越多，為滿足抓取要求，可將靈巧手手指個數確定為 4 個，分別為拇指、食指、中指和無名指。

人手指的各個關節並非是完全獨立控制的，而是具有一定的耦合關係。在 1949 年，Landsmeer[14] 描述了「末端指節的釋放」現象。人手指的中端指節和末端指節在工作時，大多數情況是同時伸直或者同時彎曲，且伸直或者彎曲的程度一樣，即手指末端指節與中端指節在運動時存在 1∶1 的耦合關係，在設計靈巧手時需要設計欠驅動機構實現這一耦合運動，在減少手指自由度的同時不失靈巧手的靈活性，使得手指控制起來更容易。

（2）人手關節、骨骼和筋肉

① 人手腕骨。由 8 塊短骨組成，4 塊一組排成 2 列，靠近橈骨和尺骨一側的 4 塊稱為近側列，靠近手掌一側的 4 塊稱為遠側列。

② 人手掌骨和指骨。手掌處的骨即為掌骨，掌骨共有 5 塊，近側與腕骨相連，遠側與 14 塊指骨中的 5 塊近節指骨相連。14 塊指骨又分為近節指骨（5塊）、中節指骨（4塊）、遠節指骨（5塊）。注意：拇指指骨只有近節指骨和遠節指骨，而無中節指骨。每塊指骨又分為底、體、小頭三部分。

③ 人手關節。人手關節包括橈腕關節、腕骨間關節、腕掌關節、掌骨間關

節、掌指關節和指間關節。其中：

掌指關節（5個）由拇指至小指掌指關節分別為拇指掌指關節、食指掌指關節、中指掌指關節、無名指掌指關節、小指掌指關節。

指間關節（9個）食指、中指、無名指、小指分別有近側指間關節、遠側指間關節共8個，而拇指只有1個指間關節，不分近側還是遠側。

④ 手部韌帶。手部各個關節處都有比肌腱更為堅硬且難以拉伸的韌帶，可增大關節強度，支撐運動的完成。

⑤ 手部肌肉。驅動手腕、手掌以及手指的肌肉並不都是分布在手上，而是主要分布在小臂上。拇長展肌、拇對掌肌、拇短伸肌、拇短屈肌、小指對掌肌分別分布在拇指、小指上，其他驅動手部運動的肌肉是從小臂上伸展到手部驅動部位，這樣天然合理的「設計」對於手部以最小的體積、質量獲得最大出力和運動靈活性目標的實現具有決定性意義，同時，對於人型多指靈巧手的設計也具有極大的仿生設計意義和參考價值。牽引人類腕部及手部骨骼運動的肌肉及肌腱在小臂、手部的分布情況如圖8-36(a)所示。

人手的自由度數：20個。

(3) 靈長類動物的手與腳

靈長類動物骨骼結構與人類似，但比人手要長，更適於擺盪抓握，而且對於類人猿，手還當腳用以形成四足步行狀態和跳跑方式。類人猿的手及腳的使用方式如圖8-36(b)所示。值得注意的是：當類人猿、大猩猩在地面上以四肢呈四足步行狀態時，其前臂上的手是以中指背著地的立手狀態支撐軀幹的，這種方式實際上是以最小的體積和最佳承接受力方式來承擔大載荷。另外，靈長類的腳趾能夠像它的手一樣以包圍抓握狀態抓住樹幹，當靈長類動物在樹枝間擺盪、飛越時，它們可單手抓握樹枝懸吊整個身體並承受體重。

(4) 人及靈長類動物的手的生理結構賦予多指靈巧手仿生設計的原則

① 以最小的體積和尺寸承擔身體總重的手部驅動應呈分布式設計於臂部，以減輕手部的質量，提高手部承載下的剛柔混合特性，以使手的運動更加靈活，承載能力更強。

② 手部可以最佳的受力方式支撐身體，並可以當作腳使用。

③ 手的運動只有在操作和承載時才是主動驅動的，非工作狀態時的形態是自由的。

④ 手的設計應遵從以最小的體積和尺寸獲得最大的承載能力的最佳化設計準則。

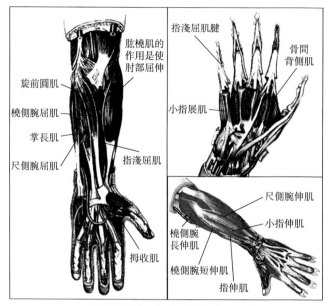

(a) 人類手部運動肌肉及肌腱在小臂上的分布

(b) 靈長類動物的手在移動中的形態

圖 8-36　人及靈長類動物的手與靈長類動物步行移動時手的形態

　　（5）類人及類人猿機器人手兼作腳用的 1：1 比例四指靈巧手單元臂手的仿生設計

　　本書作者在負責完成的國家「863」計劃目標導向類課題「具有表情智慧與多感知功能的人型全身機器人系統集成化設計與技術驗證」中仿生人型創新設計的 1：1 比例四指靈巧手如圖 8-37 所示。

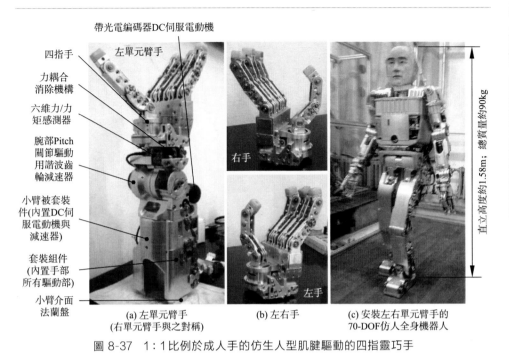

帶光電編碼器DC伺服電動機

四指手

力耦合
消除機構

六維力/力
矩感測器

腕部Pitch
關節驅動
用諧波齒
輪減速器

小臂被套裝
件(內置DC伺
服電動機與
減速器)

套裝組件
(內置手部
所有驅動部)

小臂介面
法蘭盤

左單元臂手

右手

左手

直立高度約1.58m；總質量約90kg

(a) 左單元臂手
(右單元臂手與之對稱)

(b) 左右手

(c) 安裝左右單元臂手的
70-DOF仿人全身機器人

圖 8-37　1：1比例於成人手的仿生人型肌腱驅動的四指靈巧手
及其在人型全身機器人　「GOROBOT-Ⅲ」　上的應用

　　該手為單元臂手，機械本體由四指手、力耦合消除（解耦）機構、腕部六維力/力矩感測器（美國 ATI 力感測器）、腕部 Pitch 自由度驅動用 DC 伺服電動機及諧波齒輪減速器、小臂被套裝件（內置 DC 伺服電動機與諧波齒輪減速器，即腕部 Roll 自由度驅動部）、內置手部所有驅動與鋼絲繩傳動系統的套裝組件（相對於小臂被套裝件轉動，為腕部 Roll 自由度運動）、單元臂手與肘關節連接的小臂側介面法蘭盤等部分組成。該單元臂手共有 11 個自由度，其中四指手有 9 個自由度，拇指 3-DOF、其餘三指每指 2-DOF（根指節 1-DOF，中指節和末指節聯動 1-DOF），按成人手 1：1 比例設計，腕部有 1 個 Pitch 自由度和 1 個 Roll 自由度。小臂為套裝結構，單元臂的小臂殼體為套裝件，其內被套裝件（內裝 DC 伺服電動機及諧波齒輪減速器）連接在肘部 Pitch 關節之上，單元臂手套裝在被套裝件上之後為腕部提供 Roll 自由度。單元臂手的腕部裝有美國 ATI 六維力/力矩感測器。按人類手部驅動的筋肉分布和 1：1 比例大負載能力設計要求，所有手指的驅動部分（帶有減速器和光電編碼器的 DC 伺服電動機）完全設置在單元臂手的殼體內，並透過鋼絲繩傳動將運動和動力傳遞至各個手指的各關節處。由於腕部安裝有六維力/力矩感測器，而單元臂手上的小臂殼體內的所有驅動部都要透過作為「肌腱」群的鋼絲繩將運動和動力傳遞到手內，途徑腕部，而且腕

部有 Picth 關節運動，所以必須將所有繩傳動的張力對六維力/力矩感測器測力的影響卸掉，所以，在腕部設有隨動機構用於解決途經腕部的所有繩傳動與六維力/力矩感測器並行引起的力/力矩耦合問題。這項技術對於既要將單元臂手的臂部驅動傳遞到多指手，同時還要在腕部設置力/力矩感測器以準確檢測多指手操作力的設計而言是個技術難題。該手具有高剛度、1：1比例大載荷能力，總質量約 2.5kg，經測試其抓取能力至少 3kg。該設計的特點除仿生人型「肌腱」驅動外，還遵循以最小的體積和尺寸發揮最大功能的設計準則。但由於傳動距離相對較遠並且需要消除力耦合問題，使得機構與結構設計十分複雜。

# 8.5 本章小結

　　本章首先結合焊接、噴漆、裝配、搬運等自動化作業，對工業機器人的作業要求給出了末端操作器設計及其應用應考慮的問題，作為提高自動化作業效率的一種有效手段，講述了實現不同作業或工序中需要更換末端操作器情況下的快換裝置設計的結構原理以及具體換接裝置與使用。焊接用焊槍、噴漆用噴槍等通用工具性質的末端操作器由製造商提供，不必使用者設計與製作。但是，工業機器人操作作業種類繁多，非通用性的末端操作器需要機器人使用者或機器人應用技術開發者設計、製造。對此，本章給出了各類開合手爪機構原理，以及面向精密、超精密裝配作業的柔順操作器的原理與機構設計方法，其中包括 RCC 手腕、彈性鉸鏈機構的工作檯等。本章內容從各種操作的概念、機構原理以及實現方法上，對工業機器人操作臂的末端操作器設計原理與方法進行了較為詳細的講述，旨在為工業機器人系統設計中末端操作器的設計以及快換裝置設計或開發提供理論與技術基礎。作為操作器中最高技術水準的代表，本章最後還介紹了人型多指靈巧手的研發現狀和分析，並給出了設計思想和設計實例。實用化的人型多指靈巧手技術仍在研發中，從負載能力、操作靈活性、剛柔混合、高精度等綜合技術性能指標上看還遠未達到人手、靈長類動物手爪性能的程度，其走向實用化、產品化的技術研究無論對於仿生人型機器人技術還是工業機器人操作臂應用技術都還是一個挑戰。

---

# 參考文獻

---

[1]　http: //www. kosmek-cn. com/php_file/chn_　　　　　product_page. php? lang= 3&no= 153_01_

01&group= 201. 考世美公司 SWR 系列快換裝置產品頁面.

[ 2 ] https: //www. grip-gmbh. com/index. php/en/products/exchange/mgw-manual-gripper-changing-system. GRIP 公司 MGW 系列產品頁面.

[ 3 ] http: //www. eins1. cn/. EINS 公司產品手冊.

[ 4 ] https: //www. grip-gmbh. com/index. php/en/products/exchange/swa-quick-change-adapter. GRIP 公司 SWA 系列產品頁面.

[ 5 ] 崔航, 伍希志, 鄧旻涯. 傢具打磨機器人末端執行器全自動快換裝置研究 [ J ]. 中南林業科技大學學報, 2017, 37 ( 12 ).

[ 6 ] http: //www. nitta-jd. com/? post_type= mecha&p= 9049&fnkey= product. NIT-TA 公司網站產品頁面.

[ 7 ] 廖堃宇, 劉滿祿, 張俊俊. 一種機器人末端工具快換裝置的設計分析 [ J ]. 機械研究與應用, 2018, ( 2 ).

[ 8 ] Okada T. Object-handling system for manual industry [ C ] //Systems, Man and Cybernetics, IEEE Transactions, 1979: 79-89.

[ 9 ] 鄭秀媛, 等. 現代生物力學. 北京: 國防工業出版社, 2002.

[ 10 ] 霍勝軍, 范松青, 趙臣銀. 人手指的寬度及各節長度的測量 [ J ]. 解剖科學進展, 2003, 9 ( 4 ): 326-328.

[ 11 ] 邵象清. 人體測量手冊 [ M ]. 上海: 上海辭書出版社, 1985.

[ 12 ] Imrhan S N, Loo C H. Trends in finger pinch strength in children, adults, and the elderly [ J ]. Human Factors, 1989, 31 ( 6 ): 689-701.

[ 13 ] Ohtsuki T. Inhibition of individual fingers during grip strength exertion [ J ]. Ergonomics, 1981, 24 ( 1 ): 21-36.

[ 14 ] Landsmeer J M. Power grip and precision handling [ J ]. Annals of the Rheumatic Diseases, 1962, 21 ( 2 ): 164-70.

第9章

# 工業機器人系統設計的模擬設計與方法

## 9.1 工業機器人操作臂虛擬樣機設計與模擬的目的與意義

### 9.1.1 虛擬樣機設計與運動模擬

虛擬樣機設計就是在三維 CAD 設計與分析型工具軟體中將機械系統或裝置的傳統機械設計結果和二維工程圖（零部件圖、裝配圖等）在三維幾何圖形設計環境中用幾何圖形建立和編輯功能「建造」出三維樣機幾何模型的設計。假設按傳統的機械設計方法繪製出所有的零部件的工作圖和整機裝配圖的二維圖圖樣（紙質或 CAD 圖形電子版），則按所設計的零部件幾何結構、實際尺寸、材質、零部件之間的相互關係（連接、相對運動、配合等）在三維 CAD 設計軟體中將原型樣機虛擬三維幾何實體模型「建造」出來的過程，即是虛擬樣機設計。設計出來的虛擬樣機在虛擬的軟體環境下與想要實際製造出來的原型樣機在幾何模型和尺寸等方面完全相同。

虛擬樣機運動模擬則是在用三維 CAD 設計軟體「建造」出來虛擬樣機幾何模型之後，將該模型直接用於或者導入具有機械系統機構設計、運動學分析與動力學計算、二維或三維動畫模擬以及運動計算結果數據輸出等功能的分析型軟體之內，在設置運動模擬參數和模擬環境參數的基礎上，進行模擬原型樣機運動的動畫展示與運動、動力參數計算的過程。

能夠實現三維虛擬樣機設計的常用工具軟體有：AutoCAD、SolidWorks、Pro/E、ADAMS、DADS 等。其中，ADAMS、DADS 等軟體不僅能夠進行虛擬樣機設計，還能在虛擬樣機設計完之後，進行運動模擬與分析，為機構設計與動力分析型軟體；而 AutoCAD、SolidWorks、Pro/E 的主要功能在於三維機械設計功能且設計功能強大。通常可以用 SolidWorks、Pro/E 將三維樣機虛擬模型設計出來後，將三維虛擬樣機圖形文件（或稱三維模型）導入 ADAMS、DADS 軟體中進行機構運動

模擬，模擬之前按需要提供虛擬樣機的主驅動運動副的運動軌跡曲線數據，並事先設定好模擬虛擬物理環境參數和模擬條件，之後軟體會利用使用者選擇的數值計算方法或系統默認的算法對虛擬樣機運動模擬進行動力學解算，一邊以虛擬樣機運動的動畫模擬形式展示運動，一邊計算並且輸出計算結果。此外，ADAMS、DADS軟體本身除了具有機構設計、虛擬樣機設計與運動模擬分析等功能之外，還有一階、二階系統的控制要素，可用來在其軟體環境內進行控制系統設計與模擬分析。它們還與 Matlab/Simulink 軟體等具有外部介面，可以按介面約定，實現聯合模擬。

## 9.1.2　機器人虛擬樣機運動模擬的目的與實際意義

　　無論是藉助於帶有運動學、動力學計算功能的機構設計與動力學分析工具軟體 Adams、Dads，還是用 Mathematics、Matlab 等數學計算工具軟體，或者是自行利用 C 或 C++、VC、VB 等程式設計語言編寫運動學、動力學計算程式進行機器人虛擬樣機設計與運動模擬，其目的都是模擬實際機器人工作情況下的運動和驅動能力等，最後透過模擬得到的解析或數值的計算結果來判斷所設計的機器人是否能夠勝任所要完成的工作任務。而且，作為現代機械設計的方法，不僅僅是為了驗證機械系統機構設計與結構設計的結果是否可行，而且還往往將機械系統設計結果的虛擬樣機系統與控制系統結合在一起，進行機械系統運動模擬與控制系統設計模擬結合在一起的聯合模擬，以進一步在虛擬樣機情況下驗證控制系統設計的可行性。因此，現代機械系統虛擬樣機設計與控制系統設計已經融為一體化過程，從而為產品設計與研發從機械到控制提供了更高更寬範圍內的可行性保障。甚至有一些比較特殊的機械系統設計，如果不在機械系統加工製造之前進行控制系統設計與模擬，則存在注定會失敗的潛在風險。因此，機器人虛擬樣機設計與運動模擬，乃至機械與控制兩個系統的聯合模擬，對於現代機械系統產品的研發具有重要的理論與實際意義。總結歸納如下。

　　① 驗證所設計機器人運動範圍、驅動能力以及帶載能力，為可靠研製、使用所設計的機器人提供數據依據和保證。利用 ADAMS、DADA 等工具軟體進行機器人虛擬樣機運動模擬過程中或者結束後，可以透過在線即時觀察或者後處理功能獲得各個關節驅動力或驅動力矩隨時間變化的曲線以及想要關注的構件所受到的力或力矩、位置、速度、加速度等隨時間變化的曲線或數據等。這些數據或曲線可以繼續用來對構件進行有限元分析，關節驅動力或驅動力矩曲線或數據可以用來判斷原動機是否能夠提供足夠的驅動力或驅動力矩，進而判斷設計中所選擇的原動機驅動能力是否合格等。

　　② 為運動控制提供參考數據。給定機器人實際作業情況下末端操作器位姿軌跡或關節軌跡的情況下，進行運動模擬得到的驅動力或驅動力矩可以用來作為

實際機器人的前饋控制所需的驅動力或驅動力矩數據使用，再加上 PD 回饋控制可以構成相當於逆動力學計算的前饋＋PD 回饋控制方法的控制器。所建立的虛擬樣機幾何模型與所設置的力學要素越接近於實際製造出來的機器人，則這種控制方法的控制結果可能會越好。因為，機構設計與分析軟體中的運動模擬實際上就是按機器人運動方程進行逆動力學計算，與用電腦程式設計語言所編寫的逆動力學計算程式不同之處可能是計算方法的不同。

③ 模擬檢驗是否存在運動干涉和碰撞。透過機器人運動模擬還可以透過設置 Mark 點以及接觸力要素等方法去檢測機器人運動過程中是否存在與模擬環境中的物體碰撞或機器人自身是否存在碰撞的問題。也可以進行帶有避碰功能的運動模擬等。

④ 為控制器的設計提供可用的數據。透過運動模擬可以獲得機器人各個構件的慣性參數數據，從而用於機器人控制器的設計等。

綜上所述，虛擬樣機設計與運動模擬已經成為設計研發現代機械系統不可或缺的重要手段和方法，也是工程設計人員必備的一項技能。

# 9.2　虛擬樣機設計與模擬分析工具軟體概論

## 9.2.1　現代機械系統設計及其模擬系統設計概論

傳統的機械系統設計過程是「設計-評價-再設計」模型，參考了人類專家在進行機械設計時的思維方法，可用圖 9-1（a）描述。設計、分析和評價是靠設計人員進行人工設計、分析和評價，設計人員的設計經驗至關重要，但是，相對以電腦輔助設計為核心的現代設計方法的設計結果而言，可靠性和設計質量可能都不高，設計、研發週期也長。機械系統機構設計、結構設計、電氣系統設計、控制系統設計等都相對獨立，各有分工，其中的機構主要是指狹義機構的概念。然而，現代機械系統設計的系統性更強，如圖 9-1（b）所示，需要多學科交叉完成機器所有系統設計，如同廣義機構定義，是指包括機械機構、電、磁、液、氣、光、聲、彈性構件等在內的組合體。傳統的機械設計過程模型依然存在於現代機械系統設計過程中，但是，現代機械設計與分析方法為該設計過程模型提供了豐富的方法和工具資源，使得該設計過程更容易實現、更加科學、合理化。實際上傳統的機械設計過程反映出的是通用化的機械設計思維模式，這一模式不僅存在於整個機械系統的設計中，即使系統的局部設計、零部件的設計過程也遵從這一模式，同時也被融入設計與分析型工具軟體當中，並且可以充分利用模糊數學、

神經網路（計算）、遺傳算法、蟻群算法等現代數學理論對設計結果進行分析與評價，可以比過去靠人類專家、設計人員的經驗評價法在更寬廣的範圍內進行多學科交叉融合綜合評價，也更精確、更可靠。

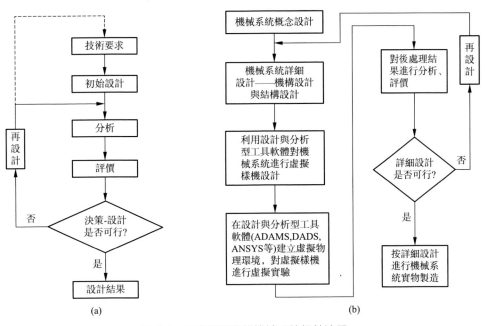

圖 9-1　傳統與現代的機械系統設計流程

## 9.2.1.1　現代機械系統機構設計與分析

（1）機構動力模擬分析先於機械結構設計進行

　　先進行機構方案設計確定機構構型，然後進行機構參數設計或參數最佳化設計，確定機構參數以及估算構件質量、質心位置等參數後，進行機構運動與動力學模擬分析，根據模擬結果選擇原動機及傳動裝置，之後開始機械系統詳細結構設計，按詳細結構設計結果設計虛擬樣機系統，再次進行機構運動與動力學模擬分析，根據模擬後處理結果分析原動機及傳動裝置的驅動能力。設計過程如圖 9-2(a) 所示。

（2）機構設計與機械設計之後進行機構動力模擬分析

　　先進行機構方案設計確定機構構型，確定機構參數或參數最佳化設計；之後進行詳細的機械設計，建立虛擬樣機模型；再進行虛擬樣機的機構運動與動力學模擬分析，根據模擬結果選擇原動機及傳動裝置，或者如在詳細機械設計階段已

經進行了原動機及傳動裝置選型設計，則此時可以根據模擬結果驗證原動機及傳動裝置是否滿足驅動能力要求。設計過程如圖 9-2(b) 所示。

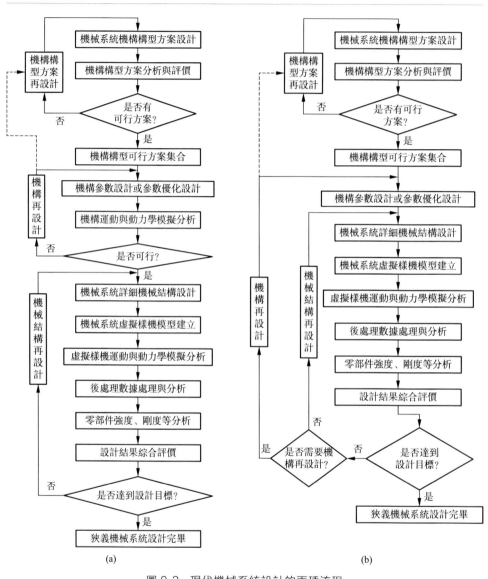

圖 9-2　現代機械系統設計的兩種流程

　　以上兩種情況都可行，而且在完成機構運動與動力學模擬分析之後，可以從設計與模擬分析軟體後處理獲得各個構件（機構設計）或零部件（機械結構設計）所受力的大小和方向，根據受力方向與大小可分析並確定需要進行強度、剛

度或穩定性等設計計算的關鍵構件或零部件，並對各個關鍵構件或零部件進行強度、剛度等計算，此時可以利用機械設計 CAD 軟體或有限元分析軟體 ANSYS 等進行計算與分析。

機械系統設計方案可能有多個，在初始設計階段得到的設計結果可能各有優缺點，綜合評價難以確定哪個方案更優，所以，往往會存在多個設計方案並行下去直至獲得各個方案詳細設計結果，然後進行對比、分析和評價，優選最佳設計方案和詳細設計結果。評價方法有加權係數法、模糊評價法等。

現代機械系統設計顯然可以輕鬆完成「設計-分析與評價-再設計」這一設計過程的多層嵌套、多層反復「設計」、反復「分析與評價」，這是過去傳統機械系統設計中靠設計人員人工完成設計所難以勝任和不具備的絕對優勢。

上述過程完成了傳統的、狹義的機械系統機構設計與結構設計工作，但是並不意味著現代機械系統設計過程的結束。虛擬樣機系統模擬分析結束之後，可以繼續進行控制系統設計與模擬，使得虛擬機械系統在控制系統模擬控制下驗證控制效果與系統性能。

模擬的對象就是已在現實物理世界中存在或模擬之後存在的物理對象，如一臺機器人操作臂、一臺車輛等，需要將其納入模擬軟體環境當中作為虛擬物理世界中的被模擬對象。在虛擬物理環境中，除了其虛擬的幾何實體模型之外，還需要其運動學、動力學等數學模型，問題在於需要盡可能用這些數學模型將現實物理世界中的物理對象實體精確地描述出來，但實際上很難得到誤差為零的數學模型。現代機械系統設計與分析型工具軟體內部已經將幾何學、力學、電磁學、控制科學等多學科研究成果融入電腦輔助設計技術當中，為工程設計人員提供了相當強大的輔助設計功能。例如，當使用 DADS、ADAMS 軟體等按機構學建立一臺機器人操作臂的幾何實體模型即虛擬樣機之後，在軟體中已自行為該幾何模型建立了運動學、動力學方程，即自動生成其力學模型及數值計算模型。有些軟體還帶有相應功能插件，可以導出其系統內部生成的非線性動力學方程，設計者不需要再用拉格朗日法或者牛頓-歐拉法去推導其動力學方程、建立動力學模型。注意：在控制系統設計或控制器設計時仍然需要這些方程，而單純地用這些方程去計算驅動力或驅動力矩則已無必要，因為，設計與分析型工具軟體系統已經自帶了非線性動力學問題求解模塊。

## 9.2.1.2　機械系統的控制系統設計與模擬

（1）自行建立被控對象的微分運動方程並設計控制器，利用 Matlab/Sim-ulink、Mathematics 等數學工具軟體進行模擬的方法

該方法需要根據被控對象的數學、力學、電磁學等原理建立被控對象的數學模型，如機械系統的運動學方程、動力學方程，電動機、磁場模擬中的電

學、電磁學方程等，用這些方程來準確描述被控對象，儘管被控對象的原理可以用力學、電磁學以及傳熱學等理論去定義一個系統並以方程的形式去描述，但都是用數學的方法以及數學方程去表達，因此可以將一切理論模型都歸結為數學模型。當然，模擬和虛擬實驗也都將歸結為數學上的計算，而用電腦程式去模擬實現，則可歸結為解析或數值計算方法。此外，為了盡可能準確地模擬真實被控對象及其工作環境，可能還需要建立被控對象工作環境工況下擾動的數學模型。

除建立數學模型外，還需要在工具軟體中利用其已有的數值計算方法工具或自行編寫被控對象模型的計算程式〔如 C/C＋＋、Virtual Basic（VB）、Virtual C（VC）、Fortran、Matlab 等程式設計語言編寫的計算程式〕對這些方程或數學模型進行計算或求解；而控制器的設計則是利用現有的控制理論或技術設計控制器，如工業控制中常用的 PID 控制器、逆動力學計算前饋控制或簡單的運動學控制等。

除數值計算結果之外，還可能需要計算結果的視覺化，如曲線/曲面圖、表、動畫顯示等。而通常的專門用作算法語言（如 C/C＋＋、Fortran 等）的軟體不具備複雜三維幾何實體圖形設計功能，只能輸出計算結果數據。用 VB、VC、Matlab 等軟體編程可以實現計算結果的視覺化顯示。

這種方法可以不受到設計與分析型工具軟體的限製，也不用考慮軟體的外部介面問題，可以在 Matlab/Simulink 或 Mathematics 軟體環境下解決所有的控制系統設計模擬問題，並且可以充分利用 Matlab 的工具箱，以減少程式設計的工作量。

（2）利用 Matlab/Simulink 軟體與機構設計和動力分析軟體聯合模擬的方法

這種方法如圖 9-3 所示，主要包括三部分內容。

① Matlab/Simulink 軟體環境下被控對象數學描述及控制系統設計。根據被控對象的數學、運動學以及動力學等原理進行被控對象的數學描述，即確定系統輸入、輸出以及輸入與輸出之間的函數關係（即數學方程），然後利用現代控制理論或者軌跡追蹤控制、自適應控制、魯棒控制等控制原理與方法進行控制系統設計；利用 Matlab 編寫被控對象的計算程式模塊，根據控制系統設計的原理，利用 Simulink 軟體包的各項功能模塊建立 Simulink 下被控對象控制系統模擬模型。

② 利用機構設計與動力分析型軟體（ADAMS 或 DADS 等）建立機械系統虛擬樣機模型。利用 ADAMS 或 DADS 等軟體中的二維、三維幾何造型、機構設計要素（構件、運動副、驅動等約束要素）以及力要素建立機械系統虛擬樣機與環境模型，也可以用 UG、Pro/E 等設計型軟體建立虛擬樣機的模型，然後導

入模擬軟體中。使用者自行建立的虛擬樣機以及環境模型雖然只是幾何造型、座標系、各類約束條件設置等工作，但用於運動和動力學模擬分析的虛擬樣機完整模型建好之後，設計與分析型軟體系統會自動生成其運動學、動力學方程（一般包括正、逆問題，而動力學逆問題解析方程或數值計算方法最常用）。通常情況下，多質點、多剛體系統動力學方程具有很強的多變量間強耦合的非線性，很難求得通用的解析解，一般會將動力學方程線性化處理，得到其近似解；一些軟體也能提取所建虛擬樣機模型系統的非線性動力學方程，但在軟體內部的求解基本上都是採用數值解法。

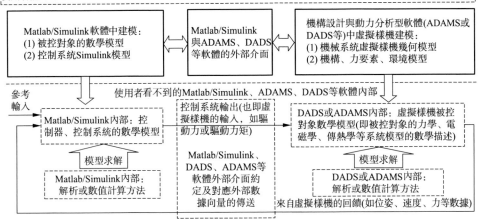

圖 9-3　利用 Matlab/Simulink 與 ADAMS 或 DADS 軟體進行機械系統運動與動力學聯合模擬的基本原理

　　雖然，模擬時是以虛擬樣機三維實體模型「動畫」運動的方式展現在使用者面前，實際上其背後是大量甚至大規模的運動學、動力學即時數值計算給出計算結果，這些計算結果結合電腦圖形學與圖形顯示技術，以視覺化的動態圖形將虛擬樣機在虛擬物理環境下的運動、作業模擬出來，展現在使用者面前。

　　③ Matlab/Simulink、DADS、ADAMS 軟體的外部介面

　　a. DADS 與 Matlab/Simulink 的聯合。DADS 中建立好虛擬樣機機構模型後，在系統設置選單中選擇「Dynamics」及其計算選擇「Matlab」選項後，在 Simulink 環境下設計其控制系統，如圖 9-4 所示，並把 DADS 執行文件路徑及含有虛擬樣機機構模型的文件 *.def、*.fom 的路徑添加在 Simulink 下所用路徑表中，然後在 Matlab 環境下執行 [*.def *.def *.def *.def]，即在 Simulink 下啓動模擬計算，計算結果將保存在 *.bin 文件中。在 DADS 下可讀此文件進行運動控制下的圖形模擬。其中，S-Function 模塊的參數（Parameters）的

設置為「antype，dadsfiles」。

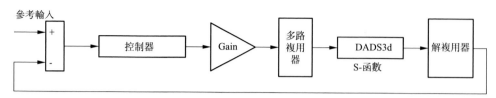

圖 9-4　利用 Matlab/Simulink 與 DADS 軟體進行機械系統運動與動力學聯合模擬

　　b. ADAMS/Control 與 Matlab/Simulink 的聯合。ADAMS/Control（控制）模塊可以將 ADAMS/view 或 ADAMS/Solver 程式為其他控制系統設計與分析軟體有機連繫起來進行機械系統虛擬樣機與其控制系統的聯合模擬。它支持 EAS-Y5、Matlab、Matrix X 等控制系統設計與分析軟體，ADAMS/Control 工具箱與這些軟體的聯合方法除了構造控制系統框圖的具體操作有所不同之外，其餘與 Matlab/Simulink 基本相同。在 ADAMS/View 中建立好虛擬樣機模型之後，按以下步驟實現 ADAMS 虛擬樣機與控制系統軟體的聯合。

　　ⓐ 首先確定作為被控對象的 ADAMS 虛擬樣機模型的輸入與輸出。如對於一臺工業機器人操作臂虛擬樣機模型，其輸入應為各關節的驅動力或驅動力矩，而其輸出應為關節位移、速度等量；在 ADAMS/Control 模塊中定義輸入、輸出變量的方法是：在 Control 選單中選擇「Plant Export」後顯示的「ADAMS/control」對話框中分別在「File Prefix」「Input Variables」「Output Variables」等欄中填入文件名、輸入變量名、輸出變量名，並在「Csd Package」欄中選擇與 ADAMS 進行聯合模擬的控制系統設計與分析軟體，如「MATLAB」，選擇「OK」按鈕即完成了輸入、輸出變量的定義。此時，ADAMS/Control 模塊會將輸入、輸出資訊以 Matlab 程式 *.m 或 Matrix X、EASY5 程式 *.inf 的文件形式保存起來，同時產生一個 ADAMS/View 命令文件 *.cmd 和一個 ADAMS/Solve 命令文件 *.adm，供聯合模擬計算與分析時使用。這裡，「*」即表示前述「File Prefix」欄中填入的文件名。

　　ⓑ 在控制系統設計與分析軟體（Matlab/Simulink、EASY5、Matlab、Matrix X 等）中讀入變量。啓動 Matlab 程式，在其命令窗中輸入「File Prefix」欄中填入的文件名，Matlab 會返回有關 ADAMS Plant（即作為被控對象的虛擬樣機）輸入（如驅動力矩）、輸出（即虛擬感測器的位移、速度等）資訊。需要注意的是：之前必須在 Matlab 的「Files」選單中選擇「Set Path」命令設置前述「File Prefix」欄中填入的文件名 .m 的文件所存在的路徑，否則，Matlab 返回的是出錯資訊。

　　ⓒ 在 Matlab 中輸入 ADAMS 模塊並設置模擬參數。在 Matlab 的命令行輸

入「adams_sys」，系統顯示「adams_sys」模塊窗口，該窗口中有「adams_sub」「Mechanical Dynamics（S-Function）」「State-Space」三個模塊；點擊該窗口選單行中的「Files」選單，選擇「New」選項打開一個新的窗口「adams_1」，將「adams_sys」模塊窗口中的「adams_sub」模塊連同其連接的輸出顯示器一同用滑鼠拖到窗口「adams_1」中，點擊新生成的這個窗口中的「adams_sub」模塊，其中有「Mechanical Dynamics」（ADAMS Plant）、「ADAMS_uout」（U to Workspace）、「ADAMS_yout」（Y to Workspace）、「ADAMS_tout」（T to Workspace）以及 Mux、Demux 等模塊。滑鼠雙擊「Mechanical Dynamics」（ADAMS Plant）模塊後，顯示其參數設置對話框設置參數。

　　ⓓ 進行控制系統建模。用 Matlab/Simulink 工具箱進行控制系統建模，建模之後，用「File」選單中的「Save As」命令輸入該控制系統的 Simulink 模型文件名並存盤，則在 ADAMS 的 ADAMS/Control 模塊例題目錄：/install.dir/controls/examples/中已保存了完成控制系統建模的 Simulink 文件，文件名為.mdl。也可以在 Simulink 窗口直接讀入該文件名.mdl 文件，然後進行聯合模擬。模擬前必須在「Simulink」選單中選擇「Simulation」選單，並且在參數設置對話框中設置模擬起始/結束時間、模擬類型等參數。

　　ⓔ 聯合模擬。在 Simulink 選單中選擇「Start」命令，則開始進行機械系統、控制系統聯合模擬。模擬過程中可以透過在控制系統建模時對模型添加的「顯示器」觀察和監測模擬曲線變化情況。

　　(3) 在設計與分析型軟體內部完成機構設計與動力學分析、運動控制系統設計與模擬的方法

　　例如，ADAMS、DADS 等設計與分析型 CAD 軟體內部含有線性控制系統設計要素（如一階系統、二階系統控制要素等），在這類軟體環境下建立機械系統虛擬樣機模型之後，可以利用這些控制要素在其軟體內部設計控制系統及控制器，然後實施虛擬樣機運動控制模擬。

　　ADAMS/View 提供了控制工具箱，可以在軟體內使用，該控制工具箱主要包括以下幾類控制模塊。

　　① 輸入函數模塊：輸入模塊含有向模塊輸入訊號的外部時間函數以及輸入模塊的虛擬樣機模型各種測量結果。

　　② 求和連接函數：該函數可以使用任何有效控制模塊的輸出作為輸入，透過「＋/－」按鈕設置被作為輸入的訊號是相加還是相減，因此，可以實現諸如回饋控制控制器的回饋訊號的正、負回饋輸入。

　　③ 增益、積分、低通濾波和導通延遲濾波模塊。

　　④ 使用者自定義轉換模塊：是由使用者定義的可以產生通用的關係多項式模塊。確定多項式的係數也就確定了多項式。

⑤ 二次濾波器模塊：透過定義無阻尼自然頻率和阻尼比，可以利用二次濾波器模塊設計二次濾波器。

⑥ PID 控制模塊：可以用該模塊分析比例、積分、微分增益變化對控制效果的影響。

⑦ 開關模塊。

由於這類軟體系統內部提供的僅是線性控制系統設計的基本控制要素，對於複雜系統的控制系統及控制器設計局限性很大。因此，將控制系統設計、機械系統建模與機構動力分析分由 Matlab/Simulink 和 ADAMS 或 DADS 解決然後聯合模擬的方法使用較多。

## 9.2.2　軟體中虛擬「物理」環境與虛擬樣機機構模型的建立

本節是應用現代 CAD 系統軟體進行設計與分析必備的「建模」基礎。此處所說的「建模」已經不是利用機構學、數學、力學原理的原始建模，因為現代 CAD 系統軟體正是在這些理論基礎上建立起來的，形成各項便於使用者使用的功能，進行二次建模，而二次建模的目的是建立可供機構運動與動力分析的虛擬樣機模型，進行模擬計算與分析所必備的數值計算方法的選擇和參數設置。

儘管目前廣義電腦輔助設計軟體可以強大的設計與分析功能支持工程設計與科研人員的設計工作，但是，通常來講，其仍然是設計的輔助工具和手段，除少數具有專家級處理問題能力的專家系統軟體（如醫療診斷專家系統、滾動軸承設計專家系統等）可以透過人機界面或人機介面以對話的方式提供（輸入）數據和事實資訊，即由系統內部可以給出問題的「答案」或者解決方案之外，機構設計與分析的理論基礎仍然是機械類大學專業基礎課「機械原理」以及研究生課程「高等機構學」「空間機構學」等所講授的機構學理論，平面或空間解析幾何、矢量分析、座標變換矩陣等數學以及理論力學、材料力學等基礎理論知識則是進行機構學問題求解中機構設計與分析、評價的數學與力學工具，如計算數學、數值計算方法、計算力學、計算流體力學等。因此，有必要對機構設計與動力分析軟體中涉及的數學與力學問題加以闡述。

（1）虛擬重力場及虛擬世界座標系

現代廣義 CAD 工具軟體中虛擬「物理」環境下，物體與物體之間的相對位置、相對運動都是建立在虛擬「物理」環境中，以座標系描述物體位置和姿態，以矢量運算和矩陣齊次變換來描述物體與物體之間的相對位置和運動的；至於物體的質量、體積、慣性張量等計算則屬於常規的物理知識；軟體虛擬「物理」環境下，要想定義或建立一個物體，首先在建立之前必須定義重力場環境和虛擬的「世界」座標系作為力和空間度量的基準。因此，現有的用於機構設計與動力分

析的商業化工具軟體在系統設置選項中都有重力加速度值及其方向的設置、虛擬「世界」座標系的定義（一般為默認，進入系統軟體界面已由系統自動設置），用來給被設計的機構系統中的所有構件提供虛擬的重力場環境以及在虛擬世界（座標系）中的位置和姿態的參照基準。

（2）虛擬「物理」環境中物體（或構件）的定義

機構是機械系統或機器的理論抽象，由一個個構件組成。用 CAD 軟體對機械系統進行建模時，可以建立抽象出的機構幾何模型，也可以按零部件實際機械結構建立虛擬樣機模型。但是，首先是建立構件或零部件虛擬的物理模型，包括用電腦圖形學與技術實現的參數化、視覺化幾何模型和物理參數（質量、體積、密度、表面積、周長、慣性參數、彈性模量等）。

（3）虛擬「物理」環境中物體（或構件）的約束

虛擬物體在世界座標系或局部座標系中需要透過約束的定義來限製物體的相對位置、運動，否則，無約束的物體在重力場環境下，只能作自由落體運動。在世界座標系裡只有基礎（一般稱為「大地」）是絕對的，是為機械系統所有構件提供基礎的物體，一般默認或可設置，不需具體大小和實體模型；約束是相對的，約束是用來定義一個物體相對其他物體的位置關係或運動關係，可以分為幾何約束、力約束。幾何約束包括物體座標系座標原點在世界座標系或局部座標系中的位置與姿態、物體相對於其他物體的位移曲線（線位移或角位移）；力的約束由物體與物體之間作用力的形式、方向和大小來定義，包括力、力矩。對於機構設計與分析而言，各種運動副的定義是被單獨定義的基本運動副和複合運動副，如單自由度的圓柱回轉副、移動副、稜柱移動副，二自由度的平面移動副、回轉副、螺旋副；三自由度的球面副以及複合運動副等。此外，還有諸如傳動機構中的齒輪副、凸輪運動副等。力的約束中很重要的一項就是接觸力約束的定義，如點、線、面之間的接觸力約束、摩擦力約束等。透過這些約束將物體（構件）之間連接或關聯起來而形成虛擬物理環境下的機械系統機構。

（4）機構運動的「驅動」

機械系統機構，自然是靠原動機與傳動系統實現驅動的。但是，在虛擬的物理環境下，機構的驅動是靠施加給虛擬原動機或運動約束以位移、速度或力運動曲線實現的，整個機械系統機構的運動是透過機構正、逆運動學方程、動力學方程以及數值計算方法等解析或數值迭代計算實現的。如果是視覺化的軟體，則是按計算結果數據，利用電腦圖形學原理和技術再以曲線圖或運動圖形模擬的形式展現出來。機構運動可以是由設計與分析型模擬軟體內部設置的驅動要素驅動，也可以是由來自軟體外部的其他軟體的輸出驅動，如用 Matlab/Simulink 軟體進行控制系統模擬計算的控制器輸出可以作為 DADS 或 ADAMS 軟體中虛擬樣機

模擬驅動的輸入。

　　(5) 機構運動的動畫與圖形模擬的區別

　　動畫（animation）只是將虛擬的物體以運動著的圖形形式展現出來，它是將一幀一幀「計算」圖形或「數位」圖片按時間序列先後在螢幕上顯示出來的運動效果；而運動圖形模擬（simulation）則是在運動圖形顯示的背後，必須有機構運動學、動力學解析或數值的計算方法支撐才能實現，甚至有即時性的要求。兩者有著本質的區別。動畫主要用來欣賞運動的視覺效果；而運動圖形模擬除此之外，主要目的是獲得其背後的按數學、力學、機構學原理得到的計算結果數據或曲線，用來作為評價設計可行性或者進一步的分析依據。動畫實現相對容易，技術含量相對低，而運動圖形模擬則恰好相反。動畫只是實現運動可視效果，而具有運動圖形模擬基本功能的機構設計與動力分析軟體研製則需要數學、力學以及相關專業技術人員、專家學者來實現，如 DADS 軟體就是由非線性動力學學者所創。

　　(6) 幾何模型的建立

　　幾何模型的建立是所有電腦輔助設計型、設計與分析型軟體的基本功能之一。對於設計與分析綜合型工具軟體而言，首先直接與使用者「交互」式設計的部分就是幾何模型的建立，其基本原理是透過二維圖形中點、圓、長方形、三角形、正多邊形，三維圖形中球、四面體、長方體、圓柱、圓臺等最基本幾何圖形要素和幾何形體的幾何模型的建立，以及「交」「並」「差」等幾何圖形的邏輯運算建立起相對更複雜形體或虛擬樣機的幾何模型。二維、三維圖形設計還涉及剖面線、切割面、隱藏線/面消隱以及干涉、碰撞檢驗、圖形幾何變換等計算方法，即算法理論與技術實現問題。幾何模型建立是電腦圖形學中的主要內容之一，是使用者根據軟體所提供的幾何模型建模所需基本功能，來建立自己設計的幾何模型。

　　(7) 虛擬樣機幾何模型的建立

　　虛擬樣機幾何模型的建立是綜合運用機構學以及 CAD 軟體基本幾何模型建立功能才能完成的。建立虛擬樣機之前，需先確定機構構型方案以及機構參數（同樣可以用電腦輔助設計的最佳化設計技術解決），然後建立機構座標系系統（基座標系、各運動副位置處的運動座標系、執行機構作業座標系等構成座標系系統），再在基座標系、各運動座標系內分別建立構件的幾何模型，定義各運動副約束，即完成了機械系統的機構幾何模型建立。軟體系統根據機構幾何模型自動在系統內部生成、儲存其運動學與動力學計算模型，可以在模擬軟體設置選項中選擇數值計算方法或由系統默認選擇。

（8）計算模型

包括以數學、力學、控制系統、傳熱學、電磁學等原理為理論基礎的各種計算模型，這些模型是設計與分析型軟體預先為使用者提供的問題求解功能算法，也是最重要的功能部分，而為求解這些問題需要有相應的或者通用的計算方法，包括解析解和數值解求解方法算法。絕大部分通用的非線性問題求解方法都採用數值解法，常用的計算模型有運動學解析、動力學解析。適用於所有動力學問題求解的方法如 PECE（predict evaluate correct evaluate）法是顯式公式的積分 Adams-Bashforth-Moulton-Corrector 法。該方法使用微分幾何法解微分-代數方程式（differential algebraic equations，DAE），使用廣義座標分割法，把 DAE 變形成常微分方程（ordinary differential equations，ODE），然後使用 Gordon 和 Shampine 開發的可變參數的 ODE 求解器求解已被變形後的 ODE 方程的解；反向微分方程（backward differentiation formula，BDF）被用來作為隱式解法的積分器，為讓各時間步（step）的解收斂，迭代計算求解 DAE 大系統；龍格-庫塔法（Runge-Kutta，RK）是以微分幾何法為基礎的求解 DAE 方法，它是用廣義座標分割法把 DAE 變形成為 ODE，然後用 4 次 Runge-Kutta 法積分求解；含有力平衡方程和運動約束的平衡方程使用 Newton 法求解。

（9）力要素

現實物理世界的力要素分為二維力要素、三維力要素；二維座標系、三維座標系中用矢量表示的力可以分解成力分量，則每一力分量都成為一維力，因此，在虛擬物理世界的座標系中，若按分力數作為維數，在 $O$-$XY$ 座標系中描述的二維力有三個力要素 $F_x$、$F_y$、$M_{xy}$（相當於三維空間 $O$-$XYZ$ 中的 $M_z$）；在 $O$-$XYZ$ 座標系中描述的三維力矢量有 $F_x$、$F_y$、$F_z$、$M_x$、$M_y$、$M_z$ 六個力分量，後三個力分量實際為三個力矩分量（分別相當於二維空間 $O$-$YZ$ 內的 $M_{yz}$、二維空間 $O$-$XZ$ 內的 $M_{xz}$、二維空間 $O$-$XY$ 內的 $M_{xy}$）。因此，工業機器人末端作業三維空間中常用的力/力矩感測器稱為六維力/力矩感測器，這裡的六維力/力矩的六維是指分力數六。現實物理世界三維空間是指其座標的三個軸 $x$、$y$、$z$，而在三維正交座標系中要描述一個物體的位置和姿態、所受的合力分別都需要六個分量：三個位置三個姿態分量構成 $\begin{bmatrix} x & y & z & \alpha & \beta & \gamma \end{bmatrix}^T$ 位姿矢量；三個力分量三個力矩分量構成力矢量 $\begin{bmatrix} F_x & F_y & F_z & M_x & M_y & M_z \end{bmatrix}^T$。

設計與分析型軟體中的三維力要素一般主要包括：梁要素、軸套類要素（如標準襯套、套類連桿、通用襯套等）、接觸要素子類（點-點接觸、點-線接觸、回轉接觸的點-線接觸、通用接觸）、摩擦要素、板彈簧要素、回轉彈簧/阻尼器/作動驅動器（RSDA）要素、平移彈簧-阻尼-作動器要素、輪胎要素、三點力要素等。

① 梁（beam）要素。6 自由度力要素，有 3 個力、3 個力矩，可用剛度矩陣描述，可用單純梁結構類理論計算。

② 襯套類（bush）要素。由三個子要素構成，包括標準襯套、襯套桿、通用的一般襯套。它們也都是 6 自由度的力要素，可以有 3 個力、3 個力矩。其彈性特性可以設置成線性或非線性形式，衰減特性僅能設置成線性。

③ 接觸類（contact subtypes）要素。接觸類要素是把兩個物體間的接觸模型化。第一個物體上的球面與第二個物體上的點相互擠壓成為表面接觸，兩個物體接觸產生力時可以使用彈尼-阻尼非線性特性模型進行計算。

④ 摩擦（friction）要素。為把靜摩擦向動摩擦或者由動摩擦向靜摩擦轉移的動態效果模型化的要素，可以在回轉關節或移動關節中使用。

⑤ 板彈簧（leaf spring）要素。大型卡車等的重型板彈簧模型化的 6 自由度力要素。彈簧的剛度可用有限元法將其 Bush（襯套）特性和 Shackle（彈簧環耳）結合起來運動效果模型化（建模）解析求得，為了表示垂直方向上的變形特有的非線性振動特性，也可以透過實驗獲得數據。

⑥ RSDA（rotational spring-damper-actuator）要素。兩個物體間用回轉關節或者圓柱形（回轉和軸向移動）關節連接在一起相互作用形成轉矩力學模型。該要素中可以把回轉系統分解成回轉彈簧、阻尼、驅動三個組成部分，分別可以設置成線性、非線性要素，然後組合成力學模型。

⑦ TSDA（translational spring-damper-actuator）要素。是設置在兩個已知物體上的三合一原點。該力要素是在兩個物體上設置的結點之間連線上產生作用力，是把直線位移彈簧、拉壓彈簧、阻尼器、驅動器設置成線性或非線性組合起來使用。

⑧ 輪胎（tire）要素。在路面上與空壓輪胎之間接觸狀態下產生三個分力的力學模型。這裡的輪胎三分力包括：與滑轉角（sleep）和垂直力成函數關係的橫向力；與輪胎壓縮和速度成函數關係的垂直方向的力；與垂直力和牽引力成函數關係的前後向力。該要素中，可分為不考慮輪胎回轉慣性和考慮輪胎回轉慣性兩種情況。

（10）機構運動與動力分析模擬的作用及後處理模塊

機構運動與動力分析模擬的目的不只是透過虛擬樣機運動圖形模擬得到的「動畫」影片觀看運動情況，更重要的是模擬結束後，將模擬計算與分析得到的數據等結果集中到後處理模塊，後處理模塊明確得到的數據類型以及數據供使用者提取，使用者用這些模擬計算數據來進一步評定機械系統設計的可行性以及虛擬樣機模擬工作情況，進而可以判定所設計的機械系統設計結果是否可以進入加工與製造階段。因此，機械系統機構運動與動力學模擬的目的是驗證設計結果的可行性與系統性能設計指標。

　　設計與分析型 CAD 軟體都有後處理模塊，將機構運動與動力學計算與分析的結果呈現給使用者，如機械系統機構各構件所受到的力、力矩，各構件質心、連接相鄰構件運動副相對運動的位移（線位移、角位移）、速度（線速度、角速度）、加速度（線加速度、角加速度）、各運動副驅動力（移動副）、驅動力矩（回轉副）等隨時間變化的數據或曲線圖。此外，各構件在局部座標系、世界座標系中的位置和姿態，各構件或零部件繞質心的慣性矩、質量，透過構件或零部件上設置的 Mark 點在機械系統機構運動過程中的位置隨時間的變化也都能得到。

　　利用設計與分析型 CAD 軟體進行模擬在機械系統設計過程中所起的具體作用如下。

　　① 驗證機械系統原動機驅動能力、帶載能力。例如，機械系統虛擬樣機在空載或者帶載下進行運動模擬，模擬結束後可以提取其後處理模塊中原動機主驅動回轉副驅動力矩隨時間變化的曲線或數據，用驅動力矩的最大值與原選型設計的原動機額定輸出轉矩（原動機產品樣本上該型號下的額定輸出轉矩）進行比較（注意：有傳動裝置的情況下應除以減速比和傳動效率），驗證所選原動機是否具有足夠驅動能力以及足夠的功率。

　　② 為機械系統關鍵構件或零部件的強度、剛度以及振動穩定性分析等提供受力分析用的數據。可以從後處理模塊中提取各構件或零部件所受力、力矩隨時間變化的曲線或數據，並可以找到其中最大值或典型值，用於關鍵構件或零部件的動態、靜態強度、剛度、振動穩定性等計算與分析；可以將力、力矩等載荷數據或隨時間變化的曲線輸入 ANSYS 等有限元分析軟體來計算該構件或零部件的應力與變形，以及振動模態分析等。

　　③ 為機械系統虛擬樣機運動控制系統模擬提供狀態回饋控制所需的「虛擬感測器」數據，從而可以進行機械系統、機械系統的控制系統的聯合模擬。

　　④ 可以利用設計與分析型軟體獲得實際機械系統及其控制系統設計所需的物理參數以及力學模型，為實際機械系統的前饋控制器設計提供較準確的物理參數及逆動力學計算方程。

　　使用者可以完全按實際機械系統設計的所有零部件圖、零件材質以及選型設計的實際部件設計出與機械系統實物「幾近」相同的虛擬樣機，這裡之所以用詞「幾近」是因為實際機械系統的摩擦以及機械加工、製造、裝配過程中所致誤差是不可避免的。但是，即便是有這些誤差存在，所做的虛擬樣機的物理參數已經可以與實物達到非常接近的程度，可以提取虛擬樣機模型中的物理參數作為逆動力學計算方程中的相應物理參數（主要有零部件質量、慣性參數、質心位置等物理參數），也可以從軟體中導出所建虛擬樣機模型的線性狀態方程或非線性方程（如果有相應功能插件的話）。

# 9.3 虛擬樣機設計與模擬——用於機器人虛擬樣機技術的設計與分析型工具軟體及模型導入方法

## 9.3.1 虛擬樣機設計

### 9.3.1.1 ADAMS 軟體簡介及利用其進行運動模擬的基本過程

ADAMS 軟體是由美國 MDI 公司（Mechanical Dynamic Inc.）開發的一款虛擬樣機技術商業軟體，ADAMS 是英文 Automatic Dynamic Analysis of Mechanical Systems（機械系統動力學自動分析）取各單詞首寫字母縮寫，現已被世界各行業設計與製造商作為產品設計與開發業務中的電腦輔助設計與分析工具軟體普遍採用。1990 年代海外一些著名大學為機械類科系學生開設了介紹 ADAMS 軟體的課程。2001 年前後，中國從事機械設計與分析的教師、科研人員、研究生開始利用該軟體進行各類機械設計與分析工作，現在已在中國普及應用，並且已經納入機械類科系大學生畢業後從事產品設計與分析方面工作必須掌握的工具軟體，成為必備的一項設計技能。

（1）ADAMS 軟體的組成

① ADAMS 軟體的三個基本程式模塊

a. ADAMS/View 模塊。該模塊是設計與分析用圖形視覺化基本環境（界面）模塊，其最主要的功能是為使用者使用 ADAMS 軟體提供了一個直接面向使用者的基本操作對話環境和虛擬樣機設計與分析的前處理功能。該前處理功能主要包括：虛擬樣機的幾何模型建模工具、虛擬樣機模型數據的輸入與編輯、與求解器和後處理等程式的自動連接、虛擬樣機分析參數的設置、各種數據的輸入與輸出、與其他電腦程式設計軟體或者設計與分析型商業軟體的介面等。

b. ADAMS/Solver。求解器模塊或簡稱求解器，是進行機械系統運動學、動力學問題求解的功能模塊。ADAMS/View 程式可以自動調用 ADAMS/Solver 模塊，求解 ADAMS/View 建好的虛擬樣機系統的靜力學、運動學、動力學問題。

虛擬樣機系統運動學問題求解包括正反兩個方面的含義和目的，即在已知機械系統運動構成即機構與機構參數的前提下，已知各原動機的運動形式和運動隨時間的變化，求解出機械系統中某一構件的運動或執行機構輸出的運動，此為運

動學正問題求解（或稱為正運動學求解）；反之，已知機械系統執行機構運動輸出，求解出為實現此輸出運動的機械系統運動輸入，即各原動機應該輸出的運動。

　　虛擬樣機系統靜力學、動力學問題求解也包括正反兩個方面的含義和目的，即在已知機械系統運動構成即機構與機構參數前提下，在運動學理論基礎上，已知各原動機輸出的運動和力（包括力或力矩）某一瞬時大小（或隨時間的變化），求解出機械系統中某一構件或執行機構所受到的力或力矩，此即為靜力學（或動力學）正問題求解（或稱為正動力學求解）；反之，已知機械系統執行機構所受到的外力或外力矩，求解出為平衡此外力或外力矩，機械系統動力輸入即各原動機應該輸出的力或力矩。靜力學與動力學的區別在於，整個機械系統的運動狀態是靜態力平衡還是動態力平衡，靜態力平衡是指整個系統運動沒有速度隨時間的變化，即系統或系統中某一構件運動的加速度為零，或者說速度對時間 $t$ 的一階、二階等導數理論上皆為零，又或者實際系統中速度大小、方向雖然隨時間 $t$ 變化，但變化相對很小或非常緩慢，顯然，靜力學平衡方程中沒有加速度、加加速度等，相對簡單。而動力學則不然，靜力學中沒有或被忽略的加速度、加加速度等運動高階項都存在於機械系統中。

　　綜上所述，狹義上講，ADAMS/Solver 模塊的核心程式實際上就是機械系統運動學、動力學計算程式，但是必須考慮到能夠計算複雜的機械系統動力學問題。至於能夠承受多複雜的系統，取決於多剛體系統動力學、非線性系統動力學以及數值計算方法等理論基礎與數值計算技術的運用程度。

　　c. ADAMS/PostProcessor。即後處理模塊。該模塊的功能是透過後處理模塊的使用者界面，根據使用者需要或模擬設定，模擬在線或模擬後離線調用 ADAMS/Solver 模塊對機械系統運動學、靜力學、動力學問題求解結果，並以提供的數據或數學公式、統計計算等數據處理、編輯功能，用數據、數據曲線或數據文件的形式呈現給使用者。

　　② 其他附加模塊（圖 9-5）。軟體附加模塊包括：ADAMS/Car（轎車模塊）；ADAMS/Tire（輪胎模塊）；ADAMS/Control（控制模塊）；ADAMS/Exchange（介面模塊）；ADAMS/Rail（機車模塊）；ADAMS/Liner（線性模塊）；ADAMS/FEA（有限元分析模塊）；Mechanism/Pro/E（介面模塊）；ADAMS/Driver（駕駛員模塊）；ADAMS/Flex（柔性模塊）；ADAMS/Hydraulic（液壓傳動模塊）；ADAMS/Animation（高速動畫模塊）。

　　(2) 運用 ADAMS 軟體進行機械系統虛擬樣機設計與運動模擬分析的基本流程（圖 9-6）

　　值得注意的是，ADAMS 軟體為使用者提供的與其他軟體（Pro/E、SolidWorks、CATIA 等軟體）介面功能模塊，可以透過相應介面功能模塊，將在其

他三維實體設計軟體中建立的虛擬樣機幾何實體模型導入 ADAMS 軟體系統中來，進一步對導入的幾何模型施加運動副和其他約束，從而完成可以用來進行運動模擬的虛擬樣機模型。如此，消除了虛擬樣機幾何實體設計型軟體與設計分析型軟體之間的壁壘關係，節省了設計時間，提高了不同軟體設計結果的利用率，為掌握不同軟體使用技能的使用者提供了開放式的服務。

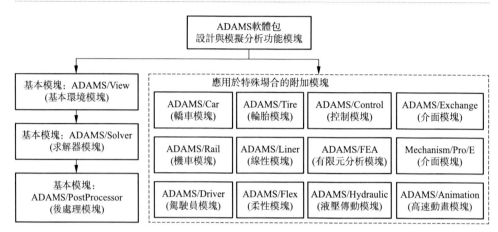

圖 9-5　ADAMS 軟體包總體功能模塊組成

圖 9-6　運用 ADAMS 軟體進行機械系統虛擬樣機設計與運動模擬分析的基本過程和內容

## 9.3.1.2 SolidWorks 軟體簡介及將 SolidWorks 幾何實體模型導入 ADAMS 軟體環境的方法

（1）SolidWorks 軟體簡介及其優勢

SolidWorks 軟體是由 SolidWorks 公司開發的一款三維 CAD 設計軟體，它採用了參變量式設計理念以及 Microsoft Windows 圖形化使用者界面，體現出卓越的幾何造型設計和分析功能，為三維設計商業軟體主流之一。參變量式 CAD 設計軟體是參數式和變量式的統稱。參數式設計是將零件尺寸的設計用參數描述，並在設計修改的過程中透過修改參數的數值改變零件的外形。實際上參數式設計就是將選定的參數看作為參變量，因而可以透過參變量間的數學關係式和改變參變量的值由程式自動獲得不同幾何形狀和大小的零件幾何造型設計，並可以

賦予虛擬零件以物理意義上的參數值。SolidWorks 軟體三維幾何造型設計功能和面向工程圖設計的功能強大，可以隨時由三維幾何實體模型生成二維工程圖，並可以自動標注工程圖的尺寸數據，設計者在三維幾何實體模型中進行任何數據修正，在軟體環境下都會自動地改變相應的二維工程圖及其組合、製造等相關設計參數，使得零件二維圖與三維幾何實體模型數據在零件修改過程中始終保持一致。因此，其優勢主要面向於工程圖設計與製造相關數據，並提供了用於零部件應力分析的有限元分析工具 SimulationXpress。

（2）將 SolidWorks 模型導入 ADAMS 中繼續生成可用於運動模擬的虛擬樣機模型的方法

儘管 SolidWorks 軟體提供了用於零部件應力分析的有限元分析工具 SimulationXpress，但缺少機械系統運動模擬分析方面的功能。因此，如果是用 SolidWorks 進行虛擬樣機幾何實體造型設計，要想進行運動模擬則需要將所建立的幾何實體模型導入具有運動學、靜力學、動力學模擬功能的設計與分析型軟體（如 ADAMS 軟體）中去進一步完成虛擬樣機建模工作，包括添加運動副、運動約束條件等。能夠這樣做的前提條件是設計與分析型軟體本身必須具有與設計型軟體之間的介面功能模塊，使用者只要熟練使用進行幾何實體模型透過介面模塊導入的連接設置即可。

這裡給出了利用 ADAMS 軟體與 SolidWorks 軟體之間的介面模塊將 SolidWorks 幾何實體模型導入 ADAMS 軟體環境中的方法與步驟。

① 在 SolidWorks 軟體環境中建立機械系統的三維幾何實體模型並進行裝配。

② 將 SolidWorks 軟體環境中幾何建模並生成的裝配體在軟體界面選單上點擊「裝配體」，然後點擊「裝配體」選單項中的「另存為」選項，在自動出現的「另存為」對話框中，將所建立的裝配體另存為 Parasolid（*.x_t）格式的文件。

③ 打開 ADAMS，點擊「File」→「Import」，並選擇「File Type」為「Parasolid（*.x_t）」，在「File To Read」中雙擊選擇之前保存的文件（與 ADAMS 相關的保存路徑和文件名不能含有中文字符），在「Model Name」右邊欄右鍵，依次點擊「Model」→「Create」，點擊「OK」以確認。如此按上述三個步驟即將 SolidWorks 中所建的裝配體導入 ADAMS 軟體環境中。此後，即可按 ADAMS 軟體使用手冊繼續建立用於運動模擬的虛擬樣機模型，進行運動模擬。

## 9.3.1.3 Pro/E 軟體簡介及將 Pro/E 幾何實體模型導入 ADAMS 軟體環境的方法

（1）Pro/E 軟體簡介及其特點與優勢

Pro/Engneer 軟體簡稱 Pro/E，是由美國 PTC 公司（Parametric Technology Corporation，參數技術公司）推出的涵蓋產品概念設計、工業造型設計、三維模型設計、分析計算、動態模擬與模擬、工程圖輸出、生產加工成品內容的大型三維高端機械設計軟體。該軟體為使用者提供了從產品概念設計到生產加工成品全過程功能之外，還提供了電纜及管道布線、模具設計與分析等大量實用模塊，Pro/E 軟體已在機械、汽車、輕工、醫療、電子、航空航天等諸多領域得到廣泛應用。Pro/E 4.0 野火版軟體已有 80 多個專用模塊，功能涉及機械設計、工業設計、功能模擬、模具設計、數控加工製造等諸多方面。現將 Pro/E 軟體在機械設計與分析、加工製造工作中常用的功能模塊及主要內容歸納於圖 9-7 中。從圖中可知，Pro/E 是一款集工程圖設計、虛擬樣機設計、機構分析、結構強度分析、疲勞分析、熱分析、產品裝配設計、零部件裝配的公差分析與最佳化設計、數控加工於一體的設計與分析型大型軟體。

（2）將 Pro/E 幾何實體模型導入 ADAMS 軟體環境的方法

儘管 Pro/E 軟體本身除了強大的三維幾何實體設計功能以外，還提供了機構分析、結構強度分析、疲勞分析、熱分析等模塊的分析功能，但是，從解決機械系統機構設計與動力分析問題的規模、複雜程度、系統性角度來看，ADAMS 軟體更適合於機械系統機構運動模擬，也稱為機械系統虛擬樣機技術與虛擬實驗，因此，ADAMS 軟體常用來作為機械系統運動學、動力學模擬的工具軟體。在此給出將 Pro/E 幾何實體模型導入 ADAMS 軟體環境的方法、步驟。

① 在 Pro/E 中將裝配體保存副本，保存格式（文件類型）為「Parasolid（∗.x_t）」。具體地，在 Pro/E 界面下點擊「文件」→「保存副本」，出現保存副本對話框，在對話框中給出「新名稱」，並選擇「類型」為「Parasolid（∗.x_t）」。注意保存路徑中不能含有中文。點擊「確定」。在「導出 PARASOL-ID」對話框選項中：「幾何」欄中「實體」「殼」等選項塊「□」內打「√」；「座標系」選擇默認；「文件結構」選「平整」。

② 在 ADAMS 軟體環境下，在「File」選單下點擊「Import」（即輸入），彈出「File Import」對話框，在「File Type」選項欄中選擇「Parasolid（∗.xmt_txt, ∗.x_t, ∗.xmt_bin, ∗.x_b）」選項；在「File To Read」選項欄中添選①中生成的「∗.x_t」文件〔文件路徑/文件名（∗.x_t）〕；第三行的「File Type」為「ASCII」，其右側的「Ref. Markers」為「Global」；第四行則選剛保存的「∗.x_t」文件，用「Model Name」給模型命名，即其右側條框添選模型命名（∗.x_t 文件前的文件名，不含擴展名.x_t）。點擊「OK」。

③ 在 ADAMS 軟體環境下手動添加模型質量、材料等屬性，即完成 Pro/E 模型導入 ADAMS 中。

基本模塊
(1) 基於參數化特徵的零件設計；(2) 基本裝配功能；(3) 鈑金設計；(4) 工程圖設計及二維圖設計；(5) 自動生成圖樣明細表；(6) 照片及效果圖生成；(7) 焊接模型建立及文本生成；(8) Web超文本連接及VRML/ HTML格式輸出；(9) 標準件庫

複雜零件曲面設計工具模塊
(1) 參數化曲面建立
(2) 逆向工程工具
(3) 直接的建立曲面工具
(4) 曲線曲面分析功能

複雜產品裝配設計工具模塊
(1) 設計數據與任務傳遞給不同功能模塊設計團隊
(2) 大裝配操作及視覺化
(3) 裝配流程生成
(4) 定義及文本生成

運動模擬模塊
(1) Pro/MECHANICA機構運動性能仿真
(2) 運動學、動力學分析
(3) 凸輪/滑槽/摩擦/彈簧/衝擊分析與模擬
(4) 干涉與衝突檢查
(5) 載荷與反作用力
(6) 參數化優化結果分析
(7) 全相關H單元FEA結算器

結構強度分析模塊
(1) Pro/MECHANICA結構強度分析與模擬
(2) 靜態、模態及動態響應
(3) 線性分析與非線性分析
(4) 自動控制分析結果的質量
(5) 精確模型的再現
(6) 參數化優化結果分析
(7) 全相關H單元FEA結算器
(8) 與其他CAD系統的介面
(9) 可將運動分析結果傳送給結構分析

疲勞分析模塊
(1) 利用結構分析結果
(2) 載荷與材料庫
(3) 預估破壞及循環次數
(4) 可靠性分析
(5) 參數化優化結果分析
(6) 與專業產品軟體介面

塑膠流動分析模塊
(1) 注射模過程模擬
(2) 與Pro/E集成
(3) 直接對實體模型進行操作
(4) 注射時間、熔接痕和填充強度分析
(5) 質量及澆口預估
(6) 對設計提供改進意見

熱分析模塊
(1) Pro/MECHANICA產品設計熱性能分析
(2) 穩態及瞬態性能分析
(3) 結構強度分析
(4) 自動控制分析結果的質量
(5) 精確模型的再現
(6) 參數化優化結果分析
(7) 全相關H單元FEA結算器
(8) 與CAD系統的介面

公差分析與優化模塊
(1) 考慮所有裝配中的零件及裝配過程，統計確定裝配質量
(2) 確定臨界質量區
(3) 確定每個變量對裝配質量的影響程度
(4) 優化零件及裝配的工藝性
(5) 精確到特徵層的變量
(6) 利用真實Cp和Cpk數據進行分析
(7) 加速裝配的實施

數控編程模塊
(1) 2軸半、多曲面3軸數控編程
(2) 4軸數控車床及4軸電加工編程
(3) 提供機床低級控制指令
(4) 支持高速機床
(5) 精確材料切削模擬
(6) 智慧生成工藝流程及工藝卡
(7) 所有機床後處理

通用數控後處理模塊
(1) Pro/E數控編程的通用後處理
(2) 在Web上提供豐富的機床類型
(3) 支持所有數控加工中心機床

數控鈑金加工編程模塊
(1) NC編程支持衝床、雷射切割等各種鈑金加工類型機床
(2) 使用標準的衝頭和衝壓成形
(3) 自動展平並計算展開系數
(4) 自動選擇衝頭

數控模擬及優化模塊
(1) NC模擬功能與Pro/NC是一個整體
(2) 在Pro/NC和VERICUT之間自動傳輸零件毛坯和刀具資訊
(3) 該模塊包括三個應用包：NC模擬；NC優化；NC機床模擬

模具設計模塊
(1) 由設計模型直接拆分模具型腔
(2) 標準模架導柱導套
(3) 與注射分析集成
(4) BOM(材料清單)及圖樣自動生成

二次開發工具包
(1) 開發與Pro/E集成使用的應用模塊
(2) 用C語言編寫功能程式庫(API)
(3) 客戶化菜單結構
(4) 建立實體、基準及加工特徵
(5) 獲取裝配的資訊

圖 9-7 Pro/E 軟體的功能模塊及其主要內容

## 9.3.1.4 Matlab 與 Matlab/Simulink 軟體及其在虛擬樣機運動模擬中的應用

### (1) Matlab 程式設計軟體簡介及其優勢

Matlab、Matlab/Simulink 是美國 Math Works 公司開發並註冊商標的數學計算技術語言商業軟體，已被作為一種通用的數學計算語言軟體並廣泛用於常規

的數學計算以及電腦數位控制、圖像處理、訊號處理、通訊等諸多領域，是一種程式設計語言軟體。該軟體是一款集幾乎所有通用數學計算工作和功能之大成於程式設計語言軟體、集各領域專業方向問題中的數學計算工作於專用模塊，並且將計算結果視覺化表達的數學計算工具軟體。一句話言之，就是將通用和部分專業專用的數學計算工作完全納入其內，以程式設計語言和專用功能模塊的形式來實現。使用者用 Matlab 語言或命令編寫 M 文件，在命令窗中命令行直接輸入程式代碼或語句來執行所期望的數學計算。

① 數學計算功能強大，數學計算工作範圍寬，通用性強。

② 解釋性語言，簡單易學。Matlab 語言是一種簡便易學易用的、以命令窗（Command Window）為中心的解釋性（Interpret）語言。這種解釋性語言是在程式設計語言環境下，在命令窗中輸入程式代碼語句或調入程式文件後，一邊解釋程式代碼，一邊執行程式代碼實現其功能，並給出結果。

③ 程式運行狀態清晰。Matlab 語言可以由使用者透過命令窗來使用、處理 Matlab 工作空間（Workspace）、Matlab 系統內部函數、使用者編製的 Matlab 程式等。其中，Matlab 工作空間（Workspace）內儲存著變量、在命令窗裡定義並修改的變量以及 Matlab 函數。

④ 功能可擴展性好，可以不斷追加專用工具箱的方式擴展功能，使用者自己可自主開發擴展功能或專用工具箱。為擴展其應用，還配有與外部軟體的介面，實現與外部軟體的無縫開發，營造模擬環境。Matlab 軟體提供的基本命令都是由在 Matlab 內部處理的函數來給出的，但是幾乎所有的命令都是用 Matlab 語言寫成 Matlab 函數構成的。而且，Matlab 軟體中追加的工具箱也幾乎都是用 Matlab 語言寫成的 Matlab 函數來實現其功能擴展的。這同時也意味著，使用者自己透過 Matlab 語言編寫 Matlab 函數也可以容易地擴展 Matlab 功能。

⑤ 數值計算/模擬、聯合模擬功能強大。

（2）Matlab 軟體總體結構與主要功能

① 總體功能。Matlab 軟體由 Matlab System 和 Matlab Script File、Matlab Function、User Defined M-Files 組成。其中，Matlab System 主要由 Matlab 工作空間（Matlab WorkSpce）、命令窗（Command Window）、附加工具箱 Matlab 功能模塊（Additional Toolbox Matlab Functions）、System Built-in functions 和 System Matlab function 組成，如圖 9-8 所示。在 Matlab 命令窗上運行 Matlab 程式的情況下，難以區分 Matlab 命令、系統 M 文件、使用者定義的 M 文件、變量，因此，在命令窗中，可以用當前路徑、路徑來管理哪個路徑下的 M 文件有效。系統 M 文件通常按工具箱類別被保存在 C：\ matlabR12 \ toolbox（注意：此路徑因使用者安裝 Matlab 系統軟體在硬盤位置和軟體版本號而異）中。Matlab 軟體系統可以在命令窗中使用「cd」「pwd」「cd 文件夾路徑名」

「dir」「ls」「path」等改變路徑或查看當前路徑或某路徑下文件等命令。例如，在命令窗下鍵入「path」後則可按順序查看系統 M 文件；如果在命令窗中鍵入「＞which ls」後回車，則命令窗中返回當前正在使用的 M 文件所在的路徑及文件名。一般使用者編寫的 M 文件都存放在使用者指定的文件夾路徑下，則可用「cd 文件夾路徑名」命令更改當前執行 M 文件路徑而切換到使用者 M 文件所在的路徑並執行路徑下的使用者 M 文件。

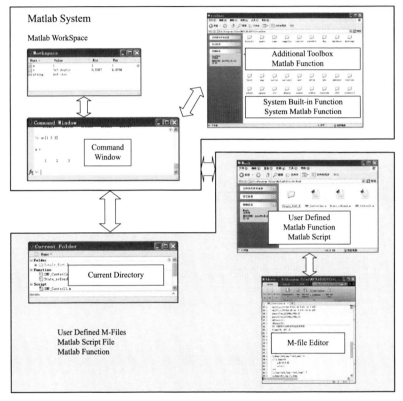

圖 9-8　Matlab 軟體系統總體構成

　　② 外部介面。Matlab 軟體不只提供了數值解析、模擬、數據視覺化等功能和用途，還提供了與外部軟硬體之間的介面，代表性的介面就是 MEX 介面。Matlab 的 MEX 介面可以使 C、C++、Fortran 等 M 外部程式設計語言從 Matlab 工作空間（WorkSpace）使用 Matlab 數據，相反，在 C、C++、Fortran 等 M 外部程式設計語言環境下相應語言編寫的程式也可以使用 Matlab Engine。除 MEX 介面外，還提供了被用於 Windows Application 程式間的數據存取操作的 DDE（Dynamic Data Exchange）和 Windows Application 程式操作的 Active X

介面以及自 Matlab 6 版本開始面向 Java 語言的新介面。這些外部介面及其功能如表 9-1 及圖 9-9 所示。

表 9-1　　**Matlab 軟體的外部介面及其功能**

| 外部介面名 | 可連接的外部資源與功能 |
|---|---|
| MEX | 可用 C、C++、Fortran 等程式設計語言編程，並透過 MEX 介面與 Matlab 程式連繫在一起。通常用於算法、處理高速化、硬體操作、網路、通訊等場合 |
| DDE | 與 Windows 外部 Application（外部應用程式）的連接 |
| ActiveX | 由 Matlab 內部操控外部應用程式，反過來可以從外部應用程式來使用 Matlab 操作 |
| Java | 算法、GUI、網路、通訊用 |

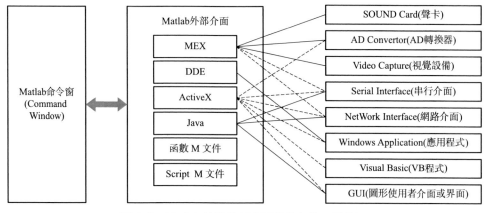

圖 9-9　　Matlab 軟體外部介面與外部軟硬體資源

③ Matlab 程式設計語言中通用的函數。主要包括：曲線圖繪製與操作功能函數、基本的數學函數、對話形式函數、等間隔數列生成函數、矩陣（向量）生成基本函數、矩陣解析函數、矩陣（向量）算子等。為讀者使用方便，本書作者將 Matlab 程式設計軟體通用的具體函數名及其功能歸納匯總以表的形式給出，參見附錄 1。

（3）Matlab/Simulink 軟體包

① 總體功能。Simulink 是被包含在 Matlab 軟體中的模擬器，它可以按被模擬對象系統的原理預先設計好的、用模塊和資訊傳遞連接線連接起來的系統框圖實現視覺化的模擬計算。Simulink 的啓動是在命令窗（Command Window）中輸入「simulink」或者雙擊在命令窗上部的「Simulink」圖標，則「Simulink Library Browser」被啓動，在其界面環境下顯示各模塊庫的分層樹形結構。如「Simulink Library Browser」啓動後界面上由上到下顯示的是：Simulink；Control System Toolbox；Simulink Extras，用滑鼠雙擊「Simulink」，則「Simu-link」模塊庫下包含的各模塊層被展開，自上到下同級層分別為 Continuous；Discrete； Functions&Tables； Math； Nonliner； Signals&Systems； Sinks；Sources，點擊「Continuous」，則出現在「Continuous」這一層級下的樹形結構層，分別為 Derivative；Integrator；Memory；State-Space；Transter Fun；Transport Delay；Variable Transport Dealy；Zero-Pole。Simulink 有不同的版本，自 Simulink Ver. 4.0（R12）版本以後，Simulink Library Browser 界面模塊庫樹形結構不僅用文字表示各模塊名，還在模塊庫名表示的樹形結構的右側給出了以圖標和模塊庫名（模塊名）表示的樹形結構。

② Simulink Block Library（Simulink 模塊庫）及各模塊說明。Simulink Ver. 3.0.x（R11.x）版本沒有採用視覺化來表示「Simulink Library Browser」，因此，Simulink Ver. 4.0（R12）以後版本採用了各模塊庫（群）視覺化的「Simulink Library Browser」表示。可以透過將滑鼠光標移到 Simulink Library Browser 的「Simulink」後點擊滑鼠右鍵，或者在 Command Window 中輸入「＞simulink2（按輸入鍵）」兩種方式運行 Simulink Block Library。Simulink Block Library 的視覺化（即模塊圖標）表示如圖 9-10 所示。

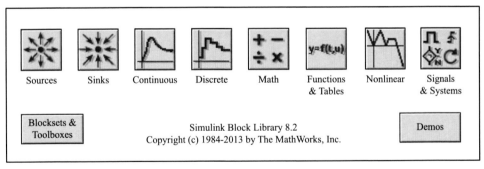

圖 9-10 「Simulink Block Library 8.2」 模塊庫的圖標

　　a. Sources：訊號源模塊，階躍函數（Step）、正弦函數（Sin）等訊號生成模塊群。

　　b. Sinks：接收器模塊，接收表示模塊的輸出的文件和數據的模塊群。

　　c. Continuous：描述傳遞函數表達和狀態空間表達、微分要素、積分要素等線性時不變函數的模塊群。

　　d. Discrete：描述線性離散時不變函數的模塊群。

　　e. Math：描述加法器、比例要素、增益（Gain）等的模塊群。

　　f. Functions&Tables：描述一般函數的模塊群。

g. Nonlinear：描述非線性函數的模塊群。

h. Signals&Systems：描述矢量分解/合成、與外部輸入/輸出數據的接收、傳送等的模塊群。

i. Controls Toolbox：附屬於 Control System Toolbox 的模塊群（在 Blocksets&Toolboxes 之內）。

各個功能模塊庫內的各項功能函數或功能發生器本身都可以看作最小功能模塊，這些最小功能模塊的圖標表示可以分為有源、無源兩類，這裡所說的「源」指資訊生成流向是否需要有資訊輸入給最小功能模塊。有源就是指該最小功能模塊需要使用者給定輸入或系統默認輸入才有輸出產生；無源指的是不需要使用者給定輸入而直接由系統內部或使用者透過其對話框設定某些參數或條件然後由最小功能模塊產生輸出，也即最小功能模塊本身無輸入。綜上所述，各最小功能模塊的函數或「×××器（如×××訊號發生器）」在 Matlab/Simulink 軟體中也都是以圖標的形式給出的，按有源、無源，圖標表示可以歸納為圖 9-11 所示的三類。這也是軟體設計者們在設計圖形界面或圖標時精心考慮過的設計準則問題，即圖標設計應最大限度地將圖標所表達的內涵以圖線、標誌或文字符號的形式經過設計表達出來，使得使用者在使用時一看軟體界面、功能模塊、功能函數或功能單元等視覺化圖標表示就能夠快速地領悟或記憶它們所表達的內容和意義。

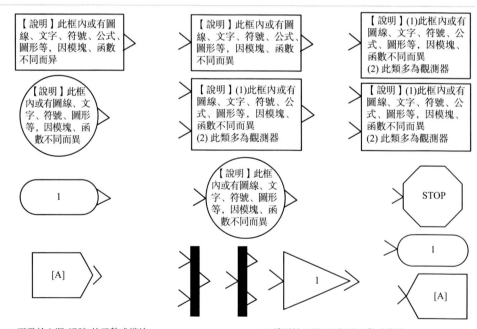

(a) 不需輸入源(訊號)的函數或模塊　　(b) 需要輸入源(訊號)的函數或模塊

圖 9-11 「Simulink Block Library」各模塊庫中圖標按輸入輸出分類表示

各模塊庫中部分常用的模塊名稱、功能及其圖標表示歸納在附錄 2 的附表 2-1 中。

## 9.3.2 虛擬感測器設計

一般的工程系統控制模擬都採用回饋控制方法，因此，透過感測器進行狀態回饋的虛擬感測器模型的建立自然必不可少。這裡所說的虛擬感測器只是為了在虛擬樣機運動模擬中「即時」回饋給控制器一些狀態量的數據，而並非一定要按感測器的物理結構及其測量原理設計虛擬感測器模型。

後處理模塊以及軟體間介面功能為：從運動模擬過程中的虛擬樣機上獲取用於控制系統設計和控制過程中所需的回饋數據提供了虛擬感測器設計基礎。需要說明的是：後處理模塊可以在運動模擬過程中「即時地」提供前述的數據資訊，可以「即時地」為聯合模擬的控制系統提供回饋數據，也可以在線以曲線圖的形式展現在使用者界面上，同時還可以在模擬結束後提取模擬結果數據，用來進行模擬結果分析。

（1）虛擬樣機上運動構件的位置和姿勢回饋

可以在該構件某一位置上設置一個與構件固連的座標架，座標原點為 Mark 點，利用構件上固連座標系 $x$、$y$、$z$ 軸在局部座標系或世界座標系的矢量，透過計算可以獲得構件在局部座標系或世界座標系中的姿態角。如此可以作為虛擬的位置感測器或傾斜計使用，也可設置虛擬速度、加速度感測器。

（2）虛擬樣機主驅動運動副的位移（線位移或角位移）和速度回饋

可以利用回轉副的角位移、角速度或者移動副的線位移、線速度參量作為虛擬樣機模擬模型的輸出量，透過介面程式傳遞給控制模擬模型。如此，相當於建立虛擬的位置、速度感測器。

（3）虛擬樣機與環境的接觸力、力矩回饋

可以利用模擬軟體中接觸力要素定義構件與環境或作業對象物的接觸力、力矩，或者將虛擬力/力矩感測器作為虛擬樣機模擬模型中的構件，然後提取該構件在系統中所受的力/力矩參量作為虛擬樣機模擬模型的輸出，透過介面程式或參量設置傳遞給控制模擬模型，作為虛擬的力/力矩感測器感知的力、力矩數據用於回饋控制系統模擬。

總之，當軟體系統沒有提供可作為與虛擬感測器測量的物理量相當的參量時，可以透過系統模型中已有定義的參量，利用軟體內部提供的函數計算得到。例如，對於虛擬樣機機構模型，若想得到整個系統模擬過程中機構總質心隨時間變化的位移或者速度，則可以透過內部函數編寫總質心位置計算函數，並作為模

擬模型中的輸出量，提供給控制模擬模型。

## 9.3.3 虛擬樣機系統運動控制模擬——應用現代 CAD 系統工具軟體進行機構運動控制的模擬模型建立

現代控制理論的主要方法是對被控制對象建立狀態方程，如果按數學、力學、電磁學以及傳熱學等原理可以將被控對象描述成連續系統狀態方程，則一般為用矢量以及矩陣的形式表達的微分方程（展開成標量的形式則為偏微分方程組成的方程組）。這樣的偏微分方程一般很難用解析法求解，而常用數值計算方法求解數值解。數值計算的根本問題就是如何將用微分方程描述的動力學系統數學模型轉換為能夠在數位電腦上運算的模擬模型。一般有以下方法。

① 基於常微分方程數值解的方法，如歐拉（Euler）法、龍格-庫塔（Runge-Kutta）法（二階、四階、四階五級 Runge-Kutta 法）、亞當姆斯（Adams）線性多步法、吉爾（Gear）法等。

② 基於連續系統離散化的方法，如轉移矩陣法、離散相似法、屠斯丁法等。

系統的數學模型可以採用：微分方程和差分方程；傳遞函數和 z 函數；連續狀態空間和離散狀態空間；連續線性結構圖和離散線性結構圖；連續非線性結構圖和離散非連續結構圖等方程或結構圖來描述。

現代的控制系統設計與模擬軟體為使用者提供了系統數學模型建立與模擬的強大功能模塊庫，如 Matlab/Simulink 模塊庫中以數學函數關係、狀態方程、傳遞函數等多種形式提供了線性系統、非線性系統數學模型建立所需的各種基本模塊庫，使用者可以利用這些基本功能模塊庫搭建用於模擬的「數學模型」。注意：這裡的數學模型是指所搭建的數學模型並非通常的偏微分方程組形式的數學描述，而是以線框模塊和資訊流向線連接在一起的系統結構「框圖」形式表達的「數學模型」，之所以這樣是方便使用者利用基本模塊進行控制系統模擬模型的交互式設計，連接這些模塊的「數學模型」各模塊、各影響因素之間的關係所形成的有機整體仍然完全等價於系統的數學模型。

將圖 9-12 所示的回饋控制系統設計用系統模擬的方法去實現，可以有 9.2.1.2 的「機械系統的控制系統設計與模擬」中的三種方法。

圖 9-12　回饋控制系統

① 自行建立被控對象的微分運動方程並設計控制器，然後利用 Matlab/Simulink、Mathematics 等數學工具軟體進行模擬的方法。

② 利用 Matlab/Simulink 軟體與機構設計和動力分析軟體聯合模擬的方法。

③ 在設計與分析型軟體內部完成機構設計與動力學分析、運動控制系統設計與模擬的方法。

對應這三種控制系統模擬方法，被控對象數學模型（或稱為模擬模型）的建立分別如圖 9-13 所示。需要注意的是圖 9-13(c) 所示的方法中，機構設計與動力分析軟體內含的控制系統設計模塊庫是否能夠滿足系統控制模擬模型建立的要求。

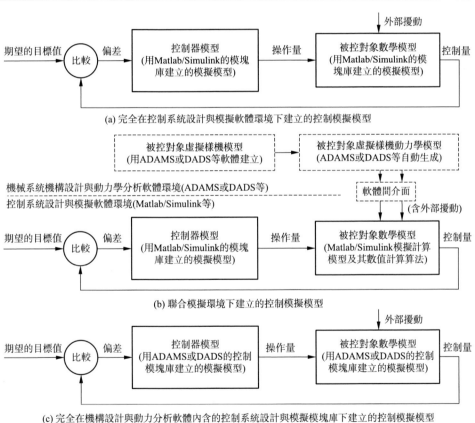

(a) 完全在控制系統設計與模擬軟體環境下建立的控制模擬模型

(b) 聯合模擬環境下建立的控制模擬模型

(c) 完全在機構設計與動力分析軟體內含的控制系統設計與模擬模塊庫下建立的控制模擬模型

圖 9-13　回饋控制系統模擬模型建立的三種方法

圖 9-13 中所示的被控對象數學模型、控制器模型在模擬軟體中雖然都是以狀態方程或者傳遞函數的模塊形式表示並建模的，但只是利用控制模塊庫中已有的各功能模塊，控制系統設計所需的系統物理模型、系統數學模型仍然需要使用

者自己根據物理定律去推導微分方程公式之後才能從控制模塊庫中選擇相應功能模塊搭建系統控制模擬的模型。只有在圖 9-13（b）、（c）中的被控對象的數學模型可以利用虛擬樣機模型由軟體自動生成相應文件且用軟體間或軟體內部介面程式、參數設置提供給控制系統模擬使用。因此，機械系統機構設計與結構設計、工程數學、理論力學、現代控制理論、控制工程、電磁學、電動機學、流體傳動與流體力學等依然是機、電、液系統設計與控制系統模擬的理論基礎，設計與分析型 CAD 工具軟體只是輔助使用者進行有效設計與模擬分析的工具手段而已。

# 9.4 虛擬樣機模擬實例——工業機器人操作臂虛擬樣機運動樣本數據生成與運動模擬

## 9.4.1 機器人操作臂的機構運動模擬與分析步驟

運動模擬分析步驟如圖 9-14 所示，有兩種路線可選。機械系統運動模擬軟體與外部控制系統設計與分析軟體聯合模擬的方法參見 9.2.1.2（2）。

如果所設計的機械系統機構運動學分析較複雜，還需要解析計算或數值計算能力強的計算類程式設計語言軟體環境，如 Matlab/Simulink、C、C＋＋、Basic、VB、VC 程式設計軟體平臺。其中，用 Matlab 程式設計語言編寫 M 文件簡便易行，而且數學計算功能強大。

圖 9-14 中除了機械系統設計、運動樣本生成、機構原理（運動副）、控制要素選擇和控制器參數設定之外，基本上都是按照商業軟體使用者使用手冊或相關書籍學習後無誤照做即可，屬於設計手段、設計與分析工具軟體熟練使用性質的一般性技能性工作。關於 PID 控制、一階、二階控制系統設計與分析是大學工科自動控制原理、控制工程等課程中必學必講的內容。圖 9-14 中涉及的專業內容對於大學工科機械類科系高年級學生或畢業生而言基本上不會在知識結構方面存在專業基礎障礙問題。這裡需要進一步講解的是作為外部輸入運動數據的運動樣本生成問題。當運動樣本數據是在模擬軟體內部由運動函數生成時，只要是為了實現諸如機器人操作臂末端操作器給定作業運動，就涉及機構運動學解析問題，就需要透過機構運動學的數學分析與求解，來得到主驅動運動副的運動數據並施加到虛擬樣機機構運動模擬模型中。

值得一提的是：隨著機械系統自動化、智慧化技術的發展，系統設計要求與設計技術水準的不斷提高，現代機械系統設計與分析正在朝著機械系統、驅動與控制系統一體化設計、多系統集成化設計與分析之路。而且，機器人技術本身就

是集機械、控制、電氣、電子、電腦、人工智慧等多學科專業交叉的綜合性系統，因此，機械系統運動模擬與控制系統設計及其模擬結合在一起的聯合模擬更具有實際意義，從系統設計分析與評價、決策的角度更具有長遠意義。

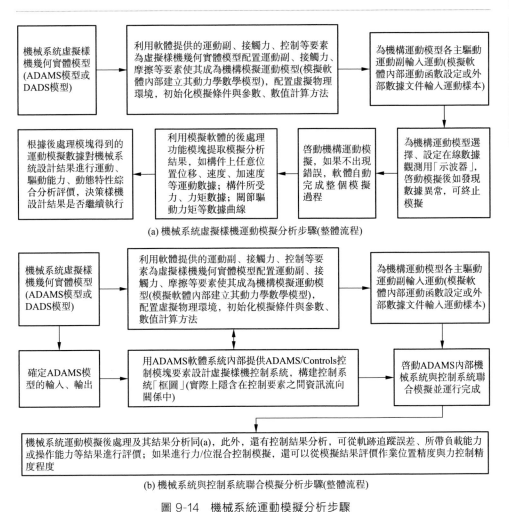

(a) 機械系統虛擬樣機運動模擬分析步驟(整體流程)

(b) 機械系統與控制系統聯合模擬分析步驟(整體流程)

圖 9-14　機械系統運動模擬分析步驟

## 9.4.2　編寫用於機器人操作臂機構模擬所需導入數據的機構運動學計算程式

有了第 4 章有關機器人操作臂正、逆運動學分析的理論基礎和推導的數學方程及其解的計算公式，就可以對已知機構構型和機構參數的機器人操作臂用電腦

程式設計語言編寫該機器人操作臂的運動學通用計算程式了。運動學計算內容包括正、逆運動學計算兩部分。無論是正運動學、逆運動學計算程式，機器人機構的 D-H 參數都作為待賦值的已知量用變量符號表示，對於正運動學計算程式，各個主動驅動的關節角變量作為正運動學計算程式功能函數中的參變量，末端操作器在基座標系中的位置座標、姿態角或位姿矩陣為待求解出的變量。

(1) 正、逆運動學計算程式設計內容

① 定義參量。D-H 參數集 $\{a_i(a_{i-1}),d_i,\alpha_i,\theta_{i0}\}$ $(i=1,2,\cdots,n)$（用於齊次座標變換矩陣法求解運動學的計算程式編寫），注意：原本作為 D-H 參數之一的 $\theta_i$ 這裡卻寫的是 $\theta_{i0}$，表示定義的是機構零構形即作為基準構形的初始構形時的 $\theta_i$ 值，對於給定的機構，此時 $\theta_i$ 值為定值，因此將此時的 $\theta_i(=\theta_{i0})$ 作為參量；或各桿件桿長 $l_i$ 和偏置型機構桿件偏離關節中心的偏距 $h_i$ 的參數集 $\{l_i; h_i\}$ $(i=1,2,\cdots,n)$（用於解析幾何法求解運動學的計算程式編寫）。

② 定義變量。關節角是變量集 $\{\theta_i\}(i=1,2,\cdots,n)$ 和末端操作器位置和姿態變量集 $\{x,y,z,\alpha,\beta,\gamma\}$ 或位姿矩陣 ${}^0\boldsymbol{T}_n$ $(=\{n_x,n_y,n_z;o_x,o_y,o_z;a_x,a_y,a_z; p_x,p_y,p_z\})$。

③ 編寫運動學計算程式功能函數

a. 用解析幾何法求解時編寫運動學計算功能函數。按照如前述推導出的正、逆運動學解析解計算公式分別編寫計算末端操作器位置座標分量 $x$、$y$、$z$ 及姿態角的計算程式、各關節角計算程式等功能函數，即直接按正運動學解析解的 $n_x$、$n_y$、$n_z$、$o_x$、$o_y$、$o_z$、$a_x$、$a_y$、$a_z$、$p_x$、$p_y$、$p_z$ 的 12 個計算公式編寫正運動學計算功能函數、逆運動學解析解計算功能函數。

b. 用齊次座標變換矩陣求解時編寫運動學計算功能函數。按如下內容編寫程式。

編寫定義關節 $i$ 的齊次座標變換矩陣程式 $\boldsymbol{A}_i({}^0\boldsymbol{A}_i),i=1,2,\cdots,n$。

編寫正運動學計算功能函數 $\boldsymbol{T}_n({}^0\boldsymbol{T}_n)$，${}^0\boldsymbol{T}_n={}^0\boldsymbol{A}_1{}^0\boldsymbol{A}_2\cdots{}^0\boldsymbol{A}_n$。

按逆運動學編寫逆運動學計算功能函數或者用軟體程式推導計算公式（如 Matlab 軟體，可由正運動學方程的矩陣形式經矩陣運算推導出逆運動學解方程）。後者需要注意：在方程存在多組解的情況下，存在不同類的解與解之間的組合問題，程式無法自動給出正確的解組合和組合解。

④ 編寫正、逆運動學計算的主程式。完成各主要計算功能函數編寫後，編寫正運動計算、逆運動學計算各自主程式或者兩者兼而有之且可選的主程式，並為主程式中的參量賦值進行算例計算。

(2) 用正運動學計算程式驗證逆運動學程式計算結果是否正確？

正運動學計算程式在某些控制系統和控制器設計中（如加速度分解控制法、

力/位混合控制等）是有用處的，而在機構運動學模擬中一般沒有什麼實際用途（除非自己開發專用的圖形模擬系統軟體），只可作為驗證由逆運動學計算程式計算出來的各關節角結果是否正確的工具，即為了保證所編製的逆運動學計算程式是正確可靠的，可以把逆運動學計算程式計算的結果（對應可實現給定末端操作器預期位姿的各關節角數值）回代到正運動學計算程式中去，查看作為計算結果的末端操作器位姿矩陣是否與逆運動學求解前給定的要求實現的末端操作器位姿矩陣完全相同（除可以容忍的計算誤差之外）。如果完全相同或誤差很小，說明逆運動學計算程式是正確可靠的，同時也說明正運動學計算程式是正確的。

那麼，又如何單獨驗證正運動學計算程式的正確性呢？這要看選擇初始構形下的各個關節角代入正運動學計算程式中計算，得到的末端操作器位姿矩陣中位置、姿態是否與使用者直接判別的初始構形下末端操作器位姿相同，相同則正確，否則程式或解公式存在問題。因為機構初始構形通常選擇機構伸展或桿件間垂直或平行構形，容易直觀確定或計算出其末端位置與姿態矩陣。

### 9.4.3 運動學計算程式計算結果數據文件儲存

按機械系統運動模擬軟體所要求的調入數據格式儲存逆運動學計算程式的計算結果數據：逆運動學計算程式需將機構 D-H 參數表、末端操作器位姿矩陣作為形參或作為全局變量，編寫逆運動學解求解函數。當給定末端操作器運動軌跡和姿態數據時，首先用程式將連續軌跡曲線方程或分段軌跡方程進行離散化處理，然後對每個離散「點」（位置和姿態）調用逆運動學計算程式計算各關節角、角速度、角加速度等關節軌跡數據「點」，直至循環次數達到離散點總數，則計算完畢。計算過程中需要將這些數據按照關節順位、調用該運動樣本數據的機構運動模擬軟體對調入數據文件的儲存格式要求儲存在數據文件中，供模擬工具軟體調入。

## 9.5 虛擬樣機模擬實例——用 ADAMS 軟體進行機器人操作臂虛擬樣機設計與運動模擬的實例

對於複雜的機械系統，直接求解其運動學和動力學方程將有大量的公式推導和編程計算工作量，應用 ADAMS 軟體進行建模和模擬可以方便、快速地獲得模擬結果。這裡將以三自由度回轉關節型機械臂為例，給出使用 ADAMS 軟體進行機械系統運動學、動力學建模模擬的一般過程，所使用的 ADAMS 軟體為 ADAMS 13 版本，其他版本的操作過程與本文中的操作過程大同小異。

## 9.5.1 機械系統的建模

本節將結合三維造型軟體和 ADAMS 軟體的使用，給出 ADAMS 內的剛體機械系統建模過程，步驟如下。

（1）機械系統構件的三維實體造型

機械系統的實體構件有兩種造型方法，一種是直接在 ADAMS 軟體內使用內嵌的三維造型指令進行造型，此種方法適合簡單的構件和自由度較少的裝配體造型；另一種是使用其他專業造型軟體進行三維造型，適用於具有複雜曲面的多零部件、多約束複雜裝配體造型。雖然對於本文所舉的例子，三自由度回轉關節型機械臂，使用 ADAMS 內嵌的造型指令完全能夠完成建模，但為給出適用於更複雜裝配體的造型和導入過程，這裡對第二種方法進行說明。

所使用的三維造型軟體為 CATIA V5 軟體，此軟體與 ADAMS 13 軟體有直接模型導入介面，其他主流三維造型軟體（例如 SolidWorks、Pro/E 等）也與 ADAMS 軟體有相應的模型導入介面。如圖 9-15 所示，首先在 CATIA V5 軟體中繪製了三自由度關節型機械臂的構件零件圖，包括地面、基座、大臂、小臂四個實體構件，並完成裝配過程（將各構件放置在機械系統初始工作狀態所對應的位置），之後將此裝配體保存為「＊.CATProduct」，本文中使用的文件名為：Arm.CATProduct。

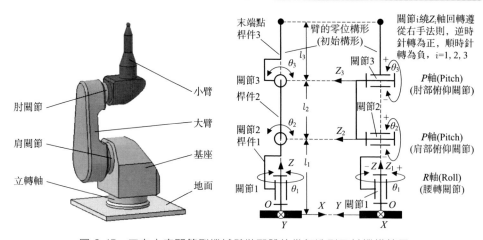

圖 9-15　三自由度關節型機械臂裝配體的幾何造型及其機構簡圖

（2）ADAMS 軟體內的三維實體模型導入

首先在所使用的電腦中建立一個文件夾作為模擬工作路徑，注意：新建的文

件夾名稱及其所有上級文件夾中不能含有非英文字符。

　　打開 ADAMS 軟體，初次建模模擬選擇「New Model」建立新的模擬模型，彈出圖 9-16 所示的對話框，將「Model Name」選項的默認值「MODEL ＿1」修改為本文的模型名稱「ARM ＿ MODEL1」，點擊「Working Directory」選項後的文件夾按鈕，瀏覽並找到預設的工作路徑文件夾，設定此模型的工作路徑。對已保存的模型，可在打開 Adams 軟體後點擊「Existing Model」並選擇之前保存的「＊.bin」文件進行再次編輯和模擬。

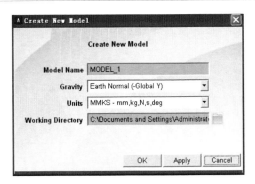

圖 9-16 「建立新模型」對話框

　　在選單中選擇「File」→「Import」選項，彈出圖 9-17 所示的「文件導入」對話框，點擊「File Type」選項的下拉選單，將其選為「CATIAV5」選項；右擊「File To Read」選項的文本框，在彈出的選單中點擊「Browse」，瀏覽選擇之前保存的 Arm. CATProduct 文件；點擊「Part Name」下拉選單，選擇「Model Name」，輸入所建模型名稱 ARM ＿ MODEL1；點擊「OK」按鈕完成導入，得到圖 9-18 所示的實體模型。

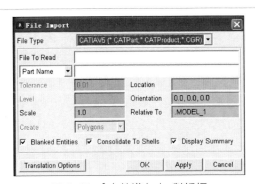

圖 9-17 「文件導入」對話框

圖 9-18 導入 ADAMS 軟體內的三自由度機械臂實體模型

（3）ADAMS 軟體內的實體參數修改

在此步驟中將對各構件的材料屬性進行配置，雙擊欲進行屬性配置的實體，彈出圖 9-19 所示的對話框。

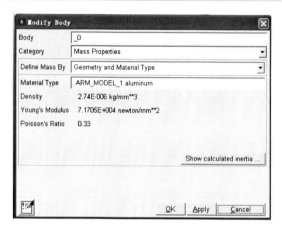

圖 9-19 「實體屬性配置」對話框

在「Category」所對應的下拉選單中選擇「Mass Properties」配置質量屬性，此處質量的屬性配置有 3 種方式：使用者輸入、定義密度、定義材料，分別對應「Define Mass By」後下拉選單的 3 個選項：「User Input」「Geometry and Density」「Geometry and Material Type」。

若選擇使用者輸入方式，則需輸入此構件實體的質量、慣性陣、質心、慣性參考係這 4 個質量參數。對於已知構件的上述 4 個質量參數但三維造型使用的幾何參數不準確的情況、或希望在不改變實體造型的前提下對不同質量參數進行模擬的情況，適合應用此種方法進行參數配置。

若選擇定義密度的方式，則需輸入構件的材料密度。對於一個構件由多個相同材料的零、部件組成的情況，可在三維造型軟體內所有零部件形成整體之後導入 ADAMS，並用此方式定義其密度參數，如此能夠避免導入 ADAMS 後獨立實體數量過多、配置過程繁瑣的問題。

與定義密度的方式類似，定義材料是指在 ADAMS 的材料庫中選擇一種材料，其密度屬性已經預先被定義好。這裡採用了定義材料的方式，機械臂的三個構件均被定義成了鋁合金材質。

（4）ADAMS 軟體內的重力配置

雙擊圖 9-20(a) 所示的重力圖標，將彈出圖 9-20(b) 中的「重力屬性」對話框。這裡有兩種配置方式，可以直接輸入重力加速度在全局座標系 $x$、$y$、$z$

軸上的投影值，也可以點擊對話框中「－X」「＋X」「－Y」等按鈕，直接將重力配置到與座標軸平行的方向上。配置完成後點擊「OK」按鈕確定。

(a) 重力圖標

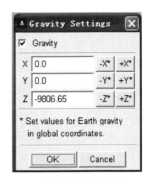

(b)「重力屬性」對話框

圖 9-20　ADAMS 軟體內的重力屬性設置

對於前述的三自由度機械臂，點擊按鈕「－Z」將重力配置到 z 軸的負方向。

（5）ADAMS 軟體內的約束建立

下面對所要模擬的機械系統建立約束，如圖 9-21 所示，點擊選單下方的「Connectors」選型卡，可以看到 ADAMS 提供的約束分為 4 類，其中最常使用的為「Joints」（運動約束）。

圖 9-21　ADAMS 軟體的約束工具欄

首先應點擊代表固定約束的按鈕 🔒，點擊地面實體將其固定於基座標系內，這樣，在後續模擬中被固定的實體將不發生運動。

之後點擊代表回轉關節的按鈕 🔧，將在窗口左側出現圖 9-22(a) 所示的配置工具欄，其中第一下拉選單中的「1 Location-Bodies impl」表示定義基座標系與實體之間的回轉關節；第一下拉選單中的「2 Bodies-1 Location」表示定義兩個實體之間的回轉關節，本文例子中的所有關節均以此方式定義。

選擇好定義方式後可按窗口底部的提示進行實體和軸線的選取，以機械臂的

肩關節為例，應選擇第一實體（單擊大臂作為轉動構件）→選擇第二實體（單擊基座作為基礎構件）→選擇轉軸中心（單擊基座肩關節圓柱的中心點）→選擇軸線方向（水平移動滑鼠，觀察軸線矢量方向並單擊），定義完成的機械臂肩關節運動副如圖 9-22(c) 所示。機械臂的立轉關節及肘關節的定義與肩關節類似，定義結果分別如圖 9-22(b)、(d) 所示。

  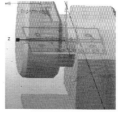 

(a) 配置工具欄　　　(b) 立轉關節運動副　　　(c) 肩關節運動副　　　(d) 肘關節運動副

圖 9-22　三自由度關節型機械臂的運動副定義

(6) ADAMS 軟體內的運動建立

雙擊圖 9-22 中的運動副圖標，彈出如圖 9-23(a) 所示的「運動副屬性」對話框，單擊其中的「Impose Motion（s）…」按鈕，將對所選關節插入運動並彈出如圖 9-23(b) 所示的「運動配置」對話框。

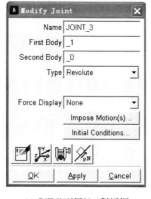 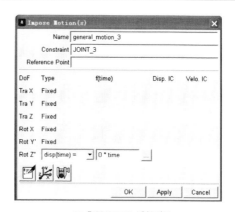

(a)「運動副屬性」對話框　　　　　(b)「運動配置」對話框

圖 9-23　ADAMS 軟體內運動的插入與配置

在圖 9-23(b) 所示的「運動配置」對話框中，「Rot Z″」後的下拉選單中有四個選項，分別為：「free」「disp（time）」「velo（time）」「acce（time）」，分別對應自由運動、位置、速度、加速度四個選項。這裡將機械臂的三個回轉關

節運動均配置為位置模式。

## 9.5.2 機械系統的運動學、動力學模擬

這裡將給出對一般的機械系統應用 ADAMS 軟體進行運動學、動力學模擬的方法。以三自由度關節型機械臂為例，模擬輸入為各關節角曲線，運動學模擬是指由輸入得到機械臂的整體運動及其末端點軌跡、速度、加速度的過程；動力學模擬是指由輸入得到各關節驅動力矩曲線的過程。

（1）關節目標角度序列的數據文件

對於具體機構，一般需首先推導其逆運動學方程，而後根據工作空間內的目標軌跡計算關節角的目標曲線，此過程按第 4 章內容和方法進行。所生成關節的關節角數據文件應為「＊.txt」文本文件，其中的數據格式如圖 9-24 所示。

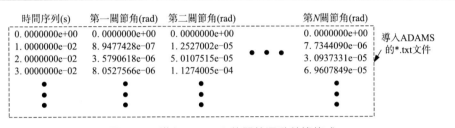

圖 9-24　導入 ADAMS 的關節運動數據格式

導入的數據文件中每列表示 1 個變量，第一列一般設為時間變量，其餘列按順序為機械系統每個自由度的運動數據。對本文中的三自由度關節型機械臂，數據文件被命名為 data.txt，其中含有運動的時間序列和 3 個關節角序列。

（2）關節運動數據的導入

在 ADAMS 軟體的選單欄中，選擇「File」→「Import…」彈出圖 9-17 中的文件導入對話框，將「File Type」的下拉選單選為「Test Data」後，對話框如圖 9-25 所示。選擇「Create Splines」單選按鈕；在「File To Read」後的文本框中右擊滑鼠，在彈出的選單中點擊「Browse」，瀏覽選擇所要導入的數據文件；在「File To Read」後的文本框中輸入時間序列的列序號，即「1」；將「Names In File」核取方塊取消；點擊「OK」按鈕確定。

上述操作完成後將在所建模型中生成 3 條樣條曲線，分別對應機械臂三個關節的運動。

（3）關節運動的配置

雙擊 ADAMS 界面中的運動圖標可彈出圖 9-23（b）所示的「運動配置」對

話框，對三個關節的運動分別在「Rot Z″」後的文本框內輸入樣條函數指令，調取樣條函數的值。以立轉軸為例，需輸入的樣條函數指令為：

$$CUBSPL（time，0，SPLINE\_1，0）$$

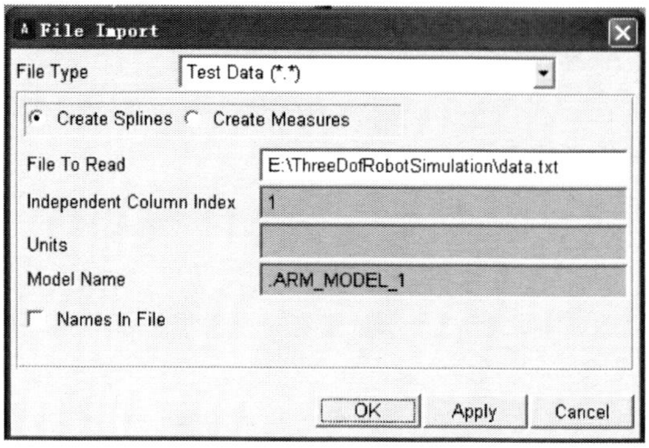

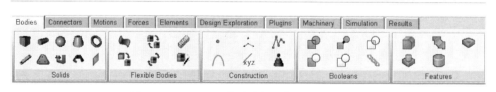

圖 9-25　ADAMS 軟體內的「數據導入」對話框

對於肩關節和肘關節，應分別把上述指令中的「SPLINE\_1」替換為「SPLINE\_2」和「SPLINE\_3」。

（4）參考點設置

使用 ADAMS 進行運動學模擬的目的之一是觀察機械系統上一些參考點的運動，對於這裡的三自由度關節型機械臂，參考點為機械臂小臂的末端點，在進行模擬前應對其進行設置，這樣才能在模擬完成後獲得測量數據。

首先在圖 9-26 所示的工具欄內選擇「Bodies」→「Construction」→「Marker」圖標，在彈出的配置工具欄中的第一個下拉選單內選擇「Add to Part」選項，之後選擇要將此 Marker 添加到的構件（單擊小臂構件）→選擇 Marker 點的位置（單擊小臂的末端點）。

圖 9-26　ADAMS 軟體內的「實體」工具欄

（5）進行模擬

在圖 9-26 所示的工具欄中選擇「Simulation」選項卡，點擊齒輪形狀的模擬按鈕，彈出如圖 9-27 所示的「模擬控制」對話框。在「End Time」後的文本

框中輸入模擬運動的結束時間,在「Step Size」後的文本框中輸入模擬的時間步長,單擊綠色三角按鈕▶開始模擬。

模擬過程中可以觀察到機械臂的運動,模擬結束後運動停止。

(6)模擬數據的後處理

① 參考點軌跡生成。在圖 9-26 中的工具欄內選擇「Results」選項卡,點擊單擺形狀的按鈕生成參考點軌跡。此按鈕按下後應首先選擇要生成軌跡的參考點(單擊小臂的末端點),之後選擇生成軌跡的參考係(單擊地面),操作完成後可看到圖 9-28 中的藍色軌跡。

② 數據曲線的獲得。獲得數據曲線需使用 ADAMS 軟體的後處理模塊,選擇圖 9-26 中工具欄內的「Results」選項卡,

圖 9-27 「模擬控制」 對話框

點擊「PostProcessor」按鈕,將彈出圖 9-29 所示的「後處理」界面。

圖 9-28 三自由度關節型機械臂運動
模擬中的末端點運動軌跡

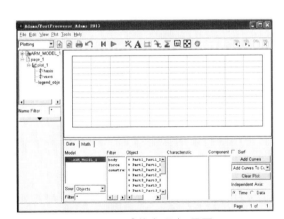

圖 9-29 「後處理」 界面

在上述界面內,可以獲得模擬過程的所有曲線,操作過程:首先在「Object」欄內選擇所要提取曲線的對象(如「Motion1」「Body1」等),之後在「Characteristic」欄內選擇所要提取的數據類型(如位移「Transitional _ Displacement」、角速度

「Angular_Velocity」、力矩「Element_Torque」等），最後在「Component」欄內選擇繪圖使用的具體數據分量（如 X 軸分量、模值等）。圖 9-30 給出了模擬得到的曲線樣例。

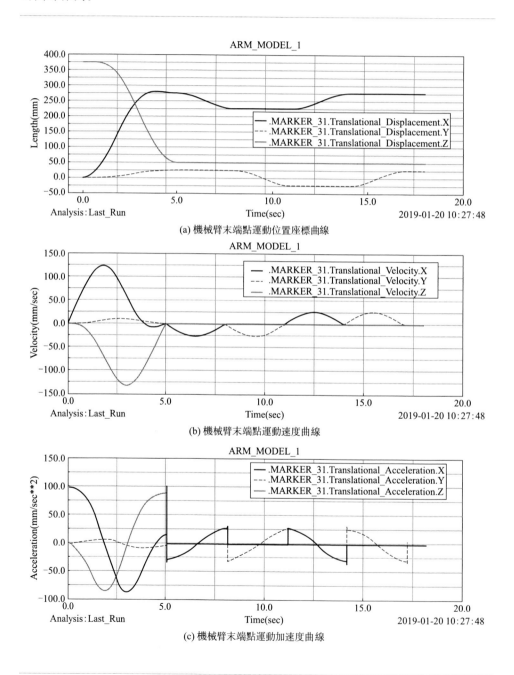

(a) 機械臂末端點運動位置座標曲線

(b) 機械臂末端點運動速度曲線

(c) 機械臂末端點運動加速度曲線

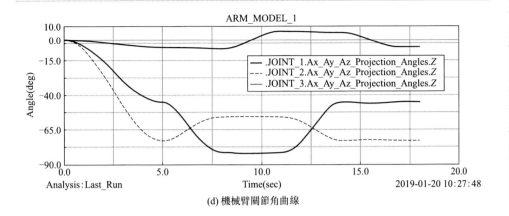

(d) 機械臂關節角曲線

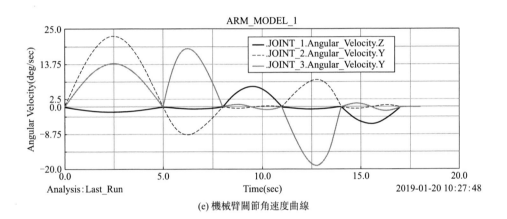

(e) 機械臂關節角速度曲線

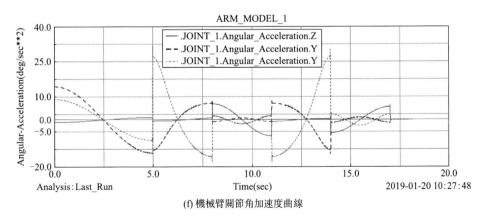

(f) 機械臂關節角加速度曲線

圖 9-30

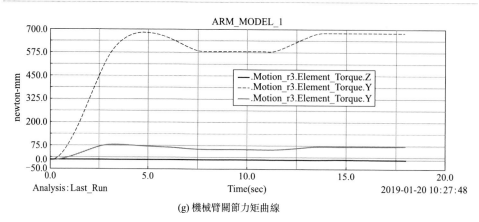

(g) 機械臂關節力矩曲線

圖 9-30　ADAMS 模擬後導出的模擬結果曲線

③ 模擬動畫的獲得。在圖 9-29 中後處理界面的選單中，點擊「View」→「Load Animation」載入動畫，得到圖 9-31 所示的「動畫編輯」界面。使用圖 9-31 中的紅色錄製按鈕 ◉ 進行動畫錄製，錄製好的動畫會直接保存在模型的工作目錄內，圖 9-32 所示是三自由度關節型機械臂的模擬動畫影片截圖，每幅截圖間隔時間為 2s。

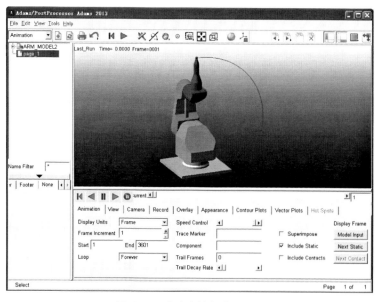

圖 9-31　「動畫編輯」界面

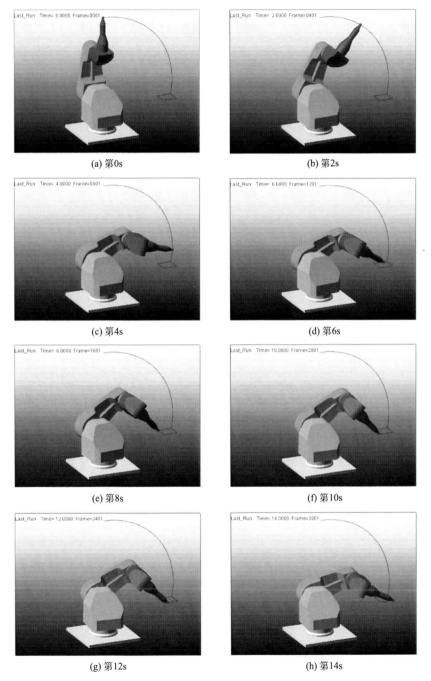

(a) 第0s

(b) 第2s

(c) 第4s

(d) 第6s

(e) 第8s

(f) 第10s

(g) 第12s

(h) 第14s

圖 9-32

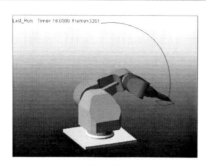
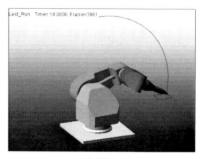

(i) 第16s　　　　　　　　　　　(j) 第18s

圖 9-32　三自由度關節型機械臂的模擬動畫影片截圖

## 9.5.3　關於機械系統的運動學、動力學模擬結果的分析和結論

本節介紹的是以三自由度機器人操作臂為例運用 ADAMS 軟體進行機構運動模擬的具體做法，但是，作為運動模擬工作並沒有結束。在對模擬結果數據後處理得到的數據進行分析、討論後，還應對機械系統設計結果給出一個理論上的評價結果作為模擬得出的結論。

### （1）原動機驅動能力分析

從模擬得到的各關節驅動力/力矩數據曲線［諸如圖 9-30(g) 給出的機械臂各關節驅動力/力矩曲線］和模擬前機械系統設計時各關節選型設計的原動機及設計的機械傳動系統構成的各關節驅動系統所能達到的額定驅動力/力矩數據來對比分析驅動能力。由圖 9-30(g) 可以看出：為實現給定運動，從關節 1、2、3 驅動力矩曲線（或數據集）上可以讀出最大的驅動力矩分別為 675N·m、78N·m、-13mN·m。而按照模擬之前設計結果，驅動關節 1、2、3 的原動機和機械傳動系統按照額定功率額定轉矩計算對相應的各關節輸出的額定驅動力矩最大值分別為 700N·m、80N·m、15mN·m，都比模擬得到的各關節力/力矩曲線上的最大值大，則經此對比可得出結論：原設計的驅動各關節的電動機額定輸出轉矩合格，理論上驅動能力足夠，能夠完成給定的作業運動（也即模擬所進行的運動），但餘量較小；假使模擬得出的某關節所需的驅動力/力矩曲線上的最大值已經超過了電動機＋機械傳動系統輸出給該關節的額定驅動力/力矩值，則說明該關節驅動能力不足，無法完成給定作業運動。進而給出需要對該關節驅動系統進行再次設計，然後再進行模擬，直至達到驅動能力合格為止。要提醒讀者的是：原動機

（如驅動機器人各關節的電動機）額定輸出轉矩、原動機＋機械傳動系統（或減速器）輸出給關節的額定轉矩之間是可以透過機械傳動系統或減速器的減速比、傳動效率進行換算的。

（2）利用模擬結果數據為下一步的分析提供數據的分析

各關節驅動能力分析結果得出驅動能力合格，即透過運動模擬驗證後，還需進行機械系統中關鍵構件（零部件）的強度、剛度以及振動等分析計算工作的話，可以從模擬軟體後處理中提取這些關鍵構件所受的力、力矩數據最大值或者整個運動過程的數據曲線，用來作為有限元分析軟體對這些關鍵構件進行應力、變形、振型分析所用的模擬原始數據。

（3）透過後處理得到的各種相關數據對設計結果進行單項或者綜合性能評價

如機械系統在整個模擬作業過程中能量消耗的評價；不同作業運動路徑下作業性能（最大驅動力矩、附加動載荷、能量消耗是否最小等等）、回避作業環境中障礙能力的評價，等等。

需要說明的是：究竟選擇或定義哪些評價指標來透過模擬結果進行評價，不是一概而論的事情，需要根據作業情況和要求而確定。但是，首先，驅動能力是否足夠是必須分析並得出結論的。

# 9.6　本章小結

本章從現代電腦輔助設計角度系統地論述了現代機械系統設計與分析的特點、內容以及實現方法。深入剖析了機械系統設計與分析型工具軟體設計和主要功能實現的基本原理，旨在讓機械類高年級大學生在熟練使用此類設計與分析型工具軟體的同時，了解和掌握實現所用軟體功能的基本原理和方法。在此基礎上，主要結合機器人虛擬樣機設計與運動模擬工作需要，概括介紹了 ADAMS、SolidWorks、Pro/E、Matlab/Simulink 等工具軟體在虛擬樣機幾何模型建立、模型導入以及運動模擬模型的建立、運動樣本生成與運動模擬等方面的應用和方法；最後給出了用 ADAMS 軟體進行機器人操作臂虛擬樣機設計與運動模擬從建模、運動學、動力學模擬到模擬結果分析與結論等完整過程的實例，為在完成機械系統設計後進行運動模擬提供了參考。

# 參考文獻

［1］　吳偉國．機械設計綜合課程設計 II 指導書：機器人操作臂設計．哈爾濱：哈爾濱工業大學出版社，2018.

［2］　鄭建榮．ADAMS——虛擬樣機技術入門與提高．北京：機械工業出版社，2001.

［3］　文熙．Pro/ENGINEER4.0 野火版寶典．北京：電子工業出版社，2008.10.

［4］　趙罘，龔堰鈺，張雲傑．SolidWorks 2009 從入門到精通．北京：科學出版社，2009.

［5］　小林一行．MATALB 活用ブック．日本東京：株式會社秀和システム，2001.7.18.

［6］　DADS 9.X: 機構解析プログラム Dynamic Analysis and Design System, DADS Revision 8.0. CADS computer aided design software，Inc.

［7］　川田昌克，西岡勝博．MATLAB/Simulink によるわかりやすい製御工學．東京：森本出版株式會社，2001.

## 第10章

# 面向操作與移動作業的工業機器人系統設計與應用實例

## 10.1 AGV 臺車

### 10.1.1 AGV 的種類

AGV 是英文 automated guided vehicle 或 automatic guided vehicle 的縮寫，中譯為自動導引車，也稱無人搬運車，是在工廠結構化環境中代替人工搬運或人工操縱移動設備且具有一定機動靈活性的最適自動化移動設備，在生產和物流領域主要用於生產過程中物料、零部件產品的自動搬運。與傳送帶、軌道車等其他按預先設計的固定的移動或傳送路線不同之處在於，它的移動範圍有限但移動路線是有柔性的，且易於調整和調度，在結構化環境內具有一定的機動靈活性。

AGV 可以說是傳統人工搬運方式和設備的自動化技術需求和發展的結果，從 AGV 中能夠找到傳統搬運車、牽引車、貨車、推高機等傳統設備的影子，因此，AGV 可分為以下幾種。

① 無人搬運車：是傳統人工操縱的搬運車的替代品，是將傳統人工操縱搬運車用輪式、履帶式移動機器人等自動化移動技術實現的產物。

② 無人牽引車：是傳統的人工操縱的動力車頭拖帶無動力貨車的自動化實現的產物，即帶有貨車車廂的輪式、履帶式移動機器人。

③ 無人推高機：是傳統推高機概念下輪式移動、前叉上下移動裝卸貨物的自動化技術實現，相當於輪式移動機器人與移動操作手功能的組合。

AGV 技術是以傳統的輪式移動機構技術儲備為基礎，結合現代伺服電動機驅動與控制技術、感測器技術和電腦資訊處理與控制技術、自動導航技術等發展起來的。

## 10.1.2 AGV 的典型導引方式

AGV 的典型導引方式主要分為固定路徑導引方式、半固定路徑導引方式和無路徑導引方式。

(1) 固定路徑導引方式

固定路徑導引方式是指利用連續資訊設定的引導方式。按導引訊號識別與導引原理的不同，主要分為電磁式、光學式和磁式三種類型的固定路徑導引方式。

① 電磁式導引方式的原理。是指在工廠結構化地面空間範圍內，預先設計好的 AGV 的行走路線，然後在行走路線上埋設電纜線，利用電纜線中通過的低頻電流產生磁場，在 AGV 車底部設置一對兒耦合線圈來檢測磁場，以兩者的輸入達到一致為目標的方法來實現路徑導引和駕駛。這種方法的特點是：承受地面顏色、光線和汙染等變化因素影響的能力強，即抗地面環境干擾能力強。適用於工廠室廠區範圍內平地重物運送和室內外無人運送的工況下。概括來說就是：在事先規定好的 AGV 移動路徑地面之下鋪設電磁線路通道作為「導軌」，讓 AGV 在這種非接觸非實體式「導軌」的通道上移動。

② 光學式導引方式的原理。是在預先設定好的 AGV 通道的路面上安裝如鋁帶、不銹鋼帶等反射條，AGV 車底部安裝有發射管線和接收反射光線兩類光電器件，發射光線照射在反射條上並將光線反射回來由接受反射光線的光電器件接收後產生電訊號傳給控制系統，控制系統根據反射光產生的電訊號來識別路徑並導航駕駛。這種導引方式的特點是：起路徑標識作用的反射條鋪設簡單易行（黏貼即可），工程簡單，成本低。但是，反射條如被油汙、粉塵汙染或磨損、破壞，則會帶來噪音，因此，適用於環境清潔、禁止行人行走 AGV 通道及地面色彩等管理嚴格並定期對反射條檢測和維護的場合下。如果路徑長期固定不變，最好將反射條嵌入地面並使其表面與周圍地面持平。光學導引方式也適用於輕巧物體運送和頻繁變更路徑的應用場合。

③ 磁式導引方式的原理。是在預先設定好的 AGV 通道的地面上鋪設鐵酸鹽橡膠磁條，AGV 車底部安裝有磁性檢測感測器件，該器件檢測到磁場後產生電訊號並傳遞給 CPU 進行路徑識別和導航控制。由於磁條厚且質地柔軟，需要對其加以防護，最好嵌在地面上的槽中。這種方式抗汙染能力不如光學式。

(2) 半固定路徑導引方式

這是在地面上間斷性地設置光學式或磁條式路標（或者條形碼、二維碼）等，利用搭載在 AGV 上的視覺感測器、磁感測器等邊識別邊標記位置邊行走的方式。這種方式簡單易行，但是路標間距決定了路徑識別與導航的準確性與精確程度。

### (3) 無路徑導引方式(自主行走方式)

這種方式不需在地面上設置任何標誌和導引線,完全靠 AGV 上搭載的視覺(或雷射測距)感測器自主識別與決策移動行為,或者藉助無線通訊系統、自主導航系統來實現自主行走的方式。這種以無路徑導引方式移動的機器人也就是自主移動機器人(autonomous robot),也稱自主機器人。這種無路徑導引方式又可分為地面定位導航支持方式和自主定位導航方式兩種。

① 地面定位導航支持方式是在 AGV 地面行走空間上設置用來為 AGV 進行定位用的雷射標桿、超音波測距標桿、直角稜鏡等測量裝置,然後根據這些標誌桿上標誌點與 AGV 之間位置的幾何關係計算 AGV 自身的位置並進行導航。

② 自主定位導航方式是 AGV 內部備有地圖和位置編碼器(或者透過在行走空間內透過地毯式掃描自行用視覺系統構建環境地圖並編碼),同時利用陀螺儀、超音測距感測器、視覺感測器及圖像處理系統來識別周圍環境,從而確定 AGV 自身所處地圖中的位置並進行導航行走。這種方式一般在工廠這種結構化環境下使用較少,成本高、系統複雜,但環境適應性好,作業柔性好,適用於廠外、野外用途的智慧移動機器人。

## 10.1.3 AGV 的移動方式與裝卸載方式

AGV 主要用於工廠環境內的平整地面環境,因此,一般只要前後移動和轉向兩個自由度即可,其行走行為可分解為前後向進退(直線移動)、轉彎式回轉(有轉彎半徑或稱回轉半徑)、自旋式回轉(轉彎半徑為零,繞自身中心原地回轉,也稱原地回轉)四個基本行為。AGV 是一個獨立運動的本體,其組成主要有輪式行走平臺和平臺上搭載的裝卸載裝置。

### 10.1.3.1 AGV 的移動方式

AGV 的移動方式與兩輪、多輪移動機器人相似,主要有以下幾個方面。

① 兩輪差動方式。是由一個原動機透過差動機構驅動兩個行走輪的方式,其原理與兩輪差動式移動機器人完全相同,有關兩輪差動式移動機器人及差動機構在前面的章節中已作論述,在此不再詳述!兩輪差動方式也是傳統人工操縱的最為常用的各種車輛驅動方式,由於這種方式成本低、驅動系統相對簡單,所以,兩輪差動方式也是在 AGV 設備中應用最多的移動方式。為了維持車體的平衡和分擔載荷,一般會在與兩個行走驅動輪中心連線垂直的方向上布置有 1 個或 1 個以上的輔助支撐輪,即腳輪。

② 前輪驅動兼轉向的驅動方式(也簡稱前輪轉向方式)。這種方式可實現前後向進退和轉彎式回轉,一般最小轉彎半徑不為零,也即無法實現繞自身中心點

的自旋。在沿車身縱向中軸線的兩側需要設置兩個軸線固定在車體上且同軸線的兩個輔助支撐輪。這種移動方式行走簡單，為無人牽引車常採用的方式。

③ 全方位獨立轉向方式。這種方式的車輪可分為獨立驅動兼轉向的車輪和起支撐車體的被動行走的萬向輪或全方位輪。根據車輪的配置可以實現前後向進退、轉彎式回轉、自旋回轉（原地回轉）、橫向行走、斜向行走等全方位行走。這種轉向方式常用於半固定路徑導引方式和無路徑導引方式的 AGV 中。

### 10.1.3.2　**AGV 的裝卸載方式**

AGV 作為無人化工廠中重要的自動化行走與搬運設備，運行到指定工作位置後應能實現自動裝卸貨物的功能，因此，裝卸載裝置上應設計有實現自動將貨物或零部件產品自動升舉、平移或輸送功能的機構。常用的裝卸載方式有以下幾種。

① 輥式傳送帶方式，即通常所說的帶式運輸機。

② 鏈式傳送帶方式，即鏈式運輸機。

③ 提升方式：透過液壓或帶傳動、鏈傳動等常用的提升方式。

④ 推挽方式：利用 AGV 和站點同時支撐工件或物料，用推挽裝置上的爪鉤實現裝卸載。

⑤ 滑叉方式：AGV 平臺上的裝卸載裝置上設置有平行導軌，導軌上有左右兩側帶叉柄的滑叉，兩側叉柄夾住貨物後，滑叉在驅動機構驅動下帶著貨物滑出裝卸平臺或將貨物拉上裝卸平臺完成裝載。

實現 AGV 的裝卸載方式有很多，通用的裝卸載方式則是採用帶有 2、3 個自由度的機器人操作臂，或者滿足對被裝卸載對象物體擺放有位置、姿態 6 個自由度要求的六自由度機器人操作臂，裝有夾爪、吸盤的末端操作器即可實現抓放、搬運物體。

## 10.1.4　AGV 自動搬運系統的組成

用於工業生產中的 AGV 自動搬運系統由 AGV、AGV 控制器、本地控制器、運送管理控制器、物料供應與分發站點運行系統、站點控制櫃、AGV 的動力源輔助系統等部分組成。

① AGV。包括輪式移動平臺和平臺上搭載的裝卸裝置。

② AGV 控制器。對於由多臺 AGV、物料供應站點構成的自動搬運系統，負責為每臺 AGV、站點分配配送物料任務的中級控制器；介於上位機管理控制器、客戶端控制器與本地控制器之間層次的控制器。AGV 控制器透過上位機及其交互式界面實施 AGV 系統的全面管理。AGV 控制器有兩種連接方式：與負責搬運系統全局管理的運送管理控制器連接；直接與客戶端控制器連接。

③ 本地控制器。即現場中 AGV 本體上搭載的控制器，包括控制 AGV 移動平臺行走的行走控制器和控制物料裝卸機構裝置裝卸物料的控制器。本地控制器透過通訊電纜與 AGV 控制器進行連接，實現對自動充電器、AGV 周邊自動設備的控制。

④ 運送管理控制器。屬於自動搬運系統的上位機控制器，即管理部門用於控制整個系統正常營運的頂層控制器。

當 AGV 控制器從上位機上接收到運送指令（從站點 A 運送到站點 B）後，向處於待機狀態的 AGV 發出行走至站點 A 的指令；接收到指令的 AGV 靠系統提供的路徑導引方式沿著路徑運行到站點 A；到達站點 A 後，AGV 控制器將控制站點控制櫃完成向站點 AGV 碼放工件的作業，然後 AGV 控制器向 AGV 發出向站點 B 運行的行走指令；AGV 行走至站點 B，AGV 將工件卸載給站點 B。

⑤ 物料供應與分發站點運行系統。站點有兩類，一類是從上一站點接受來料或工件的輸送與分發給 AGV 的配發系統，一般由帶式或鏈式運輸機或機器人轉運系統組成；另一類為接收 AGV 搬運並卸載給該站點的物料或工件，並將這些物料或工件碼垛保存在倉庫，或者繼續整列或分流，準備由下一站點的 AGV 繼續搬運到下一站點。

⑥ 站點控制櫃。用來控制站點的升降梯或運輸機等正常運行的控制櫃。

⑦ AGV 的動力源。由於 AGV 為相對長距離的移動設備，因此，一般不會拖動動力電供應電纜，而採用直流電池或者蓄電池供電並搭載在 AGV 本體上，並且必須對電池容量進行在線監測，如源動力檢測系統檢測到電池容量不足，將此資訊傳遞給 AGV 控制器，AGV 控制器發出自動充電指令給 AGV 本地控制器，AGV 接收到充電指令後可以自動搜尋找到充電站自動充電續航。

## 10.1.5　AGV 的應用

現在，AGV 已經成為自動化無人化生產工廠或物流、倉儲行業不可缺少的自動化搬運設備。AGV 自動搬運大系統中可以根據實際需要配置有不同種類、不同性能的各種規格 AGV，從搬運幾千克重到數十噸重的貨物或工件，從工業電子產品到民用生活物品，從科研設備到工業生產中重型設備的運輸等，應用十分廣泛。AGV 屬於十分成熟的技術產品。AGV 自動搬運系統的控制技術屬於順序過程控制，普遍適用於 PLC 作為其系統內的各類控制器。目前的 AGV 自動化搬運技術研發的重點在於重型 AGV 自動搬運技術產品的研發以及大規模 AGV 系統的最佳化設計與智慧管理技術。總的來講，AGV 自動搬運系統技術基本上屬於工業機器人系統設計與技術中相對易於實現的中低階或低階層次的一般性、大眾化技術，不涉及工業機器人深層次的、核心的技術問題，但產業應用

價值巨大。

# 10.2　KUKA youBot

　　教育、科研以及工業應用開發，鋼材質的麥克納姆輪驅動的 AGV 臺車可承載 20kg 物體，操作臂質量 6.3kg，末端有 2 指手爪，開合範圍為 70mm，可更換不同的手指和末端操作器，末端最大負載 0.7kgf，本體上有安裝視覺感測器、雷射掃描儀等的安裝孔。

# 10.3　操作人員導引的操作臂柔順控制原理與控制系統設計

## 10.3.1　由作業人員導引操縱的機器人操作臂 Cobot 7A-15

　　迄今為止，幾乎還沒有工業機器人可透過人力操控。而且即便有，也是動作緩慢，對於減輕人員負擔毫無幫助。因此，CEA List 在核工業領域中關於作用力回饋控制的經驗尤其重要。藉助這些專業知識，RB3D 公司最終能夠生產出新一代工業機器人，將永久改善工廠中的工作環境及條件。法國 RB3D 公司的 Cobot 7A-15[1] 就是其中之一。該機器人臂採用壁式安裝，具有七根軸，作業半徑超過 2m，可將沉重的工具固定在手臂末端，例如一臺研磨機，因此工作人員無須自己握持設備，只需要進行引導即可，舉抬操作完全由 Cobot 完成。操作人員導引的機器人操作臂零件打磨作業場景如圖 10-1(a) 所示。

　　Cobot 機器人操作臂各軸使用的是帶有光電編碼器的 Maxon 伺服電動機和可提供精確減速比的 Maxon GP 42 C 陶瓷強化式行星齒輪減速器；伺服驅動-控制系統採用的是 maxon EPOS2 控制系統，該 maxon 數位式位置控制器 EPOS2 既可用於 DC 電動機也可用於 BLDC 電動機，它安裝在所有七根軸上。Cobot 7A-15 機器人操作臂的機械結構與尺寸如圖 10-2 所示。

　　Cobot 7A-15 為 380V/50Hz 供電，最大功率 3kW，總質量 150kg，第 7 軸末端最大出力 250N，工具末端的最大速度可達 1m/s，是一臺由高性能、結構緊湊型伺服電動機驅動的 7 個自由度冗餘自由度機器人操作臂，各軸（關節）為無間隙（Clearance-free）且能光滑快速地響應控制指令。對於位置保持和穩定性要求嚴格的作業，各主軸都配備有制動和鎖定功能；導引操縱系統配備有一個力感測器可以用來測量操縱者導引操縱時所要求方向上的力和力矩，使用者近身操

縱時有安全和人機工效學管理功能。

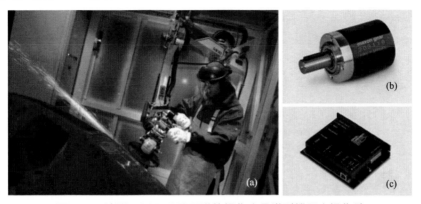

圖 10-1　法國 RB3D 公司研發的操作人員導引機器人操作臂
Cobot 7A-15 打磨零件作業現場及該機器人所用部件

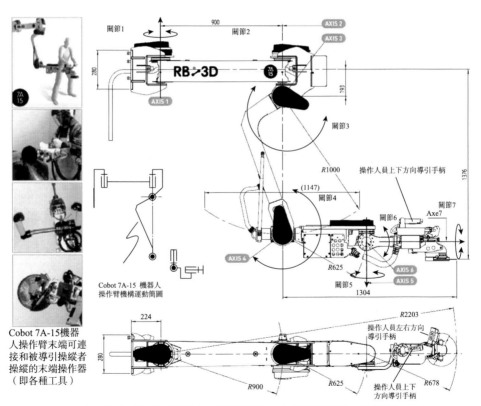

圖 10-2　法國 RB3D 公司製造的操作人員導引機器人操作臂
Cobot 7A-15 的操縱方式、外觀結構 [1] 和機構簡圖

RB3D 公司的 Cobot 7A-15 型操作人員導引機器人操作臂的腕部末端可以連接多種不同功能電動工具作為其末端操作器，如電動的磨削砂輪機（Grinding）、打磨機（Sanding）、擰螺絲扳手（Screwing）、破碎機（Chipping）等。關節 1～關節 7 的轉角範圍分別為：±75°、±75°、±35°、±45°、±80°、±80°、±100°；角速度（rad/s）分別為：0.5、0.8、0.8、0.6、1.5、1.5、3.0。

## 10.3.2 操作人員導引機器人進行零件打磨力/位混合柔順控制的系統設計與問題剖析（吳偉國，2019 年 7 月）

本書作者並未查閱到有關 Cobot 機器人在操縱者導引下如何進行力/位混合柔順控制系統原理與設計方面的任何文獻。但就現有力/位混合柔順控制理論與技術對操縱者導引下的力/位混合柔順控制方法、理論與技術進行分析與系統設計問題進行論述。而且，RB3D 公司也在相關文獻資料中言為其獨有技術。因此，本節內容屬於本書著者對操作人員導引機器人進行零件打磨、裝配之類約束空間內作業的力/位混合柔順控制系統設計問題提出的解決方案、控制方法和控制系統設計方法。

(1) 關於操作人員導引機器人操作臂進行柔順力/位混合控制的分析與所要解決的主要矛盾

首先來分析有無操縱人員導引的機器人操作臂力/位混合柔順控制的區別，搞清楚這個重要問題才能知曉如何去設計有操縱人員導引的機器人操作臂力/位混合柔順控制系統設計。

① 無操縱人員導引的機器人操作臂力/位混合柔順控制。這類力/位混合柔順控制系統設計的原理與控制系統構成框圖在本書第 6 章的「6.5 力控制」一節中已有交代，按約束空間內作業的機器人操作臂的運動學、動力學以及機器人與作業環境或作業對象物之間構成的物理系統的力學模型，可以分別設計基於位置控制的力控制或基於力矩控制的力控制系統。通常將環境與機器人末端操作器之間相互作用的力學模型簡化成彈簧-阻尼模型，既可用虛擬的力學模型，也可以用力/力矩感測器對操作力進行直接或間接的測量，將測得的力、力矩回饋給力控制器，力控制器實際上是透過期望的操作力與回饋回來的實際操作力（由力感測器直接測得，或間接測得後取分離體建立力、力矩平衡方程後換算出來的，或者用雅克比矩陣轉換）之間的偏差值來計算關節局部位置控制器中關節位置補償量，透過關節位置（或位置/速度）補償量來調節關節位置/速度控制器，來實現力/位混合柔順控制。因此，這種無操縱者導引的機器人操作臂系統除非將外力作為系統擾動看待，否則，根本不存在導引操縱力耦合進入機器人作業系統。也

就是說，安裝在腕部末端的六維力/力矩感測器測得的是末端操作器操作作業對象物或與環境接觸時由於受到來自作業環境或作業對象物的外力而在力感測器（即感測器本身座標系的座標原點）處產生的力、力矩。簡而言之，機器人操作臂利用安裝在自己腕部末端與末端操作器之間的力/力矩感測器來間接檢測操作力來實現力控制。

② 操縱人員導引的機器人操作臂力/位混合柔順控制。這類力/位混合控制如同小學一年級老師手把手教小學生寫字的「力/位」控制一樣，小學生寫字要用力，老師手把其手「在線」矯正小學生正在寫字的手握著的筆的軌跡也要付出矯正的力，小學生寫字的力和教師手把手教寫字用的在線矯正的力，二力合在一起呈並聯或並行都會體現在小學生手腕上，如果假設小學生手腕就是機器人手腕末端與末端操作器之間的六維力/力矩感測器，則二力合二為一處反映在力/力矩感測器的檢測力之中，問題在於感測器不知道哪個是小學生用的力，哪個是教師用的矯正的力，是混在一起的！如此分不清便搞不清楚該如何利用有效的矯正力而抑製住導致小學生寫字不好看的那部分用力了。注意：這裡面還有一個很關鍵的問題，就是對寫字是否好看的評價問題以及評價之後如何回饋來調節狀態量來使寫字變得好看的問題。

③ 操作人員導引機器人操作臂進行柔順力/位混合控制的所要解決的矛盾。由上述①、②所述內容不難看出有無操作人員導引操縱機器人操作臂進行力/位混合柔順控制的區別了，那就是起導引作用的操縱力耦合進入了機器人操作力當中，二力合在一起由安裝在機器人腕部末端與末端操作器之間的力/力矩感測器來作為總的操作力（力矩）被檢測出來〔當然，作為末端操作器直接操作作業對象物的操作力則需要由力感測器測得的力（力矩）折算過來〕。既然導引操縱力與操作力已經混在一起，導引力是由操作含有技巧性（Skill）和經驗豐富的工作人員的有效教導力，單純的機器人操作力是不成熟的、不完全有效的操作力，可是，當它們同時進入力/力矩感測器當中時感測器分不出彼此，照單全收，同樣都是力，最後作為三個分力、三個分力矩測量出來。如此一來，便成為問題所在：合二力為一之後，僅從一個力/力矩感測器上已經無法判斷出哪部分力、力矩是導引者操縱力？哪部分是機器人使出的尚不成熟的操作力？而對於機器人力控制而言，分得清力的成分當中有效或無效是非常重要的！其實，即便假設能夠分得清，問題也仍然不簡單！

（2）操作人員導引機器人進行力/位混合柔順控制系統設計中的導引力在線檢測方法

既然用安裝在腕部末端與末端操作器之間的六維力/力矩感測器難以讓機器人力控制器分清導引力和機器人操作力（實際上，導引力與機器人操作力會合在一起後也成了操作力，但會合之前先讓機器人就知道這個來路的力是導引力才是

最重要的），那就在操縱機構或操縱手柄上設置能夠檢測導引力大小和方向的力感測器。而且，首先需要根據導引作業性質、複雜程度來確定導引運動的自由度數，然後，再確定導引操作機構所需的導引運動方向和導引方向數。或者設計帶有六維力/力矩感測器的通用六自由度導引機構來檢測任何作業導引操縱力，但這又有一個問題：因為增加導引機構上的六維力/力矩感測器會使系統成本增加，而且操縱機構總體質量和體積都增大。儘管如此，導引力與操作力被分別用各自的力感測器檢測出來，即便導引力已經耦合進入了機器人腕部操作力之中，但可以根據導引力感測器檢測到的導引力大小和方向從分離體力、力矩平衡方程中解算後剔除便得到了機器人的操作力。圖 10-2 中操作人員上下方向導引手柄與左右方向導引手柄應該即是操縱手柄，也應分別是上下方向、左右方向導引力的檢測手柄。而且，這兩個手柄與末端操作器機械介面連接法蘭之間的位置和姿態應該是經過檢測和標定的精確值。

（3）導引力在線檢測原理以及操作人員導引機器人的力/位混合柔順控制系統設計

為考慮一般性的通用導引機構，本節給出的是圖 10-3 所示的兩種六自由度導引力檢測與操縱機構作為導引操縱機構前提下，來考慮用於操作人員導引機器人力/位混合柔順控制系統設計問題。

① 導引力在線檢測的導引力操縱機構及其自學習系統

兩種導引力檢測原理的導引力操縱機構設計：如圖 10-3 所示的兩種導引力檢測原理的導引力操縱機構，一種是以十字彈性梁上黏貼應變片檢測導引力原理的導引力操縱機構；另一種是以彈性鉸鏈機構檢測導引力原理的導引力操縱機構。這種力感測器量程設計一般以成人男性操縱者操縱力 5～10kgf 為限即可，因為操縱力一般都不大，否則操縱不夠靈活，但靈敏度、頻響特性要求高。因此，其設計可以實現質量小、慣性小，更適合於操作人員操縱靈活性和快速響應性要求。為便於操縱人員從不同方位操縱，導引力操縱手柄上設有 ±90°範圍內任意方位的轉位開關和手動轉位機構。轉位後轉位開關自動發送轉位訊號給力感測器控制器用於不同操縱方位下的操縱力、力矩的換算。轉位開關的操縱並不影響轉位以及導引力檢測正常工作。導引力在線檢測的導引力操縱機構的機構參數如圖 10-3(a) 所示，所有這些參數都必須經過精確測量後，標定得到導引力操縱機構的剛度矩陣數據集 $\{K_{guide}\}$（帶索引表的 $K_{guide}$ 集）或剛度曲線數據集 $\{k_{x\text{-}guide}、k_{y\text{-}guide}、k_{z\text{-}guide}、k_{Tx\text{-}guide}、k_{Ty\text{-}guide}、k_{Tz\text{-}guide}\}$ 精確值後才能使用。末端操作器側、機器人操作臂側兩個機械介面上都設有精確的軸向、周向定位結構。

為了使導引操縱機構能夠記憶、學習工廠作業技術熟練操作者的經驗，為導引操縱機構設計自學習系統，由電腦和感測器以及人工神經網路原理的泛化學習算

法來實現。導引操縱機構裝置設計成可獨立使用的便攜式,同時,還可以與工業機器人操作臂連接,進行導引操縱人員導引下的機器人力/位混合柔順作業,當導引操縱機構經自學習充分掌握技術熟練人員的作業技巧和經驗後,還可以用導引操縱機構的自學習系統作為自導引(即零導引操縱力下的虛擬導引)控制器來代替導引操縱人員,此時已不需導引操縱機構硬體工作,而完全由其軟體系統操控。意味著導引操縱機構作為輔助作業的操縱系統轉變為力/位混合自主控制系統。

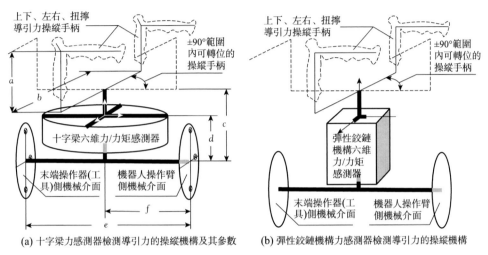

(a) 十字梁力感測器檢測導引力的操縱機構及其參數　(b) 彈性鉸鏈機構力感測器檢測導引力的操縱機構

圖 10-3　力感測器檢測導引力的操縱機構及其參數

　　便攜式導引操縱機構上的感測器配置:除導引操縱機構上檢測導引力、力矩的力感測器之外,為獲得操縱人員操縱該機構時作業位姿需要陀螺儀和加速度計,如果還需評價對作業對象物表面的作業品質,還需要視覺感測器。

　　導引操縱自學習系統是在導引操縱人員手持帶有記憶與學習功能和系統以及末端操作器工具的便攜式導引操縱機構進行人工作業的過程中進行自學習的,也可以將該便攜式裝置安裝在機器人操作臂末端,由機器人操作臂「把持」,但由操縱人員來人工完成作業任務,機器人各個關節傳動系統需帶有離合器並處於驅動部與關節脫離狀態,而且機器人各個關節處慣性負載越小越好,如此可以使機器人處於自由狀態,不影響作業人員人工操作;或者機器人僅處於位置伺服狀態跟隨操作人員的運動而不輸出操作力。

　　導引操縱自學習系統主要由 CPU、導引操縱機構上的力感測器、陀螺儀、加速度計等訊號處理系統、外儲存器(數據外部記憶)和小腦神經網路(CMAC)泛化學習系統、相應作業任務完成品質的評價系統組成,如圖 10-4 所示。外部儲存器儲存的是導引操縱機構的位姿、作業任務類型參數集、相應於各

類作業任務參數下導引操縱機構上的力感測器檢測到的操縱力和操縱力矩、已有
作業數據下相應作業任務完成品質的評價系統生成的評價值。

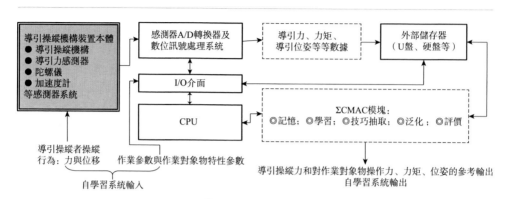

圖 10-4　導引操縱機構裝置自學習系統

　　如果小腦神經網路能夠將導引操縱人員的經驗學習充分，並抽取操作人員的
操縱和操作技巧，憑藉小腦神經網路泛化能力強、「運算」速度快的優勢，則可以
實現無操縱人員導引操縱下的機器人自操縱自導引能力，則為一臺自律、自主操縱
操作的智慧機器人操作臂力/位混合柔順作業系統。如此從根本上實現無人化作業。

　　② 關於諸如零件打磨、零件裝配等人工作業和導引機器人作業過程中的導引
與操作數據的獲得、訓練與學習的具體問題。不同作業中作業品質要求、作業對象
物的物理性質、作業參數均有較大差異，而且類似零件打磨、裝配等作業人員使用
工具操作對象物的人工作業過程中，作業品質在線評價與經驗、技巧作用的發揮是
透過操作人員人的眼睛的判斷、操作工具的手、身體等感知功能來實現的，並且以
操作力、操作位姿變化的行為參數及行為作用結果（即操作對象物的結果）上反映
出來。如何透過自學習系統的輸入與輸出數據集中抽取出人工操作人員的經驗和技
巧是首要問題。目前透過採用強化學習與神經網路相結合的方法是一種有效的途
徑。強化學習、神經網路等智慧學習運動控制所需的基礎知識、強化學習系統構成
以及常用的 Q 學習算法、CMAC 結構等在 4.6.3 節中給出了較為清晰的解釋。

　　強化學習系統需要定義狀態量、狀態空間、行為量和行為空間。對於導引力
操縱下的約束空間內機器人作業問題，可以定義如下。

　　a. 導引操縱系統的狀態量與狀態空間。取末端操作器的位置和姿態量 $X$
（位姿矩陣或矢量）以及操作力、力矩量矢量 $F_{operate}$ 以及作業對象物本身的被操
作變化量 $X_{object}$（如幾何尺寸、表面粗糙狀態、幾何形狀量等），以及各狀態量
的變化量即相應變化的「速度」「加速度量」。構成狀態空間 $S$，且可表示為：$S = \sum \{X, F_{operate}, X_{object}, \dot{X}_{opreate}, \dot{F}_{operate}, \dot{X}_{object}\}$（這裡「$\sum$」號只表示所有可能

的狀態的集合之意，而非求和）。

　　b. 導引操縱系統的行為量與行為空間。取作業人員使用導引操縱機構裝置進行導引的行為量為：含有導引力方向與大小的導引力、力矩矢量 $\boldsymbol{F}_{guide}$、加在導引操縱機構的位移矢量 $\boldsymbol{X}_{guide}$、速度 $\dot{\boldsymbol{X}}_{guide}$ 等，則構成的行為空間 $\boldsymbol{A} = \sum \{\boldsymbol{X}_{guide}, \boldsymbol{F}_{guide}, \dot{\boldsymbol{X}}_{guide}\}$。

　　c. 導引操縱系統的映射關係。在當前（用下標 $j$ 表示「當前」這一時間點）狀態 $\boldsymbol{S}_j$ 下採取行為 $\boldsymbol{A}_j$ 得到將要到來的下一時刻（用下標 $j+1$ 表示）狀態 $\boldsymbol{S}_{j+1}$ 的映射關係為：存在 $\boldsymbol{A}_j \in \boldsymbol{A}$；$\boldsymbol{S}_j$，$\boldsymbol{S}_{j+1} \in \boldsymbol{S}$。使得：$\boldsymbol{S}_j \xrightarrow{A_j} \boldsymbol{S}_{j+1}$。得到的狀態 $\boldsymbol{S}_{j+1}$ 的與期望的目標狀態 $\boldsymbol{S}^*$ 的接近程度的評價值為 $\Delta \boldsymbol{S}_j = \| \boldsymbol{S}_{j+1} - \boldsymbol{S}^* \|$，則 $\boldsymbol{A}_j \in \boldsymbol{A}$ 的一系列行為 $\boldsymbol{A}_{j1}, \boldsymbol{A}_{j2}, \cdots, \boldsymbol{A}_{jk}, \boldsymbol{A}_{jn}, (j=1,2,3,\cdots,m; k=1,2,3,\cdots,n; n, m$ 皆為自然數）的總的評價 $P_j$ 為：$P_j = \sum_{k=1}^{n} \Delta \mathrm{S}_{jk}$，$\Delta \mathrm{S}_{jk} = \| \boldsymbol{S}_{j(k+1)} - \boldsymbol{S}^* \|$，則以 $P$ 最小為學習的評價函數。

　　狀態行為評價函數 $P_j(\boldsymbol{A}_j, \boldsymbol{S}_j) = P_j = \min \sum_{k=1}^{n} \Delta \mathrm{S}_{jk}$，則可以導引操縱者進行導引操縱的力、力矩以及位姿數據、導引操縱者操縱下被導引操縱機構操作的作業對象物的狀態數據作為訓練用的教師數據，利用強化學習中的 Q 學習算法訓練小腦神經網路（CMAC），不斷調節神經網路內節點間相互關聯強度即權值；並且在導引操縱者利用便攜式智慧學習導引操縱機構裝置進行大量人工作業的情況下，獲得大量的蘊涵操作者經驗和技巧的教師數據，利用這些數據，分別訓練學習功能 CMAC 模塊；從學習功能模塊 CMAC 的輸入、輸出數據再次利用作為技巧抽取功能 CMAC 模塊的一次深度教師數據進行訓練學習；從技巧抽取功能模塊 CMAC 的輸入、輸出數據再次利用作為泛化功能 CMAC 模塊的二次深度教師數據進行訓練學習；並由學習、技巧抽取、泛化三個 CMAC 功能模塊的輸入、輸出作為評價功能模塊 CMAC 的三次深度教師學習數據進行訓練學習。如此，將導引操縱者經驗、技巧全部納入自學習系統形成「智慧導引操縱系統」。這種方法構築 CMAC 自學習系統的問題就是占用大量的儲存空間。因此，在獲得大量的作業技術熟練導引操縱者操縱和作業教師數據的基礎上，可採用基於狀態、行為空間的特徵選擇和評價的方法來設計技巧特徵抽取算法。但是，需要注意的是：每次深度學習的評價函數不同，技巧抽取的評價函數的定義、學習能力評價函數的定義是需要高度抽象後解決的問題。

　　上述用的是小腦神經網路和強化學習的 Q 學習方法來構築和實現導引操縱機構系統的自學習系統，還可以用模糊神經網路來實現，用神經網路的非線性學習功能去為模糊系統抽取導引操縱者的技巧性、經驗性模糊知識並得到模糊行為

邏輯關係和模糊輸出，再透過解模糊獲得輸出，將輸出作為導引操縱機構自學習系統的輸出。

③ 操作人員導引機器人的力/位混合柔順控制系統設計。有了上述各基本問題解決方案設計和準備，接下來可以繼續探討此類技術問題的控制系統總體設計方案。首先需要明確該控制系統設計的原則。

a. 操作人員導引機器人的力/位混合柔順控制系統設計的原則

・原則 1：機器人助力但不影響導引操縱人員自身手持操作工具作業時的感覺與作業品質。

・原則 2：是建立在原則 1 基礎上的，機器人跟隨操縱者的導引運動但不對操縱者的操縱力（而非使用末端操作器工具時的操作力）產生影響。

・原則 3：導引操縱下的機器人作業品質評價系統應能夠發現由於導引操縱者疲勞、意外而導致的失誤並予以正確校正。

b. 導引操縱者操縱導引機構的力學模型。導引操縱者施加給導引操縱機構上的力作用於機器人操作臂的被導引部位，導引操縱者操縱的導引操縱機構是安裝在機器人操作臂末端並與操作臂一起在運動，我們期望機器人操作臂的運動與導引操縱者操縱運動協調一致使得導引操縱機構僅受到導引操縱者的操縱力，但是絕對的協調一致是不可能的，我們的控制目標只能追求期望得到盡可能小的、趨近於零的效果。因此，在導引操縱機構與機器人操作臂之間可以假設有個假想的、虛擬的以位移、速度、力各自的偏差來表示的力學模型，如圖 10-5 所示。

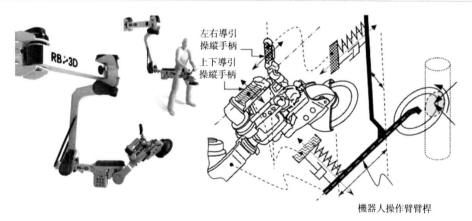

左右導引
操縱手柄
上下導引
操縱手柄

機器人操作臂臂桿

圖 10-5　導引者導引（或導引操縱機構裝置）與機器人操作臂之間假想的虛擬力學模型

c. 控制系統設計中採用的控制方法。為實現機器人跟隨導引操縱者操縱末端操作器的運動而又不對導引操縱者的操縱力產生影響，首先對機器人操作臂採用以操縱者操縱運動的位置、速度量作為機器人軌跡追蹤控制器的參考輸入，然

後透過機器人上腕力感測器、導引操縱機構上的導引操縱力感測器來檢測導引操縱機構上被操縱者操縱部位的合力、合力矩矢量，該矢量中包含著操縱者導引操縱力、機器人在導引操縱者導引運動下運動跟隨不協調產生的力兩部分，由檢測得到的這兩部分力可以解算出由於跟隨操縱者運動與操縱者運動不協調而產生的力。期望解算出的這個力理論上為零。這個力可以透過對機器人操作臂的位置軌跡追蹤控制器進行機器人各關節運動（或被操縱部位運動）的補償加以調節，從而達到：由於機器人操作臂的軌跡追蹤誤差、外部擾動、慣性等影響因素而導致跟隨運動不協調而產生的對操縱者操縱力的影響趨近於零的控制目的。用上述力/位混合柔順控制原理和方法所要達到的控制目的就是：讓導引操縱者感覺不到有機器人操作臂在用力幫助他但又在「暗中」給末端操作器施加操作力，並且達到與作業技術熟練的導引操縱者的作業品質。

　　d. 導引操縱類機器人操作臂的力/位混合控制系統。按上述控制方法和原理可以設計圖 10-6 所示的導引操縱類機器人操作臂的力/位混合控制系統。

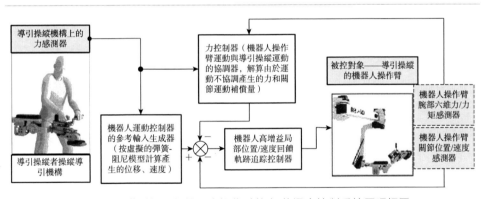

圖 10-6　導引操縱類機器人操作臂的力/位混合控制系統原理框圖

# 10.4 工業機器人操作臂圓-長方孔形零件裝配系統設計及其力/位混合控制

## 10.4.1 關於應用於生產過程中的實際機器人裝配系統設計問題的總體認識

（1）關於力、位雙重控制目標下的機器人末端許用定位精度的博弈問題

機器人裝配理論與技術是在機器人位置軌跡追蹤控制的基礎上，進一步要求

機器人實現力控制的目標的兩類運動控制的複合控制問題。位置、力兩個控制目標被統一在工業機器人操作臂末端定位精度這一幾何約束條件下，意思是說：單純的位置（位置/速度）軌跡追蹤控制目標下的控制問題是在機器人操作臂末端定位精度來滿足作業精度要求，而在力、位兩個控制目標的要求下，同樣的工業機器人操作臂的末端定位精度用來分別滿足力、位兩個控制目標，總的定位精度範圍中，一部分限製末端操作器位姿精度，則剩下的部分用來限製力控制精度。顯然，相當於對位置軌跡追蹤控制下機器人作業精度要求更加嚴格，力控制也不能「享用」末端操作器的全部許用位姿精度。因此，力/位混合控制要求下的機器人控制問題就如同力控制中稍有位姿偏差便會產生相當大的反作用力一樣，相對單純位置軌跡追蹤控制而言難度倍增。

因此，機器人裝配技術的難易程度和能否實現由機器人末端位姿精度、銷孔配合性質及其實際尺寸偏差值、公差值來決定。在實際的工業生產中機器人裝配系統設計之前，需要根據被裝配零件的實際尺寸測量值或者零件工作圖、被裝配件工作檯與工業機器人操作臂安裝基礎、設計或選購的工業機器人操作臂、末端操作器、力/力矩感測器等進行精度設計和計算分析，在精度綜合設計上給出可裝配條件或範圍，並滿足力、位混合控制作業下的精度要求。

（2）機器人裝配的幾何學與力學理論問題

裝配理論就是找出裝配零件與被裝配零件在裝配過程中相互之間所有可能出現的不同的接觸狀態，然後對每一種接觸狀態進行靜力學分析，獲得這種接觸狀態的幾何學、力學約束條件，由這些條件得到該接觸狀態判別條件，同時相應於各種接觸狀態給出裝配策略（裝配策略就是根據裝配的當前狀態事先推測下一步可能產生的狀態並進行狀態遷移概率計算來決定採取的裝配行為的策略，裝配策略是使裝配能夠順利進行下去的保證），根據裝配策略決定的由當前狀態採取裝配行為並進行裝配力計算，進行力/位混合控制。其中，具體技術實現是由力/力矩感測器在裝配過程中測得的當前狀態下力、力矩資訊以及當前狀態下機器人末端的位姿資訊，使用所有的判別條件判別當前狀態屬於哪種接觸狀態並由裝配行為（即讓末端操作器的位姿變化）進行狀態遷移。機器人裝配的幾何學問題由解析幾何和機器人機構運動學解決；由於機器人裝配時作業速度相對較慢，一般情況下機器人裝配的力學問題主要作為靜力學問題來處理，由理論力學中的力、力矩平衡方程或不等式來解決。但是，對於運動的裝配件或被裝配件質量較大或快速裝配時，只有靜力學是不夠的。是否需要考慮慣性、牽連運動等二階力、力矩項的動態影響取決於裝配工件配合性質、力/位混合控制精度要求以及實際裝配速度等。

（3）機器人的位姿精度、力/力矩感測器的量程與解析度、精度

如果不考慮柔順控制，即末端操作器或機器人均為剛度較大的「剛體」（非

絕對剛體），則機器人裝配系統設計時需要考慮和分析電腦器人位姿精度、力/力矩感測器的量程與解析度和測量精度、孔軸類零件實際配合尺寸（間隙配合）等的匹配問題。一般的工業品六維力/力矩感測器為在使用中保護力/力矩感測器的檢測部，都設有過載保護的安全銷，過載則安全銷剪斷，檢測部與工具側硬連接完全脫開。然後需由感測器製造商提供維修，更換新的安全銷將感測器恢復後仍能繼續安裝在機器人上使用，但耽誤工期。基於上述考慮，一般的機器人裝配技術均採用柔順裝配技術。

## 10.4.2　圓柱形軸孔裝配理論與銷孔類零件裝配系統設計

### （1）銷孔類零件裝配理論

儘管 1975 年 Simunovic 以銷孔類零件裝配為對象研究了工業機器人裝配力資訊的理論分析問題，但是銷孔類零件的裝配理論研究代表了圓柱孔類零件與圓柱表面的軸類零件之間的裝配理論問題。

S. N. Simunovic 和 D. E. Whitney 分別於 1975 年、1982 年的研究並提出了銷孔類零件裝配力學條件和關係、採用拉伸彈簧和扭簧設計柔順支撐機構和柔順中心等研究成果，從而奠定了工業機器人裝配理論與技術基礎，並一直沿用至今。他將裝配過程分為圖 10-7 所示的接近、倒角過渡、單點接觸和雙點接觸四個階段，並對後三個階段的接觸狀態進行了幾何與靜力學分析，分別推導出了各個階段下插深度與銷類零件的位姿以及裝配力的函數關係；對裝配過程的卡阻和楔緊現象進行了討論；最後歸納出了完成裝配必須滿足的幾何條件與力學條件。另外，銷孔裝配分為有倒角銷孔裝配和無倒角銷孔裝配兩類。理論上講，兩者的差別只是在搜孔、接近階段有差別，而在除倒角以外銷孔與銷接觸階段則在裝配理論上完全相同。但是實際上，由於倒角的自動定心和裝配導向作用，倒角使得開始裝配的初始階段容易實現。

### （2）有倒角的銷孔類零件的裝配過程及柔性支撐結構模型

裝配過程如圖 10-7 所示，分為接近、倒角過渡、單點接觸、雙點接觸四種狀態和裝配過程階段。接近孔的階段也即是搜孔階段；Whitney 提出的末端操作器與銷之間的橫向彈簧、扭簧柔性支撐結構模型如圖 10-8 所示。

### （3）裝配過程的幾何分析

包括倒角接觸階段、單點接觸階段、雙點接觸階段這三個階段的幾何分析。對各階段進行幾何分析的目的是：根據解析幾何與力平衡關係，推導出銷軸線與孔軸線的偏角 $\theta$ 計算公式，以及柔性支撐下參考點即柔順中心點偏離孔軸線的偏距 $X_h$ 計算公式，其中偏角 $\theta$ 計、偏距 $X_h$ 的定義如圖 10-8 所示。

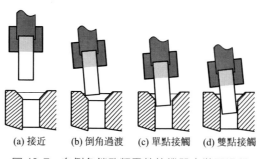

圖 10-7　有倒角銷孔類零件的機器人裝配過程

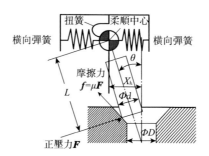

圖 10-8　末端操作器與銷之間的柔性支撐結構模型

（4）裝配過程的靜力學分析

　　關於單點接觸、雙點接觸狀態下的靜力學受力分析屬於理論力學中很基礎的問題，所以這裡從略。而更重要的問題是：裝配成功與否是由裝配時的力學狀態來決定的，導致裝配失敗的力學狀態有卡阻和楔緊兩種。二維、三維零件裝配的靜力學分析屬於取裝配件、被裝配件為分離體應用大學工科理論力學知識進行受力分析和列寫力、力矩平衡方程的一般性工作，此處不贅述。

　　① Simunovics 定義的卡阻和楔緊兩種力學狀態。由於支撐施加到銷上的作用力和力矩的比例不當而使得銷在孔中無法繼續下插的一種力學狀態，這種現象可以透過改變施加力的狀態來排除掉；楔緊是由於銷與孔的幾何關係不當而使得銷在孔中不能移動的力學狀態。一旦發生楔緊現象，無論怎樣改變裝配力都不能使裝配繼續進行，除非使零件在接觸點處損壞。銷孔裝配操作時單點接觸和雙點接觸的代表性的靜力接觸狀態共有 6 種，其中的三種如圖 10-9 所示，其餘三種則是銷的傾斜方向分別與圖示的三種方向相反，此處省略。

　　② 卡阻分析方法。按圖 10-9 給出的三種接觸狀態和各自的靜力學平衡方程可以分別推得各自狀態下的 $M_y/(\mathrm{d}F_z/2)$、$F_x/F_z$ 的計算公式，並可以得到以 $F_x/F_z$ 為橫軸、以 $M_y/(\mathrm{d}F_z/2)$ 為縱軸的四邊形卡阻圖，圖中 1、3 象限位兩點接觸

狀態的卡阻臨界狀態，2、4象限為雙點接觸的卡阻臨界狀態。若裝配力 $F_x$、$F_z$、$M_y$ 組合出的單點狀態、雙點接觸狀態落入四邊形的外面，則發生卡阻；落在裡面則不發生卡阻；若落在平行四邊形邊界上則處於臨界狀態，也不發生卡阻。

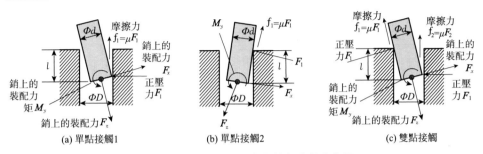

(a) 單點接觸1　　　　(b) 單點接觸2　　　　(c) 雙點接觸

圖 10-9　銷孔裝配過程中的接觸狀態與楔緊

③ 楔緊分析。Simunovics 認為楔緊是由於幾何上的原因導致雙點接觸時兩節觸點處反作用力的作用線重合，使所用力所做的功全部轉化為零件的變形能而不能使銷產生運動。他認為當雙點接觸發生在 $l$ 值很小的情況下，很可能導致兩接觸點處的摩擦錐相交而導致楔緊。根據兩點接觸狀態的楔緊分析可以求得發生楔緊的最大深度 $l_w = \mu d$。最大偏角 $\theta_w = (D - d)/(D\mu)$，文獻中使用 $c = (R - r)/R$，$\theta_w = c/\mu$，其中 $R$、$r$ 分別為 $D/2$、$d/2$。

需要說明的是：Simunovics 當時提出的裝配理論並未考慮銷在 $yz$ 平面內的偏斜。整個分析是建立在被動柔順觀點基礎之上的二維靜力學理論分析，實際應用上有很大局限性，而且沒有對裝配策略進行研究，楔緊分析也過於簡單。但為機器人裝配理論的進一步研究提供了思路和方法，其卡阻分析的實際意義很大。對後續的機器人裝配理論與技術的研究影響很大。

（5）裝配策略

主要包括兩部分，一部分是搜孔策略；另一部分才是實質性的裝配即插銷入孔的插入策略。搜孔策略有被動柔順搜孔策略和主動柔順搜孔策略兩種。

① 被動柔順搜孔策略。是將銷的支承柔順中心配置在銷的下端部，使得倒角過渡時孔對銷的反力近似透過支承柔順中心，達到不使銷產生偏轉的目的。此外，可以透過設計使柔順機構橫向調整的運動阻力趨於零，而擺動阻力相對而言遠大於橫向運動阻力（實際仍很小）的柔順機構的辦法，使孔對銷產生的反力不易引起銷的擺動。還可以採用變剛度法，即在倒角過渡時使支承結構的扭轉剛度變得很大，如此使被動柔順機構即使柔順中心點至銷下端部的距離 $L$ 很大也不會引起銷的偏轉，柔順機構設計也不受此距離 $L=0$ 的約束，當裝配零件尺寸變化時也不影響系統的工作效果。被動柔順不論是橫向調整還是偏擺調整，都期望

在產生柔順時柔順運動阻力盡可能趨近於零。

　　② 主動柔順搜孔策略。典型方法有平面搜孔法和立體搜孔法，如圖 10-10 所示。

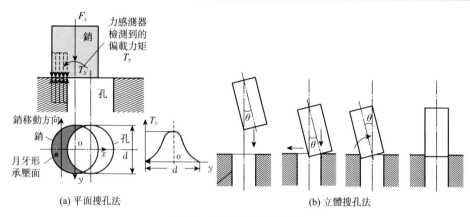

(a) 平面搜孔法　　　　　　　　　　　　(b) 立體搜孔法

圖 10-10　搜孔法原理圖

　　a. 平面搜孔法是利用銷與孔的位置偏移而產生力矩的原理來判別孔與銷的相對位置，進而沿著計算出的方向移動銷的位置，如此反復進行，直至銷的下端部落入孔口為止。當銷的下端部覆蓋部分銷孔時，銷的下端面與孔邊緣所在平面的接觸面積為「月牙形」，由於實際接觸的「月牙形」面積上作用著 $z$ 方向的分布的接觸力，對於銷的下端面而言，受到來自孔邊緣所在平面的反作用力，而且是偏離銷的下端中心的力，這樣就會在銷上產生一個偏心的力矩，透過此偏心力矩即可檢測出銷已位於孔的上方，否則，銷下端部沒有遇到孔時，理論上不會有偏心力矩或偏心力矩非常小。由力/力矩感測器檢測到的偏載力矩 $T_y$ 的變化和大小可以找到沿銷行進即搜索方向上的「月牙形」接觸面積的中線位置，然後沿此中線分別左右橫移銷，由檢測到橫移方向上的力可判別出兩個邊界點即為直徑端點。因此，平面搜索法的條件是必須讓銷在搜索平面上施加一定的搜孔壓力。當零件無倒角時，這種搜索法的搜索時間很長。平面搜孔法適用零件有倒角或配合間隙較大的情況。

　　b. 立體搜索法是先將初始狀態為零位的銷偏轉一定的角度，銷一偏斜就會在其下端部有一個最低點，然後機器人帶著偏斜的銷下移，當沒有遇到銷孔時，銷的最低點與孔所在零件的表面一旦接觸就會受到一個反作用力（由機器人的腕力/力矩感測器檢測出來），按預先設定好的搜索路徑和步距重複上述動作，每次銷的抬起高度和下移距離都相同。當按同樣下移距離時力感測器沒有檢測到最低點受到 $z$ 方向上反作用力，說明銷位於銷孔之上。然後繼續下移一定的距離，

直至檢測到受到 $z$ 向、$x$ 或 $y$ 向的反作用力時，則沿著 $x$ 或 $y$ 方向力的反方向進行小步矩橫移，直至檢測到 $z$、$x$ 或 $y$ 方向上受到反作用力，則找到了另一個邊界點。對於圖 10-10(b)，就是找到了銷孔，則將銷的偏角調回成零為姿態，下移銷入銷孔即可。

③ 主動搜孔策略的實際問題。以上給出的只是在理論上說明的搜孔方法，實際上，銷孔是二維平面孔（搜孔暫不考慮孔深問題），則需要找到二維銷孔上兩個互相垂直直徑上各自的邊界點（即距離最遠的四個點才能確定銷孔的中心）。因此，按照前述的立體搜孔策略原理需要在搜索區域內進行搜索路徑的規劃才能找準孔的中心，搜索步距越小找到的孔中心就越準確，但花費的時間越長。

單純藉助腕力/力矩感測器和搜孔策略的搜孔技術，即如前所述主動柔順搜孔或被動柔順搜孔法之一。

藉助視覺感測器圖像處理與模式識別、腕部力/力矩感測器和搜孔策略的搜孔技術：實際應用上，如果排除遮擋問題，可用視覺感測器進行視覺伺服和立體搜索法結合起來的方法會提高搜孔效率。對於應用工業機器人操作臂系統及其銷孔類裝配技術而言，透過機器人末端搭載的視覺系統可以獲得末端操作器作業區域附近的被操作對象物或環境的圖像，透過自動化工廠生產線環境中機器人周圍設置的外部視覺系統可以獲得操作空間內的圖像，透過圖像處理來識別銷孔等孔類結構的位置、尺寸，然後控制機器人操作臂將銷移到要裝配的孔的上方，然後執行搜孔，其實孔已經在銷的下方，但銷底面中心和孔的中心未必對得準確。因此，藉助於視覺系統圖像處理、孔類結構的模式識別和機器人操作臂末端的視覺定位技術即可以使銷快速地移動到孔的上方，即銷底面在孔所在平面上的投影與孔有「月牙形」的重疊區，此時，再利用前述的「立體搜孔法搜孔策略」在 $x$、$y$ 兩個方向上掃描搜索並利用腕力/力矩感測器的力資訊的變化規律即可找出孔的中心，開始進入銷插入銷孔的裝配「插入」階段。

④ 裝配過程中的「插入」策略。「插入」策略是根據單點或多點接觸（雙點、三點、…、$n$ 點接觸）狀態分類（對於銷孔類裝配只有單點接觸、雙點接觸狀態，它們各自又可分為不同的單點或雙點接觸類型）與靜力學分析後歸納得出的接觸狀態識別條件以及腕力感測器即時採集獲得的力資訊對當前實際接觸狀態進行判別，根據判別結果而採取繼續進行裝配的行動的行為決策。它包括根據當前接觸狀態執行下一步行為的選擇和所選行為的結果即可能得到下一接觸狀態的評價（即行為選擇的評價）。裝配過程中的狀態是用表示單點或多點接觸狀態的狀態量來表示，而裝配過程中的行為則是用表示使銷產生位移和偏角的行為變量來表示。對於含有多點接觸狀態的裝配「插入」策略可以採用基於狀態、行為空間表示的強化學習的方法來實現。對於銷孔類零件裝配，由於其接觸狀態相對較單一（單點接觸、雙點接觸），接觸狀態遷移基本上可選

擇性很小，所以按照接觸狀態判別條件結合力感測器資訊即可執行「插入」裝配。

(6) 銷孔類圓柱形軸孔零件的機器人裝配系統設計

實現銷孔類圓柱形軸孔零件的機器人裝配方法與技術可以分為以下幾類。

① 靠機器人末端定位位姿精度來滿足裝配條件的機器人裝配技術（專用於裝配的 SCARA 裝配機器人）。這類裝配技術是在機器人定位精度滿足裝配零件間配合性質和間隙配合條件下的裝配，也即機器人末端定位精度高於配合間隙，使得靠機器人定位精度即可使銷的位姿位於配合尺寸上偏差、下偏差範圍之內。這類由定位精度要求高於間隙配合尺寸公差範圍的裝配技術只採用機器人位置軌跡追蹤控制技術即可實現。如果是間隙配合也可不需在腕部加裝力/力矩感測器，整個裝配機器人系統即為通常的位置/軌跡追蹤控制的工業機器人操作臂作業系統，實質上就是定位精度滿足裝配件配合性質和間隙配合尺寸偏差要求的工業機器人操作臂，但在裝配技術上沒有絲毫體現，從這一點來看，這類裝配機器人實質上不屬於裝配技術型機器人。但需要解釋的是：SCARA 機器人屬於專屬於裝配的機器人，是因為該機器人在機構設計上已經考慮了裝配力有效性的問題，即末端裝配運動方向與各個關節回轉運動軸線平行，機器人本身各個構件的重力和慣性力、力矩以及牽連運動產生的力、力矩均與裝配運動方向和裝配力方向垂直，因而，對裝配力沒有直接影響。這一點為 SCARA 機器人作為裝配專用機器人的一大特點和優勢所在。但若軸孔零件配合是過渡配合，則需要控制裝配力，此時需要安裝腕力/力矩感測器或者直接測定所需裝配力，然後在位置控制基礎上，施加假想的虛擬力控制。

② 靠被動適應的 RCC 柔順手腕機構實現裝配的機器人裝配技術（1977～1984 年，P. C. Watson、D. E. Whitney、J. P. Merlet 等）。是透過 RCC 柔順機構本身的彈性（柔性）來獲得裝配過程中的柔順性，即使在剛性狀態下處於卡阻或楔緊狀態而陷入不能繼續裝配的困境時，採用 RCC 柔順手腕機構本身在設計上特有的彈性能夠解除卡阻和楔緊狀態，剛性接觸下的卡阻或楔緊狀態產生的卡阻力或楔緊力可以被柔順彈性機構的彈性以「順從」（彈性變形）的方式從「硬性」幾何關係和力學關係下的卡阻或楔緊狀態逃離出來，並在保持彈性柔順力的狀態下，機器人驅動末端操作器及其上的銷繼續插入銷孔。採用 RCC 手腕柔順機構或者其他柔順機構的被動柔順機器人裝配技術完全依賴於柔順機構本身的彈性，這類柔順機構在設計和製造、柔順力與位移之間的函數關係的標定階段給出實際柔順機構彈性位移與柔順力之間的具體函數關係式或具體數據曲線，然後按機器人操作臂末端操作器位置軌跡追蹤控制器和被動柔順力與柔順位移關係構成的柔順力控制器設計力/位混合控制系統。因此，這種控制系統也不需腕力/力矩感測器，降低了控制系統設計與構件的成本，但是通用性差，可以將被動柔順機構設

計成其彈性在一定範圍內離線可調控的被動柔順機構，以獲得可在一定範圍內有一定柔順通用性的柔順機構。但若設計成在線可調控柔順機構則演變成主動柔順機構。

③ 靠 AACW 等主動適應的柔順手腕機構實現裝配的機器人裝配技術（1977～1983 年，H. V. Brnssel 等）。如果將被動柔順機構中加上主動驅動部件使彈性機構主動產生位移和偏角以適應裝配所需柔順性，或者在被動柔順機構上施加柔順力、力矩檢測功能即帶有柔順力感測器功能，則被動柔順機構就成了主動柔順手腕機構。

④ 靠主動驅動和被動柔順結合的主被動柔順手腕機構實現裝配的機器人裝配技術（1983～1992 年 J. Rebman，T. L. De Fazio，D. S. Setzer，H. S. Cho，H. G. Cai 等）。

以上各種機器人裝配技術中涉及各類柔順手腕機構裝置原理與結構在本書「8.3.3 柔順操作與裝配作業的末端操作器」一節中已交代清楚，這裡不再講述。

筆者歸納給出的機器人柔順裝配系統構成及其裝配控制系統設計原理如圖 10-11 所示。

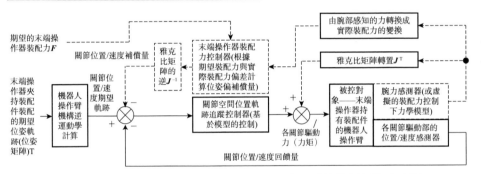

(a) 以末端操作器位姿精度為主的機器人裝配系統構成及其控制系統設計原理框圖

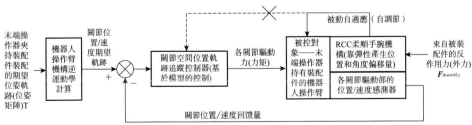

(b) 靠被動適應的RCC柔順手腕機構實現裝配的機器人裝配系統構成及其控制系統設計原理框圖

圖 10-11

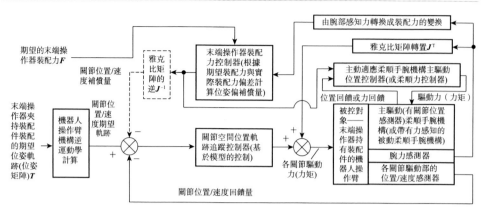

(c) 靠主動適應的柔順手腕機構實現裝配的機器人裝配系統構成及其控制系統設計原理框圖

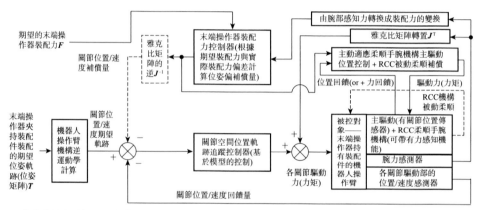

(d) 靠主動驅動和被動柔順結合的主被動柔順手腕機構實現裝配的機器人裝配系統構成及其控制系統設計原理框圖

圖 10-11　圓柱形軸孔類零件的機器人裝配系統及其控制系統設計原理圖

## 10.4.3　方形軸孔類零件的裝配理論研究

　　圓柱形軸孔零件的形狀簡單，在研究中經常將其簡化為理想的二維平面模型進行分析，在平面中研究它的幾何約束和力約束等問題。而方形軸孔零件則不具備這樣的簡化條件，其研究需要在三維空間中進行，裝配問題更加複雜。

　　方形軸孔的搜孔策略：在 2001 年，Chhatpar 等人討論了具有位置不確定性的方形軸孔零件裝配的搜孔問題[2]，提出以裝配間隙為間隔，將搜索空間離散化，並找到一種花費時間少且可以覆蓋全部區域的路徑進行搜孔。2013 年 Park 等人從盲人將插頭插入插座的行為中得到啓發，提出了一種直觀的搜孔策略[3]。該搜孔策略不需要事先知道孔件的精確位置，而是控制機器人夾持方形軸件在搜

索空間內按照預定的螺旋軌跡運動，結合六維力感測器，成功實現方形軸孔的裝配。但是這種搜孔策略存在局限性，搜孔花費的時間較長。2014 年，Kim 等人推導了一種基於六維力感測器的孔件形狀識別算法和軸孔檢測算法，提出了可以用於方形軸孔裝配的搜孔策略[4]。該策略誤差小、花費時間短，其成功率可以達到 93%，具有一定的實用價值。2016 年，Fei 等人在研究電子元器件裝配的過程中，分析了螺旋線搜索、探查搜索和二分查找的性能和效率[5]。

方形軸孔的插入：1999 年，Yao 和 Cheng 在分析機械臂動力學特性的基礎上，透過不斷調整插入運動的速度來改善裝配的質量，實現機械臂的快速裝配[6]。模擬和實驗的結果表明，利用變速插入運動進行方形軸孔零件的裝配可以限製接觸力的大小，減輕零件間的衝擊，縮短裝配時間。2002 年，Caine 等人對無倒角方形軸孔零件的裝配過程進行分析，計算並歸納了所有可能出現的接觸狀況，提出可以透過一系列的可達狀態逐步減少系統的不確定性，進而實現裝配任務[7]。2005 年 Chhatpar 等人針對精密裝配領域的自動化提出一種新的思路[8]。當裝配過程中的位置不確定遠遠大於裝配間隙時，在裝配前利用探針感知裝配環境，建立起方形軸孔的位姿關係和接觸狀態空間的映射集，提高了柔順控制策略的成功率。2012 年 Park 等人將方形軸孔裝配過程劃分為六個階段，並對每個階段的接觸情況進行了分析，最後在此基礎上製定裝配策略逐步實現裝配操作[9]。2018 年，Kim 等人針對方形軸孔零件裝配設計了一種帶有角度測量系統的夾具，多次實驗表明夾具配合六維力感測器可以準確感知方柱和孔件之間的位姿誤差[10]。

## 10.4.4　複雜軸孔類零件裝配問題

複雜零件裝配是指裝配對象的幾何特徵複雜導致裝配運動路徑複雜的裝配類型，如不規則凸形軸孔零件裝配、凹形軸孔零件裝配和多軸孔零件裝配等。下面將會對這類零件裝配的研究現狀進行介紹。

(1) 不規則凸形軸孔零件裝配

1987 年，Strip 利用力/位混合控制方法，將 Caine 等人針對方形軸孔零件裝配的研究方法推廣到一般凸形軸孔零件的裝配過程中[11]。他們從人類裝配零件的動作中得到啓發，將軸件傾斜一定角度，在保持已有接觸的情況下對零件進行移動和轉動，找準位置並對齊稜邊，完成裝配任務。基於這樣的思路他們還研製出了一種用於一般凸形軸孔零件裝配的被動柔順裝置。1999 年，Lee 和 Asada 提出一種振動/關聯法，設計了一種壓電振動裝置，控制裝置末端的夾持器以一定的頻率振動，透過回饋資訊判斷接觸狀態，引導裝配進行[12]。

（2）凹形軸孔零件裝配

凹形軸孔零件的裝配在實際生產生活中並不多見，這方面的研究也相對較少。其中最典型的一種裝配類型是將 T 形的工件裝入 C 形的溝槽中。1997 年，Kang 等人針對這種裝配類型設計了剛度控制器[13]，定義了目標逼近條件和接觸力的邊界條件，透過檢測目標的狀態和接觸力的大小，在不分析接觸狀態和裝配路徑的條件下，使裝配可以向著目標狀態逼近。其研究方法雖然不具有一般性和普適性，但其思路對其他類型的凹形軸孔零件裝配的研究具有一定的參考價值。

（3）多軸孔零件裝配

多軸孔零件裝配是一種特殊的裝配類型，其難點主要在於需要同時滿足多對軸孔零件的約束條件，這類裝配中最典型的是多圓軸孔零件的裝配。Ohwovoriole 是最早開始對多軸孔零件的裝配進行研究的學者之一[14]。1980 年，Ohwovoriole 利用旋量理論對雙圓軸孔零件的裝配問題進行了理論分析，提出多軸孔的裝配問題可以分解為單軸孔的裝配問題。1995 年，McCarragher 和 Asada 研究了人在裝配過程中的決策機製，設計了離散事件控制器。控制器透過分析裝配過程中可能出現的所有接觸狀態以建立 Petri 網路，即時監控裝配接觸狀態的遷移[15]。實驗證明該控制器可以應用在雙軸孔零件的裝配中。1998 年，Sathirakul 等人在準靜態條件下對多軸孔零件裝配進行了分析，以兩軸孔零件裝配為例推導了卡阻條件[16]。2001 年張偉軍等基於裝配過程離散化的思想，利用拓展庫對裝配過程進行建模，提出接觸狀態遷移序列最佳化的生成算法[17]。但同時他也指出，對於形狀更加複雜的多軸孔零件裝配，需要建立的 Petri 網路更加複雜，需要的計算時間也更長，可能會限製離散事件控制器在實際中的應用。2003 年，費燕瓊等人提出利用二元素幾何法來描述多軸孔零件的幾何特徵，結合旋量理論計算接觸力，並利用最速下降法來推斷下一步的裝配運動[18]。2017 年 Hou 等人針對剛性的雙軸孔零件的裝配，提出利用模糊控制方法設計控制器完成裝配[19]。2019 年，Zhang 等人分析了柔性的雙軸孔零件的裝配問題，並提出了一種機器人柔性雙軸孔零件的裝配方法，該方法同時可以拓展到多軸孔零件的裝配任務中[20]。

（4）圓-長方形複合孔類零件的裝配

2015 年起，筆者和所指導的碩士生潘學欣和宋健偉最早開始對圓-長方形複合孔類零件的裝配展開研究，重點分析了複合零件主動柔順中心的設置方法以及避免「卡阻」現象的力學條件，並結合力/位混合控制等主動控制方法來實現圓-長方形複合孔類零件的裝配，透過模擬進行了驗證[21,22]。2019 年，對於圓柱形-長方形複合孔類零件的裝配理論研究取得了搜孔、所有接觸狀態類型的分類、識別、各種接觸狀態靜力學以及裝配插入策略、主動柔順力位混合控制以及模擬分析等研究成果[23]，並進入裝配實驗研究階段。這些研究成果將在 10.4.5 節加

以匯總論述。

## 10.4.5 圓柱形-長方形複合型軸孔裝配理論與銷孔類零件裝配系統設計（吳偉國，哈工大，2015～2019）

### (1) 圓柱形-長方形複合型軸孔類零件的裝配問題

圓柱形-長方形複合型軸孔類零件是指具有由長方孔和圓柱形孔兩類基本幾何圖形要素複合而成的「軸」「孔」類零件。這裡所說的「軸」並不一定是軸，是指類似公差與互換性意義上的軸和孔，「孔」類零件則一定是有此類複合型孔的零件。此類零件如普通平鍵與軸上鍵槽的裝配、帶有普通平鍵的軸段與帶鍵槽的輪轂之間的裝配、板銷與板銷孔的裝配等。圓柱形-長方形複合型軸孔（簡稱為圓-長方形複合軸孔，或圓-長方形複合孔）幾何特徵如圖 10-12 所示，這些軸孔即可開在圓柱形表面上，也可以開在平面上。而且對於此類軸孔零件的機器人自動化裝配技術研究而言，仍然是指按照公差與互換性理論和技術標準中定義的配合性質範疇內的裝配技術，即按公差等級的間隙配合、過渡配合、過盈配合。單純靠機器人定位精度就足以滿足零件間大間隙「裝配」問題沒有必要在機器人裝配技術中討論，前文交代過，那種情況本身就是通常的位置軌跡追蹤控制技術即可實現，不涉及到機器人裝配的實質性技術問題。

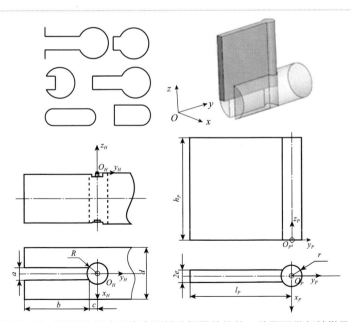

圖 10-12　圓柱形-長方形複合型軸孔類零件的軸、孔斷面幾何特徵及零件裝配實例之一的三維圖形和結構尺寸參數

（2）圓柱形-長方形複合孔類零件裝配的接觸狀態分析與分類

圓-長方形複合孔類零件的幾何尺寸參數如圖 10-12 所示。由於其形狀的複雜性，在裝配過程中會出現多種不同的接觸狀態，而這些接觸狀態由於接觸性質不同存在多種分類方法，例如，按接觸點的數目分類、按接觸點的位置分類、按接觸的性質分類等。為了便於後續的接觸狀態識別，需要將具有相似受力情況的接觸狀態劃分為同一類，本文將採用接觸點數目和接觸點位置相結合的方式對複合零件裝配過程中所有可能出現的接觸狀態進行分類和歸納，結果如圖 10-13～圖 10-15 所示。

按照接觸點數目、接觸點位置的不同對圓-長方形複合類軸孔零件裝配時可能產生的所有接觸狀態進行分類，由於接觸狀態類型較多，為了準確而又不失簡潔地表示出每一種接觸狀態，在本文中採用由字母和數位組合的編號來表示接觸狀態，編號的格式為「P-$u$-$v$-$w$」。其中，P 表示點接觸，$u$ 表示接觸點的數目，$v$ 是由接觸點的位置決定的參數，表示接觸的類別，$w$ 表示某一類別下的接觸種類。例如，編號「P-1-2-3」代表的是一點接觸下的第二類接觸類別下的第 3 種接觸狀態。

① 一點接觸。一點接觸共有 10 種接觸狀態，劃分為兩個類別。第一類是接觸點位於複合孔類零件圓柱部分的情況，包括 2 種接觸狀態，如圖 10-13(a) 所示；第二類是接觸點位於複合孔類零件方柱部分的情況，包括 8 種接觸狀態，如圖 10-13(b) 所示。

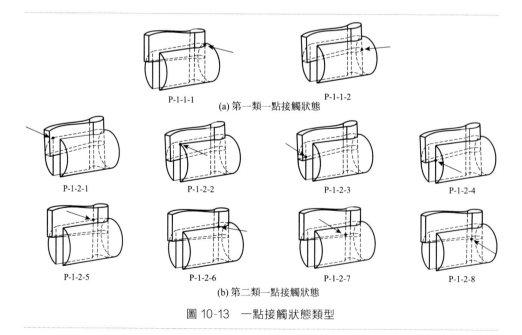

P-1-1-1　　P-1-1-2
(a) 第一類一點接觸狀態

P-1-2-1　　P-1-2-2　　P-1-2-3　　P-1-2-4

P-1-2-5　　P-1-2-6　　P-1-2-7　　P-1-2-8
(b) 第二類一點接觸狀態

圖 10-13　一點接觸狀態類型

② 兩點接觸。兩點接觸共有 21 種接觸狀態，可以劃分為三個類別。第一類是兩個接觸點均位於複合孔類零件圓柱部分的情況，此類包括 1 種接觸狀態，如圖 10-14(a) 所示；第二類是一個接觸點位於複合孔類零件圓柱部分，另一個接觸點位於複合孔類零件方柱部分的情況，此類包含 16 種接觸狀態，如圖 10-14 (b) 所示；第三類是兩個接觸點均位於複合孔類零件方柱部分的情況，此類包括 4 種接觸狀態，如圖 10-14(c) 所示。

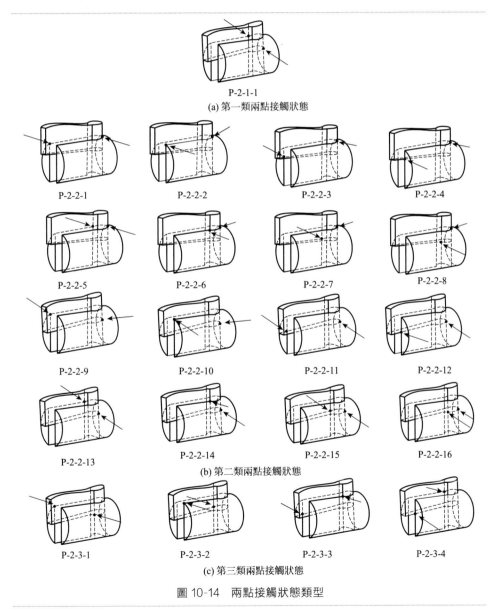

P-2-1-1
(a) 第一類兩點接觸狀態

P-2-2-1　　P-2-2-2　　P-2-2-3　　P-2-2-4

P-2-2-5　　P-2-2-6　　P-2-2-7　　P-2-2-8

P-2-2-9　　P-2-2-10　　P-2-2-11　　P-2-2-12

P-2-2-13　　P-2-2-14　　P-2-2-15　　P-2-2-16
(b) 第二類兩點接觸狀態

P-2-3-1　　P-2-3-2　　P-2-3-3　　P-2-3-4
(c) 第三類兩點接觸狀態

圖 10-14　兩點接觸狀態類型

③ 三點接觸狀態。三點接觸共有 10 種接觸狀態,可以劃分為兩個類別。第一類是三個接觸點均位於複合零件圓柱部分的情況,此類別包括 2 種接觸狀態,如圖 10-15(a) 所示;第二類是一個接觸點位於複合零件圓柱部分,另外兩個接觸點位於複合零件方柱部分的情況,此類別包含 8 種接觸狀態,如圖 10-15(b) 所示。

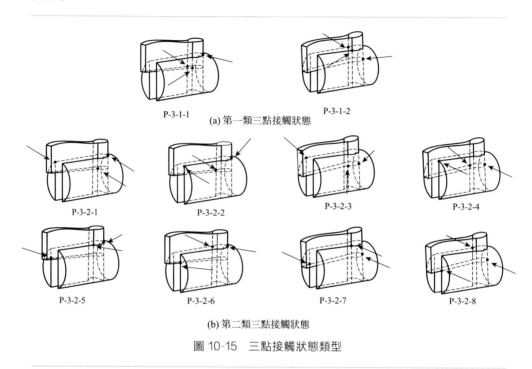

P-3-1-1　　　　　　P-3-1-2

(a) 第一類三點接觸狀態

P-3-2-1　　　P-3-2-2　　　P-3-2-3　　　P-3-2-4

P-3-2-5　　　P-3-2-6　　　P-3-2-7　　　P-3-2-8

(b) 第二類三點接觸狀態

圖 10-15　三點接觸狀態類型

(3) 接觸點類型及其基本力學模型與各接觸狀態靜力學分析方法

基於上文中對接觸狀態的分類,下面將對各類接觸狀態的接觸受力情況進行分析。由於一點接觸是其他接觸狀態類型受力分析的基礎,因此,首先重點分析一點接觸的受力情況,然後將分析方法拓展到多點接觸的情況,最後推導給出圓-長方形複合孔類零件在裝配過程中接觸受力情況的一般表達式。

一點接觸狀態中出現的接觸點可以根據性質不同劃分為四類:第一類是孔件與軸件圓柱部分的側面產生的接觸點,如接觸狀態 P-1-1-1 中出現的接觸點;第二類是軸件與孔件圓孔部分的內表面產生的接觸點,如接觸狀態 P-1-1-2 中出現的接觸點;第三類是孔件與軸件方柱部分的外表面產生的接觸點,如接觸狀態 P-1-2-1 和 P-1-2-5 中的接觸點;第四類是軸件與孔件方孔部分的稜邊產生的接觸點,如接觸狀態 P-1-2-3 和 P-1-2-7 中的接觸點。考慮到裝配運動是豎直向下的,可以利用準靜態平衡條件對四種類型的接觸點進行受力分析。

① 第一類接觸點和第二類接觸點。首先分析第一類接觸點，以接觸狀態 P-1-1-1 為例，其受力情況如圖 10-16 所示。以裝配軸件座標系 $O_p x_p y_p z_p$ 為參考座標系，可以得到如下關係式：

$$F = \sum_{i=1}^{n} (\boldsymbol{F}_{Ni} \mid \boldsymbol{F}_{fi}) \tag{10-1}$$

$$M = \sum_{i=1}^{n} (\boldsymbol{M}_{Ni} + \boldsymbol{M}_{fi}) \tag{10-2}$$

式中，$F$ 和 $M$ 為從參考座標系中得到的六維力感測器回饋的力和力矩資訊，其中 $\boldsymbol{F} = \begin{bmatrix} F_x & F_y & F_z \end{bmatrix}^T$，$\boldsymbol{M} = \begin{bmatrix} M_x & M_y & M_z \end{bmatrix}^T$；$n$ 為接觸點的數目，$\boldsymbol{F}_{Ni}$ 和 $\boldsymbol{F}_{fi}$ 分別為軸件受到的法向接觸力和摩擦力；$\boldsymbol{M}_{Ni}$ 和 $\boldsymbol{M}_{fi}$ 分別為軸件受到的接觸力矩。分析圖 10-16 所示的接觸狀態，可以得到：

$$\begin{bmatrix} \boldsymbol{F} \\ \boldsymbol{M} \end{bmatrix} = \begin{bmatrix} -f_1 \cos\theta_1 \\ -f_1 \sin\theta_1 \\ \mu f_1 \\ f_1 h \sin\theta_1 + \mu f_1 r \sin\theta_1 \\ -f_1 h \cos\theta_1 - \mu f_1 r \cos\theta_1 \\ 0 \end{bmatrix} \tag{10-3}$$

式中，$f_1$ 為軸件在接觸點 $A$ 處受到的法向接觸力；$\theta_1$ 為接觸點 $A$ 在參考座標系 $xy$ 平面內的方位角；$r_A$ 為接觸點 $A$ 在參考座標系下的位置矢量，$r_A = \begin{bmatrix} r\cos\theta_1 & r\sin\theta_1 & h \end{bmatrix}^T$；$\mu$ 為軸件和孔件之間的摩擦因數；$h$ 為裝配深度。

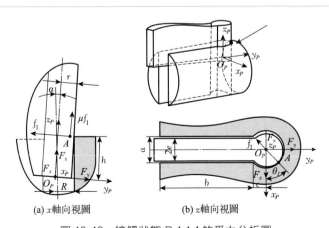

(a) $x$ 軸向視圖     (b) $z$ 軸向視圖

圖 10-16　接觸狀態 P-1-1-1 的受力分析圖

對於第二類接觸點，以接觸狀態 P-1-1-2 為例，可以按照同樣的方法進行分

析，得到的結果如下

$$
\begin{bmatrix} \boldsymbol{F} \\ \boldsymbol{M} \end{bmatrix} = \begin{bmatrix} -f_1\cos\theta_1 \\ -f_1\sin\theta_1 \\ \mu f_1 \\ \mu f_1 r\,\sin\theta_1 \\ -\mu f_1 r\,\cos\theta_1 \\ 0 \end{bmatrix} \tag{10-4}
$$

② 第三類接觸點和第四類接觸點。首先分析第三類接觸點，以接觸狀態 P-1-2-1 為例，其受力圖如圖 10-17 所示。

根據式(10-1) 和式(10-2)，可以計算圖 11-17 所示接觸狀態在參考座標系 $O_P x_P y_P z_P$ 下的受力情況：

$$
\begin{bmatrix} \boldsymbol{F} \\ \boldsymbol{M} \end{bmatrix} = \begin{bmatrix} f_1 \\ 0 \\ \mu f_1 \\ -\mu f_1(b+c) \\ f_1 h + \mu f_1 e \\ f_1(b+c) \end{bmatrix} \tag{10-5}
$$

式中，$b$ 為方孔部分的長度；$e$ 為方孔部分的寬度的 $1/2$；$c$ 為圓孔的中心線到圓孔和方孔相交面的距離。

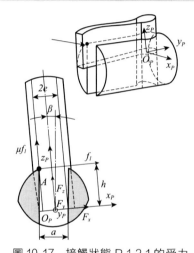

圖 10-17　接觸狀態 P-1-2-1 的受力分析圖

對於第四類接觸點，以接觸狀態 P-1-2-3 為例，可以按照同樣的方法分析，得到的結果如下：

$$
\begin{bmatrix} \boldsymbol{F} \\ \boldsymbol{M} \end{bmatrix} = \begin{bmatrix} f_1 \\ 0 \\ \mu f_1 \\ -\mu f_1(b+c) \\ \mu f_1 e \\ f_1(b+c) \end{bmatrix} \tag{10-6}
$$

下面，本文將一點接觸的受力分析拓展到多點接觸的情況。透過觀察可以發現，任意一種多點接觸狀態都可以認為是多個一點接觸狀態的組合。本文以兩點接觸狀態為例詳細介紹多點接觸狀態的接觸力分析方法。

③ 多點接觸狀態的受力分析。一點接觸的受力分析可以運用到多點接觸分析的過程中。觀察兩點接觸狀態和三點接觸狀態可以發現，任意一種多點接觸狀態都可以認為是多個一點接觸狀態的組合。可以用第二類兩點接觸狀態為例詳細分析兩點接觸狀態的計算方法，對於三點接觸狀態同樣可以利用這種方法進行分析。

第二類兩點接觸狀態有一個接觸點位於圓柱部分，一個接觸點位於方柱部分，與第一類和第三類兩點接觸狀態相比更具有一般性，下面將以第二類兩點接觸狀態 P-2-2-1 為例進行分析，其示意圖和受力圖如圖 10-18。

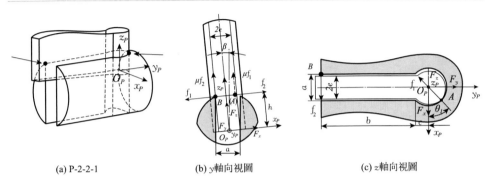

(a) P-2-2-1          (b) y軸向視圖          (c) z軸向視圖

圖 10-18　接觸狀態 P-2-2-1 的受力分析圖

從圖 10-18 可以看出，接觸狀態 P-2-2-1 的兩個接觸點分別是第一類接觸點和第三類接觸點，利用式(10-3) 和式(10-5)，容易得到在此接觸狀態下的受力情況，如式(10-6) 所示。

$$
\begin{bmatrix} \boldsymbol{F} \\ \boldsymbol{M} \end{bmatrix} = \begin{bmatrix} -f_1\cos\theta_1 \\ -f_1\sin\theta_1 \\ \mu f_1 \\ f_1 h\sin\theta_1 + \mu f_1 r\sin\theta_1 \\ -f_1 h\cos\theta_1 - \mu f_1 r\cos\theta_1 \\ 0 \end{bmatrix} + \begin{bmatrix} f_2 \\ 0 \\ \mu f_2 \\ -\mu f_2(b+c) \\ f_2 h + \mu f_2 e \\ f_2(b+c) \end{bmatrix}
$$

$$
= \begin{bmatrix} -f_1\cos\theta_1 + f_2 \\ -f_1\sin\theta_1 \\ \mu f_1 + \mu f_2 \\ f_1 h\sin\theta_1 + \mu f_1 r\sin\theta_1 - \mu f_2(b+c) \\ -f_1 h\cos\theta_1 - \mu f_1 r\cos\theta_1 + f_2 h + \mu f_2 e \\ f_2(b+c) \end{bmatrix} \tag{10-7}
$$

容易證明，上述利用接觸點疊加的方式計算得到的接觸狀態的受力分析結果與直接利用式(10-6) 和式(10-7) 計算得到的受力情況是一致的。可以看出，利用接觸點疊加的方式對接觸狀態進行分析的方法更加簡單和方便。

以上對於兩點接觸狀態的分析可以推廣到更一般的情況。假設某種接觸狀態下有 $q$ 個接觸點，其中，第 1 個到第 $m$ 個接觸點是第一類接觸點，第 $m+1$ 個到第 $n$ 個接觸點為第二類接觸點，第 $n+1$ 個到第 $p$ 個接觸點為第三類接觸點，第 $p+1$ 個到第 $q$ 個接觸點為第四類接觸點，這種接觸狀態的受力分析可以用如下的方程來描述：

$$\begin{bmatrix} \boldsymbol{F} \\ \boldsymbol{M} \end{bmatrix} = \begin{bmatrix} -\sum_{i=1}^{n} f_i \cos\theta_i \pm \sum_{k=n+1}^{q} f_k \\ -\sum_{i=1}^{n} f_i \sin\theta_i \\ \sum_{i=1}^{q} \mu f_i \\ \sum_{i=1}^{m} f_i h \sin\theta_i + \sum_{j=m+1}^{n} \mu f_j r \sin\theta_j - \sum_{k=n+1}^{q} \mu f_k L \\ -\sum_{i=1}^{m} f_i h \cos\theta_i - \sum_{j=m+1}^{n} \mu f_j r \cos\theta_j \pm \sum_{k=n+1}^{p} f_k h \pm \sum_{s=n+1}^{q} \mu f_s e \\ \pm \sum_{k=n+1}^{q} f_k L \end{bmatrix}$$

$$(10\text{-}8)$$

式(10-8) 可以寫成更簡潔的向量形式：

$$\begin{bmatrix} \boldsymbol{F} \\ \boldsymbol{M} \end{bmatrix} = \sum_{i=1}^{m} \boldsymbol{F}_i + \sum_{j=m+1}^{n} \boldsymbol{F}_j + \sum_{k=n+1}^{p} \boldsymbol{F}_k + \sum_{s=p+1}^{q} \boldsymbol{F}_s \qquad (10\text{-}9)$$

式(10-9) 中每個組成項的表達式如下：

$$\boldsymbol{F}_i = [-f_i \cos\theta_i \ -f_i \sin\theta_i \ \mu f_i \ f_i \sin\theta_i (h+\mu r) \ -f_i \cos\theta_i (h+\mu r) \ 0]^\mathrm{T}$$

$$(10\text{-}10)$$

$$\boldsymbol{F}_j = [-f_j \cos\theta_j \ -f_j \sin\theta_j \ \mu f_j \ \mu f_j r \sin\theta_j \ -\mu f_j r \cos\theta_j \ 0]^\mathrm{T} \qquad (10\text{-}11)$$

$$\boldsymbol{F}_k = [+f_k \ 0 \ \mu f_k \ -\mu f_k L \ +f_k(h+\mu e) \ +f_k L]^\mathrm{T} \qquad (10\text{-}12)$$

$$\boldsymbol{F}_s = [\pm f_s \ 0 \ \mu f_s \ -\mu f_s L \ \pm\mu f_s e \ \pm f_s L]^\mathrm{T} \qquad (10\text{-}13)$$

式中，$L$ 為接觸力產生力矩的力臂長度。

式(10-9) 是圓-長方形複合零件接觸受力分析的通用表達形式。在方程中，每一項均具有明確的物理意義。其中 $\boldsymbol{F}_i$ 表示了孔件與軸件圓柱部分的側面產生

的接觸力（力矩），$F_j$ 表示了軸件與孔件圓孔部分的內表面產生的接觸力（力矩），$F_k$ 表示了孔件與軸件方柱部分的外表面產生的接觸力（力矩），$F_s$ 表示了軸件與孔件方孔部分的稜邊產生的接觸力（力矩）。

式(10-9) 涵蓋了所有接觸狀態的受力情況，但是由於接觸狀態的種類眾多，直接利用式(10-9) 進行接觸狀態的識別是非常困難的。由前文中對接觸狀態分類的方式可知，同一類別的接觸狀態具有相同的接觸點數目和相似的接觸位置，其受力情況具有相似的特徵。由此得到啓發，一種比較可行的思路是採用分步識別的方法，即首先確定接觸狀態的類別，縮小識別範圍，然後再識別接觸狀態的種類。

④ 所有接觸狀態下接觸力情況的歸納匯總。在製定接觸狀態的識別策略前，需要先對所有接觸狀態的接觸力進行描述，下面將按接觸狀態的類別進行歸納和匯總，結果如表 10-1 所示，表中 $k_{ij}$ 為接觸種類判別係數，$i=1,2,\cdots,7$；$j=1$，$2,\cdots$，當 $k_{ij}$ 取不同的值時，相應的公式可以退化為某種接觸狀態的受力情況，係數的選擇和對應接觸狀態的對應關係如表 10-3 所示。

### 表 10-1　接觸狀態受力情況匯總表

| 接觸類別 | 接觸力描述 | 接觸類別 | 接觸力描述 |
|---|---|---|---|
| 第一類一點接觸 | $\begin{bmatrix} F \\ M \end{bmatrix} = \begin{bmatrix} -f_1\cos\theta_1 \\ -f_1\sin\theta_1 \\ \mu f_1 \\ k_{11}(f_1 h\sin\theta_1)+\mu f_1 r\sin\theta_1 \\ k_{12}(-f_1 h\cos\theta_1)-\mu f_1 r\cos\theta_1 \\ 0 \end{bmatrix}$ | 第二類一點接觸 | $\begin{bmatrix} F \\ M \end{bmatrix} = \begin{bmatrix} k_{21}f_1 \\ 0 \\ \mu f_1 \\ -\mu f_1(k_{22}b+c) \\ k_{21}(k_{23}f_1 h+\mu f_1 e) \\ k_{21}f_1(k_{22}b+c) \end{bmatrix}$ |
| 第一類兩點接觸 | $\begin{bmatrix} F \\ M \end{bmatrix} = \begin{bmatrix} -f_1\cos\theta_1-f_2\cos\theta_2 \\ -f_1\sin\theta_1-f_2\sin\theta_2 \\ \mu f_1+\mu f_2 \\ \mu f_1 r\sin\theta_1+f_2 h\sin\theta_2+\mu f_2 R\sin\theta_2 \\ -\mu f_1 r\cos\theta_1-f_2 h\cos\theta_2-\mu f_2 R\cos\theta_2 \\ 0 \end{bmatrix}$ | 第二類兩點接觸 | $\begin{bmatrix} F \\ M \end{bmatrix} = \begin{bmatrix} -f_1\cos\theta_1+k_{41}f_2 \\ -f_1\sin\theta_1 \\ \mu f_1+\mu f_2 \\ k_{42}(f_1 h\sin\theta_1)+\mu f_1 r\sin\theta_1-\mu f_2(k_{43}b+c) \\ -f_1\cos\theta_1(k_{42}h+\mu r)+k_{41}k_{44}f_2 h+k_{41}\mu f_2 e \\ k_{41}f_2(k_{43}b+c) \end{bmatrix}$ |
| 第三類兩點接觸 | $\begin{bmatrix} F \\ M \end{bmatrix} =$ $\begin{bmatrix} k_{51}(f_1-f_2) \\ 0 \\ \mu f_1+\mu f_2 \\ -\mu f_1(b+c)-\mu f_2 c \\ k_{52}f_1 h+k_{51}\mu f_1 e+(k_{52}-k_{51})f_2 h-k_{51}\mu f_2 e \\ k_{51}[f_1(b+c)-f_2 c] \end{bmatrix}$ | 第一類三點接觸 | $\begin{bmatrix} F \\ M \end{bmatrix} = \begin{bmatrix} -f_1 c_1-f_2 c_2-f_3 c_3 \\ -f_1 s_1-f_2 s_2-f_3 s_3 \\ \mu f_1+\mu f_2+\mu f_3 \\ f_1 s_1(k_{61}h+\mu r)+(f_2 s_2+f_3 s_3)(k_{62}h+\mu r) \\ -f_1 c_1(k_{61}h+\mu r)-(f_2 c_2+f_3 c_3)(k_{62}h+\mu r) \\ 0 \end{bmatrix}$ |
| 第二類三點接觸 | $\begin{bmatrix} F \\ M \end{bmatrix} =$ $\begin{bmatrix} f_1 c_1 k_{51}(f_1-f_2) \\ 0 \\ \mu f_1+\mu f_2 \\ -\mu f_1(b+c)-\mu f_2 c \\ k_{52}f_1 h+k_{51}\mu f_1 e+(k_{52}-k_{51})f_2 h-k_{51}\mu f_2 e \\ k_{51}[f_1(b+c)-f_2 c] \end{bmatrix}$ | | |

（4）接觸狀態識別與位姿調整策略

上文已經全面地分析了裝配過程中所有可能出現的接觸狀態及其受力情況，本節將討論如何利用這些理論分析的結果來製定接觸狀態識別策略，即如何利用六維力感測器回饋的力資訊 $\begin{bmatrix} F_x & F_y & F_z & M_x & M_y & M_z \end{bmatrix}^T$ 識別出當前裝配過程中某一時刻出現的接觸狀態。

對接觸狀態的識別，主要分兩步進行：一是確定當前接觸狀態的類別；二是在已知接觸狀態類別的條件下確定接觸狀態的種類。下面將分別進行研究。

① 接觸狀態類別的識別

a. 區分一點接觸和多點接觸的判斷條件。在裝配過程中發生一點接觸時，軸件在接觸點處受到一個法向接觸力及摩擦力，六維力感測器回饋的力資訊滿足如下條件：

$$F_z - \mu \sqrt{F_x^2 + F_y^2} = 0 \qquad (10\text{-}14)$$

當發生多點接觸時，軸件在各點受到的法向接觸力的方向不同，六維力感測器測量得到的是各力的矢量和，而軸件在各點受到的摩擦力方向相同，六維力感測器測量得到的是各力的代數和，回饋的力資訊不滿足式（10-14）。因此，可以用式（10-14）作為判斷條件來區分一點接觸狀態和多點接觸狀態。

b. 區分一點接觸類別的判斷條件。對於第一類一點接觸，接觸點在軸件的圓柱部分，產生的接觸力不會在軸件座標系的 $z$ 軸方向產生力矩，滿足條件：

$$M_z = 0 \qquad (10\text{-}15)$$

當發生第二類一點接觸時，接觸點在軸件的方柱部分，接觸力必然會在軸件座標系的 $z$ 軸方向產生力矩。因此，可以利用式（10-15）作為判斷條件來區分第一類一點接觸和第二類一點接觸。

c. 區分兩點接觸類別的判斷條件。對於第一類兩點接觸，兩個接觸點均位於軸件的圓柱部分，接觸力不會在軸件座標系的 $z$ 軸方向產生力矩，同時存在沿 $y$ 軸方向的分力，感測器回饋的力資訊滿足如下的判斷條件：

$$F_y \neq 0 \text{ 且 } M_z = 0 \qquad (10\text{-}16)$$

發生第二類兩點接觸時，兩個接觸點一個位於軸件的圓柱部分，另一個位於方柱部分，既存在軸件座標系中繞 $z$ 軸方向的力矩，也存在沿 $y$ 軸方向的分力，感測器回饋的力資訊滿足如下的判斷條件：

$$F_y \neq 0 \text{ 且 } M_z \neq 0 \qquad (10\text{-}17)$$

發生第三類兩點接觸時，由於接觸點均位於方柱部分，存在軸件座標系中繞 $z$ 軸方向的力矩，但不存在沿 $y$ 軸方向的分力，感測器回饋的力資訊滿足如下的判斷條件：

$$F_y = 0 \text{ 且 } M_z \neq 0 \qquad (10\text{-}18)$$

d. 區分三點接觸類別的判斷條件。與區分兩點接觸的類別相似，可以利用式(10-16) 和式(10-17) 作為區分第一類三點接觸和第二類三點接觸的判斷條件。

e. 區分第一類兩點接觸和第一類三點接觸的判斷條件。對於第一類兩點接觸和第一類三點接觸的，本文採用等效法進行判斷。在不考慮沿軸件座標系 $z$ 軸方向摩擦力的情況下，可以將三點接觸狀態等效為兩點接觸狀態，即將三點接觸狀態下在接觸點 $B$ 所受的法向接觸力 $f_2$ 和接觸點 $C$ 所受的法向接觸力 $f_3$ 等效為在 $B'$ 點所受的法向接觸力 $f_2'$，如圖 10-19 所示。

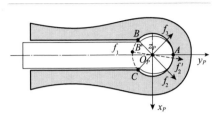

圖 10-19　第一類兩點接觸和第一類三點接觸的等效示意圖

可以從理論上證明這種等效方法的正確性。從表 10-1 中可以得到式(10-19) 和式(10-20)：

$$\begin{cases} F_x = -f_1 c_1 - f_2 c_2 \\ F_y = -f_1 s_1 - f_2 s_2 \\ M_x = \mu f_1 r s_1 + f_2 h s_2 + \mu f_2 R s_2 \\ M_y = -\mu f_1 r c_1 - f_2 h c_2 - \mu f_2 R c_2 \end{cases} \quad (10\text{-}19)$$

$$\begin{cases} F_x = -f_1 c_1 - f_2 c_2 - f_3 c_3 \\ F_y = -f_1 s_1 - f_2 s_2 - f_3 s_3 \\ M_x = k_{61} f_1 h s_1 + k_{62} (f_2 h s_2 + f_3 h s_3) + \mu r (f_1 s_1 + f_2 s_2 + f_3 s_3) \\ M_y = -k_{61} f_1 h c_1 - k_{62} (f_2 h c_2 + f_3 h c_3) - \mu r (f_1 c_1 + f_2 c_2 + f_3 c_3) \end{cases}$$
$$(10\text{-}20)$$

式中，$c_1 = \cos\theta_1$，$s_1 = \sin\theta_1$，$c_2 = \cos\theta_2$，$s_2 = \sin\theta_2$，$c_3 = \cos\theta_3$，$s_3 = \sin\theta_3$。

如果將方程式(10-19) 中的 $f_1 c_1$ 和 $f_1 s_1$ 分別替換為 $f_1 c_1 + f_3 c_3$ 和 $f_1 s_1 + f_3 s_3$，那麼方程式(10-19) 可以轉化為方程式(10-20) 在係數 $k_{61} = 1$ 且 $k_{62} = 0$ 的情況，即接觸狀態 P-3-1-1 的受力情況；如果將方程式(10-19) 中的 $f_2 c_2$ 和 $f_2 s_2$ 分別替換為 $f_2 c_2 + f_3 c_3$ 和 $f_2 s_2 + f_3 s_3$，那麼方程式(10-19) 可以轉化為方程式(10-20) 在係數 $k_{61} = 0$ 且 $k_{62} = 1$ 時的情況，即接觸狀態 P-3-1-2 的受力情況。

如圖 10-20 所示，當發生第一類兩點接觸時，兩個接觸點只能出現在 $B$ 點和 $C$ 點之間的優弧段；而發生第一類三點接觸時，等效的接觸點 $B'$ 只能出現在 $B$ 點和 $C$ 點間的劣弧段。

基於以上分析，可以得到區分第一類兩點接觸和第一類三點接觸的判斷條件：當回饋的力資訊滿足式(10-14)和式(10-16)時，按照第一類兩點接觸狀態進行求解（具體求解方法將在後文進行闡述），如果存在一個接觸點位於 $B$ 點和 $C$ 點之間的劣弧段，即滿足式(10-21)，則當前狀態可以判斷為第一類三點接觸；如果均位於優弧段，即滿足式(10-22)，則當前狀態可以判斷為第一類兩點接觸狀態。

$$\left|\theta_1+\frac{\pi}{2}\right|<\arcsin\frac{e}{r} \text{或} \left|\theta_2+\frac{\pi}{2}\right|<\arcsin\frac{e}{r} \tag{10-21}$$

$$\left|\theta_1+\frac{\pi}{2}\right|\geqslant\arcsin\frac{e}{r} \text{且} \left|\theta_2+\frac{\pi}{2}\right|\geqslant\arcsin\frac{e}{r} \tag{10-22}$$

f. 區分第二類兩點接觸和第二類三點接觸的判斷條件。對於第二類兩點接觸和第二類三點接觸，本文採用試探法，即先按照第二類兩點接觸的情況計算係數 $k_{41}$、$k_{42}$、$k_{43}$ 和 $k_{44}$ 的值，若滿足係數的取值範圍，則判斷為第二類兩點接觸，否則判斷為第二類三點接觸。

② 基於解析方法的接觸狀態種類的識別。在確定接觸狀態的類別後，接下來需要識別出接觸狀態的種類。對所有不同類別的接觸狀態進行分析後可以發現，對於推導得到的方程式，一旦確定了方程式中的係數 $k_{ij}$，那麼接觸狀態種類也就確定下來了，同時各個接觸點的法向接觸力和方位角也可以計算得到。這樣，識別接觸狀態種類的過程本質上就是求解靜力平衡方程組的過程。

雖然推導得到的靜力平衡方程式是非線性的，但是透過觀察可以發現，第一類一點接觸、第二類一點接觸、第二類兩點接觸和第三類兩點接觸的靜力平衡方程組形式相對簡單，在實際情況的約束下存在唯一的解析解。由於解析解更簡單直觀，能夠極大提高接觸狀態識別的速度，本文對這一類接觸類別進行了求解，表 10-2 展示了部分求解結果。

**表 10-2　部分求解結果**

| 接觸類別 | 未知變量的解析解 |
|---|---|
| 第一類 一點接觸 | $f_1=\dfrac{F_z}{\mu}$ <br><br> $\theta_i=\pi-\arccos\dfrac{\mu F_x}{F_z}$ 或 $\theta_i=-\pi+\arccos\dfrac{\mu F_x}{F_z}$ <br><br> $k_{11}=\dfrac{M_x-\mu f_1 r\sin\theta_1}{f_1 h\sin\theta_1}$ <br><br> $k_{12}=-\dfrac{M_y+\mu f_1 r\cos\theta_1}{f_1 h\cos\theta_1}$ |
| ⋮ | ⋮ |

③ 基於修正的 L-M 算法的接觸狀態種類的識別。對於其他的接觸類別，推導得到的非線性方程組比較複雜，利用解析方法求解的難度非常大，這時考慮採用數值方法進行求解。這類問題具有如下特點：非線性方程組的未知變量的數目比較多，一般存在 4～6 個未知變量，並且有 2 個以上的未知變量涉及三角函數；非線性方程組中未知變量的向量空間受到隱式約束和顯式約束，隱式約束一般是指由靜態平衡條件推導得到的等式約束，而顯式約束一般是指由未知變量的取值範圍得到的不等式約束。本文提出利用修正的 L-M 算法來處理這一類非線性系統，同時分析該算法的求解效率。

a. L-M 算法介紹。L-M 算法的全稱為 Levenberg-Marquardt 算法，是學者 Marquardt 在 1963 年提出的。L-M 算法最早來源於求解非線性最小二乘最佳化問題中的 G-N（Gauss-Newton）算法，並透過採用係數矩陣阻尼的方法對 G-N 算法進行了改良，克服了 G-N 算法在迭代過程中因為係數矩陣病態而無法確定搜索方向的缺點，並且同時具有了最速下降法的全局搜索最優解的特性。

L-M 算法的迭代計算公式為：

$$x_{k+1} = x_k - (J_k^T J_k + \lambda I)^{-1} (J_k)^T g(x_k) \tag{10-23}$$

式中，$J_k$ 為函數 $g(x)$ 在點 $x_k$ 處的梯度；$\lambda$ 為阻尼係數；$I$ 為單位矩陣。

當阻尼係數 $\lambda$ 很大時，算法的求解近似於最速下降法，而當阻尼係數趨近於零時，算法接近於 G-N 算法。在實際計算過程中，阻尼係數 $\lambda$ 是一個試探性係數，當給定的 $\lambda$ 使得目標函數值降低時，$\lambda$ 按照比例因子縮小，並進入下一次迭代計算；否則，$\lambda$ 按照比例因子增大，並重新進行本次迭代計算。

b. 將求解方程組的問題轉化為最小二乘最佳化問題。考慮構造如下的目標函數：

$$s(x) = \sum_{i=1}^{n} g_i^z(x) \tag{10-24}$$

式中，$g_i(x)$ 為非線性方程組中第 $i$ 個方程在點 $x$ 處的誤差值；$n$ 為非線性方程組中方程的數目。只要確定了 $g_i(x)$，就可以將求解非線性方程組的問題轉化為非線性最小二乘最佳化的問題

$$\min s(x) \tag{10-25}$$

其中，$s(x) = [g(x)]^T g(x) = \sum_{i=1}^{n} g_i^2(x)$。

c. 修正的 L-M 算法。L-M 算法收斂速度快，計算效率高，採用 L-M 算法可以提高計算接觸狀態的速度，以滿足即時裝配的需求，這是本文選擇 L-M 算法的主要原因，但是，同時注意到 L-M 算法本身是一種無約束的最佳化方法，在計算過程中可能會陷入局部最優解，為了避免這種情況發生，需要結合課題實際，對傳統的 L-M 算法進行修正。

在本課題中，未知變量存在取值的上界和下界，在計算過程中需要考慮這類

顯式約束的影響，否則最後可能得到不符合實際情況的求解結果。針對這個問題，本課題對 L-M 算法進行了適當修改，增加了對迭代點進行自查的部分，即每次迭代計算後首先判斷迭代點是否滿足顯式約束，如滿足約束條件，迭代計算正常向下進行；如不滿足，則首先對迭代點進行修正，使其回歸可行域，然後再進行迭代計算。

這樣的修改在一定程度上犧牲了原算法的求解效率，但優點是可以保證迭代計算始終在可行域中進行，最終結果是符合實際情況的最優解。下面本文將對修正的 L-M 算法的計算效率進行分析。

d. 修正的 L-M 算法的計算效率。假設一組從六維力感測器回饋回來的有效數據為：$F_x = 2.685\text{N}$，$F_y = 1.550\text{N}$，$F_z = 1.875\text{N}$；$M_x = -5.423\text{N}$，$M_y = 9.392\text{N}$，$M_z = 0.000\text{N}$。

其他參數的值為：$\mu = 0.25$，$r = 1\text{mm}$，$h = 1.9\text{mm}$。

由前文所述容易判別此時為第一類兩點接觸或第一類三點接觸。利用等效法，可以得到方程組（10-26）。

$$
\begin{cases}
-f_1 c_1 - f_2 c_2 - 2.685 = 0 \\
-f_1 s_1 - f_2 s_2 - 1.550 = 0 \\
\mu f_1 r s_1 + f_2 h s_2 + \mu f_2 R s_2 + 5.423 = 0 \\
-\mu f_1 r c_1 - f_2 h c_2 - \mu f_2 R c_2 - 9.392 = 0
\end{cases}
\tag{10-26}
$$

構造目標函數

$$
s(\boldsymbol{x}) = \sum_{i=1}^{4} g_i^2(\boldsymbol{x})
\tag{10-27}
$$

由求解的結果可知這是第一類兩點接觸，法向接觸力和接觸點的方位角為：
$f_1 = 2.200\text{N}$，$f_2 = 5.300\text{N}$；$\theta_1 = 30.01°$，$\theta_2 = 150.00°$。

迭代誤差與迭代次數之間的關係如圖 10-20 所示。

修改後的 L-M 算法當迭代次數達到 20 次時，求解精度已經能夠達到 $10^{-5}$，收斂速度快，求解精度高，能夠滿足要求。

④ 冗餘性問題的研究。由於靜力平衡方程組中方程數目最多為 6 個，當未知變量的數目多於 6 個時，方程組屬於不定方程組，即產生了冗餘性問題。此時方程組的求解需要額外補充約束條件。為了解決這一類冗餘問題，本文將

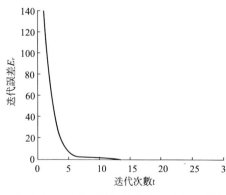

圖 10-20　迭代誤差和迭代次數之間的關係

採用單位位移法（The unit displacement method）。

以第二類三點接觸為例，可以得到如下方程組

$$\begin{cases} -f_1c_1+k_{71}(f_2-f_3)-F_x=0 \\ -f_1s_1-F_y=0 \\ \mu f_1+\mu f_2+\mu f_3-F_z=0 \\ k_{72}f_1hs_1+\mu f_1rs_1-\mu f_2(b+c)-\mu f_3c-M_x=0 \\ -k_{72}f_1hc_1-\mu f_1rc_1+k_{73}f_2h+k_{71}\mu f_2e+(k_{73}-k_{71})f_3h-k_{71}\mu f_3e-M_y=0 \\ k_{71}[f_2(b+c)-f_3c]-M_z=0 \end{cases}$$

$$(10\text{-}28)$$

在上述方程組中，未知變量的數目為 7 個，分別為 $f_1$，$\theta_1$，$f_2$，$f_3$，$k_{71}$，$k_{72}$，$k_{73}$。方程組中方程的數目為 6 個，少於未知變量的數目，需要補充額外的約束條件，下面將結合接觸狀態 P-3-2-1 介紹利用單位位移法補充約束條件的方法，這種方法對其他狀態同樣適用。接觸狀態 P-3-2-1 的示意圖如圖 10-21 所示。

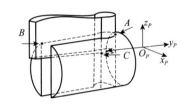

圖 10-21　接觸狀態 P-3-2-1 的示意圖

假設接觸點 $B$ 和接觸點 $C$ 處存在理想約束，在接觸點 $A$ 處沿法向接觸力的方向施加一個單位位移 $\boldsymbol{\delta}s=\begin{bmatrix} -\delta s\cos\theta_1 & -\delta s\sin\theta_1 & 0 \end{bmatrix}^T$，其中 $\delta s=1$。

在單位位移 $\boldsymbol{\delta}s$ 的方向上，存在法向接觸力 $\begin{bmatrix} -f_1\cos\theta_1 & -f_1\sin\theta_1 & 0 \end{bmatrix}^T$，由於發生了單位位移，機械臂末端和夾持器之間的連接件（即六維力感測器）在感測器座標系 $O_sx_sy_sz_s$ 中會發生沿 $x$ 軸方向的位移 $\delta x$、沿 $y$ 軸方向的位移 $\delta y$、繞 $x$ 軸方向的偏轉 $\delta\alpha$ 以及繞 $y$ 軸方向的偏轉 $\delta\beta$，由虛功原理可以得到

$$\begin{bmatrix} -f_1\cos\theta_1 & -f_1\sin\theta_1 & 0 \end{bmatrix} \cdot \boldsymbol{\delta}s={}^SF_x\times\delta x+{}^SF_y\times\delta y+{}^SM_x\times\delta\alpha+{}^SM_y\times\delta\beta$$

$$(10\text{-}29)$$

由於單位位移 $\boldsymbol{\delta}s$ 的存在以及幾何約束條件可以得到以下公式

$$\delta x+\delta\beta(L-h)=\cos\theta_1 \tag{10-30}$$

$$\delta y+\delta\alpha(L-h)=\sin\theta_1 \tag{10-31}$$

式中，$L$ 是感測器座標系原點 $O_s$ 到軸件座標系原點 $O_P$ 之間的距離。

假設六維力感測器可以等效為一個由拉簧和扭簧構成的彈性體結構，在感測器座標系下，沿 $x$ 軸和 $y$ 軸的剛度分別為 $k_x$ 和 $k_y$，繞 $x$ 軸和 $y$ 軸的剛度分別為 $k_\alpha$ 和 $k_\beta$，其各個方向間不存在耦合，因此可以得到：

$$\frac{k_x\delta x}{k_\beta\delta\beta}=\frac{1}{L-h} \tag{10-32}$$

$$\frac{k_y\delta y}{k_a\delta\alpha}=\frac{1}{L-h} \tag{10-33}$$

由式(10-30)～式(10-33)可以推導得到 $\delta x$、$\delta y$、$\delta\alpha$ 和 $\delta\beta$ 的表達式

$$\delta x=\frac{k_p\cos\theta_1}{k_\beta+k_x(L-h)^2} \tag{10-34}$$

$$\delta y=\frac{k_a\sin\theta_1}{k_\alpha+k_y(L-h)^2} \tag{10-35}$$

$$\delta\alpha=\frac{k_y(L-h)\sin\theta_1}{k_\alpha+k_y(L-h)^2} \tag{10-36}$$

$$\delta\beta=\frac{k_x(L-h)\cos\theta_1}{k_\beta+k_x(L-h)^2} \tag{10-37}$$

將式(10-34)、式(10-35)代入式(10-29)中可以得到補充的約束條件

$$f_1=\frac{^SF_xk_\beta\cos\theta_1+^SM_yk_x(L-h)\cos\theta_1}{k_\beta+k_x(L-h)^2}+\frac{^SF_yk_\alpha\sin\theta_1+^SM_xk_y(L-h)\sin\theta_1}{k_\alpha+k_y(L-h)^2} \tag{10-38}$$

如果將軸件座標系 $O_px_py_pz_p$ 作為參考座標系，補充的約束條件則可以轉化為如下形式

$$f_1=\frac{F_xk_\beta\cos\theta_1+(M_y-F_xL)k_x(L-h)\cos\theta_1}{k_\beta+k_x(L-h)^2}+\frac{F_yk_\alpha\sin\theta_1+(M_x+F_yL)k_y(L-h)\sin\theta_1}{k_\alpha+k_y(L-h)^2} \tag{10-39}$$

根據前文的分析，下面將對接觸狀態識別過程中接觸狀態類別的判斷條件和接觸狀態種類的判斷條件進行匯總，如表 10-3 所示。

表 10-3　接觸狀態判斷條件匯總

| 接觸類別 | 判斷條件 | 接觸種類 | 判斷條件 | 接觸種類 | 判斷條件 |
|---|---|---|---|---|---|
| 第一類一點接觸 | $\begin{cases}F_z-\mu\sqrt{F_x^2+F_y^2}=0\\M_z=0\end{cases}$ | P-1-1-1 | $k_{11}=1$　$k_{12}=1$ | P-1-1-2 | $k_{11}=0$　$k_{12}=0$ |
| 第二類一點接觸 | $\begin{cases}F_z-\mu\sqrt{F_x^2+F_y^2}=0\\M_z\neq0\end{cases}$ | P-1-2-1 | $k_{21}=1$　$k_{22}=1$ $k_{23}=1$ | P-1-2-2 | $k_{21}=-1$　$k_{22}=1$ $k_{23}=1$ |
|  |  | P-1-2-3 | $k_{21}=1$　$k_{22}=1$ $k_{23}=0$ | P-1-2-4 | $k_{21}=-1$　$k_{22}=1$ $k_{23}=0$ |

續表

| 接觸類別 | 判斷條件 | 接觸種類 | 判斷條件 | 接觸種類 | 判斷條件 |
|---|---|---|---|---|---|
| 第二類<br>一點接觸 | $\begin{cases} F_z - \mu\sqrt{F_x^2+F_y^2}=0 \\ M_z \neq 0 \end{cases}$ | P-1-2-5 | $k_{21}=1 \quad k_{22}=0$<br>$k_{23}=1$ | P-1-2-6 | $k_{21}=-1 \quad k_{22}=0$<br>$k_{23}=1$ |
| | | P-1-2-7 | $k_{21}=1 \quad k_{22}=0$<br>$k_{23}=0$ | P-1-2-8 | $k_{21}=-1 \quad k_{22}=0$<br>$k_{23}=0$ |
| 第一類<br>兩點接觸 | $\begin{cases} F_z - \mu\sqrt{F_x^2+F_y^2}\neq 0 \\ F_y \neq 0 \\ M_z = 0 \end{cases}$<br>同時利用等效法求得 $\theta_1$<br>和 $\theta_2$ 滿足接觸狀態<br>P-2-1-1 的判斷條件 | P-2-1-1 | $\left\|\theta_1+\dfrac{\pi}{2}\right\| \geqslant \arcsin\dfrac{e}{r}$<br>且<br>$\left\|\theta_2+\dfrac{\pi}{2}\right\| \geqslant \arcsin\dfrac{e}{r}$ | | |
| 第二類<br>兩點接觸 | $\begin{cases} F_z - \mu\sqrt{F_x^2+F_y^2}\neq 0 \\ F_y \neq 0 \\ M_z \neq 0 \end{cases}$<br>同時利用試探法求得<br>係數 $k_{41}\in\{-1,1\}$<br>且 $k_{42}\in\{0,1\}$<br>且 $k_{43}\in\{0,1\}$<br>且 $k_{44}\in\{0,1\}$ | P-2-2-1 | $k_{41}=1 \quad k_{42}=1$<br>$k_{43}=1 \quad k_{44}=1$ | P-2-2-2 | $k_{41}=-1 \quad k_{42}=1$<br>$k_{43}=1 \quad k_{44}=1$ |
| | | P-2-2-3 | $k_{41}=1 \quad k_{42}=1$<br>$k_{43}=1 \quad k_{44}=0$ | P-2-2-4 | $k_{41}=-1 \quad k_{42}=1$<br>$k_{43}=1 \quad k_{44}=0$ |
| | | P-2-2-5 | $k_{41}=1 \quad k_{42}=1$<br>$k_{43}=0 \quad k_{44}=1$ | P-2-2-6 | $k_{41}=-1 \quad k_{42}=1$<br>$k_{43}=0 \quad k_{44}=1$ |
| | | P-2-2-7 | $k_{41}=1 \quad k_{42}=1$<br>$k_{43}=0 \quad k_{44}=0$ | P-2-2-8 | $k_{41}=-1 \quad k_{42}=1$<br>$k_{43}=0 \quad k_{44}=0$ |
| | | P-2-2-9 | $k_{41}=1 \quad k_{42}=0$<br>$k_{43}=1 \quad k_{44}=1$ | P-2-2-10 | $k_{41}=-1 \quad k_{42}=0$<br>$k_{43}=1 \quad k_{44}=1$ |
| | | P-2-2-11 | $k_{41}=1 \quad k_{42}=0$<br>$k_{43}=1 \quad k_{44}=0$ | P-2-2-12 | $k_{41}=-1 \quad k_{42}=0$<br>$k_{43}=1 \quad k_{44}=0$ |
| | | P-2-2-13 | $k_{41}=1 \quad k_{42}=0$<br>$k_{43}=0 \quad k_{44}=1$ | P-2-2-14 | $k_{41}=-1 \quad k_{42}=0$<br>$k_{43}=0 \quad k_{44}=1$ |
| | | P-2-2-15 | $k_{41}=1 \quad k_{42}=0$<br>$k_{43}=0 \quad k_{44}=0$ | P-2-2-16 | $k_{41}=-1 \quad k_{42}=0$<br>$k_{43}=0 \quad k_{44}=0$ |

| 接觸類別 | 判斷條件 | 接觸種類 | 判斷條件 | 接觸種類 | 判斷條件 |
|---|---|---|---|---|---|
| 第三類 兩點接觸 | $\begin{cases} F_z - \mu\sqrt{F_x^2+F_y^2} \neq 0 \\ F_y = 0 \\ M_z \neq 0 \end{cases}$ | P-2-3-1 | $k_{51}=1 \quad k_{52}=1$ | P-2-3-2 | $k_{51}=-1$ $k_{52}=-1$ |
| | | P-2-3-3 | $k_{51}=1 \quad k_{52}=0$ | P-2-3-4 | $k_{51}=-1 \quad k_{52}=0$ |
| 第一類 三點接觸 | $\begin{cases} F_z - \mu\sqrt{F_x^2+F_y^2} \neq 0 \\ F_y \neq 0 \\ M_z = 0 \end{cases}$ 同時利用等效法求得 $\theta_1$ 和 $\theta_2$ 滿足接觸狀態 P-3-1-1 或 P-3-1-2 的判斷條件 | P-3-1-1 | $\left\| \theta_2 + \dfrac{\pi}{2} \right\|$ $< \arcsin \dfrac{e}{r}$ | P-3-1-2 | $\left\| \theta_1 + \dfrac{\pi}{2} \right\|$ $< \arcsin \dfrac{e}{r}$ |
| 第二類 三點接觸 | $\begin{cases} F_z - \mu\sqrt{F_x^2+F_y^2} \neq 0 \\ F_y \neq 0 \\ M_z \neq 0 \end{cases}$ 同時利用試探法求得係數 $k_{41} \in \{-1,1\}$ 或 $k_{42} \in \{0,1\}$ 或 $k_{43} \in \{0,1\}$ 或 $k_{44} \in \{0,1\}$ | P-3-2-1 | $k_{71}=1 \quad k_{72}=1$ $k_{73}=1$ | P-3-2-2 | $k_{71}=-1 \quad k_{72}=1$ $k_{73}=-1$ |
| | | P-3-2-3 | $k_{71}=1 \quad k_{72}=0$ $k_{73}=1$ | P-3-2-4 | $k_{71}=-1 \quad k_{72}=0$ $k_{73}=-1$ |
| | | P-3-2-5 | $k_{71}=1 \quad k_{72}=1$ $k_{73}=0$ | P-3-2-6 | $k_{71}=-1 \quad k_{72}=1$ $k_{73}=0$ |
| | | P-3-2-7 | $k_{71}=1 \quad k_{72}=0$ $k_{73}=0$ | P-3-2-8 | $k_{71}=-1 \quad k_{72}=0$ $k_{73}=0$ |

⑤ 位姿調整策略。當軸件進入孔內後，會出現複雜的接觸情況，如果不根據接觸狀態主動進行位置和姿態的調整，將容易導致裝配失敗。在接觸狀態識別的基礎上，本節將討論位姿調整策略，使軸件可以根據接觸狀態調整姿態以完成裝配。

由於接觸狀態的種類眾多，為每一種接觸狀態規劃一種位姿調整方案將會是一項非常繁瑣的工作，並且會占用控制器大量的儲存空間，靈活性差。同時，一種位姿調整方案可能對於多種接觸狀態是有效的。由此可見，可以事先規劃多種簡單的調整運動，稱為基本調整運動，對於不同的接觸狀態，有效的調整方案是一種或多種基本調整運動的組合。這樣只需要進行簡單的分析計算就可以規劃出合理的調整方案，這種方法更具有一般性和普適性。

結合前文對接觸狀態的分析，初步製定了 5 種基本調整運動：在軸件座標系 $O_p x_p y_p z_p$ 中沿 $x$ 軸方向的平移、沿 $y$ 軸方向的平移、繞 $x$ 軸的旋轉、繞 $y$ 軸的旋轉和繞 $z$ 軸的旋轉。針對不同的接觸狀態，部分位姿調整方案如表 10-4 所示。

表 10-4　部分位姿調整方案

| 接觸類別 | | 接觸種類 | 基本調整運動 |
|---|---|---|---|
| 第一類<br>一點接觸 | P-1-1-1 | $-45°\leqslant\theta_1<45°$ | 先繞 $y$ 軸負方向<br>後沿 $x$ 軸負方向 |
| | | $45°\leqslant\theta_1<135°$ | 先繞 $x$ 軸正方向<br>後沿 $y$ 軸負方向 |
| ⋮ | ⋮ | ⋮ | ⋮ |

### (5) 圓-長方形複合孔類零件裝配過程模擬與分析

① 模塊化組合式機器人虛擬樣機模擬模型設計及參數設置。根據目前作者研究室已有的模塊化組合式機器人的系列關節模塊在 ADAMS 軟體中搭建了虛擬的裝配環境，包括一臺裝配用模塊化六自由度機械臂、六維力感測器以及裝配工作檯。裝配件固定在機械臂的末端執行器上，被裝配件固定在裝配工作檯上。在 MATLAB/Simulink 軟體中搭建裝配控制系統，包括位置控制器、阻抗控制器、接觸狀態識別器和軌跡規劃器等。藉助 ADAMS 和 MATLAB/Simulink 之間的交互介面，ADAMS 輸出在感測器座標系中測量得到的力資訊以及各個關節的角度值，同時 MATLAB/Simulink 輸出計算力矩值，進行聯合模擬。圓-長方形複合孔類零件的相應幾何參數以及模擬環境參數如表 10-5 所示。

表 10-5　參數設置表

| 參數名稱 | 參數值 | 參數名稱 | 參數值 |
|---|---|---|---|
| $h_p$ | 30mm | $d$ | 6mm |
| $l_p$ | 29mm | 環境剛度 | 10000N/mm |
| $e$ | 0.45mm | 環境阻尼 | 100N·s/mm |
| $a$ | 0.93mm | 動摩擦因數 | 0.25 |
| $r$ | 1.5mm | 靜摩擦因數 | 0.4 |
| $R$ | 1.515mm | | |

② 圓-長方形複合孔類零件機器人裝配模擬與結果分析。在模擬環境下機器人成功完成裝配任務，裝配過程如圖 10-22、圖 10-23 所示。整個過程由三個階段構成，前 6.1s 為接近階段，機器人控制裝配件快速接近孔件；6.1~23.3s 為搜孔階段，本文採用一種基於力感測器回饋資訊的搜孔策略，控制軸件與孔件發生試探性接觸，利用回饋的力資訊判斷軸孔的相對位姿關係，按順序依次調整沿 $x$ 軸的位置誤差、沿 $y$ 軸的位置誤差和繞 $z$ 軸的角度誤差；23.3~45s 為插入階段，在向下裝配的過程中，控制器即時檢測沿 $z$ 軸方向的接觸力，當接觸力超過給定閾值時，接觸狀態判斷器對此時的接觸狀態進行識別計算，同時停止裝配運動，準備進行位姿調整運動。搜孔過程和位姿調整過程採用阻抗控制實現接觸

力和位置的動態平衡，以避免接觸力過大而對工件、機器人或感測器造成損壞。

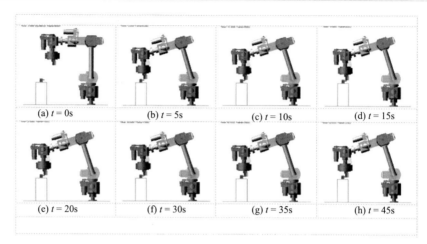

(a) $t$ = 0s  (b) $t$ = 5s  (c) $t$ = 10s  (d) $t$ = 15s

(e) $t$ = 20s  (f) $t$ = 30s  (g) $t$ = 35s  (h) $t$ = 45s

圖 10-22　圓-長方形複合孔類零件裝配過程的模擬影片截圖

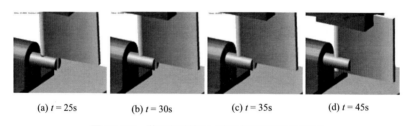

(a) $t$ = 25s  (b) $t$ = 30s  (c) $t$ = 35s  (d) $t$ = 45s

圖 10-23　裝配過程插入階段的模擬影片截圖

　　裝配過程中軸件的受力情況如圖 10-24 所示。由圖可以看出，在插入階段，當時間 $t$ = 27.7s 時，沿 $z$ 軸的接觸力超過閾值，接觸狀態判斷器根據接觸力和接觸力矩計算得到此時的接觸狀態為 P-1-1-2，接觸點的方位角為 $-48.8°$，機械臂停止向下裝配，軌跡規劃器生成先繞 $x$ 軸旋轉、後沿 $y$ 軸正方向平移的位姿調整方案。在時間 $t$ = 27.7s 後經過短暫調整，接觸力小幅震盪後迅速下降。

　　同樣，在時間 $t$ = 32.4s、$t$ = 37.2s 和 $t$ = 40.4s 時，沿 $z$ 軸的接觸力超過給定的閾值，接觸狀態判斷器計算得到此時的接觸狀態分別為 P-1-1-1、P-2-1-1 和 P-2-2-4，軌跡規劃器隨後生成相應的調整運動，減小軸孔之間的位姿誤差，接觸力和接觸力矩在經歷小幅震盪後迅速減小，保證了裝配的正常進行。在整個插入階段，最大接觸力小於 16N，最大接觸力矩小於 40N·mm。模擬結果表明，本文提出的接觸狀態識別計算方法和位姿調整策略是有效的，透過識別接觸狀態生成相應的位姿調整方案，並結合阻抗控制可以實現圓-長方形複合孔類零件的裝配任務。

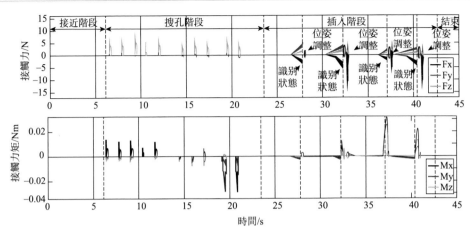

圖 10-24 裝配過程中軸件的受力情況

**總結**

① 針對圓-長方形複合孔類零件裝配的特點，對裝配接觸狀態進行了分類，在此基礎上提出了複合孔類零件的接觸力分析方法，並歸納了接觸受力分析的通用表達式。

② 在接觸受力分析的基礎上，提出了對裝配過程中的接觸狀態進行識別，並生成相應的位姿調整方案以實現裝配任務的裝配方法。給出了接觸類別識別計算方法以及基於解析方法和基於修正 L-M 算法的接觸種類識別計算方法，並對計算過程中可能出現的冗餘性問題進行了分析。

③ 利用提出的方法，在 ADAMS 軟體中搭建了虛擬裝配環境，在 MAT-LAB/Simulink 中設計了接觸狀態判斷器、軌跡規劃器、位置控制器和阻抗控制器等進行了聯合模擬，模擬實現了裝配間隙為 0.03mm 的圓-長方形複合孔類零件的裝配，模擬結果表明此裝配策略能夠實現複合孔類零件的機器人裝配。

④ 本節內容已由本書作者申請發明專利，參見文獻 [23]。

# 10.5 工業機器人操作臂模塊化組合式設計方法與實例（吳偉國,哈工大,2012 年）

## 10.5.1 關於模塊化組合式設計

模塊化設計是 1950 年代歐美國家提出的一種「先進」設計方法，隨著電腦輔助設計、輔助製造技術的發展，已經與 CAD 技術、成組技術、柔性製造技術

等緊密結合取得了實用。其核心思想是將整個系統或者部分子系統的按功能分解為若干模塊，透過模塊的不同組合，可以得到不同的結構形式、不同規格乃至不同類的產品；產品模塊化設計也包括整個系統難以完全實現模塊化的情況下，其中若干個組成部分的模塊化設計。

（1）模塊化設計要解決的問題

現代機械系統設計是以電腦輔助設計與分析技術在機械系統設計應用為基礎上發展起來的，其結果很大程度上體現了：設計品質和設計可靠性提高，設計週期縮短，設計與分析更為精準，設計產品更新換代時間縮短。然而，伴隨著產品更新換代加快的另一個問題是：設計資源和成為過去時的舊產品完全被新產品替代所造成巨大浪費！新產品功能的先進性和退出使用環節、生命終結的舊產品的廢棄所造成資源浪費的矛盾需要在設計階段去平衡解決，模塊化設計是解決此問題的有效方法之一。模塊化設計本身既能提高系統設計與維護週期，也能提高新舊產品更新換代的舊模塊的再利用率。系統模塊化設計本身也意味著系統的模塊化組合式構成，因此，從概念上講，模塊化也意味著系統的局部或全局的組合式設計。

（2）機械系統的模塊化設計

包括機構模塊化組合式設計和機械結構的模塊化組合式設計兩大部分。

① 機構模塊化組合式設計內容

a. 分析確定基本的運動副及構件構成模塊化的基本機構形式，即透過模塊化的定義明確與其他模塊化介面形式、自由度、模塊上介面之間的方位等。

b. 機構模塊化定義完成之後，分析確定所定義機構模塊類型之間的不同組合方式可以獲得的可行機構構型方案。

c. 進行機構構型的最佳化選擇及機構參數的最佳化設計等設計內容。

② 機械結構的模塊化組合式設計內容

a. 根據機構模塊化定義及可實現模塊化組合式機構設計的機構構型方案進行模塊化單元系列化、結構化組合式設計。

b. 設計各模塊單元介面結構，保證模塊化連接結構通用性。

c. 進行各模塊的原動機、機械傳動系統、電氣元件以及電氣介面部分的模塊化組合式結構設計。

d. 工作載荷下的機械強度、剛度等設計計算。

e. 完成各模塊化單元規格化、系列化設計。

（3）模塊化設計的原則

① 設計的模塊在功能、規格、機械與電氣介面等均有明確的定義，具有一定的通用性。

② 模塊化意味著產品模塊性能、規格的系列化實現，否則失去模塊化的實際意義。

③ 力求以少數模塊組合成盡可能多的產品。

④ 滿足使用者要求的前提下使產品具有精度高、性能穩定、結構簡單、維護方便、成本低等。

## 10.5.2 機器人操作臂的模塊化組合式設計的意義與研究現狀

在第 3 章論述了機器人操作臂的設計，包括機構設計和結構設計。顯然，機器人操作臂的機構主要是由各個桿件和各個關節串聯而成的機構。如果把關節和桿件做成不同規格、性能的模塊化系列化關節機構和桿件，再由這些模塊化關節、桿件進行合理組合，設計出不同規格、不同性能的同類或者不同類機構構型的機器人操作臂，是一種高效的設計方式。

（1）機器人操作臂的模塊化組合式設計意義

近年來工業機器人在全世界應用日益廣泛，特別是中國工業機器人的使用量從 2001 年的 3500 多臺增加到 2011 年的 7 萬餘臺。伴隨著使用量的增長，使用者對工業機器人的各方面性能不斷提出新的要求。在這種背景下，模塊化工業機器人以其可透過模塊單元重構組合來滿足不同任務要求的特點，和能夠減小設計週期、降低設計成本的優點成為一個新的研究領域，同時模塊化機器人的最佳化設計也逐漸應用於模塊化工業機器人的設計，並發展成為研究的焦點。

研究一種應用於工業機器人的模塊化組合式設計方法，建立記錄儲存模塊單元各方面屬性的數據庫，並透過對模塊庫中各種模塊的組合與最佳化選擇給出較優構型，從而滿足設計任務的需求，其意義在於對工業機械臂的設計問題在模塊組合方面給出較系統的設計方法，並考慮構型運動學和動力學性能進行最佳化，以填補中國相關研究的空白。

（2）海內外機器人操作臂的模塊化組合式設計研究

海外對於模塊化工業機器人研究開展較早，1982 年美國的 RH Gorman 就在其申請的專利「工業機器人」（industrial robot）中提出了模塊化工業機器人（modular industrial robot）的概念，他這樣闡述：「工業機器人應能繞著 6 個回轉軸運動，並能被自然地劃分成模塊，從而在數個不同的應用中能被重新組合而有效地進行工作……」。1988 年，卡內基梅隆大學機器人研究所的 D. Schmitz，P. Khosla，T. Kanade 三人研製了世界上第一臺可重構的模塊化機械臂樣機——RMMS（reconfigurable modularized manipulator system），該系統包括六個由直流電機和諧波減速器構成的驅動單元，以及連桿單元和一臺電腦。RMMS 不僅

在機械上實現了可重構，在電氣和軟體上同樣實現了可重構。在此基礎上，L Kelmar，PK Khosla 在 1990 年給出了 RMMS 的正逆運動學生成算法。

在這之後海外的研究者們研製了很多模塊化機器人機械臂，這裡不一一贅述，其中成功商品化的主要有德國雄克（schunk）的機器人模塊，美國機器人研發（robotics research）的 K-X07 系列機械臂和加拿大 ESI 公司生產的 RMM 系列機械臂等。

在中國，一些大學和研究所的研究人員也進行了相應的嘗試，2007 年哈爾濱工業大學的史士財等人研製了一種高精度的模塊化關節，該關節具有位置、力矩、溫度等多種感測器，並且跟隨誤差小於 0.01°；2008 年浙江大學的趙亮、閆華曉、俞劍江研製了一種用於教學實驗的模塊化工業機器人系統，其主要包括水平關節模塊、垂直關節模塊和控制系統，並能夠透過模塊間的重構實現不同功能。

（3）機械臂性能評價指標和理論的研究現狀

在理論和模塊化組合式設計方法方面，研究者們也取得了很多成果。1985 年 Yoshikawa 提出了可操作度的概念，對於自由度非冗餘系統來說，可操作度定義為機械臂雅各比行列式的絕對值，透過這一概念，人們可以明確判斷某一位姿下機械臂的奇異性和靈活程度。以後的研究者在這一思想的啓發下又進一步提出了條件數、全局條件數、各向同性指數等概念，用以衡量機械臂的運動學性能。

在此基礎上 Yoshikawa 在其 1985 年的論文中簡單推導了平面兩桿機器人、PUMA 形式的三桿機器人等一些簡單情況下的可操作度，並給出了兩桿機器人最佳臂長比為 1：1 的結論；之後，美國的 Brad Paden 和 Shankar Sastry 在其 1988 年的論文中證明了 6R 機器人的可操作度最佳位姿一定為「手肘」型式，即機械臂應具有類似人類上肢的構型且「肘關節角」為直角。

與海外相比，中國在模塊化工業機器人研究上起步較晚。在理論方面，中國研究者取得了一些進展，2006 年哈爾濱工業大學的趙傑、王衛忠、蔡鶴皋提出了一種使用指數積方程計算模塊化機械臂運動學逆解的方法，並提出了使用一些已推導好的子問題簡化求解過程的方法；同年呂曉俊、錢瑞明也提出了一種基於指數積公式建立與構型無關的運動學正解計算方法；2010 年張豔麗、車金峰、李樹軍給出了使用牛頓-歐拉法對機械臂進行動力學分析的方法。

（4）模塊化機械臂設計方法的研究現狀

在此之後研究者們開始對系統的模塊化機器人設計方法感興趣，1995 年新加坡南洋理工大學的 I-Ming Chen 和 Joel W. Burdick 提出了一種將構型評價分為結構傾向因子（structural preference）和任務性能（task Performance）兩方面評價指標的方法，並提出了使用遺傳算法的思想。雖然他們沒給出具體的評價指標，但其在 1995 年論文中提出的評價思想和使用遺傳算法的構想影響深遠，同

時 I-Ming Chen 在他 1994 年的博士論文中提出的基於 AIM（assembly incidence matrix）的模塊化機械臂的表示方法在後來研究複雜構型的模塊化機械臂的理論問題中得到了廣泛的應用。1997 年韓國浦項科技大學的 Jeongheon Han 和 W. K. Chung 等人提出了一種以基於遺傳算法可操作度為目標函數的模塊化機械臂桿長最佳化方法，並研究了設計變量及遺傳算法中變異率的最佳化選取，有效地實現了計算效率的提升。

在研究這些問題的同時，機械臂的動力學越來越受到研究者的重視，1997 年 I-Ming Chen 和 Guilin Yang 給出了基於牛頓-歐拉方程的機械臂動力學方程的顯示形式。

這之後，最佳化問題的討論中也開始考慮機械臂的動力學性能，2009～2012 年 Mehdi Tarkian 等人先後發表了一系列文章，闡述了使用基於 CAD 的圖形建模、動力學建模、有限元分析、遺傳算法以及數據庫技術等多種技術手段融合進行模塊化工業機器人最佳化設計的方法，如圖 10-25 所示，Mehdi Tarkian 文中給出的例子機械臂構型已經給定設計變量為機械臂電動機功率、連接件壁厚，約束條件為各軸角速度、角加速度，目標函數為機械臂各軸最大速度和總質量，並使用了遺傳算法進行最佳化。

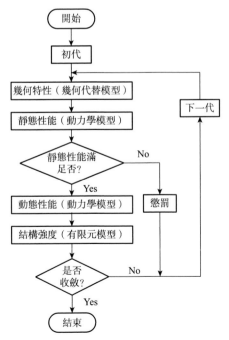

圖 10-25　Mehdi Tarkian 的模塊化機械臂設計流程框圖

**總結**

中國學者主要集中於機械臂運動學、逆運動學的生成、模塊化關節結構設計等方面的研究；海外學者的研究成果總體上領先於中國，很早就設計了實用的機械臂關節模塊，並進行了相應的產品研究，之後提出了機械臂的一些運動學指標，且對於以其為目標函數的最佳化已經進行了大量研究，並在近年來開始系統總結模塊化工業機器人的設計方法。

這些研究成果的不足主要表現在 2000 年之前的一般使用機械臂的運動學指標評價機械臂性能，而 2000 年以後則開始考慮機械臂的動力學性能，但無一例外都是先固定機械臂各模塊的裝配形式再進行最佳化設計。這樣在設計中將不可避免由於各模塊的組合不合理而產生機械臂性能的降低。本書作者從模塊不同的組合方式對於機械臂的動力學指標的影響出發，進行機械臂的最佳化設計。具體參見 10.5.3～10.5.9。

## 10.5.3 機器人操作臂的模塊化組合式設計的主要內容

① 系列化機械臂模塊的結構設計，按功能對機械臂進行功能模塊劃分，並基於模塊化思想設計可以自由互換的系列化模塊單元，並按格式儲存模塊特徵資訊建立模塊數據庫，方便之後計算使用。

② 研究基於給定 D-H 參數的構型生成方法，給出構型表示方法，並編寫程式自動給出符合條件的所有可行機械臂構型。研究模塊化機械臂的動力學自動建模方法，推導機械臂動力學顯式方程，並研究給出構型自動生成動力學方程方法。

③ 提出用於模塊化機械臂的靜力學、動力學最佳化目標函數，給出最佳化約束條件，並以生成的可行構型作為設計變量，進行構型的最佳化選擇。按所提出方法進行計算舉例，並使用 ADMS 進行模擬實驗，驗證計算和最佳化的正確性。

④ 設計基於 PMAC 的集中式模塊化控制系統，實現控制系統的軟體模塊化，並進行實驗。

## 10.5.4 機器人操作臂模塊的結構設計及數據庫的建立

首先設計一個系列 4 種不同參數的關節模塊及與之配套的連接桿和介面模塊的結構，之後提出了串聯機械臂最小單元的概念，並重點闡述總體方案的分析與選擇、如何建立在設計過程中需要使用的數據庫等基本問題。

（1）各模塊的基本結構形式分析與設計

機械臂的關節模塊按運動形式一般可以分為圖 10-26 所示的三種形式：擺動

關節、回轉關節和平動關節。

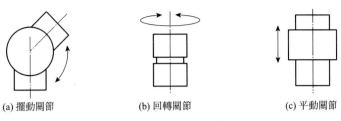

(a) 擺動關節　　　(b) 回轉關節　　　(c) 平動關節

圖 10-26　三種運動形式的關節模塊簡圖

　　為了設計出一種能組合成多種機械臂的關節模塊一般有以下兩種方案：第一種方案是設計多種關節模塊，之後按需要進行組合；第二種方案是只有一種關節模塊，但關節模塊或連接桿上具有多個不同位置的連接介面，組合時根據機械臂的結構使用不同的連接介面進行連接。第一種方案的每一種關節模塊或連接桿模塊具有較簡單的結構，但多種模塊將構成一個較複雜的模塊庫；第二種方案的優點在於模塊庫相對簡單，但由於模塊上要具有多個介面，將使模塊的結構複雜化。

　　考慮到本文的研究對象是輕型串聯工業機械臂，希望每個模塊的結構精簡並獲得一個較簡單的模塊庫以便於之後的組合，因此將兩種方案結合，提出的方案是：設計一種只具有輸入輸出兩個介面的關節模塊和連接桿模塊，不同的組合方式透過使用單獨設計的兩種介面模塊和改變連接桿模塊的長度來實現。具體的設計方案見圖 10-27，其中關節模塊為回轉關節模塊，兩個連接介面分別位於關節殼體上和回轉軸輸出法蘭上；介面模塊一端與關節模塊上的介面相連，一端與連接桿模塊相連，分別是直連介面模塊和垂直介面模塊。為了方便表示機械臂的組裝形式，在後文中均使用圖 10-27 所示的模塊簡圖。

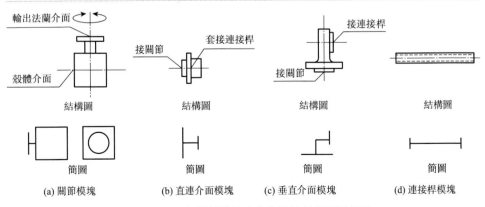

(a) 關節模塊　　(b) 直連介面模塊　　(c) 垂直介面模塊　　(d) 連接桿模塊

圖 10-27　所設計的模塊庫中各模塊結構圖及簡圖

　　關節模塊的傳動系統機構簡圖如圖 10-28 所示，減速器選擇具有較大減速比的諧波減速器，電動機選擇低速性能較好的直流伺服電動機，為減小軸向長度在電動機與減速器之間增加一級同步帶傳動。

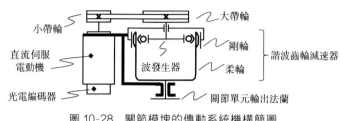

圖 10-28　關節模塊的傳動系統機構簡圖

　　對於實際的串聯機械臂，其根部關節和末端關節在功率、轉矩和轉速等參數方面應該有所區別，因此設計四種結構相似的不同型號關節模塊，並要求其滿足表 10-6 規定的參數要求。為達到此技術要求，這裡進行了諧波減速器與電動機的選型（表 10-7）。對 1～3 型關節模塊進行了加工、裝配，所得關節模塊實物照片如圖 10-29 所示，所得到的關節模塊技術參數如表 10-8 所示（1～3 型模塊技術參數由實測得出，4 型模塊技術參數按理論值計算）。

表 10-6　系列關節模塊技術參數要求

| 序號 | 最大轉速/[(°)/s] | 額定轉矩/N·m | 質量/kg |
|---|---|---|---|
| 1 | 240 | 5 | ≤1.5 |
| 2 | 160 | 15 | ≤2 |
| 3 | 90 | 30 | ≤3 |
| 4 | 60 | 50 | ≤5 |

表 10-7　系列關節模塊部件選型表

| 關節序號 | DC 伺服電動機 | | | 諧波減速器 | 同步帶輪 | | | |
|---|---|---|---|---|---|---|---|---|
| | 電機型號 | 編碼器 | | | 型號 | 齒型 | 齒數比 | 寬度/mm |
| | | 型號 | 線數 | | | | | |
| 1 | RE35-273758 | 110515 | 500 | XB1-32-80-2-3/3 | BF | XL | 18∶18 | 6.4 |
| 2 | RE35-273759 | | | XB1-40-100-2-3/3 | | | 18∶18 | 6.4 |
| 3 | RE40-148877 | | | XB1-50-125-2-3/3 | | | 16∶40 | 7.9 |
| 4 | RE65-353297 | 110517 | | XB1-60-160-2-3/3 | | | 21∶42 | 9.5 |

表 10-8　系列關節模塊技術參數表

| 關節序號 | 總減速比 | 額定轉矩/N・m | 最大轉速/[(°)/s] | 額定功率/W | 供電電壓/V | 質量/kg |
|---|---|---|---|---|---|---|
| 1 | 80 | 5 | 60 | 53.8 | 48 | 1.32 |
| 2 | 100 | 15 | 96 | 43.9 | 48 | 1.50 |
| 3 | 312.5 | 30 | 178 | 149.8 | 48 | 2.02 |
| 4 | 320 | 62.5 | 294 | 286.6 | 48 | 4.38 |

圖 10-29　加工、裝配的三種關節模塊照片

　　共設計了 4 種關節模塊、2 種介面模塊和 1 種連接桿模塊，為建立組合式設計使用的模塊數據庫，將每一種模塊的數據儲存為結構體，各結構體的內容和數據結構如表 10-9 所示，表中局部座標系的定義如圖 10-30 所示，模塊的質心係為：座標原點位於模塊質心，且各軸線平行於模塊局部座標系的座標系。

表 10-9　模塊數據庫內容表

| 名稱 | 符號 | 數據類型 | 單位 | 備註 |
|---|---|---|---|---|
| 模塊編號 | $e$ | char | — | 1～4 號關節為 1～4 號模塊，連接桿為 5 號模塊，直連介面模塊和垂直介面模塊分別為 6、7 號模塊 |
| 特徵尺寸數組 | $L$ | double 1×5 | m | 包括各模塊的長寬高尺寸和各模塊兩介面之間的偏移尺寸 |
| 質心座標 | $P'_C$ | double 3×1 | m | 質心座標是指模塊質心相對於模塊局部座標系的座標值 |
| 質量 | $m$ | double | kg | 模塊的總質量值 |
| 慣性矩 | $I'$ | double 3×3 | kg・m² | 相對於模塊質心係的模塊慣性矩陣 |
| 額定轉矩 | $M$ | double | N・m | 關節模塊的額定轉矩，其他模塊該項值為 −1 |

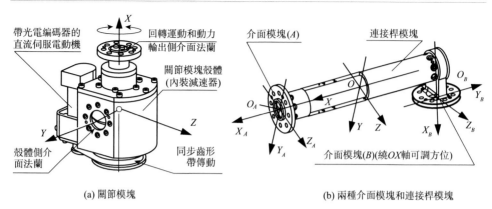

(a) 關節模塊

(b) 兩種介面模塊和連接桿模塊

圖 10-30　各模塊的局部座標系定義

## （2）最小單元及最小單元數據庫的建立

使用以上方案設計的模塊能夠組合出大多數結構的機械臂，這裡首先定義組成串聯機械臂的最小單元，即由兩個關節模塊、一個連接桿和兩個介面模塊構成的串聯機械臂的基本組成單元，並規定最小單元座標系為靠近機械臂根部的關節模塊座標系的牽連座標系，機械臂基座標系為根部最小單元座標系。如圖 10-31（a）是一種平行軸最小單元的簡圖，實際上一個最小單元就是一個二軸機械臂。這裡首先建立的最小單元庫，最小單元庫中包含所有按前文所設計的模塊進行組合能夠得到的不同最小單元，模塊庫的建立採用枚舉法，過程如下。

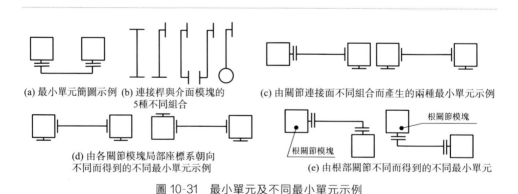

(a) 最小單元簡圖示例 (b) 連接桿與介面模塊的 5種不同組合

(c) 由關節連接面不同組合而產生的兩種最小單元示例

(d) 由各關節模塊局部座標系朝向不同而得到的不同最小單元示例

根關節模塊

根關節模塊

(e) 由根部關節不同而得到的不同最小單元

圖 10-31　最小單元及不同最小單元示例

① 首先考慮連接桿與介面模塊的組合，如圖 10-31（b）所示共有 5 種組合。

② 然後對每種組合考慮連接關節上的不同連接面，如圖 10-31（c）所示的情況就是由於一個關節連接面不同而產生的兩種最小單元。

③ 如圖 10-31（d）所示，還要考慮由各關節單元局部座標系朝向不同而得到

的不同最小單元。

　④ 最後還要考慮由根部關節不同而得到的不同最小單元，如圖 10-31(e)
所示。

　⑤ 去掉一些重複的最小單元並按最小單元兩關節軸線的相對位置分為：平行
軸最小單元，垂直軸最小單元和交錯軸最小單元三類，得到圖 10-32 所示的最小單
元庫。共有 99 種最小單元，其中平行軸單元 10 種，垂直軸單元 19 種，交錯軸單
元 70 種。與模塊數據庫相似，99 種最小單元將每一個單元的數據儲存成一個結構
體，以建立最小單元數據庫，各結構體的內容和數據結構如表 7-5 所示。

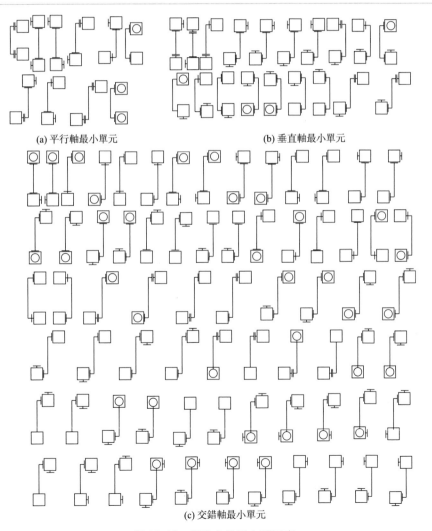

(a) 平行軸最小單元　　　　　　　　　　(b) 垂直軸最小單元

(c) 交錯軸最小單元

圖 10-32　所建立的最小單元庫

表 10-10　最小單元數據庫內容表

| 名稱 | 符號 | 數據類型 | 單位 | 備註 |
|------|------|---------|------|------|
| 單元編號 | $E$ | char | — | 平行軸單元為 1～10 號，垂直軸單元為 11～29 號，交錯軸單元為 30～99 號 |
| 模塊序列 | $\boldsymbol{F}$ | char $1 \times 5$ | — | 按順序給出組成該最小單元模塊的模塊編號 |
| 介面數組 | $\boldsymbol{C}$ | char $2 \times 1$ | — | 用 −1 和 1 表示最小單元兩個關節模塊對外介面，1 表示殼體介面，−1 表示輸出法蘭介面 |
| 安裝向量 | $\boldsymbol{P}'_{\text{Ins}}$ | cell $1 \times 5$ | m | 每個元包體為模塊座標系相對於最小單元座標系的位置，是一個長度為 6 的列向量[①] |
| 旋轉矩陣 | $\boldsymbol{R}'_{\text{Ins}}$ | cell $1 \times 5$ | m | 每個元包體都是各模塊座標系相對於最小單元座標系的旋轉矩陣，是一個 $3 \times 3$ 的矩陣 |
| D-H 參數 | $\boldsymbol{V}'_{\text{DH}}$ | cell $1 \times 4$ | m | 各單元 DH 參數向量儲存為長度為 4 的元包體數組，每個元包體是長度為 6 的列向量[②] |

① $\boldsymbol{P}'_{\text{Ins}}$ 和 $\boldsymbol{V}'_{\text{DH}}$ 需要桿長度 $L$ 確定才能完全確定，詳見式（10-40）～式（10-43）。
② $\boldsymbol{V}'_{\text{DH}}(j)$ 中 $\boldsymbol{V}_{\text{DH1}}$ 具有的數據結構，詳見式（10-44）。

表 10-10 中，每一個元包體按照以下數據結構儲存：

$$\boldsymbol{P}'_{\text{Ins}}(j) = \begin{bmatrix} \boldsymbol{P}^{\text{T}}_{\text{Ins1}} & \boldsymbol{P}^{\text{T}}_{\text{Ins2}} \end{bmatrix}^{\text{T}}, \quad j = 1 \sim 5 \tag{10-40}$$

$$\boldsymbol{V}'_{\text{DH}}(j) = \begin{bmatrix} \boldsymbol{V}^{\text{T}}_{\text{DH1}} & \boldsymbol{V}^{\text{T}}_{\text{DH2}} \end{bmatrix}^{\text{T}}, \quad j = 1 \sim 4 \tag{10-41}$$

式中，$\boldsymbol{P}_{\text{Ins1}}$ 和 $\boldsymbol{V}_{\text{DH1}}$ 為 $L = 0$ 時的安裝向量和 DH 參數向量；$\boldsymbol{P}_{\text{Ins2}}$ 和 $\boldsymbol{V}_{\text{DH2}}$ 為單位長度 $L$ 產生的增量向量。

當 $L$ 透過計算得到時，安裝向量 $\boldsymbol{P}_{\text{Ins}}$ 和 DH 參數向量 $\boldsymbol{V}_{\text{DH}}$ 可由式（10-42）、式（10-43）計算：

$$\boldsymbol{P}_{\text{Ins}}(j) = \boldsymbol{P}_{\text{Ins1}} + L \times \boldsymbol{P}_{\text{Ins2}}, \quad j = 1 \sim 5 \tag{10-42}$$

$$\boldsymbol{V}_{\text{DH}}(j) = \boldsymbol{V}_{\text{DH1}} + L \times \boldsymbol{V}_{\text{DH2}}, \quad j = 1 \sim 4 \tag{10-43}$$

表 10-10 中，$\boldsymbol{V}'_{\text{DH}}(j)$ 中 $\boldsymbol{V}_{\text{DH1}}$ 具有以下結構：

$$\boldsymbol{V}_{\text{DH1}} = \begin{bmatrix} a'_j & b'_j & \alpha'_j \end{bmatrix}^{\text{T}}, \quad j = 1 \sim 4 \tag{10-44}$$

式中，$a'_j$ 為 $L = 0$ 時兩 DH 座標系 $z$ 軸的軸線間的距離；$b'_j$ 為 $L = 0$ 時兩 DH 座標系 $z$ 軸軸線的公垂線在根部 DH 座標系 $z$ 軸上的截距；$\alpha'_j$ 為 $L = 0$ 時兩 DH 座標系 $z$ 軸的軸線間夾角，正方向由根部關節的 $x$ 軸確定。

# 10.5.5　機器人操作臂模塊的模塊化組合方法

按照 7.3.3 中定義的最小單元的概念，一個 $n + 1$ 軸的串聯機械臂可以

按照共用相鄰關節模塊的方式被分解為 $n$ 個最小單元，圖 10-33 表示的是將一個 3 軸機械臂分解為兩個最小單元的過程。因此要表示一個 $n+1$ 軸串聯機械臂的組合形式，只需給出一個具有 $n$ 個元素的結構體數組，該數組稱為機械臂的組合數組。組合數組的每個結構體元素包含：最小單元序號；連接桿模塊長度。

圖 10-33　將一個 3 軸機械臂劃分為兩個最小單元

這裡主要考慮以機械臂的動力學性能作為評價指標對機械臂的模塊化組合進行最佳化設計，機械臂組合數組的生成是以機械臂的 DH 參數矩陣作為輸入，其形式如式（10-45）所示，同時還可以考慮給出機械臂根部和末端關節模塊對外連接的介面號以其作為給定條件。

$$\mathbf{A}_{\mathrm{DH}} = \begin{bmatrix} - & a_2 & \cdots & a_n & a_{n+1} \\ b_1 & b_2 & \cdots & b_n & - \\ - & a_2 & \cdots & a_n & a_{n+1} \end{bmatrix} \tag{10-45}$$

式中，$a_j$ 為 DH 座標系中 $z_{j-1}$ 軸和 $z_j$ 軸軸線間的距離，$j=2\sim n+1$；

$b_j$ 為 DH 座標系中 $z_j$ 軸和 $z_{j+1}$ 軸的軸線公垂線在 $z_j$ 軸上的截距，$j=1\sim n$；

$\alpha_j$ 為 DH 座標系中 $z_{j-1}$ 軸和 $z_j$ 軸軸線間夾角，正方向由 $x_{j-1}$ 軸正方向確定，$j=2\sim n+1$。

機械臂組合數組生成流程如圖 10-34 所示，首先將 DH 參數矩陣拆分成各最小單元的 DH 參數向量，然後按照規定的介面參數生成第一個單元的判別條件，並按判別條件對最小單元數據庫中的各單元進行判別，得到一系列可行解。之後在生成的可行解中選擇一個作為第一個最小單元，與第二個單元的 DH 參數向量一起生成新的判別條件，重複判別工作得到第二個單元的一系列可行解。按照上述過程重複下去，得到第 $n$ 個單元的一系列可行解，它們與之前選定的 $n-1$ 個單元分別構成了機械臂組合的一部分可行解。由後向前逐個改變所選定的可行解並重複上述過程，就能得到機械臂組合的全部可行解。把各個生成的可行解保存成組合數組的形式，就得到了所有可行的組合數組。其中，可行解求解的計算流程圖如圖 10-35 所示。

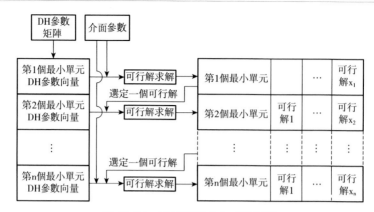

圖 10-34　機械臂組合生成流程圖

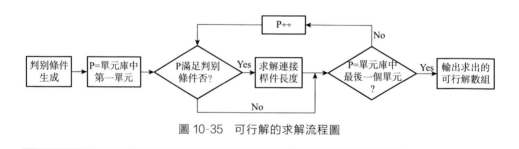

圖 10-35　可行解的求解流程圖

下面重點闡述圖 10-35 中判別條件的生成和求出連接桿長度的過程。

① 單元類型條件。即根據目標 DH 參數向量，首先判斷需要的最小單元類型。若為平行軸單元，則在 1～10 號最小單元內搜索；若為垂直軸單元，則在 11～29 號最小單元內搜索；若為交錯軸單元，則在 30～99 號最小單元內搜索。

② 介面相容性條件。即根據前一確定的最小單元的末端介面，在由單元類型條件所確定的範圍內搜索具有相同介面的最小單元。

對同時滿足上述兩個判別條件的最小單元，在計算所需的連接桿長度 $L$ 之前，尚需對目標 DH 參數向量進行修正。這是由於建立最小單元數據庫時，每個單元的根部 DH 座標系的原點都被設置在單元座標系的原點處，而機械臂的 DH 座標系的原點位於相鄰桿件座標系中 $z$ 軸的交點處，因此當一個最小單元組合到另一個最小單元上時，其根部關節的 DH 座標系原點可能與建立最小單元數據庫時所規定的不同。如圖 10-36 所示，第二個最小單元上的 DH 座標系原點從數據庫中規定的 $O_1'$ 變化為 $O_1$，這將會使實際 DH 參數 $b_2$ 增大線段 $O_1'O_1$ 的長度，這裡按式(10-46) 對其進行修正，$j=1\sim n$。

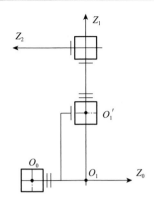

圖 10-36　最小單元組合後 DH 座標系原點發生的變化

$$b_{j\_M} = b_j + (-1)^{(N_{DH})_{j-1}} \left( \boldsymbol{R}_{Ins}(5)_{j-1} \cdot \begin{bmatrix} 1 \\ 0 \\ 0 \end{bmatrix} \right) \cdot \boldsymbol{P}_{Ins}(5)_{j-1} \qquad (10\text{-}46)$$

式中，$b_{j\_M}$ 為定的 DH 參數 $b_j$ 的修正值；$(N_{DH})_{j-1}$ 為已選定的第 $j-1$ 個最小單元使用的 DH 座標系序號；$\boldsymbol{R}_{Ins}(5)_{j-1}$ 為數據庫中第 $j-1$ 個最小單元第 5 個模塊的旋轉矩陣；$\boldsymbol{P}_{Ins}(5)_{j-1}$ 為第 $j-1$ 個最小單元第 5 個模塊的安裝位置向量，由式(10-42) 計算得到。

連接桿長度 $L$ 按式(10-47) 計算，並保存 $L>0$ 的解作為可行解。

$$L_j = \frac{\left| (\boldsymbol{V}_{DH})_j - (\boldsymbol{V}_{DH1})_j \right|}{\left| (\boldsymbol{V}_{DH2})_j \right|}, \quad j = 1 \sim n \qquad (10\text{-}47)$$

式中，$(\boldsymbol{V}_{DH})_j$ 為第 $j$ 個最小單元經過修正後的 DH 參數向量；$(\boldsymbol{V}_{DH1})_j$，$(\boldsymbol{V}_{DH2})_j$ 為第 j 個最小單元儲存在數據庫中的相應數據。

## 10.5.6　基於模塊庫和最小單元庫的機械臂動力學建模方法

機械臂第二類拉格朗日方程如式(10-48) 所示：

$$\frac{d}{dt}\left( \frac{\partial T}{\partial \dot{\boldsymbol{\Theta}}} \right) - \frac{\partial T}{\partial \boldsymbol{\Theta}} + \frac{\partial V}{\partial \boldsymbol{\Theta}} = \boldsymbol{\tau} \qquad (10\text{-}48)$$

式中，$T$ 為機械臂動能；$V$ 為機械臂勢能；$\boldsymbol{\tau}$ 為關節力矩向量；$\boldsymbol{\Theta}$ 為關節角向量。

設 $\boldsymbol{I}$ 為機械臂的廣義慣性矩陣，則機械臂動能 $T$ 可表現為如下形式：

$$T = \frac{1}{2} \dot{\boldsymbol{\Theta}}^{\mathrm{T}} \boldsymbol{I} \dot{\boldsymbol{\Theta}} \qquad (10\text{-}49)$$

將式(10-49) 代入式(10-48) 中，可得拉格朗日方程的變形形式：

$$I(\boldsymbol{\Theta})\ddot{\boldsymbol{\Theta}} + \dot{I}(\boldsymbol{\Theta}, \dot{\boldsymbol{\Theta}})\dot{\boldsymbol{\Theta}} - \frac{1}{2}\left[\frac{\partial(I\dot{\boldsymbol{\Theta}})}{\partial\boldsymbol{\Theta}}\right]^{\mathrm{T}}\dot{\boldsymbol{\Theta}} + \frac{\partial V}{\partial\boldsymbol{\Theta}} = \boldsymbol{\tau} \tag{10-50}$$

　　由功能關係可知，式(10-50) 中機械臂勢能關於關節角向量的偏導數等於關節靜轉矩向量，因此式(10-50) 中有兩個未知量：廣義慣性陣 $I$ 和關節靜轉矩向量。對於 $n$ 軸的機械臂，$I$ 是一個 $n \times n$ 的矩陣，關節靜轉矩向量是一個長度為 $n$ 的列向量。

　　根據式(10-50) 可知，$I_{ij}$（矩陣 $I$ 的第 $i$ 行第 $j$ 列元素）的數值等於忽略重力條件下，各關節速度為 0 且僅第 $j$ 個關節有單位角加速度時第 $i$ 個關節上的負載轉矩。由於 $I$ 是對稱正定矩陣，因此只需求出其中 $j \geqslant i$ 的元素 $I_{ij}$ 即可確定矩陣 $I$。設在第 $j$ 個關節輸出法蘭介面連接面截斷之後有 $k-1$ 個模塊，並將接在機械臂末端關節上的負載當作第 $k$ 個模塊，且認為負載和機械臂末端關節構成了 $n$ 軸機械臂的第 $n$ 個最小單元，則按達朗貝爾原理有：

$$I_{ij} = \begin{bmatrix} 1 & 0 & 0 \end{bmatrix}^{\mathrm{T}} \cdot \left(\sum_{q=1}^{k} J_{qi}\boldsymbol{\alpha}_{qi} - r_{qi} \times m_q \boldsymbol{a}_{qi}\right) \tag{10-51}$$

　　式中，$J_{qi}$ 為第 $q$ 個模塊在座標軸平行於第 $i$ 個關節座標系，原點位於模塊質心的座標系中的慣性陣；$\boldsymbol{\alpha}_{qi}$ 為在第 $i$ 個關節模塊座標系下第 $q$ 個模塊的角加速度；$r_{qi}$ 為在第 $i$ 個關節模塊座標系下第 $q$ 個模塊的質心座標；$\boldsymbol{a}_{qi}$ 為在第 $i$ 個關節模塊座標系下第 $q$ 個模塊的質心加速度；$m_q$ 為第 $q$ 個模塊的質量。

　　設第 $i$ 個和第 $j$ 個關節及第 $q$ 個模塊分別位於第 $f$ 個、第 $g$ 個和第 $h$ 個最小單元中，且滿足 $f \leqslant g \leqslant h$，則式(10-51) 中的各參數可用式(10-52) 求得。

$$J_{qi} = Q_{qi}I'_q Q_{qi}^{\mathrm{T}}$$

$$\boldsymbol{\alpha}_{qi} = R_{gi}\begin{bmatrix} 1 & 0 & 0 \end{bmatrix}^{\mathrm{T}}$$

$$r_{qi} = \begin{cases} Q_{qi}P'_{C_q} + R_{hi}P_q + \sum\limits_{s=f+1}^{h-1} R_{si} \cdot P_{\mathrm{Ins}}(5)_s + R_{\mathrm{Ins}}(N_i)_f^{-1} \\ \qquad [P_{\mathrm{Ins}}(5)_f - P_{\mathrm{Ins}}(N_i)_f], \qquad\qquad f < h \\ Q_{qi}P'_{C_q} + R_{\mathrm{Ins}}(N_i)_f^{-1}[P_{\mathrm{Ins}}(N_q)_f - P_{\mathrm{Ins}}(N_i)_f], \qquad f = h \end{cases}$$

$$\boldsymbol{a}_{qi} = R_{gi}(\begin{bmatrix} 1 & 0 & 0 \end{bmatrix}^{\mathrm{T}} \times r_{qj})$$

$$\tag{10-52}$$

　　式中，$Q_{qi}$ 為第 $q$ 個模塊座標系到第 $i$ 個關節座標系的旋轉矩陣；$R_{gi}$，$R_{hi}$ 分別為第 $g$ 個最小單元和第 $h$ 個最小單元座標系到第 $i$ 個關節座標系的旋轉矩陣；$N_i$，$N_q$ 分別為第 $i$ 個關節和第 $q$ 個模塊在第 $f$ 個最小單元和第 $h$ 個最小單元內的模塊序號。

　　$R_{gi}$ 和 $R_{hi}$ 可用式(10-53) 計算，$Q_{qi}$ 可用式(10-54) 計算。

$$R_{mi} = \left[\boldsymbol{\Phi}(N_i)_f \boldsymbol{R}_{\text{Ins}}(N_i)_f\right]^{-1} \prod_{s=f}^{m-1} \boldsymbol{\Phi}(5)_s \boldsymbol{R}_{\text{Ins}}(5)_s, \qquad m \geqslant f \quad (10\text{-}53)$$

$$\boldsymbol{Q}_{qi} = \boldsymbol{R}_{hi} \boldsymbol{\Phi}(N_q)_h \boldsymbol{R}_{\text{Ins}}(N_q)_h \qquad\qquad (10\text{-}54)$$

式中，$\boldsymbol{\Phi}$ 為關節角旋轉矩陣，可以用式(10-55) 計算。

$$\boldsymbol{\Phi}(N_q)_h = \begin{cases} \begin{bmatrix} 1 & 0 & 0 \\ 0 & \cos\theta_h & -\sin\theta_h \\ 0 & \sin\theta_h & \cos\theta_h \end{bmatrix}, & N_q \geqslant 1 + \boldsymbol{C}(1)_h \\[3mm] \begin{bmatrix} 1 & 0 & 0 \\ 0 & 1 & 0 \\ 0 & 0 & 1 \end{bmatrix} & O.W. \end{cases} \qquad (10\text{-}55)$$

式中，$\theta_h$ 為第 $h$ 個關節的關節角；$\boldsymbol{C}(1)_h$ 為第 $h$ 個最小單元根部關節的介面號，儲存在最小單元數據庫中。

綜合式(10-51)～式(10-55)，就完成了基於前文所建立數據庫的求解機械臂廣義慣性矩陣 $\boldsymbol{I}$ 的過程。關節靜負載是將機械臂從所求關節的輸出法蘭介面連接面處截斷，靠近末端部分的重力向關節座標原點處簡化主矢和主矩，具有以下形式：

$$\boldsymbol{L} = \begin{bmatrix} F_x & F_y & F_z & \tau_{sx} & \tau_{sy} & \tau_{sz} \end{bmatrix}^{\text{T}} = \begin{bmatrix} \boldsymbol{F} \\ \boldsymbol{\tau}_s \end{bmatrix} \qquad (10\text{-}56)$$

式中，$\boldsymbol{F}$ 為作用點處的主矢；$\boldsymbol{\tau}_s$ 為作用點處的主矩。

按圖 10-30 中關節模塊的座標系定義，$\boldsymbol{\tau}_s$ 的 $x$ 軸分量為所求的關節靜力矩，下面按遞推計算的方法進行推導。設計算第 $k$ 個關節負載向量時，已知第 $k+1$ 個關節的負載向量 $\boldsymbol{L}_{k+1}$。首先計算各最小單元係下的重力加速度 $\boldsymbol{G}$ 和在單元係下組成最小單元的 5 個模塊質心座標 $\boldsymbol{P}_C$：

$$\boldsymbol{G}_k = \left[\boldsymbol{\Phi}(5)_{k-1} \boldsymbol{R}_{\text{Ins}}(5)_{k-1}\right]^{-1} \boldsymbol{G}_{k-1} \qquad (10\text{-}57)$$

$$\boldsymbol{P}_{Ci} = \boldsymbol{\Phi}(i)_k \left[\boldsymbol{R}_{\text{Ins}}(5)_k \boldsymbol{P}'_{Ci} + \boldsymbol{P}_{\text{Ins}}(i)_k\right], \quad i = 1\sim5 \qquad (10\text{-}58)$$

則 $\boldsymbol{F}_k$ 和 $\boldsymbol{\tau}_{sk}$ 可按式(10-59) 計算：

$$\boldsymbol{F}_k = \left(\sum_{i=p}^{q} m_i\right)\boldsymbol{G}_k + \boldsymbol{\Phi}(5)_k \boldsymbol{R}_{\text{Ins}}(5)_k \boldsymbol{F}_{k+1}$$

$$\boldsymbol{\tau}_{sk} = \left[\boldsymbol{\Phi}(5)_k \boldsymbol{P}_{\text{Ins}}(5)_k\right] \times \left[\boldsymbol{\Phi}(5)_k \boldsymbol{R}_{\text{Ins}}(5)_k \boldsymbol{F}_{k+1}\right] + \sum_{i=p}^{q} \boldsymbol{P}_{Ci} \times (m_i \boldsymbol{G}_k) + \boldsymbol{T}_{k+1}$$

$$(10\text{-}59)$$

其中，$p = 1 + \left[\boldsymbol{C}(1)_k + 1\right]/2$，$q = 5 - \left[\boldsymbol{C}(2)_k + 1\right]/2$。

按照式(10-57)～式(10-59) 可以先由根部向末端計算重力加速度 $G$，在由末端向根部求出 $F$ 和 $\tau_s$，從而得到各關節的靜轉矩。

## 10.5.7 組合式最佳化設計方法

機械臂的動力學性能可用相同負載條件和運動參數下的關節轉矩來評價，關節轉矩越小說明同樣速率下的可加更大負載或同樣負載下工作週期更短。根據機械臂動力學方程可知：關節轉矩主要由與機械臂慣性矩陣、關節轉速、關節角加速度有關的動轉矩及關節靜轉矩組成，因此提出機械臂的靜轉矩評價數和慣性評價數兩個全局評價數，分別如式(10-60) 和式(10-61) 所示。

$$M_s(X)_i = \max\{ \begin{bmatrix} 1 & 0 & 0 \end{bmatrix} \tau_s / M(X)_i \} \tag{10-60}$$

$$\overline{I}(X) = \max\left\{ \sum_{i,\,j=1}^{n} I_{ij}(X) / n^2 \right\} \tag{10-61}$$

式中，$X$ 為給出的一種機械臂組合方式；$M_s$ 為機械臂各軸的靜轉矩評價數；$M$ 為機械臂關節的額定轉矩；$I$ 為機械臂的慣性評價數。

計算上述兩個評價指標時需對機械臂的靜轉矩和廣義慣性矩陣求最大值，由於機械臂的靜轉矩和廣義慣性矩陣均是關節角的函數，因此當機械臂的自由度數增加時評價函數的計算耗時將呈指數規律增加，這裡對比了以下三種計算評價指標的方法，以給出一種計算消耗較少的方法。

方法一：直接按照一定的數值解法求解式(10-60)、式(10-61) 中的最大值，即每次計算時先確定關節角角度，得到計算結果後按一定的搜索方式得到新的關節角角度，並繼續計算，直到得到一定精度下的最大值。求解過程如圖 10-37(a) 所示。

方法二：首先建立機械臂靜轉矩和廣義慣性矩陣的符號表達式，再在所建立的符號表達式駐點處進行搜索，得到最大值的解析解，即先將各關節角設為符號變量，然後按所推導公式建立目標的符號表達式，之後對表達式求導並得到駐點，最後求各駐點處的函數值並找出最大值。求解過程如圖 10-37(b) 所示。

方法三：首先建立機械臂靜轉矩和廣義慣性矩陣的符號解，再按一定的數值解法求解所建立的符號表達式的最大值，得到最大值的數值解，即先按方法二中所述建立目標關於各關節角的符號表達式，再按方法一中所述進行搜索和計算。求解過程如圖 10-37(c) 所示。

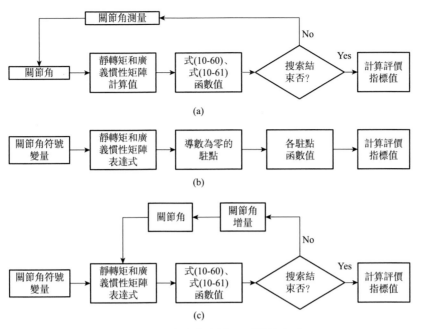

圖 10-37　評價指標的三種計算方式

　　上述計算方式中採用的搜索算法是座標輪換法，將關節角空間劃分為多個小的子空間，在每個子空間內使用座標輪換法得到局部的極大值，再找出各個子空間極大值中的最大值，即全局最大值。嘗試了上述 3 種計算方式，發現：方法一的計算量較大，會在最佳化過程中帶來較長的耗時；方法二的耗時較短，但在機械臂自由度較高時使用 Matlab 符號計算函數不能求出全部駐點，得到的最大值不準確；方法三能夠在求出最大值的前提下減少計算耗時。表 10-11 給出了三種方式在分別計算評價指標的平均耗時。

表 10-11　三種計算方式對不同機械臂的計算耗時　　　　　　　　s

| 計算方法 | 三自由度機械臂 | | 四自由度機械臂 | | 六自由度機械臂 | |
|---|---|---|---|---|---|---|
| | 式(10-60)耗時 | 式(10-61)耗時 | 式(10-60)耗時 | 式(10-61)耗時 | 式(10-60)耗時 | 式(10-61)耗時 |
| 一 | 1.3 | 0.4 | 141 | 39.2 | >3600 | >3600 |
| 二 | 10.1 | 1.5 | 11.3 | 1.7 | — | — |
| 三 | 3.55 | 1.6 | 64.4 | 15.5 | 788 | 153 |

　　除了上述定義的評價函數，這裡還需考慮因組合得到的機械臂因桿件之間相互碰撞而使可用工作空間縮小的問題，由此定義如式(10-62) 所示的碰撞數約束

條件。

$$K_{Coll}(X) = 碰撞的關節角工作空間/總關節角工作空間 \leqslant K_0 \quad (10\text{-}62)$$

這裡採用安全盒法進行碰撞判別。一個物體的安全盒是能將其完全封閉在內的具有簡單形狀的幾何體，關節模塊和接頭模塊對應長方體安全盒，連接桿模塊對應圓柱體安全盒，碰撞檢測實際上是檢測各安全盒是否發生了相互侵入。對於上述碰撞數約束條件，需要求解關節空間內發生碰撞的子空間所占的體積比，設 $n$ 自由度的機械臂關節角變量為 $\theta_1$、$\theta_2$、$\cdots$、$\theta_n$，以固定增量 $\Delta$ 對機械臂的關節空間進行離散化，對離散後的每個節點進行碰撞檢測，最後將發生碰撞的節點數與總節點數的比作為碰撞數的近似值。增量 $\Delta$ 越小，碰撞數越準確，但計算速度越慢；反之，增量 $\Delta$ 越大，計算速度越快，但得到的碰撞數越不準確。上述碰撞數的計算流程如圖 10-38 所示。

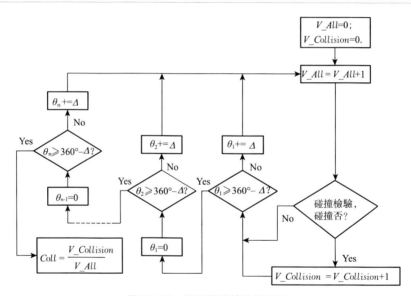

圖 10-38　碰撞數計算的流程圖

綜合上述評價指標和約束條件，提出組合式最佳化設計的數學模型如式(10-63)～式(10-66) 所示：

$$X \in \bar{X} \quad (10\text{-}63)$$

$$\min. \quad A_E(X) = \sum_{i=1}^{n} \mathrm{Seq}(M_{Si}(X)) + \mathrm{Seq}(\bar{I}(X)) \quad (10\text{-}64)$$

$$s.t. \quad K_{coll}(X) = \frac{碰撞的關節角工作空間}{總關節角工作空間} \leqslant K_0 \quad (10\text{-}65)$$

$$M_s(X)_i \leqslant S, \quad i=1{\sim}n \qquad (10\text{-}66)$$

式中，$X$ 為機械臂組合生成得到的可行解集合；$A_E$ 為機械臂的綜合評價數；Seq 為排序函數，返回被排序指標在同一個評價指標中的升序序數；$K_{coll}$、$K_0$ 分別為機械臂的碰撞數和碰撞閾值；$S$ 為機械臂的靜轉矩裕度。

式(10-61) 對所提出兩個評價指標進行了歸一化與綜合決策，即對每個評價指標按由小到大排序，以它們的序數作為綜合評價的依據，防止靜轉矩評價數的計算值很大而削弱慣性評價數對最佳化設計的影響，綜合決策時認為靜轉矩評價數與慣性評價數同等重要，故而將兩者權值都設為 1 之後相加。式(10-66) 是靜轉矩約束條件，要求機械臂各軸的靜轉矩評價數應小於靜轉矩裕度 $S$，即限製了關節最大靜轉矩與關節額定轉矩比值的上限。求解上述數學模型時採用遍歷法，即計算所有可能組合的約束條件和評價指標，所提出的組合式最佳化設計流程應如圖 10-39 所示。

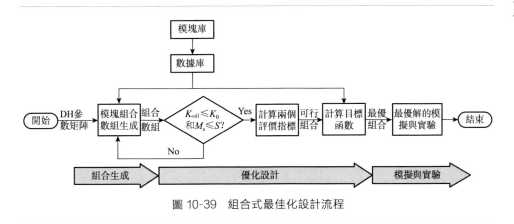

圖 10-39　組合式最佳化設計流程

## 10.5.8　六自由度機械臂的組合式最佳化設計計算與模擬

按前文所述的組合式最佳化設計方法進行了計算與模擬。本算例按照 PUMA262 型操作臂的結構形式，輸入 DH 參數矩陣如下：

$$\boldsymbol{A}_{\mathrm{DH}}=\begin{bmatrix} 0 & 0 & 0.198 & 0 & 0 & 0 & 0 \\ 0.2 & 0 & 0.02 & 0.203 & 0 & 0 & 0 \\ 0° & 90° & 0° & 90° & 90° & 90° & 0° \end{bmatrix}$$

設定轉矩裕度為 0.8，碰撞數閾值為 0.65。進行組合數組生成，共獲得 64 個可能的組合數組，它們的靜轉矩評價數、慣性評價數和碰撞數如圖 10-40～圖 10-42 所示。

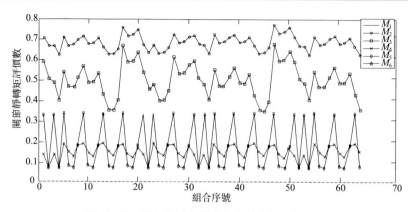

圖 10-40　所有機械臂組合各軸的靜轉矩評價數

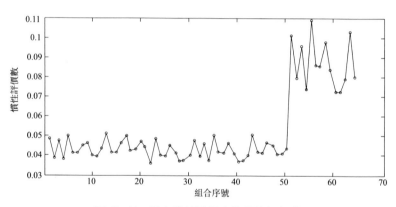

圖 10-41　所有機械臂組合的慣性評價數

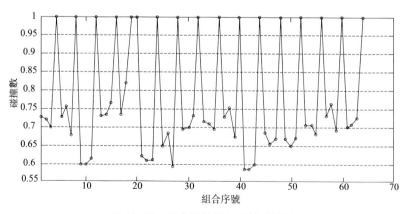

圖 10-42　所有機械臂組合的碰撞數

經過約束條件判別得到滿足約束的組合 13 種。分別計算綜合評價數，結果如圖 10-43 所示。

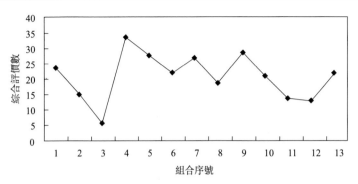

圖 10-43 滿足約束條件機械臂組合的綜合評價數

經決策得 3 號為最佳組合，並選擇 4 號組合作對比，分別建立 ADAMS 模擬模型如圖 10-44 所示。

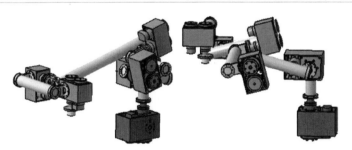

圖 10-44 對 3 號組合（左）和 4 號組合（右）建立的 ADAMS 模擬實體模型

令末端執行器在 5s 內進行直線運動，末端執行器的起點與終點齊次位姿矩陣分別為 $T_1$、$T_2$：

$$T_1 = \begin{bmatrix} -1 & 0 & 0 & 0.075 \\ 0 & -1 & 0 & 0 \\ 0 & 0 & 1 & -0.3684 \\ 0 & 0 & 0 & 1 \end{bmatrix} \quad T_2 = \begin{bmatrix} -1 & 0 & 0 & 0.075 \\ 0 & -1 & 0 & 0 \\ 0 & 0 & 1 & -0.1690 \\ 0 & 0 & 0 & 1 \end{bmatrix}$$

第 2、第 3 關節力矩曲線如圖 10-45 所示，其餘關節力矩均近似為零，此處省略其曲線。

可見最佳化過程能夠得出同樣負載情況下關節轉矩較小的操作臂裝配形式。為驗證 7.3.4～7.3.5 節中推導的公式的正確性，將由所推的動力學方程計算的

各軸轉矩與 ADAMS 的模擬結果進行對比，圖 10-46 所示是 3 號組合第 2 軸轉矩
兩種計算結果的相對誤差曲線，其他軸和其他構型對應的結果與之相似。

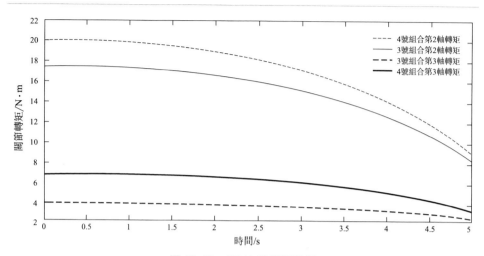

圖 10-45　ADAMS 模擬結果

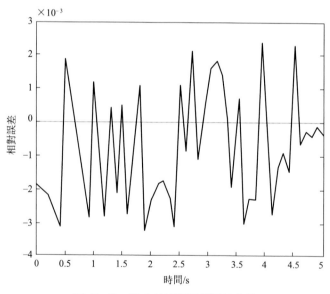

圖 10-46　第 2 軸轉矩相對誤差曲線

　　由上圖可知：兩種理論計算與 ADAMS 計算所得結果相對誤差在 $\pm 0.4\%$ 之
內，說明了所提出的基於模塊數據庫的機械臂動力學建模方法的正確性。

## 10.5.9 三自由度機械臂的組合式最佳化設計與寫字實驗

應用前述設計的模塊和提出的模塊化機械臂的組合式設計方法，本小節將進行三軸寫字機械臂樣機的設計與研製，並將對其進行運動控制實驗，以驗證所設計的各模塊的實用性。給定 DH 參數陣如下：

$$\boldsymbol{A}_{\mathrm{DH}} = \begin{bmatrix} 0 & 0 & 0.244 & 0 \\ 0.149 & 0 & 0 & 0 \\ 0 & 90° & 0 & 0 \end{bmatrix}$$

約束機械臂與安裝面介面和末端介面均為輸出法蘭介面，並給定兩個約束條件中的閾值分別為 $K_0 = 0.6$、$S = 0.75$。共得到 24 種有效的組合形式，它們的簡圖如圖 10-47 所示。

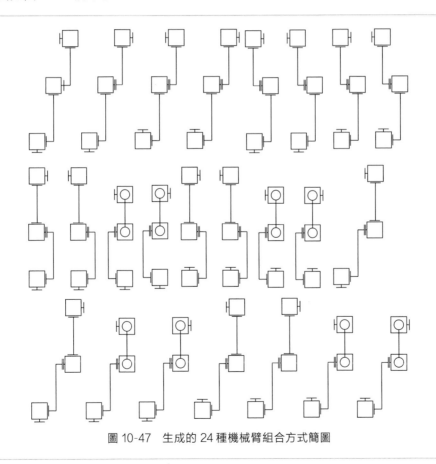

圖 10-47　生成的 24 種機械臂組合方式簡圖

計算最佳化目標函數，所有組合的綜合評價數如圖 10-48 所示。

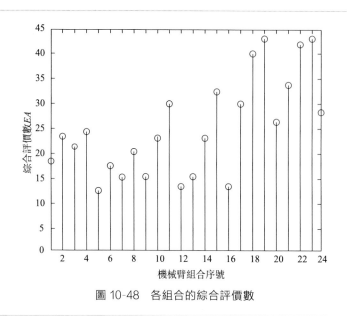

圖 10-48　各組合的綜合評價數

　　可知 5 號組合的綜合評價數最小，是最優組合。5 號組合的機械臂樣機照片及其座標系定義如圖 10-49 所示。

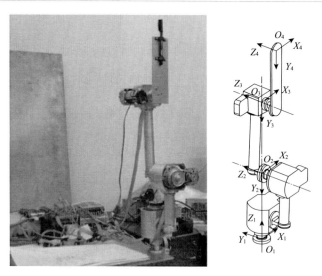

圖 10-49　按 5 號組合組裝得到的機械臂樣機和座標系定義

　　按 DH 參數法推導的運動學正解如式(10-67) 所示。

$$\boldsymbol{P}_{41} = \begin{bmatrix} 0.224\cos\theta_1\left[\sin\theta_2+\sin(\theta_2+\theta_3)\right]+0.037\sin\theta_1 \\ 0.224\sin\theta_1\left[\sin\theta_2+\sin(\theta_2+\theta_3)\right]-0.037\cos\theta_1 \\ 0.149+0.224\left[\cos\theta_2+\cos(\theta_2+\theta_3)\right] \end{bmatrix}$$

$$\boldsymbol{T}_{41} = \begin{bmatrix} \cos\theta_1\cos(\theta_2+\theta_3) & -\cos\theta_1\sin(\theta_2+\theta_3) & -\sin\theta_1 \\ \sin\theta_1\cos(\theta_2+\theta_3) & -\sin\theta_1\sin(\theta_2+\theta_3) & \cos\theta_1 \\ -\sin(\theta_2+\theta_3) & -\cos(\theta_2+\theta_3) & 0 \end{bmatrix} \tag{10-67}$$

式中，$\boldsymbol{P}_{41}$ 為末端座標系原點的位置向量；$\boldsymbol{T}_{41}$ 為末端座標系相對於基座標系的姿態矩陣；$\theta_1$、$\theta_2$、$\theta_3$ 分別為三個關節模塊的關節角。

由於機械臂為 3 軸空間機械臂，因此末端的位置和姿態不是獨立的，這裡選擇末端位置座標 $x$、$y$、$z$ 作自由變量求解機械臂的逆運動學方程，求解的結果如式(10-68) 所示。

$$\theta_1 = \begin{cases} \dfrac{\pi}{2}+\arctan\left(\dfrac{y}{x}\right)-\arccos\left(\dfrac{0.037}{\sqrt{x^2+y^2}}\right) & (x\geqslant 0,\ y\geqslant -0.037)\ \text{或} \\ & (x\leqslant 0,\ y\geqslant 0.037) \\ -\dfrac{\pi}{2}+\arctan\left(\dfrac{y}{x}\right)-\arccos\left(\dfrac{0.037}{\sqrt{x^2+y^2}}\right) & O.W. \end{cases}$$

$$\theta_2 = \arccos\left[\frac{z-0.149}{0.448\cos(0.5\theta_3)}\right]-0.5\theta_3$$

$$\theta_3 = \arccos\left[\frac{(x-0.037\sin\theta_1)^2+(y+0.037\cos\theta_1)^2+(z-0.149)^2}{2\times 0.224^2}-1\right]$$

$$\tag{10-68}$$

機械臂的控制系統的硬體結構如圖 10-50(a) 所示，分別由上位 PC 機、PMAC 控制卡和雷塞伺服驅動構成。所設計的控制系統軟體框圖如圖 10-50(b) 所示，先進行初始化，這一階段配置 PMAC 上的各種輸入輸出介面和內部位置環與速度環的各種參數；之後在 PMAC 運動控制卡的逆運動學緩存區中寫入機械臂的逆運動學方程計算程式，後定義基座標系；最後用運動描述語言在所定義的極座標系中描述機械臂末端的運動軌跡，並執行編寫的運動程式。

對所組裝的機械臂樣機進行了硬筆在紙上寫字實驗，分別書寫了大寫字母「HIT」和鏤空的大寫字母「GR」。實驗中首先進行了機械臂的校準，令機械臂末端在水平面內運動，透過調整其初始位置和運動程式，一定程度上矯正了由裝配和安裝所帶來的機械臂機構參數誤差，之後編寫了控制機械臂寫字的運動程式。機器人的書寫「HIT」、書寫鏤空的「GR」的過程如圖 10-51 所示。「HIT」為哈爾濱工業大學的英文縮寫，「GR」為筆者研究室的縮寫和徽標。

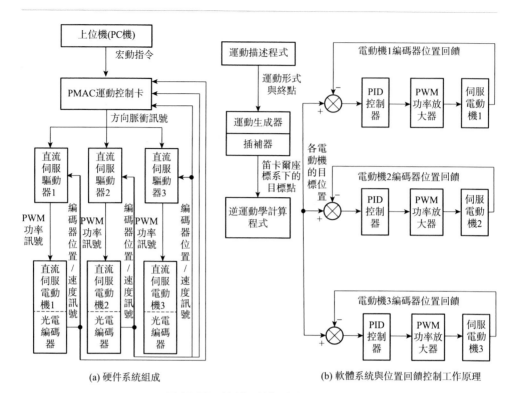

(a) 硬件系統組成

(b) 軟體系統與位置回饋控制工作原理

圖 10-50　控制系統組成與工作原理

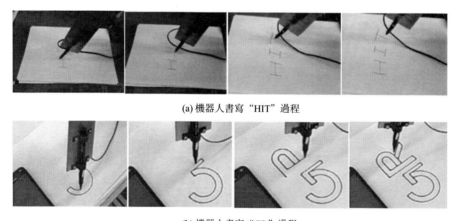

(a) 機器人書寫 "HIT" 過程

(b) 機器人書寫 "GR" 過程

圖 10-51　機器人操作臂寫字實驗影片截圖

# 10.6 多臺工業機器人操作臂系統在汽車衝壓件生產線上的應用設計與實例

## 10.6.1 汽車薄板衝壓成形件的衝壓工藝

　　汽車薄板衝壓成形件是由薄板在多臺衝壓機生產線上經不同的組合模具按多道衝壓工序衝壓成形的零件。衝壓生產線一般由毛坯料送料操作手、傳送帶裝置、機械手 $i$、衝壓機 $i$ 和組合模具 $i$、衝壓件成品件料框等組成。其中，究竟衝壓件經多少道組合模具衝壓即 $i$ 等於多少取決於具體衝壓生產線和衝壓件的具體設計。另外，各衝壓機之間距離的遠近、相鄰兩臺衝壓機上組合模具間的橫位、豎位都決定了兩者之間是採用單臺機械手還是兩臺機械手，以及機械手的機構構型的確定。組合模具分為上模和下模，下模固定在鍛壓機的工作檯上，上模固定在鍛壓機的鍛壓頭上隨鍛壓頭一起上下移動，衝壓時鍛壓頭帶著上模下移與下模一起將薄鋼板衝壓成形，複雜形狀的衝壓件可能需要按順序由不同的組合模具多次分別衝壓後才成為最終的成品形狀。衝壓件在鍛壓機上的一次衝壓成形影片截圖如圖 10-52 所示。

(a) 衝壓件車間的5臺鍛壓機　　　　(b) 鍛壓機上的組合模具　　　　(c) 衝壓成形件

(d) 鍛壓機衝壓組合模具上模下模之間的薄板件後薄板成形(人工送料、取料)

圖 10-52

(e) 機器人操作手拾取上下模之間的已成形衝壓件

圖 10-52　衝壓件生產工藝

## 10.6.2　汽車衝壓件生產線多工序坯/件運送多機器人操作臂系統方案設計實例

某汽車衝壓件半自動生產線擬進行改造，用多機器人操作臂系統來實現汽車衝壓件坯料自動取送，首先需要根據現場實際設計條件和生產技術要求與技術參數進行多機器人操作臂系統及文氏原理吸盤及其供氣配氣氣站系統方案設計。

（1）設計要求與技術條件

① 汽車薄鋼板衝壓件用壓力機衝壓/組合模具成形生產過程自動化，提高產量和生產效率。

② 組合模具 5 套、衝壓機（也稱鍛壓機、壓力機）5 臺已到位。5 臺衝壓機成一字前後排列，相互間隔 $a(\mathrm{m})$；具體擺放及衝壓流程如圖 10-53 所示。其現場實際場景如圖 10-52(a) 所示。其中，3 號衝壓機上的組合模具與其他組合模具的方位不同，其放置方位與其他 4 臺衝壓機上的組合模具呈水平垂直，即呈轉位 90°方位。

③ 疊放薄鋼板坯料物料筐由人工供入生產線入口指定位置。

④ 衝壓坯件經第 5 號衝壓機成形後由機器人操作臂搬入生產線指定出口處物料筐內疊放，然後由人工搬出。

⑤ 薄鋼板坯料從物料筐中取出按序分別送至 1～5 號衝壓機成形後送入本線出口物料筐整個過程完全由機器人操作臂完成。

⑥ 薄鋼板坯料約 15～20kg（衝壓坯件及衝壓成形件質量一般不會超過坯料重）。採用文氏原理橡膠吸盤吸附坯料及各工序衝壓坯件、衝壓成形件。

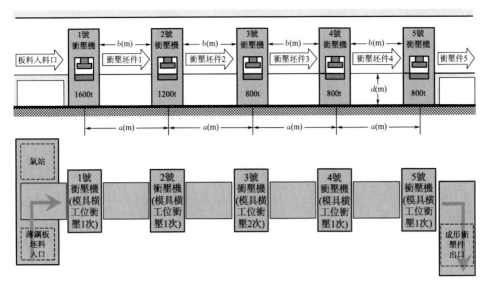

圖 10-53　汽車衝壓件半自動化生產線的 5 臺衝壓機擺放及衝壓流程示意圖

⑦ 作為氣源的空氣壓縮機由使用者方提供。

⑧ 運送坯料/坯件/衝壓成形件的各機器人操作臂安裝位置不得妨礙組合模具上、下模從壓力機中取出或裝入壓力機，即不需將工業機器人操作臂從其固定位置拆卸下來，以免影響生產。

⑨ 機器人操作臂臺套數及工作性能參數應滿足 1～5 號衝壓機按流水線工序對薄鋼板坯料/衝壓坯件/成形件運送協調要求。

⑩ 在 1～5 號衝壓機正常工作的情況下，每分鐘生產衝壓成形件 $x$ 件。空載運行時（即機器人操作臂末端操作器吸盤上無工件）可實現每分鐘 $x+1$ 件當量數的正常運動。

（2）取送汽車衝壓件的多機器人操作臂系統方案設計

① 方案 1：相鄰衝壓機之間機器人操作臂取送方案

該方案在相鄰衝壓機間無輸送帶，由第 $i$ 號衝壓機上取出衝壓坯件 $i$ 直接送至第 $i+1$ 號衝壓機，如圖 10-54(a) 所示。

系統構成：6 臺機器人操作臂系統，氣站及末端操作器吸盤。其中，3R2T/2R3T 的 5-DOF（自由度）操作臂系統：4 臺套；2R2T 的 4-DOF 操作臂系統：2 臺套；氣站：1 套；末端操作器吸盤：6 套；機器人操作臂支撐結構框架：6 套。共計 6 臺套總計 28 軸機器人操作臂/吸盤系統及機器人操作臂安裝基礎。其中的單臺套機器人操作臂系統構成：4（5）-DOF 機器人操作臂機械本體＋主控

電腦（或 PLC 控制器）＋帶碼盤帶製動器交流伺服電動機＋伺服驅動-控制器。工作人員可透過觸摸屏操控。

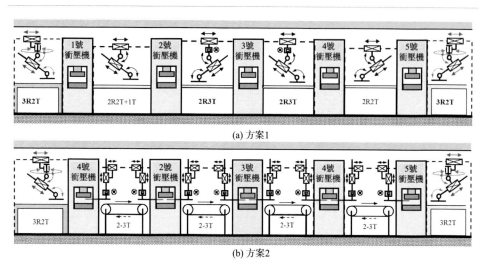

(a) 方案1

(b) 方案2

圖 10-54　汽車衝壓件自動化生產線的多機器人操作臂取送衝壓件系統設計方案

優點：相鄰衝壓機間只需 1 臺機器人操作臂，不需輸送帶。

缺點：相鄰衝壓機間間距越長，要求機器人取送速度越快，因此，對機器人操作臂性能指標要求相對較高。

② 方案 2：衝壓機兩側各有一機器人操作臂取送方案

該方案在兩相鄰衝壓機間需設輸送帶，由第 $i$ 號衝壓機左側機器人操作臂將坯件取入，衝壓後由其右側機器人操作臂取出送至輸送帶上隨輸送帶前移，第 $i+1$ 號衝壓機左側操作臂從輸送帶上取入坯件，衝壓後其右側操作臂取出再送至輸送帶，照此工作下去，如圖 10-54(b) 所示。

系統構成：10 套機器人操作臂系統，末端操作器吸盤及氣站。其中，3R2T 的 5-DOF（自由度）操作臂系統：2 臺套；3T/2T 的 3/2-DOF 操作臂系統：8 臺套；氣站：1 套；末端操作器吸盤：6 套；機器人操作臂支撐結構框架：6 套。共計 12 臺套總計 34/28 軸的多機器人操作臂/吸盤系統及機器人操作臂安裝基礎。最小系統構成 28 軸：3R2T＋(2T＋2T)＋(2T＋3T)＋(3T＋2T)＋(2T＋2T)＋3R2T＝6R22T。

單臺套機器人操作臂系統構成：5(3)-DOF 機器人操作臂機械本體＋主控電腦（或 PLC 控制器）＋帶碼盤帶製動器交流伺服電動機＋伺服驅動-控制器。工作人員可透過觸摸屏操控。

優點：相鄰衝壓機間間距長時，機器人及輸送帶協調好可節省時間，對機器

人操作臂速度指標要求可降低一些。

缺點：相鄰衝壓機間需輸送帶，各輸送帶只能分別獨立驅動，各需電動機及減速器一套；衝壓機間機器人操作臂總臺數較方案 1 多。

（3）末端操作器吸盤系統設計方案

① 吸盤原理：文氏原理，靠空壓機供氣真空負壓吸附。吸盤為橡膠吸盤。

② 氣站原理：空壓機＋控制閥＋氣路向各末端操作器吸盤供氣並調節吸附力。

方案 1 與方案 2 從設計和技術實現上都能實現且滿足使用者使用要求。兩者各有優勢和不足，需要對這兩個設計方案進行最佳化設計計算後用綜合評價指標定量評價後作決策。由於 3 號壓力機上放置的組合模具與其他組合模具的放置方位不同而成水平面內轉位 90°放置，因此，3 號衝壓機兩側的機器人操作臂上各自至少有一個垂直紙面方向移動的自由度。

確定了多機器人操作臂系統的設計方案，剩下的機構參數設計以及詳細的機械系統結構設計、控制系統硬體選擇與搭建、PLC 控制、機器人操作臂的軌跡規劃以及控制程式的編寫等均屬於工業機器人技術基礎中的一般性技術工作，此處不再贅述。

# 10.7 本章小結

本章首先介紹了工業機器人中工廠環境內移動平臺的 AGV 的分類、典型導引方式、移動方式與裝卸載方式、系統構成與應用，AGV 為成熟技術，有專業製造商供應產品，一般屬於選型設計。本章主要內容是本書作者在工業機器人操作臂導引控制、圓-長方形複合孔類零件的機器人裝配理論與技術、機器人操作臂的模塊化組合式設計方法與設計理論等方面研究成果，詳細論述了技術熟練作業人員導引機器人操作臂的柔順力控制的基本原理與技術實現方法、複合孔類零件裝配的接觸狀態分類、受力分析以及接觸狀態識別的幾何學與力學條件、裝配策略等具體理論與技術問題。為從事導引機器人操作、複合型軸孔類零件的機器人柔順裝配技術研究人員提供研究方法、理論與技術基礎；模塊化組合式設計方法是實現機器人操作臂乃至其他類型機器人的系列化標準化產品化的重要理論方法之一，基於所設計的基本的系列化模塊化關節單元、模塊化組合式機器人操作臂的動力學性能指標以及最佳化設計方法，較為完整地給出了機器人的模塊化組合最佳化設計方法和最佳化設計實例以及運動模擬與實驗，旨在透過這樣一個完整的實例給應用組合最佳化設計機器人操作臂的科研人員提供有效的參考。最後給出了一個汽車衝壓件生產線上送取衝壓件的多機器人操作臂系統方案設計實

例，像這種工業生產中實際應用的機器人操作臂系統設計屬於一般性的不難實現的機器人工程技術工作，有實際應用價值，但均屬於成熟技術，一般沒有什麼創新性；比較而言，機器人的導引柔順控制、複合形狀的孔軸類零件的機器人裝配理論與技術、機器人的模塊化組合式設計理論與方法則屬於在理論、方法、技術、實驗等方面難度較大的創新性工作甚至於原創性研究工作，具有重要的理論指導意義與參考價值。

# 參考文獻

［1］ http: //www. rb3d. com/RB3D_Brochure7A15_EN_L. pdf.

［2］ Chhatpar S R, Branicky M S. Search strategies for peg-in-hole assemblies with position uncertainty[C]//IEEE/RSJ International Conference on Intelligent Robots & Systems. IEEE, 2001: 1465-1470.

［3］ Park H, Bae J H, Park J H, et al. Intuitive peg-in-hole assembly strategy with a compliant manipulator[C]//International Symposium on Robotics, 2013: 11-15.

［4］ Kim Y L, Song H C, Song J B. Hole detection algorithm for chamferless square peg-in-hole based on shape recognition using F/T sensor［J］. International Journal of Precision Engineering & Manufacturing, 2014, 15（3）: 425-432.

［5］ Fei Chen, Ferdinando Cannella, Jian Huang, et al. A Study on Error Recovery Search Strategies of Electronic Connector Mating for Robotic Fault-Tolerant Assembly[J]. Journal of Intelligent & Robotic Systems, 2016, 81（2）: 257-271.

［6］ Yao Y L, Cheng W Y. Model-Based Motion Planning for Robotic Assembly of Non-Cylindrical Parts［J］. International Journal of Advanced Manufacturing Technology, 1999, 15（9）: 683-691.

［7］ Caine M E, Lozano-Perez T, Seering W P. Assembly strategies for chamferless parts[C]//IEEE International Conference on Robotics and Automation. IEEE, 2002: 472-477.

［8］ Chhatpar S R, Branicky M S. Particle filtering for localization in robotic assemblies with position uncertainty[C]// IEEE/RSJ International Conference on Intelligent Robots and Systems. IEEE, 2005: 3610-3617.

［9］ Park Dong Il, Park C, Do H, et al. Assembly phase estimation in the square peg assembly process[J]. International Conference on Control, Automation and Systems, 2012: 2135-2138.

［10］ Kim K, Kim J, Seo T W, et al. Development of Efficient Strategy for Square Peg-in-Hole Assembly Task[J]. International Journal of Precision Engineering and Manufacturing, 2018, 19（9）: 1323-1330.

［11］ Strip D R. Insertions using geometric analysis and hybrid force-position control:

method and analysis[C]//IEEE International-al Conference on Robotics and Automation. IEEE, 1987: 1744-1751.

[12] Lee S, Asada H H. A perturbation/cor-relation method for force guided robot assembly[J]. IEEE Transactions on Robotics & Automation, 1999, 15（4）: 764-773.

[13] Kang S C, Hwang Y K, Kim M S, et al. A compliant motion control for insertion of complex shaped objects using contact[C]// IEEE International Conference on Robotics and Automation. IEEE, 1997: 841-846.

[14] Ohwovoriole M S, Hill J W, Roth B. On the Theory of Single and Multiple Insertions in Industrial Assemblies[C]//International Conference on Industrial Robot Technologies. IEEE, 1980: 523-534.

[15] McCarragher B J, Asada H. The discrete event control of robotic assembly tasks[C]//IEEE Conference on Decision and Control. IEEE, 1995: 1406-1407.

[16] Sathirakul K, Sturges R H. Jamming conditions for multiple peg-in-hole assemblies[J]. Robotica, 1998, 16（3）: 329-345.

[17] 張長軍，魏長青. 機器人裝配狀態變遷控制的同步 Petri 網模型 [J]. 機械工程學報，2001, 37（4）: 33-37.

[18] 費燕瓊，趙錫芳. 機器人三維多軸孔裝接觸力建模 [J]. 上海交通大學學報，2003, 37（5）: 703-705.

[19] Hou Z, Philipp M, Zhang K, et al. The learning-based optimization algorithm for robotic dual peg-in-hole assembly[J]. Assembly Automation, 2017: 369-375.

[20] Zhang K , Xu J , Chen H , et al. Jamming Analysis and Force Control for Flexible Dual Peg-in-hole Assembly[J]. IEEE Transactions on Industrial Electronics, 2019: 1930-1939.

[21] 潘學欣. 圓-長方複合孔型裝配作業的機器人力/位混合控制研究[D]. 哈爾濱: 哈爾濱工業大學碩士學位論文，2015: 9-12.

[22] 宋健偉. 圓-長方形複合孔件機器人裝配技術研究[D] 哈爾濱: 哈爾濱工業大學碩士學位論文，2017: 10-11.

[23] 吳偉國，高力揚. 一種圓-長方形複合孔類零件的機器人自動裝配方法[P]. 已申請並被受理發明專利. 申請號: 201910853702. 7, 2019. 8.

[24] 高力揚，吳偉國. 輕型機器人操作臂的模塊化組合式設計方法研究[J]. 機械設計與製造，2014,（1），154-156, 160.

[25] 吳偉國. 機器人操作臂的導引操縱系統及其柔順操縱控制與示教學習方法[P]. 發明專利. 申請號: 201910940372. 5

## 第11章

# 現代工業機器人系統設計總論與展望

## 11.1 現代工業機器人特點與分析

本書前面 10 章結合已有且具代表性的現代工業機器人系統設計新概念、新設計實例，基本上完整地論述了以「移動」和「操作」兩大工業作業自動化主題下的現代工業機器人系統設計的主要理論、方法與技術。現代工業機器人系統設計較過去傳統的工業機器人系統設計突出的特點是，由過去應用環境相對固定的設計開始轉變到如何解決工業機器人系統實際應用中對於作業環境和作業變化的要求下的「魯棒性」和「智慧化」問題的解決。也可以說是從傳統工業機器人技術應用的嚴格結構化作業條件和環境開始向寬鬆的結構化、非結構化作業條件與環境下的現代機器人的智慧化作業轉變。也標誌著機器人技術從單純的自動化到強魯棒性和智慧化轉變。按照這一特點對現代工業機器人系統設計與技術進行分析如下。

① 多學科專業集成化設計與分析型軟體的運用：現代工業機器人系統設計方法是集機械、控制、電子、電腦軟硬體、數學、力學等多學科專業知識的綜合運用以及集成化設計，其設計方式體現在大型系統設計與分析型軟體的運用。電腦輔助設計（CAD）軟體經過近 40 年的發展所形成的 Adams、DADS、ProE、ANSYS、SolidWorks、Matlab/Simulink、AutoCAD 等大型系統設計與分析型軟體為現代工業機器人系統設計與分析提供了有力的工具，從系統參數化設計、最佳化設計、運動學、動力學計算到零部件的強度、剛度、振動模態、穩定性、多物理場耦合分析；從系統物理參數的獲得，線性、非線性方程的數學模型，力學方程到控制系統設計與分析、參數的整定等，均有集成化的工具軟體來輔助系統設計與分析，使系統設計中的計算與分析更加全面，更加精細，設計的結果更加可靠，設計週期大大縮短。機械系統運動模擬與控制系統模擬作為虛擬實驗，為設計結果的工程實際執行的可靠性提供了重要保證。應用模擬技術可以模擬機器人實際作業並可預先獲得作業結果的評價或發現存在的問題。對於工業機器人系統也可以透過虛擬作業的模擬來獲得其完成不同作業的評價。如此，可以輕易地判斷和選擇一臺可用的工業機器人系統。

② 工業機器人與作業經驗豐富的人類作業人員的合作性和操縱型機器人：過去傳統的工業機器人系統是在按照預先設計好的程式的控制下自動完成作業，代表性的案例就是汽車零部件製造、裝配等自動化生產線上應用的工業機器人操作臂。然而，在工業機器人系統的「智慧」尚未達到人類操作人員「智慧」程度之前，許多作業仍然需要人類操作人員的參與，如本書中重點講述的高級技工引導工業機器人共同作業的力/位混合控制技術，方興未艾！更進一步的深入研究還有很多！如何在高級技工導引機器人作業時由機器人主控系統反過來識別與評價高級技工因疲勞對導引作業的影響，並且由「永不疲勞」的機器人來解決好這個問題。工業機器人作業對人的高度安全性保障性技術也是重要課題之一。操縱型機器人是由具有專業技術和作業能力的技術者（如職業技術工人、實驗員、醫生等）操縱、操控的作業型機器人，也是由技術者來導引、教會機器人進行技術性操作的機器人。

③ 工業機器人系統設計的開放性：模塊化組合式設計方法是實現開放性設計的有效途徑之一，也是避免自然資源浪費和最大限度地有效利用已有設計資源和軟硬體資源的有效設計方法。但是，如何將機械系統設計、驅動與控制系統設計綜合在一起獲得最優設計結果的模塊化組合式設計方法仍然需要進一步研究，並且考慮如何應用於使用者的產品選型設計。這種開放性的設計方法需要使用者與製造商共同完成，需要解決如何做到可以由使用者根據自己的作業用途與技術要求，在機器人製造商一方獲得最佳的模塊化選型設計結果，然後透過模擬驗證後來得到相應產品的問題。需要注意的是：這裡所說的並非是眾所周知的單純地進行量身訂製。模塊化組合式的產品設計方法如何獲得對於每一個使用者所用的機器人系統都是最佳的設計方案和設計結果的問題是需要考慮解決的關鍵技術問題。高性能的機構、驅動、控制、感測四位一體的集成化和模塊化關節單元的設計以及系列化和產品化目標仍然是工業機器人系統模塊化組合式設計的關鍵技術任務。

④ 機器人操作臂輕量化高剛度大負載性能：從現有的高性能 CPU、DSP、高級單片機等電子技術基礎元部件、電腦控制與通訊技術軟硬體技術來看，由於其本身就具有模塊化組合式特點，能夠滿足模塊化組合式機器人系統的關節單元的集成化設計與技術實現的需求，關鍵問題仍然在於機器人機械系統、機構的創新設計，其中包括高剛度輕質化複合材料的使用和結構設計、加工工藝等。目前的工業機器人操作臂儘管採用鋁合金鑄造殼體、以鋁合金軋製材料作為零件製作原材料，但是減速器、電動機仍然占據很大一部分質量，工業機器人操作臂的總質量與其末端負載比值平均值一般約為 1：10 左右，顯然機器人操作臂本身的質量很重，相對降低了末端負載能力。這個比值並非是想減輕就可以改變得了的。為保證末端操作器在機器人產品正常使用壽命期限內的重複定位精度不得不採用

鑄造鋁合金、鑄鐵等殼體零件，而且減速器傳動系統中軸承、齒輪、擺線針輪等零部件採用合金鋼等高強度金屬材料。然而這些材料除鋁合金材料外密度都較大，使得工業機器人相對負載能力而言過於笨重，原動機驅動能力很大一部分被消耗在重力場中用來克服機器人自重以及慣性力、力矩，以及摩擦力、力矩，而用於驅動末端負載的那部分驅動能力相對很小。同人類手臂相比，人類手臂及手總重不過十數千克，卻能操持數十千剋的重物。

⑤ 自動化製造機器人的機器人系統設計：機器人製造的自動化和無人化系統的設計，也可以說用機器人母系統製造子機器人的自動化製造與裝配系統的設計，也可以說是機器人自動化製造工廠設計。該系統應包括機器人自動化設計系統、自動化製造系統、自動化裝配系統與自動化測試系統。這樣的自動化生產製造機器人產品的大系統應該是操作型機器人操作臂系統、移動操作與搬運的移動機器人系統、負責機器人零部件加工製作的機械加工機器人系統、裝配用機器人系統、測試用機器人系統等多種類機器人合作的多機器人系統。

⑥ 靈巧操作系統設計越來越面向於適應度寬且靈巧操作更精細的技術性能。作業性能適應度寬是指負載能力大、作業響應速度範圍寬、粗操作到精細靈巧操作範圍寬、主動驅動與被動驅動相結合、多感知功能等等性能。

⑦ 機器人操作臂與移動機器人平臺的複合性更強（多種類融合的複合型機器人）：機器人與機器人之間可以根據作業任務需要進行自動地結合與分離，形成複合型機器人或分解還原成各自獨立的機器人。這種結合與分離包括機械本體的結合與分離、控制系統軟硬體的結合與分離。

⑧ 工業機器人的自裝配自重構創新設計：由多數個單元模塊從隨機的初始狀態的聚合體經過有限次的單元間結合與分離自操作，根據作業任務需要自己重新構成新的自己。

⑨ 狹小、危險、極限作業環境和條件下的特種機器人系統設計與技術：這種機器人不是通用的工業機器人市場供應商、製造商所能提供的產品，而是專用機器人技術者根據特殊的作業環境和自動化作業任務而專門設計的專用機器人系統。如核工業設施的狹小空間內機器人自動化焊接系統技術、原油管道自動化清潔的機器人技術等等。

⑩ 機器人系統的智慧化設計：智慧設計源於 1980 年代，是伴隨著傳統的電腦輔助設計技術而發展起來的，是機器人機構與結構機械設計的狹義 CAD 技術，人工智慧的知識工程、專家系統以及人工智慧程式設計技術相互融合來實現機器人系統設計的自動化與智慧化的設計技術；是將機器人系統設計知識、設計過程以及設計評價等工作用知識工程中的知識表示與獲取形式、知識庫建立、推理機製和人工智慧程式設計技術、最佳化設計方法、智慧算法等理論、方法與技術綜合在一起來解決機器人設計自動化問題的電腦程式。

⑪ 現代工業機器人系統設計與技術向行業應用縱深方向發展：現代工業機器人的應用領域不斷被拓寬，隨之而來的需要與應用行業的專業性技術的結合也越來越密切。傳統的工業機器人普遍應用於如常溫、常壓等普通作業環境下，少數應用於核工業、航空太空產業以及其他極限環境下。隨著應用領域的不斷拓展，高低溫環境、熱輻射、振動等非常規下的作業環境對機器人零部件提出了特殊的要求。

⑫ 關於讓機器人學習人類行為的進化型機器人的設計：如何實現由技能型作業人員教會機器人並一直進化下去的學習型機器人系統的設計方法將會越來越受到研究者們關注和重視。約在 1999 年前後，研究者們發表了透過將電極插入猴子腦部提取猴子欲拿取面前擺放的香蕉和吃香蕉時的腦電訊號並且經放大器和電腦處理後用來控制機器人操作臂同樣拿取香蕉的研究文獻。最新的 2019 年報導，美國的哥倫比亞大學研究人員不用插電極提取腦部電訊號而是用腦機介面（BCI）技術來提取腦電訊號來控制機器人操作臂的方法取得了成功。

⑬ 控制輸入方式的改變：現代工業機器人與傳統的工業機器人不同之處還在於，現代工業機器人除了透過使用者按照機器人機構運動學、動力學編寫電腦程式、設計機器人運動、控制機器人作業之外，還有其他多種方式來控制機器人完成給定的作業任務。如透過作業路徑輸入裝置（雷射筆）自動生成末端操作器作業位姿軌跡、透過視覺系統學習人工作業動作與行為、透過腦機介面來獲取人類運動時大腦神經系統的訊號並經放大處理後控制機器人，透過語音訊號來控制機器人運動等等。

# 11.2 面向操作與移動作業的智慧化工業機器人設計問題與方法

## 11.2.1 工業機器人操作性能的在線作業綜合評價與管理控制機製問題

傳統的工業機器人操作是由預先設計好的電腦程式來控制機器人按部就班地執行的過程，是一種在作業環境相對固定的條件下不斷重複執行控制指令、不斷重複作業運動過程的機器人，相對而言，傳統工業機器人缺乏靈活性與作業變更時的新作業適應性。現代工業生產隨著使用者需求的個性化和訂製化越來越靈活，以及現代自動化生產週期的相對縮短、產品更新換代頻繁，這些也要求應用工業機器人的自動化、智慧化生產線設計如何考慮快速更新、重複有效利用現有自動化生產線中的工業機器人系統的設計問題，其中，工業機器人系統在「移

動」和「操作」兩個方面的作業性能綜合評價是需要解決的問題之一。

例如，固定基座或給定基座運動的工業機器人操作臂的操作性能的綜合評價是包括回避關節運動位置極限、速度極限以及驅動力或力矩極限、回避奇異、回避障礙、有效工作空間、能量消耗最小、作業時間最短、操作最省力、輸出的最大操作力限製、作業效率最高等的綜合性能評價。顯然，需要建立如前述章節中已經討論過的綜合評價數學模型，然後，針對末端操作器具體的實際作業運動進行綜合性能評價計算後給出機器人操作臂的最佳運動樣本，並進行運動控制或最優控制來實現操作作業。

上述所言只是一臺機器人操作臂的綜合作業性能評價建模內容和過程。應用多臺機器人操作臂協調作業操作同一操作物或多臺機器人操作臂協調完成多個操作物的多機器人操作臂應用系統的綜合作業性能評價是以單臺機器人操作臂的綜合作業性能評價為基礎，按照單個或多個操作物之間運動或力的協調來進行最優的作業性能指標分配來建立的協調與評價模型。對於具體的實際作業任務要求，這些綜合評價問題都不難解決。但是，如何在未知具體作業任務或具體作業參數的情況下，設計、研發多個機器人操作臂協調作業的綜合性能評價的通用軟體系統不是件簡單的事。因此，目前的應用多臺工業機器人操作臂系統的設計都基本上是按照機器人操作臂的選型設計之後結合實際作業要求與參數進行生產工藝流程分析、設計，然後進行模擬，能夠實現作業目標即可，尚缺乏從系統綜合設計理論、方法與綜合評價等方面進行考慮的成分。

當多臺機器人操作臂、多臺搭載操作臂的移動機器人構成具有作業靈活性、多機器人協調的開放式機器人應用作業系統的情況下，整個多機器人系統的綜合最佳化設計以及綜合作業評價系統設計的設計理論與方法是需要進一步研究與開發的重要內容。需要注意的是：這裡所指的不是針對具體的機器人操作臂、移動機器人平臺構成的具體事例的設計，而是通用化的設計理論與方法。其中重要的一點是這樣的系統相當於一個多智慧體的高效協調管理系統，並且具有內部自動進化的學習與評價、決策機製，主要解決的是系統的開放性設計方法與對外部「擾動」的魯棒性設計。

## 11.2.2 力-力矩感測器設計與使用時面臨的實際問題

現代工業機器人應用系統設計中，各類感測器是必不可少的。使用感測器的主要目的是為了在線獲得機器人自身、作業環境或作業對象物的可測的一些狀態量，透過這些狀態量來即時地對控制系統中的各類控制器的控制參數或者操作量進行有效的調整，從而在控制器控制下能夠得到與期望的控制目標或狀態量足夠接近的結果。

現有的機器人用六維力/力矩感測器中透過均布的四個圓柱銷將感測器的檢測部與工具側負載件連接在一起，起到定位與連接作用，這四個銷軸是經過過載校準過的安全銷，當工具側法蘭上外載荷在安全銷上產生的剪切力超過了安全銷的公稱負載能力時，安全銷自動剪斷，從而工具側法蘭連接件與力檢測部之間的硬連接斷開，過載的載荷傳不到檢測部，從而保護了作為力覺感測器功能主體的力檢測部，特別是其上的彈性十字梁，不至於過載而產生過大的彈性變形甚至超過彈性變形範圍而失去一定的彈性。這種過載保護用在工業機器人操作臂上是有效的。但是，如果將帶有這種過載保護措施的力覺感測器應用在足式或腿式步行機器人的腿、足部（踝關節）時，是無法保證該力覺感測器的，更無法保護機器人。因為，當過載使安全銷剪斷，即便靠近足一側的介面法蘭與力檢測部的硬連接完全脫開，分別作為腿或足的一部分的力感測器的兩側構件脫開，無異於腿或足折斷了，即相當於突然斷腿或斷足，機器人將失去平衡而很有可能會摔倒。此時，無論是機器人、還是力感測器都不會是安全的。由此而引出了用於腿式、足式機器人且具有過載保護能力的新型六維力/力矩感測器的設計與研製的新課題。日本東京大學井上博允等人、本書著者吳偉國都曾經設計、研究了這種帶有過載後機器人與感測器本身都能得到安全保護作用的六維力/力矩感測器，但還尚未產品化。

具有過載保護感測器檢測部同時也能保護感測器負載端以及感測器所安裝的移動機器人系統本體的六維力/力矩感測器的進一步研發以及實用化產品化是移動機器人用六維力/力矩感測器的重要實際課題之一。這裡給出已有的兩個解決方案和相關技術。

（1）無力耦合的六維力/力矩感測器設計（日本東京大學於 1999 年提出）

目前現有的用於機器人的六維力/力矩感測器的力檢測原理都是透過十字梁檢測應變的結構原理和六個分力/分力矩耦合的解耦計算來得到六個分量的。也即本書 7.2.3 節給出的六維力/力矩感測器是以十字梁結構上黏貼應變片的原理來檢測力感測器感知的六個力分量（三個力分量和三個力矩分量）的，但這六個分量是從感測器負載側所受到的合力、合力矩經過分力解算出來的，而不是由感測器直接檢測到的六個獨立分量。也即是透過力的解耦算法計算出六個分量的，不可避免地有計算誤差。為此，研究者們提出了一種無耦合的六維力/力矩感測器。

日本東京大學稻葉雅幸、井上博允教授等人發明了一種如圖 11-1(a) 所示的力檢測結構和原理的無耦合六維力/力矩感測器，其檢測部的結構原理是三維力的檢測梁單元與球相接觸的結構，在檢測部與感測器本體（殼體）之間有十字梁端部固連的四個球體，每個球體都與三個懸臂梁接觸，當球體所在的十字梁受到外力載荷作用後，球體與三個懸臂梁末端之間分別產生 $X$、$Y$、$Z$ 方向的分力，由於球與懸臂梁之間為點接觸，因此，可以透過每個懸臂梁上黏貼的應變片來檢

測所受到的法向力，且 $X$、$Y$、$Z$ 方向三個分力之間無耦合，各自獨立檢測，同時整個感測器檢測部採用對稱式結構，可以透過差動運算放大器來消除噪音、減小測量誤差。當獨立地檢測到三個分力的同時，也就獨立地檢測到三個分力矩分量。他們面向於人型雙足步行機器人腳部力/力矩的檢測設計出了如圖 11-1 中（b）所示的梁結構和（c）所示的安裝在後腳掌上的無耦合力/力矩感測器。

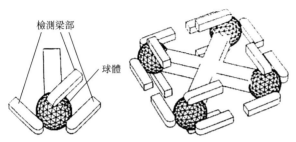

(a) 無耦合力/力矩感測器的力檢測結構原理　　　　　(b) 力檢測的梁結構

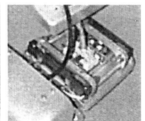

(c) 安裝於人型機器人後腳掌之上的力/力矩感測器實物照片

圖 11-1　東京大學稻萊雅幸等人發明的無耦合力/力矩感測器的
結構原理及其在人型機器人腳部力感知的應用

　　稻葉等人發明的這種無耦合力/力矩感測器對於移動、操作型機器人用新型力感測器研發提供了新設計、新結構和新方法。但是，仍然沒有解決對於移動機器人用力感測器的過載安全保護技術問題，而且，這種無耦合的力/力矩感測器目前尚未產品化。

　　（2）無耦合安全型六維力/力矩感測器的設計與有限元分析（2011、2012年，吳偉國，馬新科，李生廣）

　　參考日本東京大學稻葉等人的無耦合力/力矩感測器設計方案並擬解決用於移動機器人時所需的過載安全保護功能的問題，本書著者吳偉國與其指導的碩士研究生們提出了一種無耦合兼過載安全保護型的六維力/力矩感測器並進行了設計與樣機研製。其硬體系統結構如圖 11-2 所示。其中：圖（a）～圖（k）給出了力檢測部詳細的結構原理、關鍵彈性構件結構及應變片黏貼部位、彈性構建與導力桿的裝配關係。第 1 代、第 2 代硬體電路訊號處理的核心部分都是基於 DSP

器件設計的。第 1 代、第 2 代都採用 DSP2407A 和 14 位的 AD7865-1 實現訊號的 AD 轉換,並使用了 TI DSP 硬體模擬器 XDS510 和軟體開發工具 CCS3.3 (Code Composer Studio) 開發並進行了訊號採集程式測試。第 2 代系統主要完善了上位機程式對下位機(DSP 系統)數據傳輸的軟體功能和六個分力、分力矩的數據傳輸功能,以及感測器標定系統的模塊化組合式設計。

(a) 總體外觀結構

(b) 拆除上板後的內部結構

(c) 彈性體X

(d) 彈性體Y

(e) 彈性體Z

(f) 導力桿

(g) 總體結構一角

(h) 彈性體X與導力桿裝配關系

(i) 彈性體Y與導力桿裝配關系

(j) 彈性體Z與導力桿裝配關系

(k) 過載安全保護的光電檢測結構

(l) 彈性體X應變片黏貼部位示意圖

(m) 彈性體Y應變片黏貼示意圖

(n) 彈性體Z應變片黏貼示意圖

圖 11-2

(o) 六維力/力矩感測器本體

(p) 傳感器訊號處理硬體電路第2代

(q) 傳感器訊號處理第1代

圖 11-2　無耦合安全型六維力/力矩感測器系統設計與研製的原型樣機系統實物

　　感測器訊號採集處理系統硬體電路部分主要完成以下功能：六維力感測器電橋輸出訊號放大、濾波，AD 採樣轉化，DSP 處理，通訊。軟體主要完成了下位機與上位機的編製。下位機能夠採集到感測器的輸出訊號，並進行計算得到六個方向的載荷，透過串行介面傳輸數據。上位機程式顯示上位機接收到的訊號。

　　過載保護功能實現的基本原理是在承載梁端部底面與感測器底板之間預留了「滿量程」下的微小縫隙〔圖 11-2(k) 所示〕，微小縫隙的兩側設有發光二極管和光電二極管，當感測器超量程時梁受載變形使得微小縫隙變為 0 即無縫隙，發光二極管發出的光被 0 縫隙遮擋，其對側的光電二極管無光可受處於截止狀態，感測器檢測到過載狀態。此時，感測器的檢測部所受載荷完全由感測器的上下板之間的非檢測部的硬支撐承擔，即彈性體所受載荷卸載到硬支撐和相對固定的硬連接結構上，從而對感測器的檢測部彈性體起到過載保護作用，同時又不使感測器的機器人側與負載側兩部分完全脫開，從而同時起到保護機器人的作用。當過載載荷消失，彈性體梁變形恢復使得硬接觸解除，力感測器恢復正常工作。

　　為驗證設計的可行性以及力檢測能力，我們應用 ANSYS 軟體對感測器的各彈性體、感測器整體進行了有限元分析模型的建模、網格劃分以及約束條件的設置，使用面-面接觸單元，目標單元使用 TARG170、接觸單元使用 CONT174，以及可以模擬多種滑動副、轉動副的 MPC184 單元、使用 APDL 代碼等建立了有限元分析、計算模型，計算得到的 $F_x$、$F_y$、$F_z$、$M_x$、$M_y$、$M_z$ 應力雲圖；利用模態分析得到感測器的前五階振型。

　　以上針對目前成功用於工業機器人操作臂的六維力/力矩感測器存在的力耦合計算解耦和用於移動機器人時存在的不安全問題，給出了兩種無力耦合的感測

器和安全型無力耦合的力感測器原理與設計作為解決問題的方案，供操作型機器人和移動型機器人的通用力感測器開發者參考。

## 11.2.3 工業機器人的 「通用化」 「智慧化」 與機器人應用系統集成方案設計工具軟體研發的價值

現有的工業自動化作業的應用機器人解決方案是在預先明確作業需求和技術指標的前提下，由使用者選擇機器人製造商的成型產品，並由使用者或者系統集成設計公司給出問題解決方案來實現設計目標的，這個設計過程需要相當的時間，而對於一些應急的機器人作業實際需求，如何進行快速的產品選型與應用系統集成設計是機器人應用研發者們應考慮的問題。工業機器人系統集成化方案設計的通用性和智慧性系統框架的構築問題是需要及早考慮的技術問題。目前大力提倡大數據與深度學習技術為主的人工智慧應用技術可為這一問題的解決提供支撐。

目前的工業機器人操作臂基本上已經由機器人製造商內部標準化、系列化生產並推向機器人市場，此外，一些輪式移動機器人、履帶式移動機器人和少數的腿足式移動機器人製造商或供應商們也有自己的產品或多或少推向機器人市場供使用者選購，其中移動機器人中推向工業生產用的代表性產品就是 AGV 臺車並且已經系列化。隨著移動、操作兩大主題下的工業機器人應用技術的不斷發展，可以預測不久的將來，各種輪式移動機器人、履帶式移動機器人、腿足式移動機器人等類型機器人製造商、供應商也會像工業機器人操作臂那樣呈規模性地給機器人應用市場供應產品，也必然會有各種類型移動機器人乃至移動與操作複合型機器人系列化產品樣本和數據庫產生。那時，使用者需要的各種機器人以及由這些機器人構成的多機器人應用系統的集成化設計將成為重要的設計工作，如同現在在工程設計中廣泛使用的各類設計與分析型工具軟體一樣，機器人應用系統集成設計的工具軟體必不可少！這種大型系統集成軟體是一種功能集成的綜合性設計與評價軟體。

這種大型的機器人應用系統解決方案集成設計工具軟體基本構成為：使用者應用機器人產品解決生產自動化的實際需求與要求模塊、各類機器人製造商成型的系列化標準化產品數據庫模塊、機器人選擇與應用系統集成方案設計模塊、應用系統集成設計方案評價模型生成模塊、支撐系統集成設計方案評價的各種算法庫模塊、軟體系統本身的控制模塊、系統維護模塊、各種機器人機構運動學和動力學求解模塊、機器人應用系統解決方案集成設計結果的模擬模塊、設計方案結果輸出模塊等幾個主要組成部分。該大型機器人應用系統解決方案集成設計工具軟體的概念及系統總體構成如圖 11-3 所示。

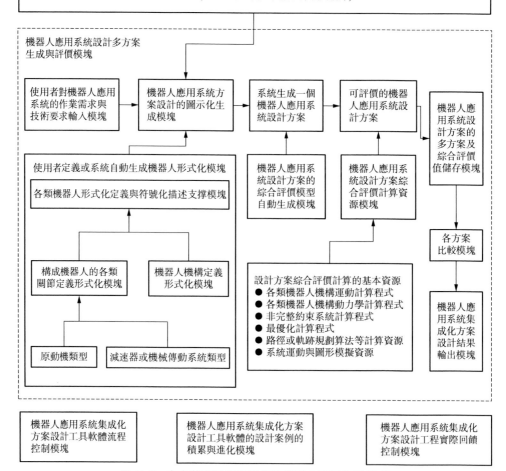

圖 11-3　本書著者吳偉國提出的機器人應用系統集成
方案設計工具軟體的概念設計與總體構成圖[5]

　　以上是本書著者根據未來不同種類多樣機器人應用的發展趨勢而提出的機器人應用系統集成方案設計工具軟體概念設計與總體構成圖。目前海內外尚未有這樣的機器人應用系統工具軟體產品。該大型集成方案設計軟體的概念設計、總體構成以及設計實施方法已經申請發明專利[5]。

## 11.2.4　靈巧操作手的實用化設計觀點與方法論

很多機器人操作技術研究者把靈巧操作手的實用化寄希望於人型多指靈巧手的實用化設計與研發上面，當然，人類 5 指手的操作靈活性和操作能力是任何生物和機器人手所無法比擬的，但人類手工操作還需要藉助於得心應手的工具，人手能夠巧妙地製造和使用各種工具。從這一角度講，只要給工具提供靈活多樣的位姿，則可以將使用工具的手與工具看作一體的末端操作器。如此說來，只要末端操作器可以為工具提供靈活的位姿即可達到與人手相當的程度，但未必一定要將靈巧操作手設計成人型手的多指靈巧手。另外，人手並非是從一開始使用工具就變得靈巧到得心應手的程度，而是在長期使用工具的過程中不斷積累經驗才變得靈巧而操作自如的。人們容易忽略這一點而認為人手天生就靈巧自如地運用工具，實則不盡然。從工業機器人靈巧操作的目的出發，可以從人手使用各種工具或者機器人操作手使用工具進行各種操作的實際情況出發，設計能夠夾持或操持各種不同工具並且從適應不同工具工作位姿的角度提高操作靈活性的靈巧操作手，如同科幻電影「剪刀手」機器人擁有的各種剪刀工具手一樣靈巧，而未必一定是人型多指靈巧手。如果使用各種工具的位姿約束和驅動角度設計得好的話，可能操作能力超出人類手。因此，靈巧操作手的實用化設計可以有如下兩條路線。

靈巧操作手實用化設計的兩條路線：一是沿著現有人型多指靈巧手的實用化設計與研發之路繼續走下去，以尋求像人手一樣有靈巧操作能力的實用化設計結果；另一條路線是高度抽象操持工具或物體進行靈巧操作所需提供的靈巧位姿運動機構，透過簡單而又有效的位姿約束機構與驅動機構的可變組合來實現多種靈巧操作的操作手。例如：人手擰緊螺釘必須藉助於扳手，而對於機器人末端操作手而言，只需夾持住或外撐住螺栓頭的兩個平行的側面（內六角頭或外六角頭螺釘或螺栓）外加提供定軸回轉運動即可，而用人型多指手來擰螺釘的話，則比這要複雜。因此，靈巧操作手的實用化設計在於如何為被操作的物體或工具提供確定運動所需的足夠的約束面。後者需要從被操作的工具或物體幾何形體的穩定操作幾何學與幾何位姿約束角度進行分析，總結歸納出一般規律，然後進行機構設計，這是可以實現的。但無論如何設計，最基本的開合手爪或夾指功能意義上的抓握工具或物體的機構是必備的。後者需分別考慮並在機構設計上實現粗操作與精細操作功能，打個不十分恰當的比方，就是像設計已有的多功能軍工刀一樣，刀是主要功能，同時刀把內藏錐子、指甲刀、鑷子等多種精細的小功能一樣。類似於多功能工具頭那樣的末端操作器可能更適合於作為工業機器人的靈巧操作手；而前者則是在同一個人型多指手機構上從控制角度去實現粗操作與精細操作。

## 11.2.5 約束作業空間下力/位混合控制作業的 「位置」 精度與 「力」 精度的矛盾對立統一問題

目前的約束作業空間內力/位混合控制機器人作業是在機器人操作臂重複定位精度範圍內「位置精度」控制和以犧牲位置精度去達到期望操作力的「力控制精度」要求的同一矛盾體。也就是說：在所選擇的機器人重複定位精度要求範圍之內，不僅要滿足位置控制精度要求，同時還要透過末端操作器額外的位姿補償調整來實現期望的力控制精度要求。顯然，在許用的重複定位精度範圍內，機器人的控制比單純的位置軌跡追蹤控制還要嚴格。打個比方說，末端重複定位精度為±0.5mm 的機器人操作臂滿足末端位置軌跡追蹤控制精度要求，現在又要求實現力控制精度為±10g 力的力控制要求，為實現此力控制精度要求需要末端操作器額外的位置補償調整量為±0.1mm，則單純的末端操作器的位置軌跡追蹤控制的精度必須在±0.4mm 以內（注意：這裡只是以單純的位置偏差補償量來實現力控制，如果考慮姿態角偏差，則不能這樣說）。如果兩者之和超出了±0.5mm，有可能（但不一定）出現被操作工件或力感測器損壞或不能正常工作。因此，從這個角度上講，約束作業空間下力/位混合控制的機器人操作臂最好選擇更高的重複定位精度的機器人操作臂，從而在實際使用時可以將充分考慮的餘有「精度指標」用來實現力控制所需的位姿偏差調整量。如此，能夠保證力/位混合控制下兩類控制精度要求均能達到要求。否則，還可以考慮使用主動柔順 RCC 手腕或被動柔順 AACW 手腕等柔順機構和柔順控制技術。

總而言之，在機器人操作臂自身的重複定位精度一定的條件下，位置軌跡追蹤控制精度要求嚴格，則力控制的精度就要相對下降，反之當力控制精度要求嚴格時，則位置軌跡追蹤控制精度相對下降。若兩者在已有機器人重複定位精度條件下不可調和，則需要採用主動或被動柔順機構的方式來調和兩者的矛盾，以實現給定機器人操作臂精度限製條件下的力/位混合控制作業目標。

# 11.3 機器人操作臂新概念與智慧機械

## 11.3.1 由模塊化單元構築可變機械系統的新概念新思想

(1) 從細胞到生命體系統的思考

前述各節講述的是由機械設計者從有限的模塊組合設計模塊化組合式機械系統的傳統思想和方法。然而，機械學者、電腦學者以及人工智慧學者們並沒有停

留在此，它們從生命系統的構成獲得進一步的啓發，提出了「智慧機械」的新概念。

生命系統是由許許多多的細胞構成的大系統，由於構成生命體組織與器官的各個細胞結構與功能是相同或相似的，因此，可以把細胞看作是均質要素，也即生命系統在這一意義上可以說是由作為均質要素的細胞構成的。如果把生命系統看作是由許許多多像細胞一樣的機械單元構成的分布式機械系統的話，應該怎樣去設計、製造這樣的系統呢？進一步地，生命系統在受到損傷後，還可以自己修復自己，而且，可以這樣認為：生命體在修復自己的同時，可以看作是新生細胞的「自裝配」的過程；像生命體的皮膚以及其他組織、器官的「移植」，則相當於組織細胞對生命體的局部「重構」。基於這些生命體自然或者人為的現象，在1990年代，機械學者們由此而提出了自修復、自裝配、自組織、自重構等分布式自律的「智慧機械」系統的新概念新思想。

(2) 分布式機械系統的研究實例

分布式機械系統是指由許許多多個呈自由分散狀態的單元，由最初無序或雜亂的群體狀態，經過感測、控制系統作用下，以一定的結合和組織關係形成有序並且具有一定功能的單元集合體而成為一個有機的機械系統，該系統繼續在感測、控制系統作用下能夠發揮其作為機器的作用。實際上，有關許多單元組成集合體的系統構成問題，從1950年代就開始研究了。

① 細胞自動機模型：最早對分布式系統進行理論研究的是因發明電腦而聞名於世的美國著名數學家馮·諾依曼（J. Von Neumann）。他於1950年設計了細胞自動機（cellular automation）模型，是一個能夠在數學空間上實現樣本自增殖的系統。

② 用簡單機械結構模擬生物的自增殖現象：英國人 L. S. Penrose 在 1960 年前後用簡單的機械結構製作出了能夠模擬生物自增殖系統的簡單模型。

③ 由相同的多個單元構成的蛇形移動機器人系統：日本東京工業大學的廣瀨茂男教授自1972年研製出世界上第一臺蛇形移動機器人 ACM-Ⅲ，此後研製出了 ACM（Active Cord Mechanism）系列蛇形移動機器人，如圖 11-4 所示。ACM-Ⅲ像列車一樣由一節一節的多節「小車」組成的蛇形機器人，與列車不同的是每節「小車」都有獨立的電動機驅動，並且由電腦控制實現了像蛇一樣在地面上蜿蜒移動。

④「細胞」機器人 CEBOT：生命體可以不靠來自外部的輸入，在系統內部空間上或時間上有秩序地、自然地被形成的現象。1990年代，日本名古屋大學福田敏男教授向生物系統學習，提出了一種由自律的「細胞」（即「機械單元」）構成的自組織化多機器人系統，即「細胞」機器人，又名「CEBOT」。其特點是兼具「自律分散」和「自組織化」兩方面性質，並具有下列功能：移動、屈曲、

伸縮、分歧等單一機能和智慧性；「細胞」間透過通訊可以實現彼此的結合和分離；單一機能複合實現綜合機能。

(a) ACM-Ⅲ　　　　　(b) ACM-R3　　　　　(c) ACM-R5　　　　　(d) HELIX

圖 11-4　ACM 系列蛇形移動機器人

　　上述這些早期的分布式機械系統研究實例相對而言在當時還只是概念上的簡單實現，但卻「催生」出了自組織化、自律化機械系統「機械智慧」的雛形，1990 年代開始，自律分布式機械系統以及現在的自主機器人系統成為「智慧機械」的代表性的研究方向。

## 11.3.2　「智慧機械」系統的自裝配、自重構、自修復概念

### (1) 自裝配（self-assembly）的概念與基本思想

　　1994 年日本東京工業大學村田智及其研究小組以二維平面內由多個單元模塊實現的自裝配系統「Modular Robot」（模塊化機器人）實現了自裝配、自重構的可變機械系統。同期，美國 Johns Hopkings 大學的研究小組也研究出了二維平面內的可變機械「fractum」。

　　「大量地準備同一種類的單元體，如果能夠自由地改變它們的組合，則透過不斷地連接和分離改變單元體，能夠使最初雜亂無序的、不確定形態的單元體群的聚合體形態不斷改變而成為我們所期望的形態，也即可以由單元的聚合體隨意組裝出我們所期望的整體形態，我們將這個過程稱之為自裝配」——村田智（1994 年）。這就是村田智給出的「自裝配」定義的日文原話翻譯。

　　為了更便於理解「自裝配」概念和「自裝配」的基本思想，村田智還用如圖 11-5 所示的由平面正六邊形單元群從隨機的初始形態經過不斷地改變單元體間的結合關係進行形態遷移而成為期望形態的圖例進行了形象地說明。圖中正六邊形的每個邊都能與相鄰的正六邊形的邊結合與分離，而且兩個相結合的正六邊形中，其一只要轉過 120° 就能實現兩者相結合的邊分離而相鄰的邊又結合在一起。這裡，正六邊形的「正」字體現的是「細胞」單元的均質性之一，即單元間相結合的方向性均勻，皆由正六邊形的 60° 內角決定。圖示的期望形態已經很形

象地表明：由 30 個正六邊形單元聚合而成一個具有抓握功能的「機械手爪」。

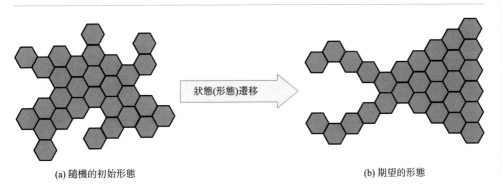

(a) 隨機的初始形態　　　　　　　　　　　　　　　　(b) 期望的形態

圖 11-5　「自裝配」 概念的示意圖

（2）實現自裝配機能的單元應具備的基本機能

各基本單元只是能夠機械地改變實現各單元之間的組合是不夠的，單元自身還必須具有能夠判斷怎樣改變單元組合的能力。為此，在每一個單元內都應嵌藏著微處理器（CPU）。將成為目標的所有整體形態資訊全部儲存在 CPU 內，然後就可以透過程式控制單元協調形成目標形態。為形成整體的形態，就必須知道當前處於怎樣的形態，為此，各單元之間必須能夠進行通訊進行資訊交流。

（3）自修復（self-repair）

如果可變形態的機械系統能夠實現自裝配，則作為自己修復自己的「自修復」機能在原來「自裝配」能力的基礎上使得自裝配機械系統的能力又前進了一大步。

自修復的概念：像自然界中的三腸蟲、水蛇那樣自己能夠修復自己的再生機能。即使可變機械系統中的某些部分無論受到怎樣的損壞，也無需藉助於人的幫助，自己恢復自己的機能，這便是自裝配機械系統的自修復。

目前，自裝配機械系統的自修復還不能像生物生命系統那樣透過細胞的再生實現自修復，而是靠單元「冗餘性」來實現的。即當單元群聚合體上的某些單元因為故障或損傷而無法正常工作的情況下，需要靠自裝配系統本身將這些失效的單元從聚合體中剔除掉，同時，將單元群聚合體上預先準備的冗餘（多餘）的備用單元透過再次的局部自裝配過程將其補充到被剔除掉的單元原位置上，從而使聚合體的期望形態得以維持並發揮正常的功能和作用。圖 11-6 所示的自裝配機械系統的「自修復」原理可以用圖 11-6 直觀地表達出來。

（4）自重構（self-reconfigurations）

自重構：將完成一定功能的機械系統設計成一系列的模塊化單元，各單元具

有與其他單元相互結合與分離的連接方式，且相互之間能夠進行通訊，從而在主控系統要求下透過這些模塊單元之間的相互運動實現某種構型下的機械系統。

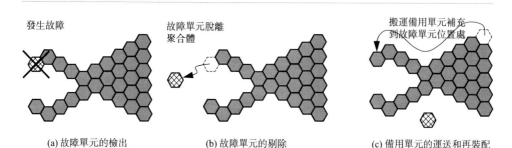

(a) 故障單元的檢出    (b) 故障單元的剔除    (c) 備用單元的運送和再裝配

圖 11-6 「自修復」的原理及自修復的過程

　　自裝配的機械系統的單元群聚合體從一種整體形態演變成另一種整體形態的過程，稱為自重構。對於自裝配的可變機械系統而言，自重構不是單純形態改變的問題，而是涉及整體形態性質的改變的過程。如單元聚合體從當前的四足步行機形態透過形態遷移演變成雙足步行機或者正多邊形滾動移動機等不同種類的機械形態的過程。

　　(5) 自裝配、自修復的難點和問題

　　作為硬體系統，能夠自裝配的單元也可以實現自修復。但是，其驅動程式是一個難點。

　　① 驅動程式難在何處？關鍵在於系統中的某些部分何時、發生什麼樣的損壞的不可預測性。僅僅自裝配的話，確定哪個為「前導（leader）」單元呢？

　　② 前導單元的功能：要將整體的形態資訊集約在該前導單元上，由它來規劃整體的裝配順序，命令並集中控制其餘單元高效地進行裝配。

　　③ 前導單元的問題及諸單元的萬能性：前導單元的機能是起決定作用的，在諸多單元中占主導地位，但是，如果預先不知道哪個單元是否已損壞的話，也就不能預先決定前導單元。而且，一旦前導單元發生故障的話，整個形態也就成了一具「死體」。因此，一旦發生「萬一」的情況下，哪個單元都應擔負起整個系統的主導任務——單元的萬能性。也就是說：需要將整體的資訊全部給予所用的單元，必然地無論哪個單元都擁有完全相同的程式——整個系統呈均質-分散型。這與生物細胞擁有的所有遺傳因子、無論怎樣都能進行分化是完全相同的自然原理。

　　自裝配自修復機械與生物細胞擁有的所有遺傳因子、無論怎樣都能進行分化是完全相同的自然原理。因此，自然而然地，自裝配自修復機械內涵著仿生生物體自修復的原理。也必將從生物體的自然原理中獲得「營養」。

④ 單元萬能性、均質-分散型系統的難點：仔細研究就會發現，用相同的程式驅動所有的單元實際上是非常棘手的狀況。例如：假設這裡有 20 名小學生在學校的操場上寫字。按照課堂教育程序，老師已經把寫「A」字的程序教給了每個學生並且學生都已掌握。哪個孩子都知道寫「A」字就行了。但是，沒有告訴他們自己的那個「A」字應該站在那個位置寫。老師不給指示，在操場上也不作出什麼標誌，則學生們不知道在哪寫、找哪個方向寫。再者，即使孩子們在操場上寫「A」字的想法（樣本）是完全相同的，也很難分出哪個是「主帥」、哪個是「分子」。如此想來，像孩子們分擔任務角色、寫字這樣的例子在自裝配自修復這樣的機械系統來說就成了一項相當高級的工作。

## 11.3.3　自重構可變機械的單元

（1）自裝配單元

能進行自裝配的單元應該能夠互相連接，搭載 CPU，此外還必須與其他單元能夠進行通訊，而且，應實現單元的緊湊化。這裡，就 2 維單元的構成、動作原理，3 維單元的構成、動作原理分別加以介紹。

（2）二維單元的構成及其工作原理

① John Hopkings 大學二維單元：其研究小組提出的使用 3 個直流伺服電機構成的 6 角形可變連桿結構單元、齒輪尺條式的滑動導軌構成的可平行移動的正方形單元。

② 村田智研究的二維單元：村田智等人僅利用 3 個電磁鐵提出的極其簡單的結構，內部沒有一個象齒輪之類的可動零件。這些機構各有利弊，這裡統稱為「Fractal」（不規則碎片形：不規則碎片形一種幾何形狀，被以越來越小的比例反復摺疊而產生不能被標準幾何所定義的不標準的形狀和表面。不規則碎片形尤被用於對天然不規則的模型和結構的電腦模型製作中）。

村田智等人提出的二維單元的特點：①構成極其簡單化。各單元利用電磁力將 6 個結合臂連接起來，分別能夠進行獨立的結合、分離動作；②單元內搭載微處理器，進行臂的結合控制以及與鄰接單元間的通訊。圖 11-7 所示為村田智研製的二維單元構成圖。

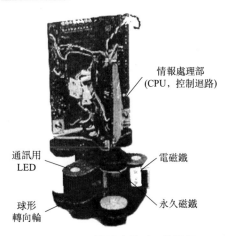

情報處理部
(CPU，控制迴路)

通訊用
LED

電磁鐵

球形
轉向輪

永久磁鐵

圖 11-7　不規則碎片形二維單元

　　整體為三層構造：最上層和最下層嵌藏著永久磁鐵；中間層嵌藏電磁鐵。透過將電磁鐵的極性適當地設置成開關狀態，來實現與其他單元的吸附、脫開動作，如此進行反復的結合/分離動作，實現單元的更替、移動、脫離等自裝配自修復所需要的所有動作，如圖 11-8 所示。此外，因為永久磁鐵、電磁鐵內嵌藏了光通訊元件，結合中的單元間可以進行雙向通訊。此單元最多可以與 6 個單元結合，每個單元都有 6 個串行輸入輸出口。後來，又成功地實現了 10 個單元以上的群動作實驗。

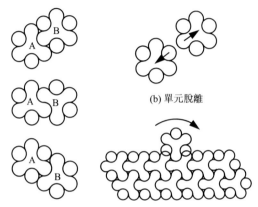

(b) 單元脫離

(a) 單元間接合位置的改變　　(c) 單元在聚合體上的移動

圖 11-8　村田智等人提出的單元的更替、移動、脫離順序

（3）三維單元的構成及其工作原理

　　同二維單元相比，三維單元的設計相當難。

　　第一，單元必須能夠將除了自重以外的其他單元升舉重新連接，輸出驅動能力與單元質量比在 1 以上。在機械設計上僅此就是一個嚴格的條件。

　　第二，三維裝配所需運動的自由度數多。二維僅需左移或右移的單方向運動；但是三維至少需要三個方向運動。

　　第三，這些自由度必須以所有的空間對稱軸為均等配置。所需要的驅動器、感測器被均等地設置在受限的三維空間內，就像迷宮一樣難。

　　如圖 11-9 所示，村田智的設計方案中，在呈立方體的六面體上安裝著 6 個回轉臂，採用高出力的 DC 電機和諧波減速器以及蝸輪蝸桿傳動機構，在各回轉臂的前端有特殊的結合機構。六個臂回轉，各自的結合機構開閉，一個單元合計需要 12 個自由度。為減重僅搭載 1 個電動機。用電磁離合器選擇所需的自由度，僅被選擇的自由度開始動作。結合機構一邊互相「握手」，一邊「抓住袖子」互相結合，實現極其牢固的結合（如圖 11-10 所示）。

圖 11-9　三維單元系統

圖 11-10　三維單元結合順序

　　組裝更替的順序如圖 11-11 所示，單元通常是成對動作的。一個單元提供結合的軸根，另一個單元提供基本的回轉運動。重複這個動作能夠實現所有 3 維單元的組裝更替、移動。該單元已實現了 4 個單元的移動、把持舉起、再結合等動作。再者，該單元沒有搭載 CPU，由外部電腦控制。

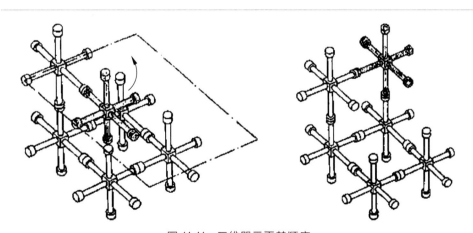

圖 11-11　三維單元更替順序

## 11.3.4　集成化的自重構模塊 M-TRAN 及自重構機器人可變形態

（1）集成化的自重構模塊（self-reconfigurable robot module）

日本 AIST 的村田智（Murata）及其研究小組 1998～2005 年間分別研究了

三種規格的自重構機器人模塊，各模塊的基本原理大體相同，如圖 11-12 所示。模塊的基本機構原理是：一個連桿兩端各用一個回轉軸線互相平行的回轉副連接著兩個 U 形塊，其機構簡圖如圖 11-12(a) 所示。

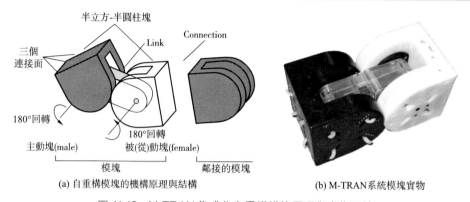

(a) 自重構模塊的機構原理與結構　　(b) M-TRAN系統模塊實物

圖 11-12　M-TRAN 集成化自重構模塊原理與實物照片

圖 11-12 所示的 M-TRAN 系統的自重構模塊為集成化設計，它具有兩個自由度，三個主動連接面和三個被動連接面，一個主 CPU（DSP），三個從 CPU（單片機），10 個紅外感測器和 1 個重力感測器，全局 CAN 總線通訊，藍牙模塊，鋰電池供電，是一個集機械、電腦控制與通訊、感測器、直流電池以及伺服機等於單元模塊內的機電一體小型化集成化系統。1998、2002、2005 年研製的三種規格的自重構模塊如圖 11-13 所示。Ⅰ型（1988 年研製）66mm 大小，440g；Ⅱ型（2002 年研製）60mm 大小，400g；Ⅲ型（2005 年研製）65mm 大小，420g。

(2) 基於集成化自重構模塊的機器人自重構系統及其形態

村田智及其研究小組 2005 年在 EXPRO 展出的 50 M-TRAN Ⅲ型系統自重構機器人由大量的相同的單元集成化模塊組成其自重構可變機械系統；其控制系統構成如圖 11-14 所示。透過 CAN 總線組網，每個模塊的主 CPU 為日立製作所生產的基於 DSP 的 Super 系列中 SH-Ⅱ型高級單片機，三個從 CPU 採用的同樣是日立製作所生產的早期高級單片機 H8 型產品。SH-Ⅱ、H8 這兩款單片機體積小，各 100 根引腳，芯片各只有不足 3mm、2mm 見方大小，便於狹小空間內集成化設計使用；皆內藏 4 路 PWM 以及各 8 路 10 位 A/D 轉換器、2 路 8 位獨立 D/A 轉換器等等用作電機運動控制器所必備的基本功能；圖 11-15 所示為其無線遙控及電腦通訊系統構成。

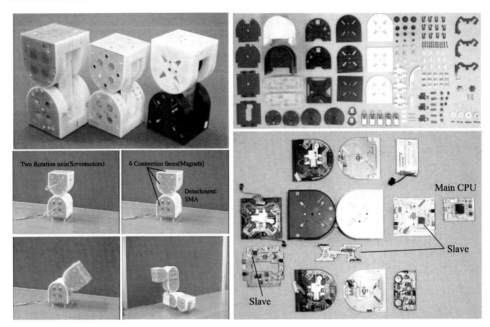

圖 11-13　村田智等人研製的自重構模塊實物及其拆解圖

（左上圖左起分別為 Ⅰ Ⅱ Ⅲ 型模塊實物）

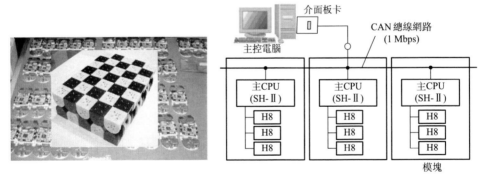

(a) 大量M-TRAN模塊組成自重構機器人
（長方體形態）

(b) 分布式控制系統構成

圖 11-14　基於 M-TRAN 模塊的自重構機器人系統

（當前初始形態為長方體形態）

　　基於集成化自重構模塊 M-TRAN 的自重構機器人系統經自重構可變成多種機構構型，如各種三維幾何形態、四足步行機、雙足步行機、蛇形機器人以及呈正多邊形輪子形態的滾動移動機器人等等。如圖 11-16 所示。

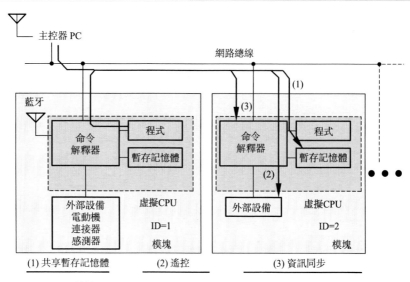

圖 11-15　基於 M-TRAN 模塊的自重構機器人系統的無線遙控及通訊系統

(b) 未知形態

(c) 正多邊形輪式移動機器人形態

(a) 四足步行機器人形態

(d) 蛇形移動機器人形態

圖 11-16　基於 M-TRAN 集成化模塊的自重構機器人系統可變的形態

## 11.3.5　關於自裝配、自重構、自修復可變機械系統問題及本節小結

　　模塊化組合式設計方法已經不再停留於設計者設計以及工程技術人員模塊化裝配乃至目前自動化製造與裝配的傳統概念上了。本節給出的模塊化單元自裝配、自修復、自重構出多種機構構型形態等新概念、新思想是繼續進行機械系統設計創新的真正源動力，必將促進具有適應於環境和生產、生活實際需要，系統自我生成實用化「智慧機械」產品時代的到來。但是，目前的自重構等可變機械系統還存在如下問題。

　　① 重力場內原動機運動與驅動能力的問題：承載能力差，因為在重力場環境下，自重構機械系統在形態變遷的運動過程中，需要每一個單元模塊都有可能承擔帶動其他多個模塊運動的能力。但實際上這樣的系統目前很難實現實用化，需要體積小、大出力於幾倍乃至十數倍於模塊自身重力或重力矩的超高性能的原動機，這實際上與單元模塊的集成化小型化已經形成難以調和的矛盾。因此，目前的自重構機械系統僅適用於在垂直方向（即平行於重力加速度的方向）上運動幅度不大的情況下。

　　② 大規模自重構可變機械系統的期望形態求解問題：模塊化自重構機械系統的單元軟硬體設計一般情況下遵從「細胞作為均質要素」的設計原則，即一般構成自重構機械系統的單元模塊都相同。因此，由初始形態經自重構運動下形態變遷到期望形態的形成這一自重構的問題，就演變成了大規模完全相同模塊進行組合形成所有可能組合出形態解空間內的可行解形態搜索的求解問題。而這一問題的求解計算量可能會隨著模塊化單元數目的增加而組合數目呈指數級增長，因此，軟體算法的搜索策略、效率以及收斂性、即時控制等實際問題都是難點。

　　以上只是粗略地對大規模自重構機械系統所進行的淺層次問題進行分析，可以得出其硬體及軟體兩方面都存在難點需要不斷解決。需要堅信的是：很多科學技術上的突破都曾是在當時被認為難以解決甚至無解的問題而得以解決的。

　　本節內容從機械系統模塊化組合式設計進一步延伸給出了自裝配、自修復、自重構「智慧機械」的新思想和新概念。旨在為機械系統創新設計提供一種新思維和新方法。雖然大規模自重構可變機械系統目前難以實用化，但相對而言少數模塊化單元的自重構機械系統經過努力是可以實現的，並經技術研發可以走向實用化的。模塊化組合式機器人操作臂的系列化型號產品已經實現，如在本書第1章中介紹過的美國機器人技術研發公司生產的 K 系列七自由度人型手臂、人型雙臂等產品。但就目前而言，實用化的系列化產品化的自裝配、自重構、自修復的機器人操作臂尚未見有成型產品出現。但可以預見，未來的工業機器人產業技

術必將朝著在模塊化組合式設計基礎上進一步努力實現以智慧模塊化驅動、控制和感知一體化關節單元與臂桿單元的自裝配、自重構、自修復而成機器人操作臂為目標方向發展下去，直至實現產業化技術應用。這種機器人的具體技術特徵將體現在下一節。

# 11.4 自裝配、自重構和自修復概念將引發未來工業機器人產業技術展望

在以自動化製造系統生產出來的智慧模塊化驅動、控制和感知一體化關節單元與臂桿單元的基礎上，機器人自裝配、自重構以及自修復技術的實現意味著工業機器人可以自己組裝出自己或改變自己的機構形態。這將意味著以機器人為代表的工程技術發展一直所追求的對作業需求與技術要求適應性的魯棒性技術實現。因此，未來的工業機器人乃至其他用途的機器人更先進的技術特徵將體現在：

① 驅動、控制和感知一體化的智慧關節單元和連接構件單元　每個智慧關節單元和連桿構件單元本身就是驅動、感知、控制、通訊和動力源等集成化一體化的單元型最簡智慧機器人。這種智慧化的關節單元、連接桿件單元自身具有自主移動功能且可以與單元群的其他單元通訊、對接和分離。因此，這種一體化智慧關節單元本身除了關節自由度主驅動運動機構之外，還有為實現與其他單元之間結合的自動對接機構、找到並自動移動到其他單元附近進行對接的行走驅動機構、識別其他單元的感測器系統、與其他單元的通訊系統。

② 可變形態功能，機器人自己生成新的自己　根據各種給定的作業任務要求，這種具有回轉關節、主動行走移動機構和通訊機能的智慧關節單元群可以透過通訊系統自裝配出適應實際作業要求的機器人機構構型系統。並且可以根據作業環境或作業對象的變化改變自己的機構構型而變身成如同變形金剛一樣的不同形態和功能的機器人。

③ 智慧化關節單元和構件單元也可以自裝配成為機器人製造機器人的母機系統從而建立快速組裝機器人的工作站。

④ 由選擇單元構成機器人新系統的設計計算智慧化　這些智慧化單元可以透過識別其他單元並透過通訊來獲取各單元自身的數據資訊，進行整臺套機器人性能的設計計算。

⑤ 自救技術特徵　這種智慧化單元構成的機器人系統可以透過自裝配、自重構、自修復等自動變形技術自律地從陷入的困境中逃脫出來。

⑥ 作業能力的自評價與作業決策特性　這種智慧機器人系統可以即時檢測

和評估其自身的狀態與作業能力，為是否有能力承擔作業任務或者繼續進化變成有能力承擔作業任務。

⑦ 單臺機器人與多臺機器人或者複合型機器人可以自由生成，自律協調作業。

⑧ 機器人之間可以相互幫助來改變、增強自己的作業能力。

# 11.5 本章小結

本章作為本書的最後一章，除了總結歸納現代工業機器人系統設計的特點和分析之外，更重要的是指出了目前工業機器人及其基礎元部件中仍然存在的實際問題，並以六維力/力矩感測器為例講述了如何去發現存在的實際問題，如何創新設計解決問題實例。在移動與操作兩大工業機器人主題發展下的機器人操作臂、移動機器人不斷深入地繼續走向產品系列化模塊化的形勢下，筆者在本章還前瞻性地指出了工業機器人的「通用化」「智慧化」與機器人應用系統集成方案設計工具軟體研發的價值，提出了機器人應用系統集成方案設計工具軟體的概念和總體構想。與現有的採用 ADAMS、ProE、ANSYS、Matlab/Simulink 等通用的設計與模擬分析型 CAD 軟體不同，它是專用於包括各種機器人在內構成的多種類多機器人構成更大的機器人應用系統設計時的機器人概念化、形式化、集成化通用的設計型機器人系統設計與分析型自成一體的工具軟體的構想。目前工業機器人操作臂已經成為專門製造商系列化標準化的商品，隨著移動機器人技術的不斷進步與成熟，當各類移動機器人的產品化生產與應用規模達到現在工業機器人操作臂生產與應用規模時，以多種類多機器人產品選型設計、應用系統集成設計成為多機器人系統設計與研發主流時，這種專用於多機器人應用系統集成設計的大型商業工具軟體必將成為急需和主流。

作為本書最後一章，特別介紹了日本機器人學者村田智所提出的「自裝配」「自修復」「自重構」等「智慧機械」「智慧機器人」「自主機器人」等領域的新概念。儘管距離村田智提出這些概念和思想時已過去 25 年的時間，但是，這些概念下的實用化技術仍然尚未完善，技術成熟度還不高！仍然面臨著單元驅動能力不夠、系統過於複雜、可靠性與帶載能力弱等諸多實際問題。但這些概念體現了仿生機械的進化的思想。隨著超輕超強材料技術、驅動技術、系統集成技術等等的不斷發展，仿生於生物、動物以及人類水平的智慧機器人將不斷完善、技術成熟度將不斷提高，終將達到頂峰。科學技術發展的永恆不變的規律就是：將當時不可能的事情經過長期共同不懈的努力後變成可能！機器人技術發展與應用的歷程便是機器人不斷進化的歷史！

# 參考文獻

［1］ 吳偉國，馬新科．一種安全型無力耦合六維力感測器[P]，ZL20110142847. X.

［2］ 吳偉國，李生廣．一種無耦合六維力感測器的組合式標定裝置[P]，ZL201210260652.X.

［3］ 馬新科．人型機器人用安全型六維力感測器設計與分析[D]. 哈爾濱工業大學學位論文，2011. 7.

［4］ 李生廣．無耦合六維力感測器結構有限元分析與標定實驗系統設計[D]. 哈爾濱工業大學學位論文，2012. 7.

［5］ 吳偉國，高力揚．一種機器人應用系統解決方案集成化設計的大型工具軟體系統[P]. 已申請並被受理發明專利．申請號：201910803474. 2，2019 年 8 月．

# 附錄 1 Matlab/Simulink 軟體基本功能函數表

### 附表 1-1　圖形繪製及圖形編輯操作功能函數

| 函數名 | 函數表達形式 | 函數說明 |
|---|---|---|
| plot | plot($x,y$) | 繪製橫軸為 $x$、縱軸為 $y$ 的曲線圖 |
| semilogx | semilogx($x,y$) | 繪製橫軸為 $\lg x$、縱軸為 $y$ 的曲線圖 |
| semilogy | semilogy($x,y$) | 繪製橫軸為 $x$、縱軸為 $\lg y$ 的曲線圖 |
| loglog | loglog($x,y$) | 繪製橫軸為 $\lg x$、縱軸為 $\lg y$ 的曲線圖 |
| xlable | xlable('text') | 設置 $x$ 軸下側的標籤為「text」 |
| ylable | ylable('text') | 設置 $y$ 軸左側的標籤為「text」 |
| title | title('text') | 設置框線上的標籤為「text」 |
| figure | figure($i$) | 生成且指定第 $i$ 個圖形窗 |
| axis | axis($x_1$ $x_2$ $y_1$ $y_2$) | 繪製橫軸最小值為 $x_1$、最大值為 $x_2$，縱軸最小值為 $y_1$、最大值為 $y_2$ 的曲線圖 |
| | axis('square') | 設定軸的區域為正方形 |
| | axis('normal') | 設定軸的區域為長方形 |
| grid | | 繪製輔助線（網格） |
| hold | hold on<br>hold off | 保持圖形<br>釋放圖形 |
| clf | | 消除圖形 |

### 附表 1-2　基本的數學函數

| 函數名 | 函數形式 | 函數說明 | 函數名 | 函數形式 | 函數說明 |
|---|---|---|---|---|---|
| sin | sin($x$) | $x$ 的正弦函數,$x$ 為 rad(弧度) | log | log($x$) | 自然對數函數 $\log_e x$,即 $\ln x$ |
| cos | cos($x$) | $x$ 的餘弦函數,$x$ 為 rad(弧度) | $\log_{10}$ | $\log_{10}(x)$ | 常用對數函數 $\log_{10} x$,$\lg x$ |
| tan | tan($x$) | $x$ 的正切函數,$x$ 為 rad(弧度) | sqrt | sqrt($x$) | 平方根函數 |

續表

| 函數名 | 函數形式 | 函數說明 | 函數名 | 函數形式 | 函數說明 |
|---|---|---|---|---|---|
| asin | $\text{asin}(x)$ | $x$ 的反正弦函數 $\arcsin x$ | abs | $\text{abs}(x)$ | 絕對值函數 |
| acos | $\text{acos}(x)$ | $x$ 的反餘弦函數 $\arccos x$ | real | $\text{real}(x)$ | 取複數 $x$ 的實部的函數 |
| atan | $\text{atan}(x)$ | $x$ 的反正切函數 $\arctan x$ | imag | $\text{imag}(x)$ | 取複數 $x$ 的虛部的函數 |
| exp | $\exp(x)$ | 指數函數 $e^x$ | | | |

### 附表 1-3　對話形式功能函數

| 函數名 | 函數表達形式 | 函數說明 |
|---|---|---|
| disp | disp('text') | 在命令窗（command window）中顯示「text」 |
| pause | | 等待使用者從鍵盤上輸入，即等待使用者按鍵盤上的任一按鍵 |
| input | $y = \text{input}('text')$ | 在命令窗（command window）中顯示「text」，並將從鍵盤上輸入的值賦給變量 $y$ |

### 附表 1-4　等間隔數列生成函數

| 函數名 | 函數表達形式 | 函數說明 |
|---|---|---|
| linspace | $\text{linspace}(d_1, d_2, n)$ | 在以最小值為 $d_1$ 到最大值為 $d_2$ 區間為範圍，生成 $n$ 等分的等間隔數列 |
| logspace | $\text{logspace}(d_1, d_2, n)$ | 在以最小值為 $10^{d_1}$ 到最大值為 $10^{d_2}$ 區間為範圍，生成以對數為單位的 $n$ 等分等間隔數列 |

### 附表 1-5　基本的矩陣（矢量）生成函數

| 函數名 | 函數表達形式 | 函數說明 |
|---|---|---|
| eye | $\text{eye}(n)$ | $n \times n$ 的單位陣 $\boldsymbol{I}_n$ |
| zeros | $\text{zeros}(m, n)$ | $m \times n$ 的零矩陣 $\boldsymbol{0}_{m \times n}$ |
| diag | $\text{diag}(\boldsymbol{v})$ | 以矢量 $\boldsymbol{v} = [v_1\ v_2 \cdots v_i \cdots v_n]$ 的各個要素 $v_i$ 作為第 $i$ 行第 $i$ 列的元素即對角線上元素的對角矩陣 $\text{disg}[v_1 v_2 \cdots v_i \cdots v_n]$ |

### 附表 1-6　矩陣（矢量）解析函數

| 函數名 | 函數表達形式 | 函數說明 |
|---|---|---|
| eig | $\text{eig}(\boldsymbol{A})$ | 矩陣 $\boldsymbol{A}$ 的固有值 |
| rank | $\text{rank}(\boldsymbol{A})$ | 矩陣 $\boldsymbol{A}$ 的秩 |
| det | $\det(\boldsymbol{A})$ | 矩陣 $\boldsymbol{A}$ 的行列式 $|\boldsymbol{A}|$ |
| poly | $\text{poly}(\boldsymbol{A})$ | 當矩陣 $\boldsymbol{A}$ 給定時，以關於 $|s\boldsymbol{I} - \boldsymbol{A}|$ 的 $s^i$ 的係數作為要素按降序構成的矢量 |
| inv | $\text{inv}(\boldsymbol{A})$ | 矩陣 $\boldsymbol{A}$ 的逆矩陣 $\boldsymbol{A}^{-1}$ |
| max | $[\text{xmax}, i] = \max(\boldsymbol{x})$ | 矢量 $\boldsymbol{x} = [x_1\ x_2 \cdots x_i \cdots x_n]$ 的最大元素 $x_{\max}$ |

續表

| 函數名 | 函數表達形式 | 函數說明 |
|---|---|---|
| min | $[xmin,i]=min(\boldsymbol{x})$ | 矢量 $\boldsymbol{x}=[x_1\ x_2\cdots x_i\cdots x_n]$ 的最小元素 $x_{min}$ |
| size | $[n,m]=size(\boldsymbol{A})$ | 矩陣 $\boldsymbol{A}$ 的行數 $n$ 和列數 $m$ |

附表 1-7　矩陣（矢量）運算

| 函數名 | 函數形式 | 函數說明 | 函數名 | 函數形式 | 函數說明 |
|---|---|---|---|---|---|
| + | $\boldsymbol{A}+\boldsymbol{B}$ | 矩陣 $\boldsymbol{A}$ 與矩陣 $\boldsymbol{B}$ 相加 | — | $\boldsymbol{A}-\boldsymbol{B}$ | 矩陣 $\boldsymbol{A}$ 減去矩陣 $\boldsymbol{B}$ |
| * | $\boldsymbol{A}*\boldsymbol{B}$ | 矩陣 $\boldsymbol{A}$ 與矩陣 $\boldsymbol{B}$ 相乘 | ^ | $\boldsymbol{A}\hat{\ }k$ | 矩陣 $\boldsymbol{A}$ 的 $k$ 次幂，$\boldsymbol{A}^k$ |
| .' | $\boldsymbol{A}.'$ | 矩陣 $\boldsymbol{A}$ 的轉置 $\boldsymbol{A}^T$ | ' | $\boldsymbol{A}'$ | 矩陣 $\boldsymbol{A}$ 的共役轉置 $\boldsymbol{A}^*$ |

# 附錄 2　Simulink Block Library 中各類模塊庫及其庫中模塊名稱、功能與圖標表

附表 2-1　Simulink Block Library 中各類模塊庫及其庫中模塊名稱與圖標

| 訊號源英文名稱(中文名稱) | 視覺化圖標 | 訊號源名稱 | 視覺化圖標 |
|---|---|---|---|
| (1)Sources(訊號源模塊庫) | | | |
| **Constant**（常值訊號源，產生一個常值訊號） | 1 | **Chip Signal**（產生一個頻率不斷增大的正弦波） | |
| **Signal Generator**（訊號發生器，產生各種不同波形的訊號） | | **Clock**（時鐘訊號，顯示和提供模擬時間） | |
| **Step**（階躍訊號） | | **Digital Clock**（在規定的採樣間隔產生模擬時間） | 12:34 |
| **Ramp**（斜坡訊號） | | **From Files**（從文件讀取數據） | untitled.mat |
| **Sine Wave**（正弦波訊號源） | | **From Workspace**（從工作空間上定義的矩陣中讀取數據） | simin |
| **Repeating Sequence**（產生規律重複的任意訊號） | | **Random Number**（隨機數訊號，按正態分布產生隨機數） | |
| **Discrete Pulse Generator**（離散脈衝訊號發生器） | | **Uniform Random Number**（均勻隨機數訊號發生器） | |
| **Pulse Generator**（脈衝訊號發生器，在規定的時間間隔上產生脈衝訊號） | | **Band-Limited White Noise**（限頻寬白噪音訊號發生器，即把白噪音加到系統中） | |

續表

| 訊號源英文名稱(中文名稱) | 視覺化圖標 | 訊號源名稱 | 視覺化圖標 |
|---|---|---|---|
| （2）Sinks(接收器模塊庫) | | | |
| Scope(觀測窗或示波器模塊) | | To File（輸出到文件，untitled. mat） | untitled.mat |
| XYGraph（XY 座標曲線圖模塊，也即 X-Y 示波器模塊） | | To Workspace（把數據輸出到工作空間上定義的一個矩陣中） | simout |
| Display（顯示器，即時數位顯示模塊） | | Stop Simulation（停止模擬模塊，當輸入為非 0 時，停止模擬，在模擬停止前完成當前時間步內的模擬） | STOP |
| （3）Continuous(連續模塊庫) | | | |
| Integrator（積分器，對輸入訊號積分） | $\frac{1}{s}$ | Zero-Pole(零極點模型，傳遞函數零、極點模型。可以雙擊設置零點、極點和增益，實現一個用零極點表示的傳遞函數） | $\frac{(s-1)}{s(s+1)}$ |
| Derivative（微分器，對輸入訊號微分） | du/dt | Memory（儲存器。輸出來自前一個時間步的模塊輸入） | |
| State-Space（狀態空間模塊。主要用於現代控制理論中多輸入多輸出系統的控制模擬。雙擊可設置系統矩陣 $A$、$B$、$C$、$D$ 以及模擬條件） | x=Ax+Bu y=Cx+Du | Transport Delay（時間延遲模塊。對輸入訊號進行一定的延遲） | |
| Transfer Fcn（傳遞函數模塊，傳遞函數多項式模型。雙擊可設置分子多項式、分母多項式中各個係數） | $\frac{1}{s+1}$ | Variable Transport Delay（對輸入訊號進行可變時間量的延遲，即可變傳輸時延） | Ti |
| PID Controller（PID 控制器） | PID(s) | PID Controller（2DOF）（二自由度 PID 控制器） | Ref PID(s) |
| （4）Discrete(離散模塊庫) | | | |
| Zero-Order Hold（零階採樣保持器，建立一個採樣週期的零階保持器） | | Discrete Filter（離散濾波器） | $\frac{1}{1+0.5z^{-1}}$ |
| Unit Delay（延遲單位週期，即對其輸入訊號延遲一個採樣週期，也即將訊號延時一個單位採樣時間） | $\frac{1}{z}$ | Discrete Transfer Fun（為其輸入建立一個離散傳遞函數） | $\frac{1}{z+0.5}$ |

| 訊號源英文名稱(中文名稱) | 視覺化圖標 | 訊號源名稱 | 視覺化圖標 |
|---|---|---|---|
| **Discrete-Time Integrator**（離散時間積分器，即對其輸入的訊號進行離散積分） | $\dfrac{KTs}{z-1}$ | **Discrete Zero-Pole**（以零極點的形式建立一個離散傳遞函數） | $\dfrac{(z-1)}{z(z-0.5)}$ |
| **Discrete State-Space**（為其輸入建立離散狀態空間系統模型並作為其輸出） | x(n+1)=Ax(n)+Bu(n)<br>y(n)=Cx(n)+Du(n)<br>Dis orete State-Space | **First-Order Hold**（1 階採樣保持器） | |
| **Difference**（差分環節） | $\dfrac{z-1}{z}$ | **Discrete Derivative**（離散微分環節） | $\dfrac{k(z-1)}{Ts\ z}$ |
| **Discrete FIR Filter**（離散 FIR 濾波器） | $\dfrac{0.5+0.5z^{-1}}{1}$ | **Discrete PID Controller**（2DOF）（二自由度系統離散 PID 控制器） | Ref<br>PID(z) |
| **Discrete PID Controller**（離散 PID 控制器） | PID(z) | | |

(5)Math(數學運算模塊庫)

| 訊號源英文名稱(中文名稱) | 視覺化圖標 | 訊號源名稱 | 視覺化圖標 |
|---|---|---|---|
| **Sin**（正弦函數） | | **Math Function**（數學運算函數模塊，進行多種數學函數運算） | $e^u$ |
| **Product**（乘法，等同於「×」運算符） | × | **Trigonometric Function**（三角函數） | sin |
| **Dot Product**（點乘） | ● | **Min/Max**（最大/最小值函數） | min |
| **Gain**（增益，也即一個給定的係數，對其輸入訊號乘上一個常值增益） | 1 | **Abs**（絕對值函數） | \|u\| |
| **Slider Gain**（可變增益，係數可以在一定範圍內變化，透過滑動形式改變增益） | 1 | **Sign**（符號函數） | |
| **Matrix Gain**（矩陣增益，即係數為矩陣，對其輸入訊號乘上一個矩陣增益） | 1 | **Rounding Function**（四捨五入函數） | floor |
| **Combinatorial Logic**（邏輯比較模塊，建立邏輯真值表） | | **Complex to Real-Imag**（將輸入的複數轉化成實部和虛部作為其輸出的功能模塊） | Re<br>Im |
| **Logical Operator**（邏輯運算模塊） | AND | **Real-Imag to Complex**（將輸入的實部和虛部轉化成複數作為其輸出的功能模塊） | Re<br>Im |

續表

| 訊號源英文名稱(中文名稱) | 視覺化圖標 | 訊號源名稱 | 視覺化圖標 |
|---|---|---|---|
| **Relational Operator**（關係運算符模塊） | | **Algebraic Constraint**（代數約束模塊） | |
| **Complex to Magnitude-Angle**（將輸入的複數轉化成幅值和相角作為其輸出的功能模塊） | | **Matrix Concatenation**（矩陣連接模塊） | |
| (6)Functions & Tables(描述一般函數的模塊庫) | | | |
| **Look-Up Table**〔查表模塊，輸入訊號的查詢表（線性峰值匹配）〕 | | **MATLAB Fcn**（對其輸入 $u$ 進行指定的 MATLAB 函數或表達式運算） | |
| **Look-Up Table（2-D）**〔用選擇的查表法逼近一個二維函數；對兩個輸入訊號進行分段的線性映射；兩維輸入訊號的查詢表（線性峰值匹配）〕 | | **S-Fubction**（訪問 S-函數模塊。S-函數是 System Function 的簡稱，用來寫使用者自己的 Simulink 模塊，在模擬中非常有用） | |
| **Fcn**〔以其輸入 $u$ 為變量，定義一個函數 $f(u)$ ＝關於 $u$ 的表達式〕 | | **Look-Up Table Dynamic**（動態查詢表） | |
| (7)Nonlinear(非線性模塊庫) | | | |
| **Rate Limiter**〔速率限制器（模塊），或稱變化速率限幅模塊。限製透過該模塊的訊號的一階導數值；靜態限製訊號變化的速率〕 | | **Relay**（帶有滯環的繼電特性模塊，在兩個值中輪流輸出） | |
| **Saturation**（飽和模塊，或稱限幅飽和特性模塊。對輸入的訊號限製其上下限，即對輸入限幅，輸入超限則自動將上下限值作為模塊輸出） | | **Switch**（在兩個輸入之間進行開關、切換資訊流向。當第二個輸入端大於臨界值時，選擇第一個輸入端訊號作為輸出訊號，否則第三個輸入端訊號作為輸出訊號） | |
| **Quantizer**（量化器，階梯狀量化處理模塊。對輸入訊號進行量化處理，也即以指定的時間間隔將輸入訊號離散化處理） | | **Manual Switch**〔手動開關，即雙輸出選擇器（手動）〕 | |
| **Backlash**（遲滯回環特性模塊，用放映的方式模仿一個系統的特性，模擬有間隙系統的行為） | | **Multiport Switch**（多路開關，實現多路開關的資訊流向切換） | |

續表

| 訊號源英文名稱(中文名稱) | 視覺化圖標 | 訊號源名稱 | 視覺化圖標 |
|---|---|---|---|
| **Dead Zone**(死區特性模塊,為輸入訊號提供一個死區,死帶) | | **Coulomb & Viscous Function**(庫侖摩擦和黏性摩擦特性模塊,模擬在零點處不連續而在它處有線性增益的系統;庫侖和黏性摩擦非線性系統) | |

(8)Signals & Systems(訊號與系統模塊庫)

| 訊號源英文名稱(中文名稱) | 視覺化圖標 | 訊號源名稱 | 視覺化圖標 |
|---|---|---|---|
| **In1**(輸入模塊,提供一個輸入端口) | | **Data Store Memory**(共享數據儲存區模塊,定義一個共享的數據儲存區) | |
| **Out1**(輸出模塊,提供一個輸出端口) | | **Data Store Write**(數據寫入模塊,將數據寫入一個已經定義的數據儲存區) | |
| **Enable**(使能模塊,當使能端為有效訊號時,模塊執行,當使能端訊號無效時,模塊不執行。使能模塊只能用於子系統中,而不能用於模擬模型的最外層;將使能端口添加到子系統或模型) | | **Ground**(接地模塊) | |
| **Trigger**(觸發模塊,選擇上升沿或下降沿或者外部函數觸發;在系統模型中添加觸發端口) | | **Terminator**(訊號終止模塊) | |
| **Mux**(把多個訊號合併成矢量形式,即將多個輸入變成矢量量作為其輸出) | | **Data Type Conversion**(數據類型轉換模塊,將輸入訊號轉換為指定的數據類型) | Convert |
| **Bus Selector**(總線選擇模塊,在其輸入輸出的總線元素中選定子集) | | **Function-Call Generator**(執行函數調用子系統。函數調用生成器;提供函數調用訊號來控制子系統或模型的執行) | f0 |
| **Demux**(多路分配器模塊,是將矢量訊號分解成多路輸出,工作模式有向量模式和總線模式兩種。用於矢量訊號提取和輸出) | | **SubSystem**(表示一個系統在另外一個系統中,空的子系統) | In1　　Out1 |
| **Selector**(選擇器,輸入數據可以是矩陣、向量、常數、多維矩陣。該模塊參數的設置有輸入數據的維數、數據索引模式) | | **Configurable SubSystem**(可配置子系統模塊。從使用者指定的模塊庫裡選擇的任何模塊) | Template |

續表

| 訊號源英文名稱(中文名稱) | 視覺化圖標 | 訊號源名稱 | 視覺化圖標 |
|---|---|---|---|
| **Merge**(合併模塊,當該模塊的輸入側有多路訊號通向該模塊作為輸入時,該模塊自行判斷哪路資訊正在進行計算,就選擇哪路訊號透過) | Merge | **Function-Call Subsystem**(函數響應子系統;函數調用子系統模塊;由外部函數調用輸入觸發執行的子系統) | function0 In1 Out1 |
| **From**〔訊號來源,從 Goto 模塊中接受輸入,在 **From** 模塊的參數設置對話框中指定 **Goto** 模塊「標籤(Tag)」(Goto Tag)。From 模塊只能從一個 Goto 模塊接收訊號,然後將它作為輸出。From 模塊和 Goto 模塊透過 Goto Tag 參數,聯合起來使用可以從一個模塊到另一個模塊傳遞訊號,而不用實際連接它們〕 | [A] | **Model Info**(是顯示模型的屬性和文本有關的掩碼塊上的模型。使用 **Model Info** 塊對話框指定的內容和格式的文本塊顯示) | Model Info |
| **Goto Tag Visibility**(標籤視覺化模塊,定義 Goto 模塊標籤的有效範圍。也即 Goto 模塊標記控制器) | {A} | **Hit Crossing**(檢查過零點模塊。即檢測輸入訊號的零交叉點。檢測訊號上升沿、下降沿以及與指定值比較,輸出 0 或 1) | |
| **Goto**(將其輸入傳遞給相應的 From 模塊) | [A] | **IC**(初始化參數模塊。該模塊為在其輸入端口的訊號設置初始條件,或設置輸入訊號的初始值) | [1] |
| **Data Store Read**(數據讀取模塊,從已定義的數據儲存區中讀取數據並輸出) | A | **Width**(檢查輸入訊號的寬度) | 0 |
| **Probe**(檢測連線的寬度、採樣時間和複數訊號標記) | >w:0 Ts:[-1,0],c:0,d:[0],F:0 | | |

(9)Controle Toolbox(控制工具箱)

| | | | |
|---|---|---|---|
| **LTI System**〔LTI 系統模型,即線性時不變系統模型。包括:傳遞函數模型(TF)、零極點-增益模型(ZPK)、狀態空間模型(SS)、頻率響應數據模型(FRD)〕 | tf(1,[11]) | **Input Point**(輸入點模塊) | 2009 及其以後版無圖標,點擊滑鼠右鍵插入 |
| **Output Point**(輸出點模塊) | 2009 及其以後版無圖標,點擊滑鼠右鍵插入 | | |

# 附錄 3 感測器的通用性能術語與概念定義

**負載（負荷）**：對於感測器而言，「負載」的物理形式涵蓋熱、機械運動（位置、位移、速度、加速度）、機械力或力矩、電磁、流體壓力、光等一切作為感測器檢測部元件上的廣義載荷，也即被測量的物理作用形式。

**特性方程**：表示感測器輸入與輸出間關係的方程式。

**測量範圍**：由感測器測量上限值與測量下限值之間所確定的被測量範圍。

**量程**：感測器測量範圍的上限值與下限值的代數差值。

**滿量程輸出**：在感測器製造商（或標準）規定的使用條件下，感測器測量測量範圍上限與下限的代數差。

**線性**：是指校準曲線相對於理想擬合直線的接近程度。絕對線性的感測器即理想的感測器是不存在的。

**蠕變**：被測對象和測量環境條件保持恆定時，在規定時間內感測器的輸出訊號的變化。

**遲滯**：在一定的測量或使用條件下，逐漸加大感測器負載側的被測量，然後再順次反向減小被測量，在規定的測量範圍內任意一被測量值處感測器輸出訊號量值的最大差值，即遲滯測量曲線上去程線與回程線上任一被測量值（對應負載側的被測量值）所對應的去程線上感測器輸出訊號值與回程線上感測器輸出訊號值的最大差值。

**重複性**：在相同測量條件下，感測器負載側按同一方向在全測量範圍內連續變動測量多次時，感測器相應多次重複輸出讀值的能力。

**靈敏度**：感測器輸出量的變化值與相應被測量的變化值之比。確切地說，是感測器的輸出量（相應於負載側加載量的輸出量）的變化量與相應的負載側加載量的變化量的比值。

**輸入阻抗**：輸入端的阻抗。

**輸出阻抗**：輸出端的阻抗。

**準確度**：測量值與真值的偏離程度。準確度反映感測器系統誤差的大小。真值是被測量的真實大小，真值只存在於被測對象本體之上，是理想的、誤差為零的、實際存在的但又無法透過測量準確得到的值。但真值可以透過直接或間接地透過某種效果盡可能以一定的精度得到，但不可能精確到零。通常的辦法是用一種被同行公認的足夠精確的感測器或測量方法、裝置來標定所要評價的感測器。

顯然，作為標定基準的感測器的準確度要比被標定的感測器的準確度要高至少一個量級。這種辦法也即相當於將作為標定基準的感測器的測量值作為「真值」。

**精密度**：測量中所測數值重複一致的程度，也即重複性精度。精密度反映偶然誤差的大小。

**精度 ( 精確度 )**：準確度與精密度的綜合性指標。可以用均方根偏差的方法合成。

**分辨力 ( 解析度 )**：感測器能夠檢測出的被測量的最小變化值。

**閾值**：感測器最小量程附近的分辨力 ( 解析度 )。閾值也稱靈敏閾或門檻靈敏度。

**穩定性**：表示感測器在一定的使用期限內或較長時間內能夠保持其性能參數穩定的程度和能力。

**過載 ( 過負荷 )**：感測器負載側承受被測量超出測量範圍的現象。

**過載限**：在不引起感測器規定性能指標產生永久性變化的條件下，允許超過測量範圍的能力。

**耐壓**：感測器性質發生變化，但沒有超出規定的允許誤差時，所能給感測器敏感元件施加的最大壓力值。

**可靠性 ( 可靠度 )**：在規定的時間或時期、產品規定的使用環境、使用條件、維護條件等綜合條件下，感測器正常工作的概率。

**漂移 ( 時漂 )**：是指感測器在規定的輸入和工作條件下，輸出量隨時間的緩慢變化。

**漂移 ( 溫漂 )**：是指感測器在規定的輸入和工作條件下，輸出量隨溫度的緩慢變化。

**回零**：是指感測器卸載後的零點輸出量與加載前零點輸出量的差值。

**零點漂移**：是指感測器在輸入量為零時的漂移。

**零點穩定性**：在規定的條件下，感測器保持零點輸出不變的程度。如果感測器零漂，但如果其零點輸出量能夠基本保持不變即輸出穩定，那麼也能透過矯正零點輸出或不矯正而從測量輸出量中去除零點輸出量也能保證測量準確度。

**熱零點漂移**：是指感測器工作溫度偏離校準溫度而引起的零點輸出量的最大變化。一般以每變化 $1°C$ 時零點輸出的相對變化率來表示零點漂移程度。

**滿量程漂移**：是指感測器輸入量為測量上限 ( 對於雙向型感測器是指上、下限 ) 時的漂移。

**工作溫度範圍**：是保證感測器特性指標條件下的正常工作的溫度範圍。

**安全溫度範圍**：是指不造成感測器損壞以及感測器特性永久性變化的溫度範圍。

**響應**：是指感測器負載側受到外部載荷作用時引起感測器輸出隨時間、輸入

量（被測量）變化的特性。

**階躍響應：**當給感測器輸入一個階躍性輸入量時感測器的響應。階躍輸入量是指輸入訊號從某一定值突然階躍性躍變到另一個定值的輸入量。

**時間常數：**當被測量發生階躍性變化時，感測器輸出量開始變化形成的階躍響應過程中，從開始響應瞬間到響應達到感測器穩態輸出量值的 63.2% 時所經歷的時間。

**固有頻率：**將感測器系統假想看作一個由該系統質量、等效剛度所決定的彈性振動系統，則由該假想彈性振動系統的等效質量、等效剛度所決定的自由振盪頻率即作為感測器系統的固有頻率。通常將該固有頻率分為無阻尼固有頻率和有阻尼固有頻率。

**諧振頻率：**是指感測器產生共振時的頻率。通常是指最低的共振頻率。

**頻率響應：**正弦激勵下，感測器輸出訊號的幅值與相位隨輸入量的頻率而變化的特性。

**幅值響應（幅頻特性）：**感測器系統傳遞函數的幅值與頻率的函數關係，通常稱為幅頻特性。

**相位響應（相頻特性）：**感測器系統傳遞函數的相位與頻率的函數關係，通常稱為相頻特性。

**阻尼：**阻尼是在理論上表示系統能量損耗的特性。阻尼與固有頻率一起決定了頻率響應的上限和感測器響應的時域特性。以階躍訊號作為感測器輸入訊號時，欠阻尼系統（即週期性變化系統）的響應在達到穩定值以前，是圍遶其最後的穩定值振盪的，即系統阻尼不足以消耗掉系統剩餘的能量而使振盪的響應平穩下來；過阻尼系統（即非週期性系統）則是阻尼過大使得系統響應不能產生過沖而達到穩定值；臨界阻尼系統則是處於欠阻尼條件與過阻尼條件之間系統的一種不穩定的臨界狀態。

**阻尼比：**實際阻尼與臨界阻尼的比值。阻尼比是時域（時間域簡稱）與頻域（頻率域簡稱）中進行系統響應分析的重要參數。時域中，過衝量與阻尼比的值有關，並影響受衝擊激勵後的自振波出現的波數；幅頻特性中，共振頻率處的峰值高度與阻尼比的值有關。因此，阻尼比是系統響應特性分析中非常有用的參數。

**衰減率：**在呈衰減性振盪的系統響應中，相鄰的同一方向上，後一個波峰值與前一個波峰值之比即為衰減比。

**響應時間：**以階躍訊號作為感測器輸入量（也稱階躍訊號激勵）時，感測器的輸出響應中，從達到穩定值的一定百分比的小值（如 10%）的瞬間上升到達到穩定值的一定百分比的大值（如 90%）的瞬間所經歷的時間即為響應時間，即感測器輸出響應曲線上對應穩定值乘以小百分比的值的時刻與對應穩定值乘以

大百分比的值的時刻之間的時間差。感測器的頻率響應與響應時間有關。

**過衝量（也稱超調量）**：以階躍訊號作為感測器輸入量（也稱階躍訊號激勵）時，感測器的輸出響應中，測得的超出穩定值的相應輸出量。對於理想的二階系統，當阻尼比為零時，理論上有 100％的最大過衝量。

**建立時間**：以階躍訊號作為感測器輸入量（也稱階躍訊號激勵）時，感測器的輸出響應中，從開始響應到測得輸出量達到穩定值的最小規定百分比（如5％）時經歷的時間。感測器系統輸出響應的建立時間隨著阻尼比、有阻尼固有頻率的減小而增加。諧振頻率為有阻尼固有頻率時，從系統輸出開始響應到響應值達到穩定值最小百分比的量值時即到達建立時間時所需經歷的響應振盪波數可以根據阻尼比的值計算出來。

**絕緣電阻**：施加規定的直流電壓時，在感測器指定的絕緣部分之間所測得的電阻。

**絕緣強度**：感測器規定的絕緣部分外加正弦交流電壓時抵抗擊穿的能力。

**工作壽命**：在規定的條件下，感測器能可靠工作的總時間或總的工作次數。

**校準（也稱標定）**：用一定的試驗方法，確定感測器的輸入與輸出之間關係（特性方程、特性曲線和校準表）以及精度的過程。

**校準曲線**：將感測器各校準點讀數以連線的形式表達出來的曲線。各校準點讀數一般是以取多次測量值的平均值。

**擬合曲線**：以一定的方法（如端點直線、端點平移直線、最小二乘法直線等）將校準曲線上的讀數點擬合成理想的直線（基準直線）。將校準曲線與擬合直線進行各種比較運算，即可得該感測器按不同內容定義的線性度（如端點線性、最小二乘線性等）。

**實測值**：透過試驗得到的被測量值。

**理想值**：由擬合直線所確定的輸出值。

**示值**：測試儀器的讀數裝置所指示出來的被測量的數值。

**真值**：被測量本身所具有的真實大小值。

**絕對誤差**：被測量的示值與真值的代數差值。

**相對誤差**：絕對誤差與約定值的百分比。約定值可以是被測量的實際值或滿量程的輸出值。

**系統誤差**：由固定因素的影響而產生的數值大小和方向是固定或按一定規律變化的誤差。

**隨機誤差**：由偶然因素影響而產生的數值大小與方向不固定的誤差。

**置信度**：用感測器進行測量時，任意一次測量值的誤差不超過給定誤差範圍的概率。

**溫度誤差**：感測器工作溫度偏離校準溫度時引起的誤差。在感測器測量範圍

內，用溫度變化引起的感測器輸出量最大變化值與校準溫度下滿量程輸出的百分比表示。

**殘差**：實際測量值與相應的理想值的差值。

**偏差**：測量值與平均值的代數差。

**子樣均值（樣本均值）**：測量得到的 $N$ 個子樣數值之和除以 $N$，即測量得到的所有子樣值的均值。

**子樣方差（樣本方差）**：測量得到的 $N$ 個子樣測量值分別與子樣均值作差然後求差值平方和，然後再除以（$N-1$）得到的值，即均方差。

**標準偏差（樣本標準偏差）**：為子樣方差（樣本方差）的開平方值。

### 主要針對振動、衝擊、加速度感測器性能的概念術語

**電壓靈敏度**：感測器承受單位激勵時輸出的電壓量。

**電荷靈敏度**：感測器承受單位激勵時輸出的電荷量。

**橫向靈敏度**：在與感測器敏感軸垂直的任意方向上受到單位激勵時，感測器的訊號輸出量。也稱為側向靈敏度或者交叉軸靈敏度。

**橫向靈敏度係數**：等於橫向靈敏度除以敏感軸靈敏度（即軸向靈敏度），且以百分數的形式表示的係數。也稱橫向靈敏度，橫向靈敏度比。

**基座應變靈敏度**：由感測器基座產生的單位彎曲應變而引起的感測器的訊號輸出，是不希望有的輸出量。嚴格地說，這不是感測器本身的偏差，不是感測器系統檢測部（測量部）內部產生的偏差，而是感測器基座安裝以及基座變形引起的當量耦合到感測器的輸出量中造成的偏差。

**磁靈敏度**：感測器位於磁場中的情況下，單位磁場強度變化引起的感測器的訊號輸出，是不希望有的輸出量。

**瞬間溫度靈敏度**：感測器受到瞬間溫度變化所引起的不希望有的訊號輸出。

**聲靈敏度**：感測器受到一定的聲壓所用下所產生的不希望有的訊號輸出。

**零漂**：感測器受到一定的衝擊載荷作用後，衝擊載荷已經不存在了但其輸出仍不回零的現象。由於感測器工作所處的環境條件發生變化，如環境溫度變化、環境的氣壓變化、環境存在磁場或磁場強度發生變化等環境條件變化下，當環境條件即使恢復正常、或者感測器無載情況下其輸出也不回零的現象。

**波形失真**：波形發生了不希望有的變化。

**相位失真**：感測器的輸出與輸入間的相角不是頻率的線性函數時而引起輸出的波形失真。

**感測器的相位移**：是指正弦訊號輸入激勵時，感測器輸出與輸入之間的相位差。

**頻率範圍**：在給定的工作條件和誤差範圍內，感測器能夠正常工作的頻率區

間範圍。

**溫度極限**：阻尼比小於 0.1 的感測器在極限溫度下，至少恆溫 4h 以上，感測器性能仍然符合規定的性能要求的最高溫度和最低溫度。

**加速度範圍**：在規定誤差條件下，振動、衝擊、加速度感測器可以正常工作的加速度區間。

**加速度極限**：在規定的性能指標範圍之內，振動、衝擊、加速度感測器能夠承受的最大加速度值。

**偏值**：是指在沒有加速度作用時，加速度計的輸出量折合成輸入加速度的數值。偏值也稱為零偏值、零位輸出。

**標度因數**：是加速度計輸出量的變化對想要測量或施加的輸入量變化的比值。標度因數又稱為刻度因數或刻度係數。

**交叉加速度**：是在與輸入基準軸相垂直的平面內作用的加速度。

**交叉軸靈敏度**：交叉軸靈敏度是建立在加速度計輸出量的變化與交叉加速度之間關係的比例常數。交叉軸靈敏度可以隨交叉加速度的方向而變化。

**交叉耦合係數**：沿加速度輸入軸及其垂直方向都有加速度作用時，加速度計的輸出中有一項與這兩個加速度的乘積成正比，該比例係數即成為交叉耦合係數，且該係數隨著交叉加速度方向的變化而改變。

**擺性**：是指檢測質量和從檢測質量的質心沿擺軸到樞軸距離的乘積。樞軸是指構成機構中運動構件的公轉軸，即其上的各個運動構件都圍遶著其旋轉的公共中心軸線。如多曲柄的曲軸連桿機構的公共軸線即主軸可以稱為樞軸，而與公共主軸呈偏心的曲柄軸段軸線則不能稱為樞軸。

**死區**：是指輸入極限值之間的一個區間，該區間內的輸入變化不引起輸出的改變。死區也稱為非靈敏區或鈍感區。

**輸入極限**：是指輸入量的極限。通常為正、負極限。在該極限範圍內，加速度計具有規定的性能。對線加速度計而言，輸入極限通常以重力加速度 $g$ 為單位來表示。

**輸出量程**：是指輸入量程與標度因數的乘積。

**零位電壓（也稱零位輸出）**：是感測器對應零偏值的輸出值。它可以用均方根值、峰-峰值或其他電測量值來表示。

**電零位**：是指感測器對應於零位電訊號時的角度或線性位置。

**機械零位**：表示在沒有外加加速度的情況下檢測質量的位置。

**滯環誤差**：當輸入在全量程內循環一周後，如果在輸入增加的方向上某一個輸入訊號對應的輸出值與在輸入減小方向上該輸入訊號對應的輸出值之差為最大，則這個差值即為滯環誤差。通常用等效輸入來表示滯環誤差。

**誤差帶**：是指在規定的輸出函數附近包含所有輸出數據誤差的一條帶，它包

括非線性、不重複性、解析度、滯環誤差和輸出數據中的其他不確定誤差的綜合影響。

**綜合誤差**：是輸出數據偏離規定輸出函數的最大偏差。綜合誤差包括滯環誤差、解析度、非線性、不重複性、輸出數據的其他不確定因素引起的不確定誤差等的綜合性誤差。

**熱靈敏度漂移**：感測器工作溫度偏離校準溫度時引起的靈敏度的變化。一般以每變化 1℃ 時靈敏度的相對變化率來表示。

**熱遲滯**：感測器測量範圍內的某一點上，當溫度以逐漸上升和逐漸下降兩種方向接近並達到某一溫度時，感測器輸出的最大差值。一般以相對值表示。

### 主要為溫度感測器性能的概念術語

**最高工作溫度**：在規定技術條件下和完成測量的時間內，感測器連續工作所允許的最高使用溫度值。

**容許工作壓力**：在規定的測量環境條件下，溫度感測器所能承受且不使感測器破壞的外界最大壓力。

**熱慣性**：溫度感測器所指示的溫度落後於介質實際溫度的滯後特性。

**熱電勢（熱電動勢）**：熱電偶兩接點處於不同溫度時，在零電流狀態下，熱電偶電路中所產生的電動勢稱為溫差電勢或塞貝克電勢。

**熱電勢率**：熱電動勢隨溫度的變化率。也稱為塞貝克係數。

**允許工作電流**：在不超過測溫誤差範圍的條件下，允許透過電阻式溫度感測器的最大工作電流。

**額定功率**：熱敏電阻器在 25℃、相對濕度為 45%～80%、大氣壓為 0.85～1.05atm 的條件下長期連續負荷作用下所允許消耗的功率。

**熱敏電阻功率溫度特性**：熱敏電阻自身溫度與外加的穩定功率間的關係。

# 工業機器人系統設計（下冊）

作　　者：吳偉國

發 行 人：黃振庭

出 版 者：崧燁文化事業有限公司

發 行 者：崧燁文化事業有限公司

E-mail：sonbookservice@gmail.com

粉 絲 頁：https://www.facebook.com/
　　　　　sonbookss/

網　　址：https://sonbook.net/

地　　址：台北市中正區重慶南路一段六十一號八
　　　　　樓 815 室

Rm. 815, 8F., No.61, Sec. 1, Chongqing S. Rd.,
Zhongzheng Dist., Taipei City 100, Taiwan

電　　話：(02) 2370-3310

傳　　真：(02) 2388-1990

印　　刷：京峯彩色印刷有限公司（京峰數位）

律師顧問：廣華律師事務所 張珮琦律師

定　　價：950 元

發行日期：2022 年 03 月第一版

◎本書以 POD 印製

## 國家圖書館出版品預行編目資料

工業機器人系統設計 / 吳偉國著 . --
第一版 . -- 臺北市：崧燁文化事業
有限公司 , 2022.03
　　冊；　公分
POD 版
ISBN 978-626-332-193-9( 下冊：平
裝 )
1.CST: 機器人 2.CST: 系統設計
448.992　111003208

電子書購買

臉書